高等院校信息技术规划教材

服务器配置与管理

——Windows Server 2012

刘邦桂　编著

清华大学出版社
北京

内容简介

本书强调实践应用能力的培养，突出“理论够用、实用，强化应用”的特点。全书以具体项目为主线，用项目相关的知识作为铺垫，以碎片化的形式组织知识点，结合每个项目的分析，详细介绍项目的实施及测试过程，并配备项目的经验总结；最后留有配套的实训项目和习题，以帮助读者巩固相关知识。

本书包括12个项目：Windows Server 2012部署基础、活动目录服务配置与管理、DNS服务器的配置与管理、DHCP服务器的配置与管理、文件服务器的配置与管理、Web服务器的配置与管理、FTP服务器的配置与管理、电子邮件服务器的配置与管理、证书服务器的配置与管理、VPN服务器的配置与管理、NAT服务器的配置与管理、虚拟化配置。

本书适合作为电子信息类专业及其他专业相关课程的教材，也可以作为培训用书及工程技术人员和自学者的参考用书。

本书封面贴有清华大学出版社防伪标签，无标签者不得销售。
版权所有，侵权必究。举报：010-62782989， beiqinquan@tup.tsinghua.edu.cn。

图书在版编目(CIP)数据

服务器配置与管理：Windows Server 2012/刘邦桂编著. —北京：清华大学出版社，2017(2022.8重印)
(高等院校信息技术规划教材)
ISBN 978-7-302-46996-4

Ⅰ. ①服… Ⅱ. ①刘… Ⅲ. ①Windows操作系统—网络服务器 Ⅳ. ①TP316.86

中国版本图书馆CIP数据核字(2017)第101545号

责任编辑：焦　虹
封面设计：常雪影
责任校对：胡伟民
责任印制：杨　艳

出版发行：清华大学出版社
网　　址：http://www.tup.com.cn，http://www.wqbook.com
地　　址：北京清华大学学研大厦A座　　**邮　　编**：100084
社 总 机：010-83470000　　**邮　　购**：010-62786544
投稿与读者服务：010-62776969，c-service@tup.tsinghua.edu.cn
质量反馈：010-62772015，zhiliang@tup.tsinghua.edu.cn
课件下载：http://www.tup.com.cn，010-83470236
印 装 者：三河市科茂嘉荣印务有限公司
经　　销：全国新华书店
开　　本：185mm×260mm　　**印　　张**：26　　**字　　数**：635千字
版　　次：2017年7月第1版　　**印　　次**：2022年8月第10次印刷
定　　价：69.00元

产品编号：073453-01

前言 Foreword

Windows Server 2012 是微软公司开发的具有历史意义的服务器操作系统。它既具备历任服务操作系统的网络管理功能，又新添了 Hyper-V、存储等新的服务功能，是云计算、云存储、虚拟化等技术的重要产物。

本书以 Windows Server 2012 为平台，通过真实的企业网络项目来构建和组织内容，将任务以学时为单位碎片化，以任务驱动的方式组织理论知识和实践内容，最终培养读者对网络操作系统的管理能力。

本书对应的课程是计算机网络技术专业的核心课程，是形成网络系统管理能力的必修课程。为了突出职业能力的培养，本书采用基于工作任务的组织形式，以学时为单位，配备了电子课件、微视频等丰富的多媒体课程资源，适合开展“教、学、做一体化”形式的教学。

本书建议为 72 学时。包括 12 个项目：Windows Server 2012 部署基础、活动目录服务配置与管理、DNS 服务器的配置与管理、DHCP 服务器的配置与管理、文件服务器的配置与管理、Web 服务器的配置与管理、FTP 服务器的配置与管理、电子邮件服务器的配置与管理、证书服务器的配置与管理、VPN 服务器的配置与管理、NAT 服务器的配置与管理、虚拟化配置。

本书的编写凝聚了作者多年教学实践、科研项目开发的经验和体会。本书由广东理工职业学院刘邦桂主编，陈耿涛、蔡晓琪、林南生参与了教材资料的整理和部分内容的编写工作。在本书编写的过程中，参考了相关的资料和文献，得到了广东开放大学周奇副教授、广东恒电信息科技股份有限公司高静总经理、广州腾科网络技术有限公司陈云高级工程师的指导和帮助，特此向他们以及参考资料的原作者表示衷心感谢。

由于编者水平有限，书中疏漏之处在所难免，敬请有关专家和广大读者批评指正。

作　者

目录 Contents

第1章 chapter 1

项目1 Windows Server 2012环境部署

【学习目标】

本章系统地介绍网络操作系统的基本概念，包括网络操作系统的分类、Windows Server 2012操作系统等基础知识，目的是让读者掌握Windows Server 2012的安装与配置、VMware Workstation的安装与配置、Windows Server 2012的基本管理、VMware Workstation环境下网络的设置等环境搭建基本技能。

通过本章的学习读者应该完成以下目标：

- 理解网络操作系统的基本概念；
- 掌握Windows Server 2012的安装、配置与基本管理；
- 掌握VMware Workstation 12的安装、配置与基本管理。

1.1 项目背景

五桂山公司现在计划设计各种应用服务供公司全体员工使用，为了后续部署Windows Server 2012系统，现在有一台安装Windows 7的电脑供项目实施前进行测试。

1.2 知识引入

1.1.1 什么是网络操作系统

网络操作系统(Network Operation System，NOS)是向网络计算机提供服务的特殊的操作系统，是网络的心脏和灵魂、用户与网络资源之间的接口。它在计算机操作系统下工作，使计算机操作系统增加了网络操作所需要的能力。通过网络传递数据与各种消息时，分为服务器(Server)及客户端(Client)。服务器的主要功能是管理服务器和网络上的各种资源和网络设备，加以整合并管控流量，避免系统瘫痪。客户端具有接收服务器所传递的数据并加以运用的功能，可以搜索所需的资源。

NOS与运行在工作站上的单用户操作系统(如 Windows 系列)或多用户操作系统(UNIX、Linux)由于提供的服务类型不同而有所差别。一般情况下,NOS是以使网络相关特性达到最佳为目的,如共享数据文件、软件应用,以及共享硬盘、打印机、调制解调器、扫描仪和传真机等。一般的操作系统,如DOS和OS/2等,其目的是让用户与系统及在此操作系统上运行的各种应用之间的交互作用最佳。

由于网络计算的出现和发展,现代操作系统的主要特征之一就是具有上网功能,因此,除了在20世纪90年代初期,Novell公司的Netware等系统被称为网络操作系统之外,人们一般不再特指某个操作系统为网络操作系统。

1.1.2 模式分类

1. 集中模式

集中式网络操作系统是由分时操作系统加上网络功能演变而来的。系统的基本单元由一台主机和若干台与主机相连的终端构成,信息的处理和控制是集中的。UNIX就是这类系统的典型代表。

2. 客户机/服务器模式

这种模式是最流行的网络工作模式。服务器是网络的控制中心,并向客户提供服务。客户机是用于本地处理和访问服务器的站点。

3. 对等模式

采用这种模式的站点都是对等的,既可以作为客户访问其他站点,又可以作为服务器向其他站点提供服务。这种模式具有分布处理和分布控制的功能。

1.1.3 网络操作系统分类

1. Windows 类

这是全球最大的软件开发商——Microsoft(微软)公司开发的。微软公司的Windows系统不仅在个人操作系统中占有绝对优势,在网络操作系统中也是具有非常强大的优势。这类操作系统配置在整个局域网配置中是最常见的,但由于它对服务器的硬件要求较高,且稳定性不是很高,所以微软的网络操作系统一般只用在中低档服务器中,高端服务器通常采用UNIX、Linux或Solaris等非Windows操作系统。在局域网中,微软的网络操作系统主要有Windows NT 4.0 Serve、Windows 2000 Server/Advance Serve、Windows Server 2003/Advance Server以及最新的Windows Server 2012等,工作站系统可以采用任一Windows或非Windows操作系统,包括个人操作系统,如Windows 9x/ME/XP等。

2. NetWare 类

NetWare操作系统虽然远不如早几年那么风光,在局域网中早已失去了当年雄霸一

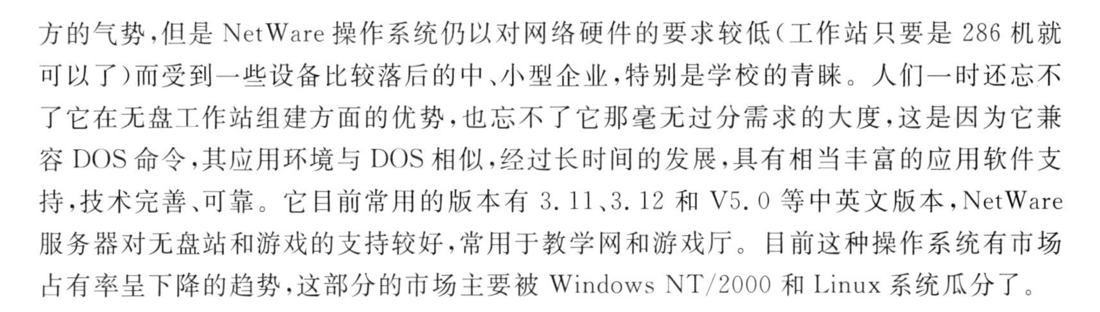

方的气势，但是 NetWare 操作系统仍以对网络硬件的要求较低（工作站只要是 286 机就可以了）而受到一些设备比较落后的中、小型企业，特别是学校的青睐。人们一时还忘不了它在无盘工作站组建方面的优势，也忘不了它那毫无过分需求的大度，这是因为它兼容 DOS 命令，其应用环境与 DOS 相似，经过长时间的发展，具有相当丰富的应用软件支持，技术完善、可靠。它目前常用的版本有 3.11、3.12 和 V5.0 等中英文版本，NetWare 服务器对无盘站和游戏的支持较好，常用于教学网和游戏厅。目前这种操作系统有市场占有率呈下降的趋势，这部分的市场主要被 Windows NT/2000 和 Linux 系统瓜分了。

3. UNIX 系统

目前常用的 UNIX 系统版本主要有 UNIX SUR4.0、HP-UX 11.0 和 SUN 的 Solaris1.0 等。UNIX 系统支持网络文件系统服务，提供数据等应用，功能强大，由 AT&T 和 SCO 公司推出。这种网络操作系统的稳定性和安全性能非常好，但由于它多数是以命令方式来进行操作的，不容易掌握，特别是初级用户。正因如此，小型局域网基本不使用 UNIX 作为网络操作系统，UNIX 系统一般用于大型网站或大型企、事业的局域网中。UNIX 网络操作系统历史悠久，其良好的网络管理功能已为广大网络用户所接受，拥有丰富的应用软件的支持。目前 UNIX 网络操作系统的版本有 AT&T 和 SCO 的 UNIXSVR3.2、SVR4.0 和 SVR4.2 等。UNIX 本是针对小型机主机环境开发的操作系统，是一种集中式分时多用户体系结构，但因其体系结构不够合理，UNIX 的市场占有率也呈下降趋势。

4. Linux 类

这是一种新型的网络操作系统，它的最大的特点就是源代码开放，可以免费得到许多应用程序。目前也有中文版本的 Linux，如 REDHAT（红帽子）、红旗 Linux 等，在国内得到了用户的充分肯定，主要体现在它的安全性和稳定性方面。它与 UNIX 有许多类似之处，目前这类操作系统主要应用于中、高档服务器中。

对特定计算环境的支持使得每一个操作系统都有适合于自己的工作场合，这就是系统对特定计算环境的支持。例如，Windows 2000 Professional 适用于桌面计算机，Linux 目前较适用于小型的网络，而 Windows Server 2012 和 UNIX 则适用于大型服务器应用程序。因此，对于不同的网络应用，需要选择合适的网络操作系统。

1.1.4 Windows Server 2012

1. 简介

Windows Server 2012 R2 是由微软公司（Microsoft）设计开发的新一代服务器专属的操作系统，其核心版本号为 Windows NT 6.3。它提供企业级数据中心与混合云解决方案，直观且易于部署，具有成本效益，以应用程序为重点，以用户体验为中心，深受广大 IDC 运营商青睐。

在 Microsoft 云操作系统版图的中心地带，Windows Server 2012 R2 能够提供全球规模云服务的体验，特别在虚拟化、管理、存储、网络、虚拟桌面基础结构、访问和信息保护、Web 和应用程序平台等方面具备多种新功能和增强功能。

2013 年 10 月 18 日，微软面向全球发布正式版 Windows Server 2012 R2 64 位版本。2014 年 12 月 15 日，该版本同 Windows 8.1 一样获得了大量的重要更新，并推送了 Windows Server 2012 R2 With Update3 安装版镜像文件。

2. 开发历史

2011 年 9 月 9 日，编译开发者预览版(Developer Preview)。然而，这个版本不像消费者预览版那样，因此只提供给 MSDN 订阅者。这个时候已经出现了 Metro 界面(更名为 Windows UI)、新的服务器管理器以及其他新功能。

2012 年 1 月 13 日，泄露出 Build 8180，已经更新了服务器管理界面和存储空间。

2012 年 2 月 16 日，微软公布了开发者预览版。并且更新了系统，设置系统在 2013 年 1 月 15 日过期，而不是原来的 2012 年 4 月 8 日。

2012 年 2 月 29 日，与 Windows 8 一起，发布了 Beta 版本。不像开发者预览版，这个版本是公开发布的。

2012 年 4 月 17 日，改名为 Windows Server 2012，在此之前都叫做 Windows Server 8。

2012 年 5 月 31 日，发布候选版。

2012 年 8 月 1 日，Windows Server 2012 RTM 版编译完成，并且于 2012 年 9 月 4 日发售。

3. Windows Server 2012 主要版本

Windows Server 2012 有四个版本：Foundation、Essentials、Standard 和 Datacenter。

(1) Windows Server 2012 Essentials 面向中小企业，用户限定在 25 位以内，该版本简化了界面，预先配置云服务连接，不支持虚拟化。

(2) Windows Server 2012 Standard 提供完整的 Windows Server 功能，限制使用两台虚拟主机。

(3) Windows Server 2012 Datacenter 提供完整的 Windows Server 功能，不限制虚拟主机数量。

(4) Windows Server 2012 Foundation 仅提供给 OEM 厂商，限定用户 15 位，提供通用服务器功能，不支持虚拟化。

4. 与 Windows Server 2008 的比较

Windows Server 2008 目前有 Windows Server 2008 标准版 5 用户，Windows Server 2008 企业版 25 用户这两个版本，其中标准版自带 5 用户，支持 1～4 颗 CPU，最大内存 32GB，不可集群；企业版自带 25 用户，支持 1～8 颗 CPU，最大内存 1TB，可集群 64 个节点。

Windows Server 2012 目前有 Windows Server 2012 标准版和 Windows Server 2012

数据中心版这两个版本，这两版本区别是：Windows Server 2012 标准版，支持 2 个 CPU，支持 2 个虚拟；Windows Server 2012 数据中心版，支持 2 个 CPU，支持无限虚拟。

Windows Server 2008 和 Windows Server 2012 这两个版本的区别是：Windows Server 2012 标准版包含 Windows Server 2008 企业版的功能；Windows Server 2012 不带客户端，可单独购买，1 个扩容包包含 5 个客户端。

1.1.5 VMware

从国际市场来看 VMware、Microsoft 和 Citrix 是目前在 X86 平台上主流的虚拟化厂商，占 96%的市场份额，但是 VMware 在服务器虚拟化上占有主导的地位，在微软进入虚拟化领域之前，市场基本被 VMware 占有。据 IDC 公司统计，VMware 公司在虚拟化市场的占有额在 85%以上。在应用虚拟化方面，Citrix 是绝对的领导者，在远程桌面访问的效率和外设广泛支持性上，占有绝对的领先优势。相对于前两家公司，Microsoft 这个软件巨头显得稍微弱势一些，但是其有强大的技术实力做后盾，在虚拟化市场中逐渐确立了市场地位，并迅速占有了市场的一部分份额，由于 Microsoft 固有的优势，使其在虚拟化方面具有很大的发展空间。

本书在最后一章将详细介绍 Microsoft 的虚拟化技术，这里为了方便读者进行下一步学习，重点讲解 VMware 公司的虚拟化技术。

VMware 公司是一家专门研究虚拟化软件的公司，也是全世界第三大软件公司，成立于 1998 年，由 Diance Greene、Mendel Rosenblum、Scott Devine、Edward Wang 等人创办，总部位于美国加利福尼亚州，主要控股股东是存储器业的巨头 EMC 公司。

VMware 公司于 1999 年发布了第一款产品 VMwareWorkstation，经过发展目前最新版本是 Workstation 12.5 Pro。最新版本支持 Windows 10，并适用于即将发布的 Windows Server 2016。

2001 年通过发布 VMware GSX Server(托管)和 VMware ESX Serve(不托管)宣布进入服务器市场。

2003 年 VMware 推出 VMwareVisulCentert。

2004 年 VMware 推出 64 位虚拟化支持版本，同一年被 EMC 收购。

2010 年发布 VMware vSphere 5.0。

1.3 项目过程

1.3.1 任务 1 VMware Workstation 的安装

1. 任务分析

根据项目背景得知如下需求：五桂山公司将在企业内网搭建各种服务为公司员工所用。现有一台安装 Windows 7 (10.6.64.208/24)的电脑用于实施前的实验。为充分利用这台电脑，可以利用 VMware Workstation 软件实现虚拟化，提高资源的利用率。下面将在此电脑上安装 VMware Workstation 来满足该需求。

2. 任务实施过程

(1) VMware Workstation 目前的最新版本是 VMware Workstation12.5.0.11529，下载地址为 http://www.vmware.com/cn/products/workstation。

(2) 打开下载的可执行文件，进行解压缩，单击“安装”按钮，进入安装向导。单击“下一步”按钮，如图 1-1 所示。

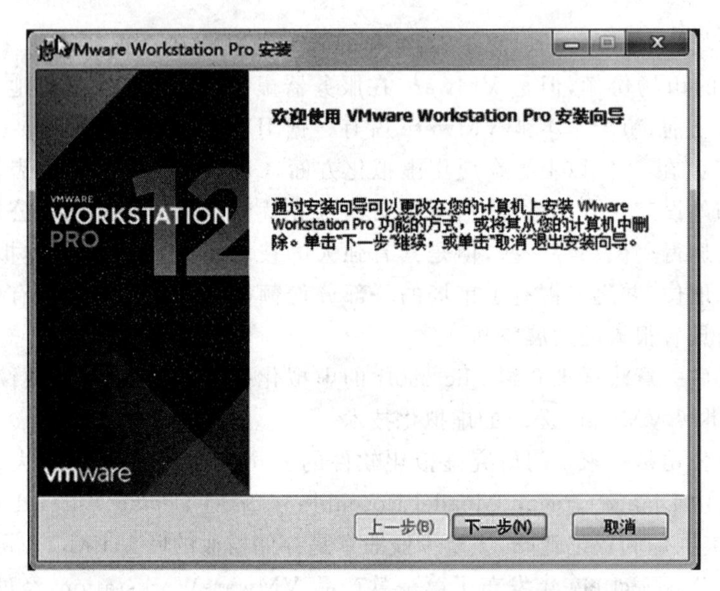

图 1-1 安装向导

(3) 进入协议阅读许可界面，选择“我接受许可协议中的条款(A)”，单击“下一步”按钮，如图 1-2 所示。

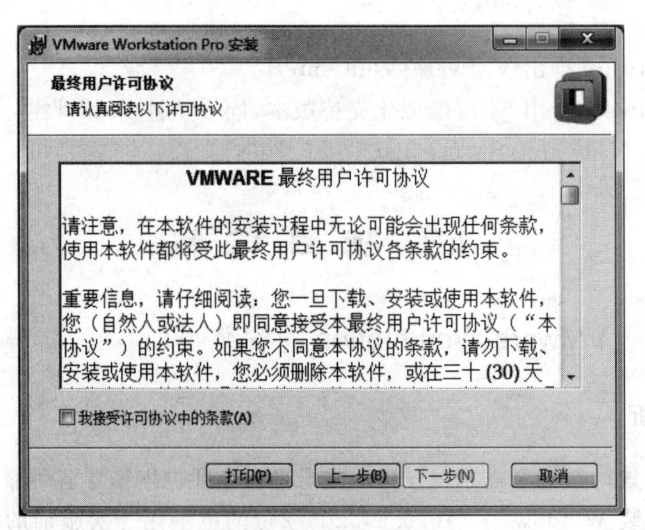

图 1-2 选择安装类型

（4）进入安装路径的选择界面，选择合适的路径，单击“下一步”按钮，如图1-3所示。

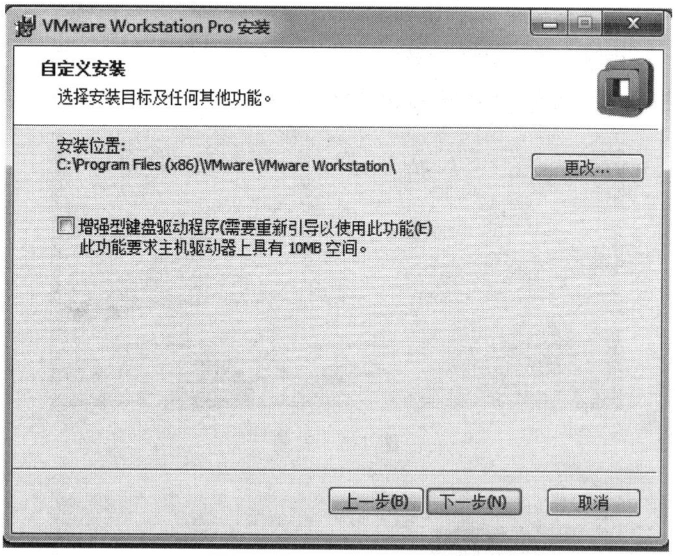

图1-3 路径选择

（5）选择放入系统的快捷方式，单击“下一步”按钮，如图1-4所示。

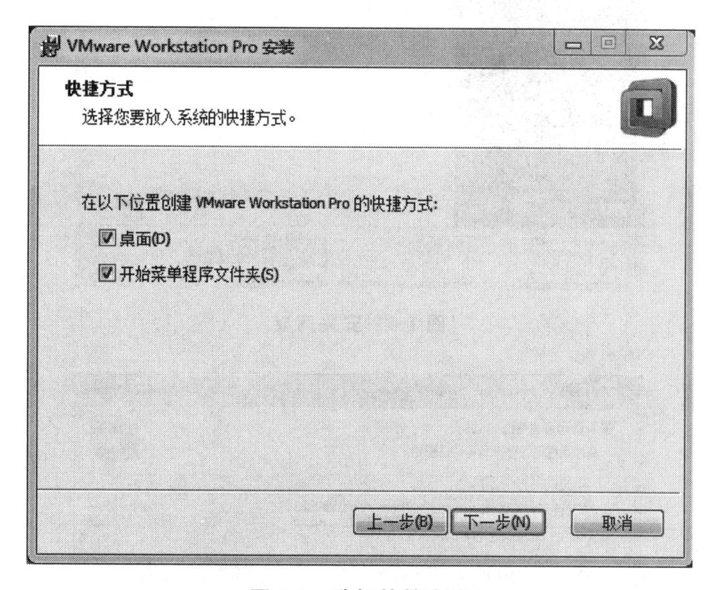

图1-4 选择快捷方式

（6）到这一步已基本完成安装前的准备工作，单击“安装”按钮，如图1-5所示。

（7）安装完成后，进入软件注册界面，单击“许可证”按钮，如图1-6所示。

（8）输入许可证的密钥，单击“输入”按钮，结束软件的安装，如图1-7所示。

（9）打开软件的主界面，在“帮助”菜单下面，选择“关于VMware Workstation”选项，可以查看软件的详细信息，如图1-8所示。

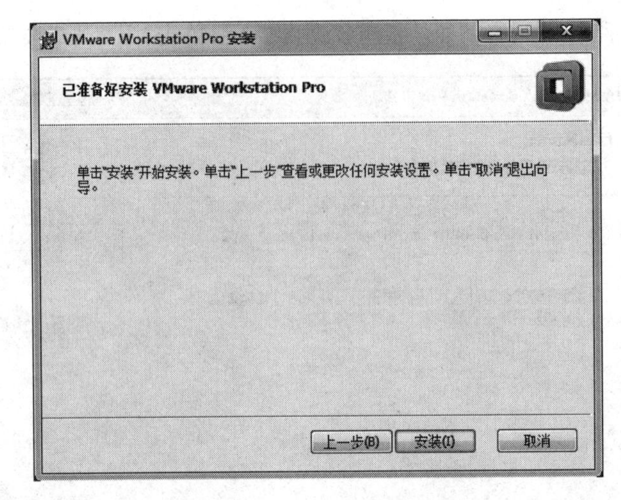

图 1-5 安装

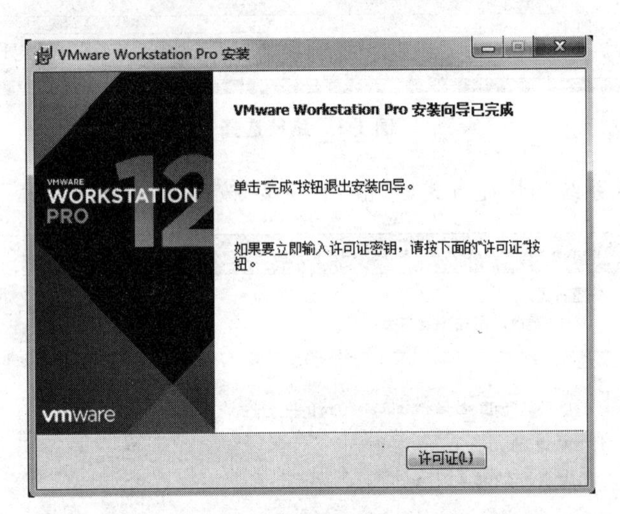

图 1-6 安装完成

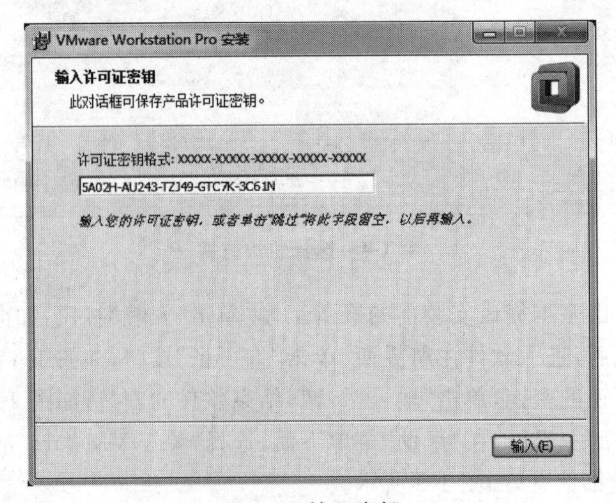

图 1-7 输入密钥

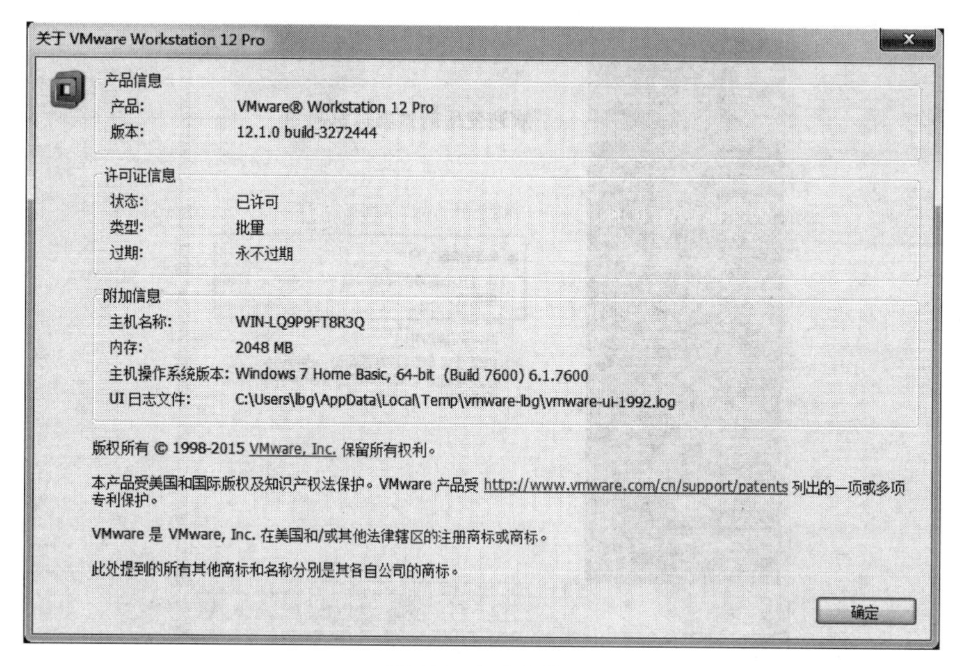

图 1-8　完成安装 S

1.3.2　任务 2　安装 Windows Server 2012

1. 任务分析

根据五桂山公司的需求，需要在 VMware Workstation 12 里面安装 Windows Server 2012，搭建实验所需环境。为此 Windows 7 主机需要的配置是 64 位 x86 Intel Core 2 双核处理器或同等级别的处理器、AMD Athlon™ 64 FX 双核处理器或同等级别的处理器 1.3 GHz 或更快的处理器。核心速度至少 2 GB RAM，建议 4 GB。

实验前需要准备 Windows Server 2012 的安装镜像文件，镜像文件可以在 http://www.itellyou.cn/及其他网站下载。

2. 任务实施过程

1）新建虚拟机

（1）打开 VMware Workstation 的主界面，单击“文件”菜单下面的“新建虚拟机”选项，弹出新建虚拟机向导窗口。在单选框中选择“典型(推荐)(T)”选项，单击“下一步”按钮，如图 1-9 所示。

（2）进入安装源选择界面，“安装程序光盘(D)”要求有 Windows Server 2012 安装光盘。我们选择“安装程序光盘映像文件(iso)(M)”，浏览下载的操作系统映像文件，软件自动完成文件的检测，单击“下一步”按钮，如图 1-10 所示。

（3）在输入系统密钥和用户信息界面。我们可以跳过，等系统安装好后再注册和创建用户密码，单击“下一步”按钮，如图 1-11 所示。

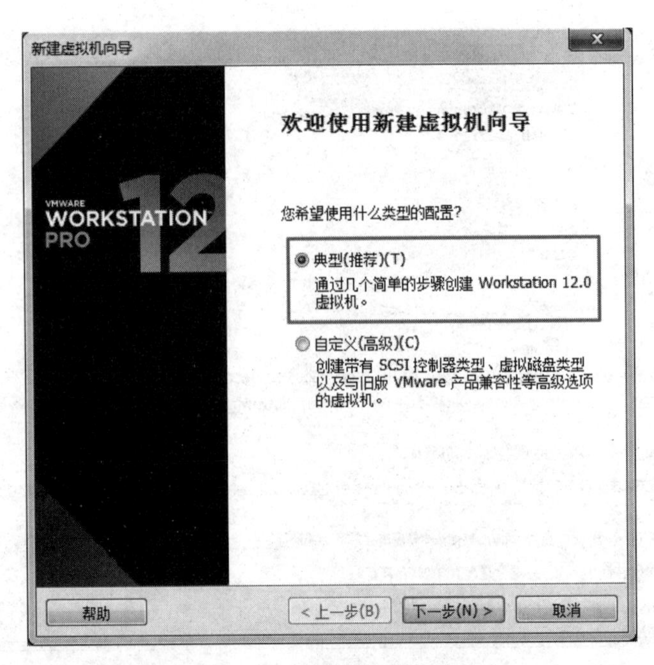

图 1-9　新建虚拟机向导

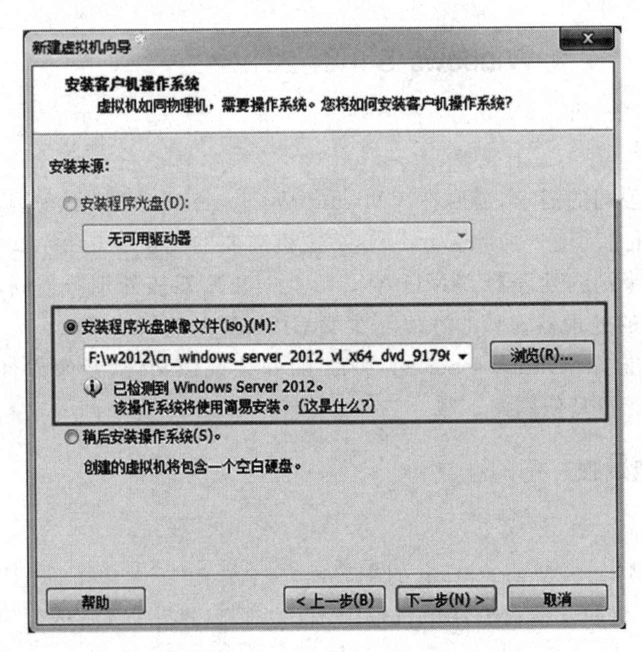

图 1-10　浏览安装镜像

(4) 给待安装的虚拟机命名，并且选择合适的安装位置，单击“下一步”按钮，如图 1-12 所示。

(5) 给虚拟机指定硬盘的容量，并且选择合适的安装位置，单击“下一步”按钮，如图 1-13 所示。

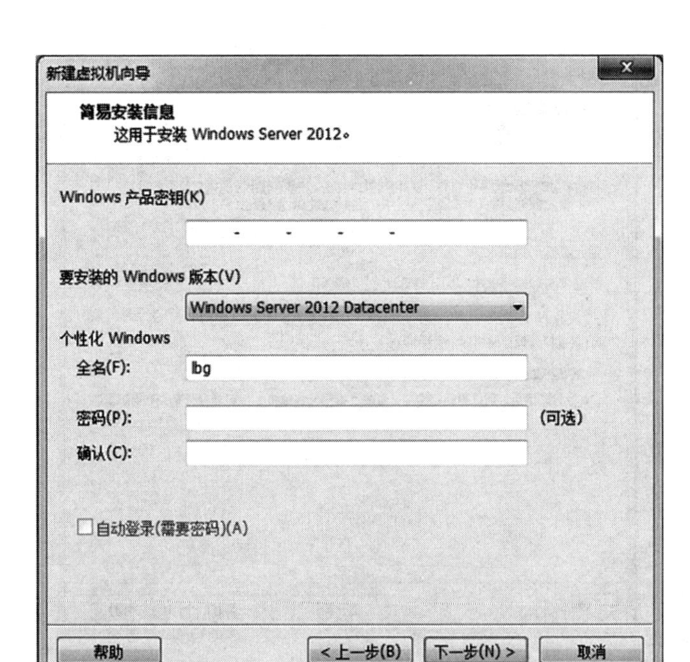

图 1-11 产品密钥和用户信息

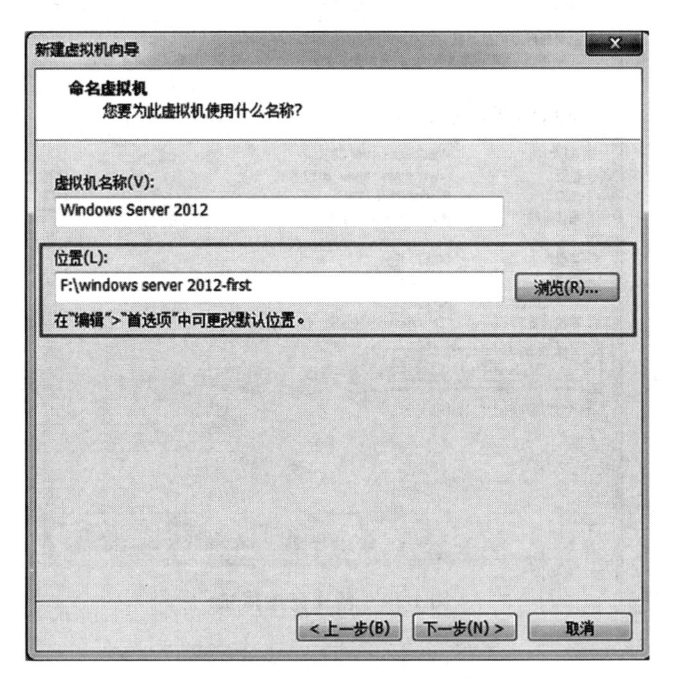

图 1-12 虚拟机名字和安装位置

(6) 至此已经完成了虚拟机名称、安装位置、安装源以及虚拟机分配的硬盘、内存等信息的配置,单击"完成"按钮,就可以开始 Windows Server 2012 的安装了,如图 1-14 所示。

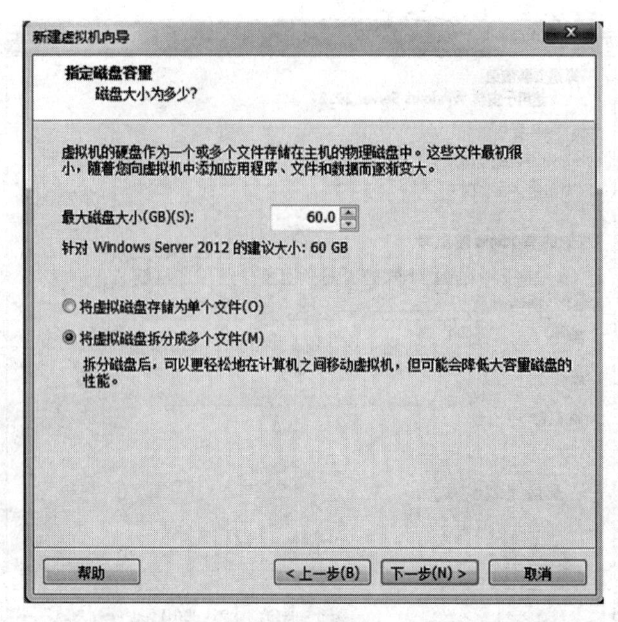

图 1-13　虚拟机硬盘的容量

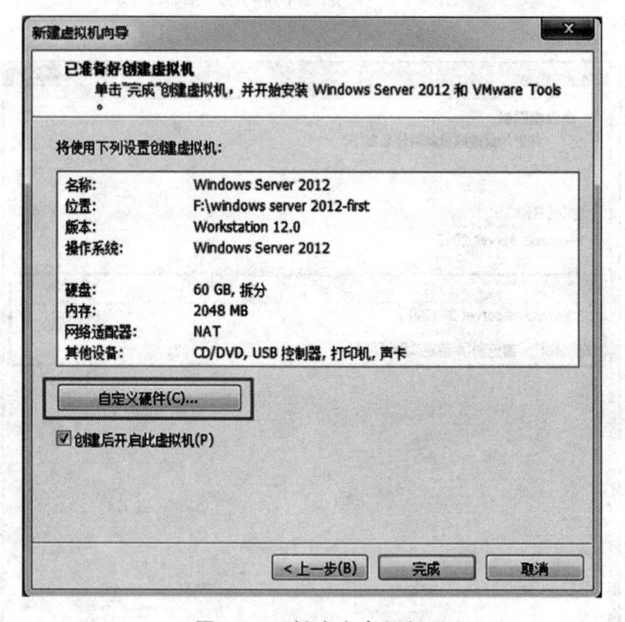

图 1-14　创建完虚拟机

2）安装

（1）单击"完成"按钮后打开虚拟机电源，系统通过光盘启动安装程序。启动安装程序后，出现选择语言和时间等选项的对话框，然后单击"下一步"按钮，如图 1-15 所示。

（2）单击"现在安装"，如图 1-16 所示。

（3）启动后进入版本选择。其中：

图 1-15　选择语言

图 1-16　安装界面

- Standard 版本针对服务密度较低，或是不部署虚拟化的企业用户，提供完整的功能，但虚拟机安装授权数有限制，仅提供 2 台虚拟机的授权。
- Datacenter 版本为完整旗舰版，主要针对运行高度虚拟化以及混合云的企业用户，可以大规模部署虚拟化服务，可安装的虚拟机授权数量没有限制，同时也是成本最高的版本。
- 服务器核心安装可减少所需的磁盘空间、潜在的攻击面，尤其是服务要求，因此建议选择服务器核心安装。
- 图形用户界面(GUI)包含附加用户界面元素和图形管理工具，由于是学习使用，所以按最高版安装。

选择 Datacenter 版本和图形用户界面(GUI),如图 1-17 所示。

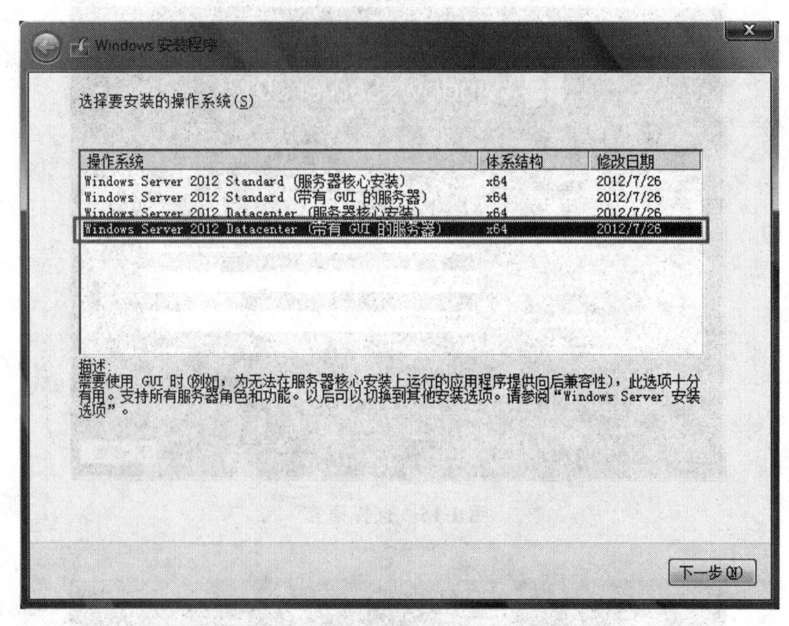

图 1-17 安装版本选择

(4) 选择版本后单击"下一步"按钮进入协议提示,如图 1-18 所示。

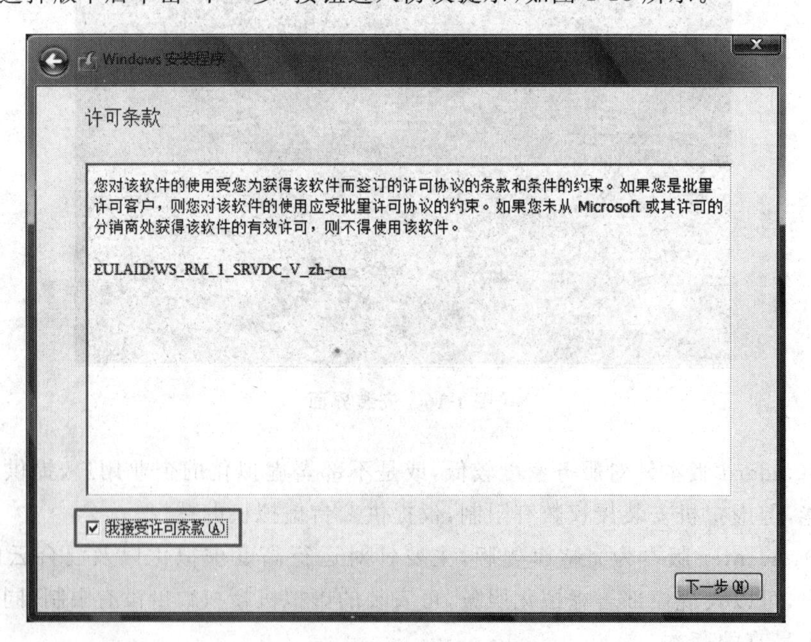

图 1-18 协议选择

(5) 选择安装类型,升级指的是保留原来系统的文件,设置和应用程序,在原来的基础上把系统升级到 Windows Server 2012。现在是新建的磁盘,所以不存在升级的问题,如图 1-19 所示。

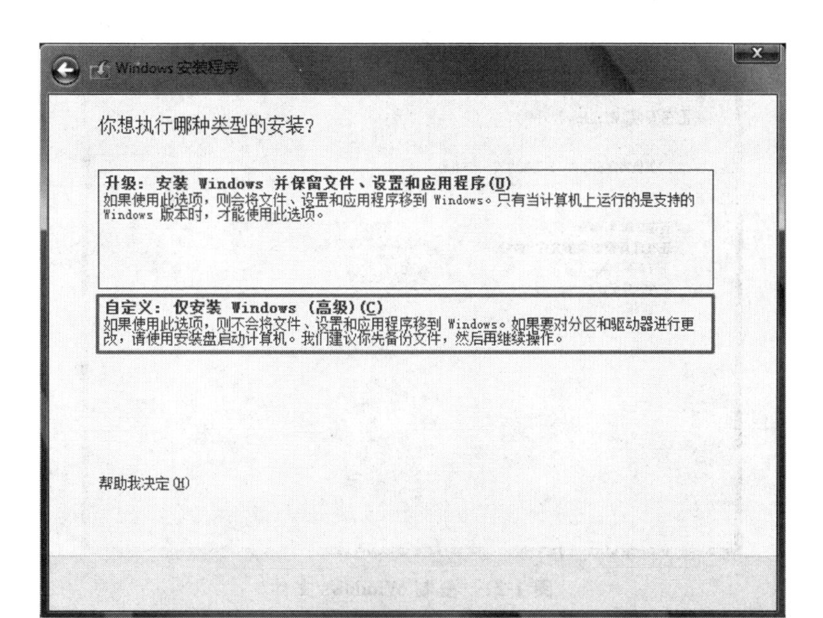

图 1-19　安装类型选择

(6) 单击“自定义安装”，进入磁盘配置窗口，选择默认的安装磁盘，单击“驱动器”选项，在该选项中可以对硬盘进行格式化等操作，直接单击“下一步”按钮后开始安装，如图 1-20 所示。

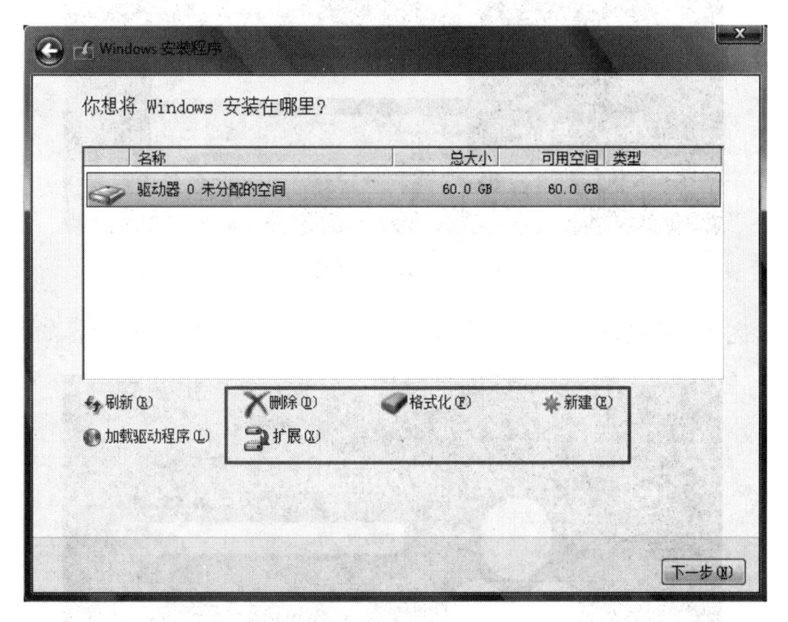

图 1-20　磁盘管理

(7) 安装 Windows Server 2012 过程中，首先是复制 Windows 文件，如图 1-21 所示。

(8) 经过大概两次重启后输入用户名、密码，用户名、密码必须由大、小写字母或数字组成，如图 1-22 所示。

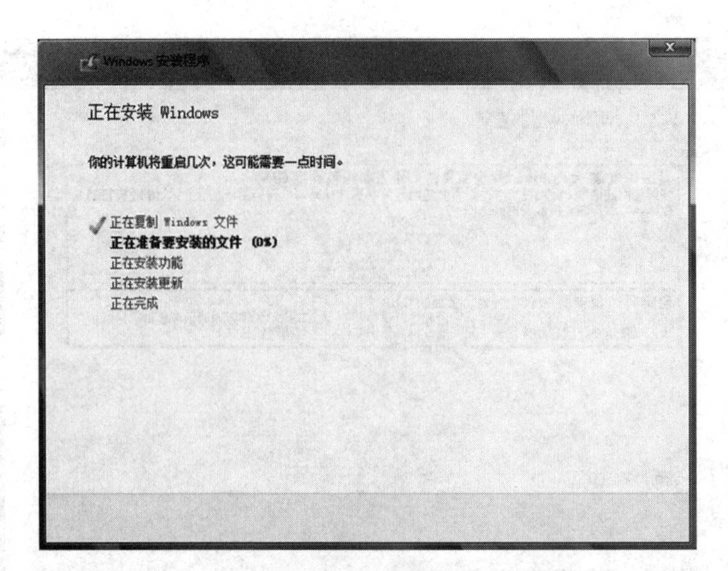

图 1-21 复制 Windows 文件

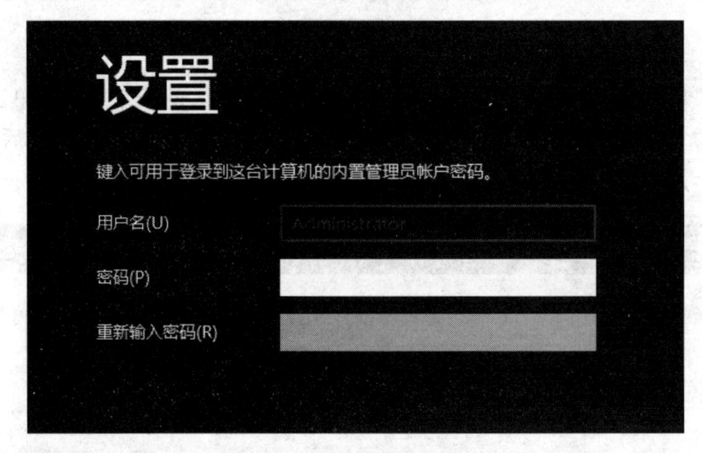

图 1-22 设置登录密码

(9) 输入完密码后进行系统配置，完成系统的安装。这时可以登录系统，如图 1-23 所示。

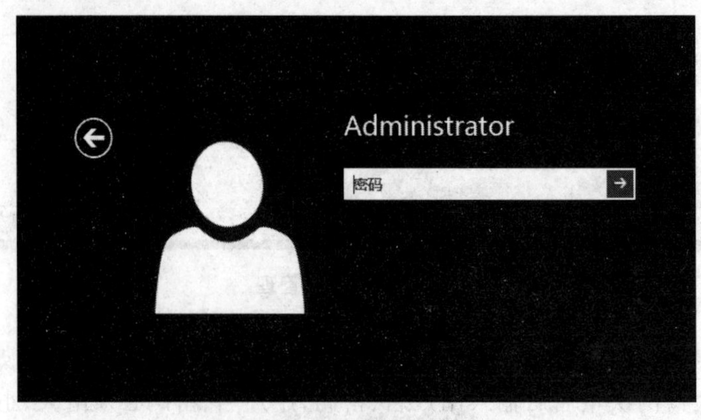

图 1-23 启动系统

1.3.3 任务3 配置 Windows Server 2012

1. 任务分析

Windows Server 2012 作为 Windows Server 2008 的继任者，在虚拟化方面的强势表现有助于云计算的进一步发展。它与前期的微软网络操作系统 Windows Server 2008，特别是 Windows Server 2003 有较大的区别。安装完系统，必须对系统的基本管理有一定的了解。

2. 任务实施过程

1）用户和用户组

（1）用户账户可确定与电脑交互的方式并可个性化电脑。例如，用户账户决定了可以访问哪些文件和文件夹，可以对电脑执行什么更改以及个人首选项(例如桌面背景或屏幕保护程序)。如果为其他人分别创建不同的账户，则无须具有相同的设置，这意味着可以限制他人对你的文件、文件夹的访问权限，甚至是对其他账户提供不同的桌面背景。

（2）用户账户里包含了用户账户管理和凭据管理器，凭据管理器将凭据(例如用户名和密码)存储在同一个方便的位置。这些凭据用于登录到网站或网络上其他电脑，它们都保存在电脑上的特殊文件夹中。Windows 能够安全地访问这些文件夹，并使用存储的凭据来帮你自动登录到网站或其他电脑。

（3）打开"控制面板"，单击"用户账户"选项，如图 1-24 所示。

图 1-24 控制面板

（4）在"更改账户信息"界面中，可以更改已有账户的名称、账户类型等，如图 1-25 所示。

（5）单击"管理其他账户"选项，可列出所有本地用户。Administrator 用户可以编辑其他用户，而具有管理员权限的其他用户不能编辑，如图 1-26 所示。

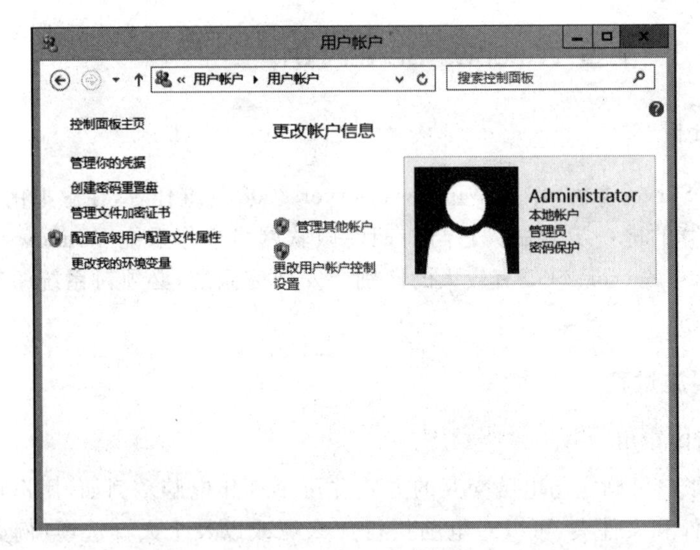

图 1-25　更改账户信息

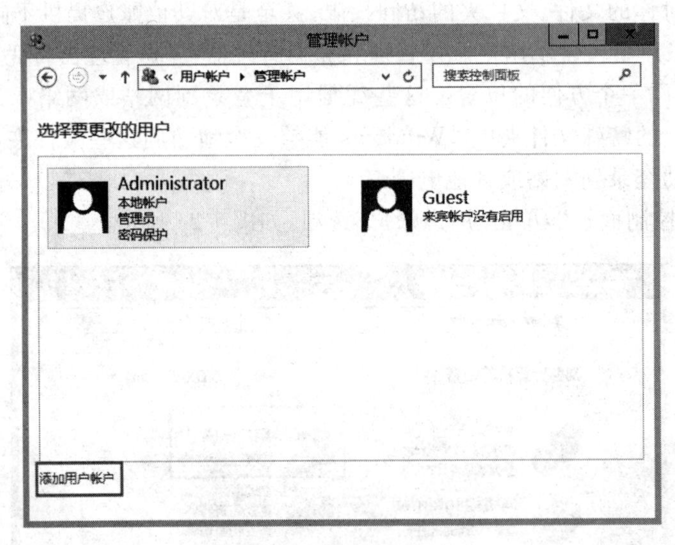

图 1-26　用户列表

(6) 单击左下角的“添加用户账户”，弹出“添加用户”窗口，可输入用户名、密码及密码提示。Windows Server 2012 默认要求用户的密码必须是强密码，即必须具备含有数字、大写字母、小写字母及符号中任意三种组合，最短是三位，如 A123456!。单击“下一步”按钮，即可完成添加用户，如图 1-27 所示。

(7) 用户类型有以下三种：

- 标准账户：适合日常使用。第一次开始使用电脑时，可能已经创建了这种类型的账户。
- 管理员账户：可提供对电脑的最大程度的控制。若要帮助保护电脑(防止其他用户更改)，应谨慎使用管理员账户。如果要为电脑上的其他用户设置账户，则需要

图 1-27　添加用户

使用管理员账户。

- 来宾账户：适用于有人暂时使用电脑的情况。可以在"控制面板"中启用电脑的来宾账户。

如果需要修改选择类型，则单击"更改账户类型"，选择需要的用户类型，即完成用户的创建。这时可以看到用户管理已返回用户界面，注销电脑后可用新建的用户来登录计算机，如图 1-28 所示。

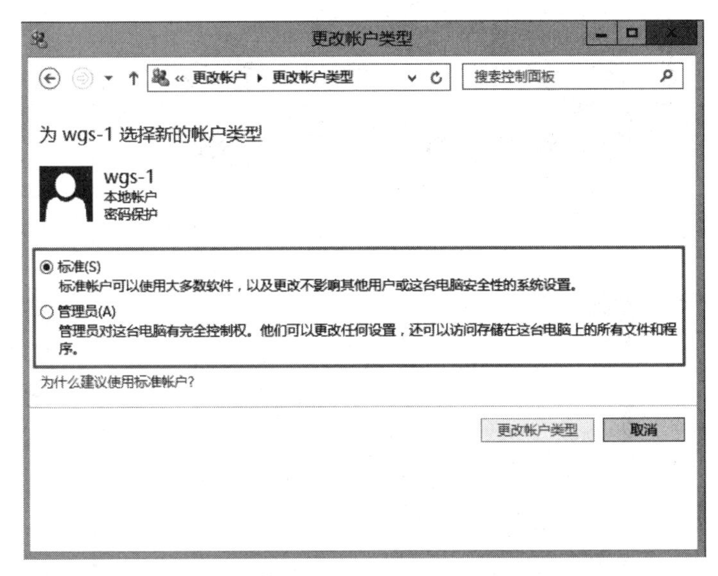

图 1-28　更改账户类型

2）修改服务器名及工作组

（1）安装系统的时候，系统会提示一个通用的服务器名称。大多数情况下需要对服务器重新命名，以满足公司内部的命名规则。

（2）在“服务器管理器”的首页，单击“本地服务器”，如图 1-29 所示。

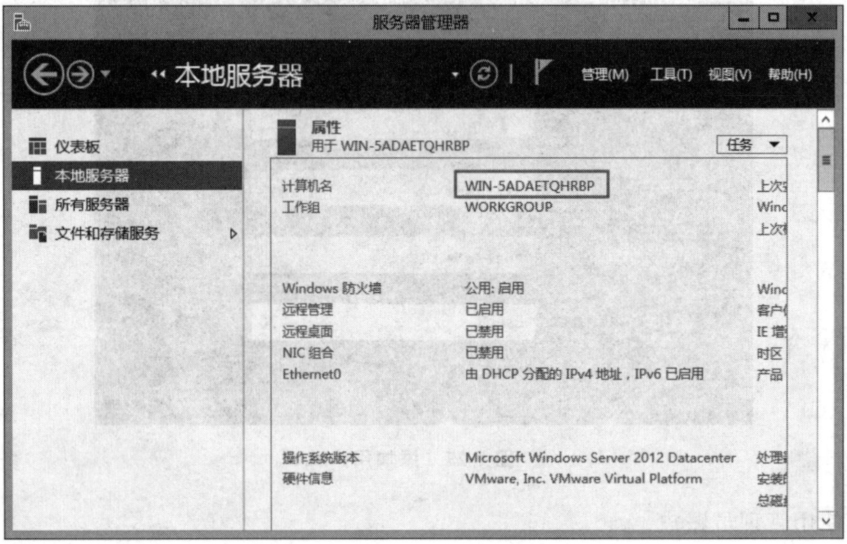

图 1-29　本地服务器

（3）在图 1-29 中，会看到计算机的名称。这是一个通用的名称，其修改方式也非常简单，单击这个名称就会弹出图 1-30 的对话框。在弹出的“系统属性”中，单击“计算机名”选项卡下的“更改”按钮，就会弹出计算机名及工作组，只要在这个窗口输入需要更改的计算机名称和工作组名即可完成，如图 1-30 所示。

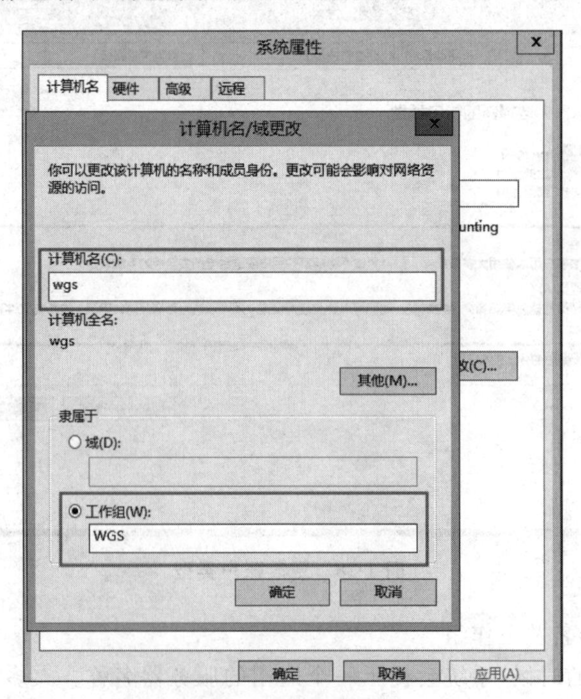

图 1-30　修改服务器名和工作组

3）防火墙管理

（1）Windows Server 2012中，Windows防火墙默认状态下是启用的，而对于集团来说，通常都有基于整个公司的防火墙或安全措施，所以需要关闭Windows Server 2012自带的防火墙。

（2）在服务器管理器本地服务器首页，能够看到"Windows防火墙"处于启动的状态，单击图1-31中标红的地方就可以开始设置。单击图1-31中"启动或关闭Windows防火墙"，如图1-31所示。

图1-31　防火墙设置

（3）这里需要关闭防火墙的设置，无论是专用网还是公用网，都需要关闭。以便相同公司之间的访问，如图1-32所示。

图1-32　自定义防火墙设置

4）启用 Windows Server 2012 的远程桌面

（1）远程桌面连接组件是从 Windows 2000 Server 开始由微软公司提供的，在 Windows Server 2012 中它默认是禁用的。启用该功能使得管理员管理服务器不需要每次都在服务器中操作，可以使用电脑对服务器进行远程控制，以方便维护人员管理，所以在这里需要启用这个被禁用的功能。

（2）在“系统属性”对话框的“远程”选项卡中，需要选中“允许远程连接到此计算机”选项，单击“选择用户”按钮可以设定访问的用户。这样既能方便用户远程管理，也可保证计算机的使用安全，如图 1-33 所示。

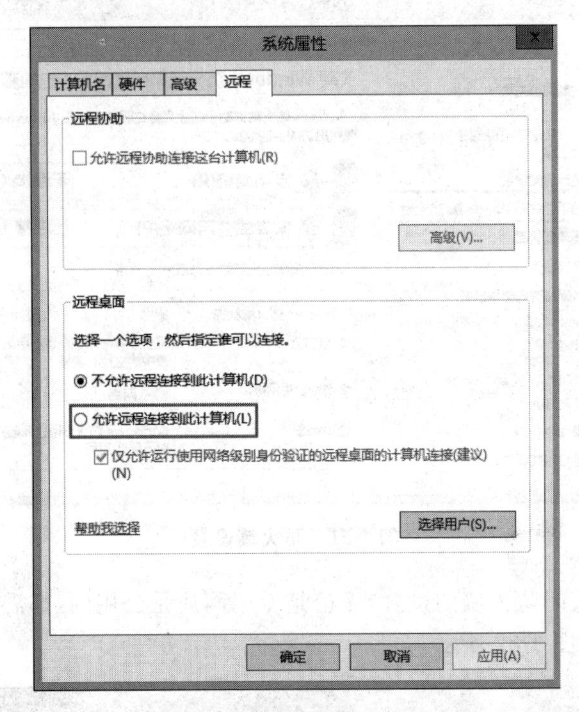

图 1-33 远程桌面选项卡

5）关闭 Internet Explorer 增强的安全配置

（1）Windows Server 2012 通常扮演重要的服务器角色，不应该用来做上网等工作，以防增强被攻击的危险。关闭“Internet Explorer 增强的安全配置”，然后进行调整安全性等级的动作，可在“服务器管理器”中进行设置。在“本机服务器”的右边窗格中，选择“IE 增强的安全配置”，如图 1-34 所示。

（2）可以针对“管理员”、“用户”关闭“Internet Explorer 增强的安全配置”，完成设置后单击“确定”按钮，如图 1-35 所示。

1.3.4 任务 4 VMare 中虚拟机的网络配置

1. 任务分析

根据五桂山公司的需求，虚拟机中安装的虚拟服务器需要正确配置网络，实现与虚

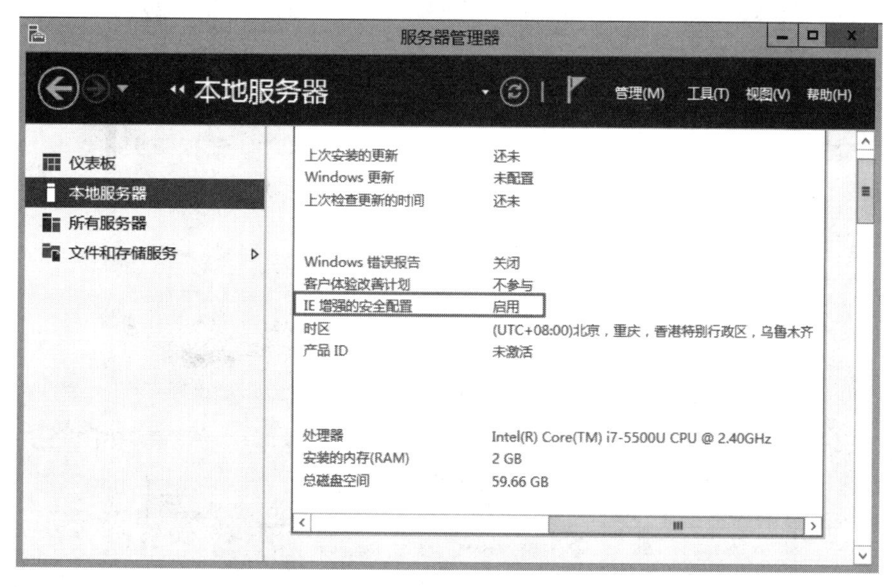

图 1-34　IE 增强的安全配置

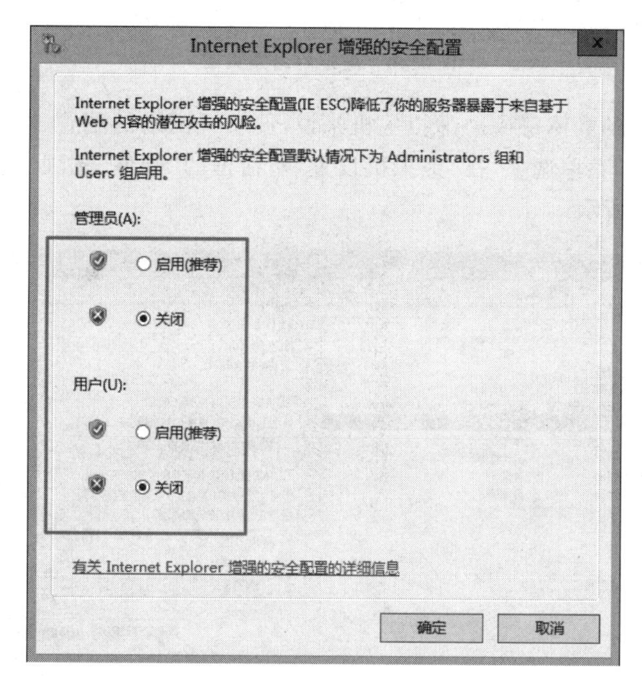

图 1-35　关闭 IE 增强的安全配置

拟主机的互通，才能模拟真实的施工场景。

Workstation Pro 可根据需要创建虚拟交换机，最多能在 Windows 主机系统上创建 20 个虚拟交换机(早期版本只有 10 个)，在 Linux 主机系统上创建 255 个虚拟交换机。单击"编辑"菜单下的"虚拟网络编辑器"选项，如图 1-36 所示。

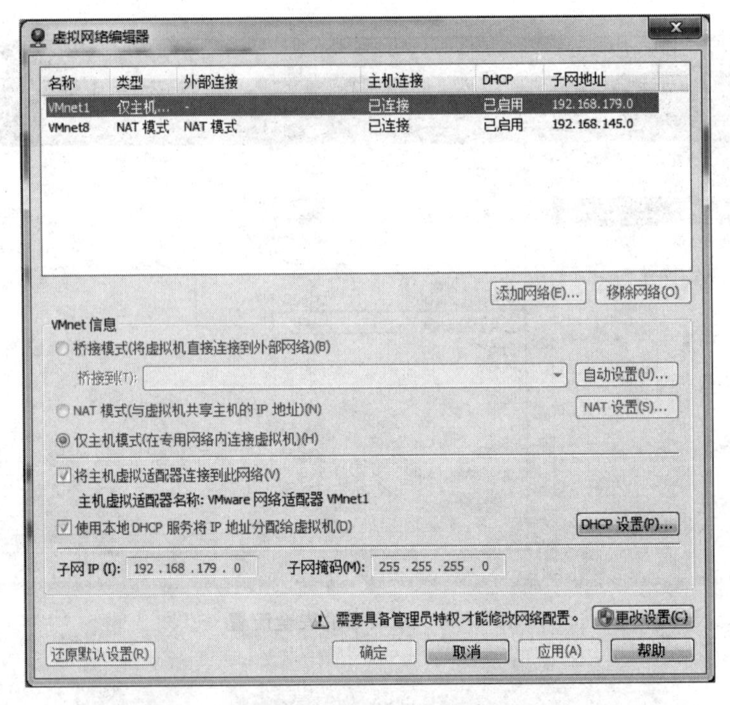

图 1-36　虚拟网络编辑器

对虚拟机里面的具体每一个虚拟主机来说，要实现网络的配置，可以右键单击虚拟机名称，选择“设置”菜单选项，在“虚拟机设置”对话框的“硬件”选项卡中的网络适配器中打开，如图 1-37 所示。

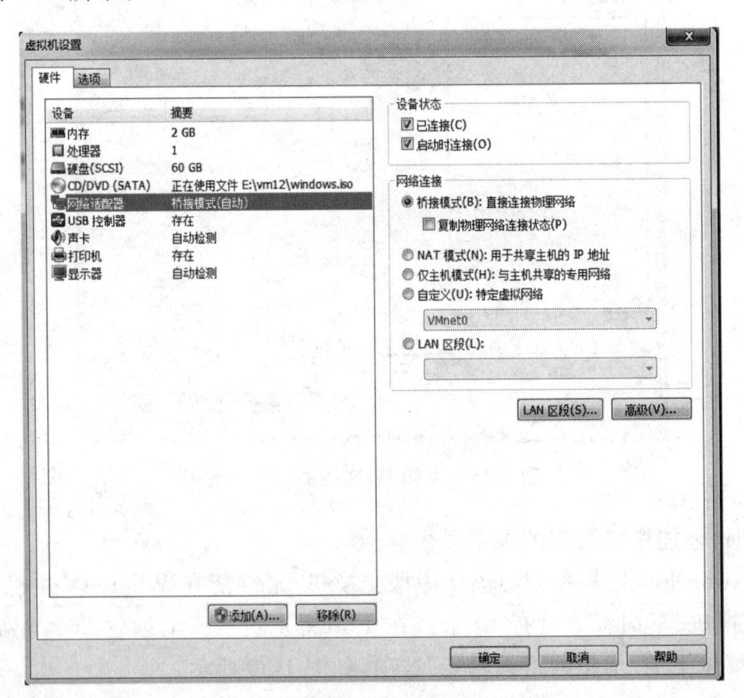

图 1-37　具体虚拟主机的网络设置

安装完虚拟机后，默认安装了两个虚拟网卡，VMnet1 和 VMnet8。其中 VMnet1 是 host 网卡，用于以 host 方式连接网络。VMnet8 是 NAT 网卡。

VMware 提供了五种工作模式，它们是 bridged（桥接模式）、NAT（网络地址转换模式）、host-only（主机模式）、自定义模式和 LAN 区段模式。

2. 任务实施过程

1）桥接模式

（1）在这种模式下，使用 VMnet0 虚拟交换机。它与宿主计算机一样，拥有一个独立的 IP 地址，就像是局域网中的一台独立的主机，它可以访问网内任何一台机器。在桥接模式下，可以手工配置它的 TCP/IP 配置信息（IP、子网掩码等，而且还要和宿主机器处于同一网段），以实现通过局域网的网关或路由器访问互联网；如果主机外面有 DHCP 服务器，还可以将 IP 地址和 DNS 设置成"自动获取"，如图 1-38 所示。

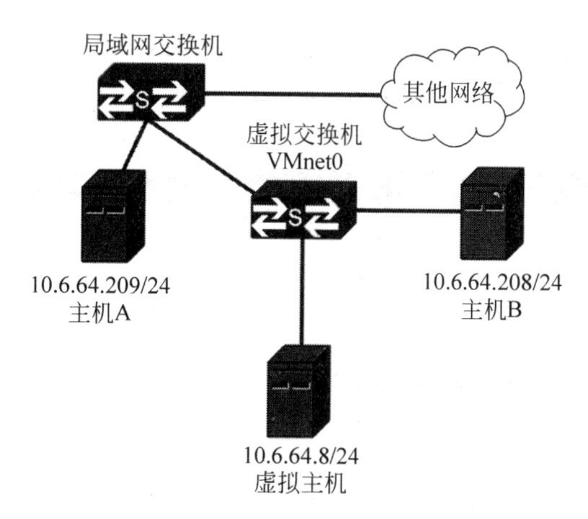

图 1-38 桥接模式拓扑图

主机 A 和主机 B 及虚拟主机可以相互访问，虚拟主机的 IP 地址可以手动设置，也可以从 DHCP 主机自动获取，地位与主机地位均等。

（2）配置外部主机 IP 地址 10.6.64.208/24，以及内部虚拟机的主机地址 10.6.64.8/24，如图 1-39 所示。

（3）在"网络连接"选项框中配置虚拟机网络工作的模式为"桥接模式(B)"，如图 1-40 所示。

（4）测试网络的连通性。为了能正常通信，需要把主机和虚拟主机的防火墙都关闭，如图 1-41 所示。

2）NAT 模式

（1）让虚拟机借助 NAT（网络地址转换）功能，通过宿主机器所在的网络来访问公网。也就是说，使用 NAT 模式可以实现在虚拟系统里访问互联网。NAT 模式下的虚拟机的 TCP/IP 配置信息是由 VMnet8 虚拟网络的 DHCP 服务器提供的，IP 和 DNS 一般设置为"自动获取"，因此虚拟系统也就无法和本局域网中的其他真实主机进行通信。NAT 模式中使用 VMnet8 虚拟交换机，此时虚拟机可以通过主机"单向访问"网络上的

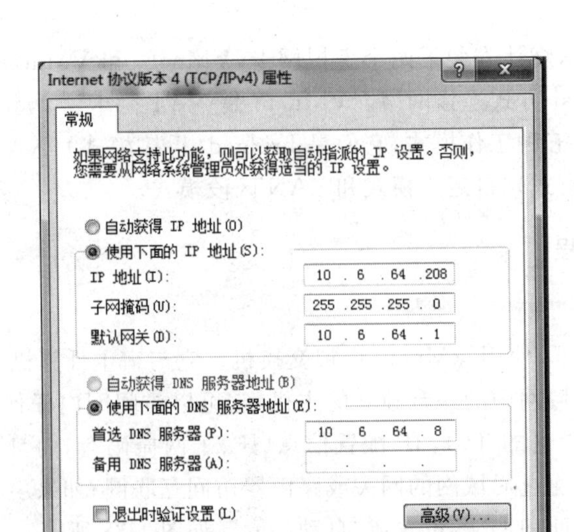

图 1-39　设置 IP 地址

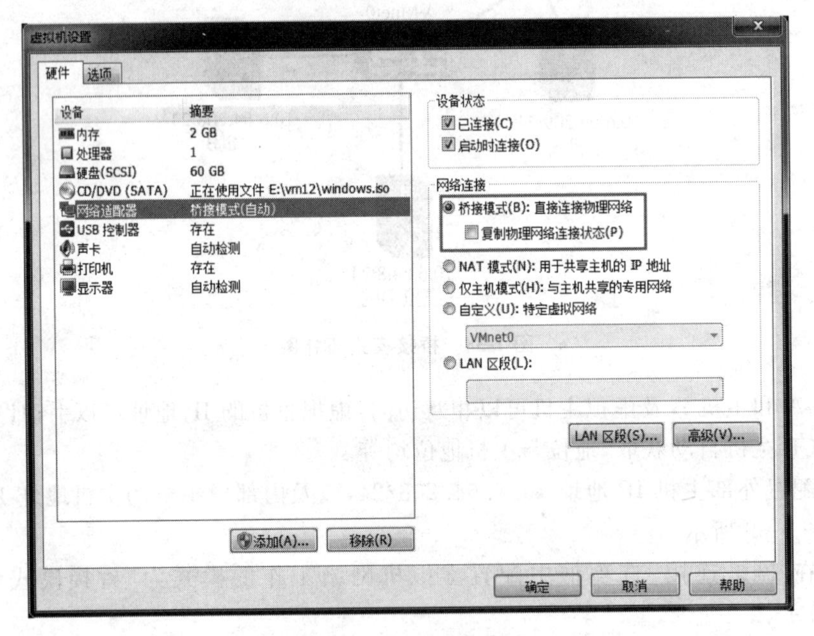

图 1-40　设置工作模式

其他主机，其他主机不能访问虚拟机，如图 1-42 所示。

虚拟主机 A 和虚拟主机 B 及主机 B 可以相互访问，虚拟主机 A 和虚拟主机 B 可以访问主机 A，主机 A 不能访问虚拟主机 A 和虚拟主机 B。虚拟主机 A 和虚拟主机 B 的 IP 地址可以手动设置，也可以从 DHCP 主机自动获取。虚拟主机 A 和虚拟主机 B 可以访问外网资源。

(2) 配置虚拟主机中的 IP 地址为自动获取，外面主机的 IP 地址 10.6.64.208/24，并

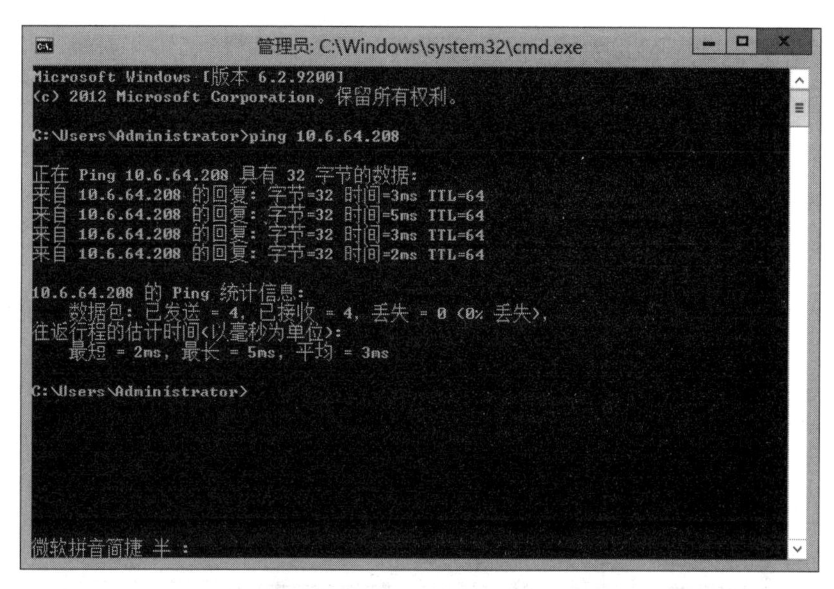

图 1-41 测试连通性

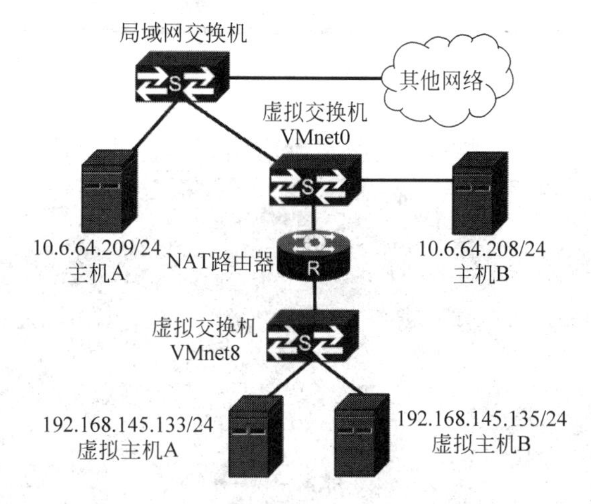

图 1-42 NAT 模式拓扑图

且确保主机“网络连接”下面的 VMnet8 虚拟网卡处于启动状态。

(3) 设置“虚拟网络编辑器”中的 NAT 模式参数,特别是“DHCP 设置”,如图 1-43 所示。

(4) 虚拟主机检查网络 IP 地址及连通性,可以获得虚拟网卡分发的 IP 地址,如图 1-44 所示。

3) Host-only 模式

在某些特殊的网络调试环境中,要求将真实环境和虚拟环境隔离开,这时就可采用 Host-only 模式,在这种模式下宿主机上的所有虚拟机是可以相互通信的,但虚拟机和真实的网络是被隔离开的。

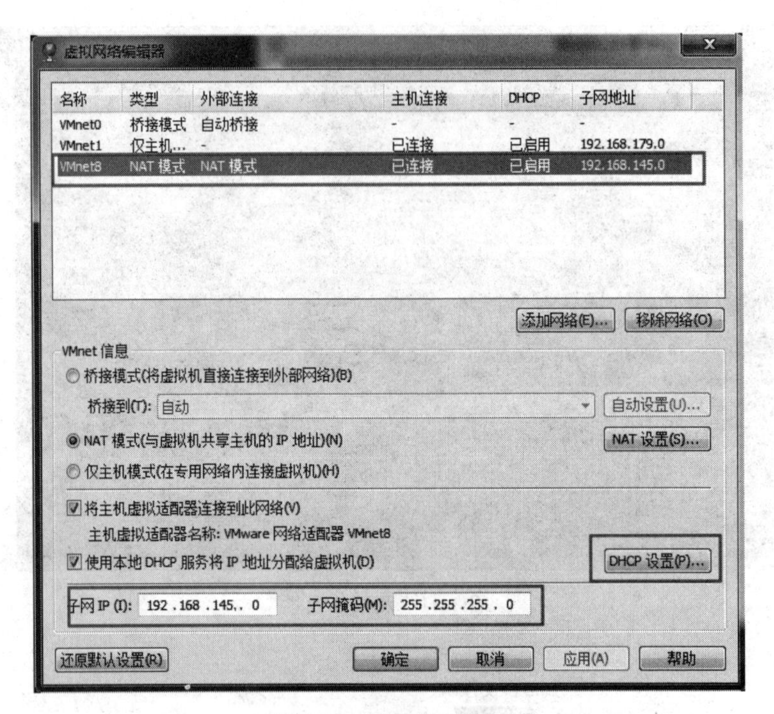

图 1-43 编辑虚拟网络

```
管理员: C:\Windows\system32\cmd.exe
以太网适配器 Ethernet0:

   连接特定的 DNS 后缀 . . . . . . . : localdomain
   本地链接 IPv6 地址. . . . . . . . : fe80::303e:dd9c:19f:56b5%12
   IPv4 地址 . . . . . . . . . . . . : 192.168.145.133
   子网掩码 . . . . . . . . . . . . : 255.255.255.0
   默认网关. . . . . . . . . . . . . : 192.168.145.2

隧道适配器 isatap.localdomain:

   媒体状态 . . . . . . . . . . . . : 媒体已断开
   连接特定的 DNS 后缀 . . . . . . . : localdomain

C:\Users\Administrator>ping 10.6.64.208

正在 Ping 10.6.64.208 具有 32 字节的数据:
来自 10.6.64.208 的回复: 字节=32 时间<1ms TTL=128
来自 10.6.64.208 的回复: 字节=32 时间<1ms TTL=128
来自 10.6.64.208 的回复: 字节=32 时间<1ms TTL=128
来自 10.6.64.208 的回复: 字节=32 时间<1ms TTL=128
微软拼音简捷 半 :
```

图 1-44 NAT 模式连通性

在 Host-only 模式下，虚拟系统的 TCP/IP 配置信息都是由 VMnet1 虚拟网络的 DHCP 服务器来动态分配的。使用 Host-only 方式与 NAT 模式的最大区别是虚拟主机不能够访问外部信息，基本配置与 NAT 模式一样。这种模式虚拟主机 A 和虚拟主机 B 与主机 A 不能互访，与主机 B 能够互访，如图 1-45 所示。

4）自定义模式

这种模式适合于虚拟主机比较多，网段较多的情况，可以灵活调整。它类似于把虚

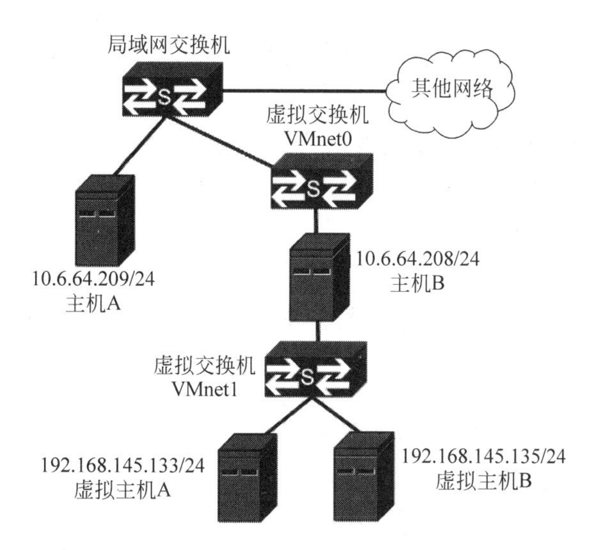

图 1-45 Host-only 模式拓扑图

拟网卡比作虚拟交换机，将网络分成20个网段。VMnet0交换机工作在桥接模式，VMnet1交换机工作在Host-only模式，VMnet8工作在NAT模式，其他17个交换机各自管理一个网段。连接在同一个VMnet上的两台或多台虚拟主机就能正常通信。

自定义模式中，虚拟交换机下面的虚拟主机能够互访，也能与外面的主机A和主机B互访(取决于IP是否在同一个网段)，虚拟机之间的虚拟主机不能互访。虚拟主机能访问外网，如图1-46所示。

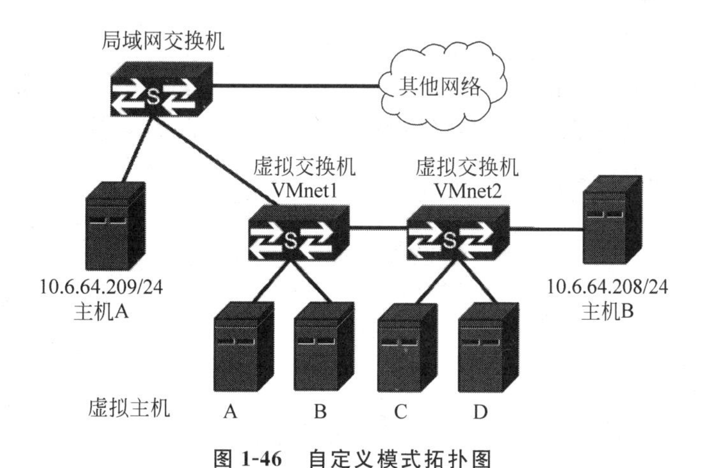

图 1-46 自定义模式拓扑图

5) LAN区段模式

早期版本没有LAN区段模式这个选项。它比Host-Only模式更简陋，只具有主机模式的部分功能。用户设定一个网络区段，虚拟服务器只能在该网络区段中进行数据通信，且虚拟主机的IP地址不能使用DHCP获取，必须手动设置。

1.4 项目总结

在安装 Windows Server 2012 选择系统 ISO 镜像时(如图 1-10 所示),如果选择第二项,系统将会被简易安装;如果要自定义安装,则选择第三项“稍后安装操作系统”,待新建好虚拟机后再启动虚拟机。

1.5 课后习题

1. 填空题

(1) 网络操作系统按模式分类,分为________。

(2) 网络操作系统分为________。

(3) Windows Server 2012 有________四个版本。

(4) 用户类型,有________三种类型。

(5) Workstation Pro 12 Windows 下面支持________个虚拟交换机。

2. 简答题

(1) 请简述 Windows Server 2012 和 Windows Server 2008 的区别。

(2) 请简述 Workstation 网络工作模式的基本原理及不同点。

3. 实训题

某公司计划配置各种网络服务,并组建了项目实施小组。为了给小组成员进行一次集中的项目实施前的实战演练,项目组长需要为组员准备演练环境。如果你是该项目组长,请写出详细的设计过程。

第2章 chapter 2

项目2　活动目录服务的配置与管理

【学习目标】

本章将系统地介绍目录服务与活动目录的基础知识以及活动目录的基本配置和管理。通过本章的学习应该完成以下目标：

- 理解目录服务与活动目录的理论知识；
- 理解用户与组的类别；
- 掌握规划和安装局域网的活动目录的方法；
- 掌握在 Windows Server 2012 创建和管理域用户和组的方法；
- 掌握将局域网的计算机加入到域中的方法；
- 掌握活动目录的管理方法。

2.1　项目背景

五桂山公司是一家电子商务公司，近期由于公司业务发展，为方便对企业内部各部门的用户集中管理，基于网络安全管理的需求，考虑将网络升级为域的网络。公司的网络管理部门将在原企业内网的基础上配置一台新的 Windows 2012 服务器(IP：10.6.64.8/24)并升级为域控制器，将其他部门的所有计算机加入到域，使计算机隶属于域，同时对企业内部本地用户和组也升级为域用户和组进行管理。该网络拓扑图如图 2-1 所示。

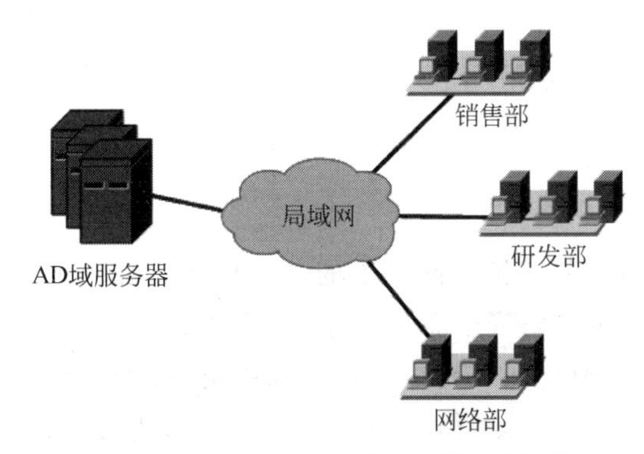

图 2-1　五桂山公司活动目录的网络拓扑

2.2 知识引入

2.2.1 理解目录服务、活动目录和域控制器

1. 目录服务与活动目录

目录服务是一种基于客户机/服务器(Client/Server,C/S)模型的信息查询服务,在Windows系统平台下,通过活动目录组件(Active Directory,AD)来实现目录服务。而活动目录是面向Windows Standard Server、Windows Enterprise Server以及Windows Datacenter Server的目录服务。(Active Directory不能运行在Windows Web Server上,但是可以通过它管理在运行Windows Web Server的计算机。)

活动目录(Active Directory)存储了有关网络对象的信息,可使管理员和用户能够轻松地查找和使用这些信息,其使用了一种结构化的数据存储方式,以数据存储方式为基础对目录信息进行合乎逻辑的分层组织。

2. 活动目录的逻辑结构

活动目录的逻辑结构是以树状层次结构视图呈现的,其逻辑结构与Windows名字空间有直接的关系。活动目录中的逻辑单元包括域、域树、域林及组织单元等。

3. 活动目录主要提供的功能

(1) 对服务器、客户机进行管理:管理服务器及客户机账户,将服务器及客户机加入所属域下进行管理并实施组策略。

(2) 提供用户账户服务:管理用户域账户、用户信息、企业通信录(与电子邮件系统集成)、用户组管理、用户身份认证、用户授权管理等。

(3) 进行资源管理:管理打印机、文件共享服务等网络资源。

(4) 进行桌面配置:系统管理员可以集中实现各种桌面的配置策略,如:用户使用域中资源权限限制、界面功能的限制、应用程序执行特征限制、网络连接限制、安全配置限制等。

(5) 应用系统支撑:支持财务、人事、电子邮件、企业信息门户、办公自动化、补丁管理、防病毒系统等各种应用系统。

4. 域控制器

"域"的真正含义是服务器控制网络上的计算机能否加入的计算机组合。它涉及组合,必须严格控制,为保证网络安全需要实行严格的管理。

在对等网模式下,只要任何一台电脑接入到网络,其他计算机就都可以访问共享资源,比如共享上网等。尽管对等网络上的共享文件可以加访问密码,但是非常容易被破解,因此在Windows 9x操作系统构成的对等网中,数据的传输是非常不安全的。

在“域”模式下，至少有一台服务器负责每一台联入网络的电脑和用户的验证工作，相当于一个单位的保安一样，称为域控制器(Domain Controller,DC)。

域控制器中包含了由这个域的账户、密码，以及属于这个域的计算机等信息构成的数据库。当电脑联入网络时，域控制器首先要鉴别这台电脑是否属于这个域，用户使用的登录账号是否存在，密码是否正确。如果以上信息有不对的情况，那么域控制器就会拒绝这个用户从这台电脑登录。若不能登录，用户就不能访问服务器上有权限保护的资源，它只能以对等网用户的方式访问 Windows 共享的资源，这样就在一定程度上保护了网络上的资源。

要把一台电脑加入域，除了使它和服务器在网上邻居中能够相互“看”到，还必须由网络管理员进行相应的设置，把这台电脑加入到域中，这样才能实现文件的共享。

2.2.2 安装活动目录的前提

安装活动目录的前提条件：

(1) 具有本地管理员权限；

(2) 操作系统版本必须满足条件(Windows Server 2008 除 Web 版外都满足)；

(3) 本地磁盘至少有一个分区是 NTFS 文件系统；

(4) 有 TCP/IP 设置(IP 地址、子网掩码等)；

(5) 有相应的 DNS 服务器支持；

(6) 有静态的 IP 地址，并把 DNS 指向自己的 IP 地址；

(7) 有足够的磁盘使用空间。

注意：关于在命令行下的 dcpromo. exe 指令已弃用的说明：在 Windows Server 2012 中，如果从命令提示符运行 dcpromo. exe(无任何参数)，将收到引导你到服务器管理器的信息。在该服务器管理器中，可使用“添加角色”向导安装 Active Directory 域服务。如果从命令提示符运行 dcpromo/unattend，仍可使用 dcpromo. exe 的无人参与安装，从而可继续使用基于 dcpromo. exe 的自动化 Active Directory 域服务 (AD DS) 安装例程，直到可以使用 Windows PowerShell 重写那些例程。

2.2.3 用户与组

1. 用户与组的知识概述

Windows Server 2012 系统是一个多用户多任务的分时操作系统，每一个使用者都必须申请账号才能登录系统使用资源。用户使用账号登录一方面可以帮助管理员对进入系统的用户账户进行跟踪，并控制其对系统资源的访问；另一方面也可以利用组账户帮助管理员简化对同类用户的控制操作，降低管理的难度。

为了简化对用户账户的管理工作，Windows Server 2012 中提供了组的概念。组是指具有相同或者相似特性的用户集合。当要给一批用户分配同一个权限时，就可以将这些用户都归到一个组中，只要给这个组分配此权限，组内的用户就都会自动拥有此权限。这里的组就相当于一个班或一个部门，班里的学生、部门里的工作人员就是用户。

在 Windows Server 2012 中,用组账户来表示组。用户只能通过用户账户登录计算机,不能通过组账户登录计算机。

2. 本地账户和域用户

在操作系统中,计算机的账户是用户登录系统的钥匙,用户必须有一个相应的账户才可以进入一台计算机的操作系统对计算机进行操作和管理。在 Windows 环境下的计算机账户根据计算机的管理模式主要分为本地用户账户和域账户两种,这两种账户的特点和区别如下:

(1) 本地用户账户是在工作组环境上或是域的成员机登录本地机器所使用的账户名和密码,而域账户是在域的管理模式下域上的用户所使用的账户。

(2) 本地用户账户存储在本地的 sam 数据库中,而域账户存储在 AD 中。

(3) 使用本地用户账户的时候,用户只能使用该账户登录到本地计算机上,而使用域账户用户可以在整个域环境中所有的计算机上进行登录。

(4) 本地账户只能在账户所属的计算机上进行管理,每个计算机上的管理员单独管理自己机器上的本地账户,而域账户通过 AD 用户和计算机管理工具进行统一的管理。

2.2.4 工作组中的组

1. 内置本地组

内置本地组是在系统安装时默认创建的,并被授予特定权限以方便计算机的管理。常见的内置本地组有:

(1) Administrators:在系统内有最高权限,拥有赋予权限,可添加系统组件,升级系统,配置系统参数,配置安全信息等。内置的系统管理员账户是 Administrators 组的成员。如果这台计算机加入到域中,则域管理员自动加入到该组,并且有系统管理员的权限。属于 Administrators 组的用户,都具备系统管理员的权限,拥有对这台计算机最大的控制权,内置的系统管理员 Administrator 就是此本地组的成员,而且无法将其从此组中删除。

(2) Guests:内置的 Guest 账户是该组的成员。一般被用于在域中或计算机中没有固定账户的用户临时访问域或计算机时使用的。该账户默认情况下不允许对域或计算机中的设置和资源做更改。出于安全考虑 Guest 账户在 Windows Server 2012 安装好之后是被禁用的,如果需要可以手动地启用,应该注意分配给该账户的权限,因为该账户经常是黑客攻击的主要对象。

(3) IIS_IUSRS:Internet 信息服务(IIS)使用的内置组。

(4) Users:一般用户所在的组,所有创建的本地账户都自动属于此组。Users 组权限受到很大的限制,对系统有基本的权力,如运行程序,使用网络,但不能关闭 Windows Server 2012,不能创建共享目录和本地打印机。如果这台机加入到域,则域用户自动被加入该组。

2. 内置特殊组

特殊组存在于每一台 Windows Server 2012 计算机内，用户无法更改这些组的成员，也就是说，无法在“Active Directory 用户和计算机”或“本地用户与组”内看到、管理这些组。这些组只有在设置权限时才看得到，以下列出两个常用的特殊组。

(1) Everyone：包括所有访问该计算机的用户。为 Everyone 指定了权限并启用 Guest 账户时一定要小心，Windows 会将没有有效账户的用户当成 Guest 账户，该账户自动得到 Everyone 的权限。

(2) Creator Owner：文件等资源的创建者就是该资源的 Creator Owner。不过，如果创建者是属于 Administrators 组的成员，则其 Creator Owner 为 Administrators 组。

2.2.5 活动目录中组的不同类型及其作用

组的使用范围可以分为通用组、全局组、域本地组。

1. 通用组

通用组可以设定在所有域内的访问权限，以便访问每一个域内的资源，通用组的特性如下：

(1) 通用组具备“通用领域(Universal Scope)”的特性，其成员能够包含整个林中的任何一个域内的用户、通用组与全局组，但是它无法包含任何一个域内的域本地组。

(2) 通用组可以访问一个域内的资源，也就是说可以在任何一个域内设置通用组的权限(这个通用组可以在同一个域内，也可以在另一个域内。)

2. 全局组

全局组主要用来组织用户，即可以将多个被赋予相同权限的用户账户加入到同一个全局组内。全局组的特性如下：

(1) 全局组内的成员，只能够包含所属域内的用户与全局组，即只能够将同一个域内的用户或其他全局组加入到全局组内。

(2) 全局组可以访问任何一个域内的资源，即可以在任何一个域内设置全局组的使用权限(这个全局组可以在同一个域内，也可以在另一个域内)。

3. 域本地组

域本地组主要用来指派在其所属域内的访问权限，以便访问该域内的资源。域本地组的特性如下：

(1) 域本地组内的成员可以是任何一个域内的用户、通用组与全局组，也可以是同一个域内的域本地组，但无法是其他域内的域本地组。

(2) 域本地组只能够访问同一个域内的资料，无法访问其他不同域内的资源。换句话说，当在某台计算机上设置权限时，可以设置同一个域内的域本地组的权限，但是无法设置其他域内的域本地组的权限。

说明：组加入到其他组内的操作，被称之为 Group nesting。

表 2-1 详细列出了各个组的特性。

表 2-1 组特性说明

特　　性	组		
	通用组	全局组	域本地组
成员(域功能级别 Windows 2000 混合模式)	不支持安全性的通用组	同一个域内的用户	所有域内的用户、全局组
成员(域功能级别 Windows 2000 纯模式或 Windows Server 2003)	所有域内的用户、全局组、通用组	同一个域内的用户与全局组	所有域内的用户、全局组、通用组，同一个域内的域本地组
可以在哪一个域内设置使用权限	所有域(域功能级别必须是 Windows 2000 纯模式或 Windows Server 2003)	所有域	同一个域
组转换	可以被转换成域本地组或全局组(只要此组内的成员不含通用组)	可以被转换成通用组(只要此组不属于任何一个全局组)	可以被转换成通用组(只要此组内的成员不含域本地组)

2.2.6 组策略

1. 组策略的分类

组策略分为两类：计算机配置和用户配置。

计算机配置执行生效时间：

(1) 计算机开机时自动应用。

(2) 若计算机已经开机，则系统会每隔一段时间自动应用，例如：作为域控制器系统，默认每隔 5 分钟自动应用一次组策略；作为非域控制器系统，默认 90～120 分钟之间自动应用一次组策略；不论策略值是否变动，系统仍然会每隔 16 小时自动应用一次安全性设置策略；要将组策略手动应用到域内的计算机上可运行以下命令：gpupdate/force。

用户配置执行生效时间：

(1) 用户登录后会自动应用。

(2) 若用户已经登录，系统默认 90～120 分钟自动应用一次。不论策略值是否变动，系统都会每隔 16 小时自动应用一次安全性设置策略。

(3) 在手动应用到域内的计算机上运行以下命令：gpupdate/force。

2. 理解首选项与策略的区别

(1) 只有域内的组策略才有首选项设置功能，本地计算机策略无此功能。

(2) 策略设置是强制设置，客户端应用这些设置后无法更改；首选项设置是非强制设置，客户端可自行更改设置值。因此首选项设置适合作为默认值。

(3) 若要过滤策略设置,必须针对整个 GPO 来设置。

(4) 若在策略设置与首选项设置内有相同的设置项目,而且都已经设置,但是其设置值却不相同,则以策略设置优先,也就是最后的有效设置是策略设置。

(5) 要应用首选项设置的客户端计算机,必须安装支持首选项设置的 client-side extension(CSE)。

2.3 项目过程

1. 活动目录配置前准备

(1) 将域控制器 Windows Server 2012 和客户机 Windows 7 的 IP(这里 IP 设置为 10.6.64.108/24)设置在同一个网段,并将 DNS 都指向 10.6.64.8,使其能够互相 ping 通,如图 2-2 和图 2-3 所示。

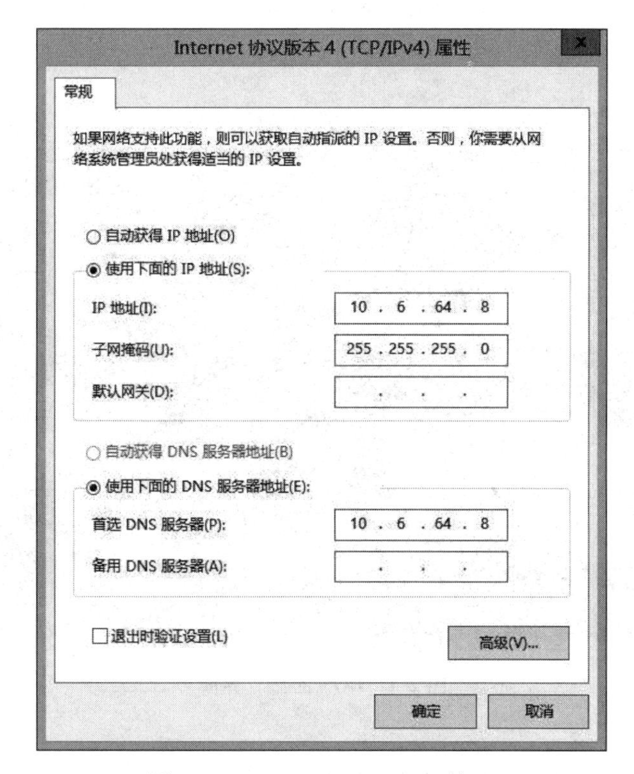

图 2-2 Windows Server 2012 的 IP

(2) 在 Windows Server 2012 里依次单击"开始"→"运行",输入"cmd"后单击"确定"按钮,如图 2-4 所示;在命令行输入 ping 客户端 Windows 7 的 IP: 10.6.64.108,测试客户端与服务器之间网络连接是否正常。连接正常,如图 2-5 所示。

注意: 如果服务器在 DOS 下 ping 不通客户机 Windows 7,则检查网络适配器的设置是否相同,内外网的防火墙是否配置正确;可选择将防火墙直接关闭等其他方式。

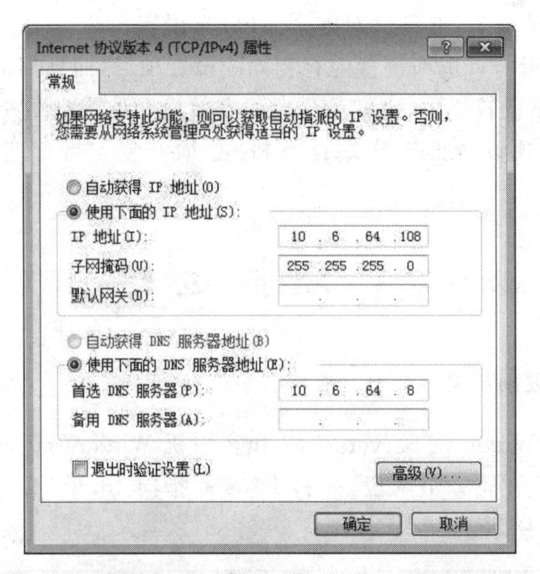

图 2-3 Windows 7 的 IP

图 2-4 DOS 的命令界面

2.3.1 任务 1 创建第一台域控制器

1. 任务分析

根据项目背景得知如下需求：五桂山公司的网络管理部门将在原企业内网的基础上配置一台新的 Windows 2012 服务器(IP：10.6.64.8/24)为活动目录服务，将在此服务器上安装活动目录功能(AD)。

```
管理员: C:\Windows\system32\cmd.exe
Microsoft Windows [版本 6.3.9600]
(c) 2013 Microsoft Corporation。保留所有权利。

C:\Users\Administrator>ping 10.6.64.108

正在 Ping 10.6.64.108 具有 32 字节的数据:
来自 10.6.64.108 的回复: 字节=32 时间=1ms TTL=128
来自 10.6.64.108 的回复: 字节=32 时间<1ms TTL=128
来自 10.6.64.108 的回复: 字节=32 时间<1ms TTL=128
来自 10.6.64.108 的回复: 字节=32 时间<1ms TTL=128

10.6.64.108 的 Ping 统计信息:
    数据包: 已发送 = 4, 已接收 = 4, 丢失 = 0 (0% 丢失),
往返行程的估计时间(以毫秒为单位):
    最短 = 0ms, 最长 = 1ms, 平均 = 0ms

C:\Users\Administrator>_
```

图 2-5　客户端 IP 界面

2. 任务实施过程

1）配置域控制器

（1）打开“服务器管理器”，单击“添加角色和功能”按钮，进入“添加角色和功能向导”，如图 2-6 和图 2-7 所示。

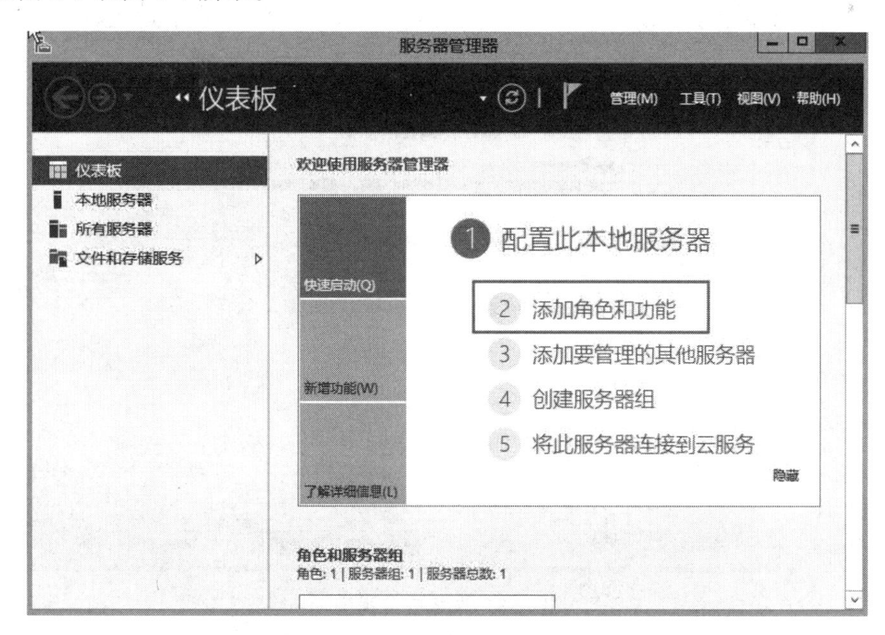

图 2-6　服务器管理器的仪表板

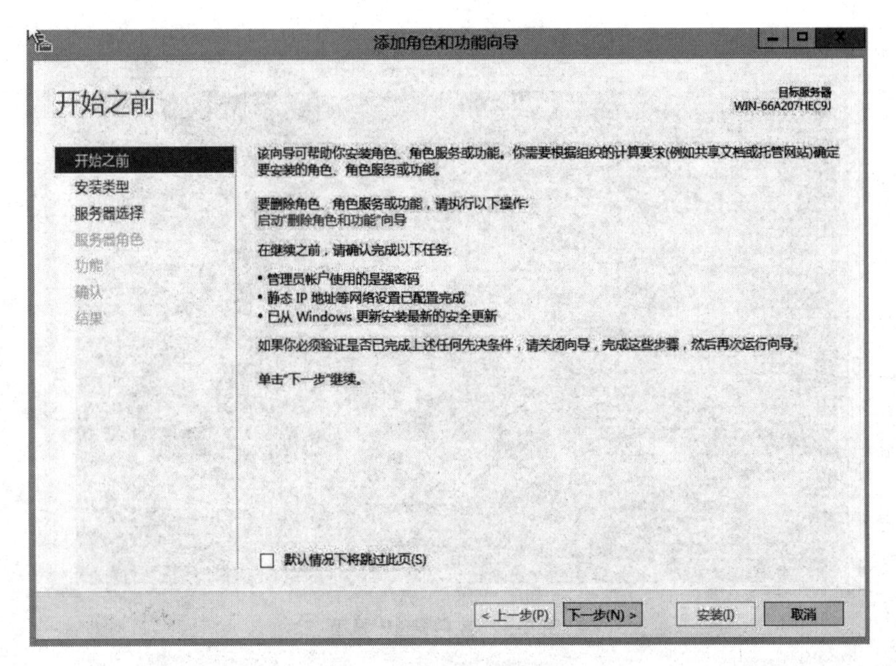

图 2-7 添加角色和功能

(2) 在“添加角色和功能向导”界面，单击“下一步”按钮，选择“基于角色或基于功能的安装”，如图 2-8 所示。

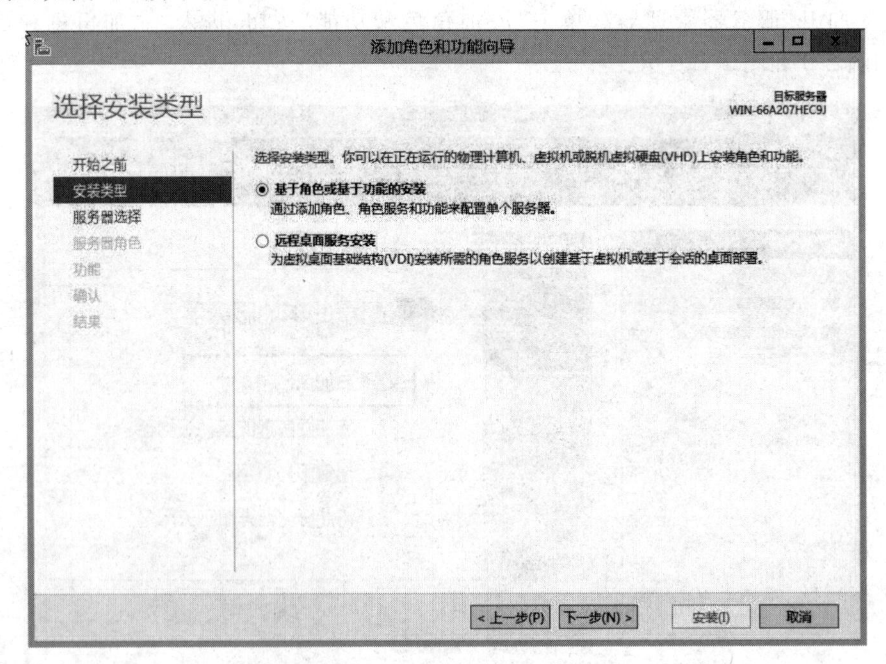

图 2-8 选择安装类型

(3) 单击“下一步”按钮，选择安装角色的服务器，如图 2-9 所示(安装程序会自动检测与显示这台计算机采用静态 IP 地址设置的网络连接)。如图 2-10 所示，勾选“Active

Directory 域服务”,会弹出“添加 Active Directory 域服务所需的功能”,单击“添加功能”按钮添加服务。

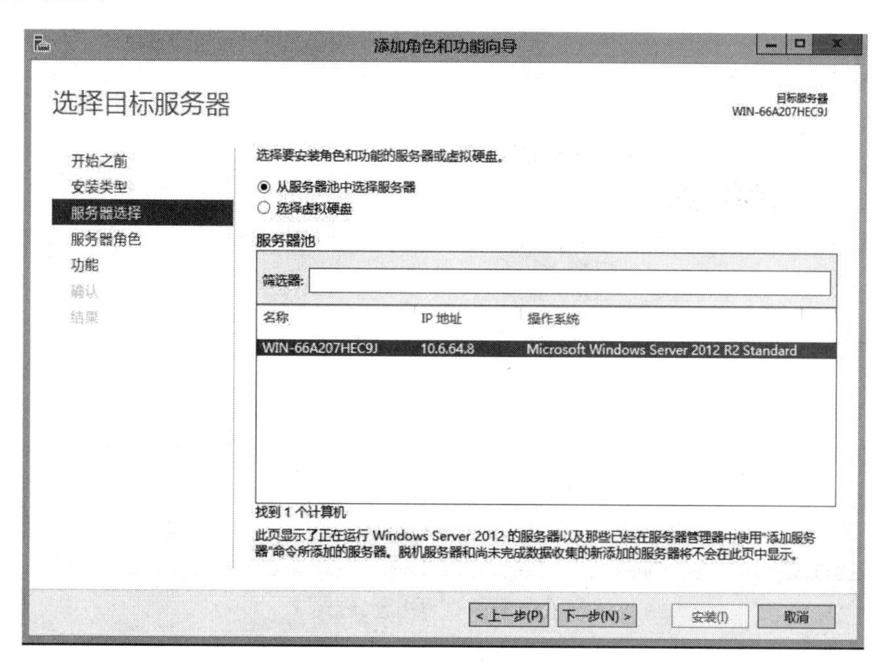

图 2-9　从服务器池选择服务器

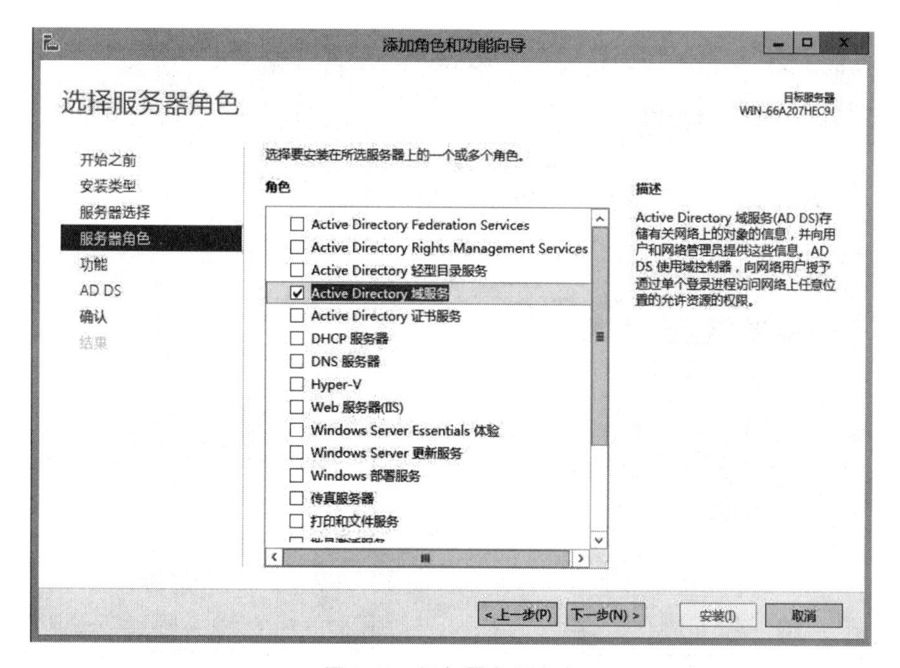

图 2-10　添加服务器角色

(4) 完成角色添加,单击“下一步”按钮,选择添加功能。若无特殊要求,此处默认即可,如图 2-11 所示。

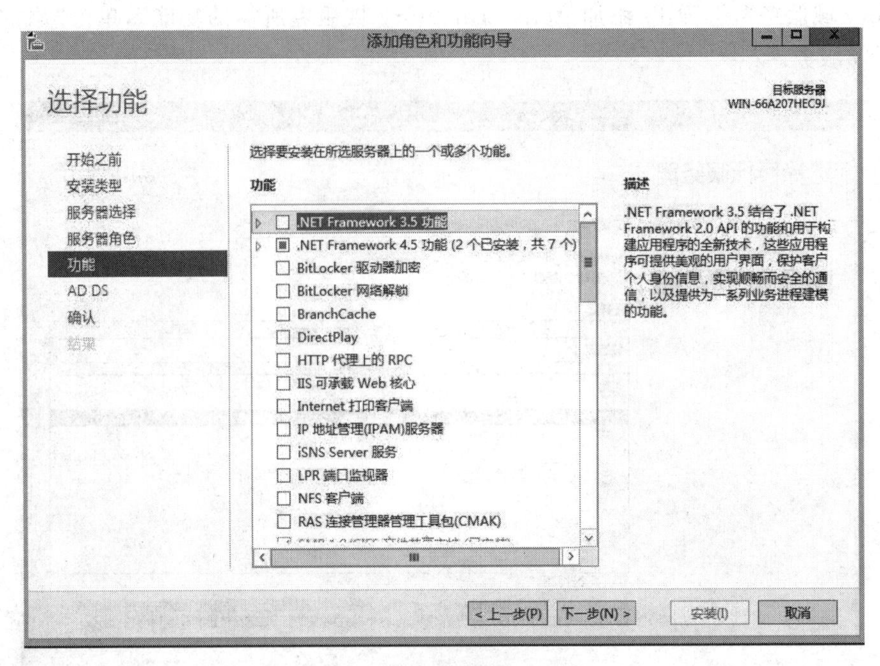

图 2-11　选择添加功能

(5) 单击“下一步”按钮，确认安装内容，如图 2-12 所示，单击“安装”按钮开始 AD 域服务器的安装。

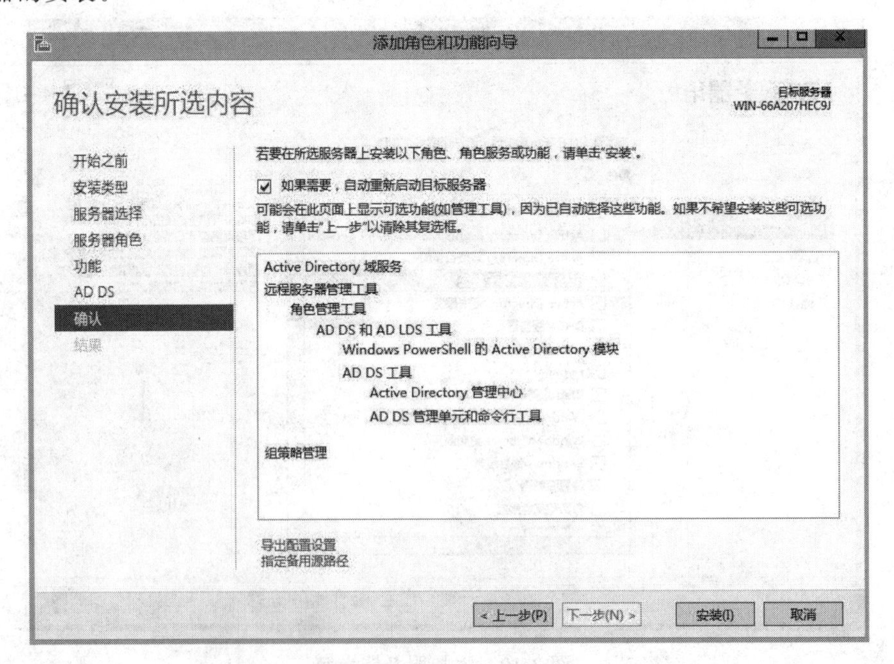

图 2-12　确认安装内容

(6) 完成 AD 域服务的安装，单击“关闭”按钮，如图 2-13 所示。

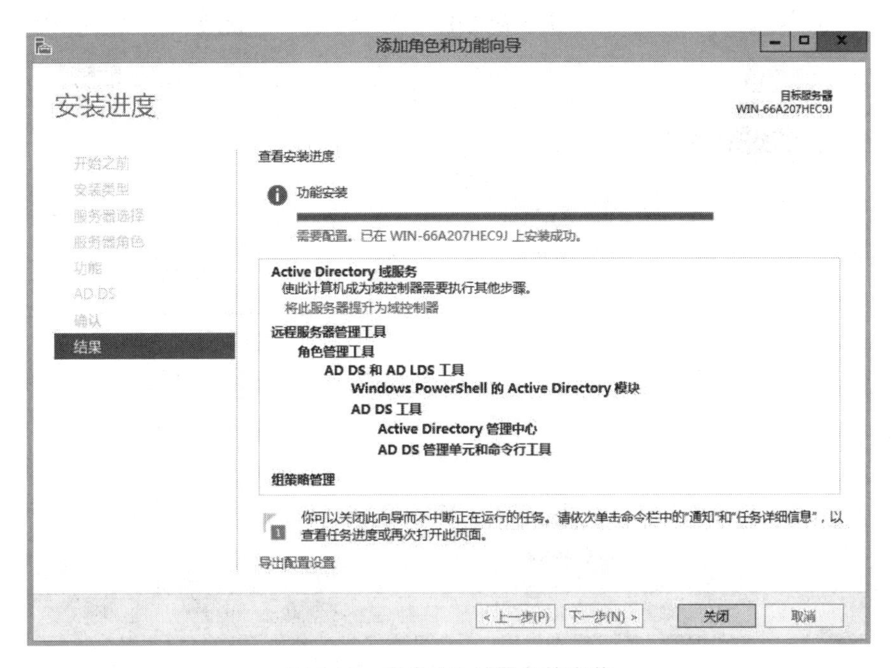

图 2-13　完成 AD 域服务的安装

(7) 完成安装后，回到仪表板，按照提示单击"将此服务器提升为域控制器"按钮，如图 2-14 所示。

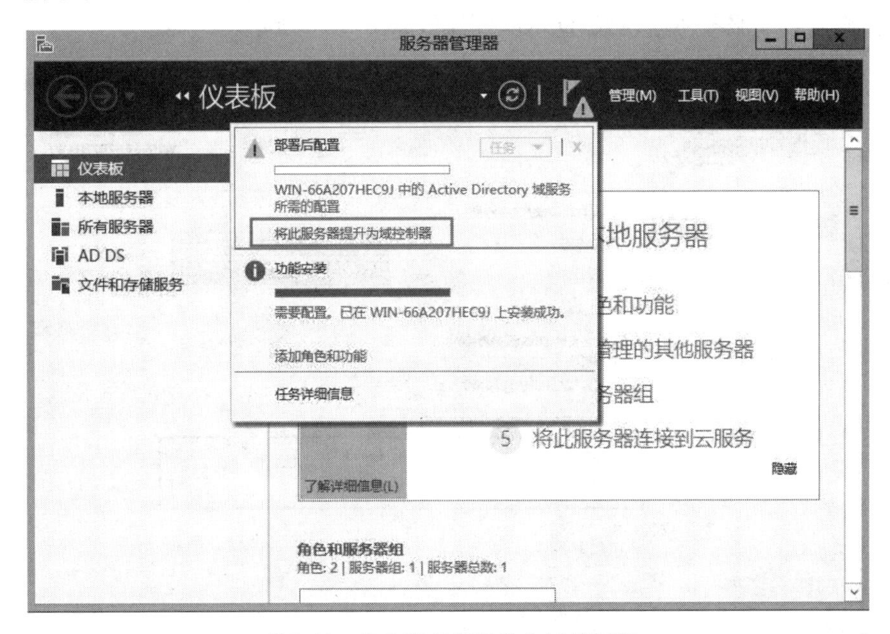

图 2-14　将此服务器提升为域控制器

(8) 选择"添加新林"，域名为"wgs. com"，如图 2-15 所示。

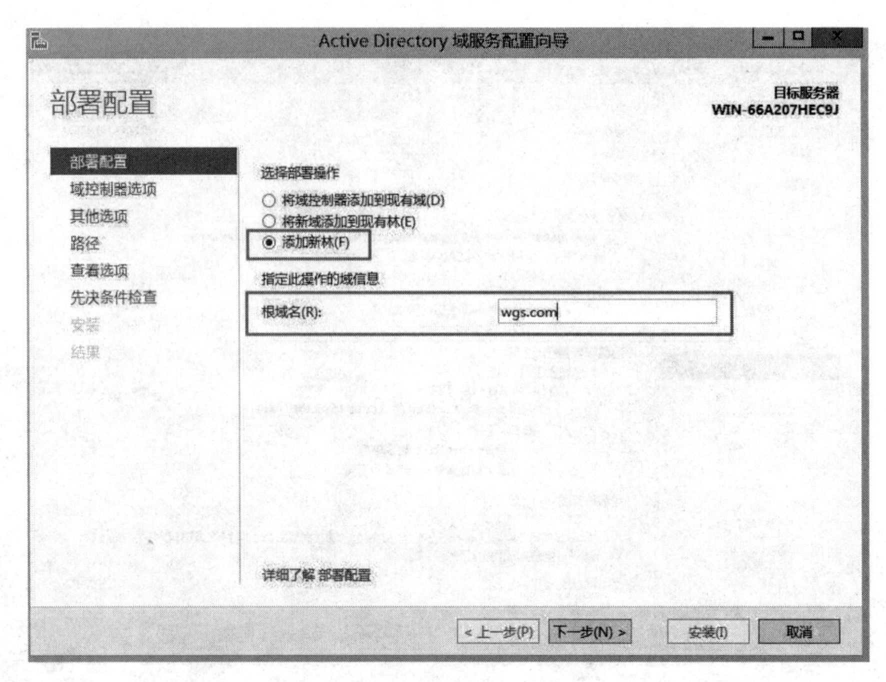

图 2-15 部署配置

(9) 选择“林功能级别”和“域功能级别”(若网络中以后不会部署基于旧版本操作系统的新域或子域,可选择 Windows Server 2012 R2),确定是否为 DNS 服务器和全局目录 GC。输入目录服务还原模式(DSRM)密码,如图 2-16 所示。

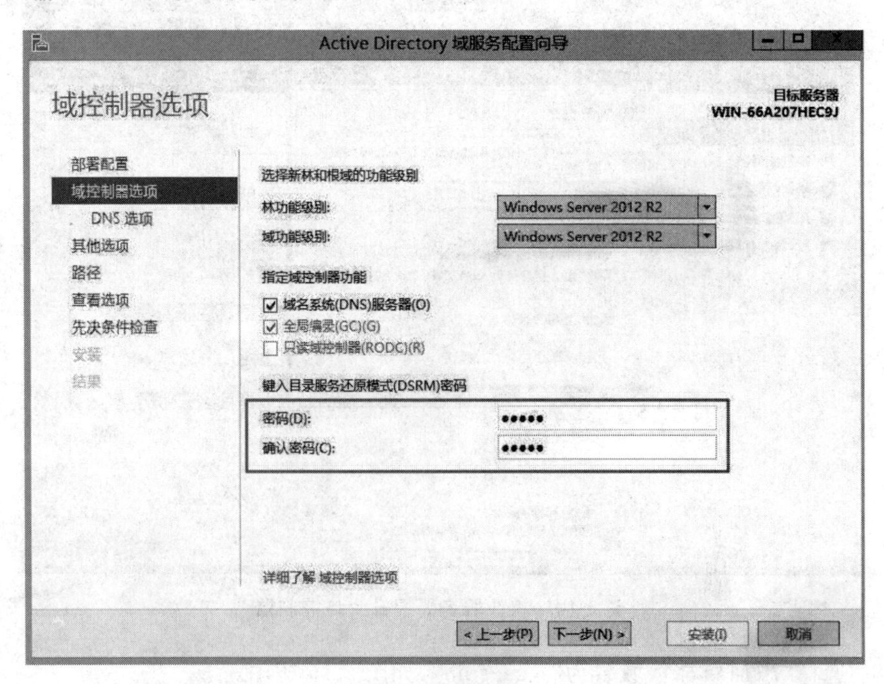

图 2-16 域控制选项

（10）指定DNS委派选项服务器将自动检查DNS服务器是否启用。如果已经启用，则需要指定DNS委派选项；如果没有启动，则直接单击“下一步”按钮。因为后面将自动安装绑定DNS服务器，所以不需要提前安装DNS服务器，如图2-17所示。

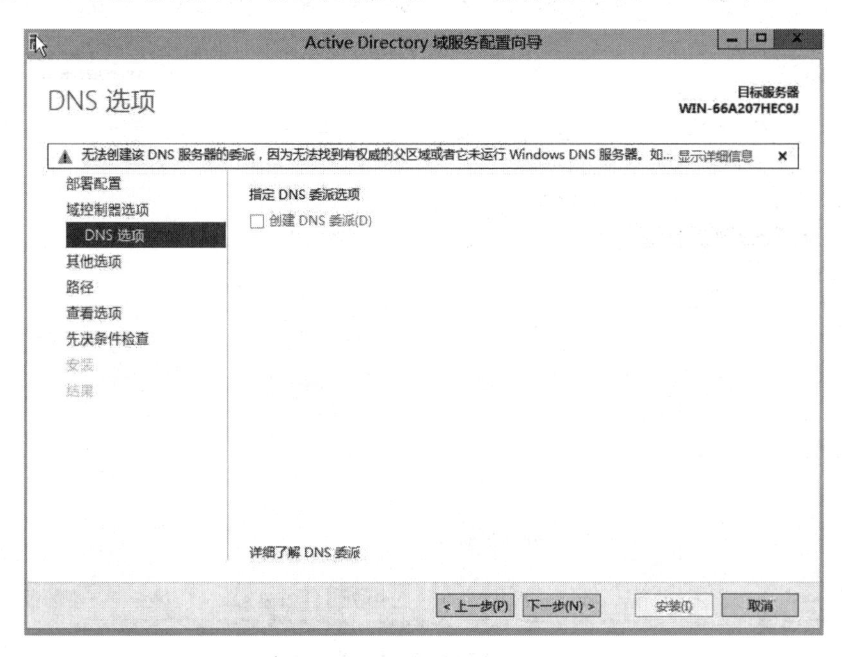

图2-17　指定DNS委派选项

（11）设置NetBIOS域名。服务器将自动根据之前输入的域名生成一个NetBIOS域名，如无特殊要求默认即可，如图2-18所示。

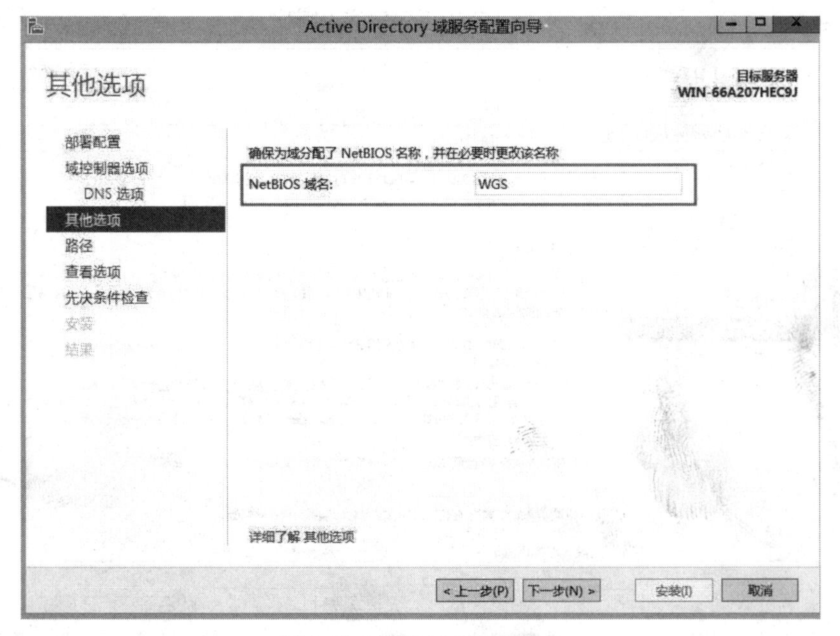

图2-18　设置NetBIOS域名

(12) 指定 AD DS 数据库、日志文件和 SYSVOL 的位置。如无特殊要求默认即可，如图 2-19 所示。

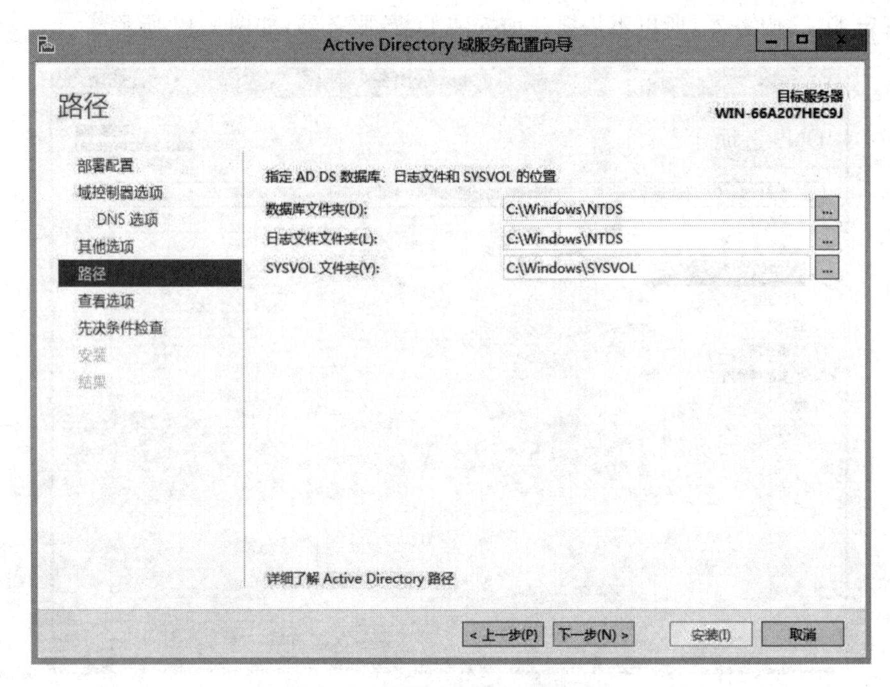

图 2-19 SYSVOL 目录路径设置

(13) 查看安装参数选项，单击“下一步”按钮，完成先决条件检查后，单击“安装”按钮，如图 2-20 所示。

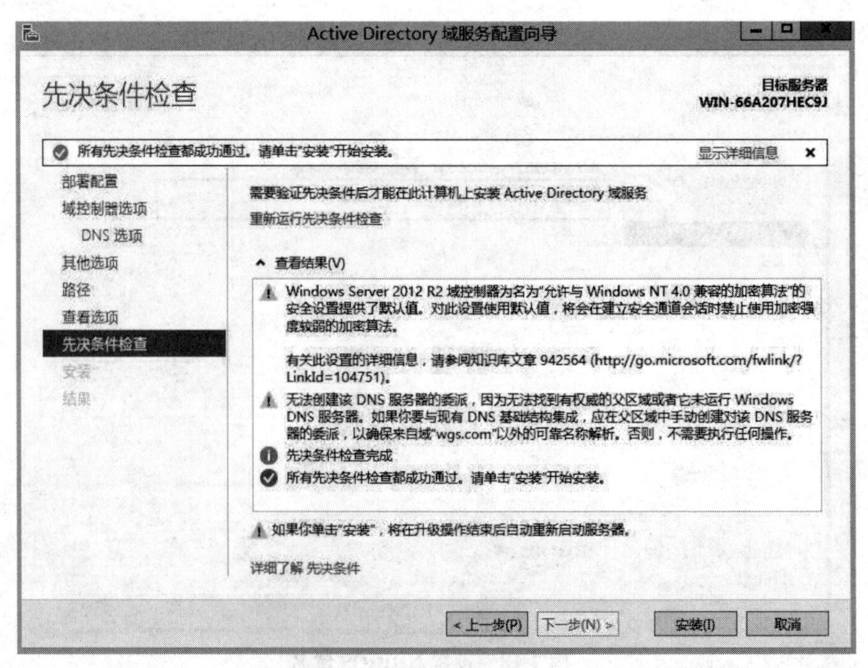

图 2-20 先决条件检查

(14) 安装 AD 成功后需要重新启动,启动完成后进入服务器打开"服务器管理器"查看,如图 2-21 所示。(安装完毕,Windows Server 2012 会自动添加多个服务或工具,如 DNS、组策略管理器、Active Directory 管理中心、Active Directory 用户和计算机等。)

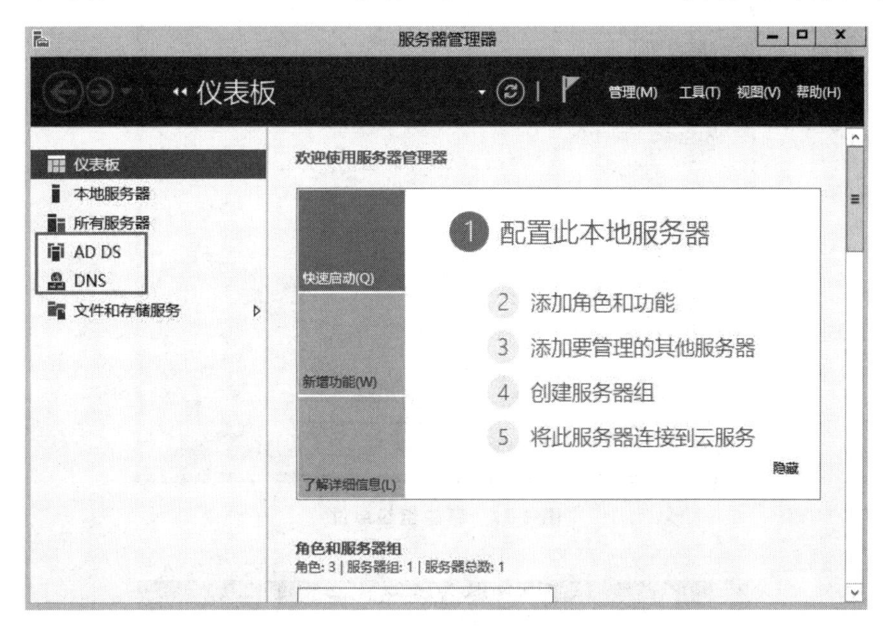

图 2-21 查看 AD 的安装

2.3.2 任务 2 用户的创建及管理

1. 任务分析

根据项目背景得知如下需求:在活动目录中对五桂山公司内部所有账户、计算机等资源进行集中管理,使用"Active Directory 用户和计算机"工具进行统一规划和部署。

五桂山公司管辖下有研发部、网络部、销售部等部门。

2. 任务实施过程

按照公司实际情况,把整个部门以组织单位(OU)的形式建好。组织单位在活动目录中扮演特殊的角色,它是一个当普通边界不能满足要求时创建的边界。组织单位把域中的对象组织成逻辑管理组,而不是安全组或者代表地理实体的组。组织单位是可以运用组策略和委派责任的最小单位。下面以五桂山公司管辖下的研发部为实例进行操作。

(1) 单击仪表板上面的"工具",打开"Active Directory 用户和计算机",右击域名 wgs.com,选择"新建"→"组织单位",输入对各部门规划好的名称,如图 2-22 所示。

(2) 对照公司部门把组织单位建好即可新建用户。在相应部门的组织单位下右击,选择"新建用户"。通常情况下,账户采用用户的姓和名的第一个声母。如果使用姓名的声母导致账户重复,则可使用名的全拼或者采用其他方式。这样既使用户间能够相互识别,又便于记忆,如图 2-23 所示。

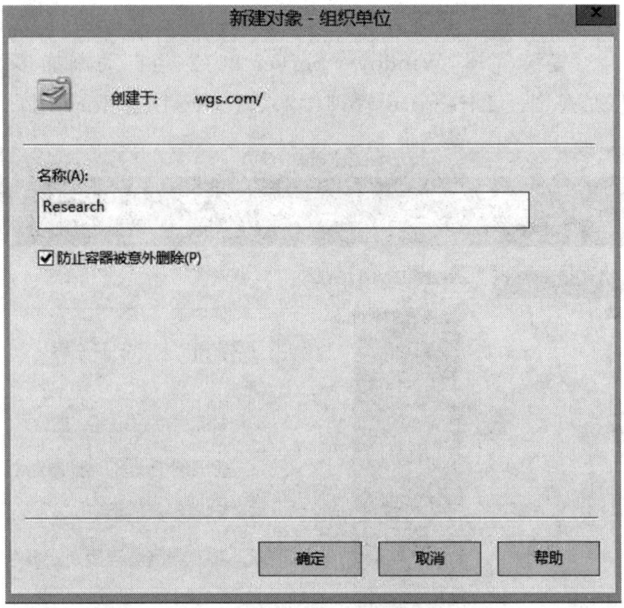

图 2-22　新建组织单位

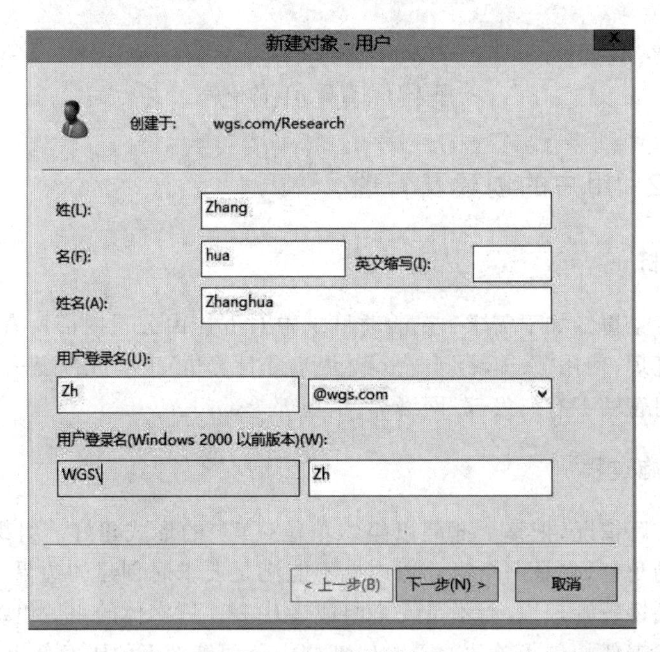

图 2-23　新建用户

(3) 为用户设置密码。出于安全的考虑，创建密码时，强度不能太低(要求密码由字母、符号、数字三种字符组成，并不少于八位)；注意：默认情况下强制用户下次登录时必须更改密码，这里不做修改。为满足实际情况，先为每个用户制定公司的标准密码，当用户登录时再让其创建自己的密码，如图 2-24 所示。

(4) 通过类似的操作新建整个公司的组织单位、员工账户等资源，如图 2-25 所示。

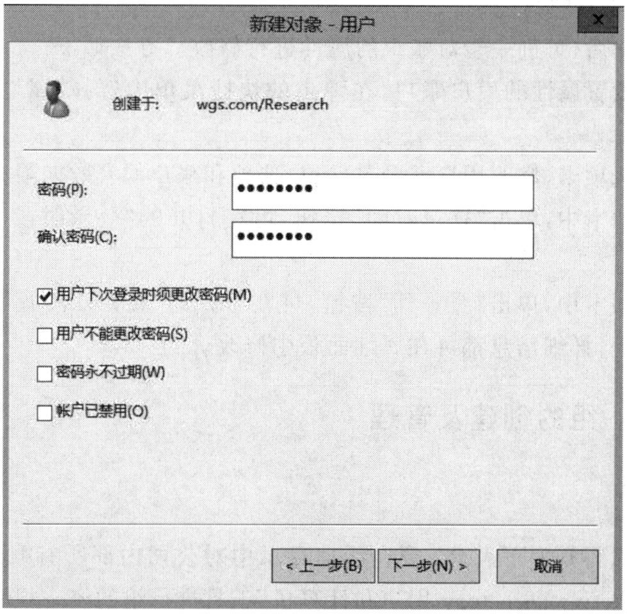

图 2-24　设置用户密码

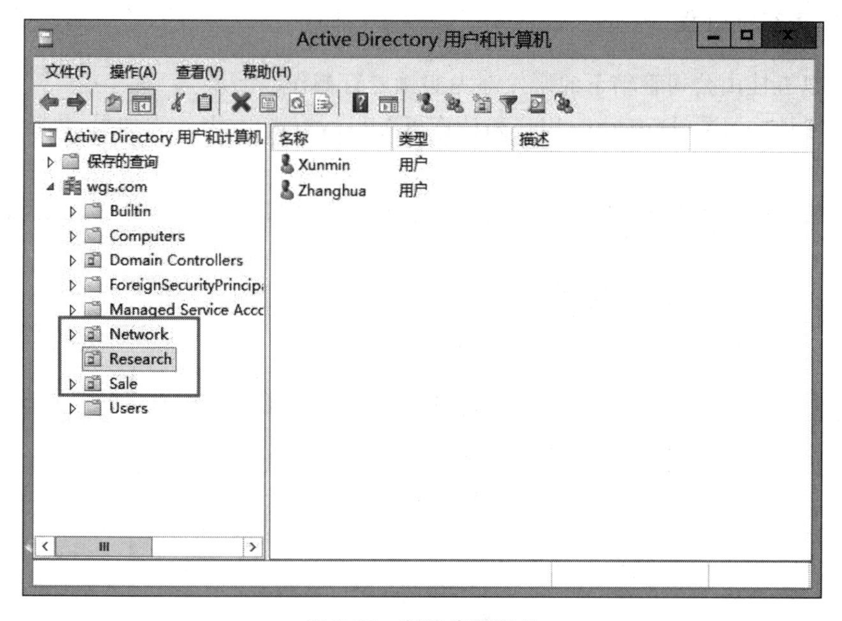

图 2-25　新建资源记录

(5) 根据公司需求对用户进行管理。

① 删除用户或计算机账户

要删除一个用户或计算机账户，可在活动目录组织单位中，右键单击要删除的用户或计算机账户，在弹出的快捷菜单中选择“删除”命令，出现信息确认框后，单击“是”按钮。

② 修改用户账户的属性

新建用户账户后，可进一步对账户的属性进行修改。方法如下：

右键单击要设置属性的用户账户，在弹出的快捷菜单中选择“属性”命令，打开相应的对话框。

选中“账户”选项卡，修改用户登录名、账户选项和账户的有效期限。

在“账户”选项卡中，单击“登录时间”按钮，可在打开的“登录时段”对话框中限制用户的登录时间。

在“账户”选项卡中，单击“登录到”按钮，可在打开的“登录工作站”对话框中限制用户登录的工作站等，详细信息都可在属性面板中修改。

2.3.3 任务3 组的创建及管理

1. 任务分析

根据项目背景得知如下需求：要在活动目录中对公司内部所有账户、计算机等资源统一管理，使用“Active Directory 用户和计算机”工具进行组的统一规划。

五桂山公司有研发部，管理部，销售部等部门。

2. 任务实施过程

下面以五桂山公司管辖下的研发部为实例进行操作。

(1) 打开“Active Directory 用户和计算机”工具，右击 Builtin 添加组，执行“新建”→“组”命令。

(2) 在“组名”文本框中输入公司各部门在计算机上使用的组名完成建组，如图 2-26 所示。

图 2-26 新建组

(3) 根据公司需求对组进行管理(组的属性设置)

① 添加组的成员。右键单击要添加成员的组,选择“属性”。在“成员”标签中单击“添加”按钮,在出现的“选择用户、联系人、计算机、服务账户或组”对话框中的“输入对象名称来选择”下输入用户名,单击“检查名称”。添加的成员如图 2-27 所示,单击“确定”按钮添加成员。用类似操作完成公司其他组的成员添加。

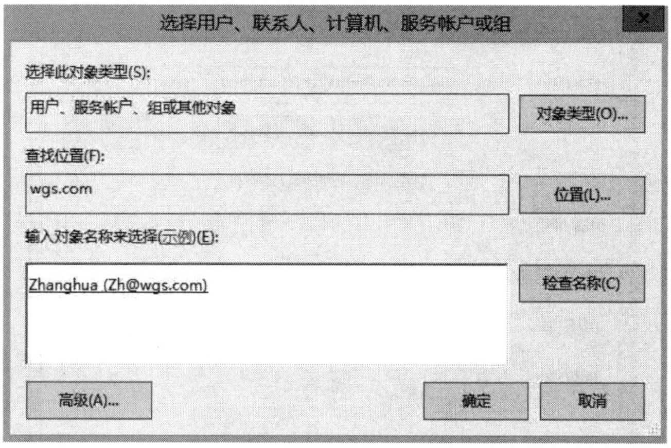

图 2-27　添加成员

② 删除组的成员。在组属性对话框中的“成员”列表框中选择要删除的组成员,单击“删除”按钮即可,如图 2-28 所示。

图 2-28　删除成员

③ 设置组权限。在“隶属于”选项卡中,单击“添加”按钮,打开“选择组”对话框,通过选择内置组来设置新组的权限。

④ 在“管理者”选项卡中设置管理者。选中要更改的组管理人，单击“更改”按钮，打开“选择用户或联系人”对话框，重新选择管理人；单击“查看”按钮可查看管理者的属性；单击“清除”按钮可清除管理者对组的管理。假设 Zhanghua 被设置为管理者。若 Zhanghua 因某些原因暂时不在，则可进行该操作，如图 2-29 所示。

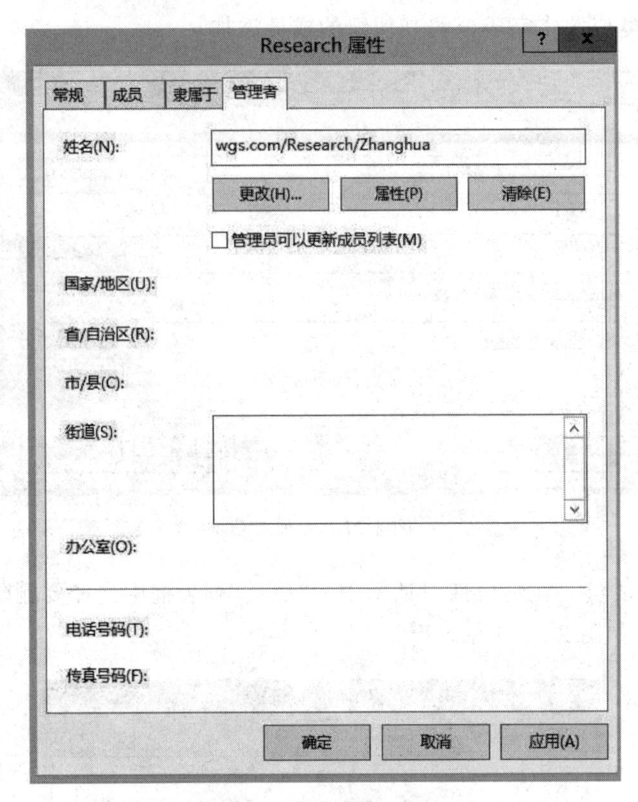

图 2-29 组管理设置

2.3.4 任务 4 客户端加入活动目录

1. 任务分析

根据项目背景得知如下需求：在网络中创建第一台域控制器后，需将其他部门各主机加入到域内，使成员接受域服务器的统一管理。

2. 任务实施过程

下面以五桂山公司管辖下的研发部的一台 Windows 7 系统的客户端加入到域 wgs.com 为实例，开始实施过程。

(1) 由于上面已配置好客户机的 IP 地址并检测了联通性，下面只需检测客户端是否能正常解析域名。为避免出错可以再次测试联通性。使用 nslookup 命令检测客户端能否正常解析域名 wgs.com，如图 2-30 所示。

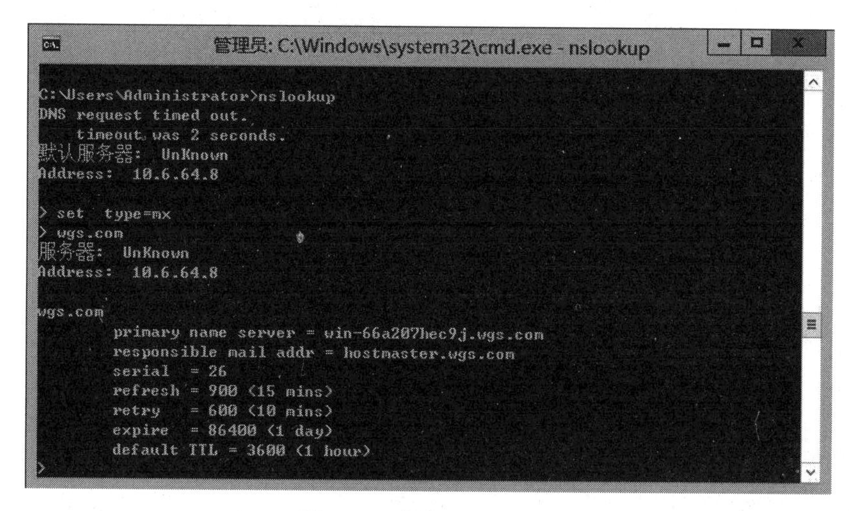

图 2-30 客户机解析域名

(2) 在客户机"我的电脑"上单击鼠标右键,在弹出的菜单中选择属性,在出现的"系统"界面单击"更改设置"按钮,如图 2-31 所示。在弹出的"系统属性"对话框的"计算机名"选项卡上单击"更改"按钮,如图 2-32 所示。选择"域"选项,并在隶属于"域"的那一栏输入想要加入的域名(这里是 wgs.com),如图 2-33 所示。若要返回工作组模式,也可在此更改。

图 2-31 更改设置

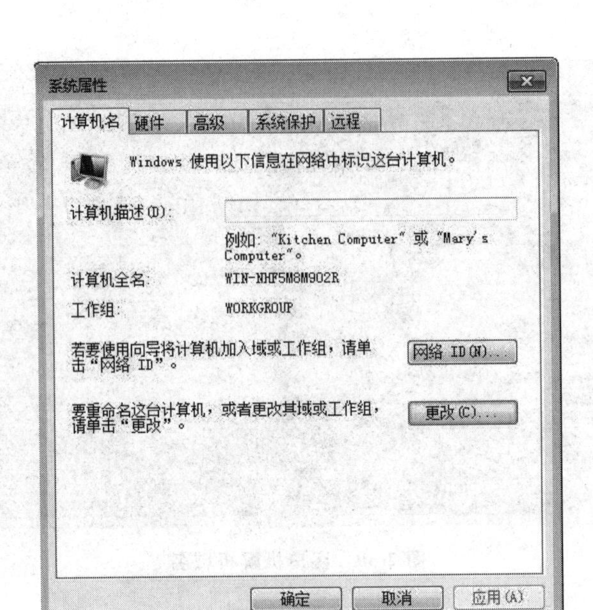

图 2-32 “系统属性”对话框

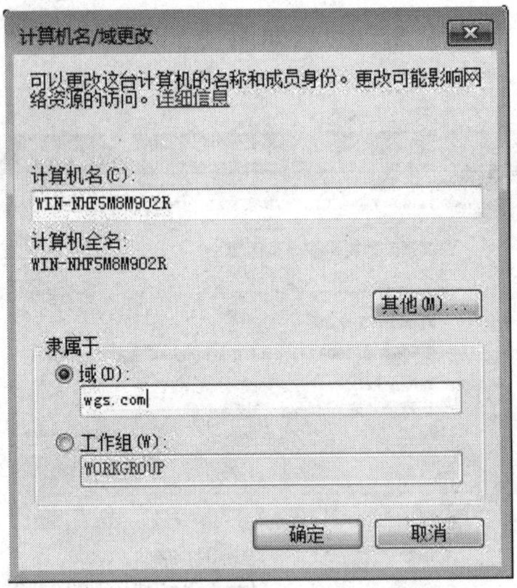

图 2-33 输入域名

(3) 更改完配置后,系统会提示有权限加入该域的用户名和密码;如果直接输入之前创建好的账户“Zh”以及对应的密码,会提示因用户首次登录需更改密码而失败。我们应先使用创建好的管理用户“Ad”加入到域中,如图 2-34 所示。单击“确定”按钮,系统将会出现成功加入到域的提示,如图 2-35 所示。

单击“确定”按钮后系统会提示重新启动,启动完毕后选择切换用户,输入研发部下的用户“Zh”和密码登录。单击“确定”按钮会提示“用户首次登录之前必须更改密码”,如图 2-36 所示,单击“确定”按钮。重新设置用户密码,如图 2-37 所示。更改完密码后会提示密码更改成功,单击"确定"按钮登录计算机。

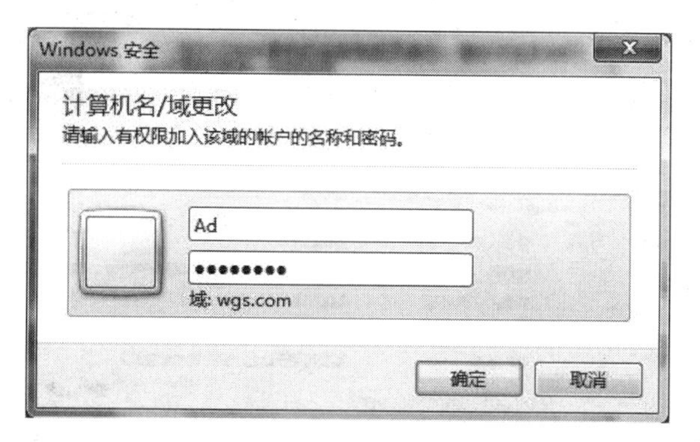

图 2-34 输入加入域的用户和密码

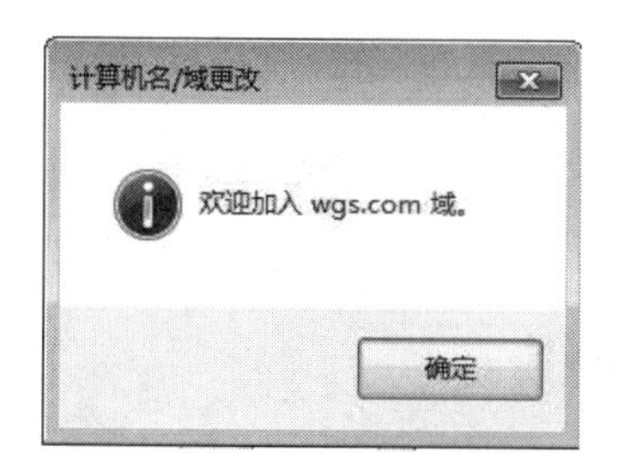

图 2-35 成功加入域

图 2-36 用户登录

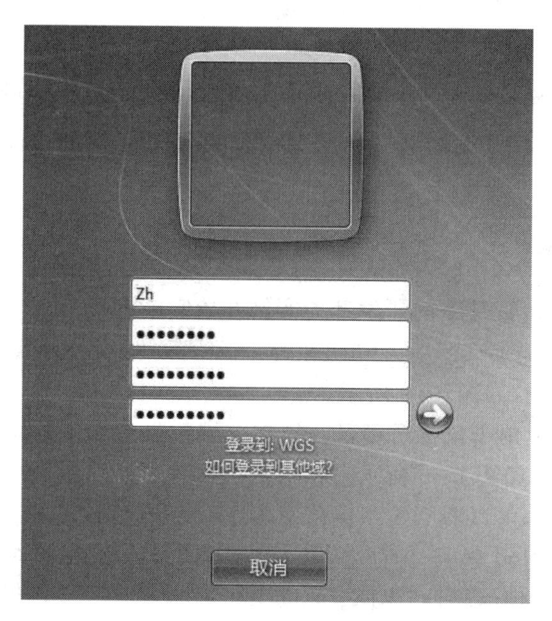

图 2-37 重新设置用户密码

(4) 进入客户机后,查看计算机系统属性是否加入域,如图 2-38 所示。

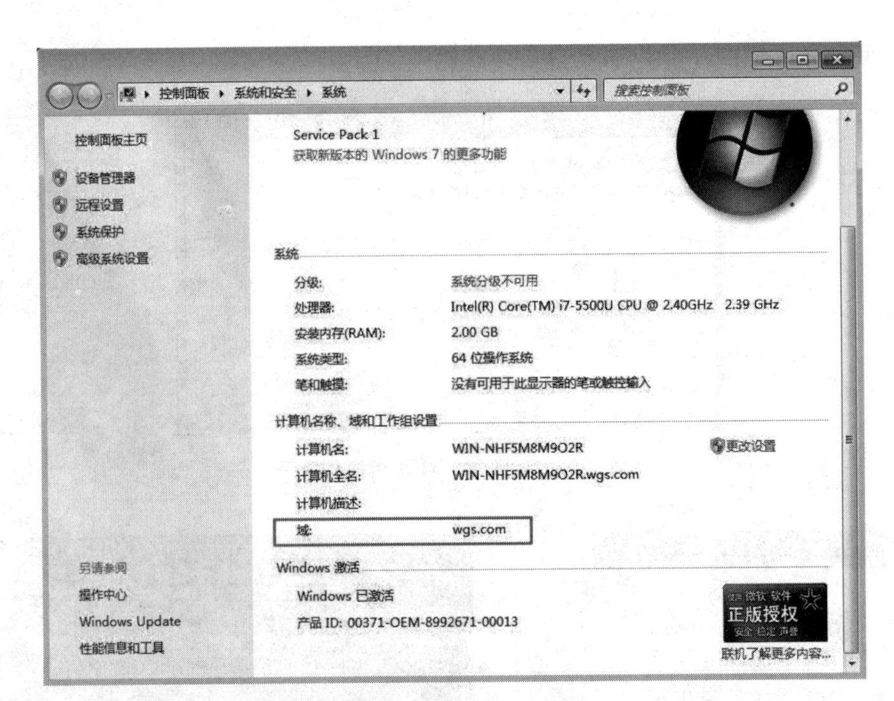

图 2-38 客户机计算机系统属性

2.3.5 任务 5 组策略配置

1. 任务分析

根据项目背景得知如下需求：五桂山公司的网络管理将在安装了活动目录的服务器上配置组策略，使员工打开浏览器时访问的主页为公司主页，在退出浏览器后自动清除历史记录等。

2. 任务实施过程

下面以五桂山公司管辖下的研发部为实例开始实施过程。

(1) 打开仪表板，选择“工具”→“组策略管理”工具，展开左侧组织结构，找到名为“Research”的组织单位，如图 2-39 所示。

(2) 在组织单位上单击鼠标右键，选择“在此域中创建 GPO 并在此处链接”，输入主策略的名称“R-GPO”，如图 2-40 所示。

(3) 创建 GPO 后，可以看到组织单位下多了一个链接形式的组策略文件 Research，如图 2-41 所示。在 GPO 链接上右击，选择“编辑”进入将详细配置应用到组织单位 Research 的“组策略管理编辑器”界面。

(4) 在“组策略管理编辑器”由“计算机配置”和“用户配置”两部分构成，如图 2-42 所示。这里的“计算机配置”是指对整个计算机中的系统进行设置，对当前所有计算机用户的运行环境都起作用；而“用户配置”则是指对当前用户的系统环境进行设置，仅对当前用户起作用。

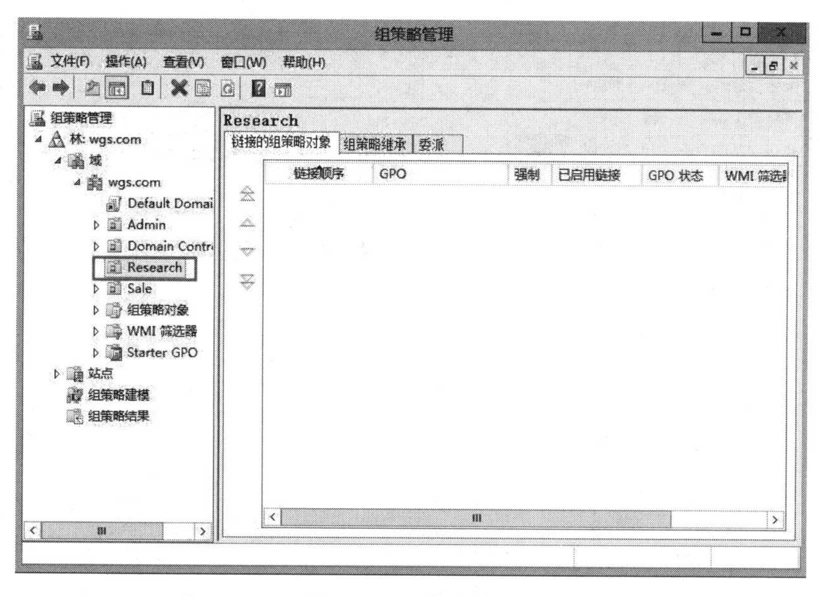

图 2-39 组策略管理

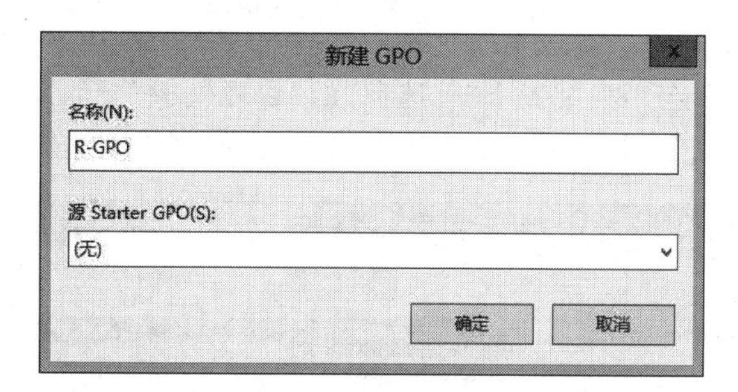

图 2-40 新建 GPO

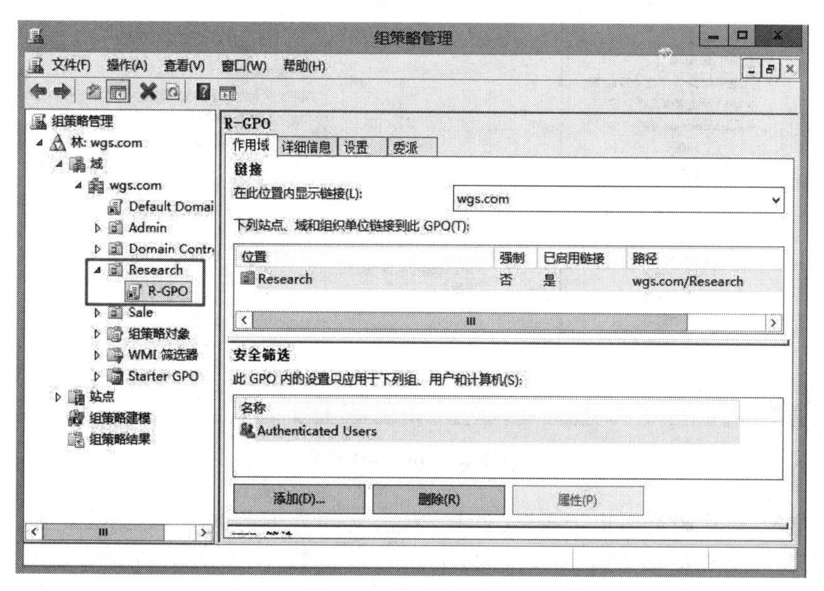

图 2-41 组策略管理

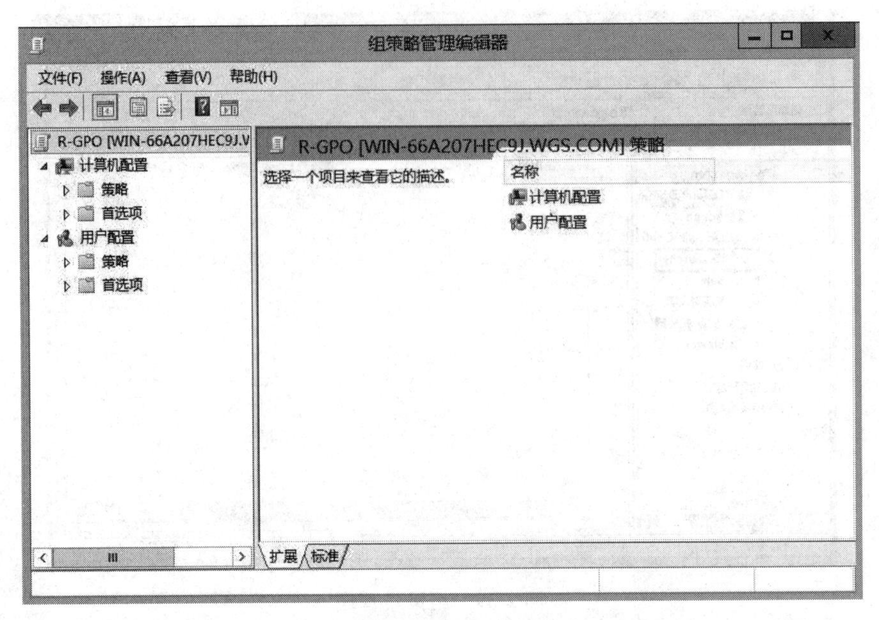

图 2-42　组策略管理编辑器

(5) 单击鼠标展开在用户配置下"首选项"的"管理模板"下的"Windows 组件",找到"Internet Explorer",如图 2-43 所示。在该选项下找到"删除浏览历史记录"文件夹。

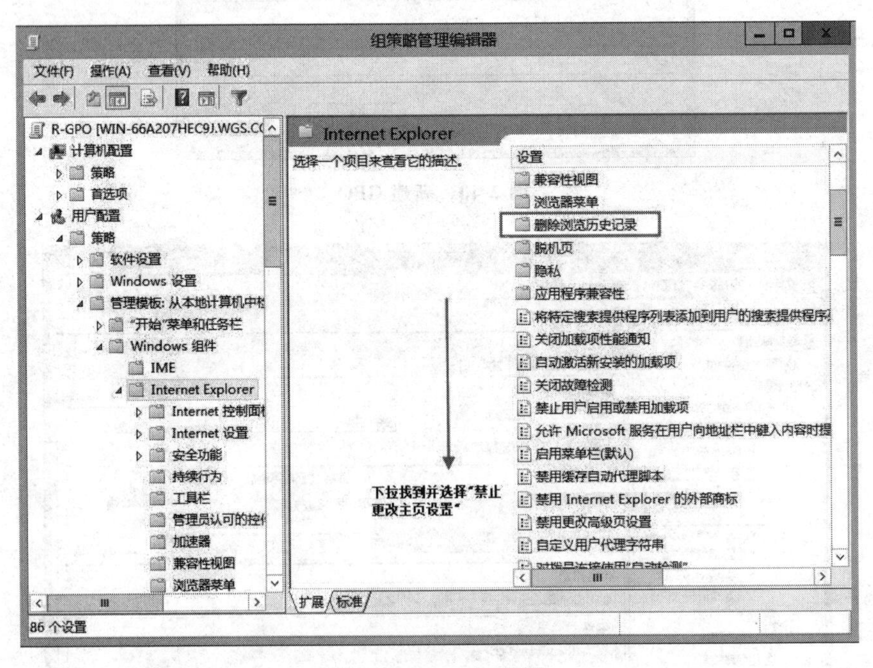

图 2-43　Internet 设置

(6) 进入"删除浏览历史记录"文件夹,右击文件夹下的内容和"禁止更改主页设置"进行编辑,按照公司的要求编辑 Internet Explorer 的属性,如图 2-44 所示、图 2-45 所示;

可以根据 Internet 版本分别进行设置。

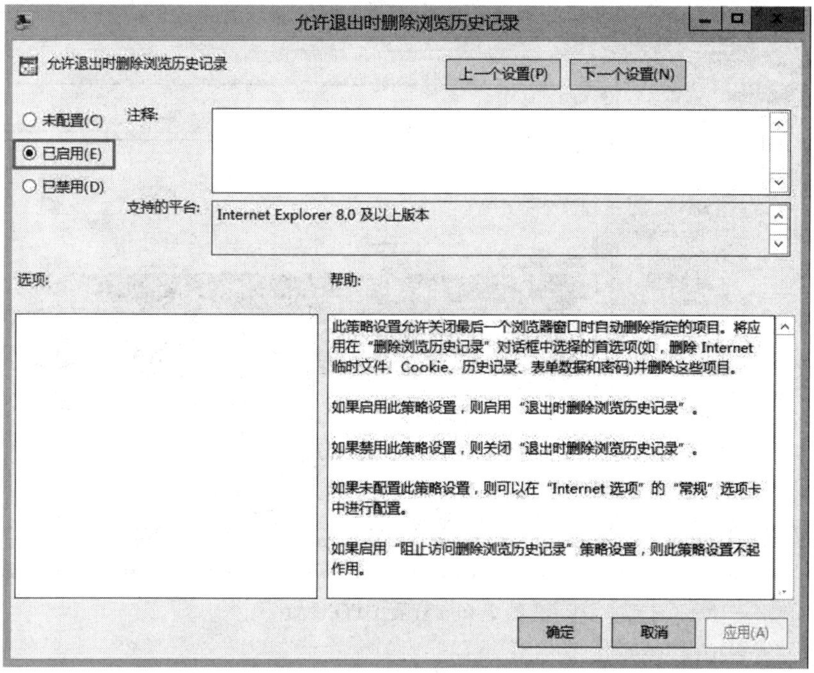

允许退出时删除浏览历史记录

允许退出时删除浏览历史记录

上一个设置(P)　下一个设置(N)

○ 未配置(C)　注释:

◉ 已启用(E)

○ 已禁用(D)

支持的平台:　Internet Explorer 8.0 及以上版本

选项:　帮助:

此策略设置允许关闭最后一个浏览器窗口时自动删除指定的项目。将应用在“删除浏览历史记录”对话框中选择的首选项(如，删除 Internet 临时文件、Cookie、历史记录、表单数据和密码)并删除这些项目。

如果启用此策略设置，则启用“退出时删除浏览历史记录”。

如果禁用此策略设置，则关闭“退出时删除浏览历史记录”。

如果未配置此策略设置，则可以在“Internet 选项”的“常规”选项卡中进行配置。

如果启用“阻止访问删除浏览历史记录”策略设置，则此策略设置不起作用。

确定　取消　应用(A)

图 2-44　编辑属性 1

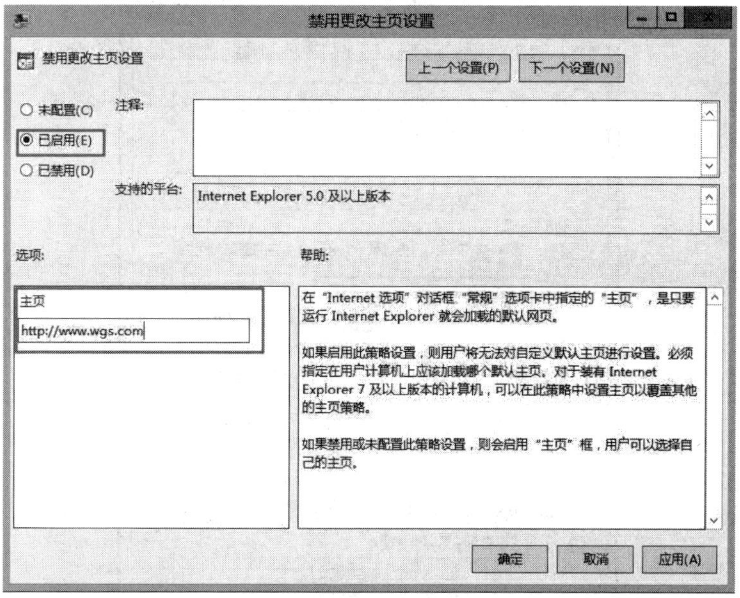

禁用更改主页设置

禁用更改主页设置

上一个设置(P)　下一个设置(N)

○ 未配置(C)　注释:

◉ 已启用(E)

○ 已禁用(D)

支持的平台:　Internet Explorer 5.0 及以上版本

选项:　帮助:

主页

http://www.wgs.com

在“Internet 选项”对话框“常规”选项卡中指定的“主页”，是只要运行 Internet Explorer 就会加载的默认网页。

如果启用此策略设置，则用户将无法对自定义默认主页进行设置。必须指定在用户计算机上应该加载哪个默认主页。对于装有 Internet Explorer 7 及以上版本的计算机，可以在此策略中设置主页以覆盖其他的主页策略。

如果禁用或未配置此策略设置，则会启用“主页”框，用户可以选择自己的主页。

确定　取消　应用(A)

图 2-45　编辑属性 2

(7) 回到“组策略管理”界面，单击组织单位 Research 的组策略 R-GPO 查看设置，如图 2-46 所示。

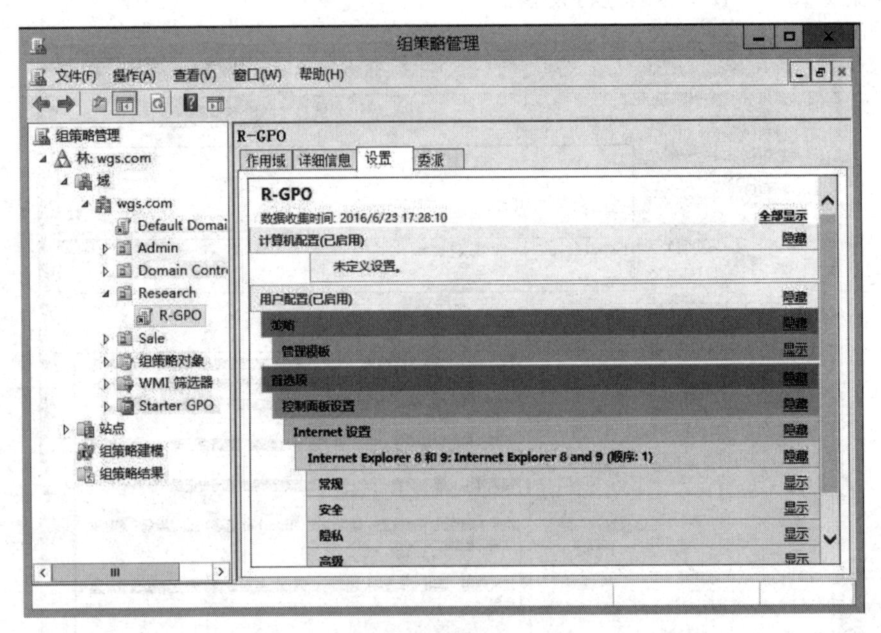

图 2-46　查看 GPO 设置

(8) 在域内计算机登录组织单位下的账户 Zh，查看 Internet 选项，可以看到组策略已在客户端生效，如图 2-47 所示。

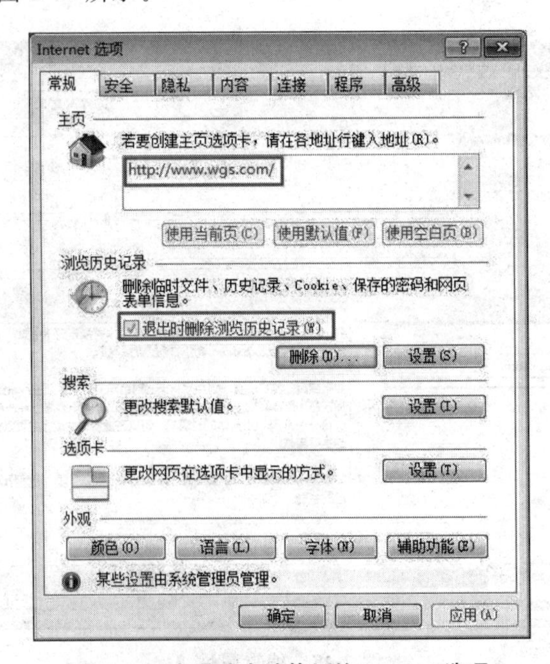

图 2-47　查看域内计算机的 Internet 选项

2.4 项目总结

常见问题一：没有出现上面要求输入用户名和密码的对话框，无法加入域，如图2-48所示。

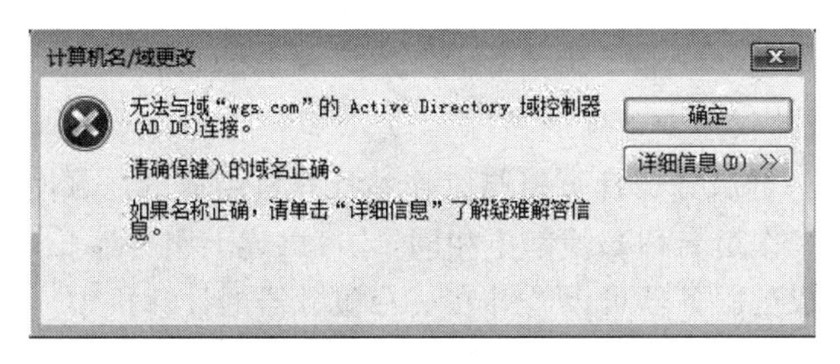

图2-48 无法加入域

解决方案：

(1) 查看客户机防火墙是否关闭。

(2) 由DNS服务导致的故障。客户机的首选DNS服务器设置错误，或域控制器上DNS服务未能正确安装，可根据具体情况排查故障。

(3) 更改主机名并在服务器上删除已经存在的DNS记录，重启。

(4) 将客户机的第一DNS设为AD的IP，一般DNS都是和AD集成安装的。清空缓存并重新注册，ipconfig/flushdns，清空DNS；ipconfig/registerdns重新申请DNS。

常见问题二：组策略无法应用到客户机，如图2-49所示。

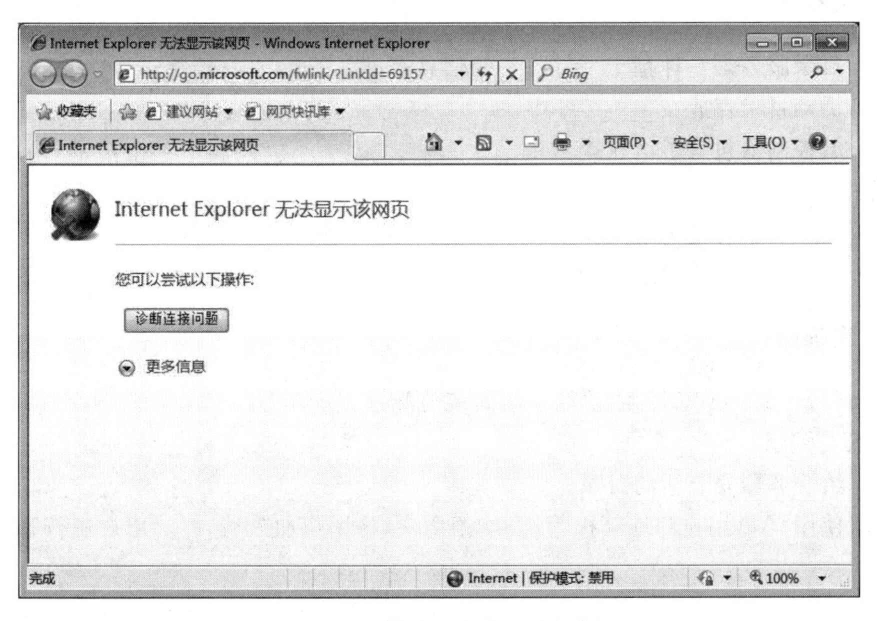

图2-49 组策略无法应用到客户机

解决方案：可查看客户机和域控能否正常连接，或在客户机命令行下手动更新 gpupdate/force。

2.5 课后习题

1. 选择题

(1) 下列关于域的叙述中正确的是(　　)。

A. 域是由一群服务器计算机与工作站计算机组成的局域网系统。

B. 域中的工作组名称必须都不相同，才可以连上服务器。

C. 域中的成员服务器可以合并在一台服务器的计算机中。

D. 以上说法都对。

(2) 在设置域账户属性时，(　　)项目不能被设置。

A. 账户登录时间　　B. 账户的个人信息

C. 账户的权限　　D. 指定账户登录域的计算机

(3) 域本地组可以在(　　)内被设置使用权限。

A. 所有域　　B. 同一个域　　C. 以上说法都错

(4) 用户账号中包含(　　)。

A. 用户的名称　　B. 用户的密码

C. 用户所属的组　　D. 用户的权利和权限

2. 填空题

(1) 目录服务是一种基于________的信息查询服务。

(2) 活动目录存放在________中。

(3) 域控制器包含了由这个域的________、________以及属于这个域的计算机等信息构成的________。

(4) 活动目录的逻辑单元包括________、________、________和________。

(5) 组是指具有相同或者相似特性的________。

3. 实训题

Windows Server 2012 活动目录的安装与配置。

内容与要求：

(1) 给服务器安装活动目录。

(2) 使用"AD 用户和计算机管理"增添用户，将用户加入域，并对用户进行管理。

第3章 chapter 3

项目3 DNS服务器的配置与管理

【学习目标】

本章系统地介绍DNS服务器的理论知识、DNS服务器的基本配置和管理。

通过本章的学习应该完成以下目标：

- 理解DNS的基本理论知识；
- 掌握DNS服务的安装；
- 掌握DNS服务器的配置与管理。

3.1 项目背景

五桂山公司是一家电子商务公司，近期由于公司业务的发展，在深圳设立分公司，深圳当地还有一个办事处。基于网络的安全管理需求，总部、分公司均有各自的DNS服务器。现要求内部的DNS服务器既能解析公司内部的Web、FTP和邮件服务器地址，又能完成外网的解析请求。为了有效提高DNS服务质量，确保DNS无误地提供总分公司的DNS查询服务，公司的网络管理部门将在总部原企业内网的基础上配置一台新的Windows Server 2012服务器(IP：10.6.64.8/24)并升级为DNS服务器；在分部也将配置一台新的Windows Server 2012服务器(IP：10.6.64.9/24)，并同时对该服务器进行管理。该网络拓扑图如图3-1所示。

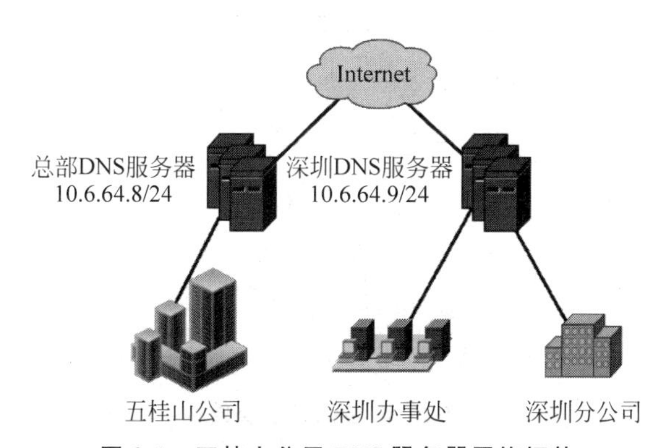

图3-1 五桂山公司DNS服务器网络拓扑

3.2 知识引入

3.2.1 DNS

1. 什么是 DNS

DNS(Domain Name System,域名系统)是因特网上域名和 IP 地址相互映射的一个分布式数据库。利用它可使用户更方便地访问互联网,而不用记住能够被机器直接读取的 IP 地址数字串。

通过主机名,最终得到该主机名对应的 IP 地址的过程叫做域名解析(或主机名解析)。DNS 协议运行在 UDP 协议之上,使用端口号 53。在 RFC 文档中 RFC 2181 对 DNS 有规范的说明,RFC 2136 对 DNS 的动态更新进行说明,RFC 2308 对 DNS 查询的反向缓存进行说明。

2. DNS 服务器

能提供 DNS 服务并且安装了 DNS 服务器端软件的计算机称为 DNS 服务器。服务器端软件既可以是基于类 linux 操作系统,也可以是基于 Windows 操作系统的。装好 DNS 服务器软件后,就可以在指定的位置创建区域文件了,所谓区域文件就是包含了此域中名字到 IP 地址解析记录的文件。

3. DNS 域名空间

DNS 服务器是整个 DNS 的核心,它的任务是维护和管理所辖区域中的数据,并处理 DNS 客户端主机名的查询。它建立了一个叫做域名空间的逻辑树结构,如图 3-2 所示,显示了顶层域及下一级子域之间的树型结构关系。域名空间树的最上面是根域,根域为空标记。在根域之下是顶层域(或叫顶级域),再下面就是其他子域。

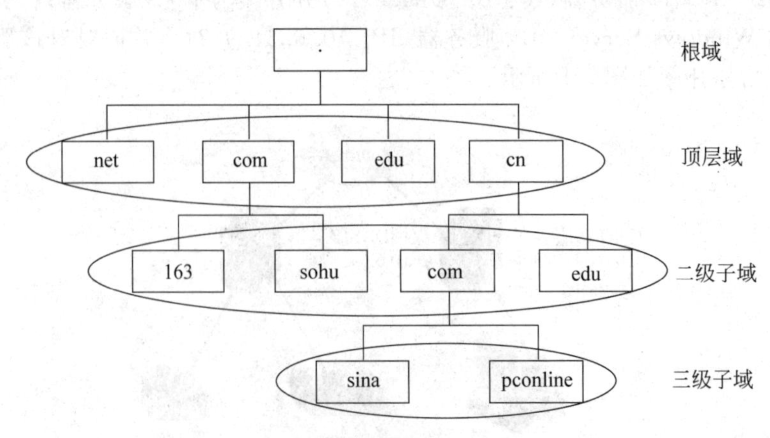

图 3-2 域名体系层次结构

3.2.2 DNS的域名类型与解析

域名解析就是将用户提出的名字变换成网络地址的方法和过程，从概念上讲，域名解析是一个自上而下的过程。

DNS名称查询解析可以分为两个基本步骤：本地解析和DNS服务器解析。

1. 本地解析

在Windows系统中有一个hosts文件，这个文件是根据TCP/IP for Windows的标准来工作的。它的作用是包含IP地址和Host name（主机名）的映射关系。根据Windows系统的规定，在进行DNS请求之前，Windows系统会先检查自己的Hosts文件中是否有这个地址映射关系。如果有则调用这个IP地址映射，否则继续在以前的DNS查询应答的响应缓存中查找；如果缓存没有再向已知的DNS服务器提出域名解析，也就是说Hosts的请求级别比DNS高。

注：hosts文件的存放路径为%systemroot%\system32\drivers\etc。

2. DNS服务器解析

DNS服务器使用目前广泛采用的一种名称解析方法。全世界有大量的DNS服务器，它们协同工作构成一个分布式的DNS名称解析网络。例如，network.com的DNS服务器只负责本域内数据的更新，而其他DNS服务器并不知道也无需知道network.com域内有哪些主机，但它们知道network.com域的位置。当需要解析www.network.com时，它们就会向network.com域的DNS服务器发出请求而完成该域名的解析。采用这种分布式DNS解析结构时，DNS数据的更新只需要在一台或者几台DNS服务器上进行，从而使得整体的解析效率提高不少。

3.2.3 DNS的查询方式

当客户机需要访问Internet上某一主机时，首先向本地DNS服务器查询对方IP地址，直到解析出需访问主机的IP地址。

1. 查询方式分类

1）递归查询(Recursive Query)

客户机发出查询请求后，DNS服务器必须告诉客户机正确的数据(IP地址)或通知客户机找不到其所需数据。如果DNS服务器内没有所需要的数据，则DNS服务器会代替客户机向其他DNS服务器查询。客户机只需接触一次DNS服务器系统，就可得到所需的节点地址。客户端得到结果只能是成功或失败。

2）迭代查询(Iterative Query)

客户机发出查询请求后，若该DNS服务器没有找到相应的IP地址，则使客户端自动转向另外一台 DNS 服务器查询,依此类推,直到查到数据,否则由最后一台 DNS 服务器通知客户机查询失败。

2. 查询内容分类

(1) 正向查询(Forward Query):客户端由域名查找 IP 地址。

(2) 反向查询(Reverse Query):客户机利用 IP 地址查询其主机完整的域名,即 FQDN(完全合格域名)。

3. 域名查询

首先,客户端发出 DNS 请求翻译 IP 地址或主机名。DNS 服务器在收到客户机的请求后,操作步骤如下:

(1) 在进行 DNS 请求之前,Windows 系统会先检查自己的 Hosts 文件中是否有这个地址映射关系,如果有,则调用这个 IP 地址映射。

(2) 若没有查到,则会检查 DNS 服务器的缓存;若查到请求的地址或名字,即向客户机发出应答信息。

(3) 若没有查到,则在数据库中查找;若查到请求的地址或名字,即向客户机发出应答信息。

(4) 若没有查到,则将请求发给根域 DNS 服务器,并依序从根域查找顶级域,由顶级查找二级域,二级域查找三级,直至找到要解析的地址或名字,即向客户机所在网络的 DNS 服务器发出应答信息。DNS 服务器收到应答后先在缓存中存储,然后将解析结果发给客户机。

(5) 若没有找到,则返回错误信息。

域名查询的过程如图 3-3 所示。

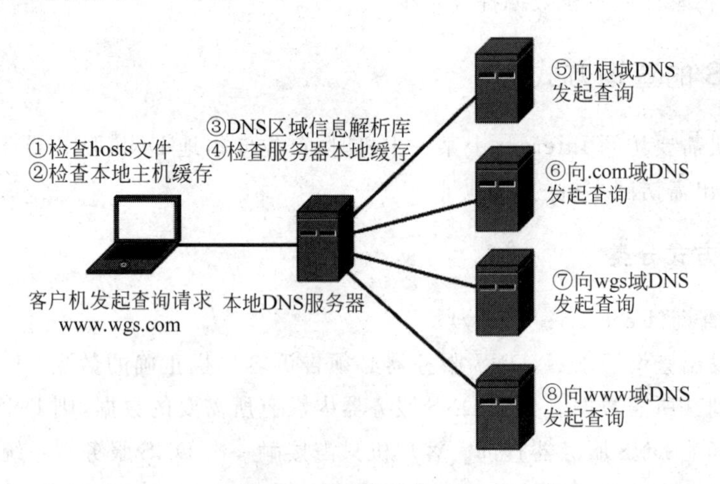

图 3-3　域名查询的过程

3.3 项目过程

3.3.1 任务1　DNS的安装

1. 任务分析

根据项目背景得知如下需求：五桂山公司的网络管理部门将在总部原企业内网的基础上配置一台新的 Windows Server 2012 服务器(静态设置服务器的 IP 为 10.6.64.8/24)来做 DNS 服务。接下来，将在此服务器上安装 DNS 服务功能来满足该需求。

2. 任务实施过程

1) 安装 DNS 服务器

(1) 打开“服务器管理器”，单击“添加角色和功能”按钮，进入“添加角色和功能向导”。

(2) 进入“添加角色和功能向导”，单击“下一步”按钮，选择“基于角色或基于功能的安装”。

(3) 单击“下一步”按钮，选择安装服务器，安装程序会自动检测与显示这台计算机采用静态 IP 地址设置的网络连接；勾选“DNS 服务器”，会弹出“添加 DNS 服务器所需的功能”，单击“添加功能”按钮添加 DNS 服务，如图 3-4 所示。

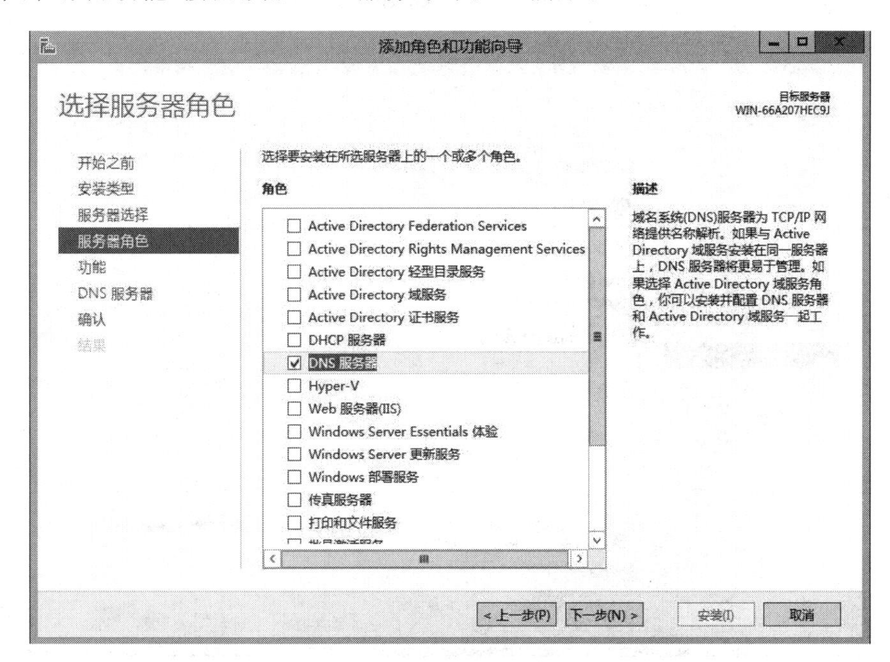

图 3-4　添加服务器角色

(4) 完成角色添加，单击“下一步”选择添加功能。若无特殊要求，此处默认即可，如图 3-5 所示。

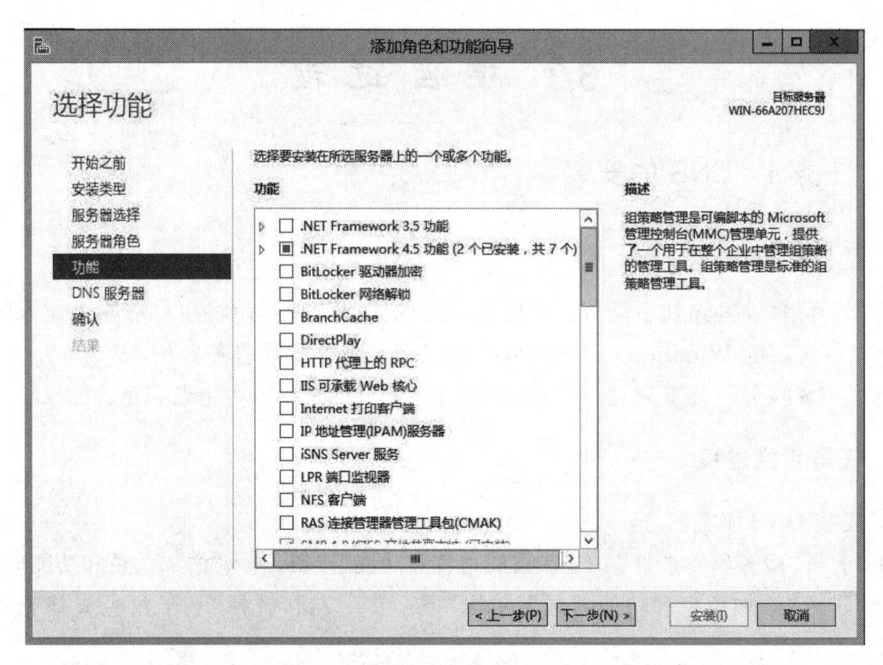

图 3-5　选择添加功能

(5) 单击“下一步”按钮继续，确认安装内容后，单击“安装”开始 DNS 服务器的安装，完成 DNS 服务器的安装后，单击“关闭”按钮，如图 3-6 所示。

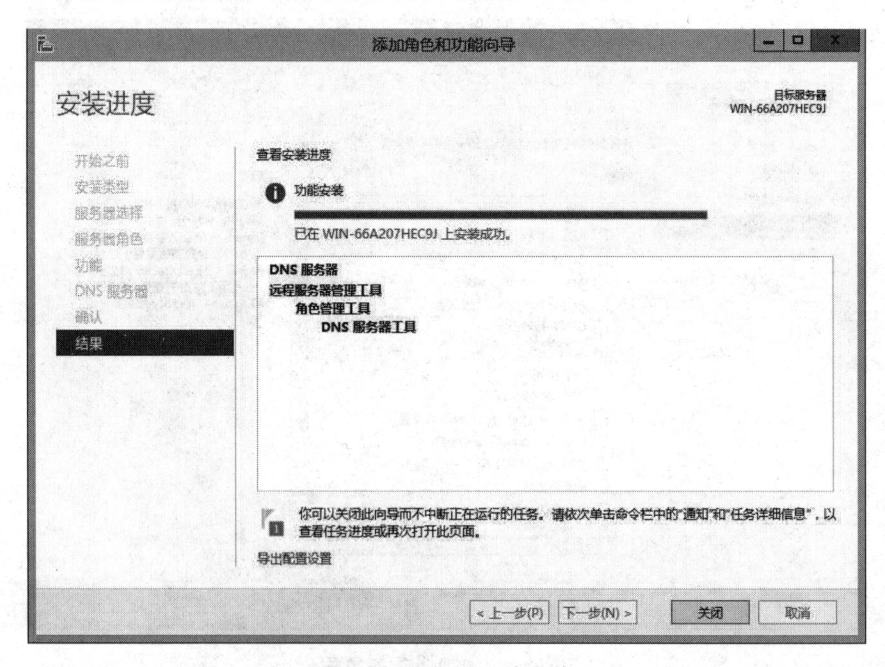

图 3-6　完成 DNS 的安装

2) 配置 DNS 区域

安装 DNS 服务器之后，还要配置 DNS 区域。Windows Server 2012 允许创建以下三种类型的DNS区域：主要区域、辅助区域、存根区域。在本次任务中，我们将在公司总部的DNS服务器上创建一个名为“wgs.com”的正向查找区域。

（1）在“服务器管理”仪表板下，选择“工具”→“DNS”打开“DNS管理器”，如图3-7所示。

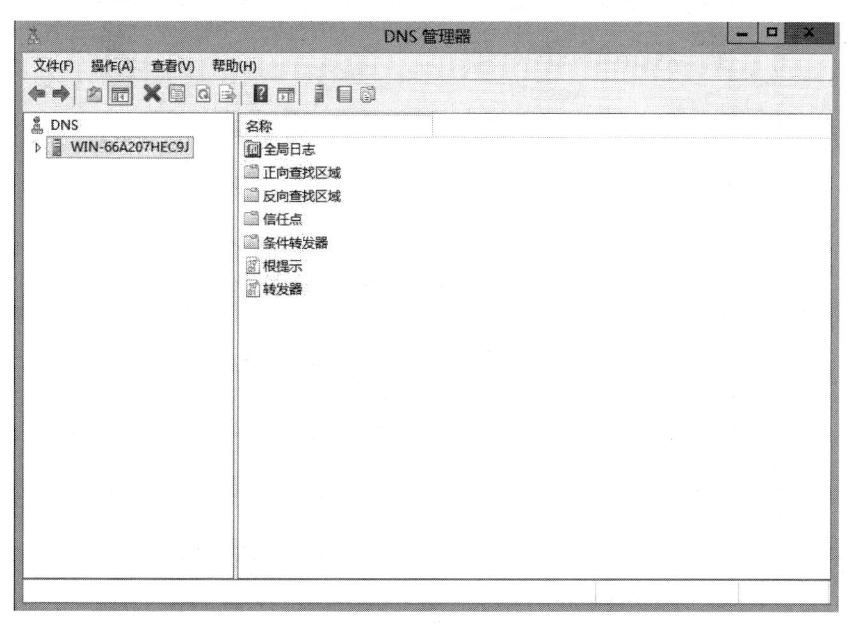

图3-7 DNS管理器

（2）在控制台树中的“正向查找区域”单击鼠标右键，选择“新建区域”，打开“新建区域向导”，如图3-8所示，单击“下一步”按钮。

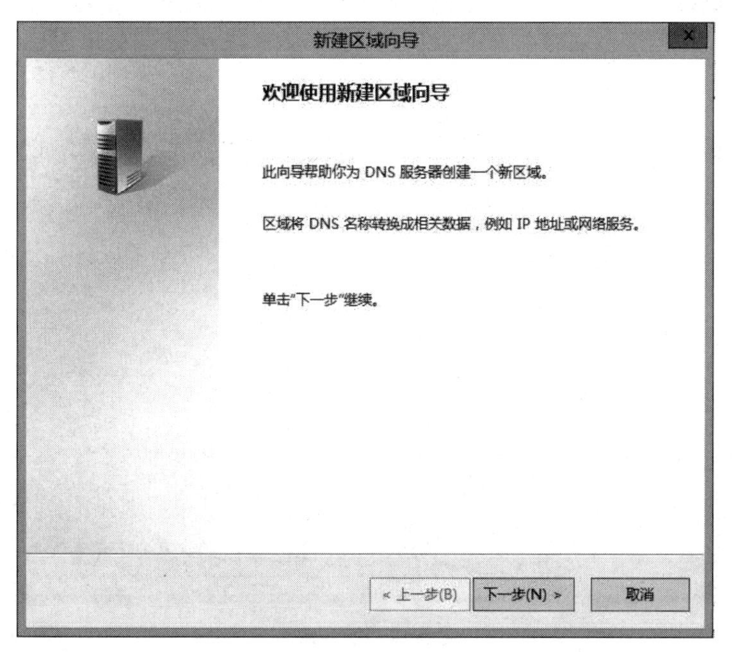

图3-8 新建区域向导

（3）在出现的“区域类型”对话框中选择“主要区域”，如图 3-9 所示，单击“下一步”按钮继续。

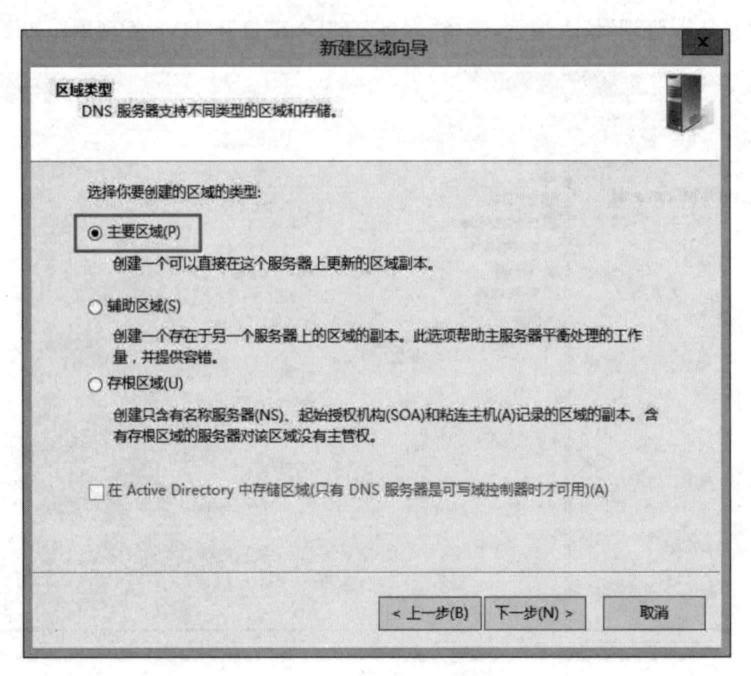

图 3-9　区域类型

（4）在区域名称中输入公司总部域名 wgs.com，如图 3-10 所示，单击“下一步”按钮。

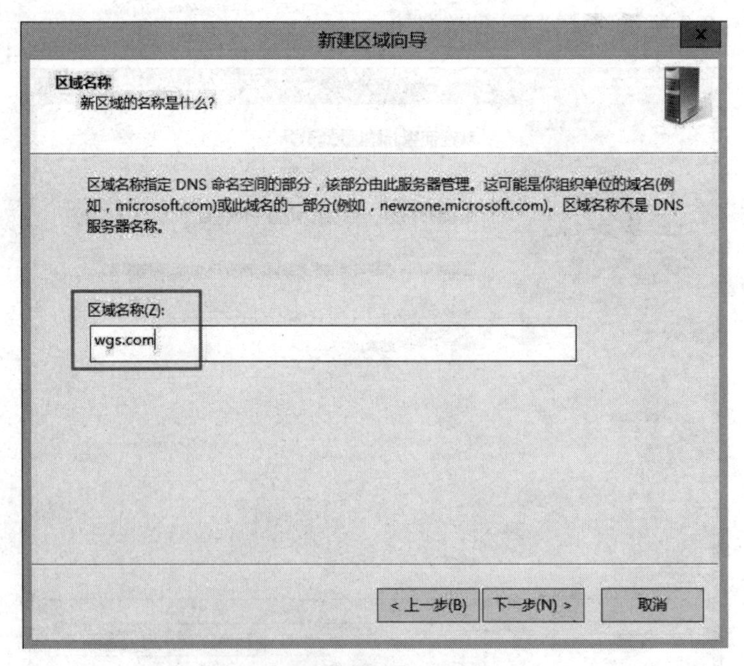

图 3-10　输入域名

(5) 在出现的“区域文件”对话框中,单击“下一步”按钮;选择“不允许动态更新”,如图3-11所示,单击“下一步”按钮。

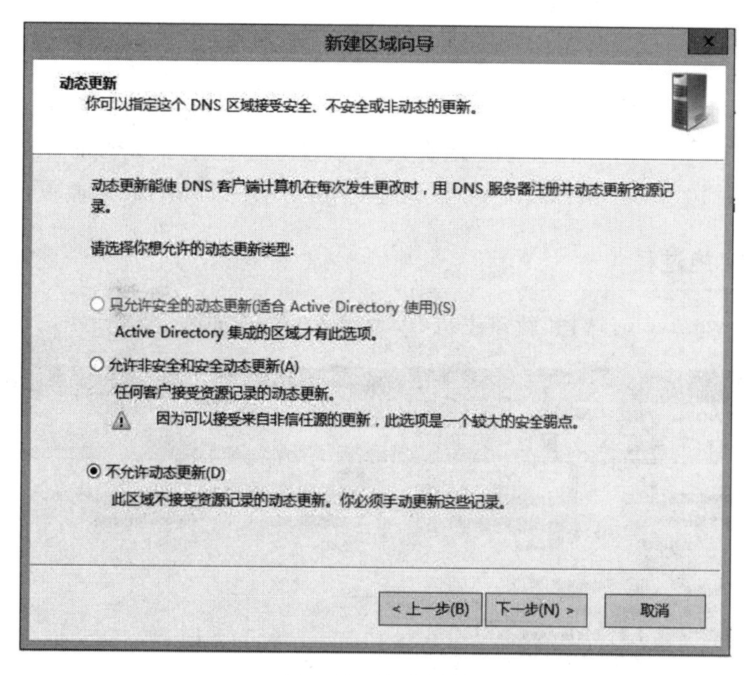

图 3-11　动态更新

(6) 单击“完成”按钮,关闭向导。完成创建新区域 wgs.com,如图3-12所示。

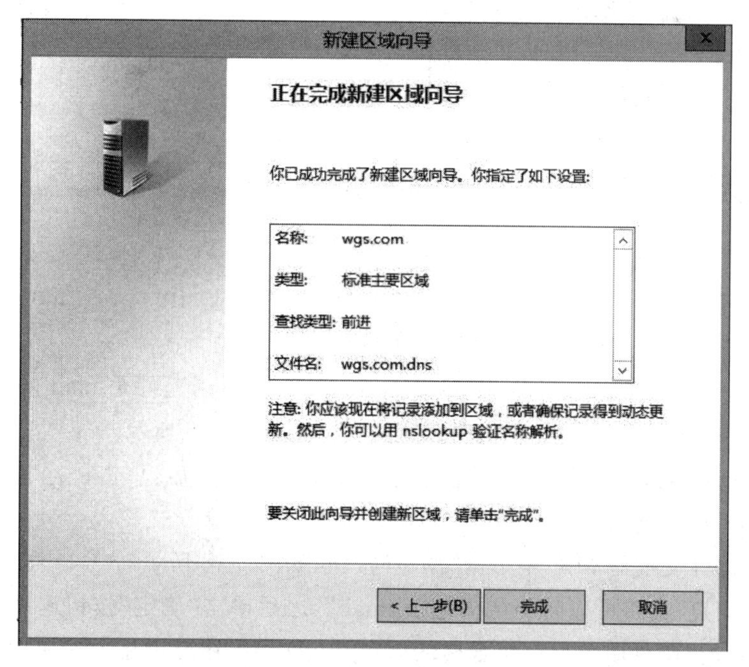

图 3-12　完成创建新区域

3.3.2 任务2 在区域中创建资源记录

1. 任务分析

根据项目背景得知如下需求：五桂山公司内部有 Web、FTP 服务器。公司的 Web 服务器的域名是 www.wgs.com，IP 地址是 10.6.64.9；FTP 服务器的域名是 ftp.wgs.com，IP 地址是 10.6.64.10；邮件服务器地址是 mail.wgs.com，IP 地址是 10.6.64.11。

2. 任务实施过程

(1) 右击 wgs.com，选择“新建主机(A 或 AAAA)”，如图 3-13 所示。

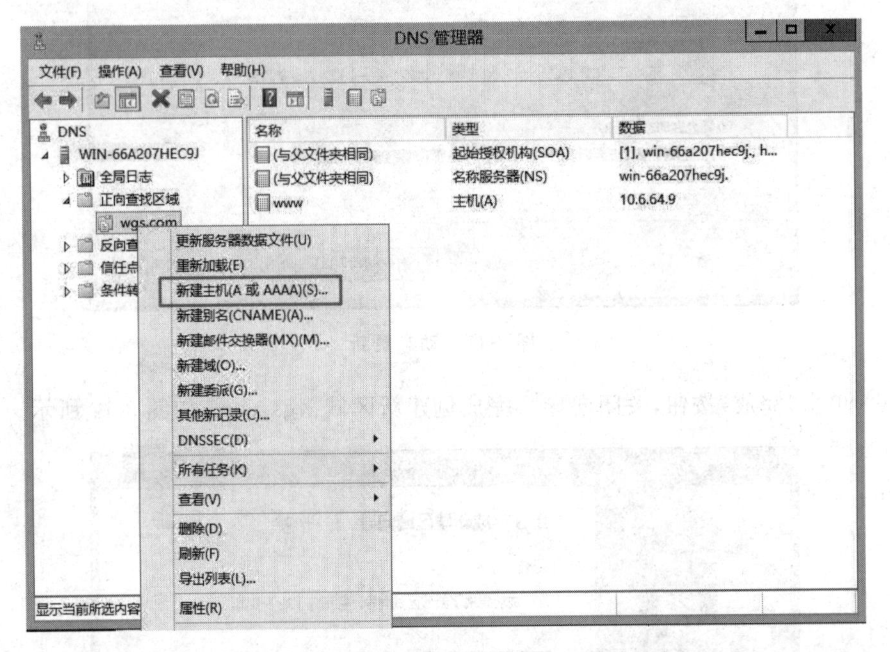

图 3-13 新建主机

(2) 在名称中输入 www，IP 地址是 Web 服务器的地址 10.6.64.9，单击“添加主机”按钮，如图 3-14 所示，在出现的对话框中单击“确定”按钮。

(3) 创建 ftp.wgs.com 记录，IP 地址是 10.6.64.10；创建一个 mail 的主机记录，IP 地址是 10.6.64.11，单击“添加主机”按钮，如图 3-15、图 3-16 所示。

(4) 在“DNS 管理器”中，选中添加记录的正向区域选项后，单击鼠标右键，在激活的快捷菜单中选择“新建邮件交换器 MX”选项，如图 3-17 所示。

(5) 在“邮件交换器 MX”中单击“浏览”按钮，如图 3-18 所示。

(6) 在“浏览”窗口可以定位主机记录“mail”，之后单击“确定”按钮返回如图 3-19 所示的窗口。此时，邮件服务器完全合格的域名(FQDN)将在窗口显示。在如图 3-19 所示的窗口中，单击“确定”按钮，返回 DNS 管理器，完成邮件交换器 MX 记录的创建任务。

新建主机
名称(如果为空则使用其父域名称)(N):
www
完全限定的域名(FQDN):
www.wgs.com.
IP 地址(P):
10.6.64.9
创建相关的指针(PTR)记录(C)
添加主机(H)
取消

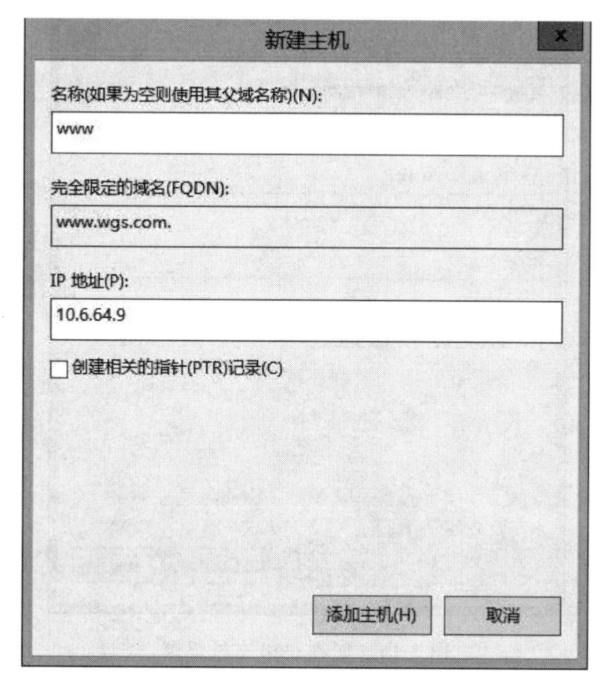

图 3-14　新建 www 主机记录

新建主机
名称(如果为空则使用其父域名称)(N):
ftp
完全限定的域名(FQDN):
ftp.wgs.com.
IP 地址(P):
10.6.64.10
创建相关的指针(PTR)记录(C)
添加主机(H)
取消

图 3-15　新建 FTP 主机记录

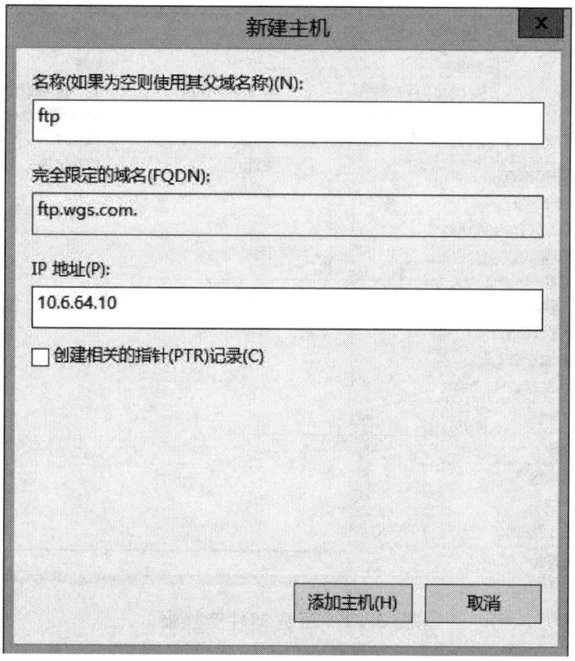

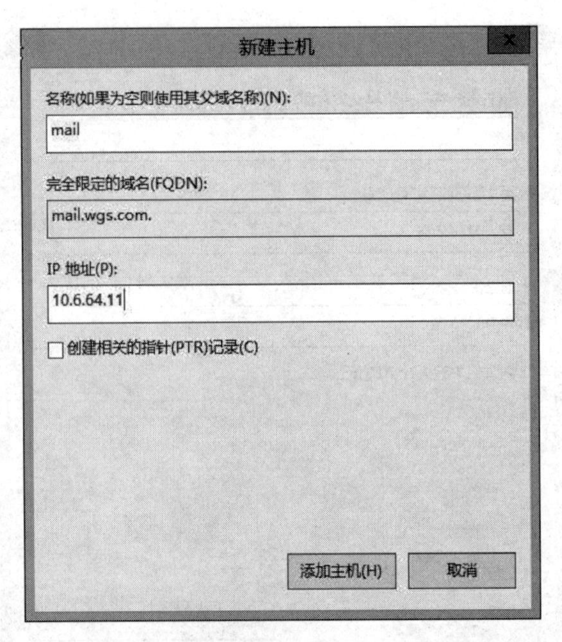

图 3-16　创建 **mail** 主机记录

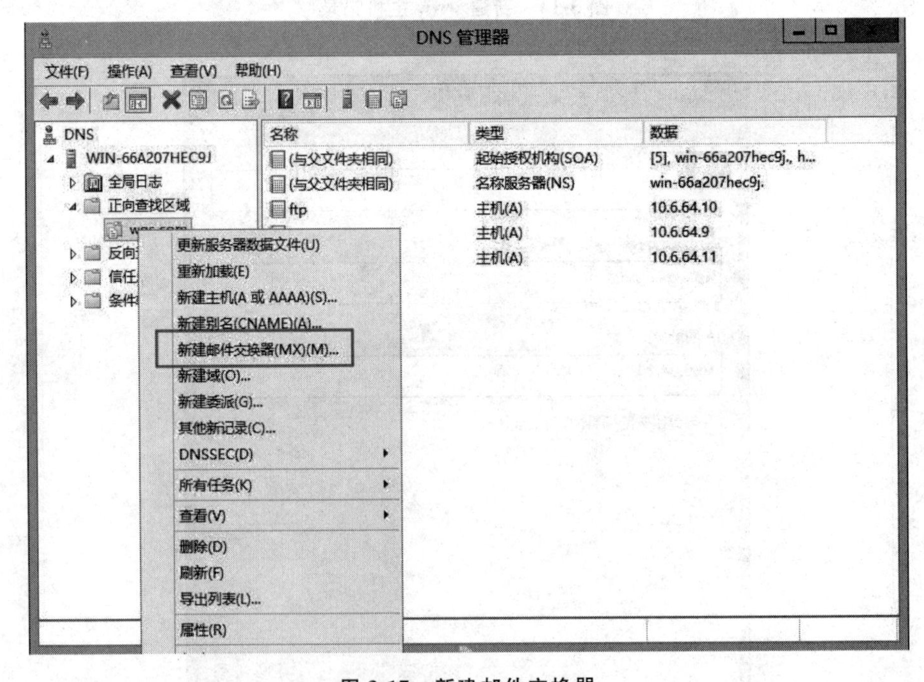

图 3-17　新建邮件交换器

（7）在客户机上打开命令行工具，输入 nslookup，通过对应的域名，查看解析是否正常，如图 3-20 所示。

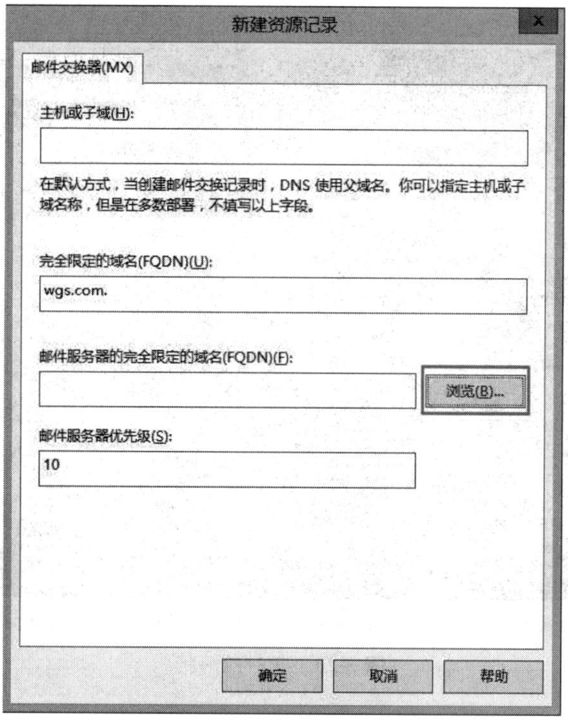

新建资源记录

邮件交换器(MX)

主机或子域(H):

在默认方式，当创建邮件交换记录时，DNS 使用父域名。你可以指定主机或子域名称，但是在多数部署，不填写以上字段。

完全限定的域名(FQDN)(U):

wgs.com.

邮件服务器的完全限定的域名(FQDN)(F):

浏览(B)...

邮件服务器优先级(S):

10

确定 取消 帮助

图 3-18 浏览到主机

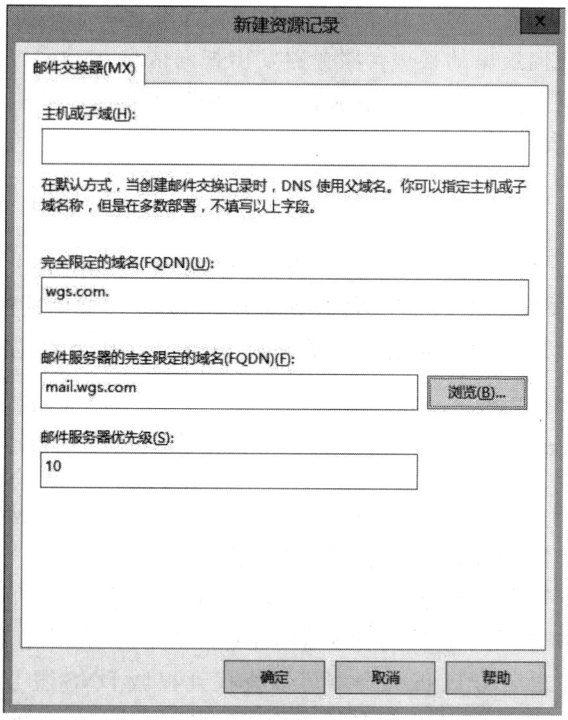

新建资源记录

邮件交换器(MX)

主机或子域(H):

在默认方式，当创建邮件交换记录时，DNS 使用父域名。你可以指定主机或子域名称，但是在多数部署，不填写以上字段。

完全限定的域名(FQDN)(U):

wgs.com.

邮件服务器的完全限定的域名(FQDN)(F):

mail.wgs.com

浏览(B)...

邮件服务器优先级(S):

10

确定 取消 帮助

图 3-19 创建邮件交换记录

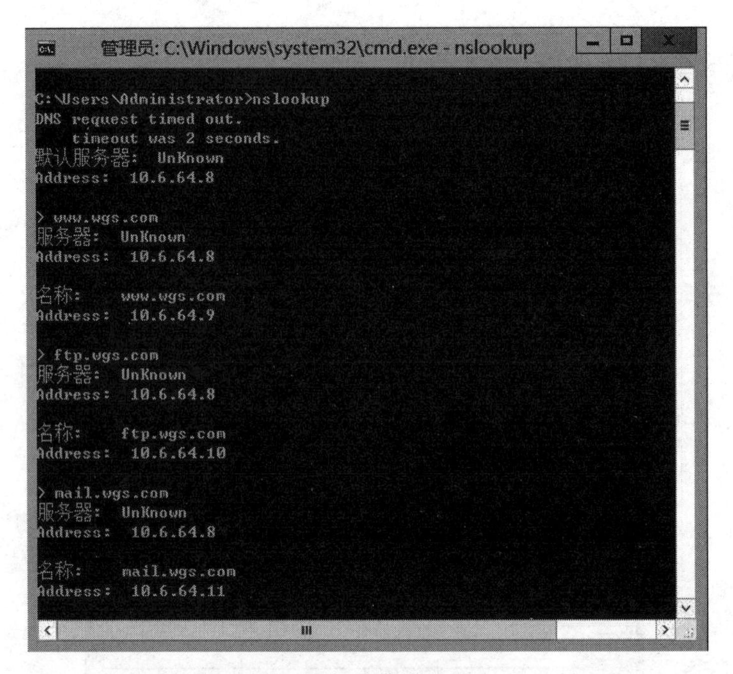

图 3-20 客户端解析

3.3.3 任务 3 转发器与根提示配置

根提示是一个服务器名称到 IP 的列表，每条记录代表一台根服务器，DNS 服务器发出迭代查询的时候先向这里的某一台服务器发出查询请求。

转发器的意思是：接收到 DNS 请求后，DNS 服务器本身不会去处理，而是将请求转发到其他 DNS 服务器。

1. 任务分析

根据项目背景得知如下需求：五桂山公司的网络管理部门要求内部的 DNS 服务器既能解析公司内部的 Web、FTP 和邮件服务器地址，又能完成外网的解析请求。这就要求在 DNS 服务器上设置转发器，指向能够解析外网的当地 ISP 提供的 DNS 地址 202.96.128.166。

2. 任务实施过程

(1) 打开 DNS 管理器，右击“转发器”，选择“属性”，如图 3-21 所示。

(2) 在打开的属性对话框中单击“编辑”按钮，如图 3-22 所示。

(3) 在转发器服务器的 IP 地址中输入 ISP 的 DNS 地址 202.96.128.166，解析完成单击“确定”按钮，如图 3-23 所示。回到转发器属性对话框单击“应用”按钮，转发器设置成功。

(4) 根提示使非根域的 DNS 服务器可以查找到根域 DNS 服务器。根域 DNS 服务器在互联网上有许多台，分布在世界各地。为了定位这些根域 DNS 服务器，需要在非根域的 DNS 服务器上配置根提示。

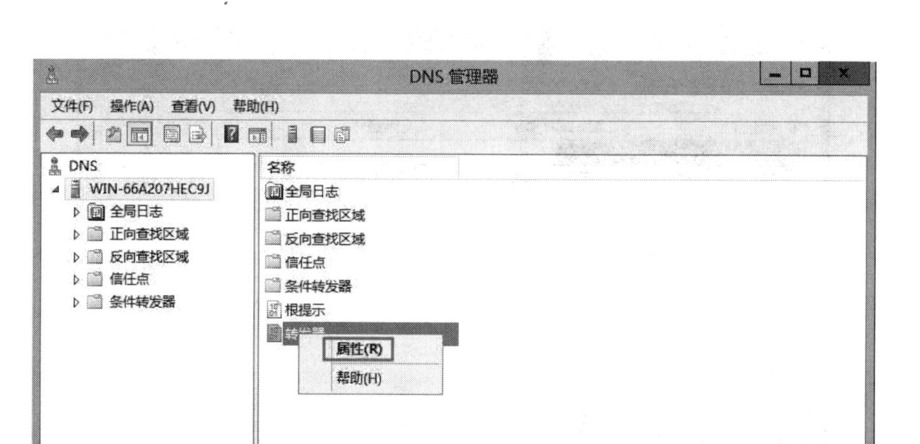

图 3-21 选择转发器的属性

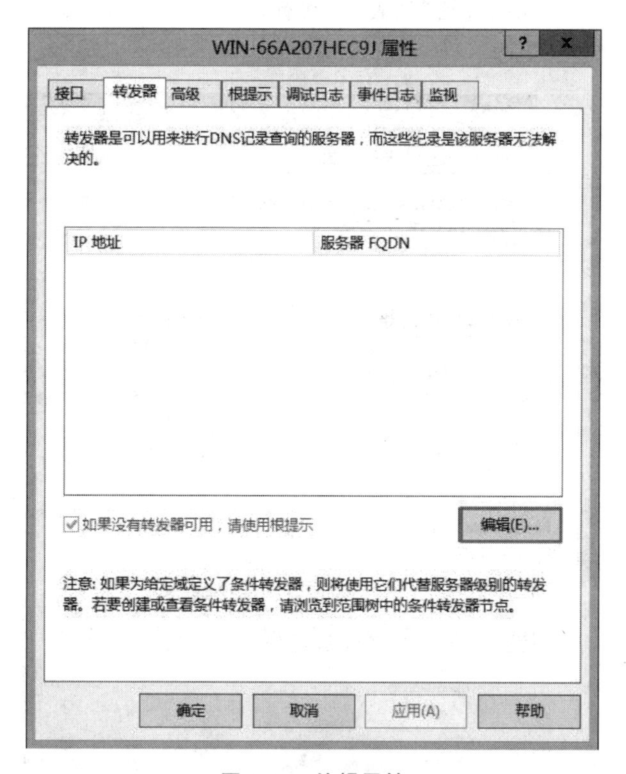

图 3-22 编辑属性

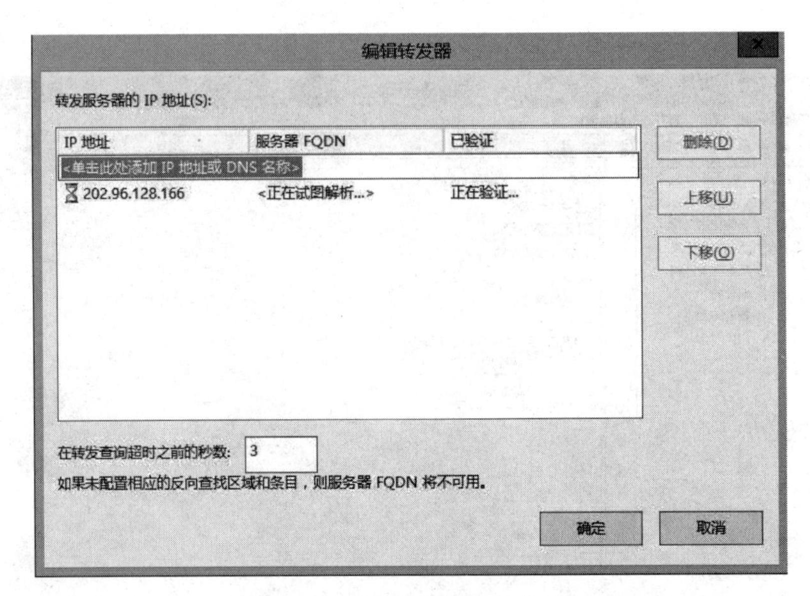

图 3-23　添加转发器的 IP 地址

配置根提示的方法是：

右击某个 DNS 服务器，从弹出的快捷菜单中执行“属性”命令，在属性对话框中选择“根提示”选项卡。在“名称服务器”列表中，共有 13 个根服务器，如图 3-24 所示。根提示一般保持默认，不要轻易更改。

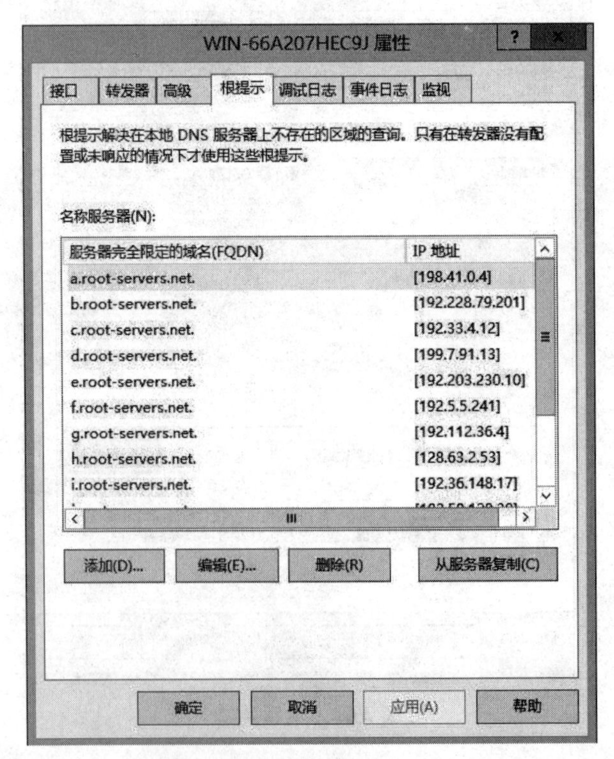

图 3-24　根提示

如果 DNS 服务器配置了转发器，则优先查询转发器。如果 DNS 服务器上新建了根区域(区域名称为.)则该“根提示”失效。

3.3.4 任务4 DNS子域与委派

1. 任务分析

根据项目背景得知如下需求：五桂山公司是一家电子商务公司，公司近期由于公司业务发展的需要，在深圳设立分公司，通过在公司总部委派 sz. wgs. com 域名给深圳分部的 DNS 服务器进行管理，可实现分部内部域名管理。网络拓扑如图 3-25 所示。

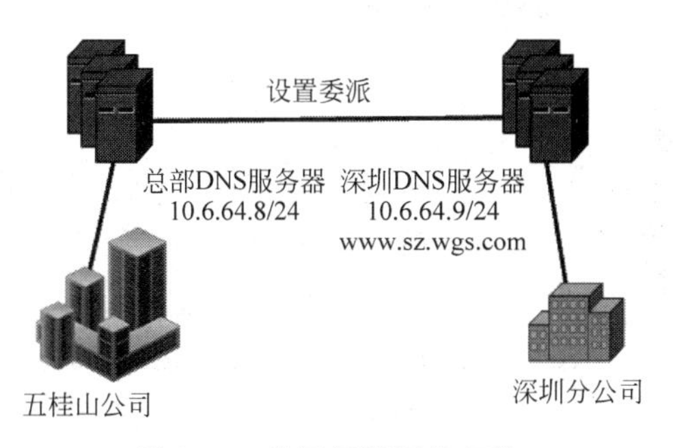

图 3-25 设置委派网络拓扑

2. 任务实施过程

1) 深圳分部管理 sz. wgs. com 域名。

(1) 在深圳分公司的 DNS 服务器(静态配置 IP 地址为 10. 6. 64. 9/24)中打开“DNS 管理器”，新建总部将委派域名 sz. wgs. com 的正向查找区域，如图 3-26 所示。

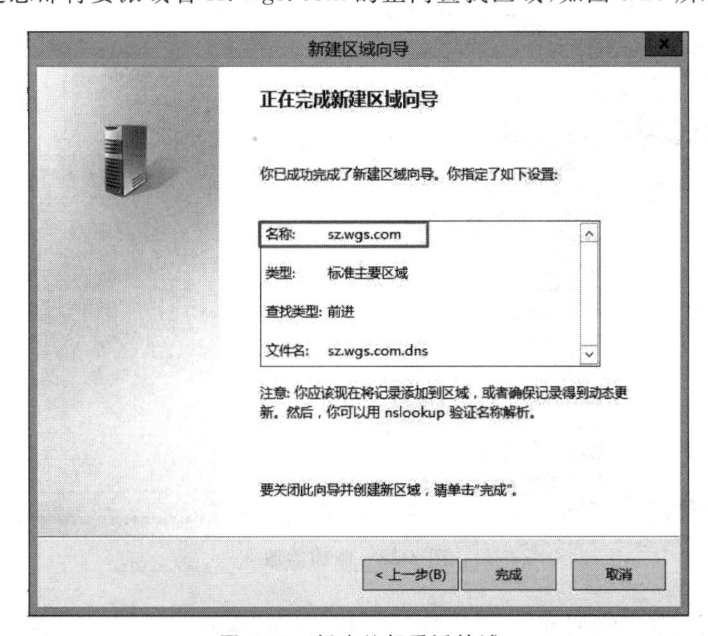

图 3-26 新建总部委派的域

(2) 添加文件服务器主机记录,如图 3-27 所示。

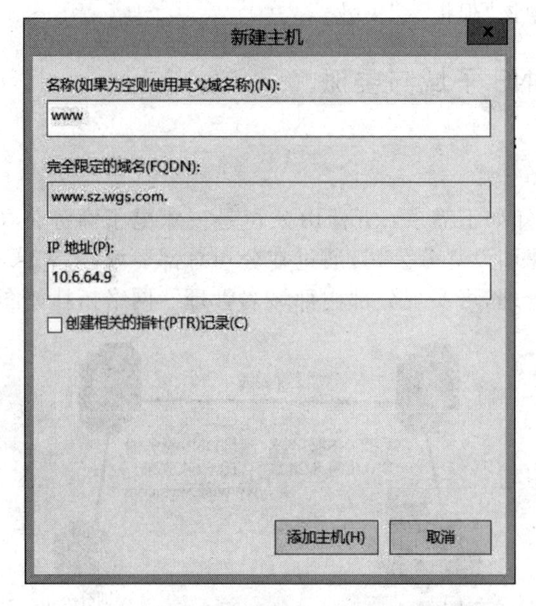

图 3-27　添加主机记录

2) 五桂山总部委派

(1) 在五桂山的总公司的 DNS 服务器中打开"DNS 管理器",在控制台树中,右击 wgs.com,然后选择"新建委派",如图 3-28 所示。

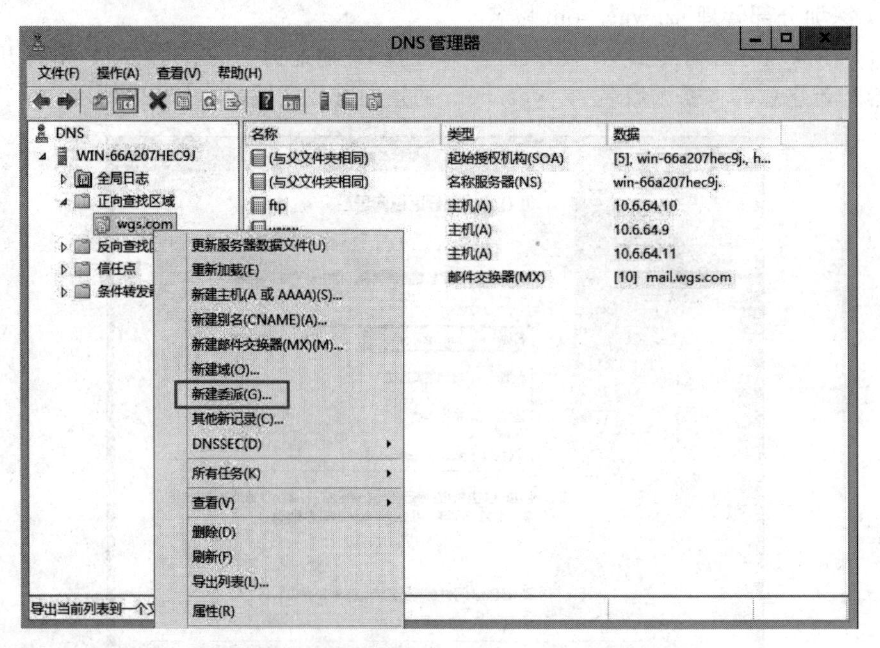

图 3-28　新建委派

(2) 打开"新建委派向导"单击"下一步"按钮,在"委派的域"中输入要委派的子域 sz,

如图 3-29 所示，单击“下一步”按钮。

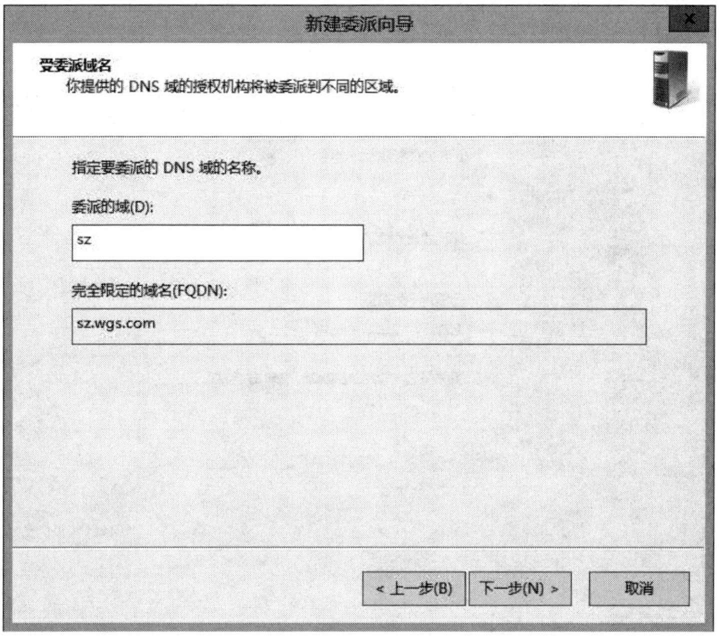

新建委派向导
受委派域名
你提供的 DNS 域的授权机构将被委派到不同的区域。
指定要委派的 DNS 域的名称。
委派的域(D):
sz
完全限定的域名(FQDN):
sz.wgs.com
< 上一步(B)
下一步(N) >
取消

图 3-29　输入委派的子域

（3）在名称服务器下选择“添加”，在“新建名称服务器记录”下，输入子域的 FQDN 和 IP 地址，IP 地址为 10.6.64.9，其中 FQDN 是主机名＋域名，单击“确定”按钮，如图 3-20 所示。

新建名称服务器记录
请输入对此区域具有权威的 DNS 服务器的名称。
服务器完全限定的域名(FQDN)(S):
www.sz.wgs.com
解析(R)
此 NS 记录的 IP 地址(A):
IP 地址
已验证
<单击此处添加 IP 地址>
10.6.64.9
确定
删除(D)
上移(U)
下移(O)
确定
取消

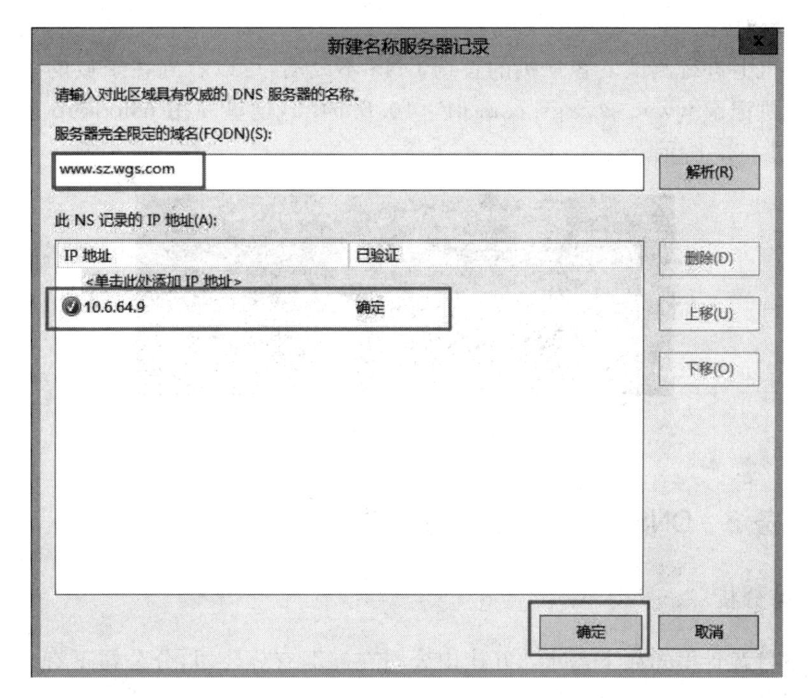

图 3-30　输入子域的 FQDN 和 IP 地址

(4) 单击"确定"按钮返回名称服务器,单击"下一步"按钮,完成子域的委派,如图 3-31 所示。

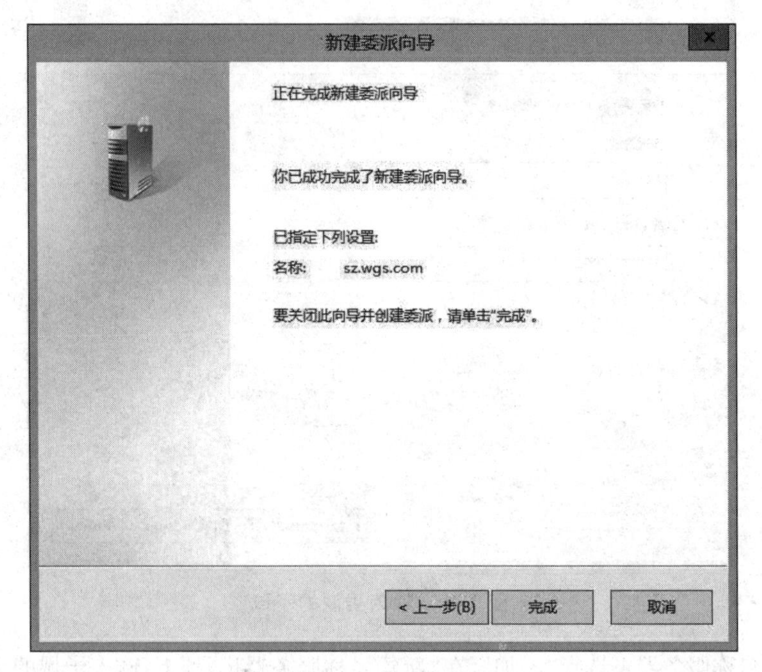

图 3-31 完成子域的委派

3) 客户端验证

在客户机上进行测试。客户机的首选 DNS 不改动,可以看到在子域的 DNS 服务器上有一个主机记录 www.sz.wgs.com、IP: 10.6.64.9,这里使用 nslookup 命令测试,解析成功,如图 3-32 所示。

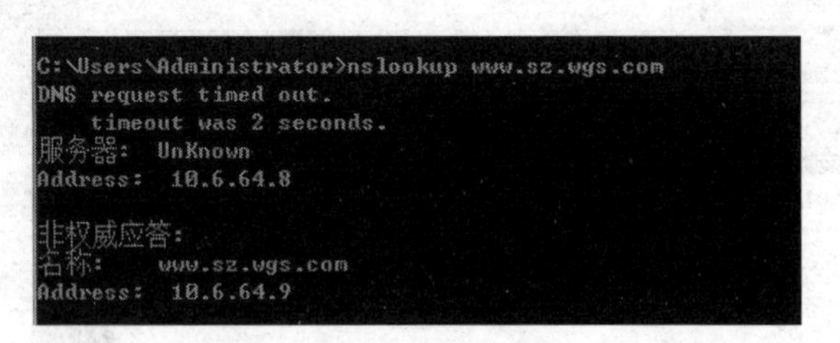

图 3-32 客户端验证

3.3.5 任务 5 DNS 辅助服务器的配置

1. 任务分析

根据项目背景得知如下需求:五桂山公司在深圳有分公司,分公司下有一个办事处,该办事处在深圳的服务器管辖下。

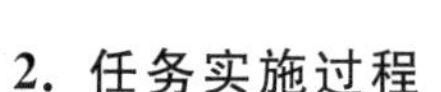

2. 任务实施过程

1）主DNS服务器允许复制

（1）在主DNS服务器wgs.com区域上单击鼠标右键，然后选择“属性”，如图3-33所示。

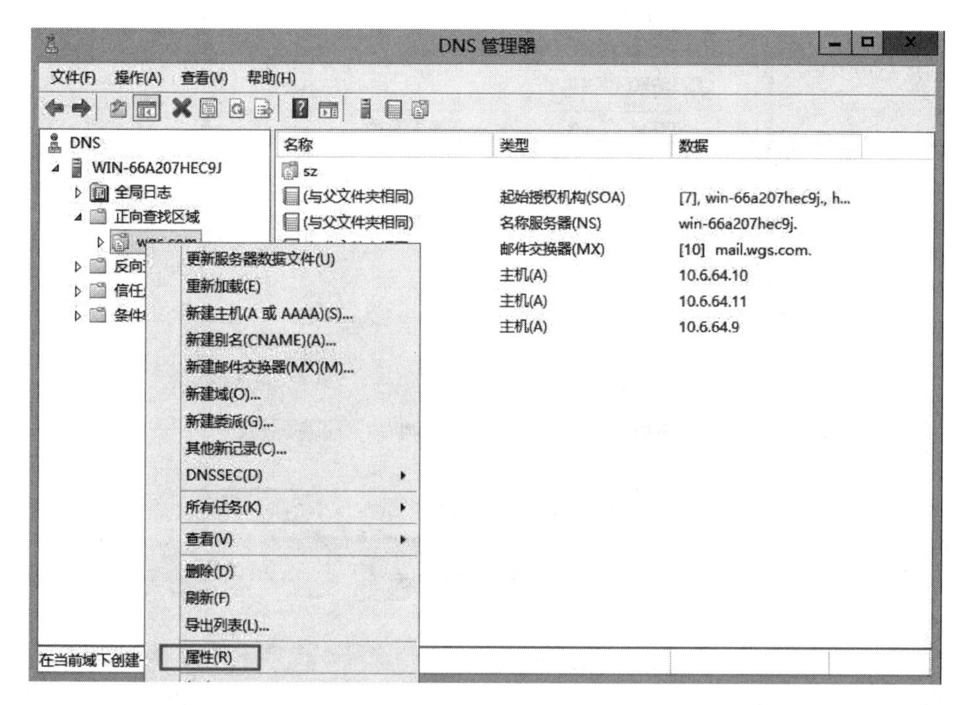

图3-33 区域属性

（2）在区域属性对话框中，选择区域传送；勾选“允许区域传送”选择“到所有服务器”，如图3-34所示。

2）辅助DNS配置

（1）在“服务器管理”仪表板下选择“工具”→“DNS”，打开DNS管理器。

（2）在控制台树中的正向查找区域单击鼠标右键，选择“新建区域”，打开新建区域向导，单击“下一步”按钮继续。在出现的“区域类型”对话框中选择“辅助区域”，单击“下一步”按钮，如图3-35所示。

（3）在“区域名称”中输入要建立辅助区域的名称，即公司总部域名wgs.com，单击下一步按钮，如图3-36所示。

（4）指定建立的辅助区域要从哪些DNS服务器上进行DNS数据的复制（这里输入五桂山总部的DNS服务器的IP地址10.6.64.8），单击“下一步”按钮，如图3-37所示。

（5）单击“完成”按钮，完成辅助区域的创建，如图3-38所示。

（6）在建立的复制区域上重新进行数据加载，辅助DNS区域就成功复制了主要区域的数据，如图3-39所示。

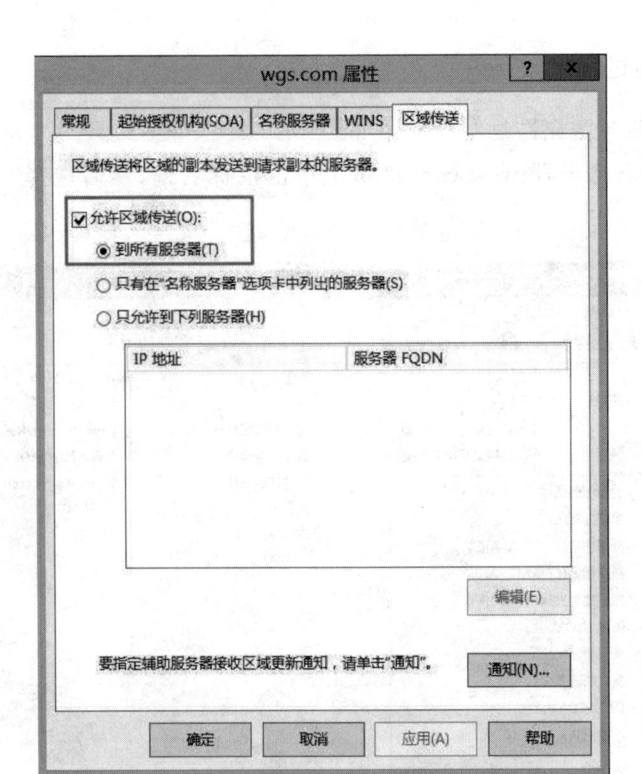

图 3-34　区域传送

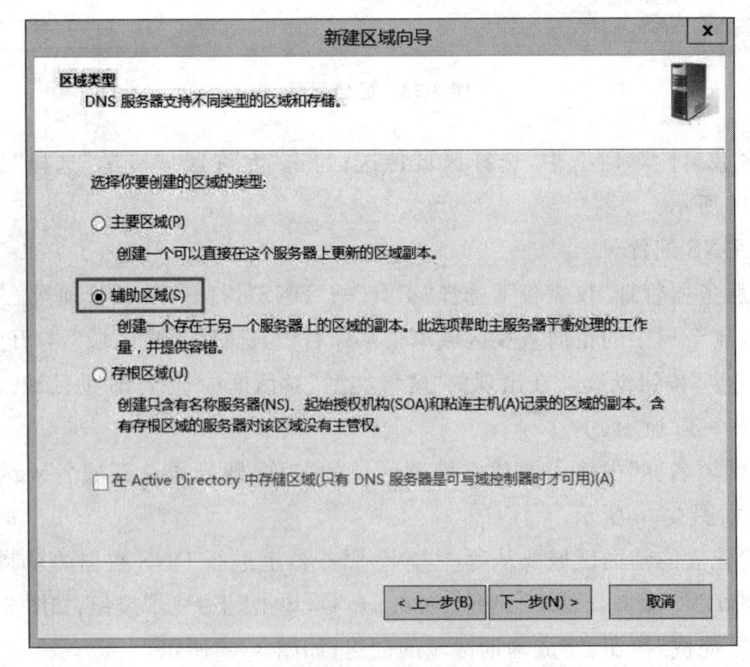

图 3-35　区域类型

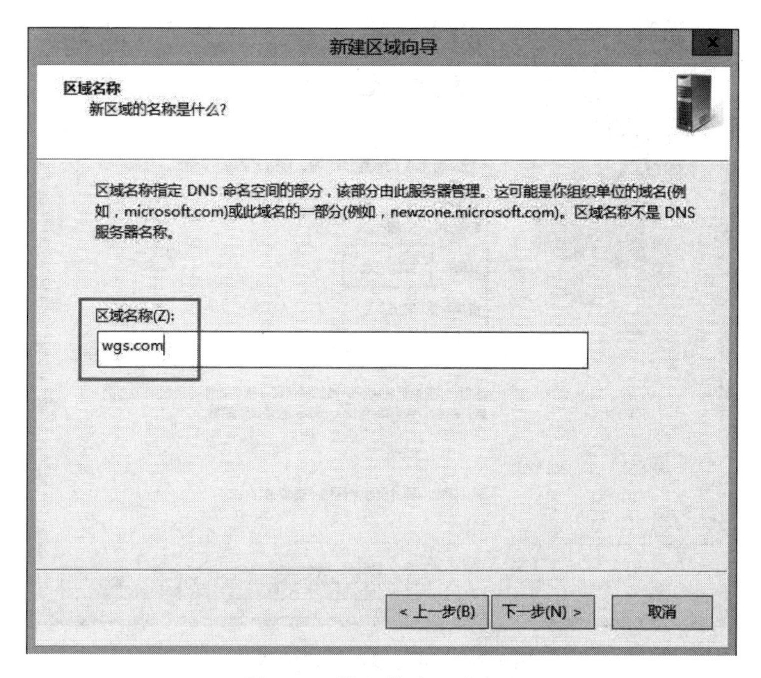

图 3-36　输入辅助区域名称

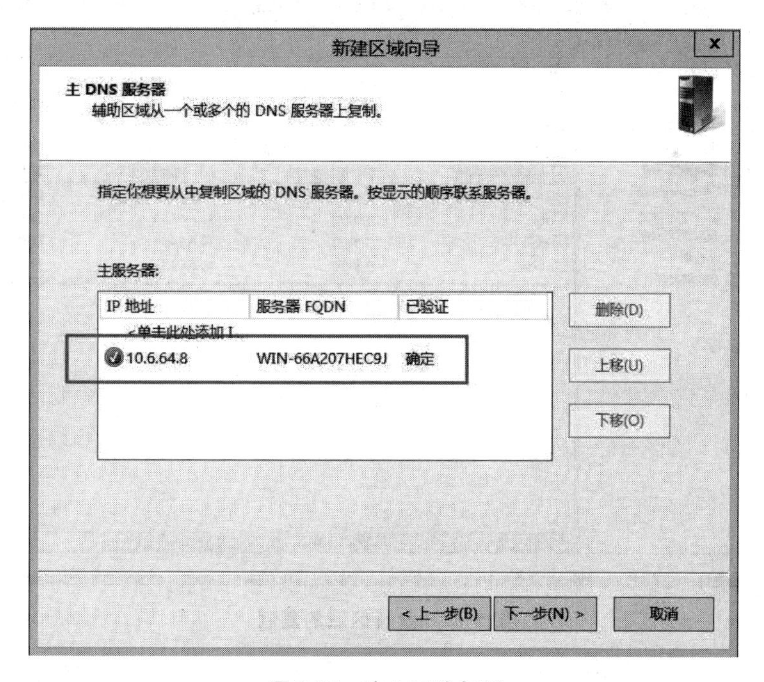

图 3-37　建立区域复制

注意：完成以上实验时必须保证主区域与辅助区域能互相通信，并且辅助区域的首选 DNS 设置指向主服务器。

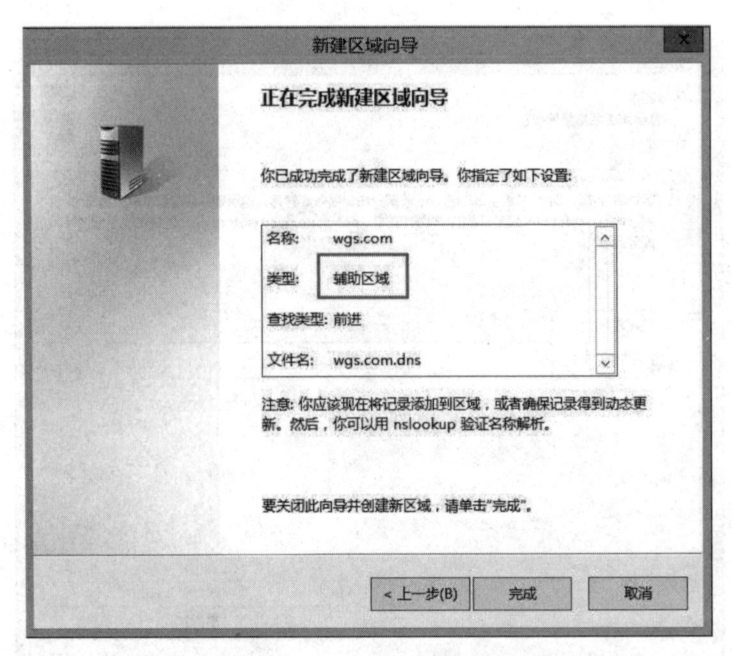

图 3-38　完成辅助区域的创建

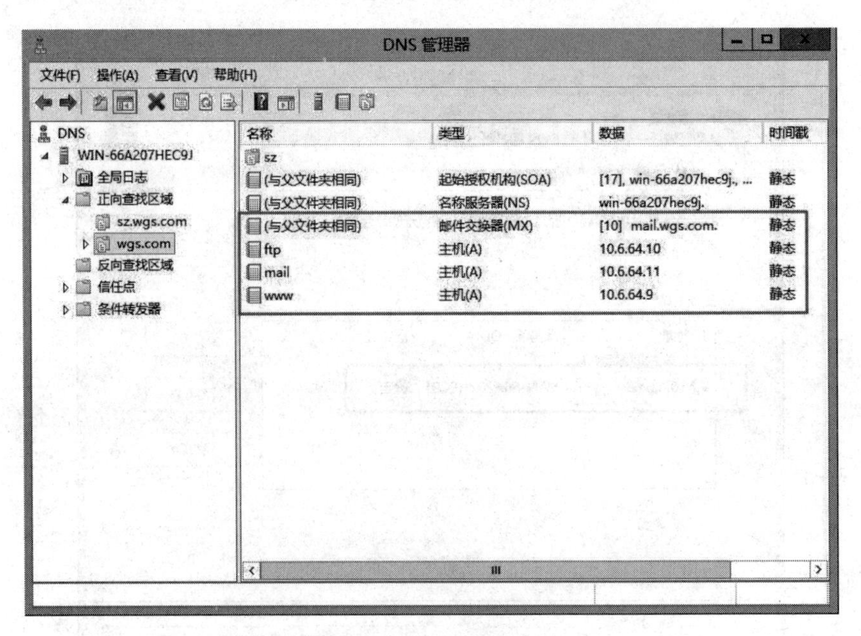

图 3-39　查看区域的复制

3.3.6　任务 6　DNS 的管理

1. 任务分析

根据项目背景得知如下需求：为保障 DNS 服务器的稳定运行，需要通过对 DNS 的管理实现高效运行。下面将介绍DNS的管理，可根据相应要求修改配置。

2. 任务实施过程

启动或停止DNS服务器的方法如下：

(1) 打开DNS管理器。

(2) 在控制台树中，单击使用的域名系统（DNS）服务器。

(3) 在“操作”菜单上，指向“所有任务”，然后单击下列选项之一：若要启动服务，请单击“启动”；若要停止服务，请单击“停止”；若要中断服务，请单击“暂停”；若要停止然后自动重新启动服务，请单击“重新启动”。

普通DNS属性具有接口、转发器、高级、根提示、调试日志、事件日志、监视七个标签，如图3-40所示。安装了域控的DNS多了一个安全的标签，用于控制用户对DNS的访问。

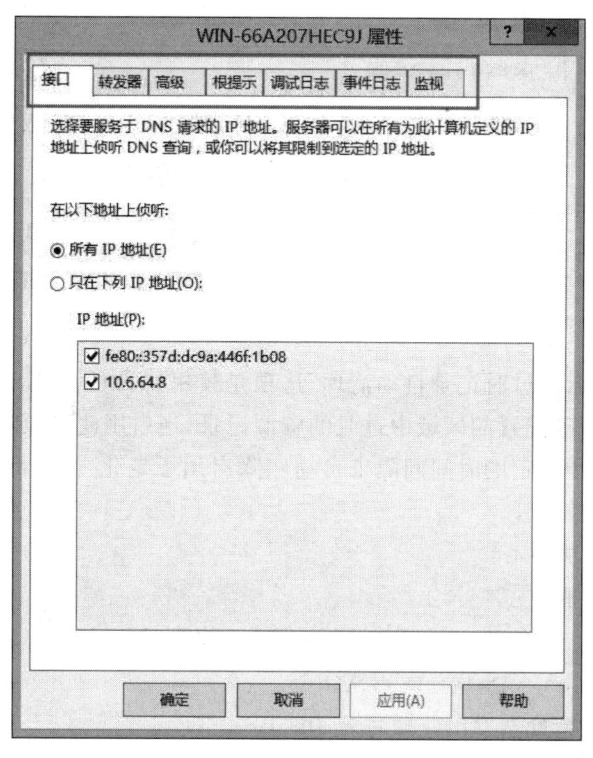

图3-40 属性标签

接口标签允许指定DNS服务器侦听DNS请求的本地计算机的IP地址。默认情况下，DNS服务器侦听的是本地计算机的所有IP地址；如果计算机存在双网卡，分别连接到Internet和LAN，若不希望Internet的客户访问DNS服务器，可以只选择侦听连接到LAN的IP地址。

转发器只有DNS服务器工作在递归模式下才有用，在高级设置中，禁用递归(也禁用转发器)可以将转发器禁用；如公司想禁止员工对外网的访问，可勾选该选项，以上配置的转发器将不起作用，如图 3-41 所示。

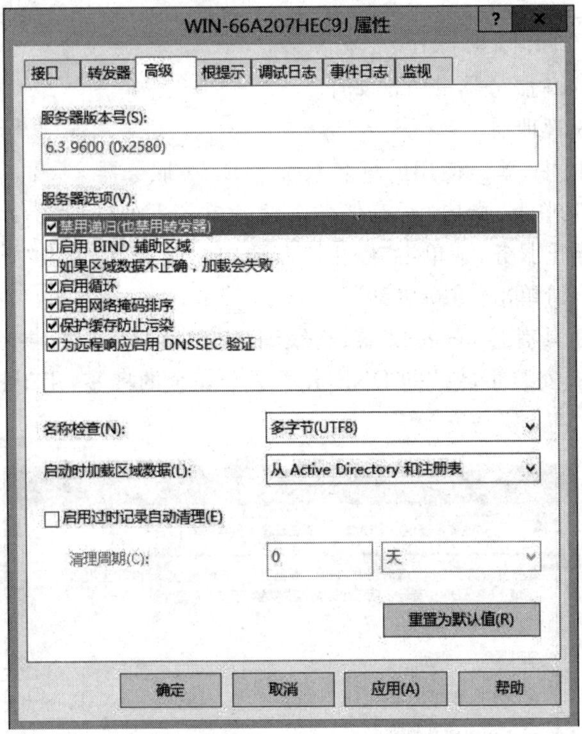

图 3-41 禁用递归

默认情况下，“启用过时记录自动清理”选项是禁用的，因为 DNS 服务器将不会自动删除启用了老化/清理配置的区域中过时的资源记录，当启用此选项时，DNS 服务器将按照在设定清理周期中指定的时间间隔来自动删除启用了老化/清理配置的区域中过时的资源记录，如图 3-42 所示。

DNS 的备份方法如下：

(1) 停止 DNS 服务。

(2) 开始运行，输入“regedit”打开注册表，找到 HKEY_LOCAL_MACHINE\SYSTEM\CurrentControlSet\Services\DNS。

(3) 将 DNS 这个分支导出。命名为 dns-1。

(4) 再找到 HKEY_LOCAL_MACHINE\SOFTWARE\Microsoft\Windows NT\CurrentVersion\DNS Server。

(5) 将 DNSserver 分支导出，命名为 dns-2。

(6) 打开%systemroot%\System32\dns，把其中的所有 *.dns 文件复制出来，并和 dns-1.reg 及 dns-2.reg 保存在一起。

DNS 的恢复方法如下：

(1) 当区域里的 DNS 服务器发生故障时，重新建立一台 Windows server 2012 服务器，并与所要替代的 DNS 服务器设置相同的 IP 地址。

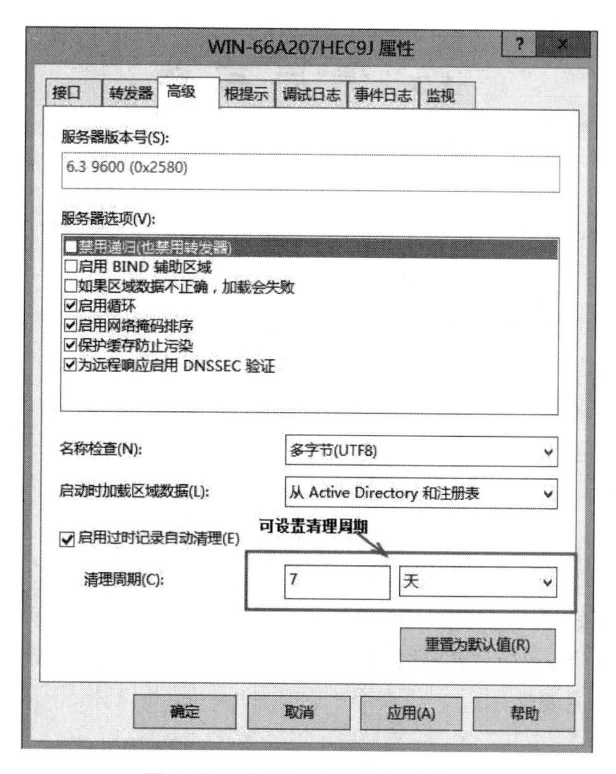

图 3-42　启用过时记录自动清理

(2) 在新系统中安装并启动 DNS 服务。

(3) 把前面备份出来的 *.dns 文件复制到新系统的%systemroot%\System32\dns 文件夹中。

(4) 停用 DNS 服务。

(5) 把备份的 dns-1.reg 和 dns-2.reg 导入到注册表中。

(6) 重新启动 DNS 服务。

3.4　项目总结

DNS 分为客户端和服务器。客户端扮演发问的角色，也就是问服务器一个域名，而服务器必须要回答此域名真正 IP 的地址。当地的 DNS 先会查自己的资料库。如果自己的资料库没有，则会向该 DNS 上所设的 DNS 服务器询问，得到答案之后，将收到的答案存起来，并回答客户。DNS 服务器会根据不同的授权区(Zone)，记录所属该网域下的各名称资料，这个资料包括网域下的次网域名称及主机名称。在每一个名称服务器中都有一个快取缓存区(Cache)，这个快取缓存区的主要目的是将该名称服务器所查询出来的名称及相对的 IP 地址记录在快取缓存区中，这样当下一次还有另外一个客户端到此服务器上去查询相同的名称时，服务器就不用在到别台主机上去寻找，可直接从缓存区中找到该名称记录的资料，传回给客户端，加速客户端对名称查询的速度。

3.5 课后习题

1. 选择题

(1) 以下与 DNS 服务器相关的说法中,不正确的是(　　)。

A. DNS 的域名空间是由树状结构组织的分层域名组成的集合。

B. Internet 上的主机的域名和地址解析,不完全由 DNS 域名服务器来完成。

C. 辅助域名服务器定期从主域名服务器获得更新数据。

D. 转发域名服务器负责所有非本地域名的查询。

(2) DNS 协议运行在(　　)协议之上,使用的端口号是(　　)。

A. TCP　53　　B. UDP　53

C. TCP　52　　D. UDP　52

(3) DNS 区域有三种类型,分别是(　　)。

A. 标准辅助区域　　B. 逆向解析区域

C. Active Directory 集成区域　　D. 标准主要区域

(4) 测试 DNS 主要使用(　　)命令。

A. ping　　B. ipconfig　　C. nslookup　　D. Winipcfg

2. 填空题

(1) DNS 的中文名称为________,其作用是________。

(2) DNS 名称查询解析可以分为两个基本步骤:________和________。

(3) DNS 的查询方式分为________和________。

(4) 域名解析是一个________的过程。

3. 实训题

Windows Server 2012 DNS 服务器的安装与配置。

内容与要求:

(1) 给服务器安装 DNS。

(2) 某公司总部在北京,分部在广州。现要对总公司 DNS 服务器进行配置,要求总公司能完成公司内部的解析、外网的解析和公司分部的域名解析请求。

第4章 chapter 4

项目4　DHCP服务器配置与管理

【学习目标】

本章系统介绍DHCP服务器的理论知识、DHCP服务器的安装和基本配置、DHCP客户端的配置和DHCP中继的配置。

通过本章的学习应该完成以下目标：

- 理解DHCP服务器的理论知识；
- 掌握DHCP服务器的基本配置；
- 掌握DHCP客户端的配置与测试；
- 掌握DHCP中继的配置；
- 掌握DHCP服务器的备份与还原。

4.1　项目背景

五桂山公司新建了两个工作室，现进行IP地址的规划，想通过动态地址的分配向这两个工作室所在的员工提供自动接入的配置(董事长电脑分配的IP地址固定)。为了节约成本和提高管理的效率，该公司只提供了一个DHCP服务器(IP地址：10.6.64.8/24)。网络拓扑如图4-1所示。

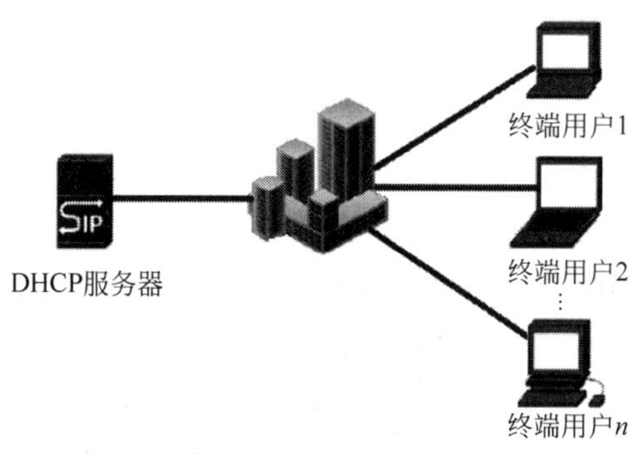

图4-1　网络拓扑

4.2 知识引入

4.2.1 什么是 DHCP

DHCP(Dynamic Host Configuration Protocol,动态主机配置协议)是一个局域网的网络协议。它使用 UDP 协议工作,通常被应用在大型的局域网络环境中,主要作用是集中管理、分配 IP 地址,使网络环境中的主机动态获得 IP 地址、Gateway 地址、DNS 服务器地址等信息,并能够提高地址的使用率。

一般来说,网络中设置 IP 地址的方法有两种。一种是手动配置 IP 地址,这种方法需要给网络中的每个客户端都配置 IP、网关、DNS 服务器等相关选项,如果客户端的数量较多,网络管理员的工作量会很大,而且费时费力,还容易出现 IP 地址冲突等问题。另外一种就是利用网络中的 DHCP 服务器来对客户端进行 IP 地址的动态分配,不仅减轻了网络管理员的工作量,而且还避免了 IP 地址冲突等问题。

当使用 DHCP 服务器动态分配 IP 地址时,一旦有客户端连入网络,客户端会发出 IP 地址请求,DHCP 服务器会从地址池中临时分配一个 IP 地址给客户端。当客户端断开与服务器的连接时,DHCP 服务器会把该 IP 地址收回,并把它分配给其他需要地址的客户端,有效地节约了 IP 地址的资源。

4.2.2 DHCP 的工作原理

DHCP 服务器负责监听客户端的请求,并向客户端发送预定的网络参数,管理员在 DHCP 服务器上必须配置要提供给客户端的相应网络参数和自动分配地址的范围、地址租约时间等参数,客户端只需要把 IP 参数设置为自动获取即可。DHCP 的工作原理如图 4-2 所示。

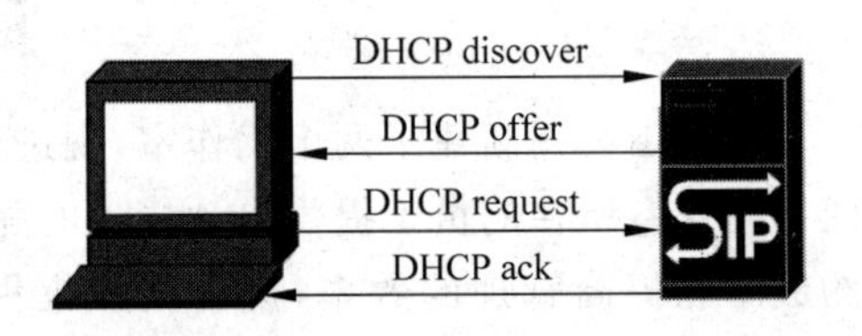

图 4-2 DHCP 的工作原理

DHCP 客户端获取 IP 地址的工作过程如下:

(1) DHCP 发现(DHCP discover)。在客户端第一次登录网络时,客户端向网络发送一个 DHCP discover 请求,该请求的源地址是 0.0.0.0,目的地址是 255.255.255.255(TCP/IP 广播地址),并附加 DHCP 发现信息的广播数据包。

(2) DHCP 提供(DHCP offer)。DHCP 服务器接收到 DHCP discover 请求后,检查动态地址范围,选取第一个空闲的地址,向客户端发送一个 DHCP offer 响应。由于客户端目前还没有获取到 IP 地址,所以 DHCP offer 响应仍然通过广播方式传输,其中包含了以下信息:客户端 MAC 地址、提供的 IP 地址以及有效期、子网掩码和服务器标识符(通常是服务器的 IP 地址)。

(3) DHCP请求(DHCPrequest)。客户端收到DHCP offer封包后,就会发出一个DHCP request广播封包,表示它接收服务器所提供的IP地址,同时发出一个ARP请求,确认该地址未被其他客户端使用。如果被占用,则会发出DHCP decline封包表示拒绝该IP地址。如果收到的DHCP offer封包不止一个(网络中不止一台DHCP服务器),客户端会自动选择第一个服务器提供的IP地址。

(4) 服务器收到DHCP request封包后,发回一个DHCPack回应,表示地址租约生效,客户端开始使用此地址和网络配置进行工作,DHCP工作完成。其他的DHCP服务器在收到DHCP request封包后撤销提供的IP地址。

(5) 如果客户端不是第一次登录该网络,地址租约到期,那么客户端就要重新进行一次如上所述的过程,否则客户端就会用上次获得的地址配置进行工作。当客户端不能联系到DHCP服务器或租用失败时,将会使用自动私有IP地址(168.254.0.1～169.254.255.254地址段)配置,这个机制可以使DHCP服务在不可使用时,客户端仍能进行通信,同时管理员也可以从客户端的IP地址来判断DHCP是否成功。

4.2.3 DHCP服务的相关概念

作用域(scope):通过DHCP服务租用或指派给DHCP客户端的IP地址范围。一个范围可以包括单独子网中的所有IP地址(有时也将一个子网再划分成多个作用域)。此外,作用域还是DHCP服务器为客户端分配和配置IP地址及其相关参数提供的基本方法。

排除范围(exclusion range):DHCP作用域中,从DHCP服务中排除小范围内的一个或多个IP地址。使用排除范围的作用是保留这些地址永远不会被DHCP服务器提供给客户端。

地址池(address pool):DHCP作用域中可用的IP地址范围。

租约期限(lease):DHCP客户端使用动态分配的IP地址的时间。在租用时间过期之后,客户端必须续订租用,或用DHCP获取新的租用。租约期限是DHCP中最重要的概念之一,DHCP服务器并不给客户端提供永久的IP地址,而只允许客户端在某个指定时间范围内(即租约期限内)使用某个IP地址。租约期限可以是几分钟、几个月,甚至是永久的(不推荐使用),用户可以根据不同的情况使用不同的租约期限。

保留(reservation):为特定DHCP用户租用而永久保留在一定范围内的特定IP地址。

选项类型(option types):DHCP服务器在配置DHCP客户端时,可以进行配置的参数类型。常见的参数类型有子网掩码、默认网关以及DNS服务器等。每个作用域可以具有不同的选项类型。当服务器选项与服务器选项都配置的时候,应用的是作用域选项的配置。

4.3 项目过程

4.3.1 任务1 DHCP服务器的安装

1. 任务分析

根据项目背景得知如下需求：五桂山公司将在原企业内网的基础上配置一台新的Windows Server 2012服务器(IP：10.6.64.8/24)作为DHCP服务器,并在此服务器上安装DHCP服务器功能来满足该需求。

2. 任务实施过程

(1) 打开“服务器管理器”,单击“添加角色和功能”按钮,进入“添加角色和功能向导”。

(2) 单击“下一步”按钮,选择“基于角色或基于功能的安装”。

(3) 单击“下一步”按钮,选择“从服务器池中选择服务器”,安装程序会自动检测与显示这台计算机采用静态IP地址设置的网络连接。

(4) 单击“下一步”按钮,在“服务器角色”中,选择“DHCP服务器”,自动弹出“添加DHCP服务器所需的功能”对话框,单击“添加功能”按钮,如图4-3所示。

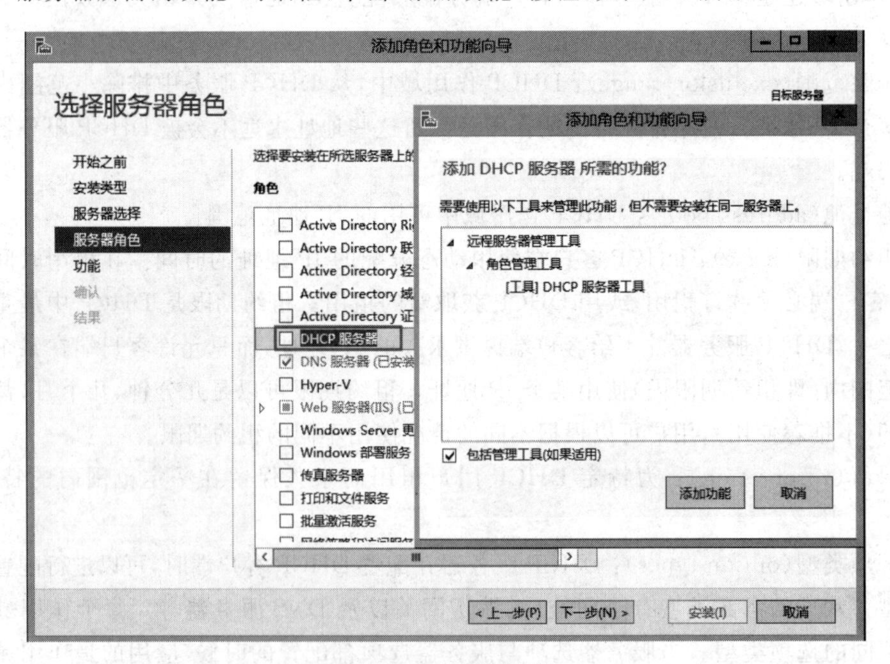

图4-3 添加所需功能

(5) 单击“下一步”按钮,选择需要添加的功能,如无特殊需求,默认即可,如图4-4所示。

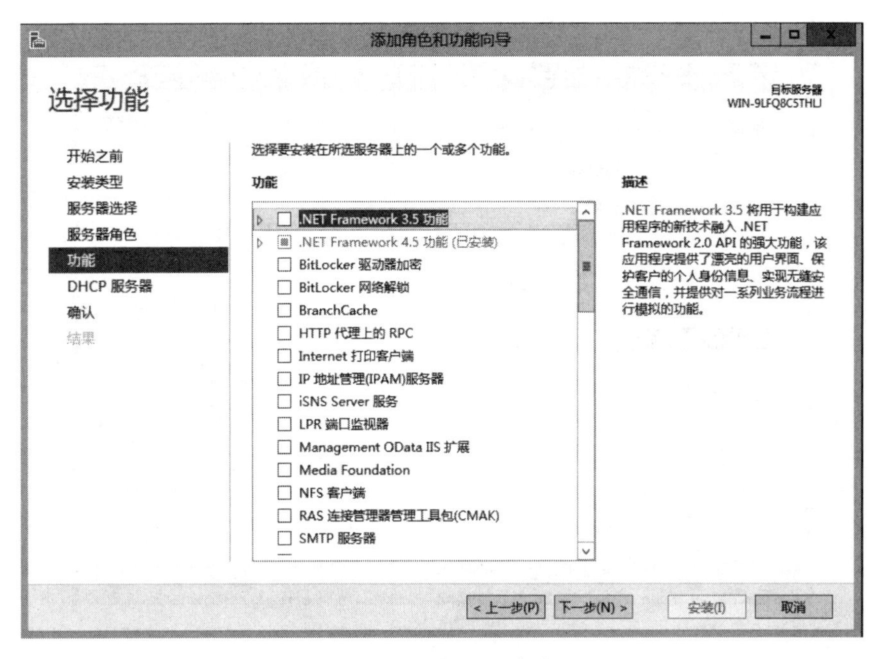

图 4-4　添加所需功能

(6) 单击“下一步”按钮，查阅 DHCP 服务器的注意事项。

(7) 单击“下一步”按钮，确认所需安装的角色、角色服务或功能，单击“安装”按钮，如图 4-5 所示。

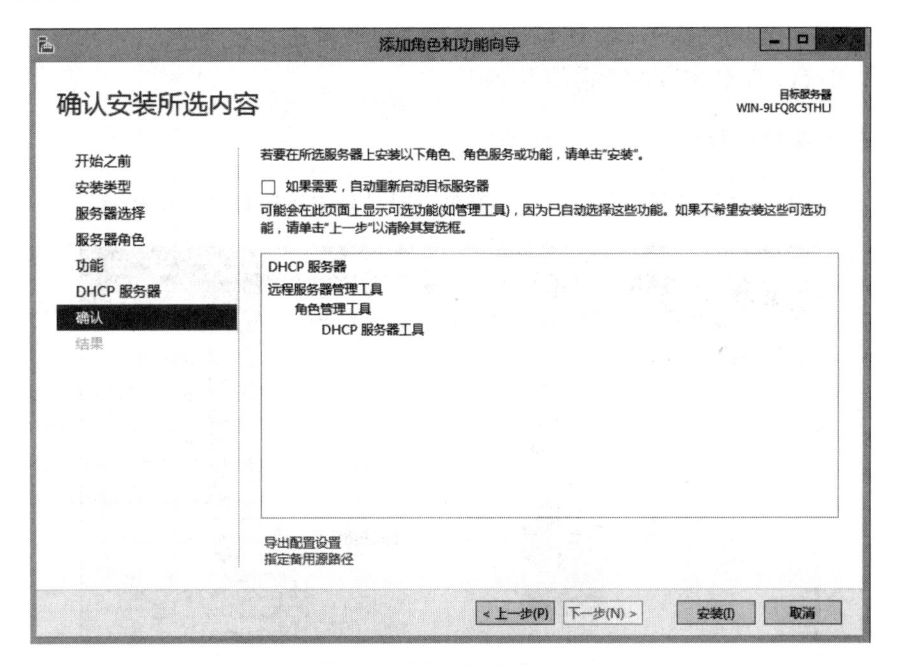

图 4-5　确认所安装的内容

(8) 单击“关闭”按钮，完成 DHCP 服务器安装，如图 4-6 所示。

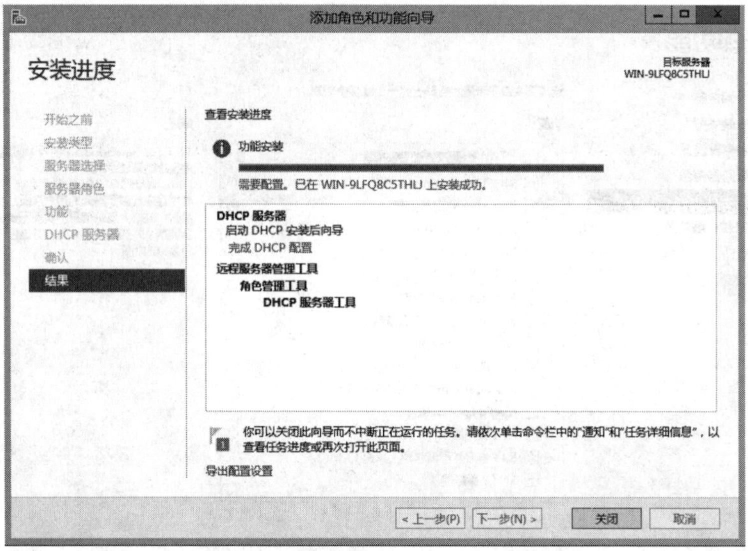

图 4-6 完成安装

4.3.2 任务 2 创建和激活作用域

1. 任务分析

根据五桂山公司的需求，在 DHCP 服务器上进行配置。在 DHCP 服务器上创建一个新的作用域，为工作室分配所需的 IP 地址。

2. 任务实施过程

(1) 打开服务器管理器，单击“工具”菜单，选择“DHCP”，如图 4-7 所示。

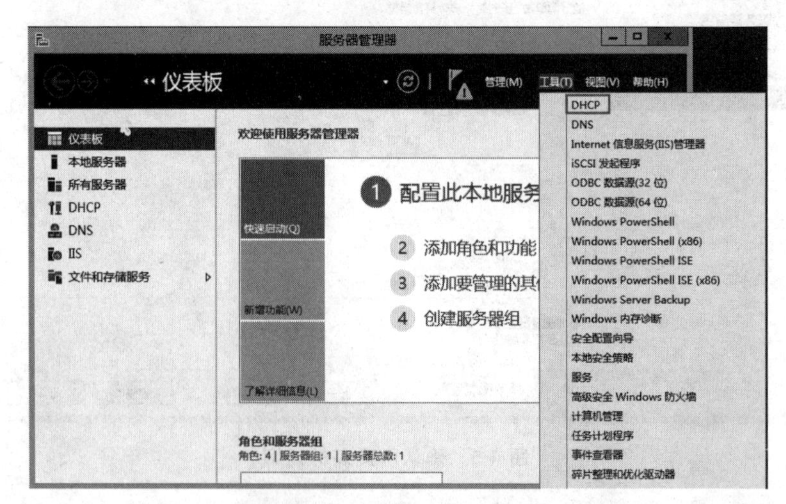

图 4-7 打开 DHCP 管理界面

(2) 在DHCP管理控制台,右键单击"IPv4",选择"新建作用域",如图4-8所示。

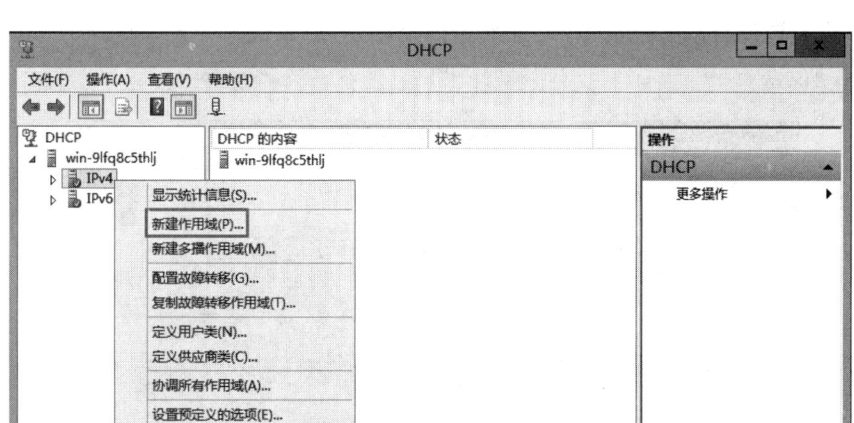

图 4-8　新建作用域

(3) 在"新建作用域向导"对话框中,单击"下一步"按钮。

(4) 输入新建作用域的名称"wgs",作用域描述可视需求填写,单击"下一步"按钮,如图4-9所示。

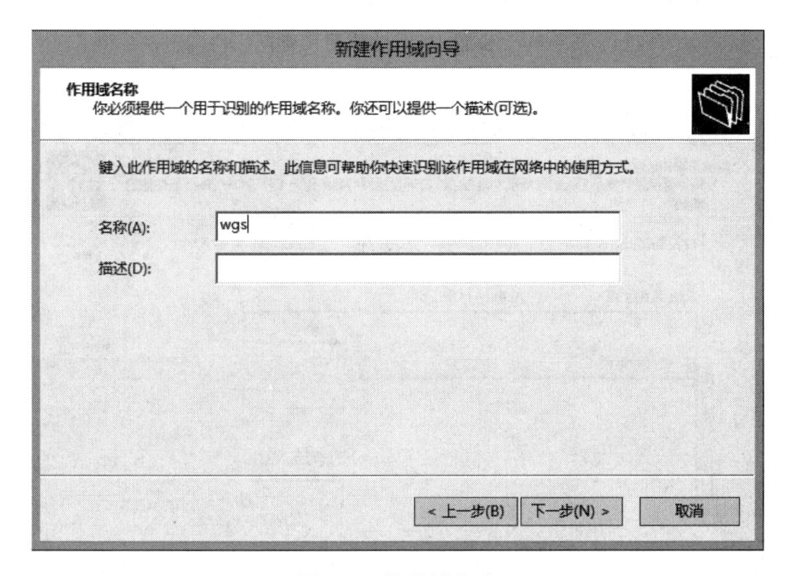

图 4-9　作用域名称

(5) 设置作用域分配的IP地址范围和子网掩码,单击"下一步"按钮,如图4-10所示。

(6) 输入需要排除的IP地址范围,排除的IP地址不参加动态地址的分配。在此任务中排除IP地址10.6.64.8/24(DHCP服务器和DNS服务器的IP地址),单击"添加"按钮,如图4-11所示。添加完成后,如图4-12所示。

（7）设置作用域所分配的 IP 地址的租用期限，一般默认为 8 天，单击“下一步”按钮，如图 4-13 所示。

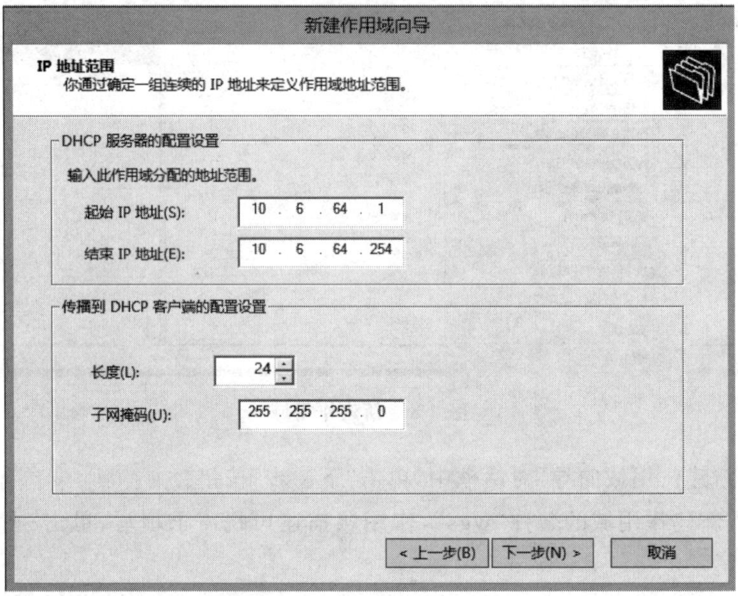

图 4-10　设置 IP 地址范围和子网掩码

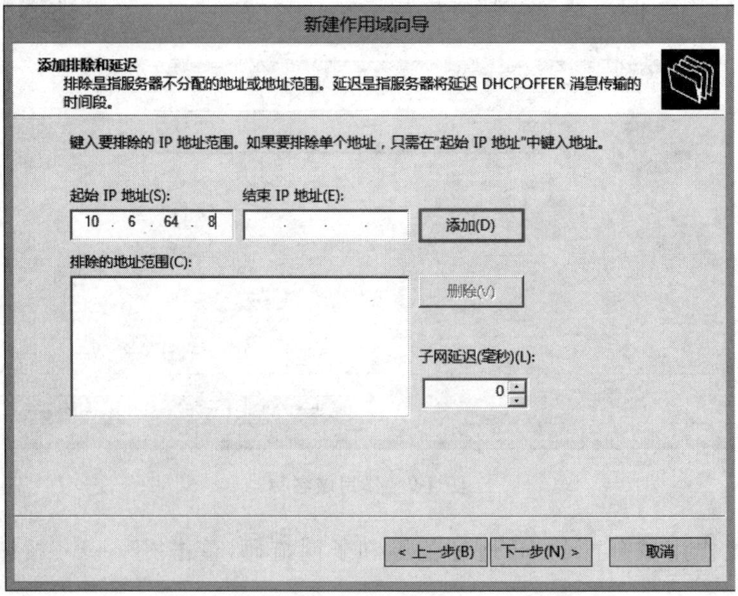

图 4-11　排除 IP 地址

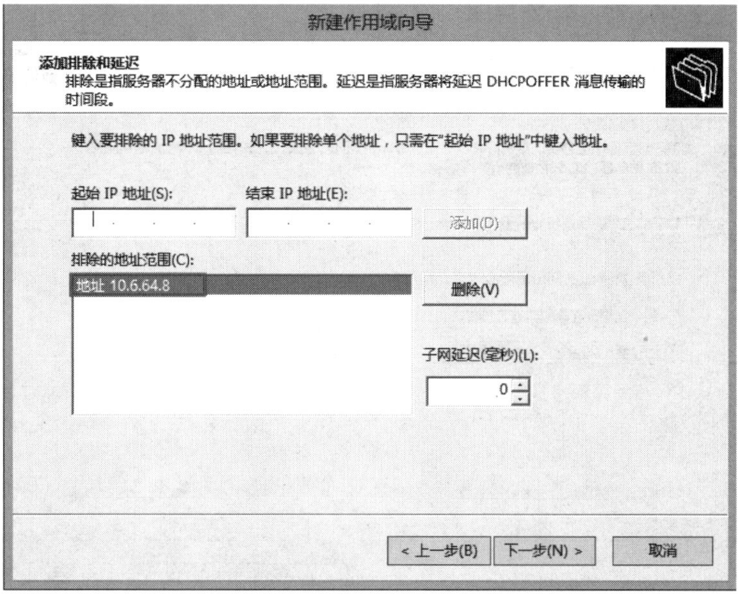

新建作用域向导

添加排除和延迟

排除是指服务器不分配的地址或地址范围。延迟是指服务器将延迟 DHCPOFFER 消息传输的时间段。

键入要排除的 IP 地址范围。如果要排除单个地址，只需在"起始 IP 地址"中键入地址。

起始 IP 地址(S): 结束 IP 地址(E):

添加(D)

排除的地址范围(C):

地址 10.6.64.8

删除(V)

子网延迟(毫秒)(L):

0

< 上一步(B) 下一步(N) > 取消

图 4-12 成功添加要排除的 IP 地址

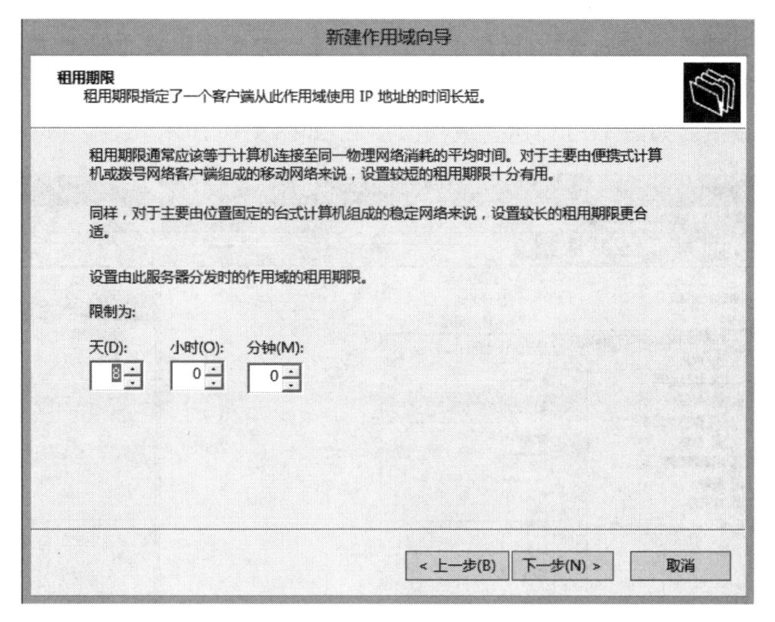

图 4-13 设置租用期限

(8) 在"配置 DHCP 选项"对话框中，有两种选择方式。一种是选择"是，我想现在配置这些选项"，选择后则会通过向导开始配置 DHCP 相关的选项；另一种是选择"否，我想稍后配置这些选项"，选择后则可以在 DHCP 管理控制台中配置 DHCP 的相关选项。在此任务中，选择"否，我想稍后配置这些选项"，单击"下一步"按钮，如图 4-14 所示。

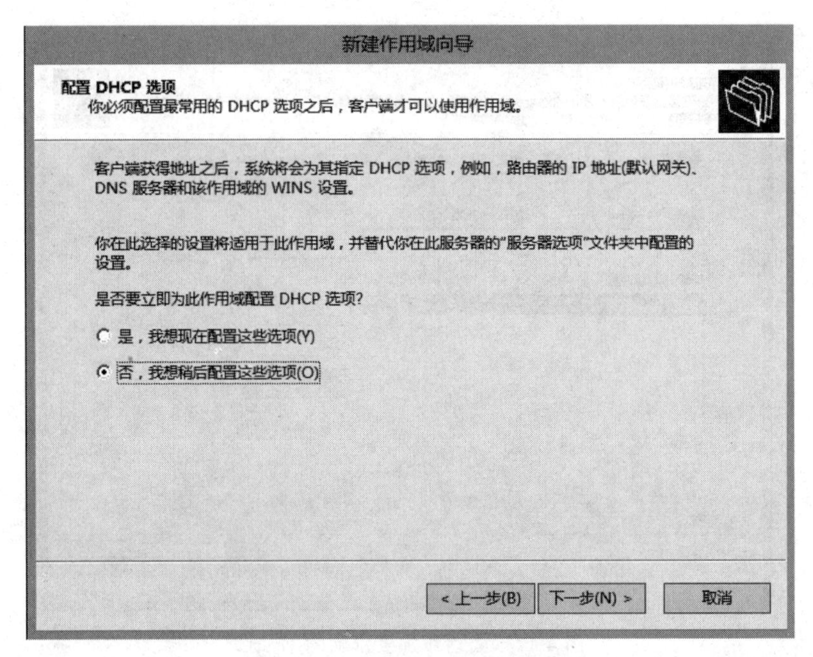

图 4-14　选择 DHCP 配置选项

(9) 在"新建作用域向导"对话框中，单击"完成"，完成作用域的创建。

(10) 作用域创建完成后，在 DHCP 管理控制台，右键单击"作用域(192.168.101.0) wgs"，选择"激活"，如图 4-15 所示。成功激活后，如图 4-16 所示。

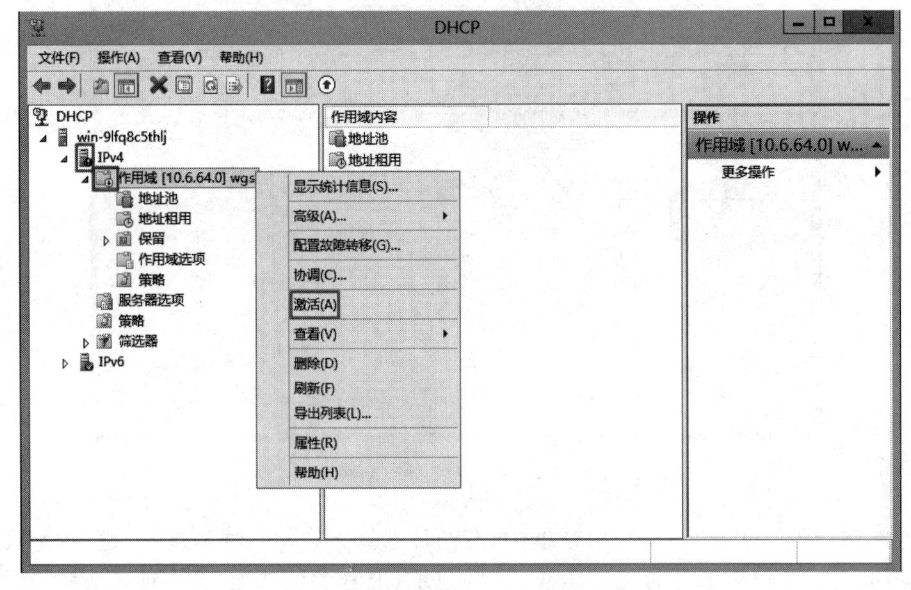

图 4-15　激活作用域

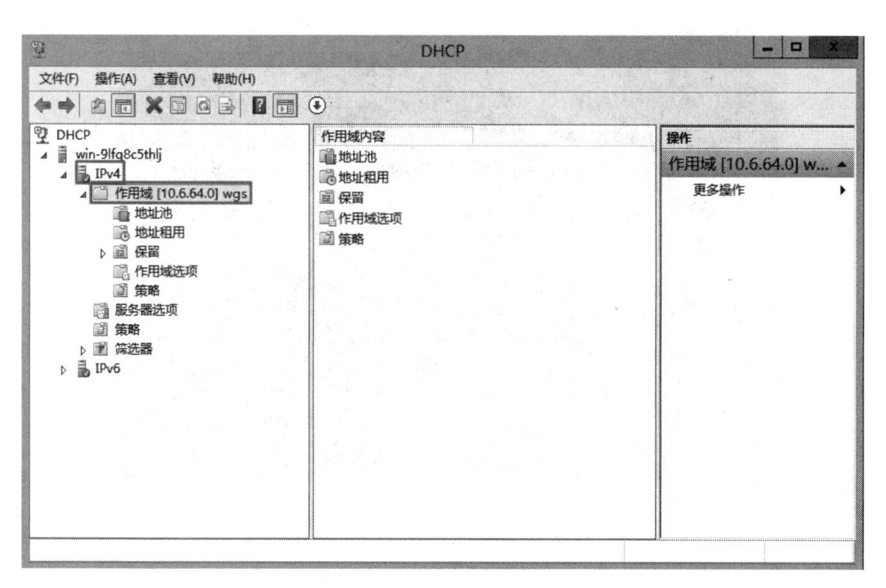

图 4-16 成功激活作用域

4.3.3 任务3 配置DHCP保留

1. 任务分析

根据五桂山公司的需求，董事长办公室的电脑IP地址要固定，不能随意分配。对此我们需要配置DHCP保留。

DHCP保留是指分配一个永久的IP地址。这个IP地址属于某一个作用域，并且将被永久保留给某一台指定的DHCP客户机。

DHCP地址保留的原理是将作用域中的某个IP地址与某个客户端的MAC地址绑定，使得每次这个客户端都会获得同样的指定的IP地址。

2. 任务实施过程

(1) 在董事长办公室的电脑上，打开命令行，输入ipconfig/all，查看该客户端的MAC地址，如图4-17所示。

(2) 打开DHCP管理控制台，右击"保留"，选择"新建保留"，如图4-18所示。

(3) 在"新建保留"对话框中，输入保留名称、保留的IP地址和客户端的MAC地址(与步骤1中的MAC一致)，单击"添加"按钮，如图4-19所示。

(4) 完成为董事长的IP地址保留后，如图4-20所示。

4.3.4 任务4 DHCP的配置选项

1. 任务分析

根据五桂山公司的需求，不仅需要给客户机分配IP地址，还需要配置其他的配置参

```
管理员: C:\Windows\system32\cmd.exe
Microsoft Windows [版本 6.1.7601]
版权所有 (c) 2009 Microsoft Corporation。保留所有权利。

C:\Users\Administrator>ipconfig /all

Windows IP 配置

   主机名  . . . . . . . . . . . . . : ZKYZ2TBOMST9H2E
   主 DNS 后缀 . . . . . . . . . . . :
   节点类型  . . . . . . . . . . . . : 混合
   IP 路由已启用 . . . . . . . . . . : 否
   WINS 代理已启用 . . . . . . . . . : 否

无线局域网适配器 wlan:

   媒体状态  . . . . . . . . . . . . : 媒体已断开
   连接特定的 DNS 后缀 . . . . . . . :
   描述. . . . . . . . . . . . . . . : 1x1 11b/g/n Wireless LAN PCI Express Half
 Mini Card Adapter
   物理地址. . . . . . . . . . . . . : A4-DB-30-A5-F1-95
   DHCP 已启用 . . . . . . . . . . . : 是
   自动配置已启用. . . . . . . . . . : 是

以太网适配器 本地连接:
```

图 4-17 查看客户端 MAC 地址

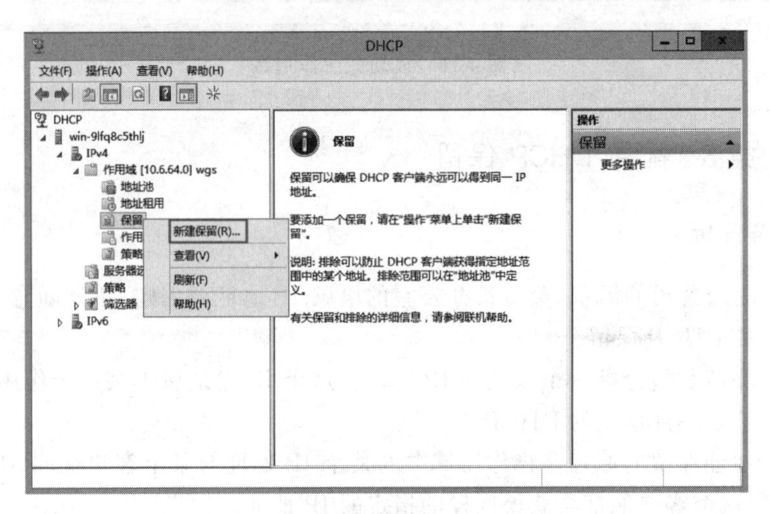

图 4-18 新建保留

新建保留

为保留客户端输入信息。

保留名称(R): 董事长

IP 地址(P): 10 . 6 . 64 . 137

MAC 地址(M): A4-DB-30-A5-F1-95

描述(E):

支持的类型

- 两者(B)
- DHCP(D)
- BOOTP(O)

添加(A) 关闭(C)

图 4-19 新建保留信息

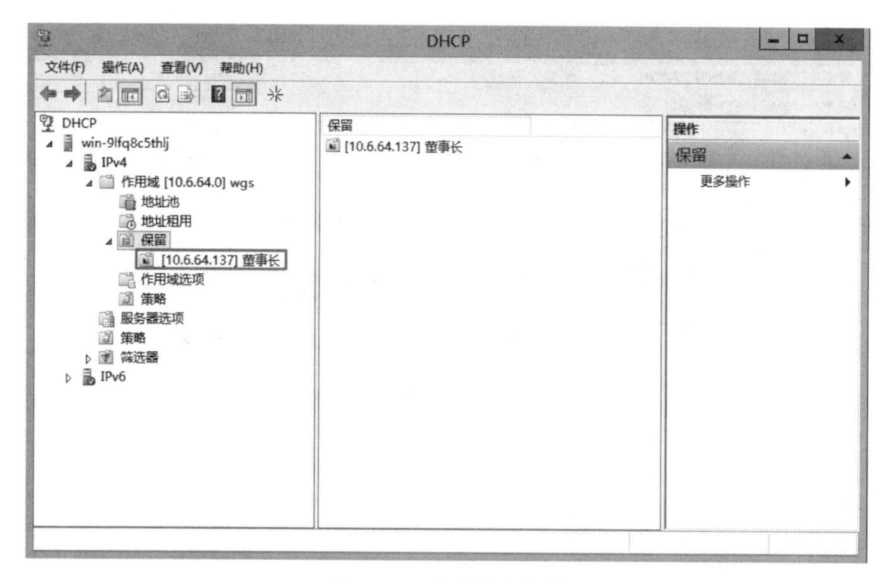

图 4-20 成功新建保留

数,所以将使用DHCP的配置选项。

DHCP的配置选项是指DHCP服务器给客户机分配的除了IP地址和子网掩码以外的其他配置参数。

表 4-1 DHCP配置选项的应用范围

DHCP 配置选项	作用范围
服务器级别选项	分配给DHCP服务器的所有客户机
作用域级别选项	分配给某个作用域中的所有客户机
类级别选项	分配给某个类中的所有客户机
保留级别选项	分配给设置了IP地址保留的特定客户机

由该表可以看出,服务器级别选项的应用范围最大,保留级别选项应用范围最小,但是在实际配置过程中,如果服务器选项和作用域选项同时配置了某个参数,最后DHCP客户端获得的配置参数将来自作用域选项。

在此任务中,根据实际情况,将DNS(10.6.64.8/24)设置在服务器选项,网关(10.6.64.254/24)设置在作用域选项。

2. 任务实施过程

(1) 将DNS(10.6.64.8/24)设置在服务器选项。打开DHCP管理控制台,右击"服务器选项",选择"配置选项",如图4-21所示。

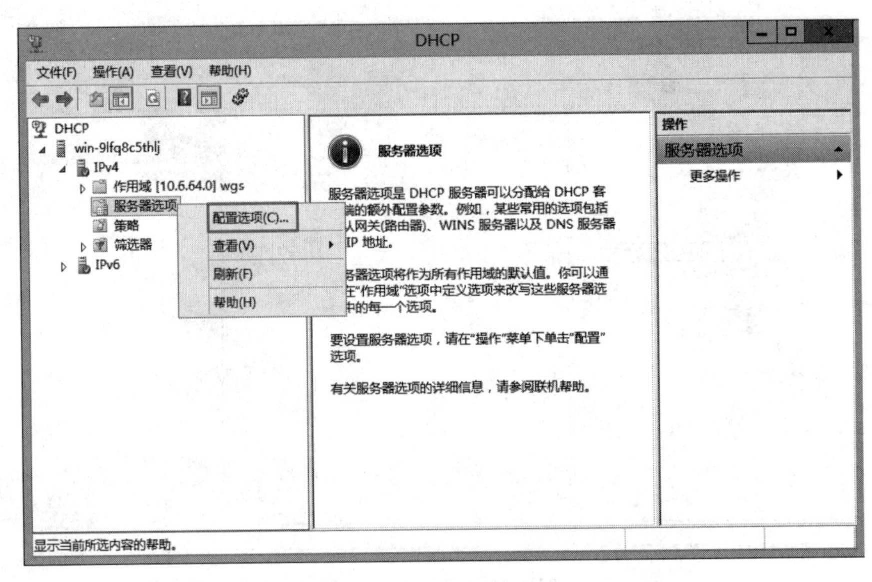

图 4-21 配置服务器选项

（2）在“服务器选项”对话框中，勾选“006DNS 服务器”，在下方输入 DNS 的 IP 地址，单击“添加”按钮，如图 4-22 所示．添加成功后，如图 4-23 所示，单击“应用”和“确定”按钮，完成配置。

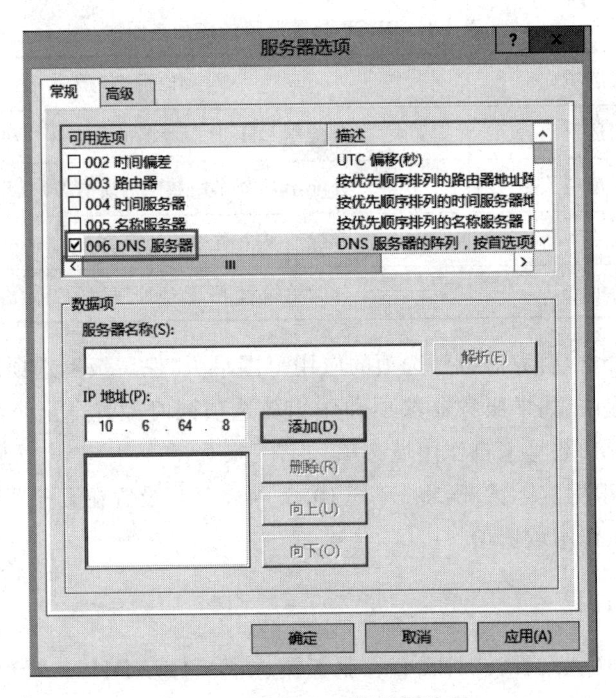

图 4-22 添加 DNS 服务器选项

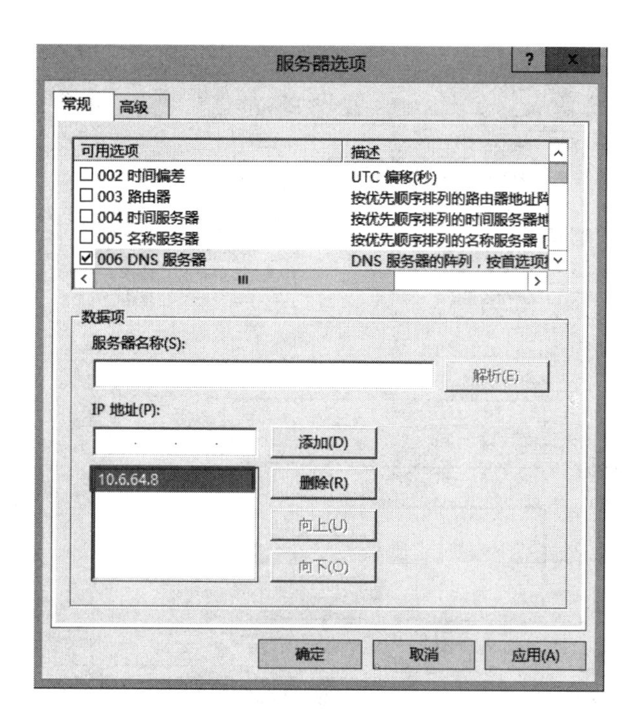

图 4-23　成功添加 DNS 服务器选项

(3) 将网关(10.6.64.254/24)设置在作用域选项。单击需要配置的作用域 wgs,右击"作用域选项",选择"配置选项",如图 4-24 所示。

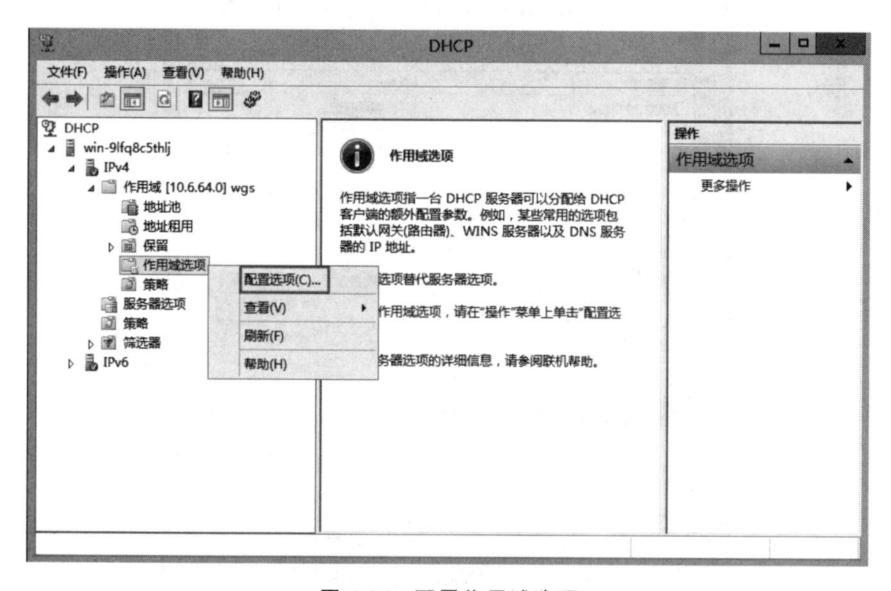

图 4-24　配置作用域选项

(4) 在"作用域选项"对话框中,勾选"003 路由器",在下方输入网关的地址,单击"添加"按钮,如图 4-25 所示。添加成功后,如图 4-26 所示,单击"应用"和"确定"按钮,完成配置。

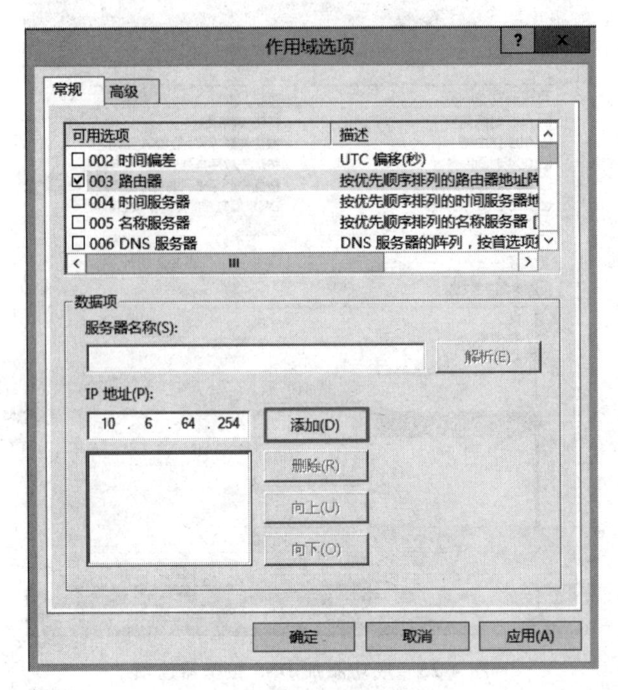

图 4-25　添加网关作用域选项

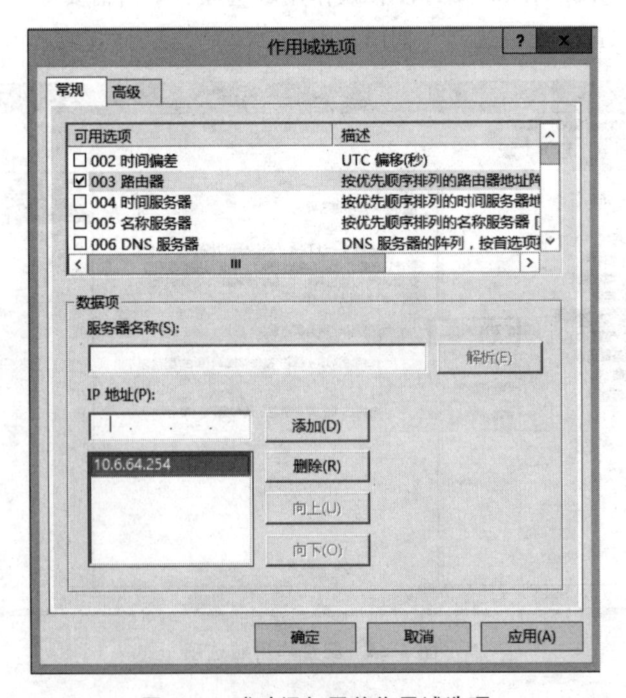

图 4-26　成功添加网关作用域选项

4.3.5 任务5 DHCP客户端的配置与测试

1. 任务分析

使用DHCP服务器给客户端动态分配IP地址时，需要对客户端进行配置。

2. 任务实施过程

(1) 打开客户端的“网络共享中心”，将客户端的IP地址等参数修改为自动获得，如图4-27所示。

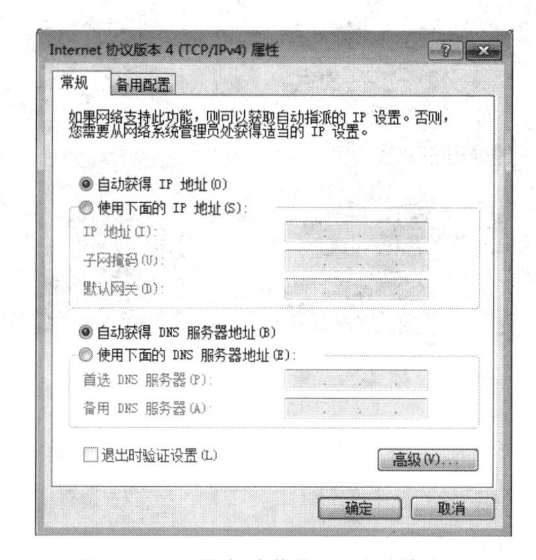

图4-27 设置自动获得IP地址等参数

(2) 打开命令行，使用指令ipconfig/release将原先的IP地址释放，如图4-28所示。

图4-28 释放IP地址

(3) 使用指令“ipconfig/renew”获取新的 IP 地址，如图 4-29 所示。

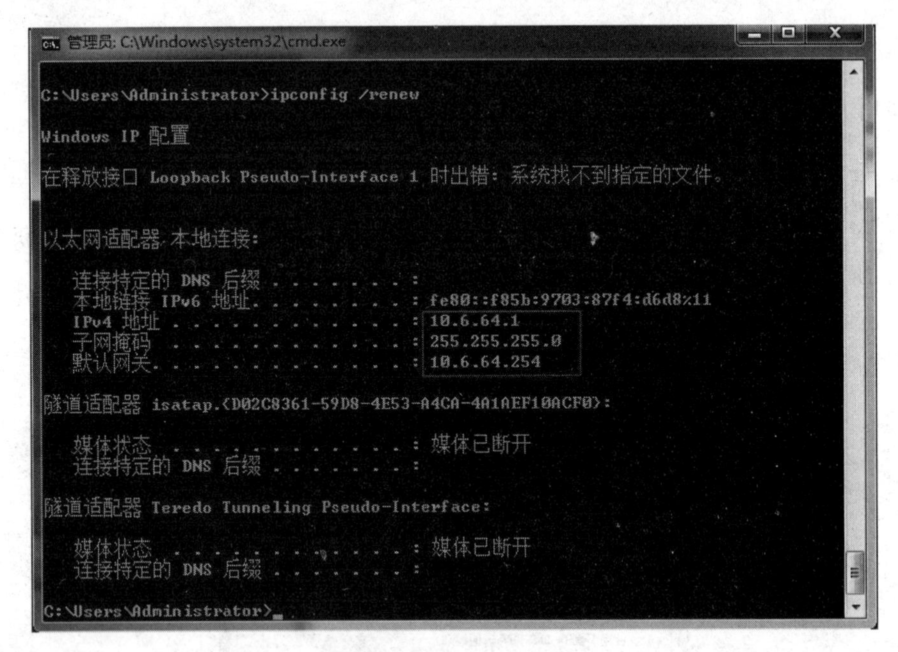

图 4-29 重新获取 IP 地址

(4) 获取 IP 地址后，客户端的网络连接信息如图 4-30 所示。

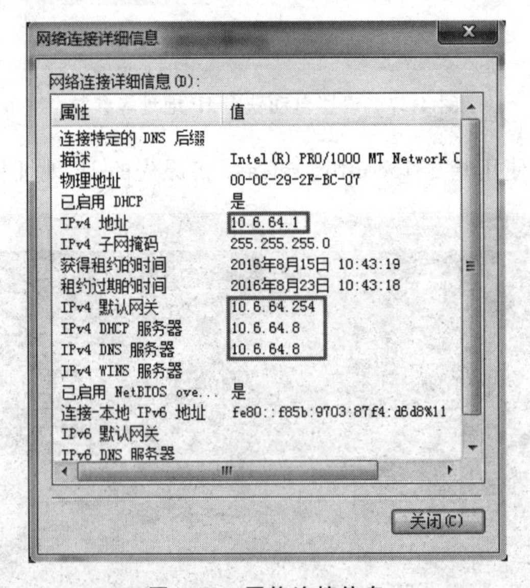

图 4-30 网络连接信息

(5) 获取 IP 地址后，可以看到 DHCP 服务器作用域的地址租用，如图 4-31 所示。

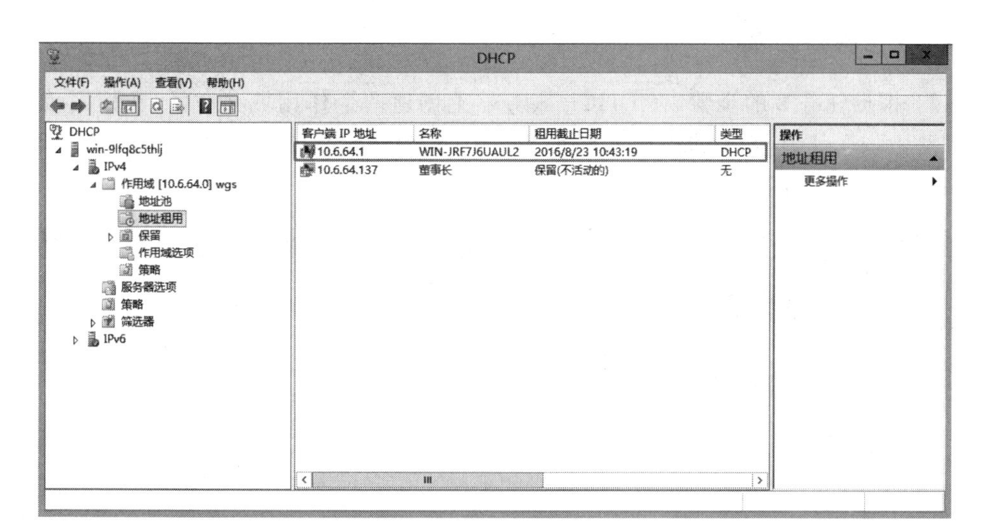

图 4-31 地址租用

4.3.6 任务6 DHCP的中继服务

1. 任务分析

根据五桂山公司需求，两个工作室所在的IP地址使用不同的网段。当DHCP服务器与DHCP客户端位于不同的网段时，由于DHCP消息以广播的方式发布，而连接这两个网段的路由不会将消息发送到不同的网段，所以在此任务中使用DHCP的中继服务来解决这个问题。

DHCP中继可以实现在不同子网和物理网段之间处理和转发DHCP信息的功能。

在此任务中，IP地址信息如下：

(1) DHCP服务器IP：10.6.64.8/24。

(2) 工作室1网段：10.6.64.0/24，接口为10.6.64.1/24。

(3) 工作室2网段：192.168.102.0/24，接口为192.168.102.1/24。

该任务的网络拓扑如图4-32所示。

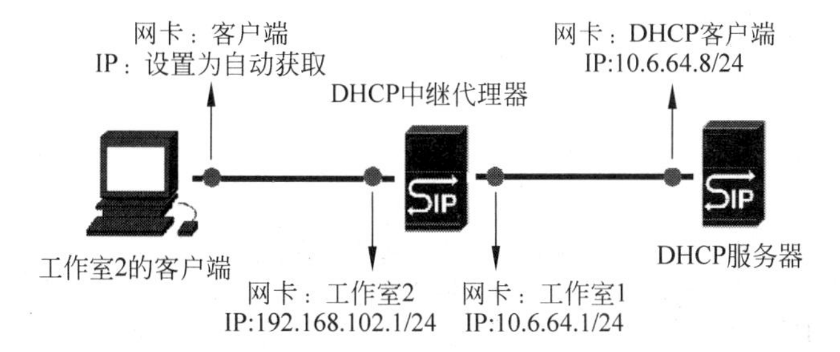

图 4-32 DHCP中继代理网络拓扑

2. 任务实施过程

(1) 根据任务 2 的步骤，在 DHCP 服务器上创建两个作用域并激活；在作用域选项配置“路由器”，工作室 1 的路由器地址为：10.6.64.1/24，工作室 2 的路由器地址为：192.168.102.1，如图 4-33 和图 4-34 所示。

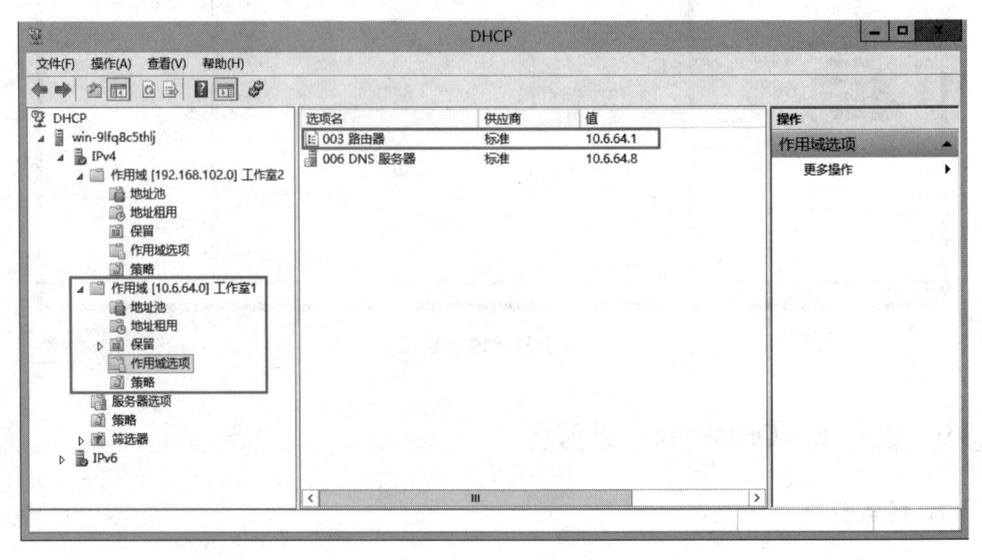

图 4-33 工作室 1 作用域

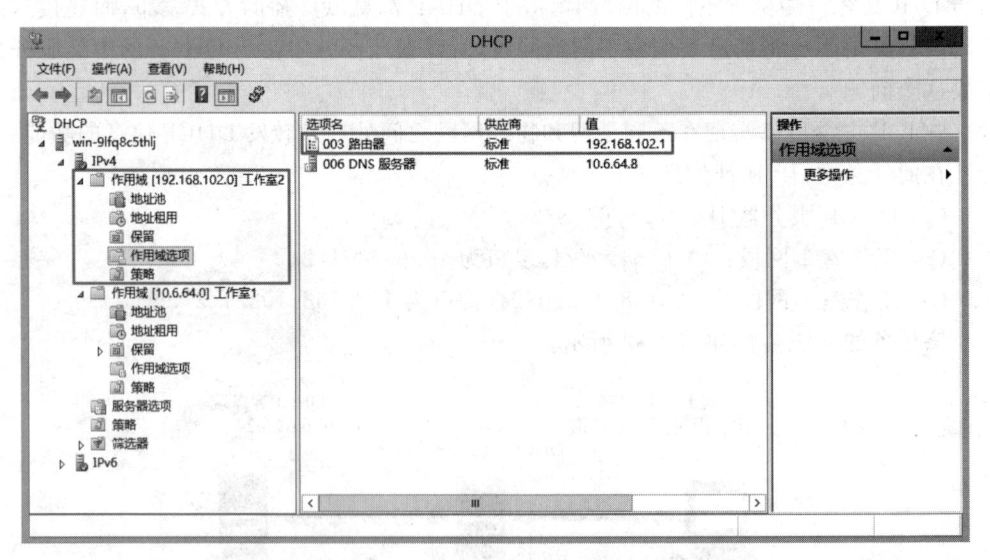

图 4-34 工作室 2 作用域

(2) 配置 DHCP 的中继代理服务器的 IP 地址。打开“网络共享中心”，分别为两个网卡设置 IP 地址，工作室 1 的 IP 地址为 10.6.64.1/24，工作室 2 的 IP 地址为 192.168.102.1/24，设置完成后如图 4-35 所示。

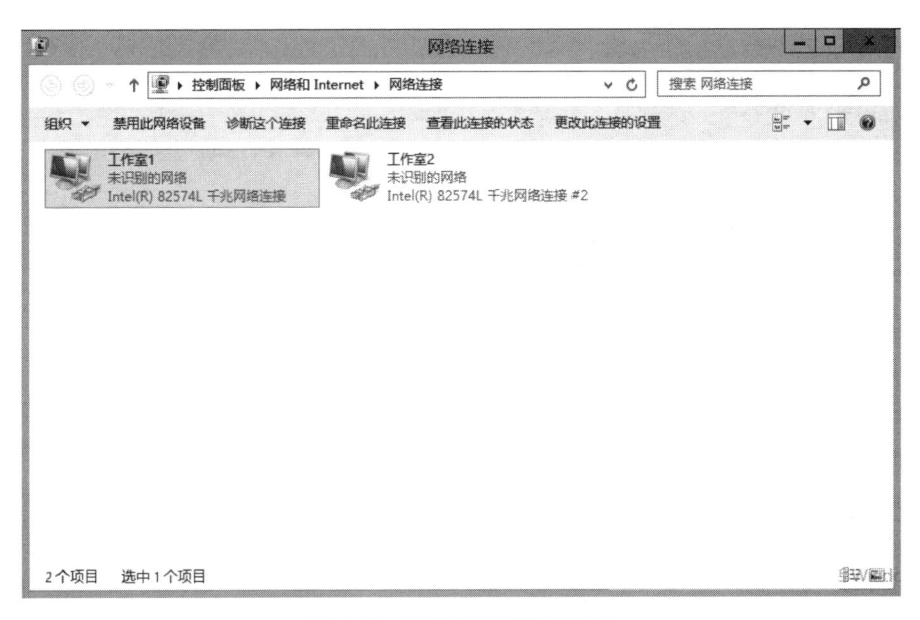

图 4-35 DHCP 中继代理配置

(3) 在 DHCP 中继代理服务器上安装远程访问服务。

① 打开“服务器管理器”,单击“添加角色和功能”按钮,进入“添加角色和功能向导”,如图 4-36 所示。

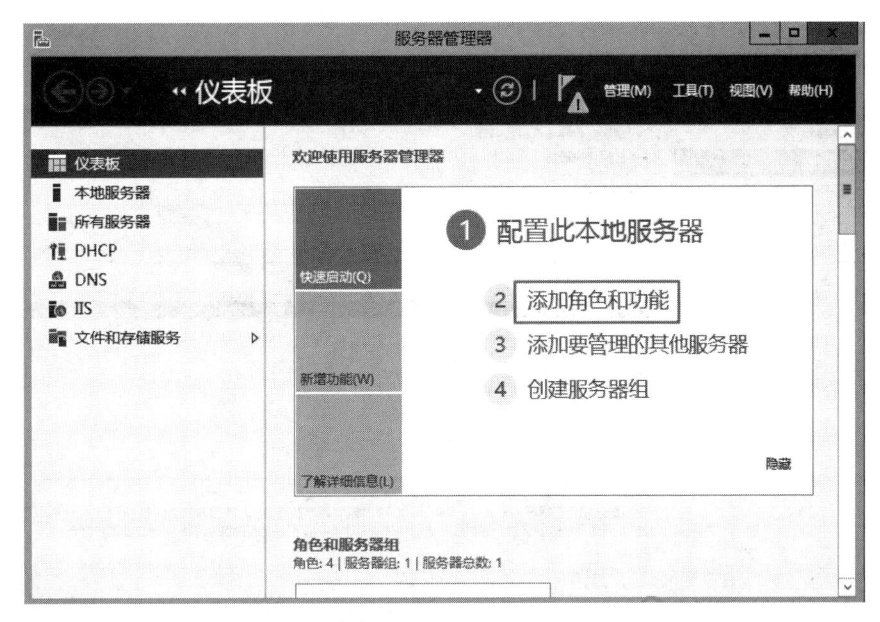

图 4-36 添加角色和功能

② 单击“下一步”按钮,选择“基于角色或基于功能的安装”,如图 4-37 所示。

③ 单击“下一步”按钮,选择“从服务器池中选择服务器”,安装程序会自动检测与显示这台计算机采用静态 IP 地址设置的网络连接,如图 4-38 所示。

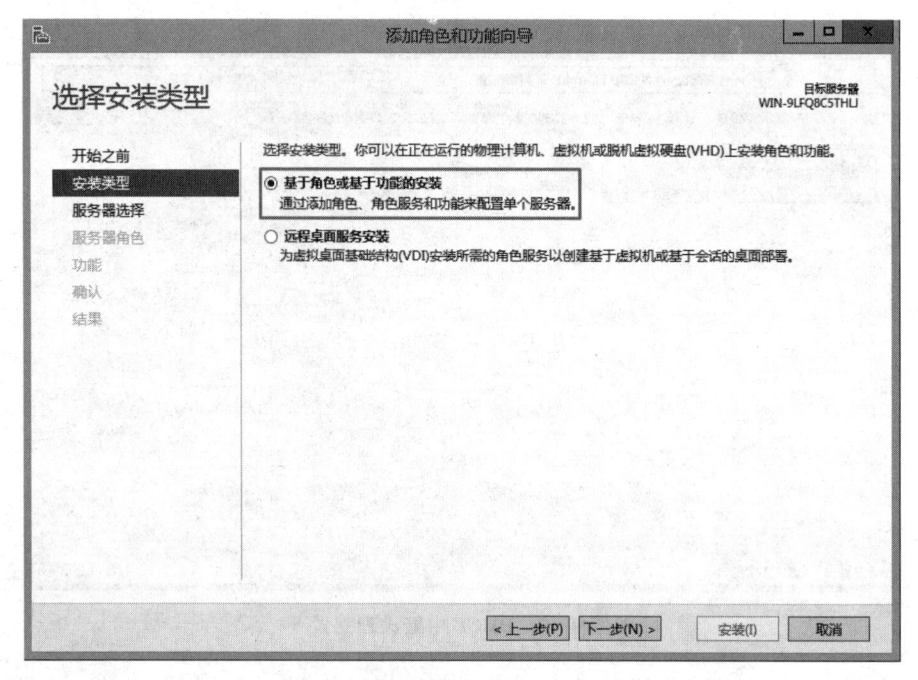

图 4-37　选择安装类型

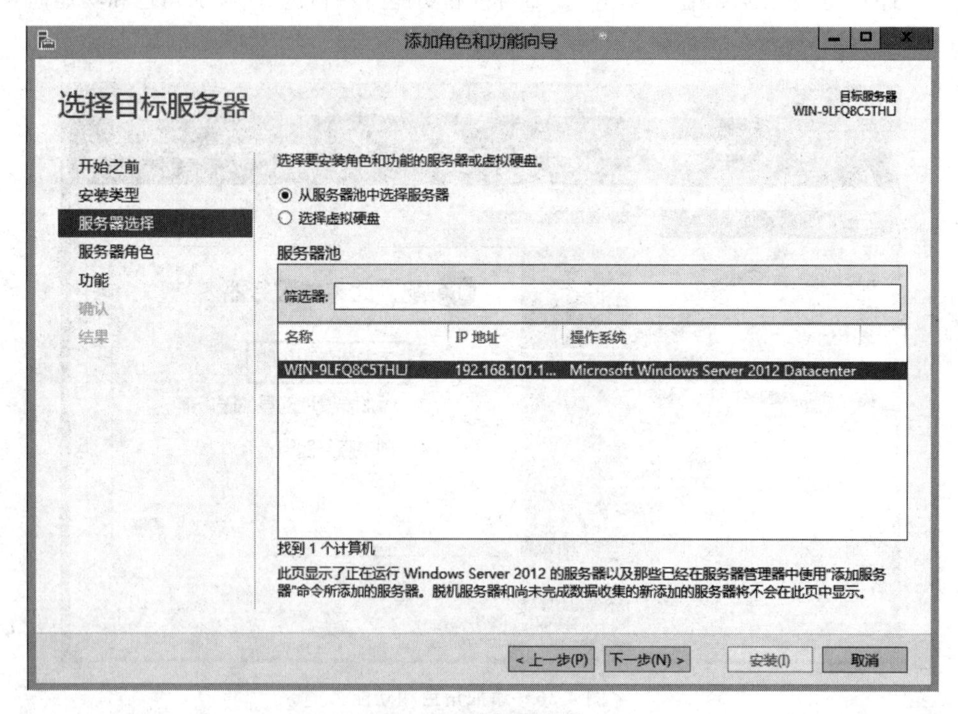

图 4-38　选择服务器

④ 单击“下一步”按钮，在“服务器角色”中，选择“远程访问”，自动弹出“添加远程访问所需的功能”对话框，单击“添加功能”按钮，如图 4-39 所示。

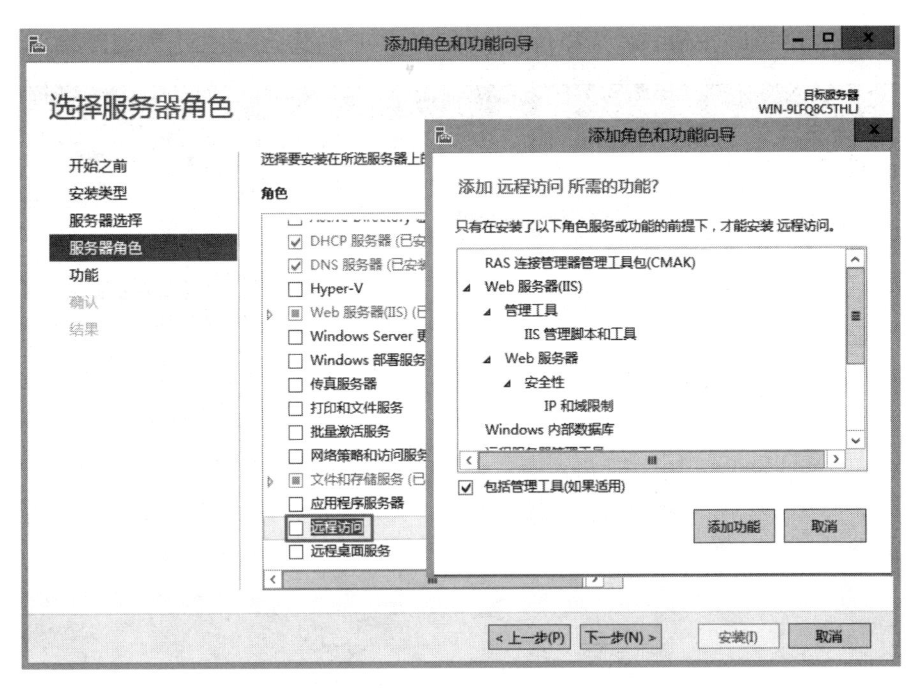

图 4-39　添加所需功能

⑤ 单击“下一步”按钮，选择需要添加的功能，如无特殊需求，一般默认即可，如图 4-40 所示。

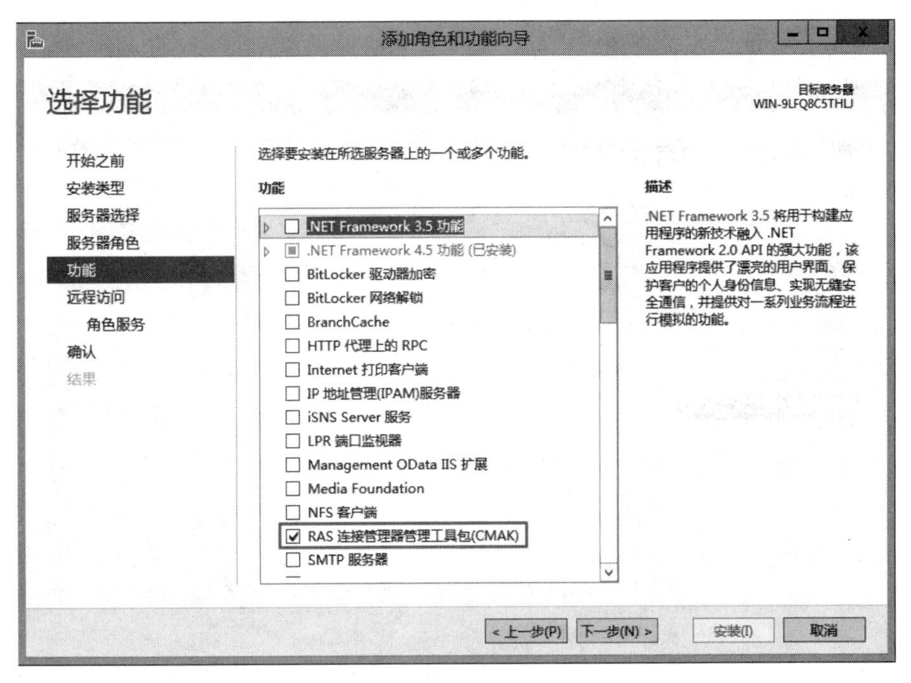

图 4-40　添加所需功能

⑥ 单击“下一步”按钮，查阅远程访问的内容。

⑦ 单击“下一步”按钮，在“选择角色服务”对话框中，勾选“路由”，如图 4-41 所示。

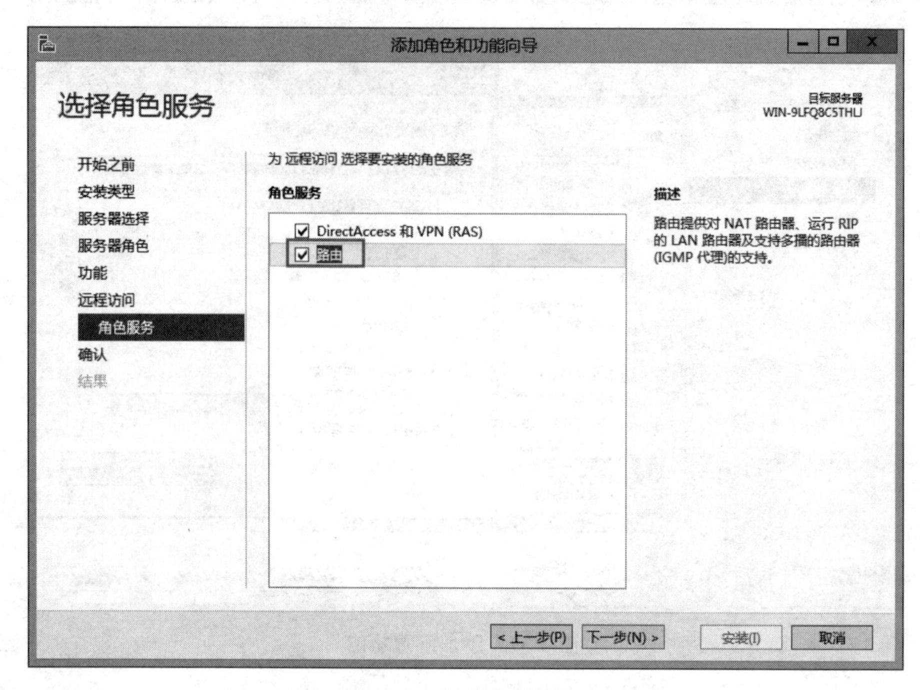

图 4-41　添加角色服务

⑧ 单击“下一步”按钮，在“确认”对话框中，确认所需安装的角色、角色服务或功能，单击“安装”按钮，如图 4-42 所示。

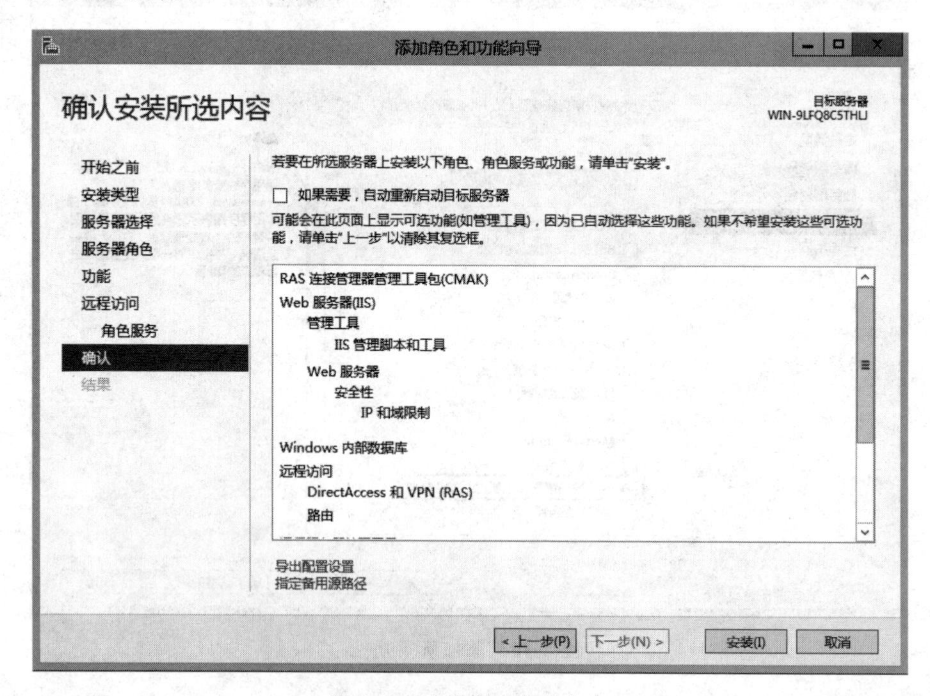

图 4-42　确认所安装的内容

⑨ 单击“关闭”按钮完成安装，如图4-43所示。

图 4-43 完成安装

(4) 配置DHCP中继代理服务器。打开“服务器管理器”，单击“工具”，选择“路由和远程访问”，如图4-44所示。

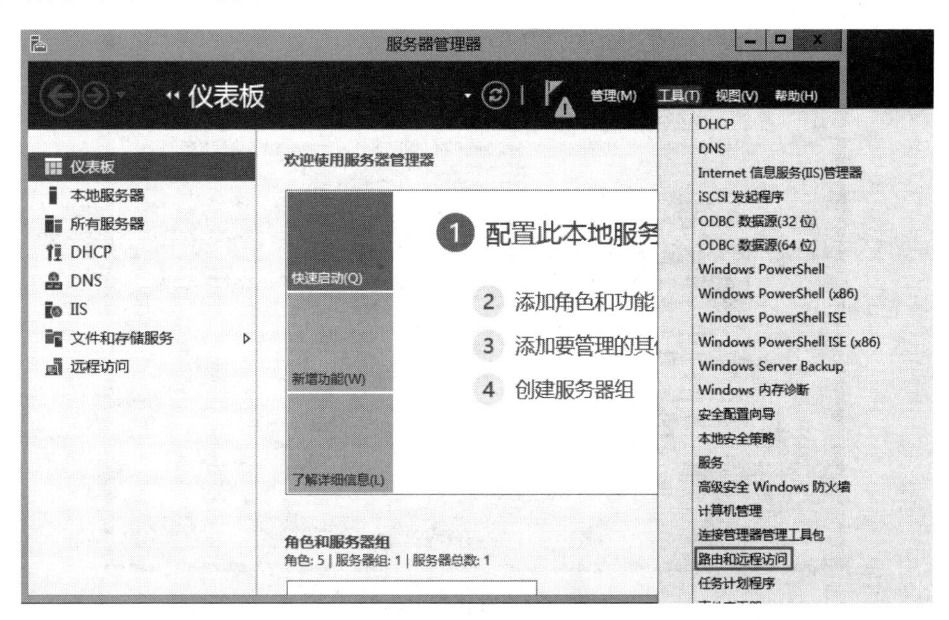

图 4-44 打开路由和远程访问

(5) 在路由和远程访问控制台中，右键单击本地服务器，选择“配置并启用路由和远程访问”，如图 4-45 所示。

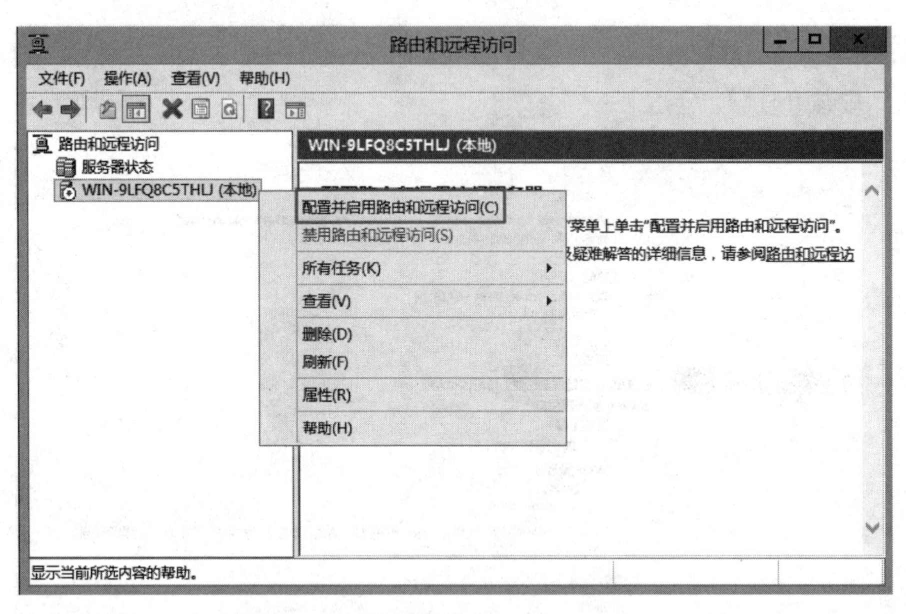

图 4-45 配置并启动路由和远程访问

(6) 在“欢迎使用路由和远程访问服务器安装向导”对话框中，单击“下一步”按钮。

(7) 在“配置”对话框中，选择“自定义配置”，单击“下一步”按钮，如图 4-46 所示。

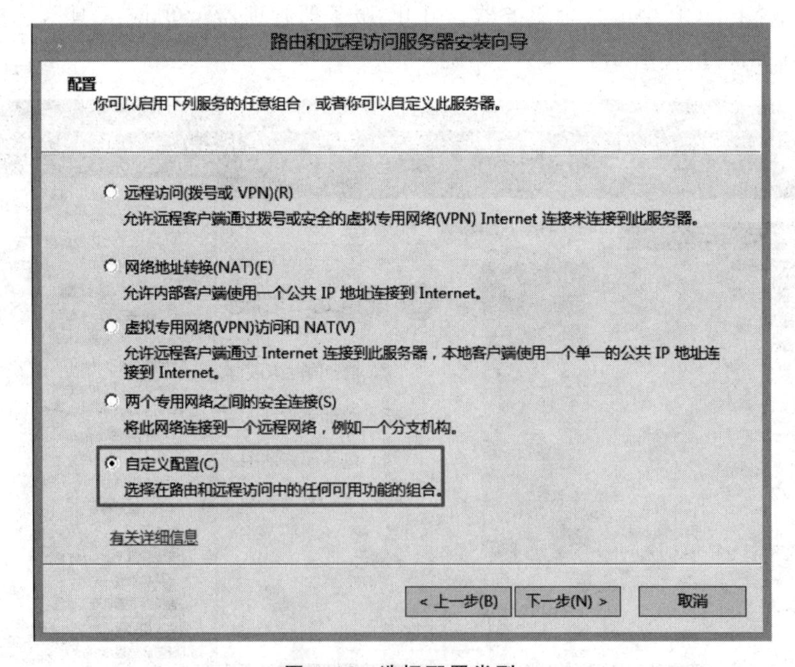

图 4-46 选择配置类型

(8) 在“自定义配置”对话框中，勾选“LAN 路由”服务，单击“下一步”按钮，如图 4-47 所示。

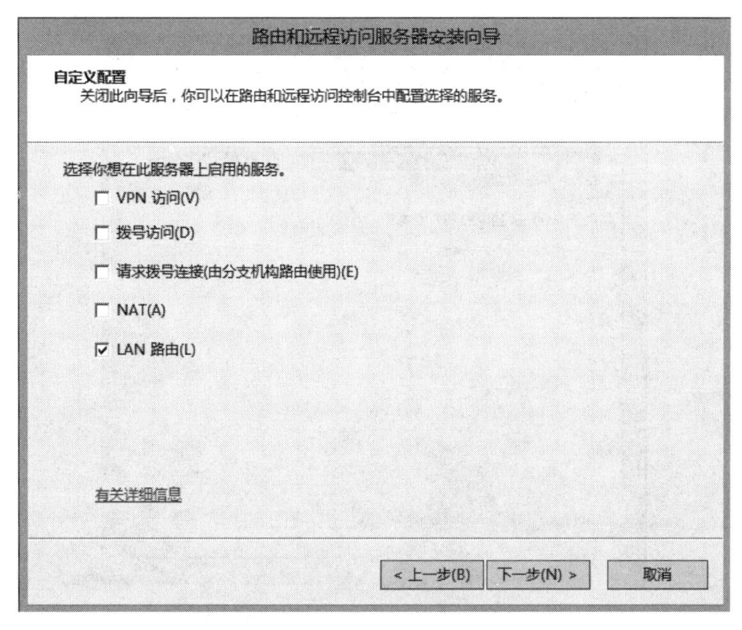

图 4-47　选择需要启动的服务

(9) 在“正在完成路由和远程访问服务器安装向导”对话框中，单击“完成”，完成服务的安装。

(10) 展开“IPv4”，右键单击“常规”，选择“新增路由协议”，如图 4-48 所示。

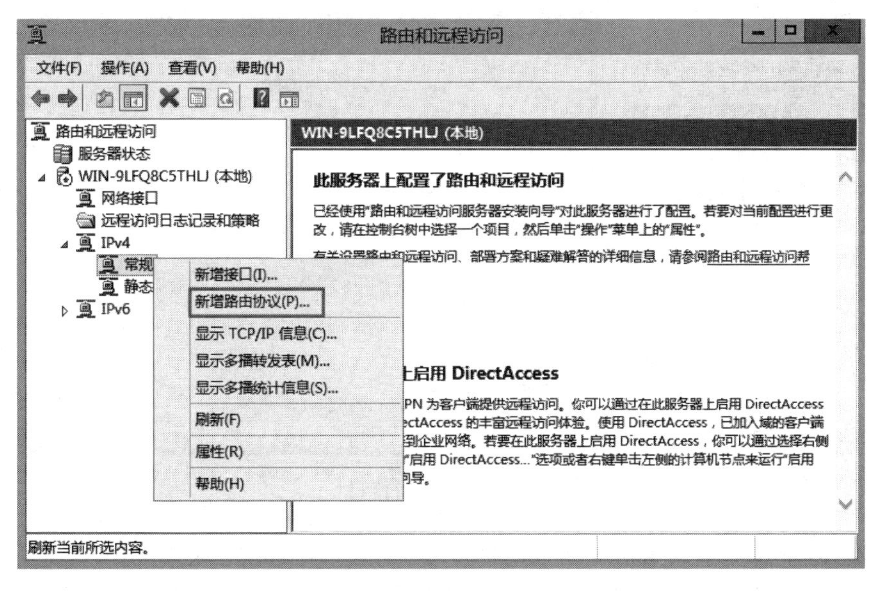

图 4-48　新增路由协议

(11) 在“新增路由协议”对话框中，选择“DHCP 中继代理程序”，单击“确定”，完成路由协议的添加，如图 4-49 所示。

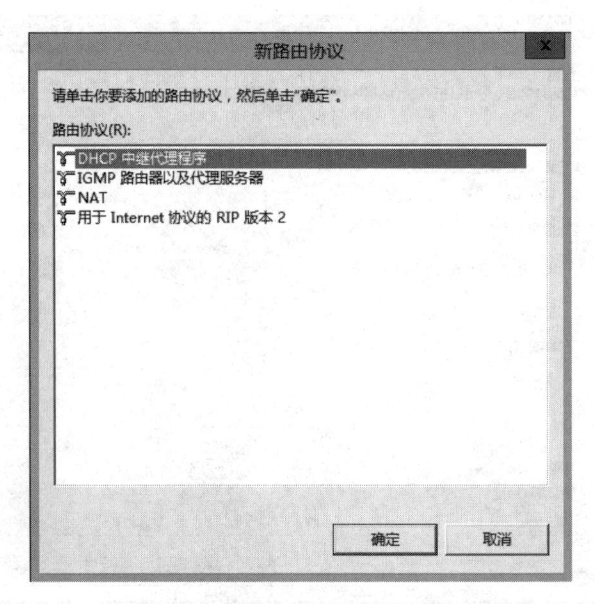

图 4-49　添加 DHCP 中继代理程序

(12) 右键单击"DHCP 中继代理",选择"新增接口",如图 4-50 所示。

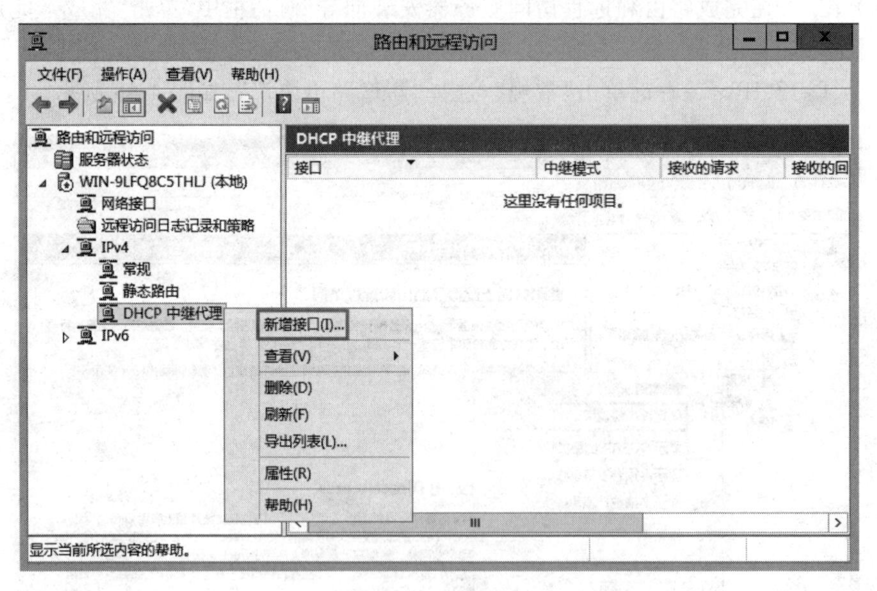

图 4-50　新增接口

(13) 选择 DHCP 路由协议运行的接口"工作室 1",单击"确定",如图 4-51 所示。

(14) 在"DHCP 中继属性"对话框中,设置接口工作室 1 的属性,一般使用默认配置,如图 4-52 所示。

跃点计数阈值:表示 DHCP 中继代理服务器转发的数据包将在经过几个路由器后被丢弃。

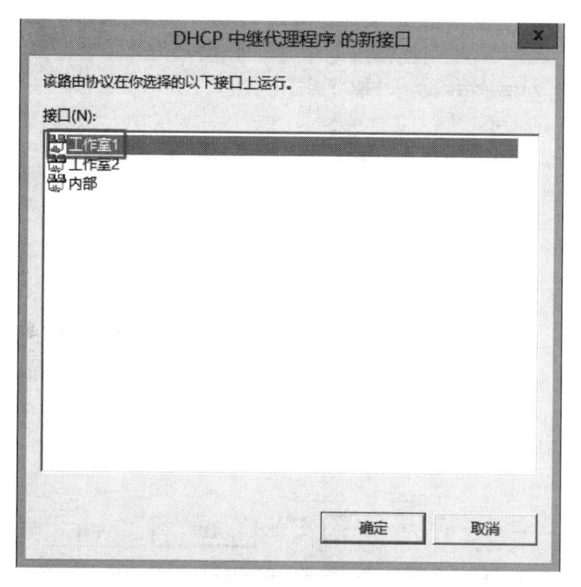

图 4-51 选择 DHCP 路由协议运行的接口工作室 1

启动阈值：表示 DHCP 中继代理服务器收到广播包几秒后将数据包转发出去。

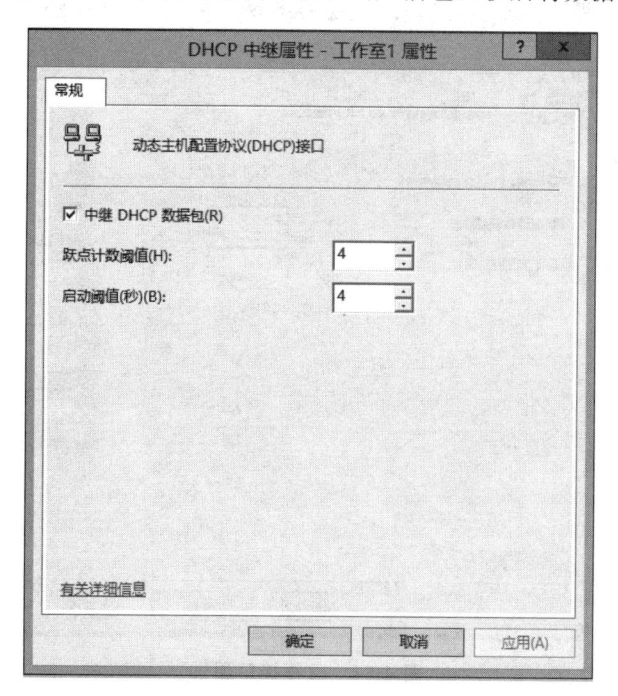

图 4-52 设置接口属性

(15) 按照上述的方法新增 DHCP 路由协议运行的接口“工作室 2”，跃点计数阈值和启动阈值也采用默认配置，如图 4-53 和图 4-54 所示。

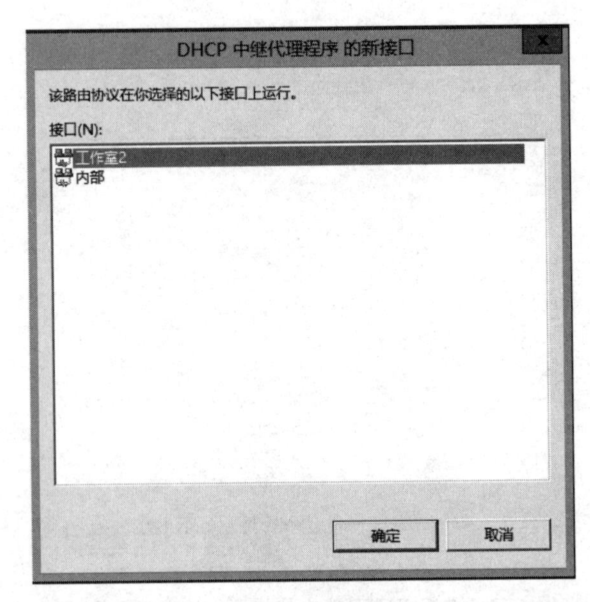

图 4-53　选择 DHCP 路由协议运行的接口工作室 2

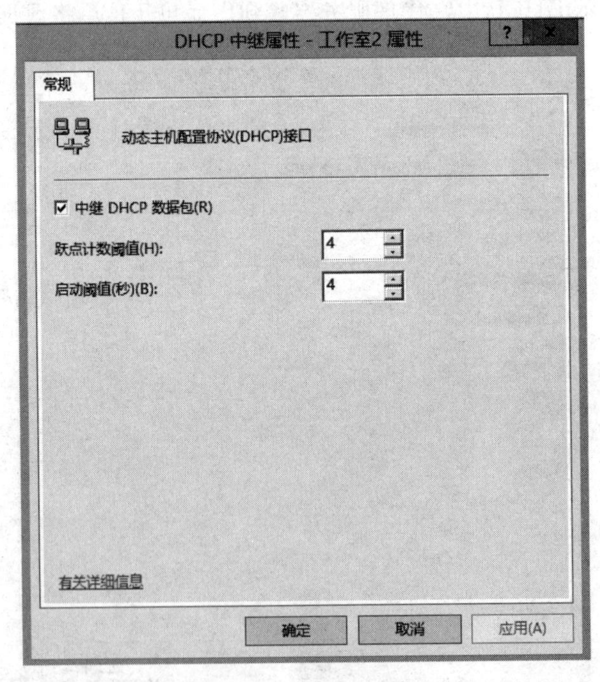

图 4-54　设置接口属性

(16) 右键单击“DHCP 中继代理”,选择“属性”,如图 4-55 所示。

(17) 在“DHCP 中继代理属性”对话框中,输入 DHCP 服务器地址,单击“添加”,如图 4-56 所示。成功添加后,如图 4-57 所示,单击“应用”→“确定”,完成属性的配置。

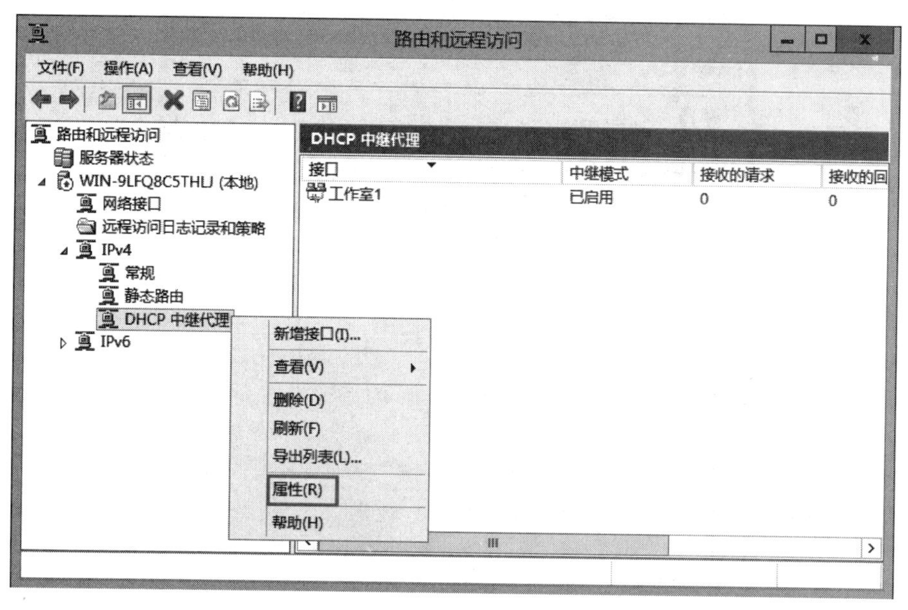

图 4-55　打开属性界面

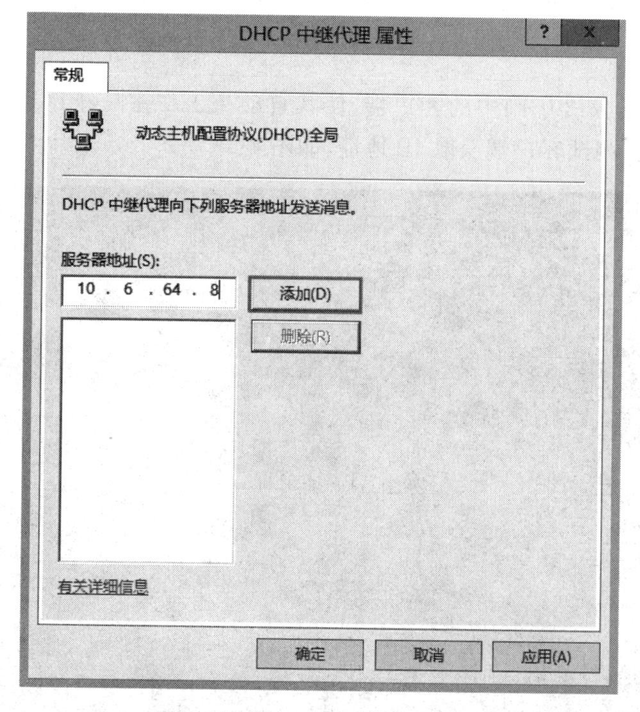

图 4-56　添加 DHCP 服务器地址

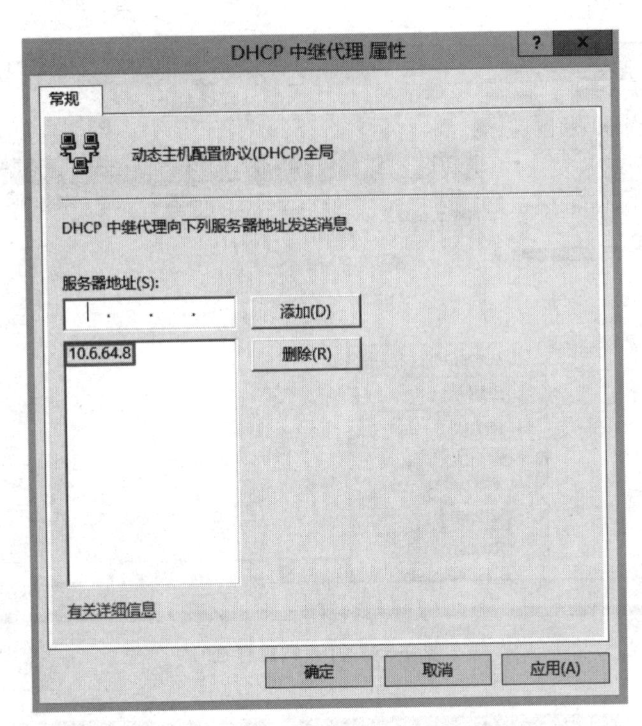

图 4-57 成功添加 DHCP 服务器地址

(18) 设置工作室 2 子网中的客户端，使其自动从工作室 1 子网中的 DHCP 服务器动态获取 IP 地址，测试客户端获取 IP 地址，如图 4-58 所示。

图 4-58 工作室 2 动态获取 IP 地址

4.3.7 任务7 DHCP的备份和还原

1. 任务分析

根据五桂山公司的告知，该公司之前有过一台DHCP服务器，并且DHCP数据库的数据已经备份，所以我们将把备份的数据重新还原到新的DHCP服务器上并且将现有的数据库数据备份。

一般系统默认安装在C盘，所以系统默认将数据库保存在C盘的C：\window\System32\dhcp文件夹中。在该文件夹中，最重要的是dhcp.mdb文件，其他均为辅助文件。

2. 任务实施过程

(1) DHCP数据库保存的本地位置如图4-59所示，DHCP服务器默认每隔60分钟将数据库文件保存到backup文件夹中。

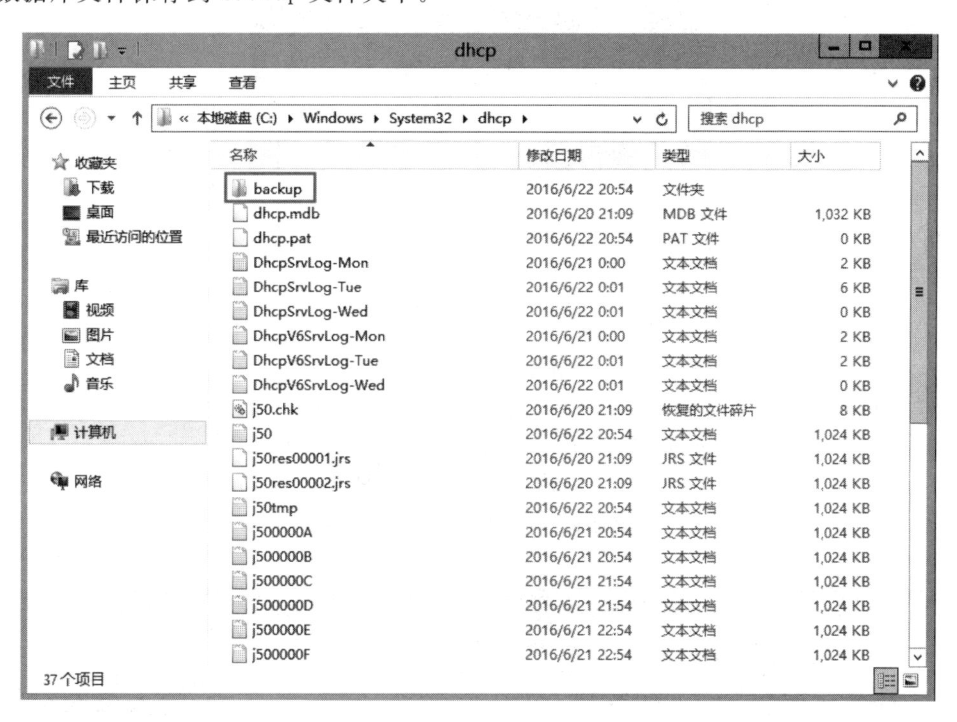

图4-59 DHCP数据库本地位置

(2) DHCP服务器的还原。打开DHCP服务器管理控制台，右键单击服务器，选择“还原”，如图4-60所示。选择备份数据文件夹(此任务中为C：\DHCP backups。备份文件不一定在本地DHCP服务器上，也可能是DHCP服务器与第三方存储设备连接所得)，如图4-61所示，单击“确定”按钮，完成数据库数据的还原。

(3) DHCP服务器的备份。打开DHCP服务器管理控制台，右键单击服务器，选择“备份”，如图4-62所示。选择保存备份数据的文件夹(此任务中为C：\DHCP back)，如图4-63所示，单击“确定”按钮，完成数据库数据的备份。

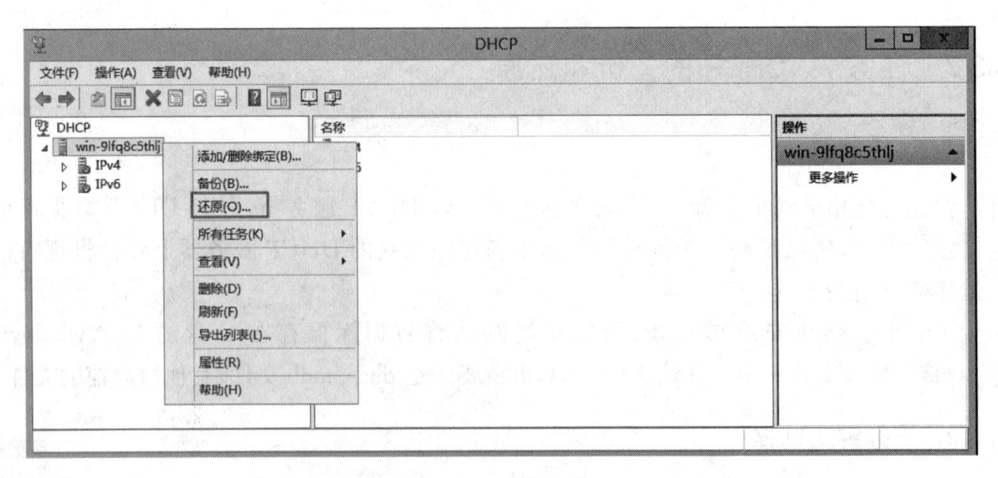

图 4-60 数据还原

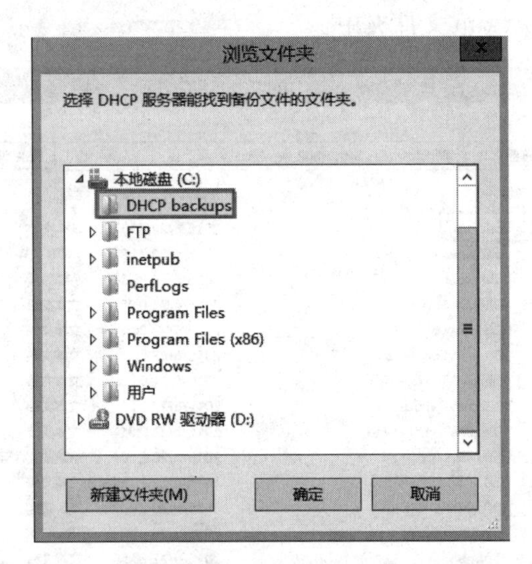

图 4-61 选择备份数据文件夹

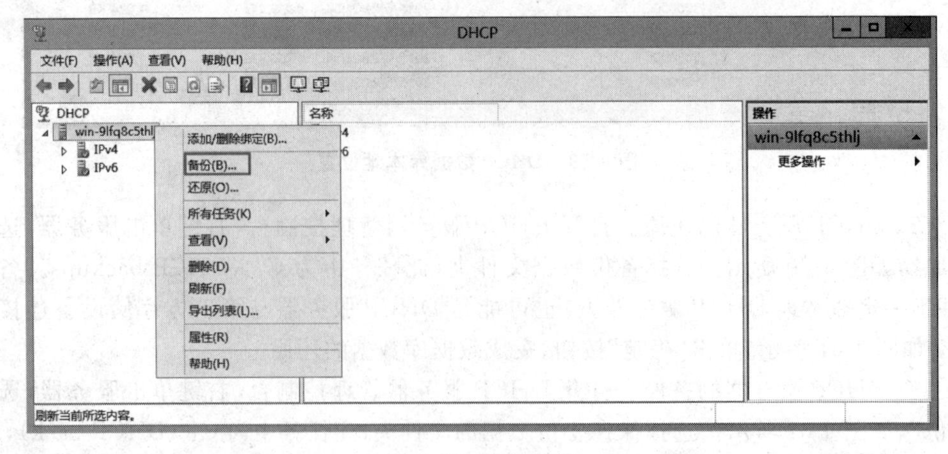

图 4-62 数据还原

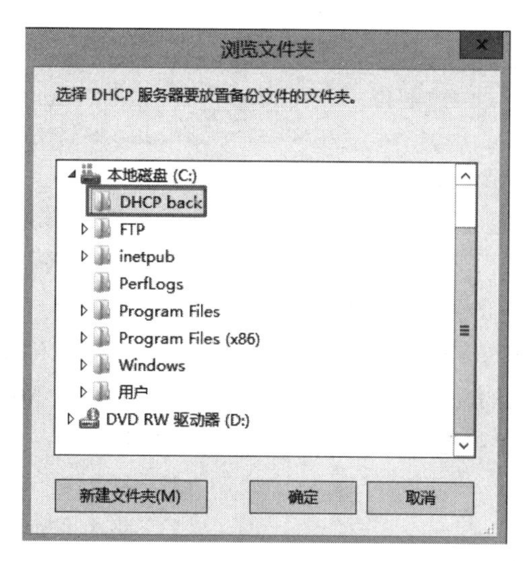

图 4-63 选择数据备份的文件夹

4.4 项目总结

常见问题一：客户端 IP 地址无法释放。

解决方案：重新启用网卡即可。

常见问题二：客户端无法获取 IP 地址。

解决方案：可能之前使用过其他网段的 IP 地址做实验，在路由表中有另外一条不存在的路由，导致实验失败，如图 4-64 所示。使用 route print 指令查看路由表，使用 route delete 指令删除不存在的路由即可。

图 4-64 路由表

4.5 课后习题

1. 选择题

(1) 要实现动态 IP 地址分配,网络中至少一台服务器要具有(　　)。

A. DNS 服务　　B. DHCP 服务　　C. IIS 服务　　D. FTP 服务

(2) 以广播形式发送的报文是(　　)。

A. DHCP DISCOVER　　B. DHCP REQUEST

C. DHCP OFFER　　D. DHCP ACK

(3) DHCP 中继代理功能可以通过(　　)工具来启用。

A. DHCP　　B. 服务

C. WINS　　D. 路由和远程访问

(4) DHCP 服务器的数据库默认情况下以(　　)的时间间隔备份数据库。

A. 120 分钟　　B. 180 分钟　　C. 60 分钟　　D. 54 分钟

2. 填空题

(1) DHCP 服务器的主要功能是：动态分配________。

(2) DHCP 客户端获取 IP 地址的过程包括________、________、________、________四个步骤。

(3) 当 DHCP 客户端所使用的 IP 地址到达租约时间时,DHCP 客户端会________。

(4) 当 DHCP 客户端不能联系到 DHCP 服务器或租用失败时,将会使用自动使用 IP 地址段________。

(5) 在 DHCP 中继代理中,“跃点计数阈值”是指________。

3. 实训题

五桂山公司旗下的一个子公司近期进行业务拓展,现有的 IP 地址已经不能满足运行需求,五桂山公司要求为该子公司配置一台 DHCP 服务器。

要求：(1) DHCP 服务器能为客户端自动分配 IP 地址；

(2) 部分职位人员的电脑 IP 地址固定；

(3) 为不同的部门提供不同网段的 IP 地址分配；

(4) 在服务器出现突然死机或者硬件故障的时候,能快速恢复 DHCP 服务器并且保留原有的配置信息。

第5章 chapter 5

项目5　文件服务器的配置与管理

【学习目标】

本章系统介绍文件服务器的理论知识、文件服务器的基本配置、文件共享、枚举与测试以及文件屏蔽与全局配额的基本方法。

通过本章的学习应该完成以下目标：

- 理解文件服务器的理论知识；
- 掌握文件服务器的基本配置；
- 掌握文件共享的基本方法；
- 掌握枚举与测试的基本方法；
- 掌握文件屏蔽与配置全局配额的基本方法。

5.1　项目背景

五桂山公司是一家视频网络公司，该公司每天都有大量的视频需要剪辑，并有各种图片素材需要修改。由于存储量比较大，传输过程极为不便。为了让传输速度更快，更方便查找各自所需的资源，公司决定在企业内网部署一台文件服务器，使得企业内网的用户可以更快下载到所需资源。公司的网络管理部门将在原内网的基础上配置一台新的Windows Server 2012服务器(IP：10.6.64.8/24)作为文件服务器。网络拓扑如图5-1所示。

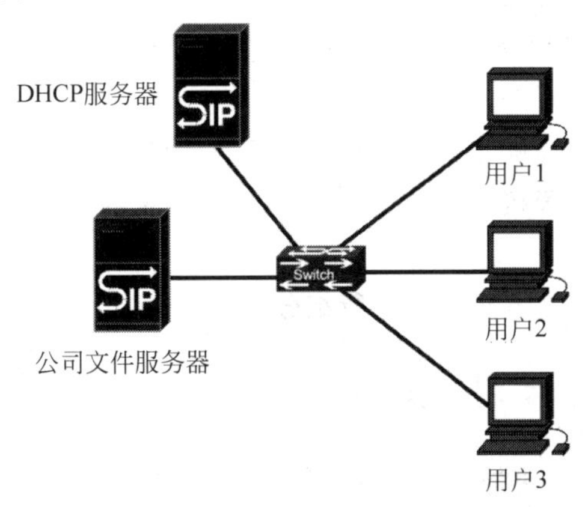

图5-1　网络拓扑

5.2 知识引入

5.2.1 文件服务器的概念

文件服务器是局域网中的重要服务器,用来提供网络文件共享、网络文件的权限保护及大容量的磁盘存储空间等服务。文件服务器可以是一台普通的个人计算机,它处理文件要求并在网络中发送它们。在更复杂的网络中,文件服务器也可以是一台专门的网络附加存储(NAS)设备,可以作为其他计算机的远程硬盘驱动器来运行,并允许用户像在自己的硬盘中一样在服务器中存储文件。

5.2.2 文件共享及权限

1. 文件共享

文件共享是指主动在局域网上共享自己的文件,以供给其他计算机用户使用,一般文件共享使用 P2P(Point-to-Point,点对点)模式。

2. 文件共享权限

权限分为 7 种方式:完全控制、修改、读取和运行、列出文件夹目录、读取、写入、和特别权限。

(1) 完全控制权限:对共享目录及子目录的文件拥有不受限制的完全访问,其地位像 Administrators 在所有组中的地位一样。若选中"完全控制",则下面 5 项属性将自动被选中。

(2) 修改权限:若选中"修改",则下面的四项属性将被自动被选中。下面的任何一项没有被选中时,"修改"条件将不再成立。

(3) 读取和运行权限:允许读取和运行在共享目录及子目录中的文件。"列出文件夹目录"和"读取"是"读取和运行"的必要条件。

(4) 列出文件夹目录权限:此权限只能浏览共享目录及子目录的文件,不能读取,也不能运行。

(5) 读取权限:用户能够读取共享目录及子目录的文件的数据和属性。

(6) 写入权限:此权限可以更改共享目录及子目录的文件的内容,更改共享目录及子目录的文件的属性。

(7) 特别权限:对以上 6 种权限进行细分。

5.2.3 文件共享的访问用户类型

(1) 管理员组(Administrators):默认情况下,Administrators 中的用户对计算机/域有不受限制的完全访问权。分配给该组的默认权限允许对整个系统进行完全控制。

(2) 高级用户组(Power Users):Power Users可以执行除了为Administrators组保留的任务外的其他任何操作系统任务。分配给Power Users组的默认权限允许Power Users组的成员修改整个计算机的设置。Power Users不具有将自己添加到Administrators组的权限。在权限设置中,这个组的权限仅次于Administrators。

(3) 普通用户组(Users):这个组的用户无法进行有意或无意的改动,因此用户可以运行经过验证的应用程序,但不可以运行大多数旧版应用程序。Users可以创建本地组,但只能修改自己创建的本地组。

(4) 来宾组(Guests):按默认值,来宾与普通用户的成员有同等访问权,但来宾用户的限制更多。

(5) 所有用户组(Everyone):这个计算机上的所有用户都属于这个组。

(6) 系统组(System):这是Windows内置的系统账户,在Windows系统里具有最高的权限,但不可以把这个账户作为登录账户。

5.3 项目过程

5.3.1 任务1 文件服务器的安装

1. 任务分析

根据项目情况得知如下需求:五桂山公司希望文件传输速度更快,更方便查找各自所需的资源。管理员需要在企业内网的一台Windows Server 2012服务器上配置一台文件服务器,在此服务器上安装配置文件服务器。

2. 任务实施过程

(1) 打开"服务器管理器",单击"添加角色和功能"选项。

(2) 在"添加角色和功能向导"中,单击"下一步"按钮。然后,在"安装类型"中选择"基于角色或基于功能的安装",单击"下一步"按钮。

(3) 在"服务器选择"中,选择"从服务器池中选择服务器",安装程序会自动检测与显示这台计算机采用静态IP地址设置的网络连接,单击"下一步"按钮。

(4) 在"服务器角色"中,选择"文件和存储服务",再选择"文件和iSCSI服务",选中"文件服务器"和"文件服务器资源管理器",单击"下一步"按钮,如图5-2所示。

(5) 在这里选择需要添加的功能,如无特殊需求,一般默认即可,单击"下一步"按钮后继续单击"安装"按钮,如图5-3所示。

(6) 单击"关闭"按钮完成安装,如图5-4所示。

(7) 回到"服务器管理器",单击左侧"文件和存储服务",即可对文件服务器进行配置、管理,如图5-5所示。

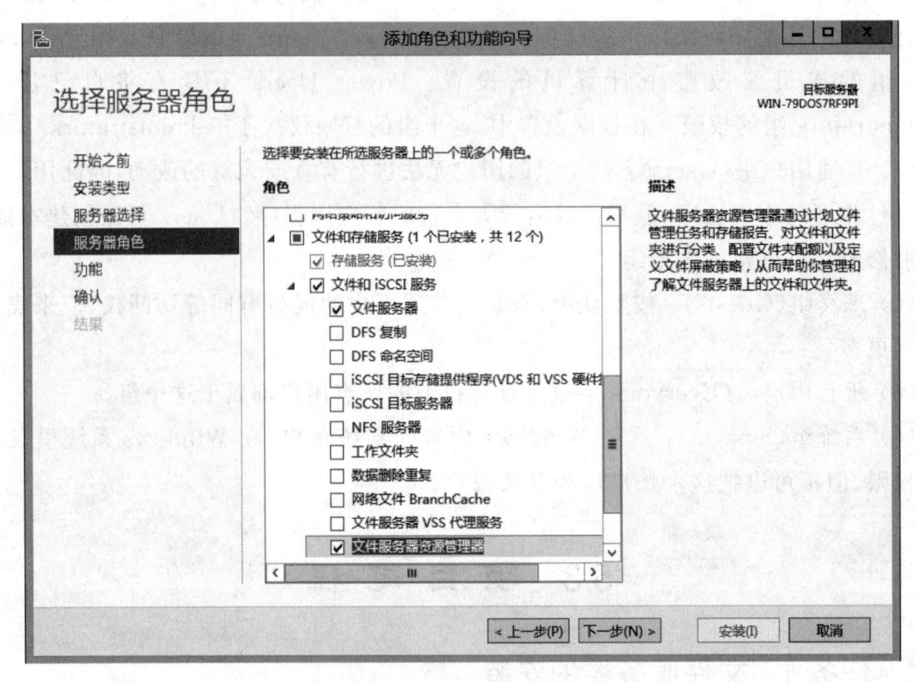

图 5-2　文件服务器

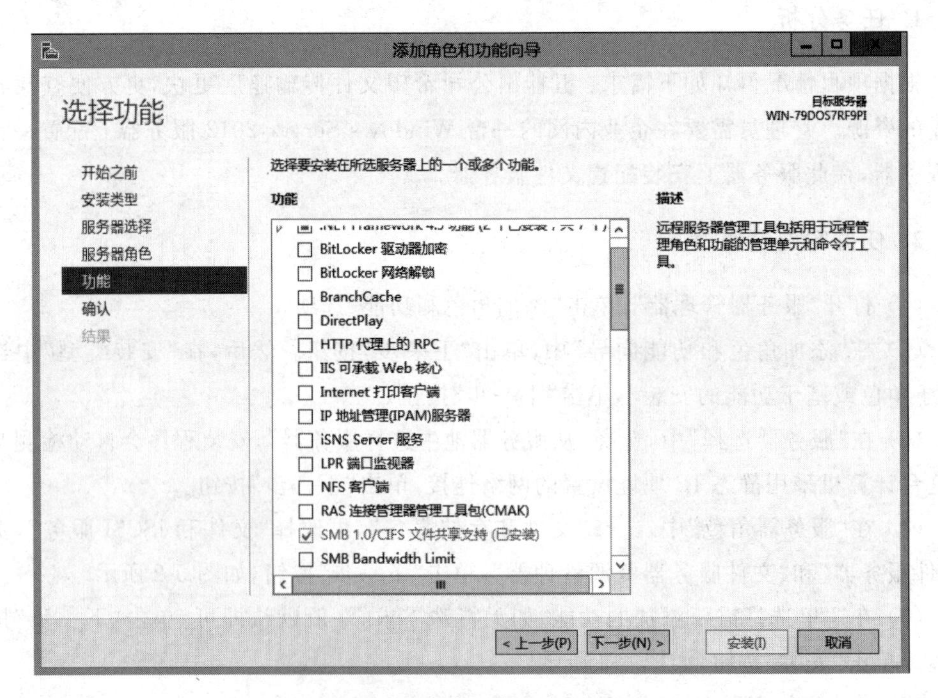

图 5-3　添加默认功能

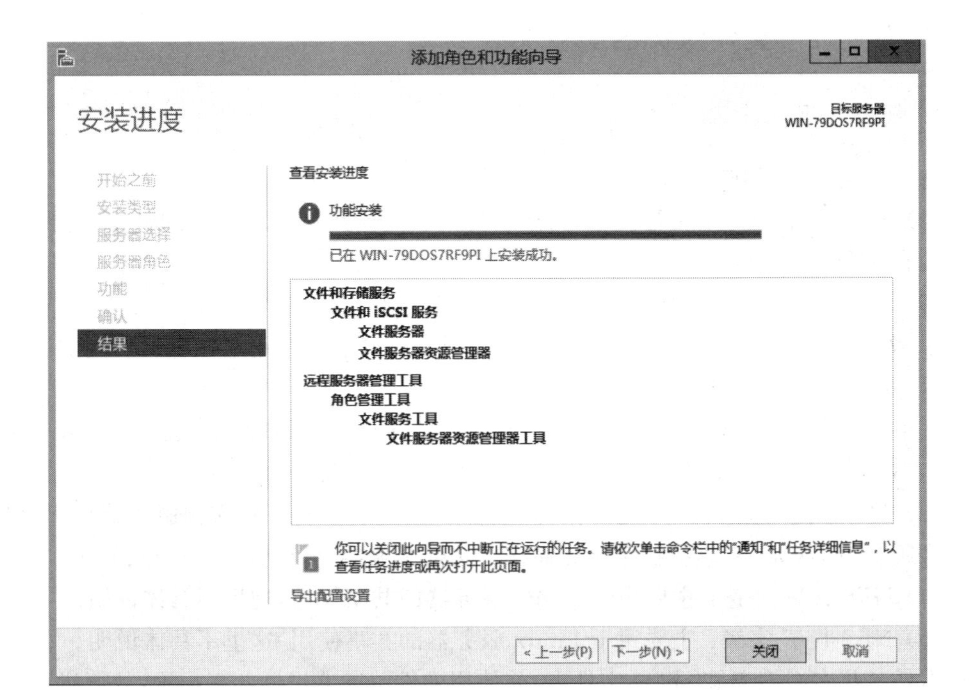

图 5-4　完成安装

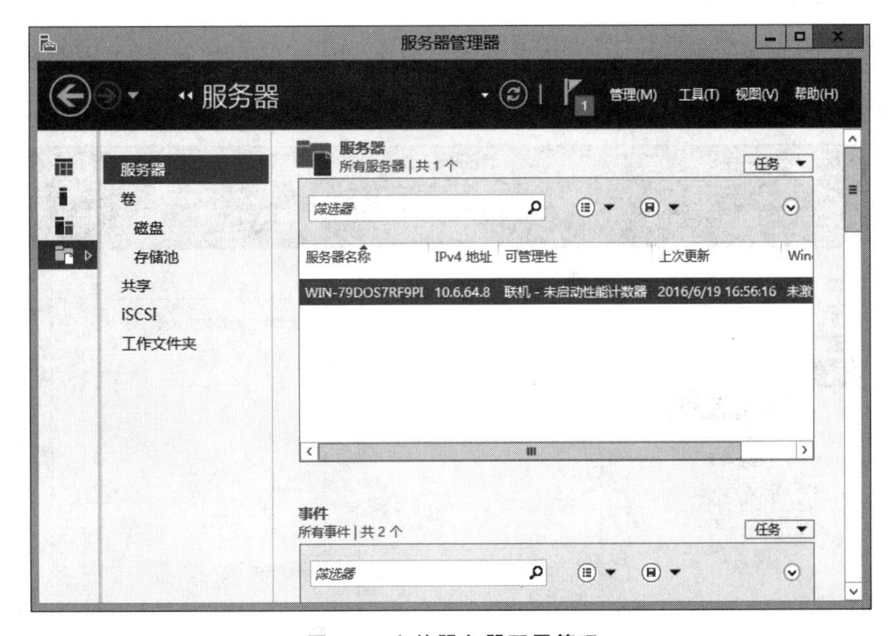

图 5-5　文件服务器配置管理

5.3.2 任务 2 文件服务器配置文件共享

1. 任务分析

这里的共享主要有 5 种方式：

(1) SMB 共享-快速：是最简单的方式，类似于简单共享，且类似于 public 目录，所有人都具有完全控制权限。

(2) SMB 共享-高级：可以设置对应的文件类型与配额限制。

- 文件类型：是 Windows Server 2012 新增的功能，主要用途是根据不同的文件类型可以自动或手动分类。
- 配额限制：在 Windows Server 2003 中配额限制只能针对磁盘，而 Windows Server 2012 R2 的配额限制可以针对文件夹与磁盘。

(3) SMB 共享-应用程序：是专门为 Hyper-V 开发的，将一台文件服务器作为存储，然后将所有的 Hyper-V 虚拟机系统存储在该文件服务器上，再做一个负载、冗余。

(4) NFS 共享-快速：主要用于 Linux 服务器的共享使用，这里不具体说明。

(5) NFS 共享-高级：主要用于 Linux 服务器的共享使用，这里不具体说明。

本任务将在 C 盘新建 share 文件夹，并使用文件服务器进行共享配置，计算机可通过网络访问共享文件。同时，提前在计算机中创建一个用户 user01。

2. 任务实施过程

(1) 打开“服务器管理”，单击“文件和存储服务”，选择“共享”，单击“若要创建文件共享，请启动新加共享向导”，如图 5-6 所示。

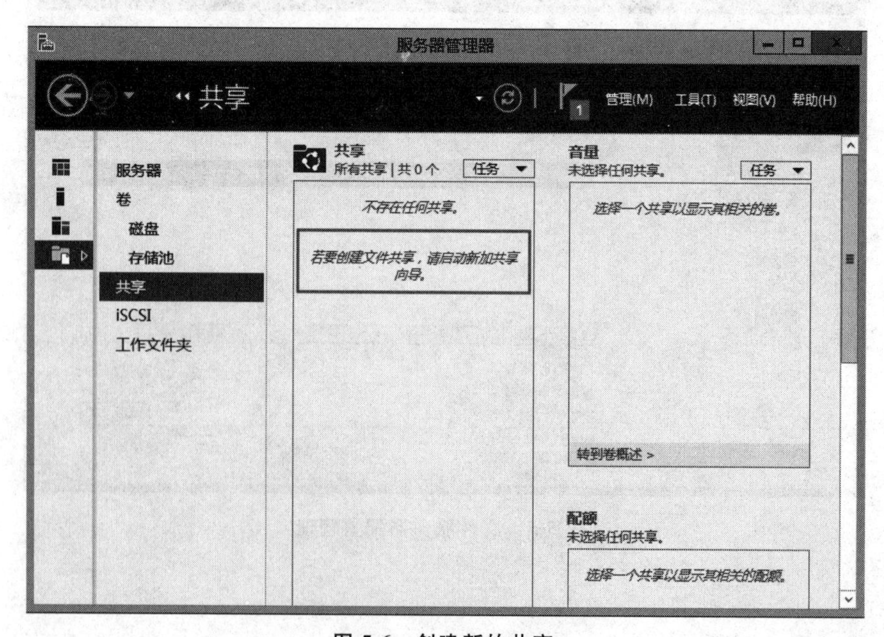

图 5-6 创建新的共享

(2) 进入“新建共享向导”,在“文件共享配置文件”中选择“SMB 共享-高级”,单击“下一步”按钮,如图 5-7 所示。

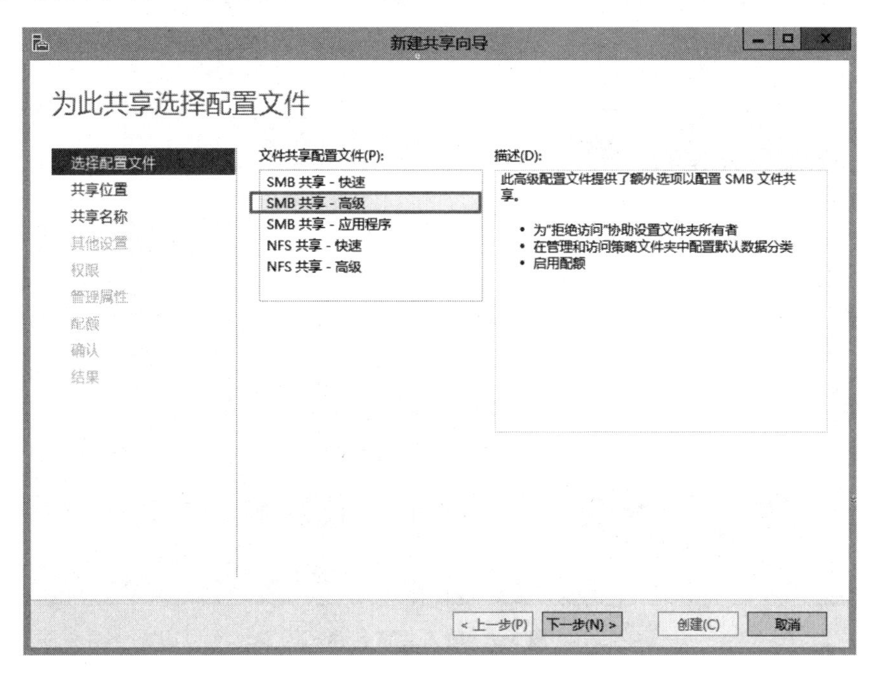

图 5-7　SMB 共享-高级

(3) 在“共享位置”,选择“键入自定义路径”,输入路径“C:\share”,单击“下一步”按钮,输入“共享名称”。单击“下一步”按钮,如图 5-8 和图 5-9 所示。

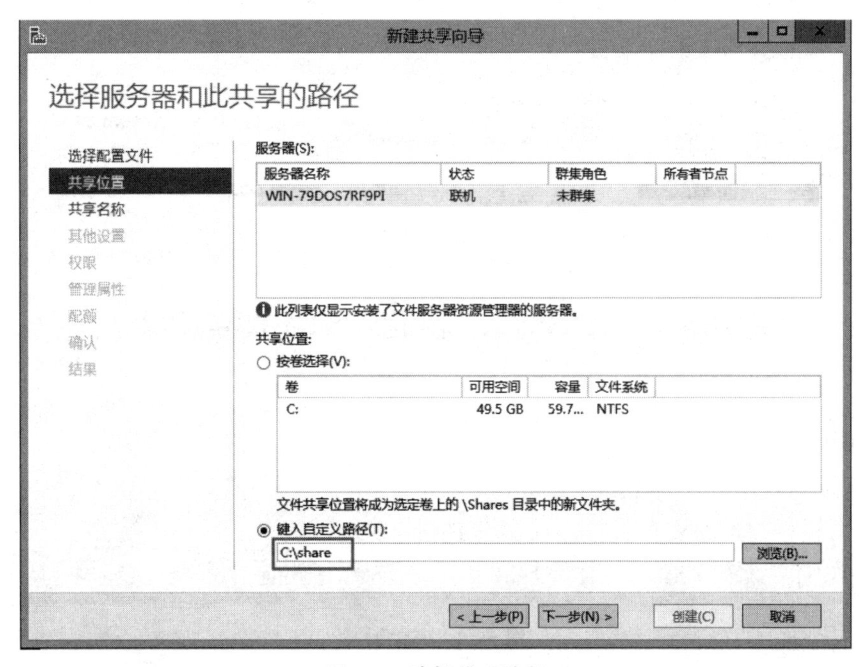

图 5-8　选择物理路径

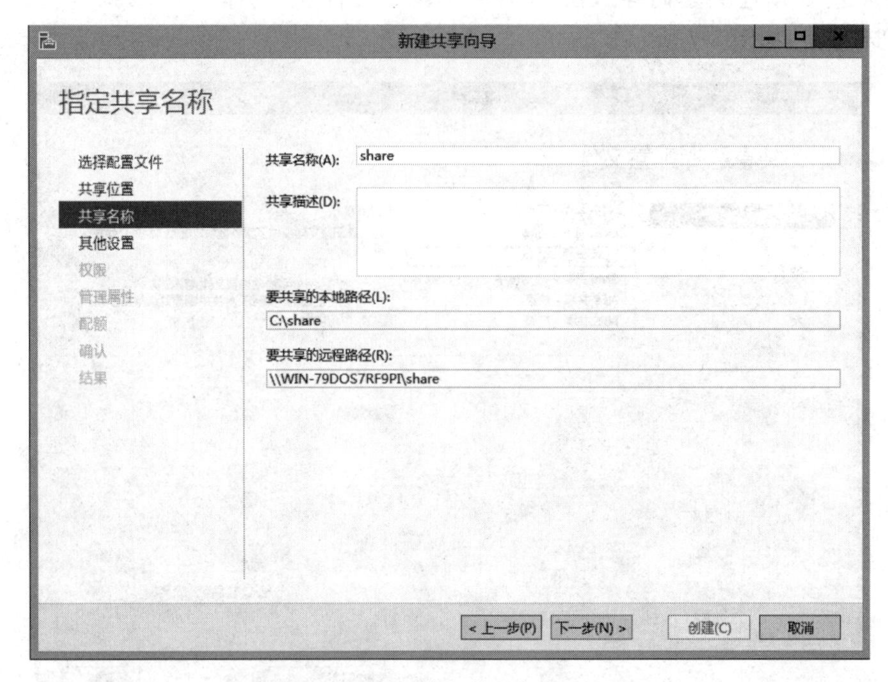

图 5-9 输入共享名称

(4) 在“其他设置”中,在“启用基于存取的枚举”、“允许共享缓存”和“加密数据访问”复选框中打勾,单击“下一步”按钮,如图 5-10 所示。

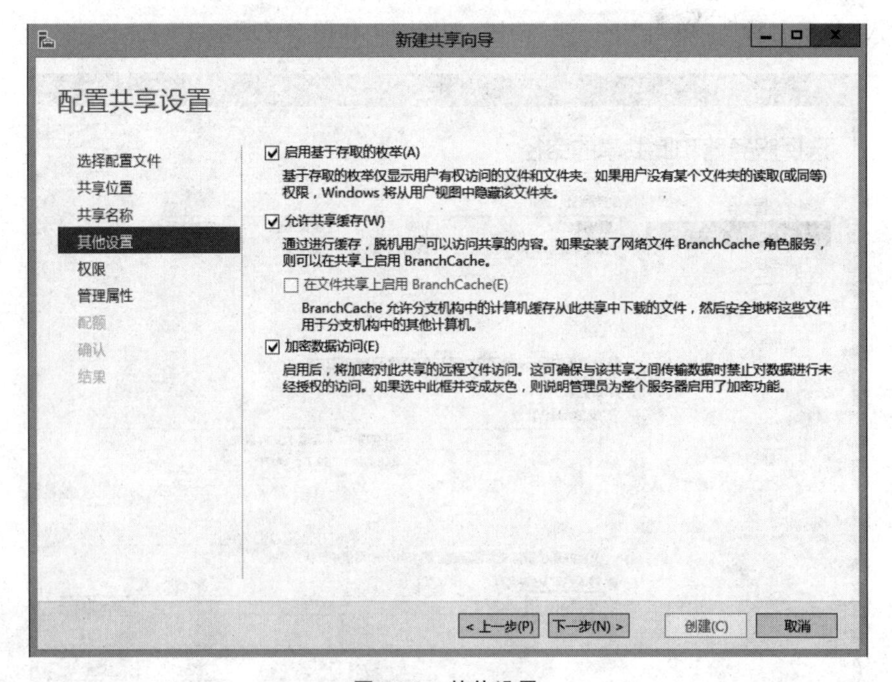

图 5-10 其他设置

(5) 在“权限”中,单击“自定义权限”,会自动弹出“share 的高级安全设置”,单击“添加”,添加共享用户,如图 5-11 和图 5-12 所示。

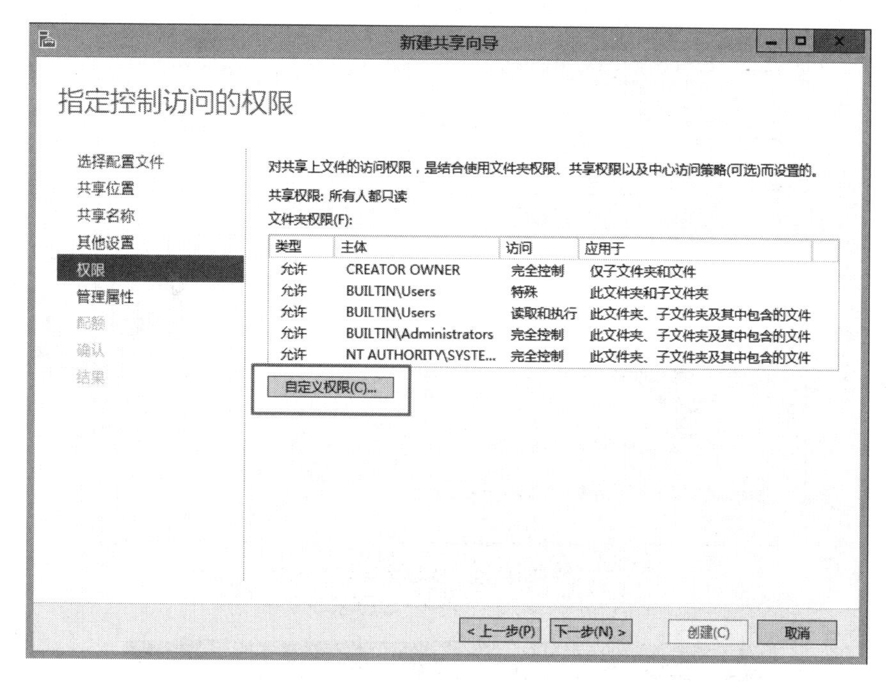

图 5-11　自定义权限

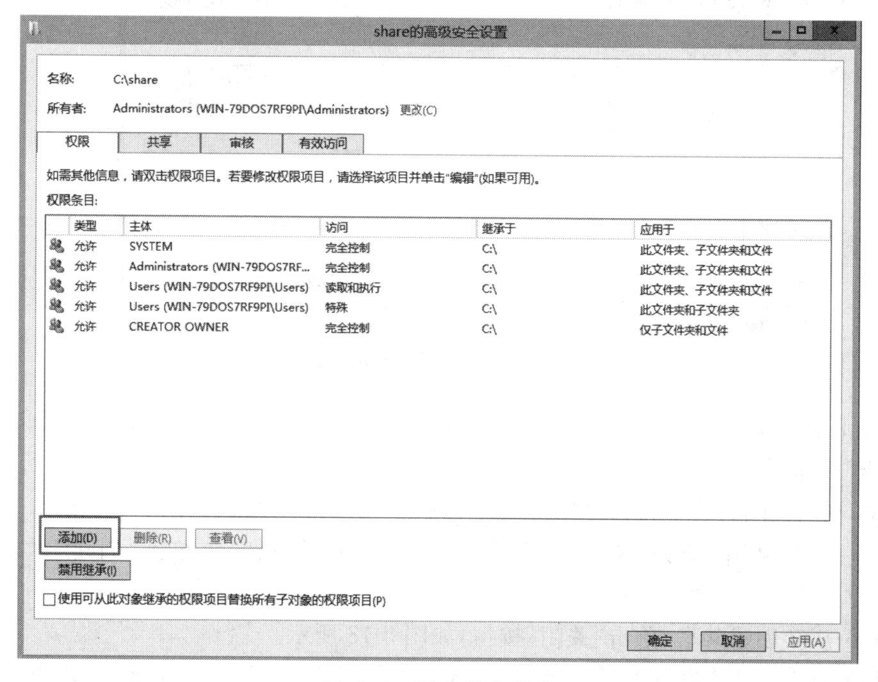

图 5-12　添加共享用户

（6）进入“share 的权限项目”，单击“选择主体”，自动弹出“选择用户或组”，输入 user01，单击“确定”按钮，如图 5-13 和图 5-14 所示。

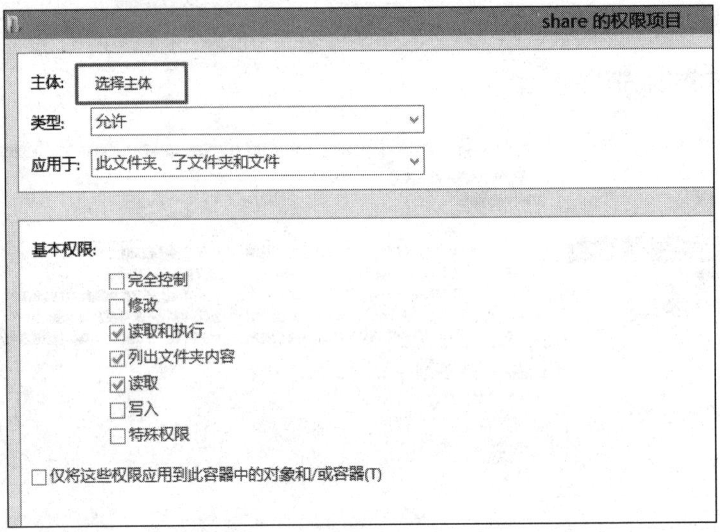

图 5-13　选择主体

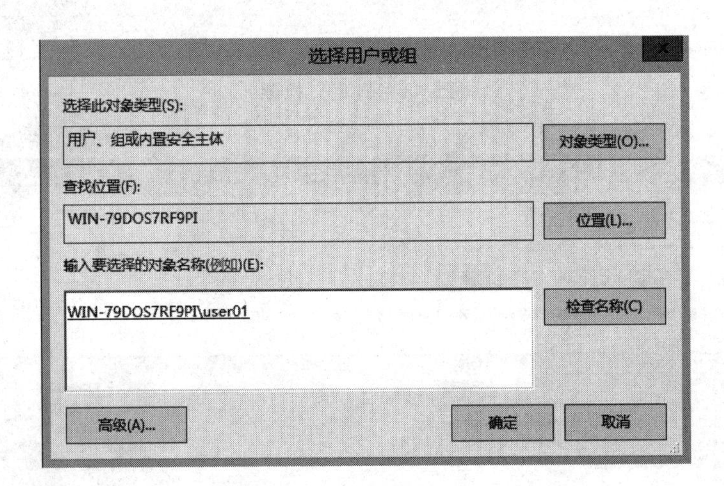

图 5-14　输入用户 user01

（7）回到“share 的权限项目”，选择所需的“基本权限”，单击两次“确定”按钮，再单击“下一步”按钮，如图 5-15 所示。

（8）在“管理属性”中，选择“用户文件”，单击“下一步”按钮，如图 5-16 所示。

（9）在“配额”中，选择“不应用配额”，单击“下一步”按钮，再单击“创建”，如图 5-17 所示。

（10）成功创建共享，单击“关闭”按钮，如图 5-18 所示。

（11）打开“我的电脑”，在地址栏输入“\\10.6.64.8”，可以看到共享的文件，如图 5-19 所示。

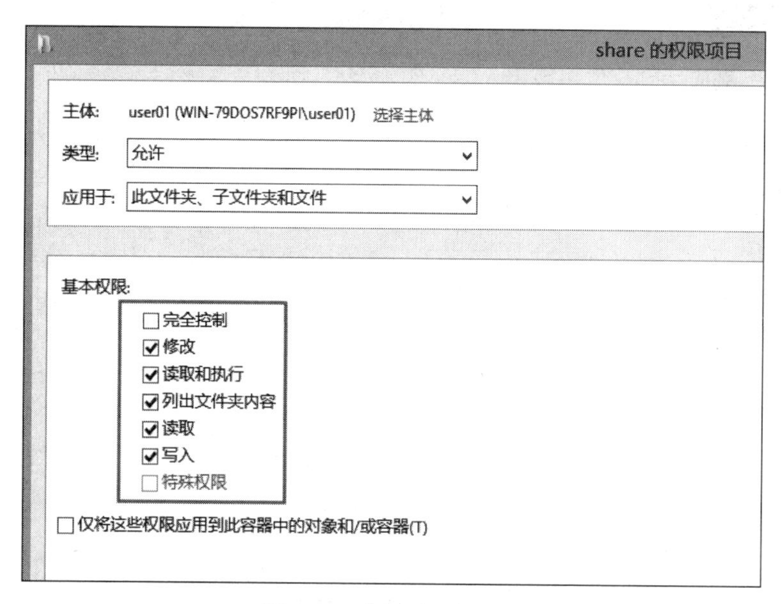

图 5-15 选择所需的权限

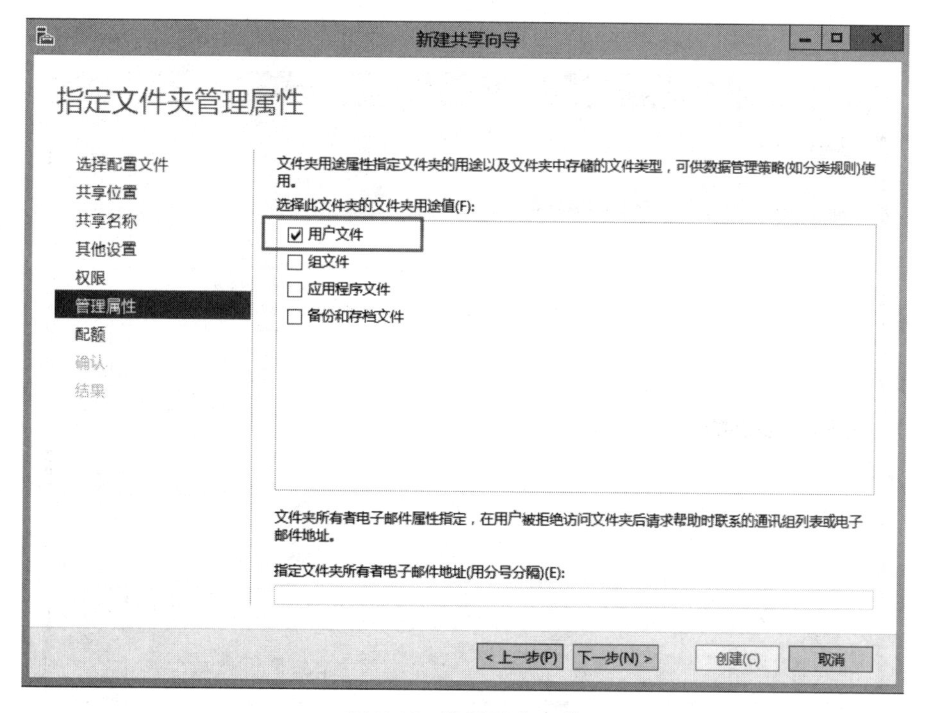

图 5-16 选择用户文件

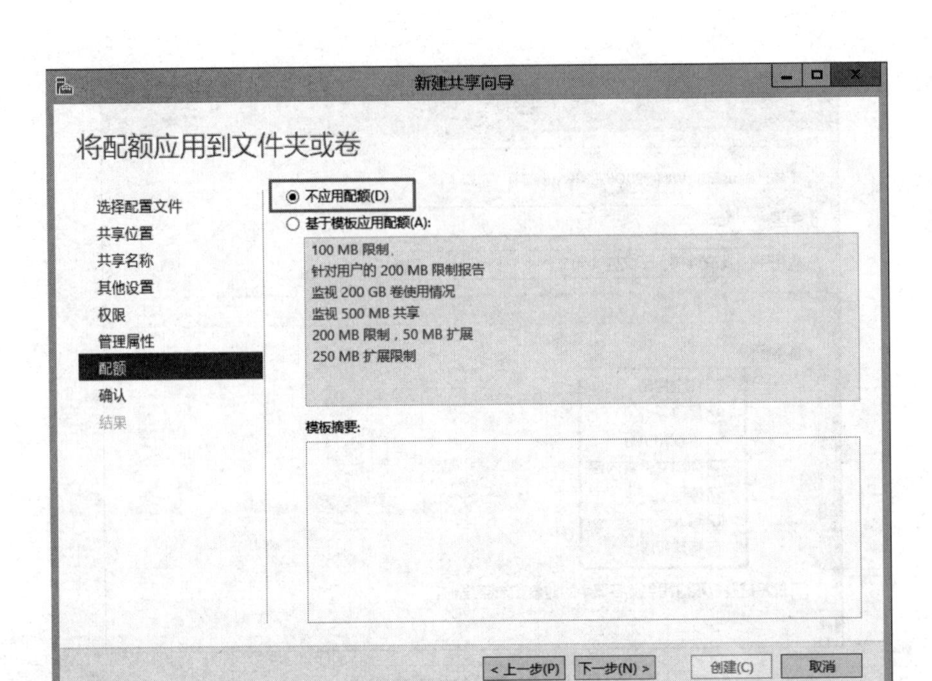

图 5-17 选择不应用配额

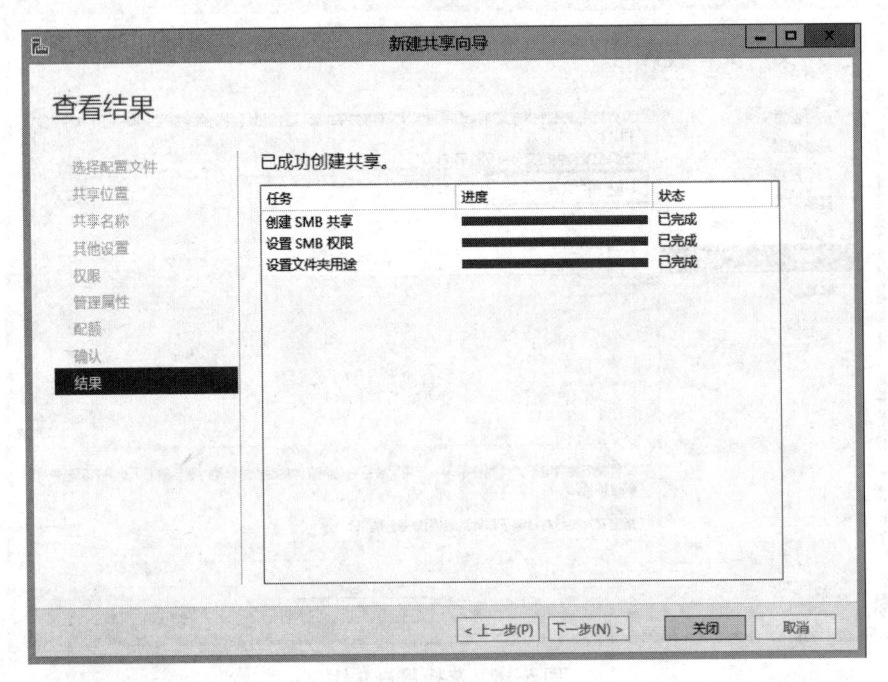

图 5-18 成功创建共享

图 5-19 访问共享文件

5.3.3 任务3 文件服务器枚举功能与测试

1. 任务分析

基于存取的枚举功能仅显示用户有权访问的文件和文件夹。如果用户没有某个文件夹的读取(或同等)权限,Windows将从用户视图中隐藏该文件夹。

本任务在任务2的基础上,在C盘share文件夹下创建share01、share02两个文件夹。提前在计算机中创建用户user01和user02。使用枚举功能,用户user01只能访问share01,用户user02只能访问share02。

2. 任务实施过程

(1) 打开"服务器管理器",单击"文件和存储服务"→"共享",选择中间已共享的文件"share",单击鼠标右键,选择"属性",如图5-20所示。

(2) 打开"share属性",单击"设置",在"加密数据访问"处,不打勾,如图5-21所示。单击"权限"可以看到此时的"共享权限:所有人都只读",此时需要设置"共享权限:所有人都完全控制",才能进行枚举,单击"自定义权限"进行设置,如图5-22所示。

(3) 进入"share的高级安全设置",选择"共享",再选中"共享"下的主体"Everyone",单击"编辑"按钮进行设置,如图5-23所示。

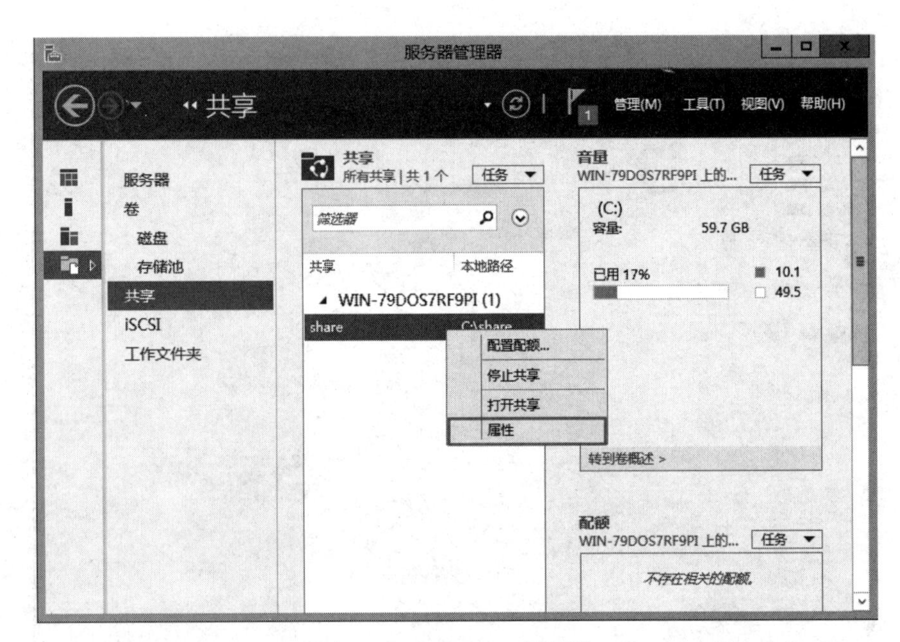

图 5-20　打开 share 的属性

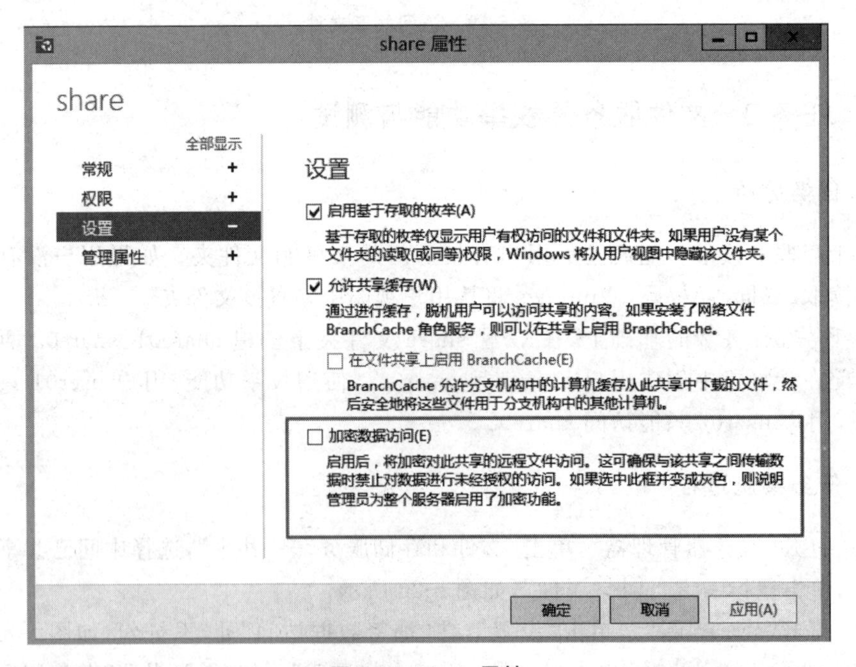

图 5-21　share 属性

(4) 在“share 的权限项目”中，把 Everyone 的权限设置成完全控制，单击两次“确定”按钮，此时回到“share 属性”，可以看到“共享权限：所有人都完全控制”，如图 5-24 和图 5-25 所示。

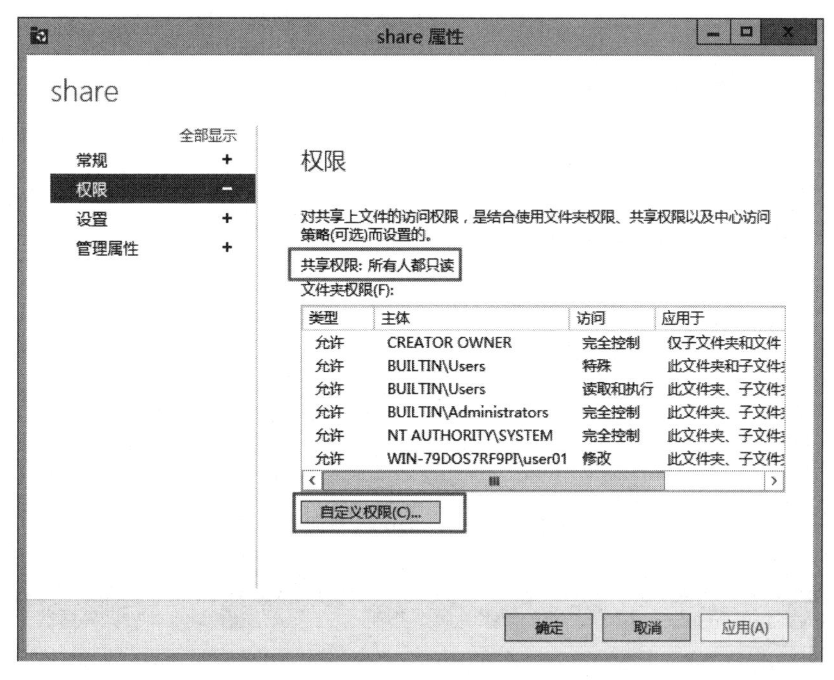

图 5-22 share 属性

图 5-23 share 的高级安全设置

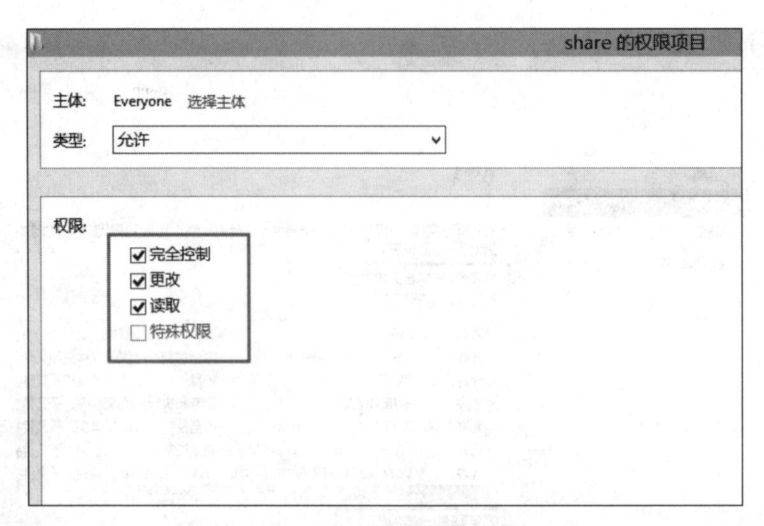

图 5-24 设置 share 的权限项目

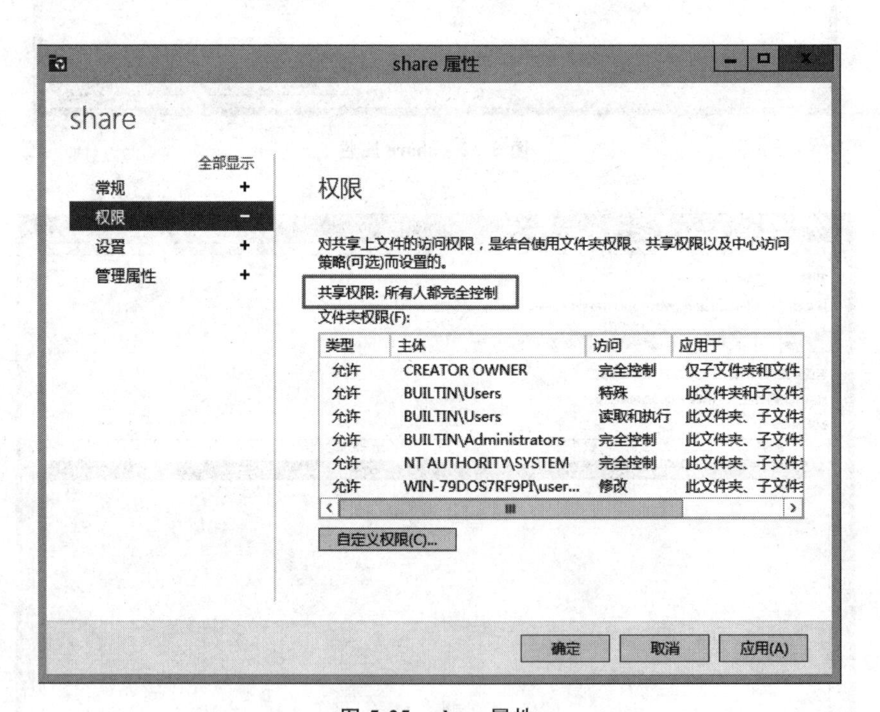

图 5-25 share 属性

(5) 在 C 盘 share 目录下，创建 share01、share02 文件夹，如图 5-26 所示。

(6) 选择“share01”，单击鼠标右键，选择“属性”。在“share 属性”中，单击“高级”按钮，如图 5-27 所示。

(7) 在“share 的高级安全设置”中，单击“禁用继承”，会自动弹出“阻止继承”会话框，选择“从此对象中删除所有已继承的权限”，如图 5-28 和图 5-29 所示。

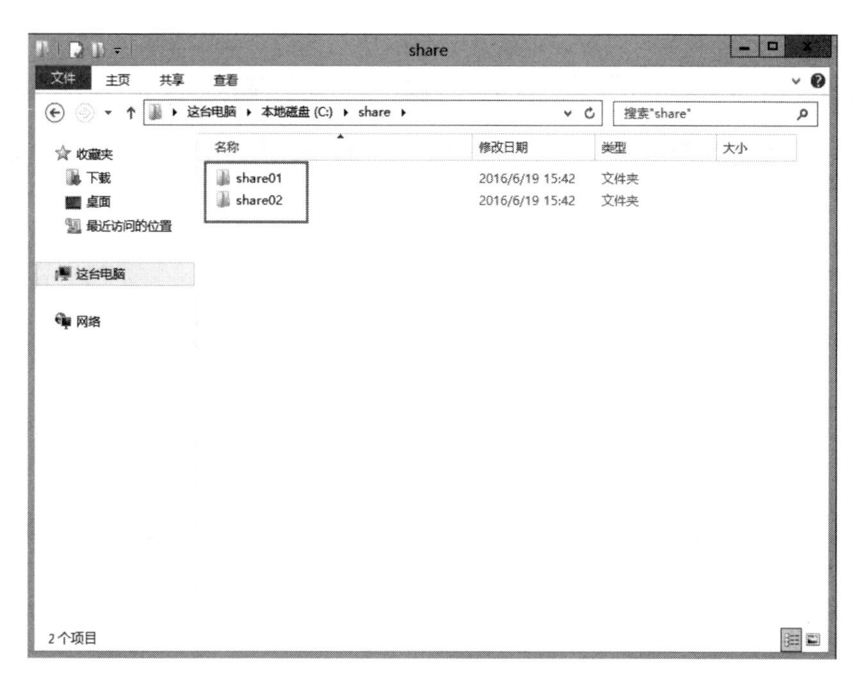

图 5-26 C 盘 share 目录下的文件夹

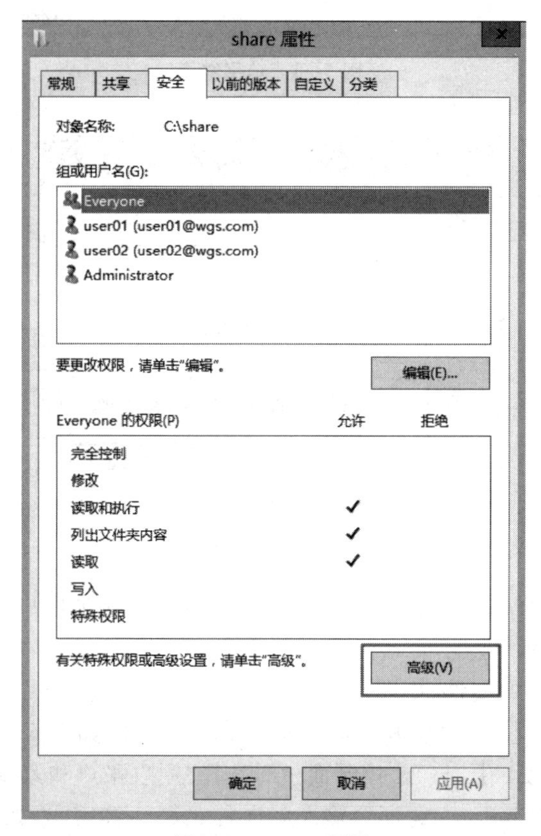

图 5-27 share 属性

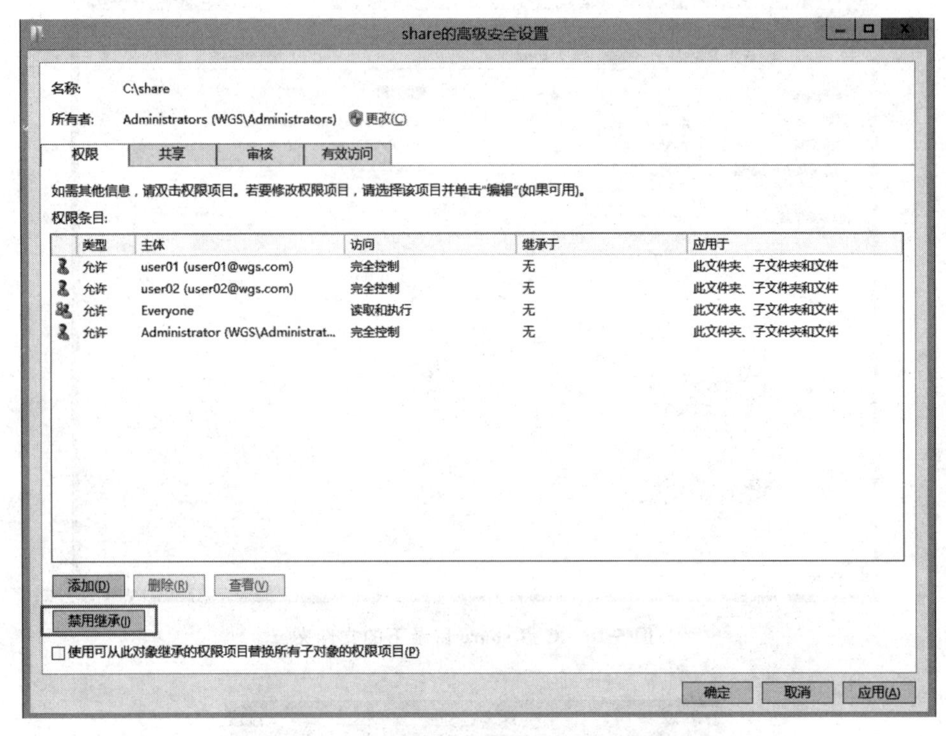

图 5-28　禁用继承

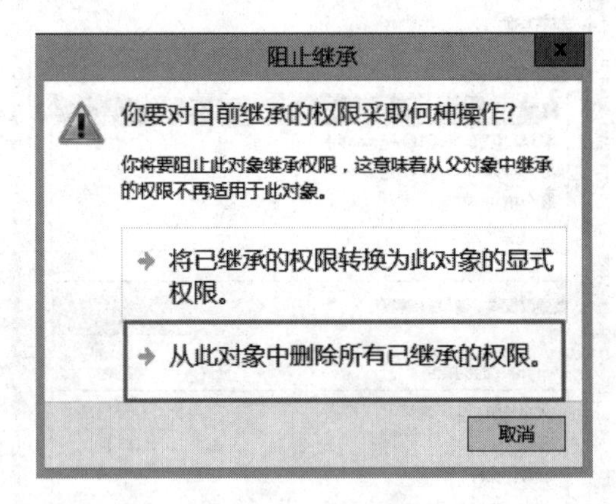

图 5-29　阻止继承

(8) 回到"share 的高级安全设置"，单击"添加"按钮，添加用户 user01，并赋予完全控制的权限，如图 5-30 所示。

(9) 查看 share01 的属性，如图 5-31 所示。

(10) 使用同样的方法设置 share02 属性，查看其属性，如图 5-32 所示。

(11) 在客户端 PC1 中，打开"控制面板"，选择"用户账户和家庭安全"，再选择"凭据管理器"，单击"添加 Windows 凭证"，输入用户名 user01 和密码，如图 5-33 所示。

图 5-30 share 的权限项目

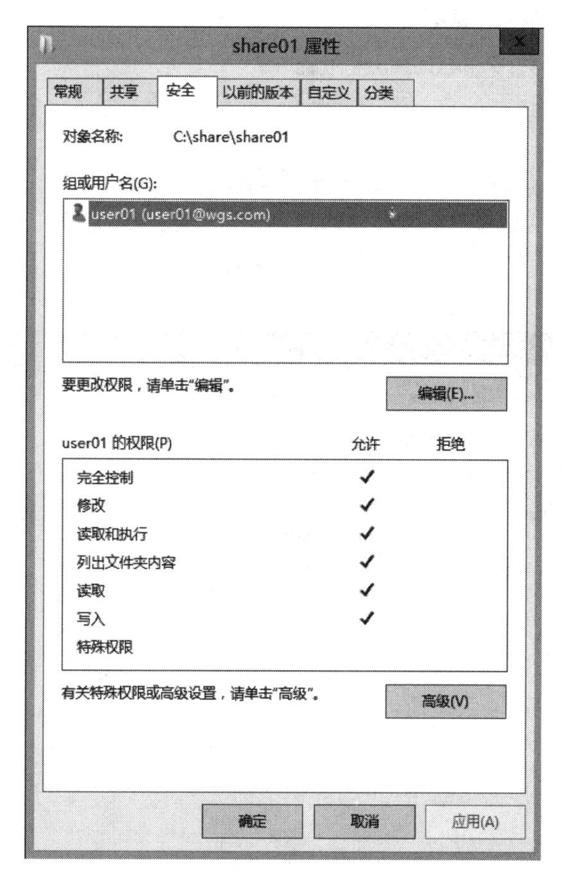

图 5-31 share01 属性

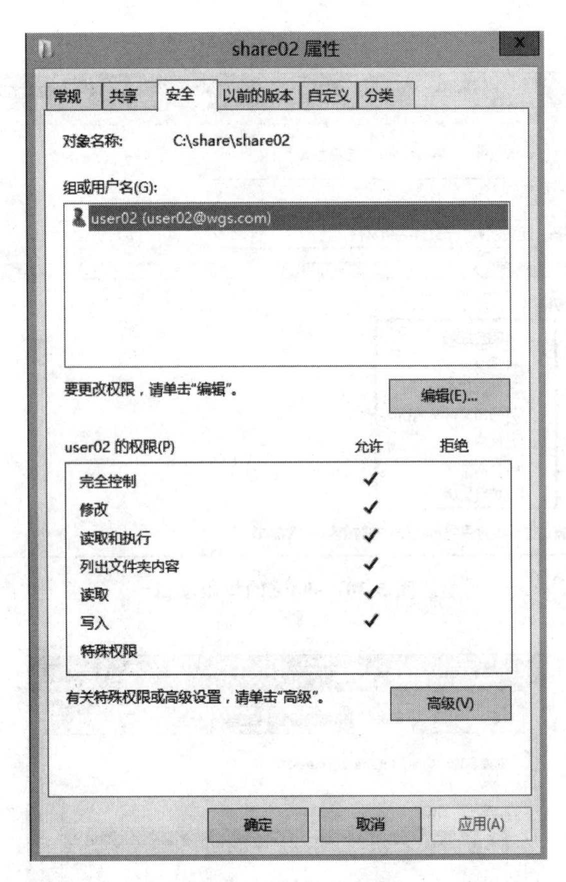

图 5-32 share02 属性

« 用户帐户和家庭安全 ▸ 凭据管理器 ▸ 添加 Windows 凭据

搜索控制面板

键入网站地址(或网络位置)和凭据

请确保您键入的用户名和密码可以用于访问该位置。

Internet 地址或网络地址
(例如，myserver, server.company.com): \\10.6.64.8

用户名: user01

密码: ●●●●●●●●●

确定(O) 取消(N)

图 5-33 用户 user01 登录

(12) 打开“我的电脑”,在地址栏输入“\\10.6.64.8”,进入 share 目录,此时只能访问 share01 文件夹,如图 5-34 所示。

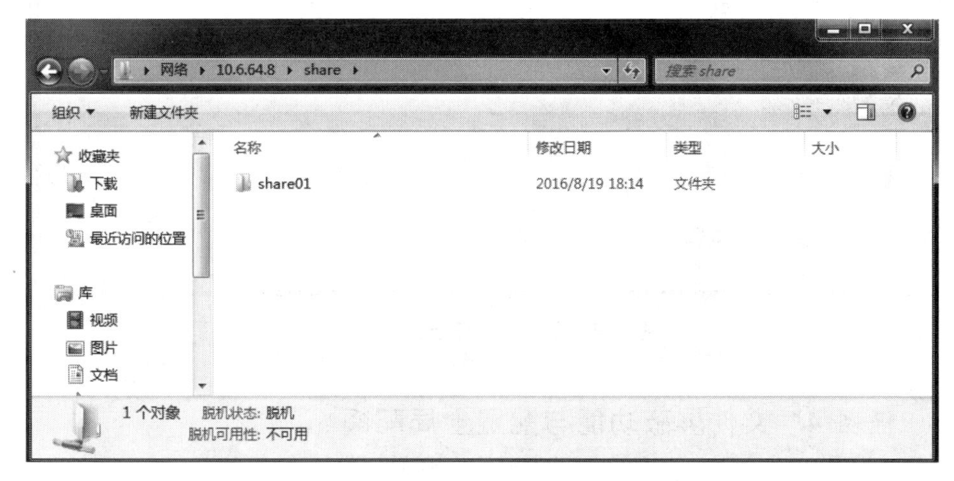

图 5-34 用户 user01 访问共享文件

(13) 以同样的方式设置用户名 user02 和密码,如图 5-35 所示。

图 5-35 用户 user02 登录

(14) 打开“我的电脑”,在地址栏输入“\\10.6.64.8”,进入 share 目录,只能访问 share02 文件夹,如图 5-36 所示。

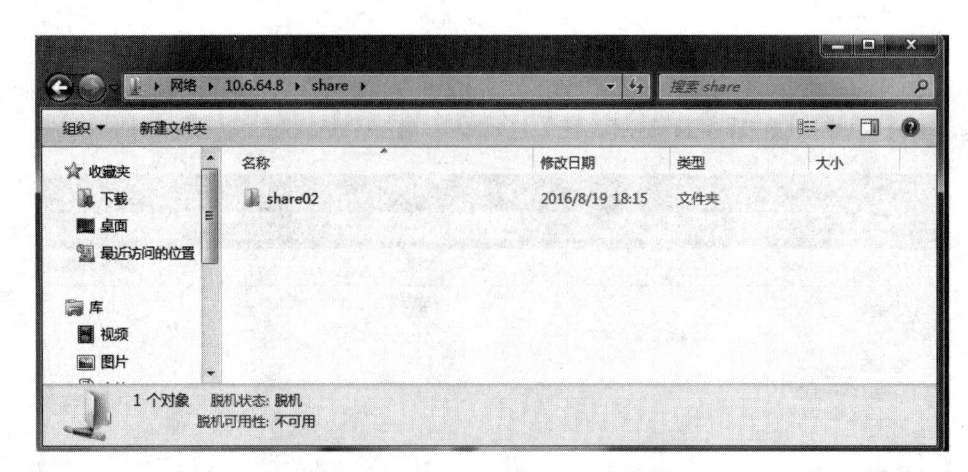

图 5-36　用户 user02 访问共享文件

5.3.4　任务 4　文件屏蔽功能与配置全局配额

1. 任务分析

五桂山公司为了防止文件服务器中毒,决定使用文件屏蔽功能,禁止存放 exe 文件。为了更好地整合资源,公司决定配置全局配额,对个人或单个目录采取局部限制。

本任务将对文件服务器进行文件屏蔽,并配置全局配额。

2. 任务实施过程

(1) 打开"服务器管理器",选择"工具"→"文件服务器资源管理器",单击"文件屏蔽管理",选择"文件屏蔽",单击右侧"创建文件屏蔽",如图 5-37 所示。

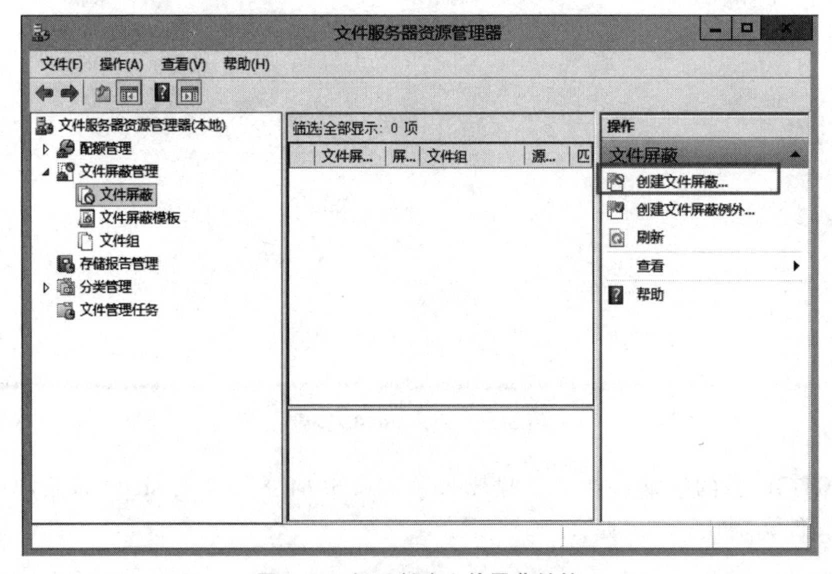

图 5-37　打开创建文件屏蔽链接

(2) 在“创建文件屏蔽”对话框中，输入“文件屏蔽路径”“C：\share\share03”，在“从此文件屏蔽模板派生属性”中选择“阻止可执行文件”，如图 5-38 所示。

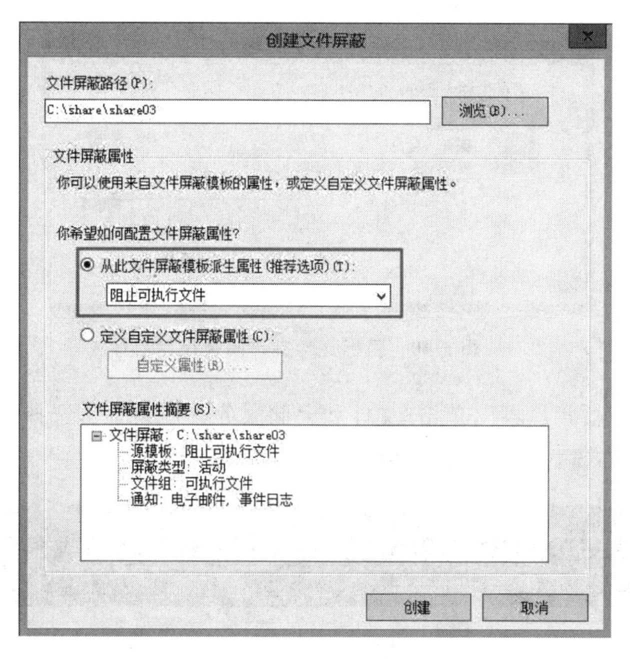

图 5-38 创建文件屏蔽

(3) 回到“文件服务器资源管理器”，可以看到已创建的文件屏蔽记录，如图 5-39 所示。

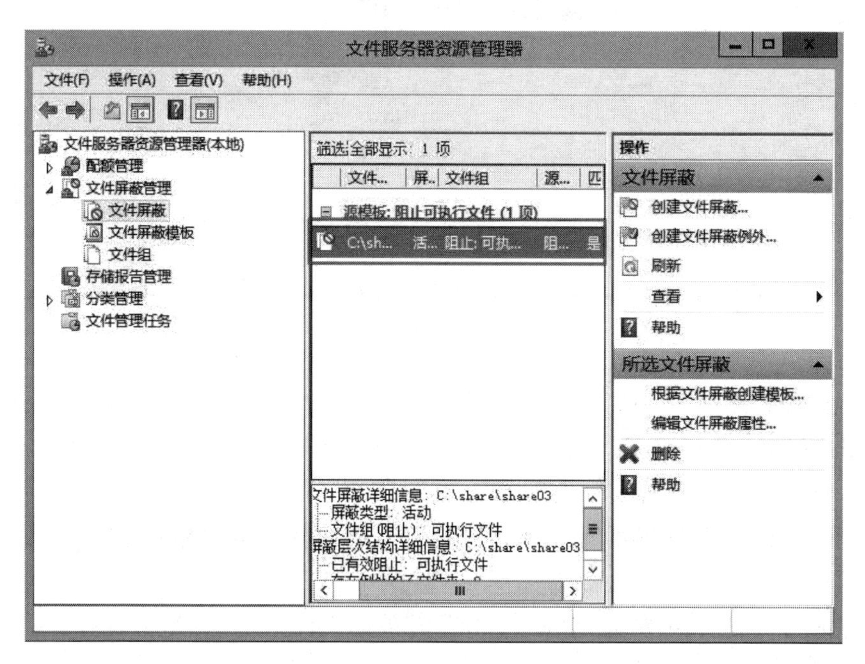

图 5-39 文件屏蔽源模板

（4）把一个 exe 文件放进 share03 文件夹时，会弹出“目标文件夹访问被拒绝”，如图 5-40 所示。

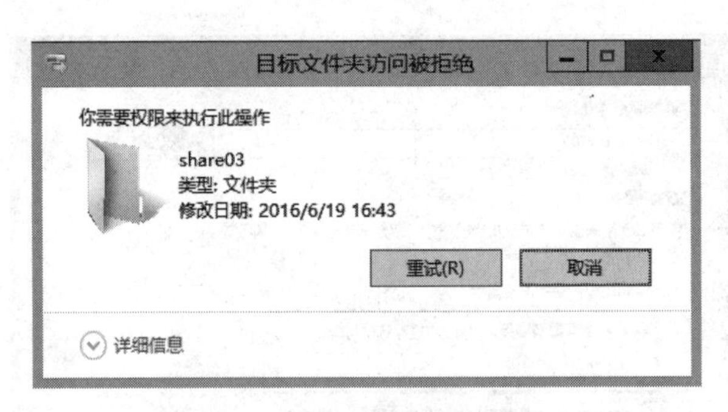

图 5-40　目标文件夹访问被拒绝

（5）打开“服务器管理器”，单击“文件和存储服务”→“共享”，选择中间已共享的文件“share”，单击鼠标右键，选择“配置配额”，如图 5-41 所示。

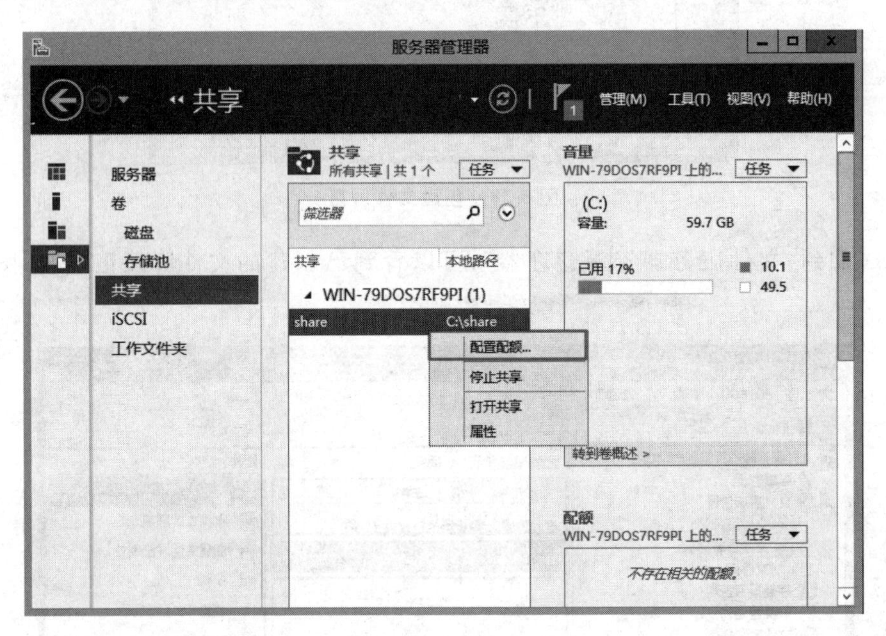

图 5-41　配置配额

（6）在“配置配额”中，选择“自动为所有用户创建并应用配额”，文件服务器就会自动为所有用户创建并应用配额；也可不选择“自动为所有用户创建并应用配额”，这样可按照需求选择所需的配额模板，如图 5-42 所示。

（7）回到“服务器管理器”→“共享”，可以看到文件服务器给出的配额，如图 5-43 所示。

（8）“配额”的模板限制为 100MB。如果存放的文件不足 100MB，就可以成功存放，如图 5-44 所示。

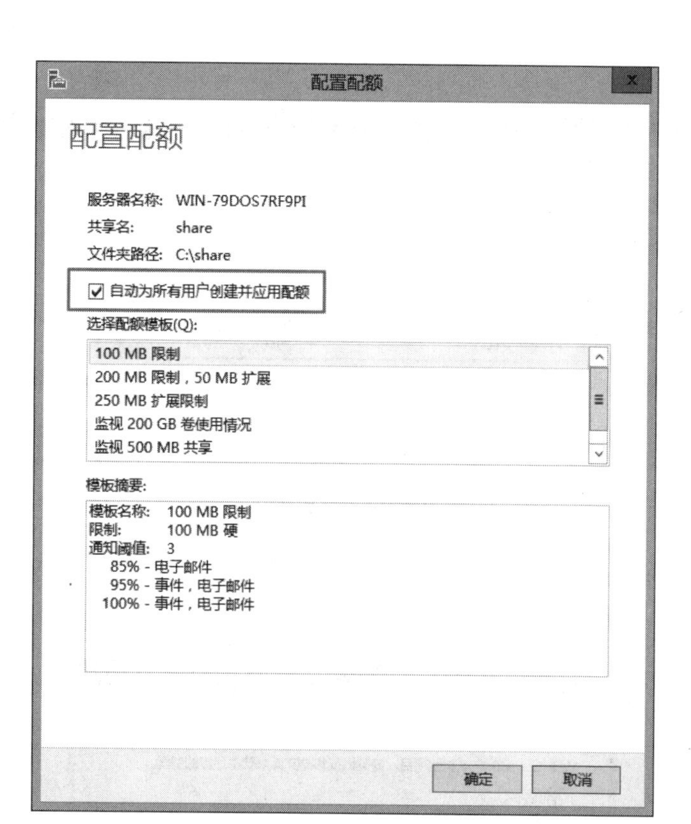

图 5-42　配置配额

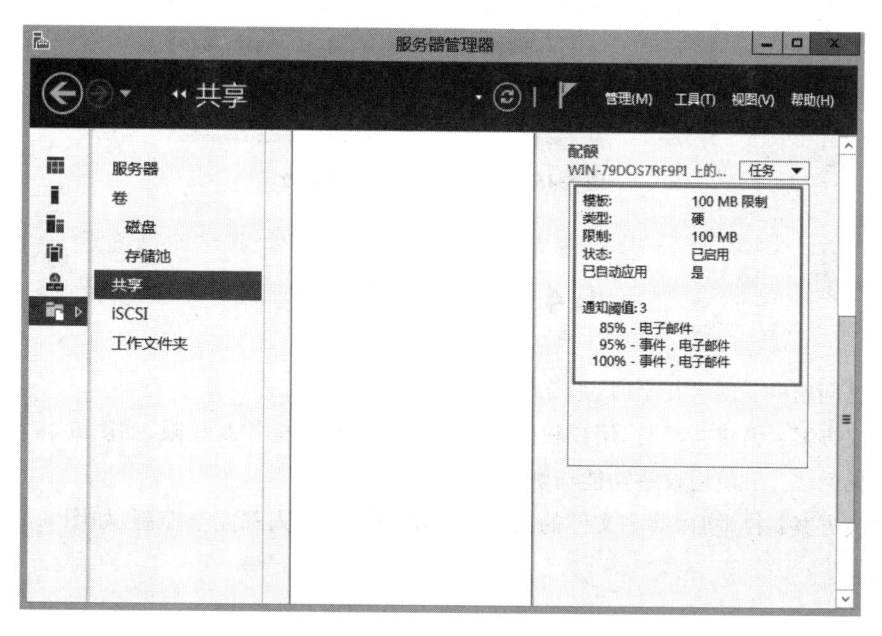

图 5-43　服务器管理器

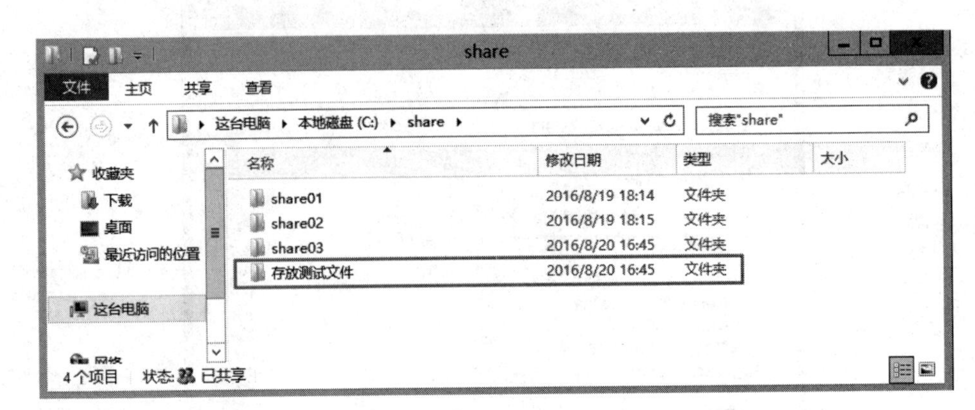

图 5-44 存放成功

(9)"配额"的模板限制为100MB。此时只要存放的文件超过100MB,就会导致传输文件失败,如图5-45所示。

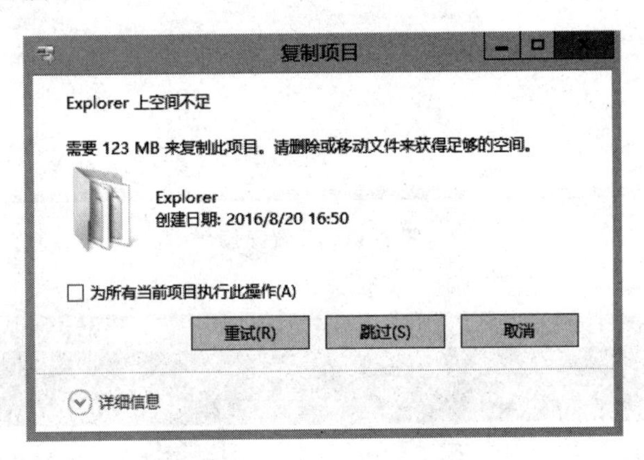

图 5-45 超额导致传输文件失败

5.4 项目总结

常见问题一:创建共享时,最终创建SMB共享失败。

解决方案:创建共享时,用户权限至少要有一个是完全控制权限,如图5-46所示。

常见问题二:使用枚举功能与测试失败。

解决方案:枚举时,共享文件的共享权限必须是所有人都完全控制,如图5-47所示。

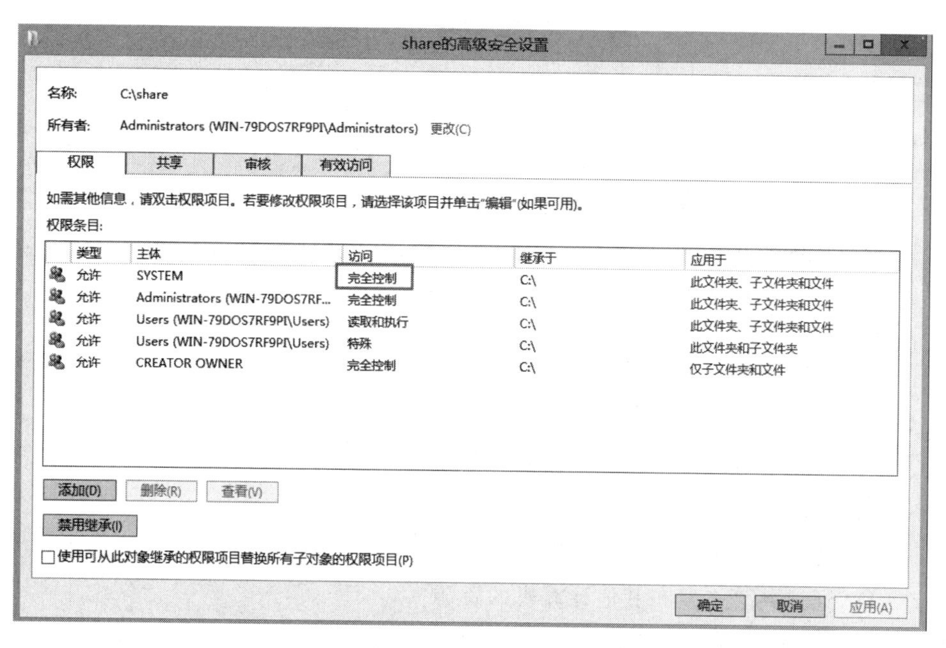

图 5-46 添加用户权限

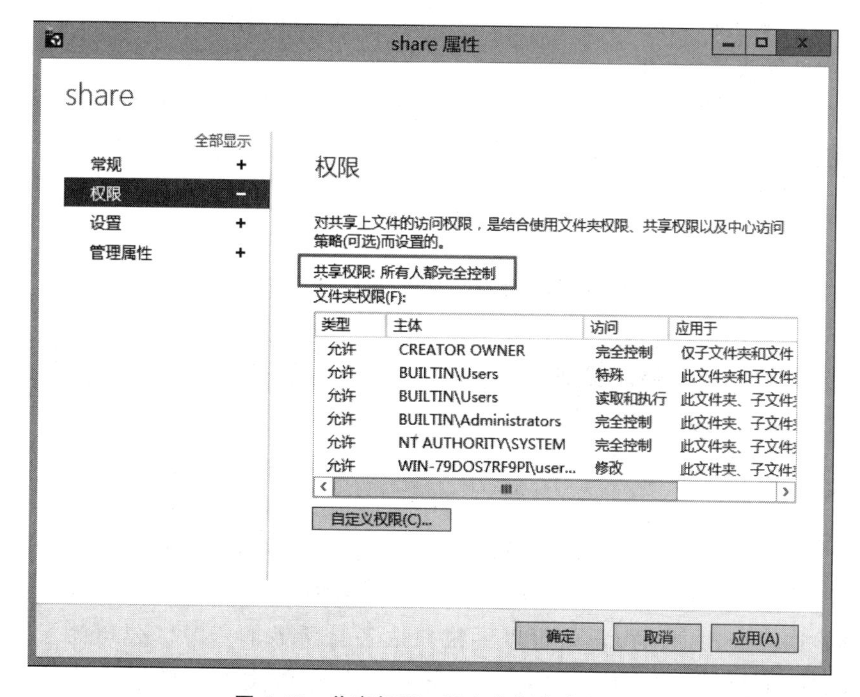

图 5-47 共享权限：所有人都完全控制

5.5 课后习题

1. 选择题

(1) 文件服务器的主要功能是(　　)。

A. 收发邮件

B. 动态分配 IP 地址

C. 提供文件共享服务

D. 远程登录

(2) 下列对于文件共享叙述正确的是(　　)。

A. 主动在局域网上共享自己的计算机文件

B. 被动在局域网上共享自己的计算机文件

C. 通过共享来获取所需的资源

D. 通过共享来发布其他计算机的资源

(3) 管理权限最高的用户是(　　)。

A. Administrators　　B. Power Users

C. Everyone　　D. Guests

(4) 文件屏蔽的作用是(　　)。

A. 可以屏蔽特定文件类型　　B. 只屏蔽某个文件

C. 可以屏蔽特定文件　　D. 对某个文件进行屏蔽

2. 填空题

(1) 文件共享权限有 7 种,分别是________、________、________、________、________、________、________。

(2) 文件共享有 5 种类型,分别是________、________、________、________、________。

(3) 枚举功能的主要作用是________________________________。

3. 实训题

某公司是一家广告公司,其网络拓扑如图 5-48 所示。公司每天都需要处理大量的图片素材和广告方案。由于文件过于庞大,公司决定部署一台文件服务器来提供文件共享,这样公司内网用户就可以更快获取各自所需的资源。公司为了不让资源被滥用,使用了枚举功能,特定的用户只能访问特定的文件。请按上述需求做出合适的配置。

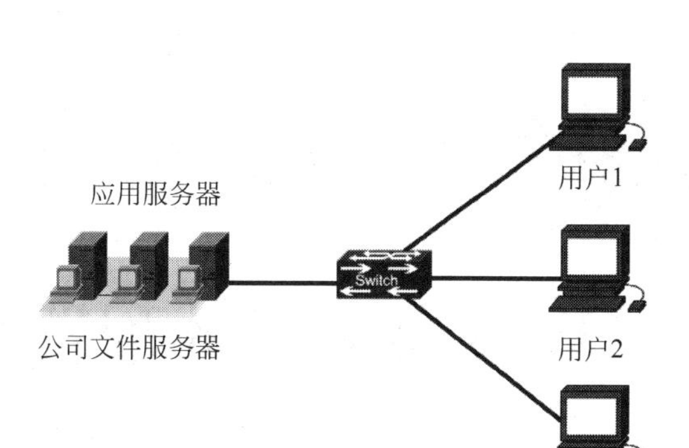

图 5-48 网络拓扑

第6章 chapter 6

项目6 Web服务器的配置与管理

【学习目标】

本章系统介绍Web服务器的理论知识、Web服务器的基本配置、虚拟主机技术以及虚拟目录的基本配置。

通过本章的学习应该完成以下目标：

- 理解Web服务器的理论知识；
- 掌握Web服务器的基本配置；
- 掌握虚拟主机技术的基本配置；
- 掌握虚拟目录的基本配置。

6.1 项目背景

五桂山公司是一家电子商务公司，公司内部每天都需要更新大量的网页及内容，为了让网站能够被公司员工高效、及时更新，公司决定在企业内网搭建一台Web服务器，使得企业内网的用户及时更新网站以提供网购顾客浏览。公司的网络管理部门将在原企业内网的基础上配置一台新的Windows Server 2012服务器(IP：10.6.64.8/24)作为Web服务器，并使得企业内网授权用户通过Web服务器更新网站。网络拓扑如图6-1所示。

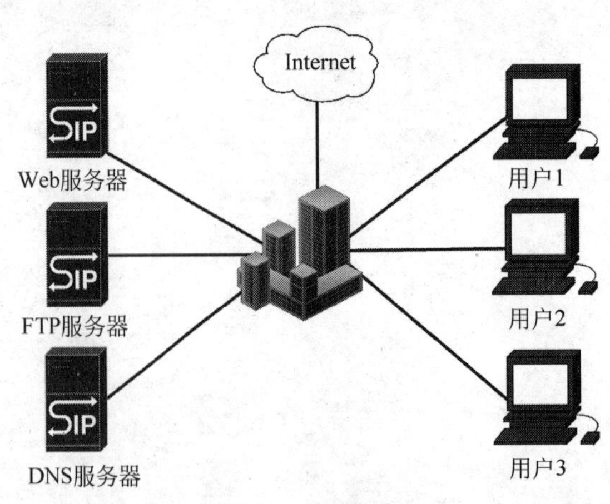

图6-1 网络拓扑

6.2 知识引入

6.2.1 Web服务器的概念

Web服务器也称为WWW(World Wide Web)服务器,主要功能是提供网上信息浏览服务。Web由数以亿计使用浏览器的客户端和Web服务器组成,这些客户端和服务器之间通过有线或无线的网络连接在一起,通过Web应用系统来相互交流、分享资源。

6.2.2 Web服务器的工作原理

Web服务器的工作过程由4个步骤完成,分别是连接过程、请求过程、应答过程以及关闭过程,如图6-2所示。

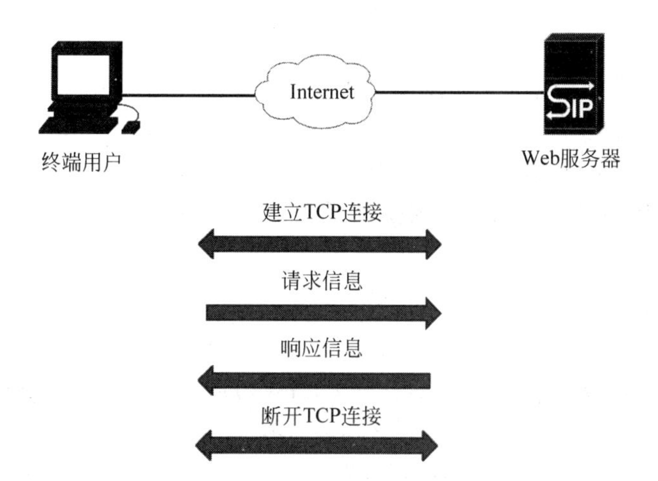

图6-2 客户端与Web服务器的连接过程

(1) 连接过程:Web服务器和其浏览器之间所建立起来的一种连接。

要查看连接过程是否实现,用户可以找到和打开socket这个虚拟文件,这个文件的建立意味着连接过程这一步骤已经成功建立。

(2) 请求过程:Web浏览器运用socket这个文件向其服务器而提出各种请求。

(3) 应答过程:运用HTTP协议把在请求过程中所提出来的请求传输到Web服务器,进而实施任务处理,然后运用HTTP协议把任务处理的结果传输到Web浏览器,同时在Web浏览器上展示所请求的界面。

(4) 关闭过程:当上一个步骤(应答过程)完成以后,Web服务器和其浏览器之间断开连接的过程。

6.2.3 HTTP简介

超文本传输协议(Hypertext Transfer Protocol,HTTP)是Web服务器与浏览器(客

户端)通过 Internet 发送与接收数据的协议。它是请求、响应协议——客户端发出一个请求,服务器响应这个请求。默认情况下,HTTP 通常用 TCP 端口 80,HTTPS 使用 TCP 端口 443。它的第一个版本是 HTTP 0.9,然后被 HTTP 1.0 取代。当前的版本是 HTTP 1.1,由 RFC2616 定义。

通过 HTTP 协议,使 HTTP 客户(如 Web 浏览器)能够从 Web 服务器请求信息和服务,使浏览器更加高效,使网络传输减少。它不仅能保证计算机正确快速地传输超文本文档,还确定传输文档中的哪一部分,以及哪部分内容首先显示(如文本先于图形)等。

HTTP 的主要特点可概括如下:

(1) 支持客户端/服务器(C/S)模式。

(2) 简单快速:客户端向服务器请求服务时,只需传送请求方法和路径。请求方法常用的有 GET、HEAD、POST。每种方法规定了客户与服务器联系的类型不同。由于 HTTP 协议简单,使得 HTTP 服务器的程序规模较小,因而通信速度很快。

(3) 灵活:HTTP 允许传输任意类型的数据对象。正在传输的类型由 Content-Type 加以标记。

(4) 无连接:无连接的含义是限制每次连接只处理一个请求。服务器处理完客户的请求,并收到客户的应答后,即断开连接。采用这种方式可以节省传输时间。

(5) 无状态:HTTP 协议是无状态协议。无状态是指协议对于事务处理没有记忆能力。缺少状态意味着如果后续处理需要前面的信息,则它必须重传,这样可能导致每次连接传送的数据量增大。

6.2.4 IIS 简介

IIS 的全称是互联网信息服务(Internet Information Services),是微软公司主推、运行于 Windows 系列操作系统下的互联网基本服务。

IIS 支持 HTTP、FTP 以及 SMTP 协议,通过 IIS,开发人员就可以开发出更新颖、创新的 Web 站点。IIS 是一种 Web(网页)服务组件,其中包括 Web 服务器、FTP 服务器、NNTP 服务器和 SMTP 服务器,分别用于网页浏览、文件传输、新闻服务和邮件发送等方面,它使得在网络上发布信息成了一件很简单的事。

6.3 项目过程

6.3.1 任务 1 Web 服务器的安装

1. 任务分析

根据项目背景得知如下需求:五桂山公司希望网站能够被公司员工高效、及时更新,管理员需要在企业内网的一台 Windows Server 2012 服务器上配置一台 Web 服务器,将在此服务器上安装配置 Web 服务器功能(IIS)。

2. 任务实施过程

（1）打开“服务器管理器”，单击“添加角色和功能”选项。

（2）在“添加角色和功能向导”中，单击“下一步”按钮。然后，在“安装类型”中，选择“基于角色或基于功能的安装”，单击“下一步”按钮。

（3）在“服务器选择”中，选择“从服务器池中选择服务器”，安装程序会自动检测与显示这台计算机采用静态IP地址设置的网络连接，单击“下一步”按钮。

（4）在“服务器角色”中，选择“Web服务器(IIS)”，自动弹出“添加Web服务器(IIS)所需的功能”对话框，单击“添加功能”按钮，单击“下一步”按钮，如图6-3和图6-4所示。

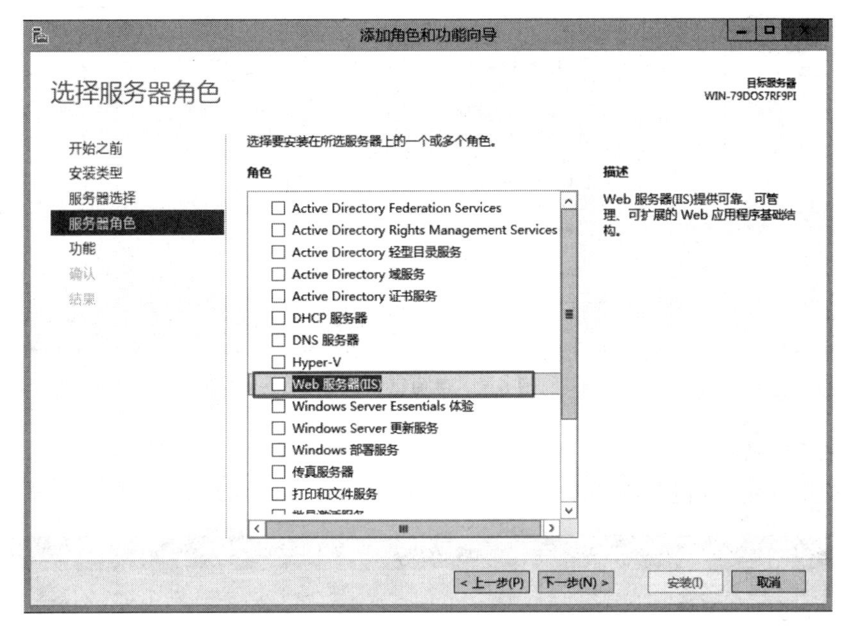

图 6-3 Web服务器(IIS)

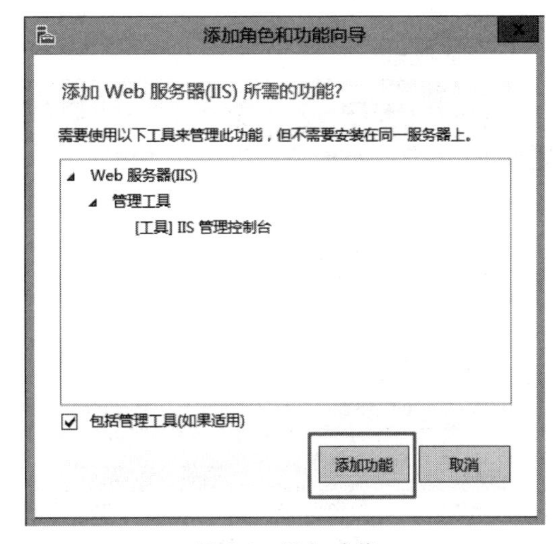

图 6-4 添加功能

（5）在这里选择需要添加的功能，如无特殊需求，一般默认即可，单击“下一步”按钮，如图 6-5 所示。

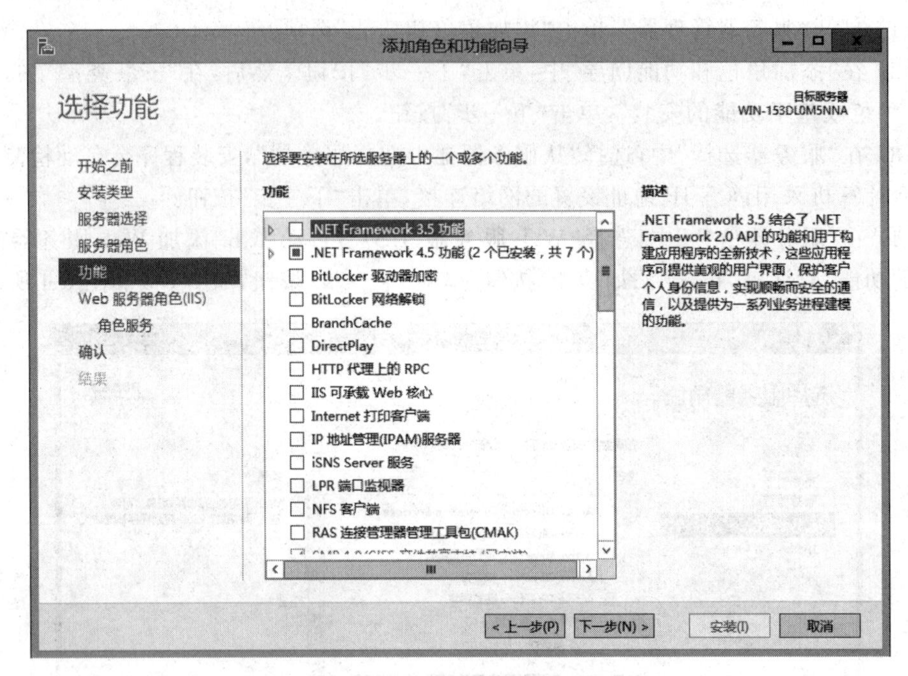

图 6-5 添加默认功能

（6）在“角色服务”中，勾选所需的 Web 服务器中的角色（默认即可，安装完成后可更改），单击“下一步”按钮后继续单击“安装”按钮，如图 6-6 所示。

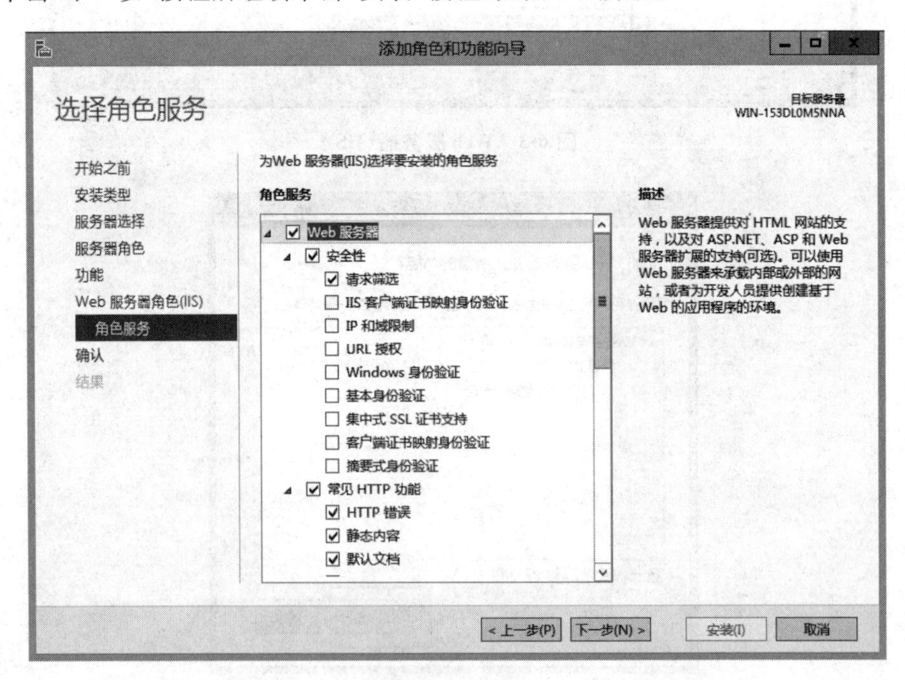

图 6-6 添加角色

(7) 单击“关闭”按钮完成安装,如图 6-7 所示。

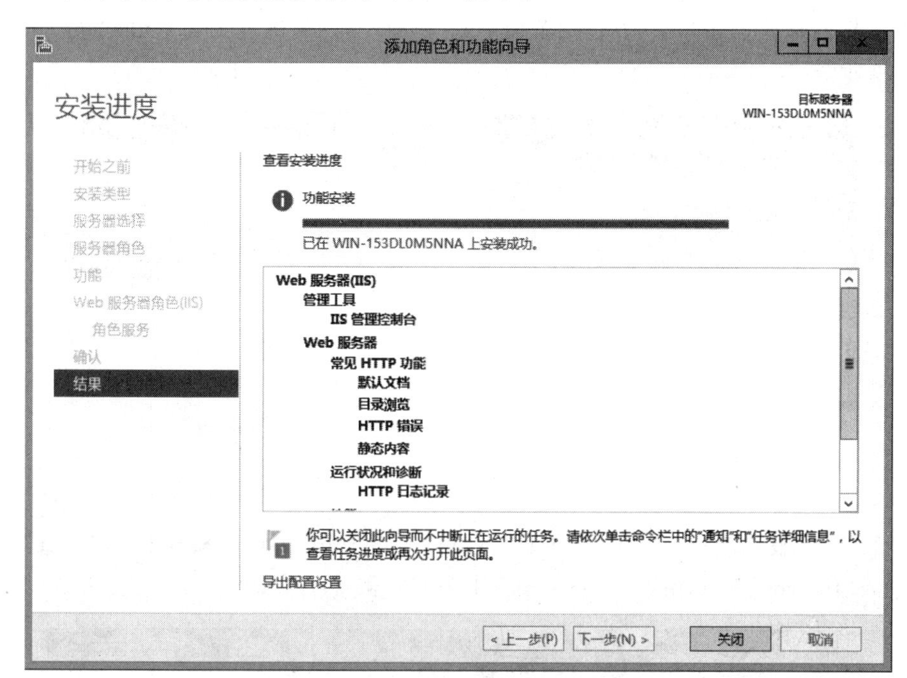

图 6-7 完成安装

6.3.2 任务 2 创建 Web 站点

1. 任务分析

Web 站点也称网站(website),是指在 Internet 上,根据一定的规则,使用 HTML 等工具制作的用于展示特定内容相关网页的集合。网站是一种沟通工具,人们可以通过网站发布自己想要公开的资源,或者利用网站提供特定的网络服务。

在客户端浏览网站时,会在浏览器的地址栏里输入站点地址。这个地址叫做统一资源定位符(Uniform Resource Locator, URL),称为网址,是因特网上标准资源的地址。使用 URL 可以在整个 Internet 上找到相对应的资源。URL 的标准格式如下:

协议类型://主机名:端口号/路径/文件名

例如“http://www.wgs.com/cw/first.html”这个 URL 表示在 www.wgs.com 这台 Web 服务器的网站主目录下的 cw 子目录下的 first.html 这个网页文件(DNS 服务器会把 www.wgs.com 这个域名解析成正确的服务器 IP 地址)。

在本任务中,将网站放置在“C:\五桂山公司网站”目录中,网站的首页为 homepage.html,在 Web 服务器上创建 Web 站点,把服务器 IP(10.6.64.8)和端口号(80)同该网站绑定,最终发布的网站就能在浏览器正常浏览。

2. 任务实施过程

（1）将网站放置在“C：\五桂山公司网站”目录中，网站的首页为 homepage. html，如图 6-8 所示。

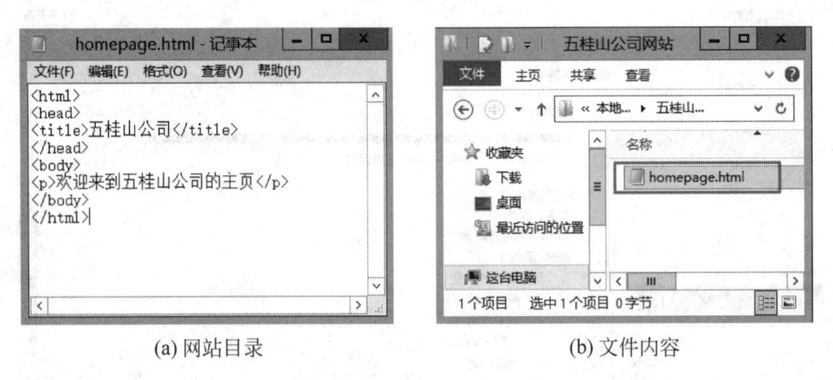

(a) 网站目录　　　　(b) 文件内容

图 6-8　网站目录和 homepage. html 文件内容

（2）打开“服务器管理”，单击“工具”→“Internet Information Services(IIS)管理器”，即可进入“Internet Information Services(IIS)管理器”主窗口，如图 6-9 和图 6-10 所示。

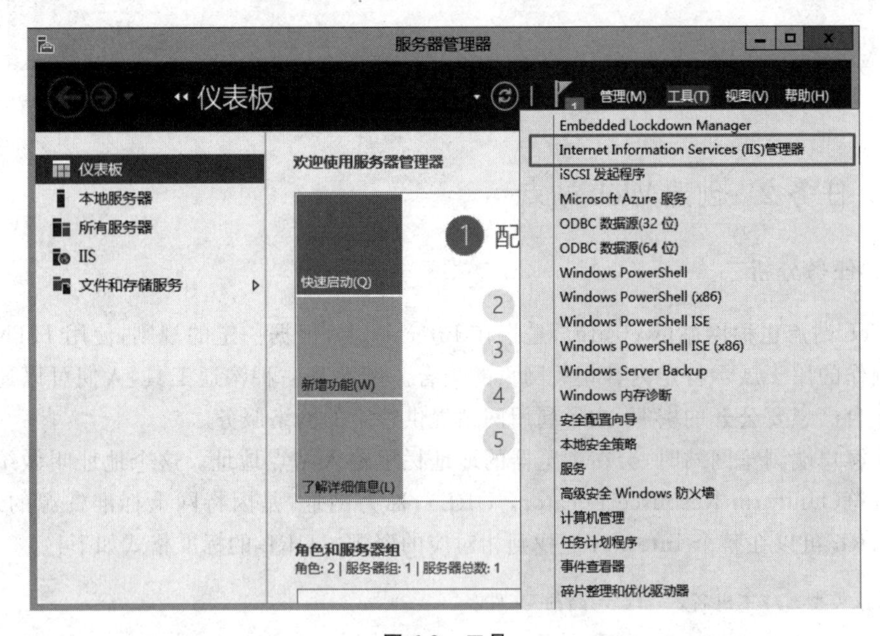

图 6-9　工具

（3）展开左侧网站列表，单击“Default Web Site”站点，在右键菜单中选择“管理网站”，单击“停止”，如图 6-11 所示。

（4）在图 6-11 的左侧“网站”上，单击右键。单击“添加网站”链接来添加网站，如图 6-12 所示。

（5）在“添加网站”对话框中，设置网站名称、物理路径、IP 地址，其他采用默认设置。

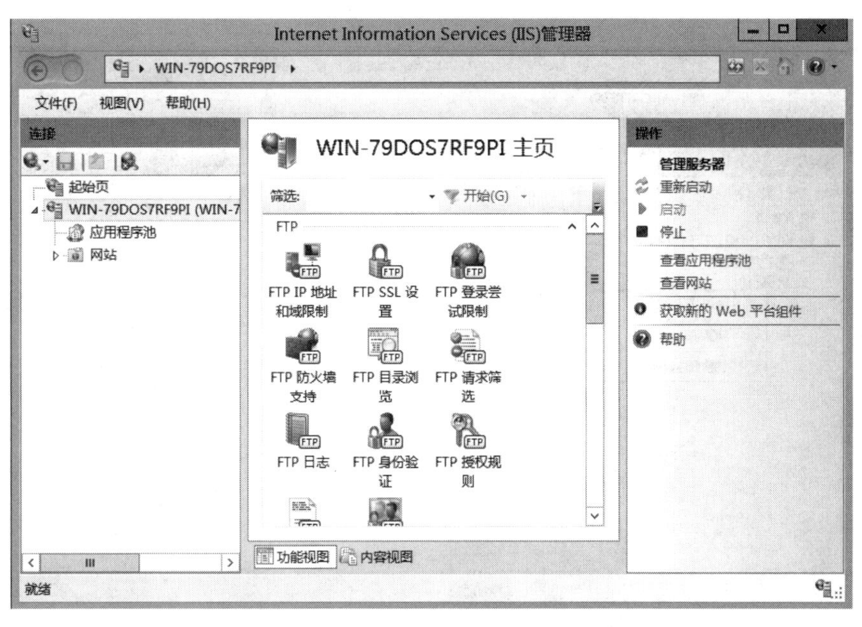

图 6-10 IIS 管理器

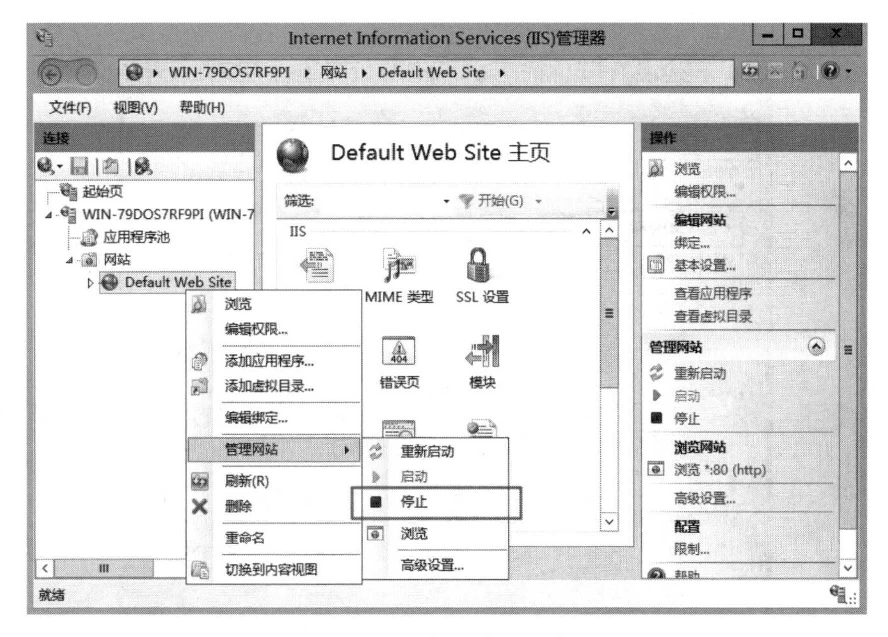

图 6-11 停止默认网站

单击“确定”按钮完成网站创建，如图 6-13 所示。

(6) 在 IIS 管理器中选择“五桂山公司网站”，双击“默认文档”，如图 6-14 所示。

(7) 在默认文档中，单击“添加”按钮，在名称中输入存在本地服务器上的网站首页文件(如 homepage. html)，如图 6-15 所示。

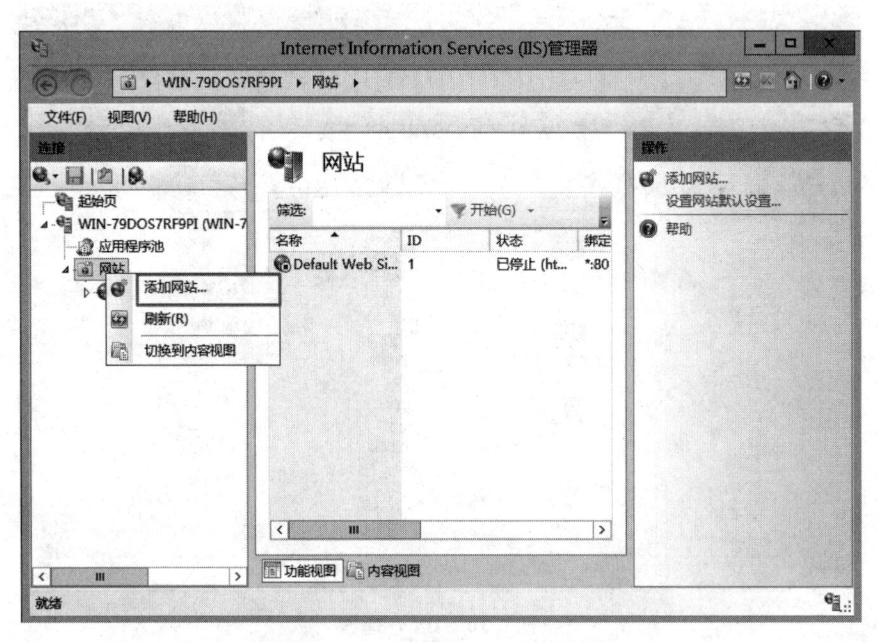

图 6-12 单击“添加网站”链接

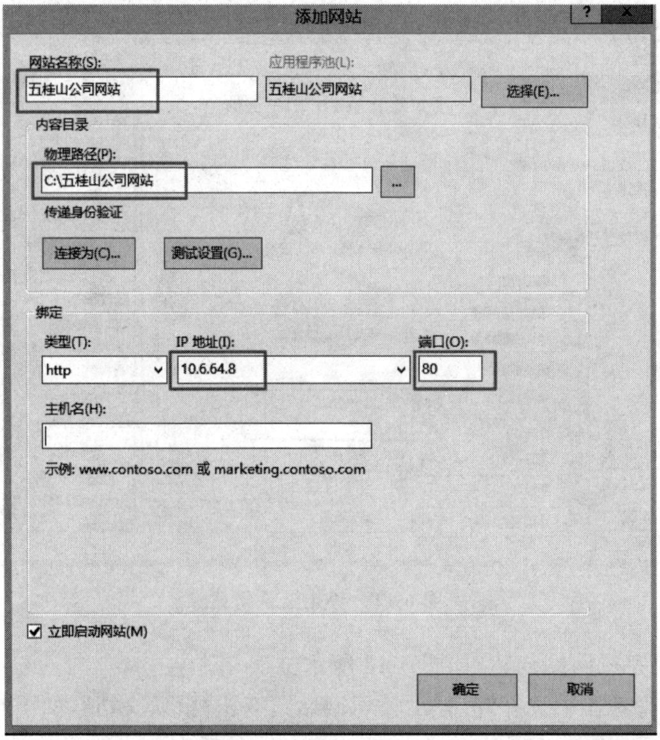

图 6-13 添加网站

图 6-14　设置默认文档

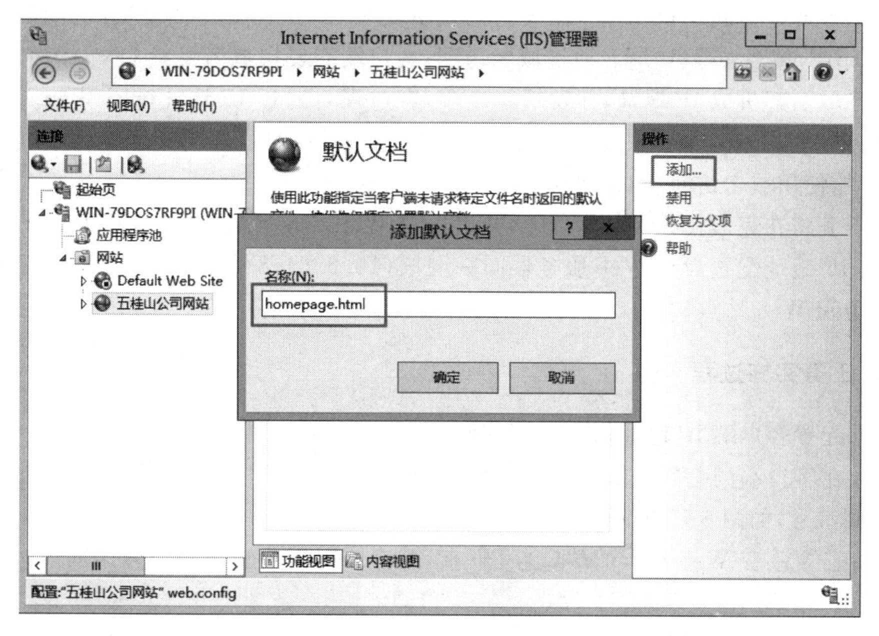

图 6-15　添加默认文档

(8) 在IIS管理器中单击右侧"浏览网站";或者打开浏览器,在地址栏输入"http://10.6.64.8",即可在本机正常浏览该网站,如图6-16所示。

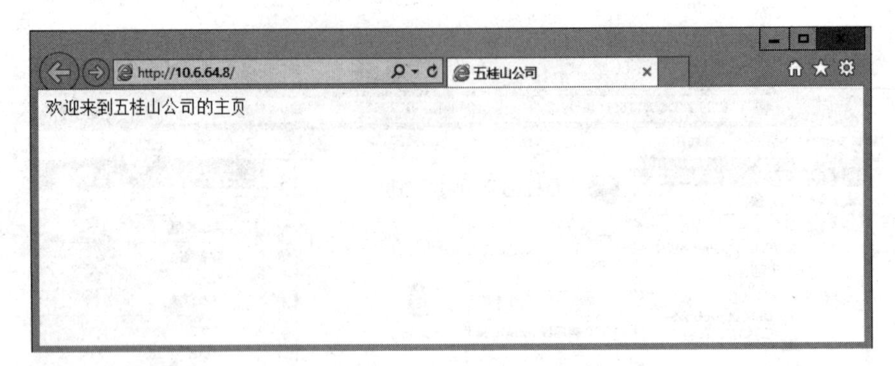

图 6-16　成功访问网站

6.3.3　任务 3　配置客户端访问 Web 站点

1. 任务分析

客户端使用浏览器访问 Web 站点，需要使用 IP 地址访问，访问的格式为“http://IP 地址：端口号”。如果端口号是 80，就可以省略端口号，否则需要输入端口号才能正常访问。

为了方便地访问 Web 站点，需要为网站绑定域名，这样更方便记忆，访问的基本格式为“http://域名：端口号”。通过域名访问，客户端需要把域名发给 DNS 服务器，DNS 服务器把域名解析成 IP 地址，并发给客户端，客户端再通过 IP 地址访问 Web 站点。此时，需要在 Windows Server 2012 配置一台 DNS 服务器，通过添加域名和 IP 地址的映射记录，才能使用域名访问 Web 站点。

本任务将在完成任务 2 的基础上，开启一台 Windows7 系统的计算机 PC1 作为客户端，将其 IP 地址配置为与 Web 服务器同一网段(10.6.64.8/24)，再分别使用 IP 地址和域名来访问 Web 站点。

2. 任务实施过程

(1) 配置客户端 IP 地址，并测试与 Web 服务器的连通性，如图 6-17 和图 6-18 所示。

(2) 在客户端浏览器地址栏输入“http://10.6.64.8”。因为默认为 80 端口，所以不用输入端口号，如图 6-19 所示。

(3) 若要改变 Web 站点的端口号(非 80 端口)，则需要输入端口号访问，如 8080 端口，如图 6-20 所示。

使用 8080 端口访问 Web 站点，如图 6-21 所示。

注意：如果此时在浏览器的地址栏没有输入端口号，将不能打开网页，如图 6-22 所示。

(4) 在客户端使用域名访问 Web 站点。需要在同一台 Windows Server 2012 配置一台 DNS 服务器(10.6.64.8)，通过添加域名和 IP 地址的映射记录(域名 www.wgs.com 和 IP 地址 10.6.64.8 的映射)，如图 6-23 和图 6-24 所示。

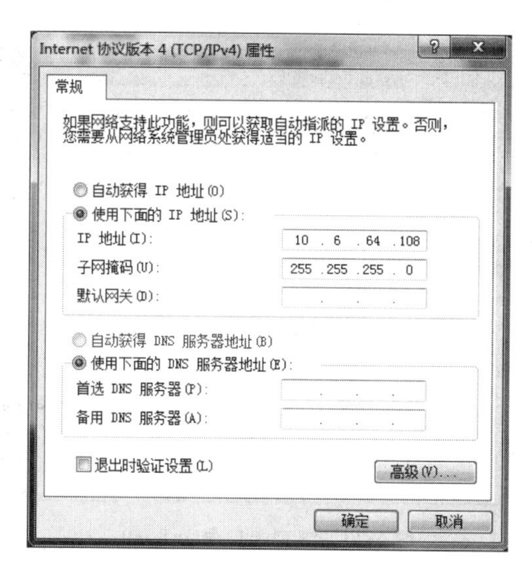

图 6-17 配置客户端 IP 地址

图 6-18 测试客户端与 Web 服务器的连通性

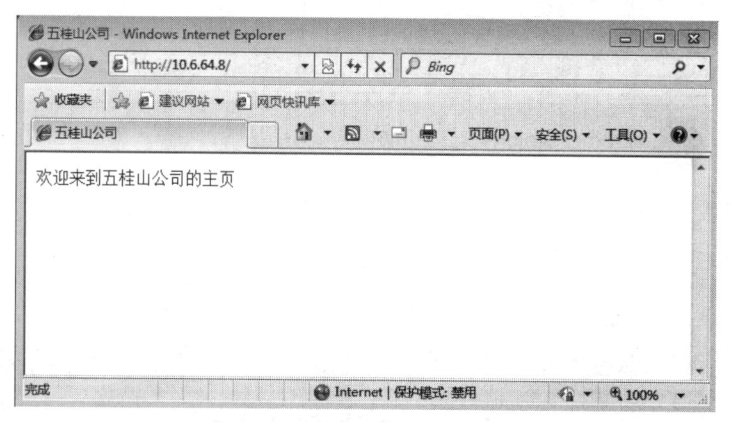

图 6-19 访问 Web 站点

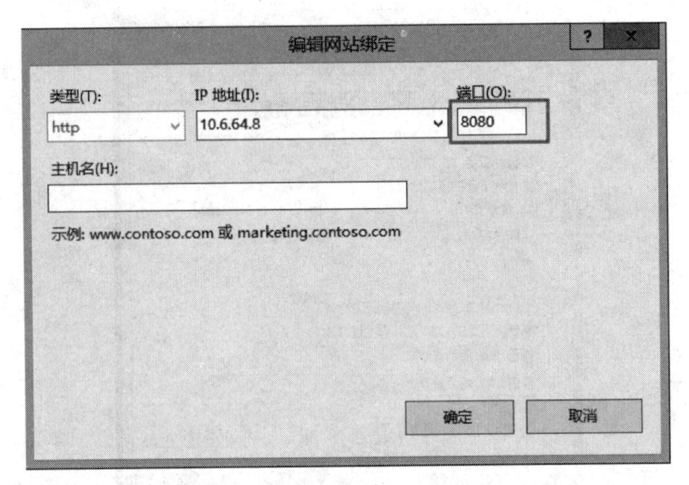

图 6-20　绑定端口号为 8080

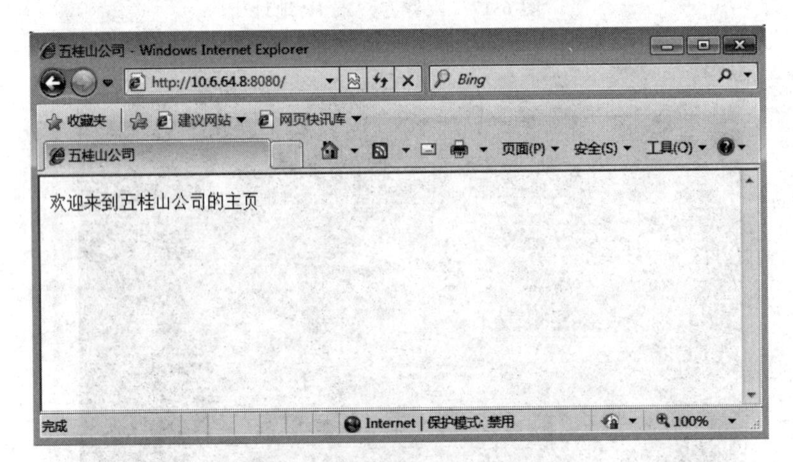

图 6-21　带端口号访问 Web 站点

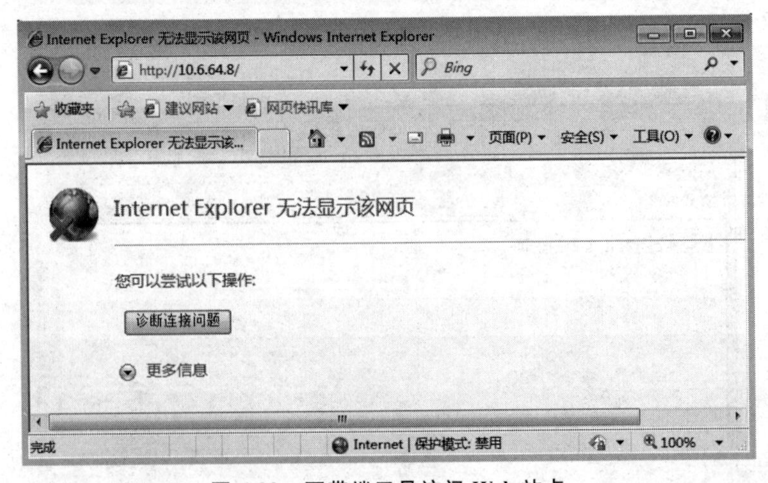

图 6-22　不带端口号访问 Web 站点

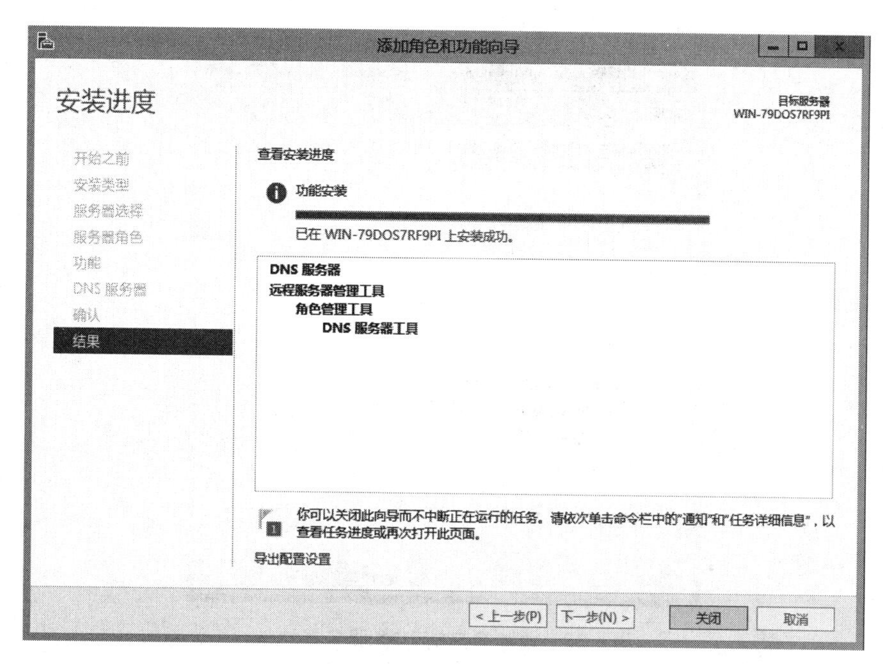

图 6-23 安装 DNS 服务器

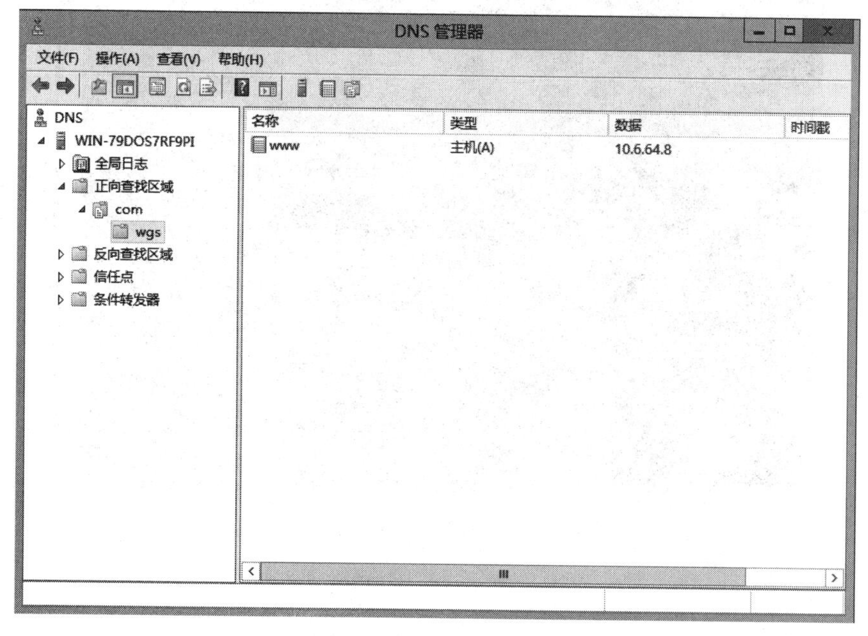

图 6-24 添加主机记录

(5) 在客户端更改 TCP/IP 设置，添加 DNS 服务器地址，并测试域名解析结果，如图 6-25 和图 6-26 所示。

(6) 在客户端浏览器上使用域名 URL 访问 Web 站点，如图 6-27 所示。

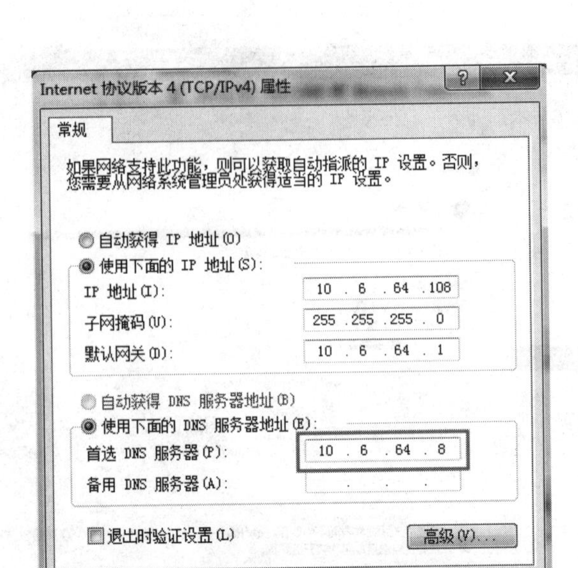

图 6-25　添加客户端 DNS 服务器地址

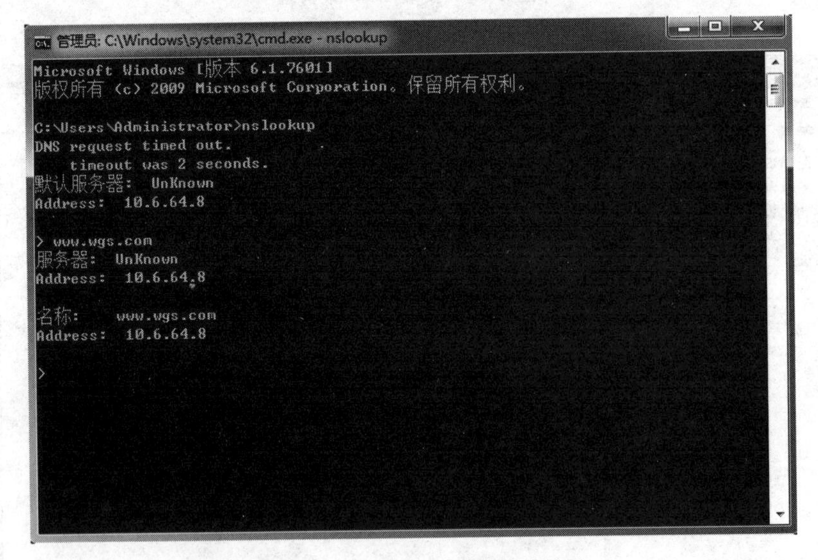

图 6-26　在客户机上测试域名结果

6.3.4　任务 4　基于 IP 地址的多个站点的创建

1. 任务分析

在本任务中，将在服务器上绑定多个 IP 地址，通过不同的 IP 地址创建多个站点，客户端将通过不同的 IP 地址访问 Web 站点。

图 6-27　客户端通过域名访问 Web 站点

2. 任务实施过程

(1) 打开"网络共享中心",单击"以太网卡",找到"Internet 协议版本(TCP/IPv4)",单击"高级"按钮,单击"添加"按钮,添加 IP 地址。添加完成可查看"网络连接详细信息",如图 6-28 和图 6-29 所示。

图 6-28　添加 IP 地址

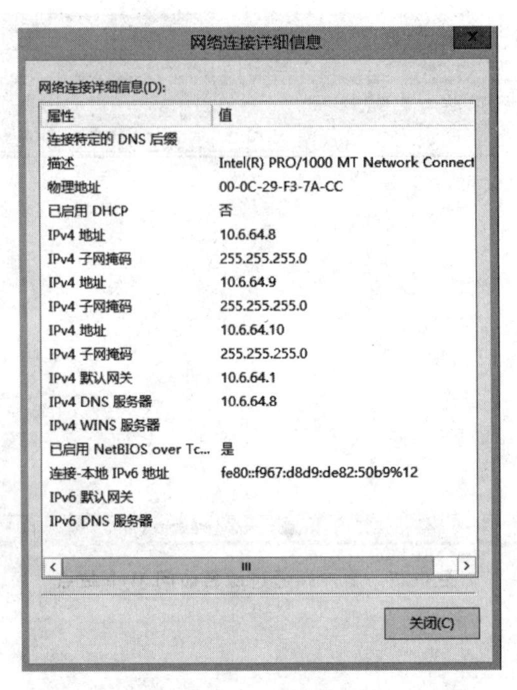

图 6-29 IP 地址配置

(2) 在C盘下创建WGS目录，在目录下创建三个目录WGS-IP-1、WGS-IP-2、WGS-IP-3，并在每个目录中分别创建first. html、second. html、third. html文件，如图6-30所示。

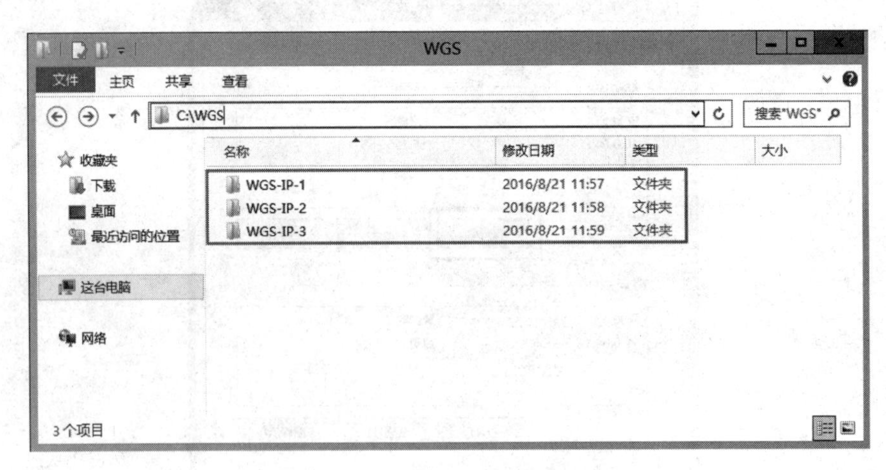

图 6-30 C盘 WGS 目录下的文件

(3) 打开"Internet Information Services(IIS)管理器"，在左侧"网站"上单击右键，单击"添加网站"链接来添加网站，如图6-31所示。

(4) 在"添加网站"对话框中，在"网站名称"文本框中输入WGS-IP-1，在"物理路径"文本框中输入C:\WGS\WGS-IP-1，在"IP地址"文本框中选择10.6.64.8，单击"确定"按钮完成网站创建，如图6-32所示。

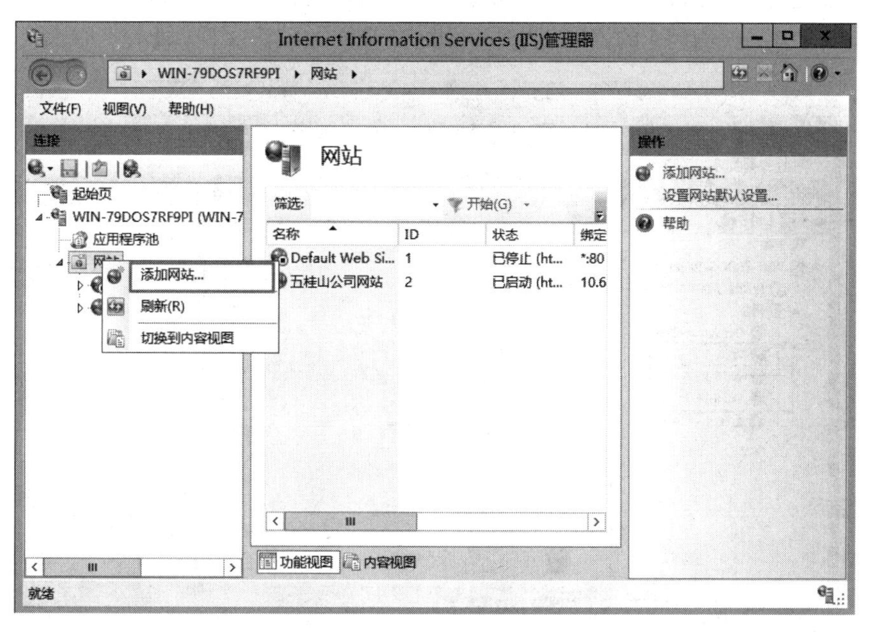

图 6-31　单击“添加网站”链接

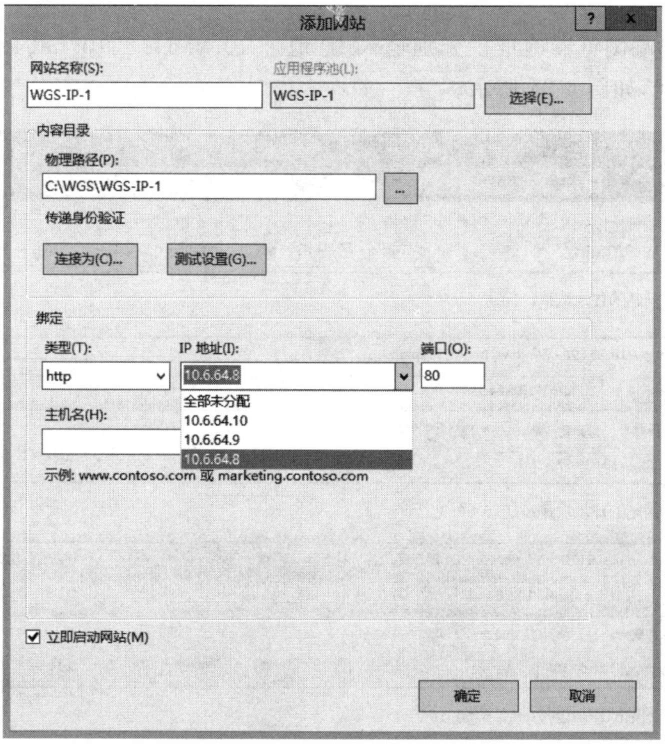

添加网站
网站名称(S):
WGS-IP-1
应用程序池(L):
WGS-IP-1
选择(E)...
内容目录
物理路径(P):
C:\WGS\WGS-IP-1
...
传递身份验证
连接为(C)...
测试设置(G)...
绑定
类型(T):
http
IP 地址(I):
10.6.64.8
端口(O):
80
全部未分配
10.6.64.10
10.6.64.9
10.6.64.8
主机名(H):
示例: www.contoso.com 或 marketing.contoso.com
立即启动网站(M)
确定
取消

图 6-32　添加网站

(5) 通过选择不同的 IP 地址，可以创建不同 IP 的网站。用同样的方法，配置基于 10.6.64.9 和 10.6.64.10 的网站，同时每个站点都添加默认文档，如图 6-33 所示。

图 6-33 成功创建网站

(6) 在客户端浏览器地址栏分别输入 IP 地址 10.6.64.8、10.6.64.9、10.6.64.10，都可以正常访问，如图 6-34 所示。

图 6-34 通过不同 IP 地址访问网站

6.3.5 任务5 基于主机名的多个站点的创建

1. 任务分析

在本任务中，将在DNS服务器上创建多个主机名，通过不同的主机名创建多个站点，客户端将通过不同的主机名访问Web站点。

2. 任务实施过程

(1) 安装DNS服务器，在DNS服务器创建不同主机名的域名www1.wgs.com、www2.wgs.com、www3.wgs.com，并解析到10.6.64.8，如图6-35和图6-36所示。

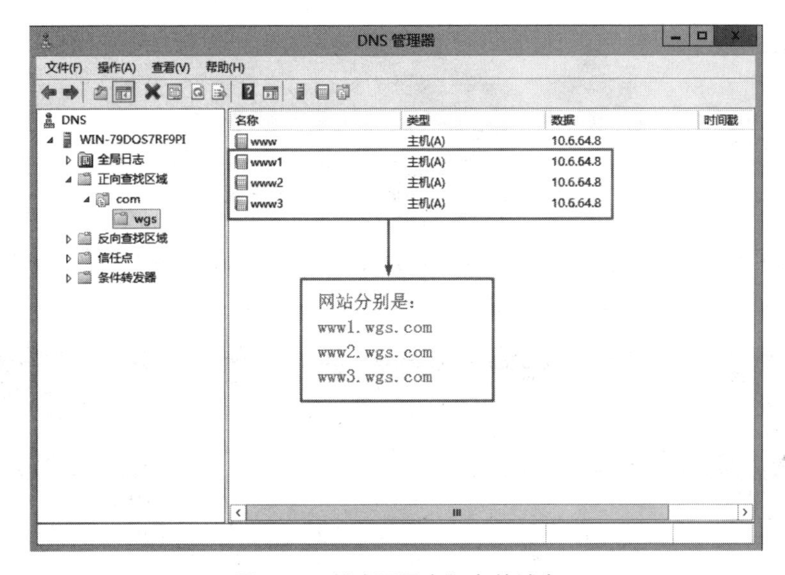

图6-35 创建不同主机名的域名

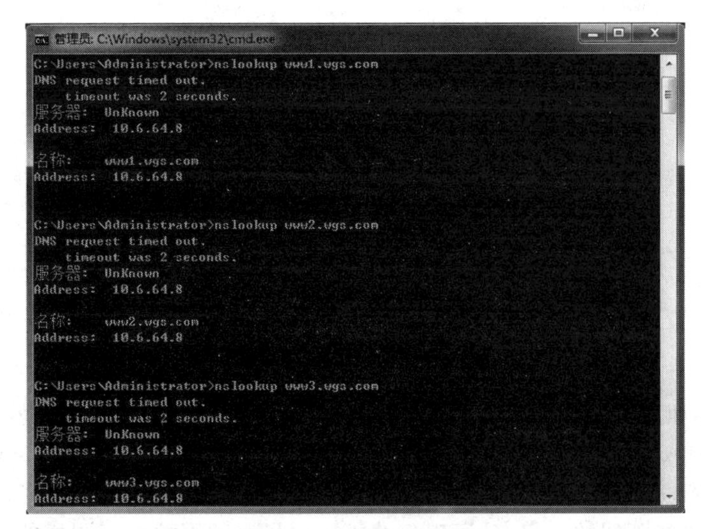

图6-36 测试域名解析

(2) 在C盘下创建WGS目录,在目录下创建三个目录WGS-DNS-1、WGS-DNS-2、WGS-DNS-3,并在每个目录中分别创建first.html、second.html、third.html文件,如图6-37所示。

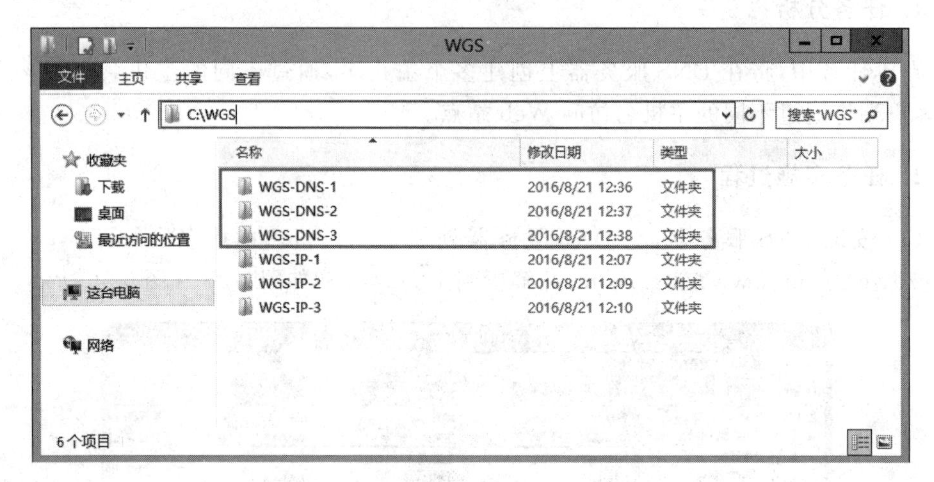

图6-37 C盘WGS目录下的文件

(3) 打开"Internet Information Services(IIS)管理器",在左侧"网站"上单击右键,单击"添加网站"链接来添加网站,如图6-38所示。

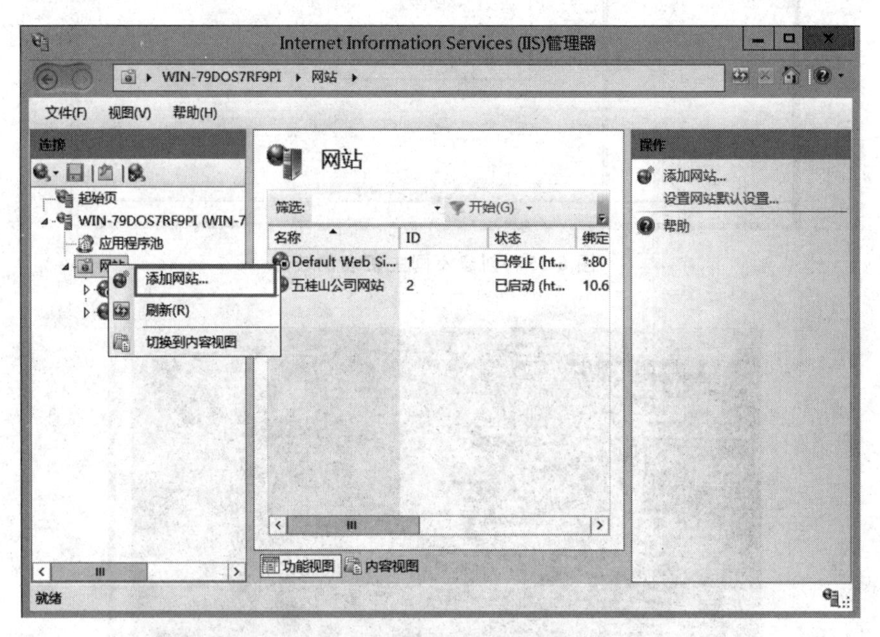

图6-38 单击"添加网站"链接

(4) 在"添加网站"对话框中,在"网站名称"文本框中输入WGS-DNS-1,在"物理路径"文本框中输入C:\WGS\WGS-DNS-1,在"主机名"文本框中输入www1.wgs.com,单击"确定"按钮完成网站创建,如图6-39所示。

(5) 通过选择不同的主机名,可以创建不同主机名的网站。用同样的方法,配置基于

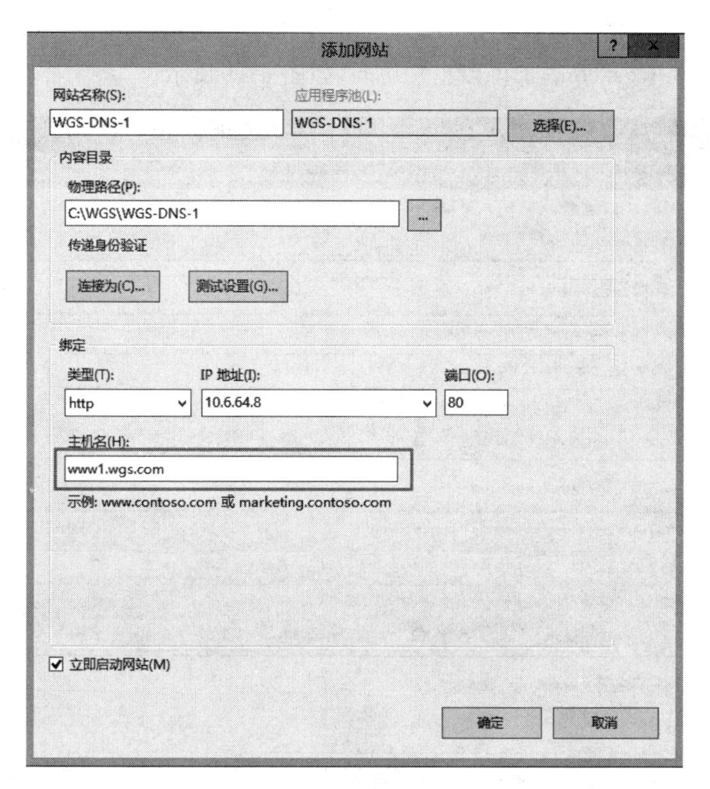

图 6-39　添加网站

www2. wgs. com 和 www3. wgs. com 的网站，同时在每个站点都添加默认文档，如图 6-40 所示。

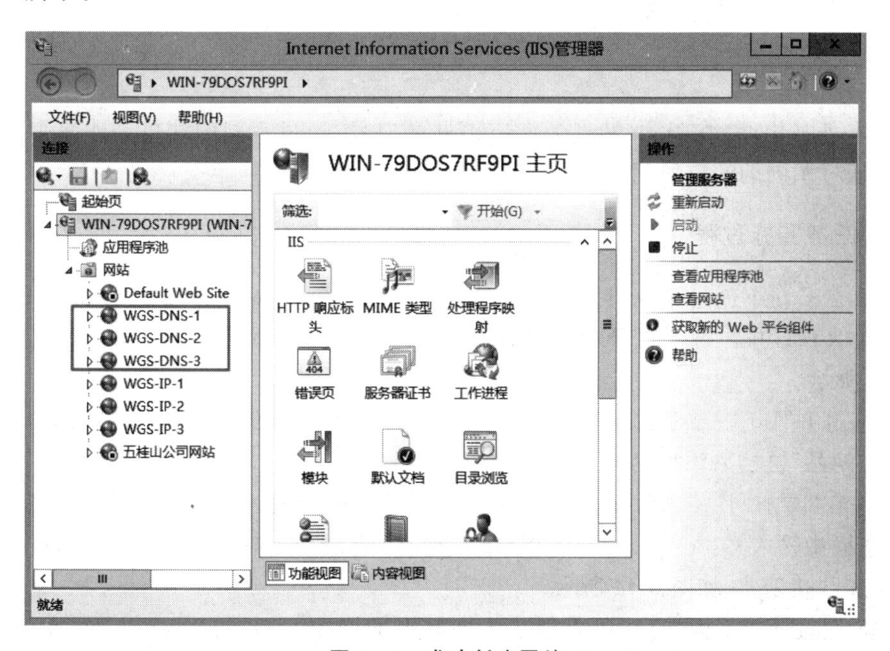

图 6-40　成功创建网站

(6) 在客户端浏览器地址栏分别输入不同主机名的域名：www1. wgs. com、www2. wgs. com、www3. wgs. com，都可以正常访问，如图 6-41 所示。

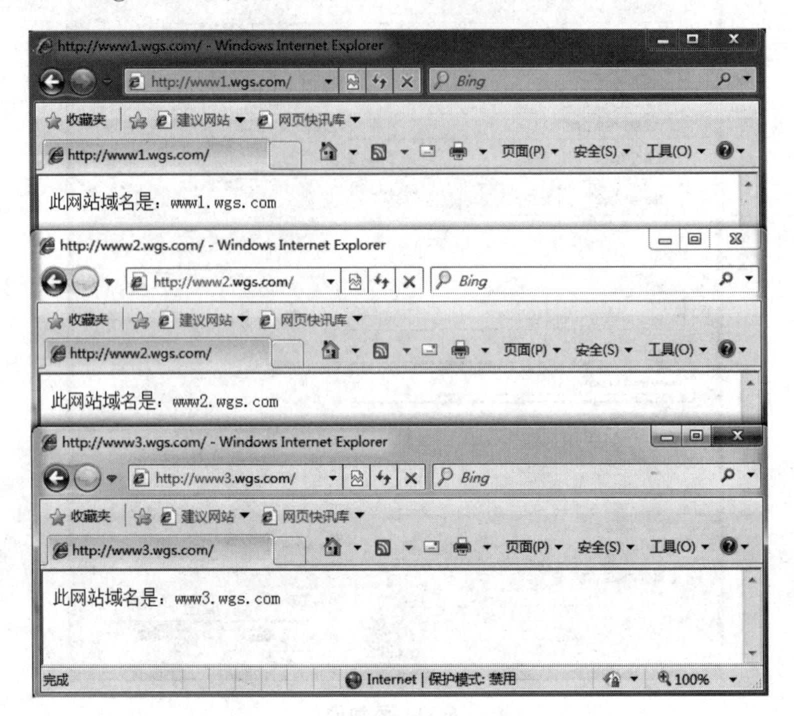

图 6-41 通过不同主机名的域名来访问网站

6.3.6 任务 6 基于端口号的多个站点的创建

1. 任务分析

在本任务中，将在 Web 站点上绑定不同端口号，通过不同的端口创建多个站点，客户端将通过不同的端口访问 Web 站点。

2. 任务实施过程

(1) 在 C 盘下创建 WGS 目录，在目录下创建三个目录 WGS-PORT-1、WGS-PORT-2、WGS-PORT-3，并在每个目录中分别创建 first. html、second. html、third. html 文件，如图 6-42 所示。

(2) 打开"Internet Information Services(IIS)管理器"，在左侧"网站"上单击右键，单击"添加网站"链接来添加网站，如图 6-43 所示。

(3) 在"添加网站"对话框中，在"网站名称"文本框中输入 WGS-PORT-1，在"物理路径"文本框中输入 C：\WGS\WGS- PORT-1，在"端口"文本框中输入 8081，单击"确定"按钮完成网站创建，如图 6-44 所示。

(4) 通过选择不同端口，可以创建不同端口的网站。用同样的方法，配置基于端口 8082 和端口 8083 的网站，同时在每个站点都添加默认文档，如图 6-45 所示。

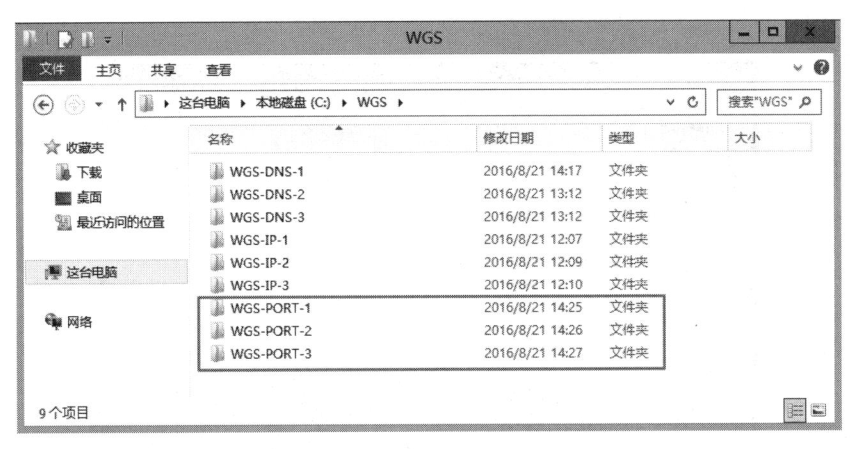

图 6-42 C盘 WGS 目录下的文件

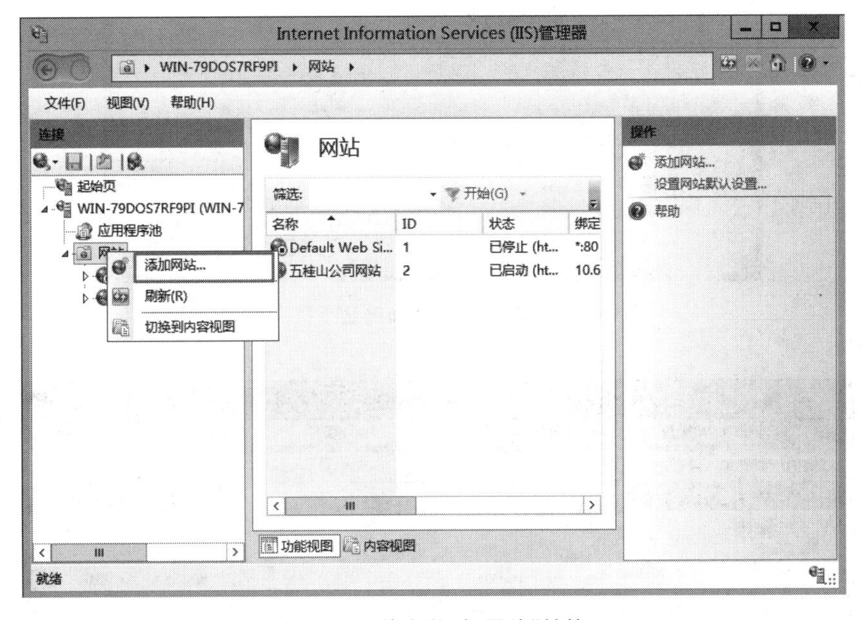

图 6-43 单击"添加网站"链接

（5）在客户端浏览器地址栏分别输入域名加端口：www.wgs.com：8081、www.wgs.com：8082、www.wgs.com：8083，都可以正常访问，如图 6-46 所示。

6.3.7 任务7 基于虚拟目录的多个站点的创建

1. 任务分析

虚拟目录是网站中除主目录以外的其他发布目录。要从主目录以外的其他目录中进行内容发布，就必须建立虚拟目录。处理虚拟目录时，IIS 会把它作为主目录的一个普通的子目录来对待。虚拟目录有一个"别名"，以供 Web 浏览器访问此目录，客户端用户访问虚拟目录时，就像访问主目录一样。

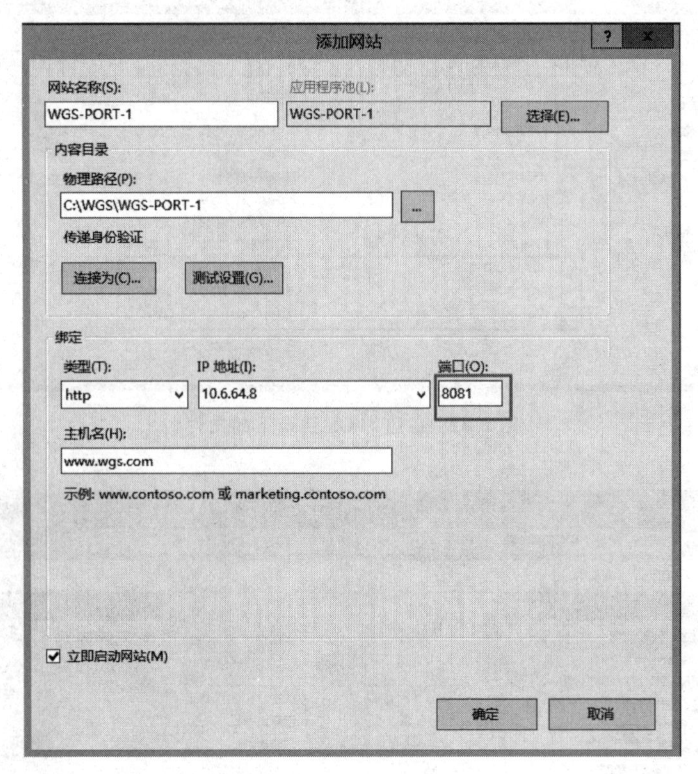

图 6-44　添加网站

图 6-45　成功创建网站

图 6-46　通过不同端口访问网站

例如：某公司有多个部门，每个部门都有自己的服务器。基于访问方便的考虑，为了让每个部门都可以访问到不同部门的资源，可以把各个部门的资源的目录配置成主目录下的虚拟目录，这样在同一个目录下就可以访问到不同服务器上的部门资源。

本任务中，将在"五桂山公司网站"添加两个虚拟目录：CW(财务部)、RS(人事部)。客户端通过不同的虚拟目录来访问 Web 站点。

2. 任务实施过程

(1) 在C盘下创建五桂山公司网站的目录，在该目录下创建两个目录 CW、RS，并在每个目录中分别创建 first. html、second. html 文件，如图 6-47 所示。

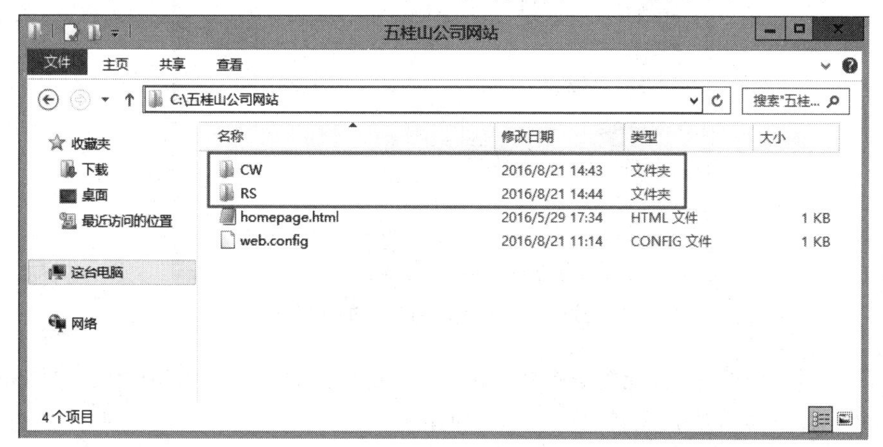

图 6-47　C 盘五桂山公司网站目录下的文件

(2) 打开"Internet Information Services(IIS)管理器",找到五桂山公司网站,在右键菜单中选择"添加虚拟目录",如图 6-48 所示。

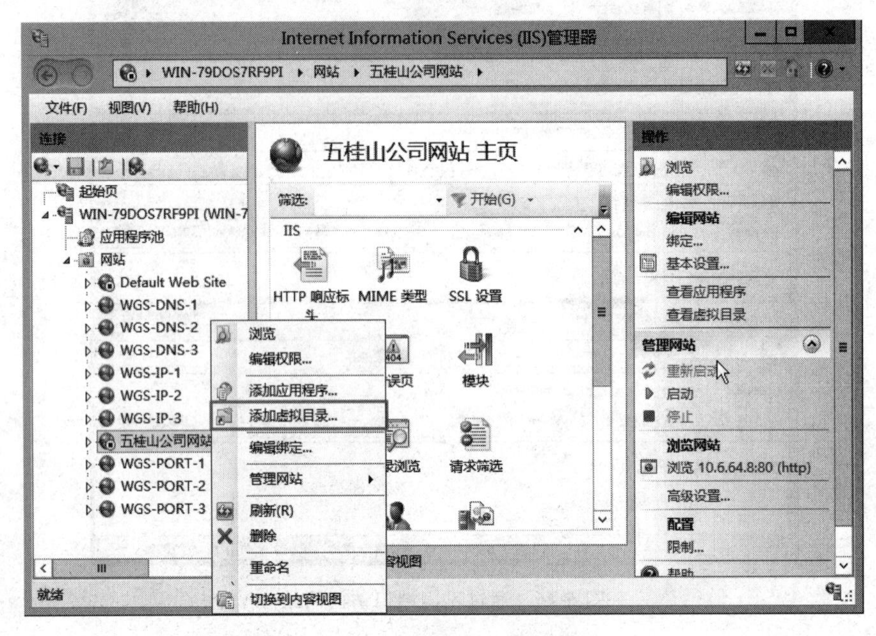

图 6-48 添加虚拟目录

(3) 在"添加虚拟目录"对话框中,在"别名"中输入 CW,在"物理路径"输入"C:\五桂山公司网站\CW",单击"确定"按钮,如图 6-49 所示。

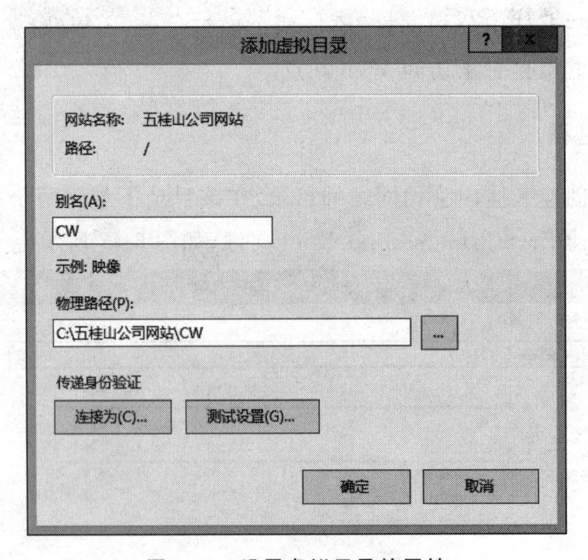

图 6-49 设置虚拟目录的属性

(4) 使用同样的方法,配置虚拟目录的网站,物理路径为 C:\五桂山公司网站\RS,同时为每个站点添加默认文档,如图 6-50 所示。

图 6-50　查看新建的虚拟目录

(5) 在客户端浏览器地址栏分别输入域名虚拟目录：www.wgs.com/CW、www.wgs.com/RS，都可以正常访问，如图 6-51 所示。

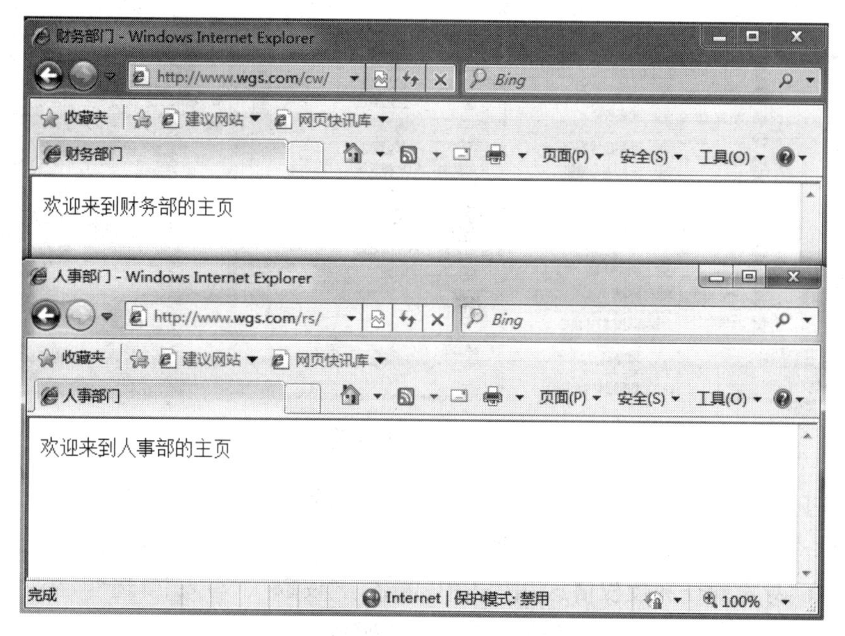

图 6-51　客户端通过虚拟目录访问 Web 站点

6.3.8 任务 8 通过 FTP 更新 Web 站点

1. 任务分析

五桂山公司的网络编辑部每天有大量图片、视频的素材、文档等文件要处理，由于网站更新需要直接到服务器上进行，文件更新很不方便，公司希望能通过 FTP 服务实现该网站的远程更新。

本任务中，需要在安装 IIS 服务器时，同时安装 Web 服务和 FTP 服务，将网站在该服务器上发布，并且使 FTP 站点的主目录和网站的主目录一致，这样网站管理员在更新 FTP 站点时就可同时更新 Web 站点，从而实现了 Web 站点的远程更新。

2. 任务实施过程

(1) 打开“Internet Information Services(IIS)管理器”，找到“网络编辑部”网站，在右键菜单中单击“添加 FTP 发布”，如图 6-52 所示。

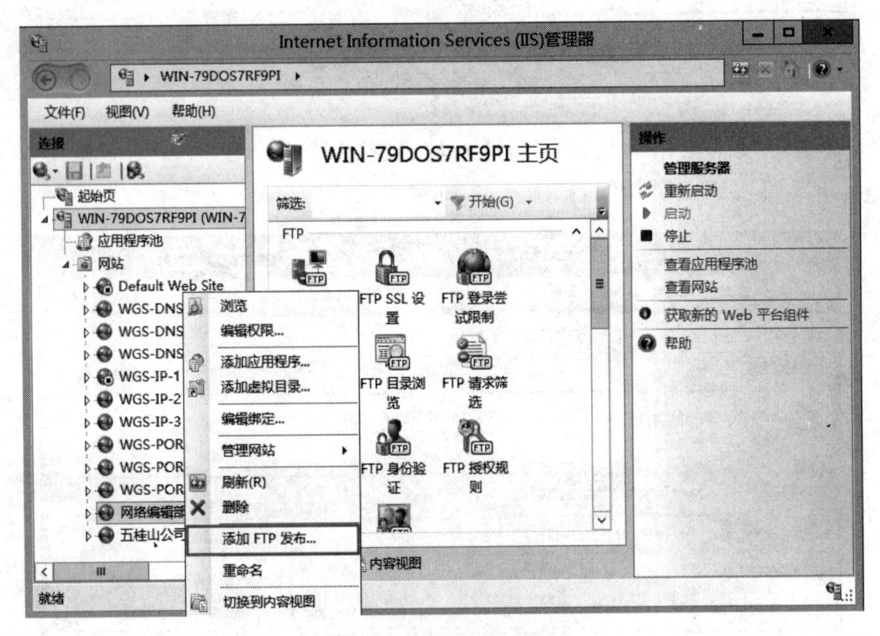

图 6-52 添加 FTP 发布

(2) 打开“绑定和 SSL 设置”窗口，在“IP 地址”输入“10.6.64.8”，在“SSL”选择“无 SSL”，单击“下一步”按钮，如图 6-53 所示。

(3) 在“身份验证和授权信息”中，选中“匿名”、“读取”、“写入”复选框，在“允许访问”中选择“所有用户”，单击“完成”按钮，如图 6-54 所示。

(4) 在客户端使用 FTP 客户端更新前访问网络编辑部的网站 http://web.wgs.com，如图 6-55 所示。

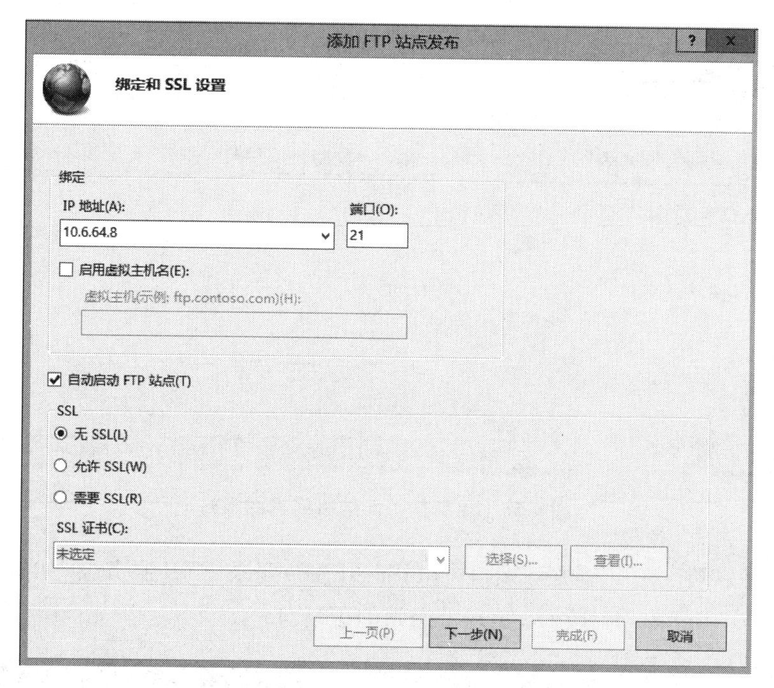

图 6-53　绑定和 SSL 设置

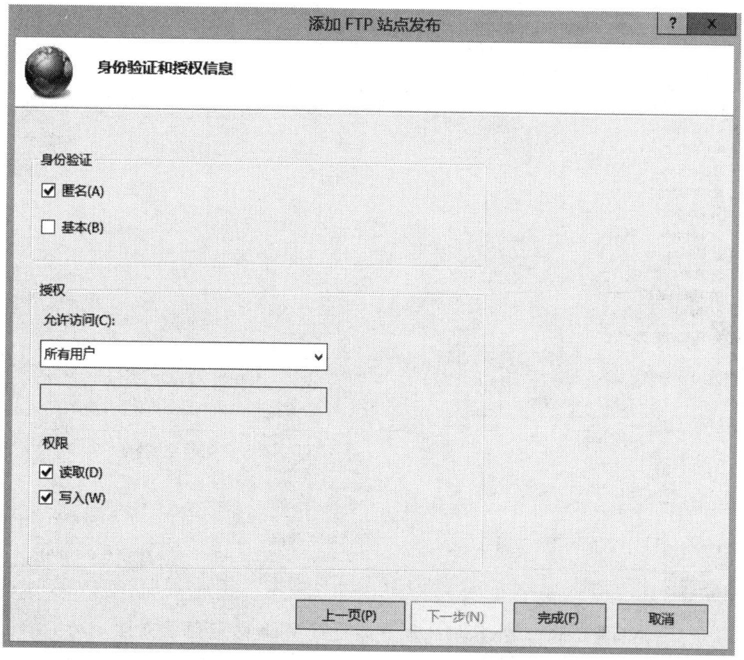

图 6-54　身份验证和授权信息

图 6-55　更新前访问网络编辑部网站

(5) 在客户端上用 FTP 客户端软件(FlashFXP)登录 FTP 服务器,如图 6-56 所示。此时,可以上传和删除网站文件,实现了网站的更新。

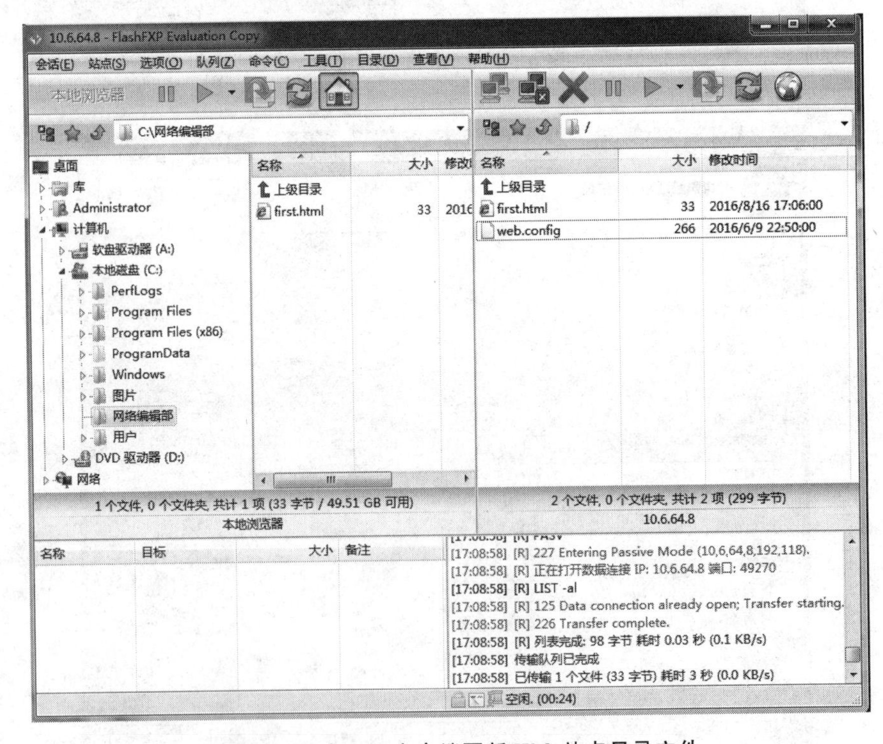

图 6-56　通过 FTP 客户端更新 Web 站点目录文件

(6) 在客户端使用 FTP 客户端更新后访问网络编辑部的网站 http://web.wgs.com,如图 6-57 所示。

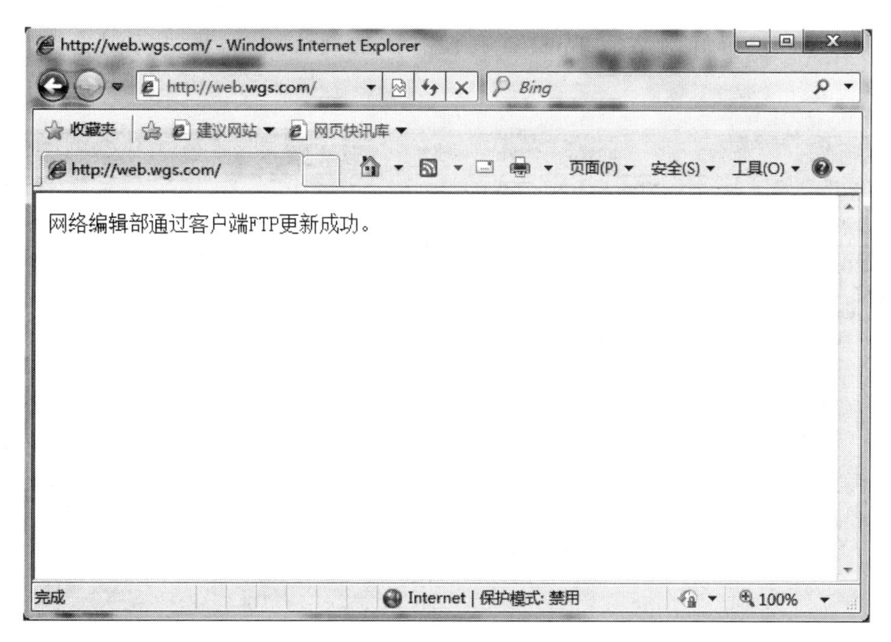

图 6-57 更新后访问网络编辑部网站

6.4 项目总结

常见问题1：网页物理路径放错，找不到文件。

解决方案：先创建好文件夹和网页，命名时要见名知意，这样容易查找。例如，建立财务部、人事部的虚拟目录，命名可以是CW、RS，即财务部、人事部的首字母大写，当然也可使用更加鲜明、容易记住的名称，如图6-58所示。

图 6-58 C盘五桂山公司网站文件下的目录

常见问题 2：默认文档没有添加，无法访问网站。

解决方案：设置好网站后，先检查有没有添加默认文档，再进行浏览，如图 6-59 所示。

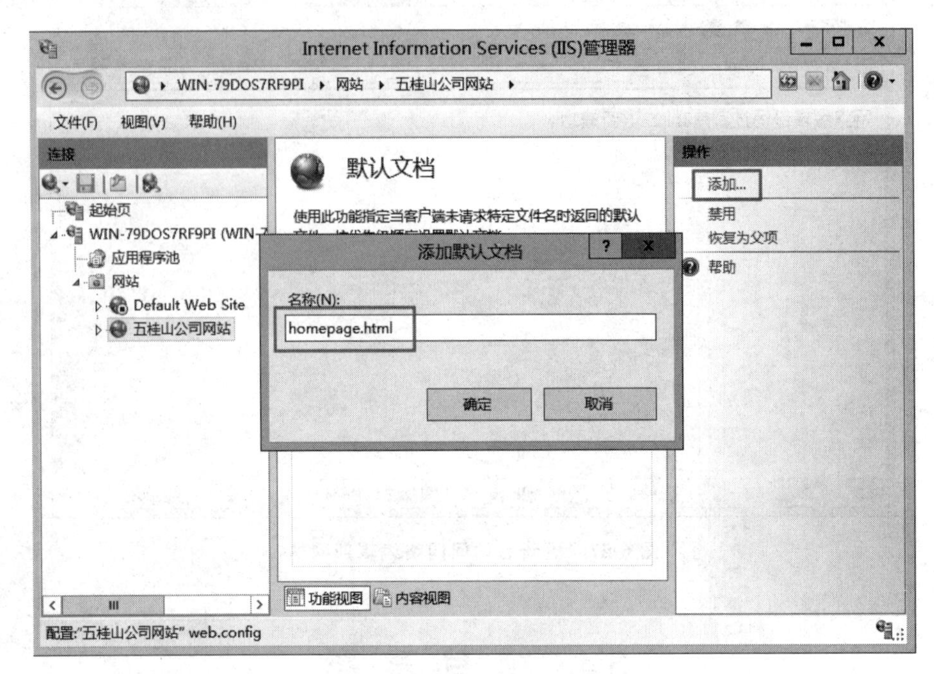

图 6-59　添加默认文档

常见问题 3：权限不足，无法访问或更新网站。

解决方案：在网站主页“编辑权限——安全——编辑——添加”处，添加“Everyone”，即可解决权限问题，如图 6-60 所示。

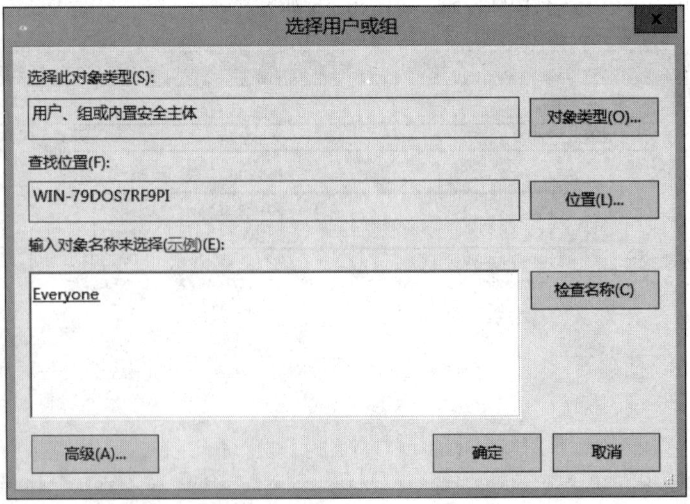

图 6-60　添加 Everyone 用户

常见问题4：端口号不一致，无法访问网站。

解决方案：访问时要查看端口号是否一致，不一致要改正过来。例如，如果网站绑定的端口号为8080，在网址后面就要添加8080端口号才能正常访问，这时使用其他端口号都不能正常访问，如图6-61和图6-62所示。

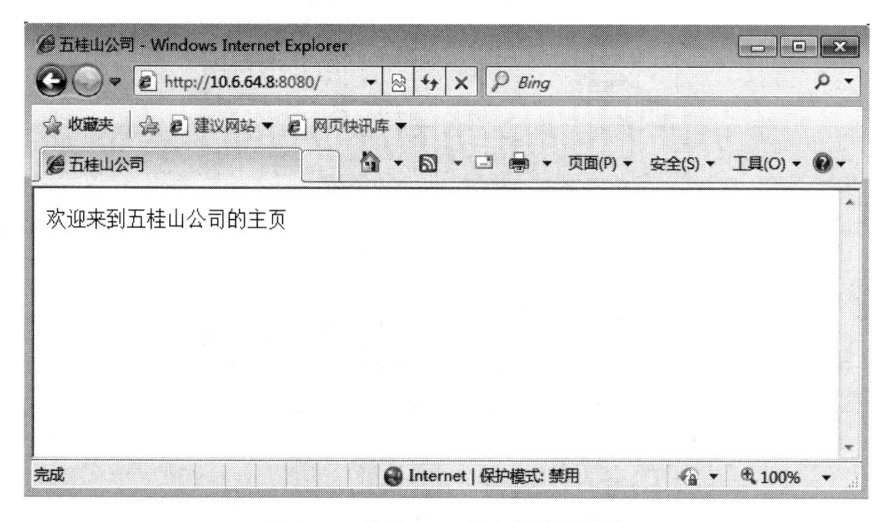

图6-61　使用8080端口号访问网站

图6-62　使用80端口号访问网站

常见问题5：客户端访问网站，解析域名失败，无法访问网站。

解决方案：客户端在"Internet协议版本(TCP/IPv4)"中，需要添加DNS服务器所在IP地址(如：10.6.64.8)，如图6-63所示。

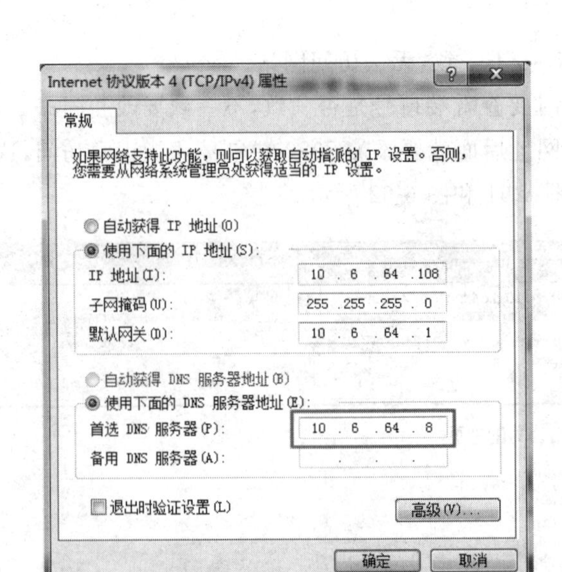

图 6-63　添加 DNS 服务器地址

6.5 课后习题

1. 选择题

(1) Web 服务器通过 HTTP 的(　　)号端口发布网站。

A. 21　　B. 8080　　C. 80　　D. 443

(2) HTTPS 通过(　　)号端口发布安全网站。

A. 21　　B. 8080　　C. 80　　D. 443

(3) Web 服务器的主要功能是(　　)。

A. 远程登录　　B. 查询域名来解析 IP 地址

C. 动态分配 IP 地址　　D. 发布网站供用户浏览

(4) HTTP 的中文全称是(　　)。

A. 万维网　　B. 超文本传输协议

C. 动态主机配置协议　　D. 超文本标记语言

(5) IIS 的含义是(　　)。

A. 互联网信息服务　　B. 域名

C. 动态主机配置协议　　D. 动态活动目录

(6) URL 的作用是(　　)。

A. 收发邮件　　B. 定位因特网上标准资源的地址

C. 传输网上所有类型的文件　　D. 网络地址转换

(7) 虚拟目录是(　　)。

A. Web 服务器所在的主目录下的子目录 B. Web 服务器所在的主目录

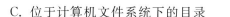

C. 位于计算机文件系统下的目录　　　　D. 一个特定的目录路径

2. 填空题

(1) Web 服务器的工作原理的 4 个步骤是________、________、________、________。

(2) IIS 包括的主要服务有________、________、________、________。

(3) HTTP 的主要特点有________、________、________、________、________。

3. 实训题

某公司有两个分公司,网络拓扑如图 6-64 所示。总公司和分公司各自的主页单独规划建设。总公司有 Web 服务器(10.6.6.8),各分公司的主页需要存放在总公司的 Web 服务器上,分公司各部门的主页分别存放在分公司的主目录下。各分公司都有一个网站管理员,可通过 FTP 更新 Web 站点。请按上述需求做出合适的配置。

提示:

(1) 需要安装 DNS 服务器。

(2) 各分公司的主页可用不同主机名区分。

(3) 各部门的主页可使用虚拟目录技术。

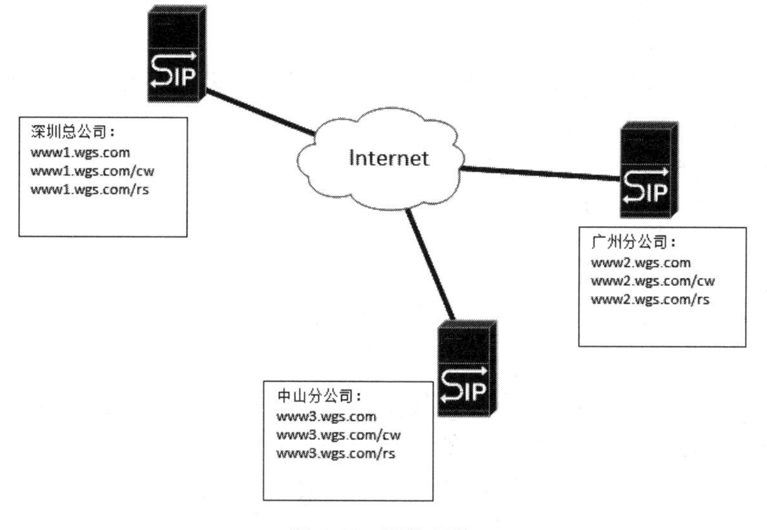

图 6-64　网络拓扑

第7章 chapter 7

项目7　FTP服务器的配置与管理

【学习目标】

本章系统介绍FTP服务器的理论知识，FTP服务器的基本配置，基于主机头、IP地址和端口号的多个FTP站点的创建，是否有域控情况下用户的配置和虚拟主机技术，虚拟目录的基本配置以及常用FTP软件Serv-U的使用。

通过本章的学习应该完成以下目标：

- 理解FTP服务器的理论知识；
- 掌握FTP服务器的基本配置；
- 掌握基于主机头、IP地址和端口号的多个FTP站点的创建；
- 掌握在是否有域控情况下用户的配置；
- 掌握虚拟主机技术的基本配置；
- 掌握常用FTP软件Serv-U的使用。

7.1　项目背景

五桂山公司是一家具有多家分公司的电子商务公司。该公司计划设计FTP，为全公司员工提供文件服务。总FTP服务器由位于中山市的总公司统一管理建设，各部门的FTP服务器由各部门单独规划建设。总公司有一台单独新的服务器专门作为FTP服务器(IP地址为：10.6.64.8/24)，各个部门的FTP可以放在总公司的服务器上，也可以放置在自己部门的服务器上。另外，广州分公司和珠海分公司都有自己的FTP，也需要在总公司的服务器上安装与部属。五桂山公司网络拓扑如图7-1所示。

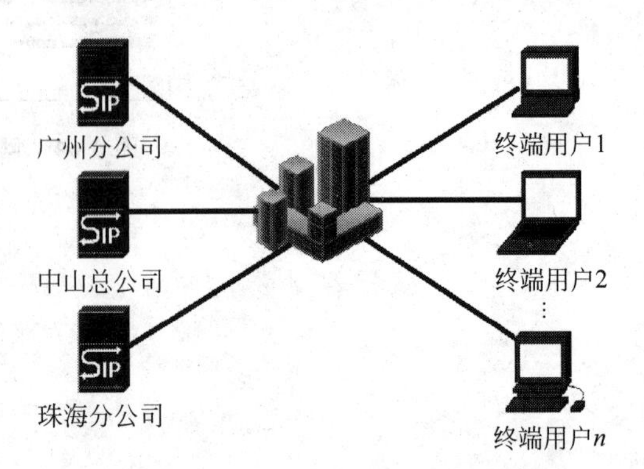

图7-1　五桂山公司网络拓扑

7.2 知识引入

7.2.1 什么是 FTP

FTP 是 File Transfer Protocol(文件传输协议)的英文缩写,用于在 Internet 上控制文件的双向传输,是网络上用来传输文件的应用层协议。用户通过 FTP 登录 FTP 服务器,查看该服务器的共享文件,也可以把共享文件从服务器上下载到本地客户端,或者把本地客户端的文件上传到服务器。同时,FTP 支持对登录用户进行身份验证,并且可以设置不同用户的访问权限。此外,它也是一个应用程序(Application)。基于不同的操作系统(Windows、UNIX、Linux、MACOS 等)有不同的 FTP 应用程序,而所有这些应用程序都遵守同一种协议,以便传输文件。

7.2.2 FTP 的工作原理

在 TCP/IP 协议中,FTP 承载于 TCP 之上。FTP 使用两条连接完成文件传输,一条连接用于传送控制信息(命令和响应),另一条连接用于数据发送(见图 7-2)。在服务器端,控制连接的默认端口号为 21,它用于发送指令给服务器以及等待服务器响应;数据连接的默认端口号为 20(PORT 模式下),用于建立数据传输通道。

FTP 是 TCP/IP 的一种具体应用,它工作在 OSI 模型的第 7 层。TCP 模型的第 4 层,即应用层。使用 TCP 传输而不是 UDP。这样 FTP 客户在和服务器建立连接前就要经过一个被广为熟知的"三次握手"的过程,它带来的意义在于客户与服务器之间的连接是可靠的,而且是面向连接,为数据的传输提供了可靠的保证。采用 FTP 协议可使 Internet 用户高效地从网上的 FTP 服务器下载大信息量的数据文件,将远程主机上的文件复制到自己的计算机上,以达到资源共享和传递信息的目的。由于 FTP 的使用,Internet 上出现了大量为用户提供的下载服务,Internet 成为了一个巨型的软件仓库。FTP 在文件传输中还支持断点续传功能,可以大幅度减少 CPU 和网络带宽的开销。

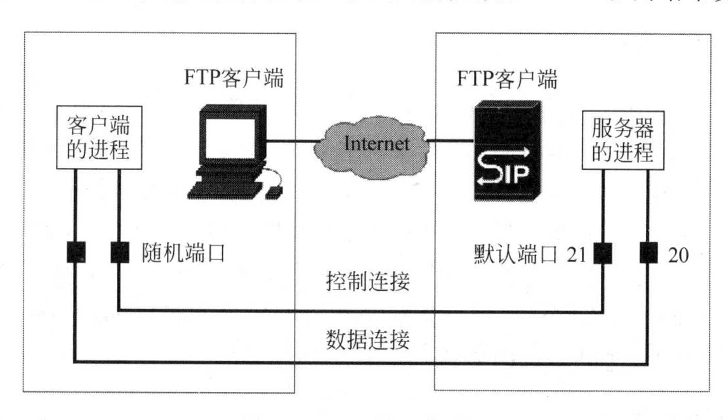

图 7-2　FTP 的工作原理

7.2.3 FTP 的连接模式

FTP 的连接模式有 PORT 和 PASV 两种，其中 PORT 模式是主动模式，PASV 模式为被动模式，这两种模式的主动和被动都是相对于服务器所说的。如果是主动模式，数据连接端口默认为 20；如果是被动模式，则由服务器端和客户端协商而定。

1. 主动模式

FTP 客户机向服务器的 FTP 控制端口(默认是 21)发送请求，服务器接受连接，建立一条命令链路。当需要传送数据时，客户端在命令链路上用 PORT 命令告诉服务器："我打开了某个端口，你过来连接我"。于是服务器从 20 端口向客户端的该端口发送连接请求，建立一条数据链路来传送数据。在数据链路建立的过程中是服务器主动请求，所以称为主动模式(PORT)。在主动模式中，服务器用 20 号端口，主动连接客户机大于 1024 的随机端口。

2. 被动模式

FTP 客户端向服务器的 FTP 控制端口发送连接请求，服务器接收连接，建立一条命令链路。当需要传送数据时候，服务器在命令链路上用 PASV 命令告诉客户端"我打开了某端口，你过来连接我"。于是客户端向服务器的该端口发送连接请求，建立一条数据链路来传送数据。在数据链路建立的过程中是服务器被动等待客户端请求，所以称为被动模式(PASV)。在被动模式中，客户机用大于 1024 的随机端口，主动连接服务器大于 1024 的随机端口。

在 Windows Server 2012 服务器中，FTP 服务器既支持主动模式传输数据也支持被动模式传输数据。在 FTP 客户端上，如果需要支持被动模式传输数据，则必须在客户端上做出合适的配置。

7.2.4 FTP 的传输模式

FTP 的传输模式有两种：ASCII 传输模式和二进制传输模式。

1. ASCII 传输模式

假定用户正在复制的文件包含简单的 ASCII 码文本，如果在远程计算机上运行的是不同的操作系统，当文件传输时 FTP 通常会自动调整文件的内容以便于把文件解释成另外那台计算机存储文本文件的格式。但是常常有这样的情况，用户正在传输的文件包含的不仅是文本文件，也可能是程序、数据库、字处理文件或者压缩文件(尽管字处理文件大部分是文本，但其中也包含指示页尺寸、字库等信息的非打印字符)。在复制任何非文本文件之前，用 binary 命令(将文件传输类型设置为二进制)告诉 FTP 逐字复制，不要对这些文件进行处理，这也是下面要讲的二进制传输。

2. 二进制传输模式

在二进制传输中，保存文件的位序，以便原始文件和复制的文件逐位一一对应，即使目的机器上包含的位序的文件是没意义的。例如，FTP 服务器以二进制方式传送可执行文件到 Windows 系统，在对方系统上，此文件不能执行，但是可以从该系统上以二进制的方式复制到另一台 FTP 服务器上，此文件依然是可以执行的。

如果在 ASCII 方式下传输二进制文件，即使不需要也仍会转译。这会使传输稍微变慢，也会损坏数据，使文件变得不能用。由此可知，用户知道传输的是什么类型的数据是非常重要的。

7.3　项目过程

7.3.1　任务 1　FTP 服务器的安装

1. 任务分析

根据项目背景得知如下需求：五桂山公司将在原企业内网的基础上配置一台新的 Windows Server 2012 服务器（IP：10.6.64.8/24）作为 FTP 服务器，在此服务器上添加 FTP 服务器功能。

2. 任务实施过程

（1）打开“服务器管理器”，单击“添加角色和功能”按钮，进入“添加角色和功能向导”。

（2）单击“下一步”按钮，选择“基于角色或基于功能的安装”。

（3）单击“下一步”按钮，选择“从服务器池中选择服务器”，安装程序会自动检测与显示这台计算机采用静态 IP 地址设置的网络连接。

（4）单击“下一步”按钮，在“服务器角色”中，选择“Web 服务器（IIS）”，自动弹出“添加 Web 服务器（IIS）所需的功能”对话框，单击“添加功能”按钮，如图 7-3 所示。

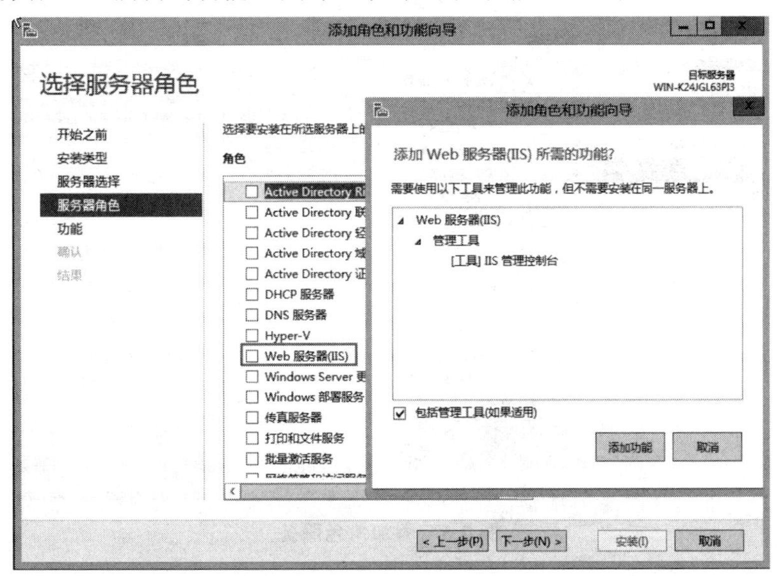

图 7-3　添加所需功能

(5) 单击“下一步”按钮，选择需要添加的功能，如无特殊需求，一般默认即可，如图 7-4 所示。

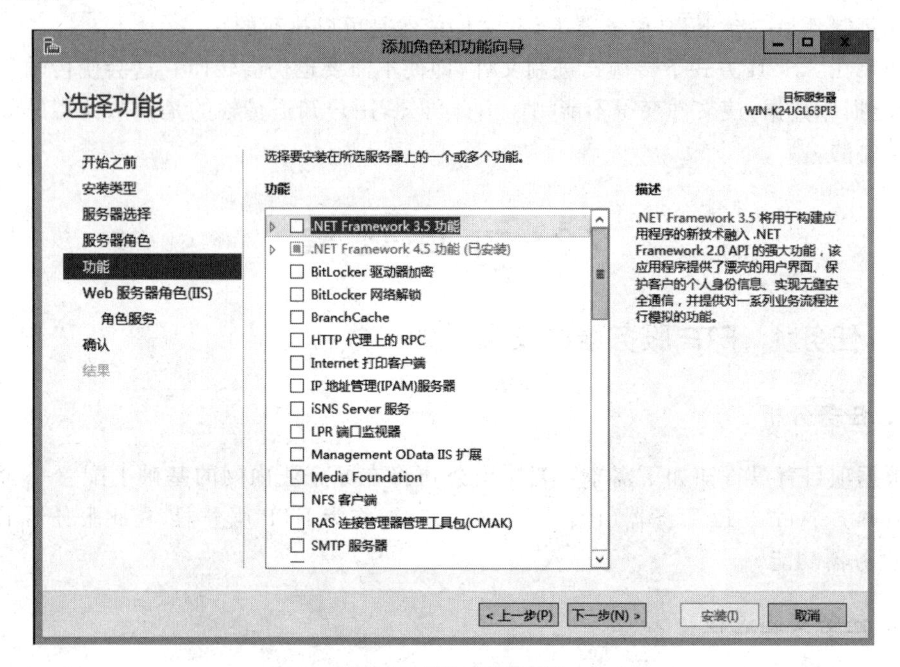

图 7-4 添加所需功能

(6) 单击“下一步”按钮，在“角色服务”中，勾选“FTP 服务器”，如图 7-5 所示。

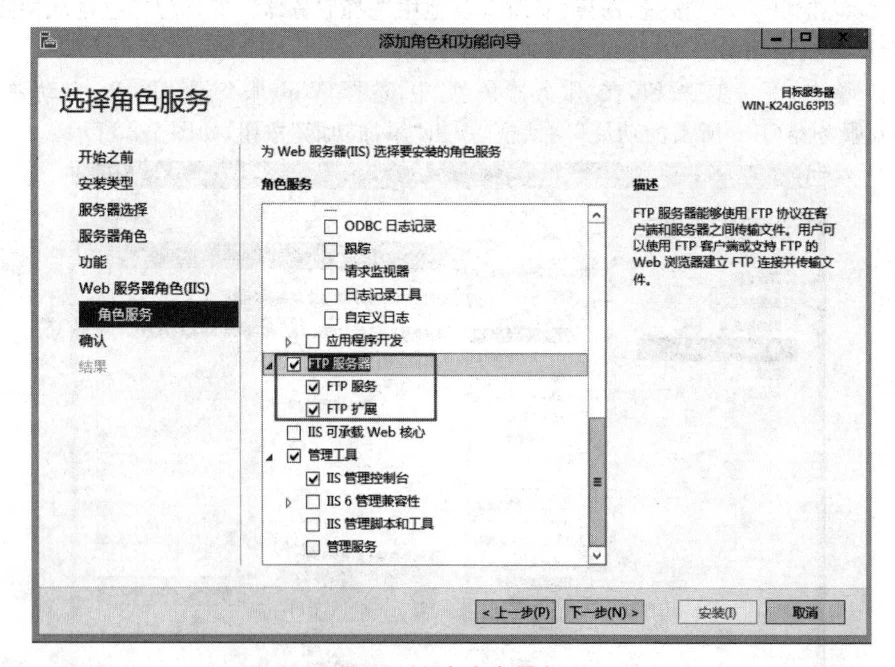

图 7-5 添加角色服务

(7) 单击“下一步”按钮，在“确认”对话框中，确认所需安装的角色、角色服务或功能，单击“安装”，如图 7-6 所示。

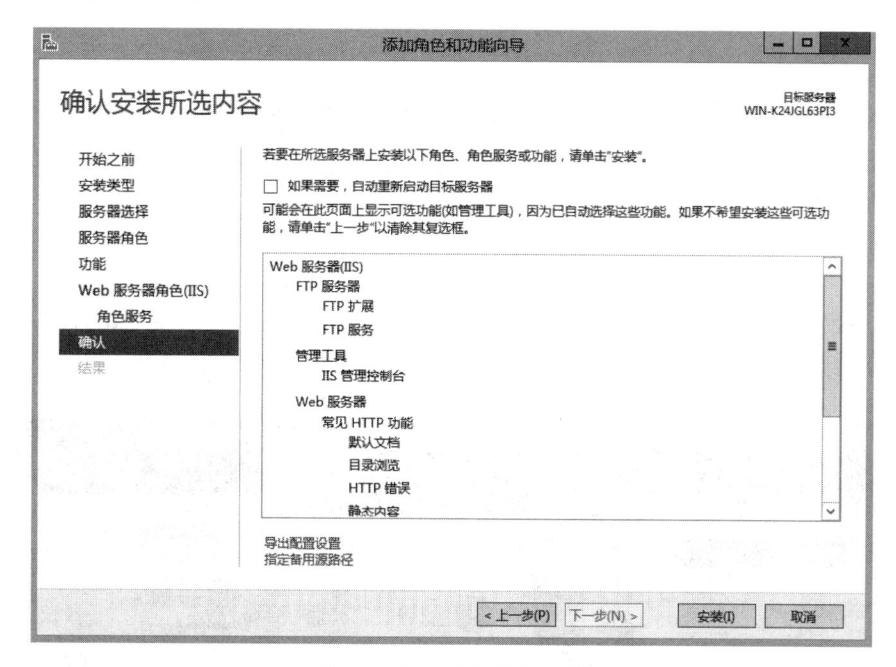

图 7-6 确认所安装的内容

(8) 单击“关闭”按钮完成安装，如图 7-7 所示。

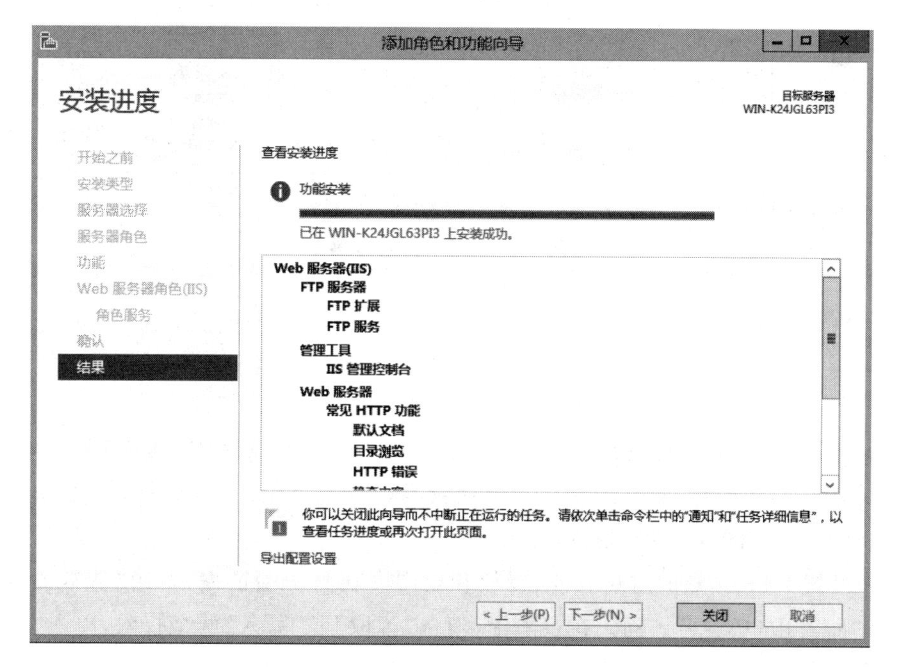

图 7-7 完成安装

7.3.2 任务2 创建FTP站点

1. 任务分析

根据项目背景得知如下需求：五桂山公司需要在Windows Server 2012服务器(IP：10.6.64.8/24)上创建新的FTP站点,使得公司内部员工可以使用FTP获取所需的文件。此站点的文件本地所在位置为C：\FTP。

2. 任务实施过程

(1) 打开"服务器管理器",单击"工具",选择"Internet信息服务(IIS)管理器",如图7-8所示。

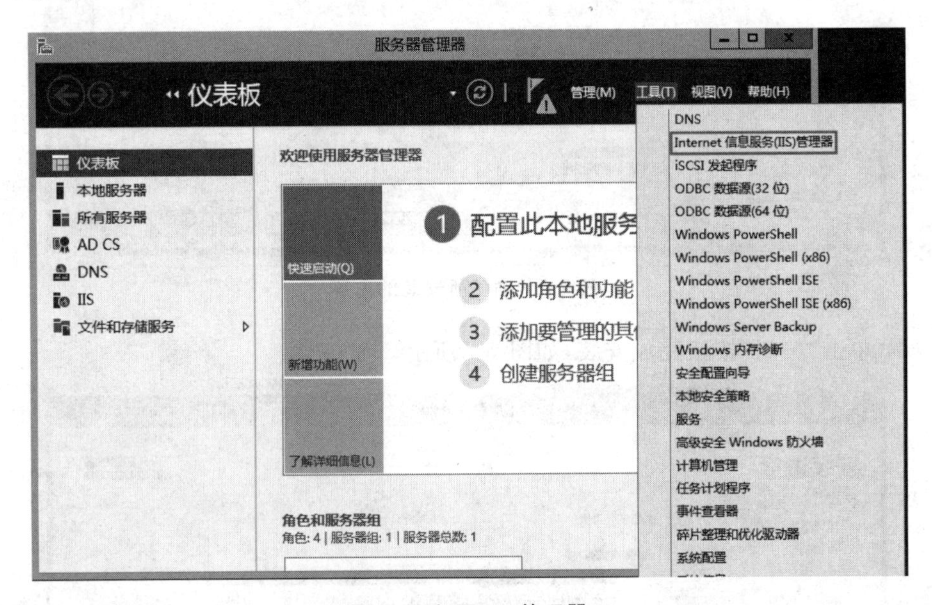

图7-8 打开IIS管理器

(2) 右键单击"网站",选择"添加FTP站点",如图7-9所示。

(3) 在"添加FTP站点"对话框中,输入FTP站点的名称,设置该站点所提供文件的本地所在位置,单击"下一步"按钮,如图7-10所示。

(4) 设置FTP站点的绑定IP地址和端口号。在SLL选项中,选择"无SLL"(FTP的数据传输是明文传输,如果需要在安全性较高的环境下使用,可以选择"允许SLL"和"需要SSL")。单击"下一步"按钮,如图7-11所示。

(5) 设置FTP站点的身份验证、授权和权限。在身份验证中,勾选"基本"。在授权中,选择"所有用户"均可访问。在权限中,勾选"读取"和"写入"两个权限,单击"完成"按钮,如图7-12所示。

在身份验证中,如果五桂山公司允许客户端能够匿名访问,则勾选身份验证的"匿

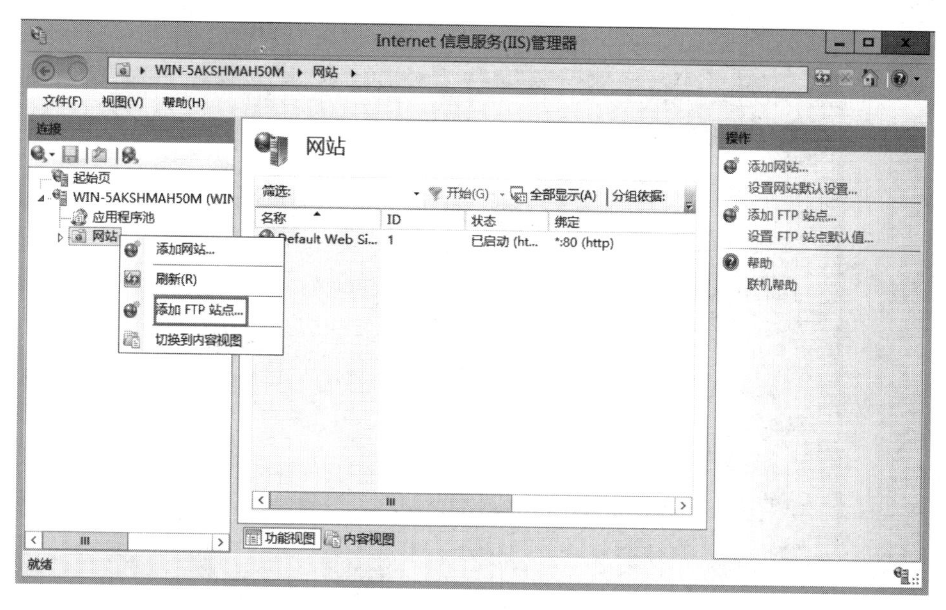

图 7-9　添加 FTP 站点

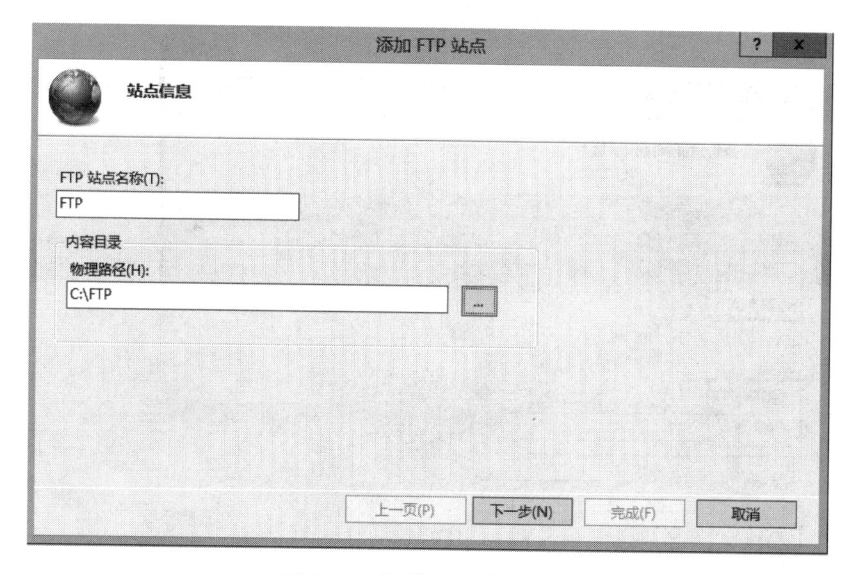

图 7-10　设置 FTP 站点信息

名”即可。如果拒绝匿名访问，则勾选“基本”。同时在授权信息中，五桂山公司可以允许“所有用户”访问该 FTP，也可以选择“指定用户”或“指定角色或用户组”访问该 FTP，具体的访问权限由公司根据具体情况而定。

当客户端需要使用命令行匿名访问 FTP 时，FTP 的登录账号为 FTP，密码为空。

(6) FTP 站点创建成功后，如图 7-13 所示。

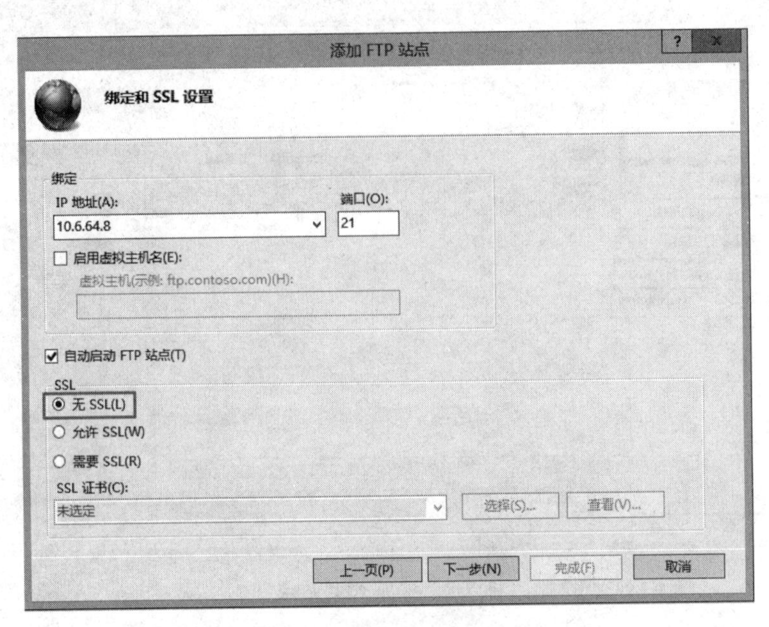

图 7-11　IP 地址绑定和 SLL 设置

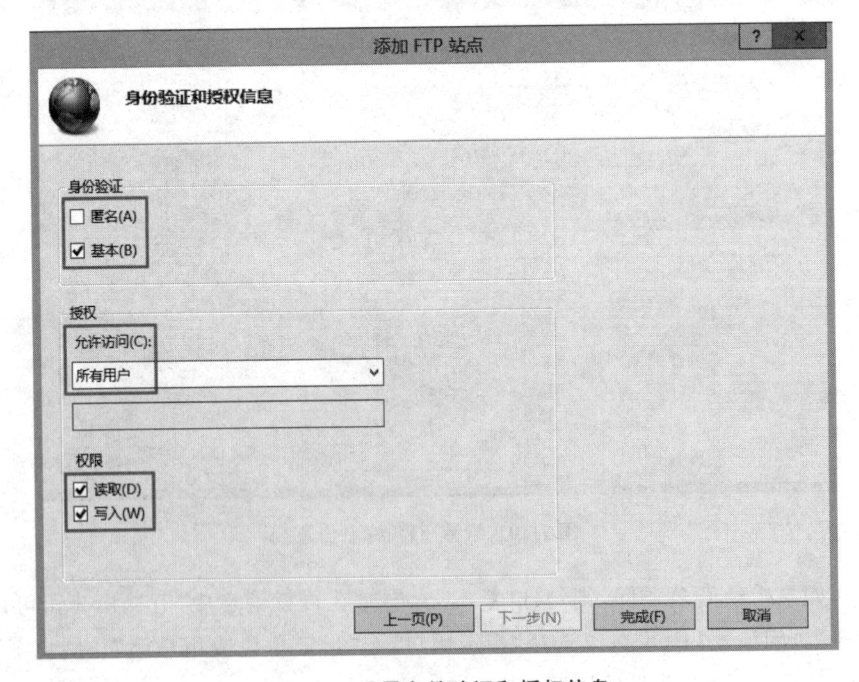

图 7-12　设置身份验证和授权信息

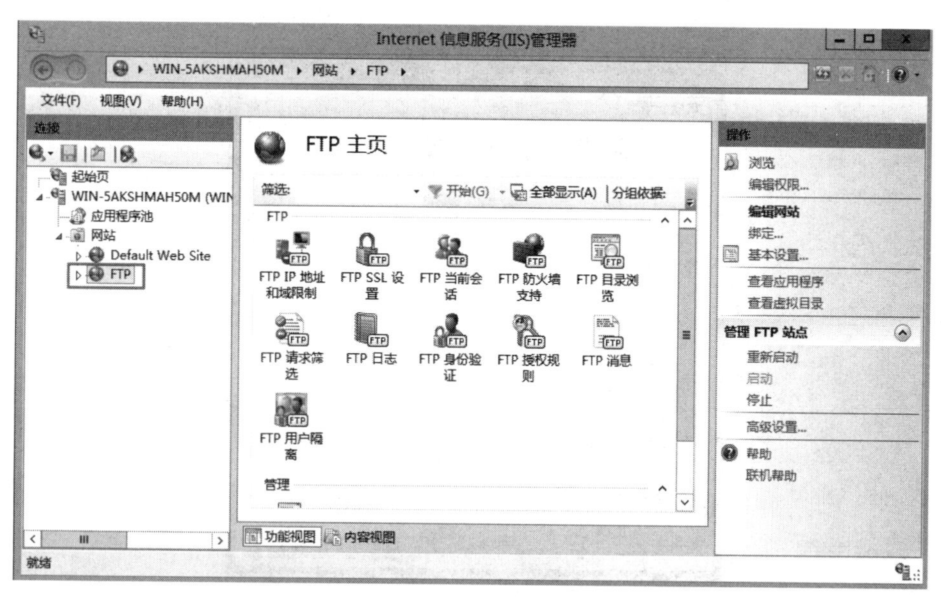

图 7-13　FTP 站点

7.3.3　任务 3　配置客户端访问 FTP 站点

1. 任务分析

FTP 服务器站点配置完成后，用户即可在客户端访问 FTP 站点了。客户端访问 FTP 站点的完整 URL 为 ftp://IP 地址：Web 服务器端口号。此处的 IP 地址和端口号为 FTP 站点绑定的 IP 地址的端口号。

此处假定五桂山公司已有用户“user”(用户可以在 FTP 站点所在服务器的计算机管理中添加)。

2. 任务实施过程

(1) 配置客户端 IP 地址，并且测试客户端与 FTP 服务器的连通性，如图 7-14、图 7-15 所示。

(2) 打开“计算机”(也可以使用浏览器)，使用完整的 URL 访问 FTP 站点“ftp://10.6.64.8”，输入正确的用户名“user”以及对应的密码(如果 FTP 服务器站点允许用户匿名登录，则无需使用用户名登录，直接进入 FTP 站点所提供的文件即可)，如图 7-16 所示。

(3) 成功登录 FTP 站点后，用户可以查看 FTP 站点里面的文件，也可以根据自身的需求，从服务器中下载(直接复制到本地)或者上传文件(直接从本地复制文件粘贴)，如图 7-17 所示。

(4) 在用户登录服务器的同时，在服务器端的 FTP 站点管理中的“FTP 当前会话”中会监视当前的会话访问，如图 7-18 所示。

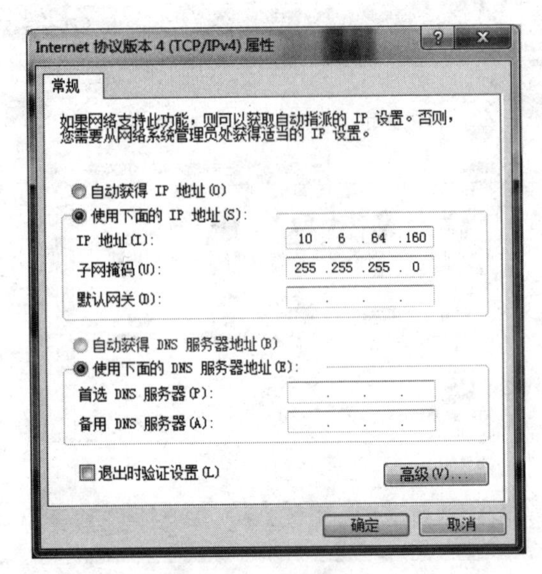

图 7-14　配置客户端 IP 地址

```
管理员: C:\Windows\system32\cmd.exe
Microsoft Windows [版本 6.1.7601]
版权所有 (c) 2009 Microsoft Corporation。保留所有权利。

C:\Users\Administrator>ping 10.6.64.8

正在 Ping  具有 32 字节的数据:
来自 10.6.64.8 的回复: 字节=32 时间<1ms TTL=128
来自 10.6.64.8 的回复: 字节=32 时间<1ms TTL=128
来自 10.6.64.8 的回复: 字节=32 时间<1ms TTL=128
来自 10.6.64.8 的回复: 字节=32 时间<1ms TTL=128

 的 Ping 统计信息:
    数据包: 已发送 = 4，已接收 = 4，丢失 = 0 (0% 丢失)，
往返行程的估计时间(以毫秒为单位):
    最短 = 0ms，最长 = 0ms，平均 = 0ms

C:\Users\Administrator>_
```

图 7-15　测试客户端和 FTP 服务器的连通性

7.3.4　任务 4　基于 IP 地址的多个 FTP 站点的创建

1. 任务分析

根据项目背景可知，五桂山公司的总公司在中山、在珠海和广州各有一个分公司。根据五桂山公司的需求，同样需要为珠海分公司和广州分公司创建 FTP 站点，所以在 Windows Server 2012 服务器上需要创建多个 FTP 站点。

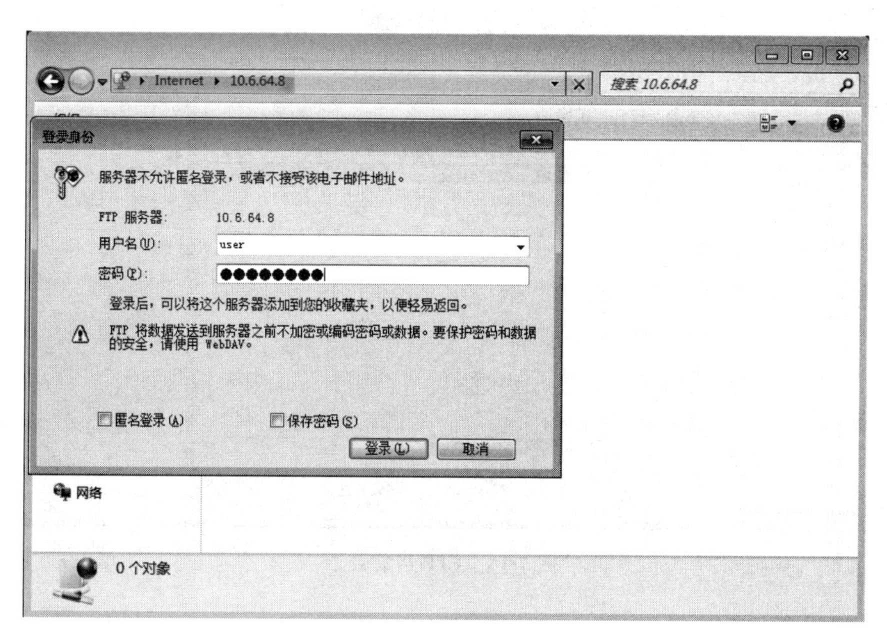

图 7-16　输入用户名和密码

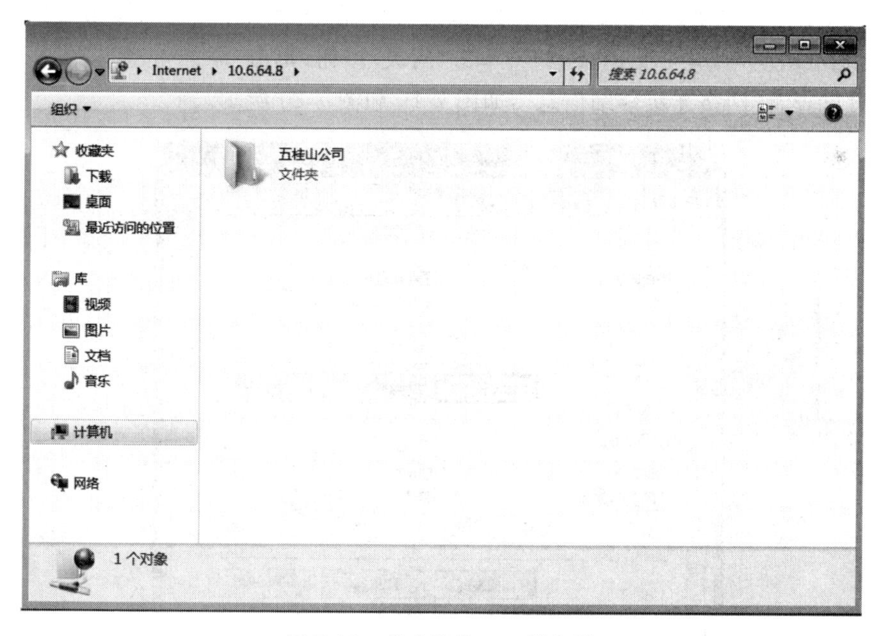

图 7-17　成功登录 FTP 服务器

在服务器上创建多个 FTP 站点时，可以基于 IP 地址、基于端口和基于主机头。下面基于 IP 地址创建多个站点。

中山总公司 FTP 站点文件在本地 C:\FTP\中山总公司，珠海公司 FTP 站点文件在本地 C:\FTP\珠海分公司，广州分公司 FTP 站点文件在本地 C:\FTP\广州分公司。

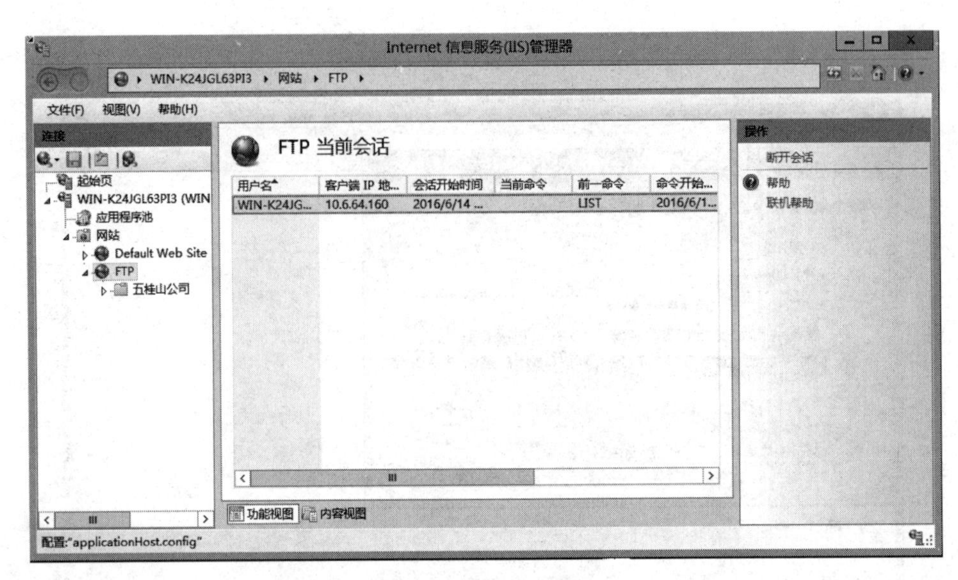

图 7-18 FTP 当前会话

2. 任务实施过程

(1) 由于任务需要,额外添加两个 IP 地址。打开"网络共享中心",单击"以太网卡",找到"Internet 协议版本(TCP/IPv4)",单击"高级"按钮,单击"添加"按钮,添加 IP 地,添加完成后可查看"网络连接详细信息",如图 7-19 和图 7-20 所示。

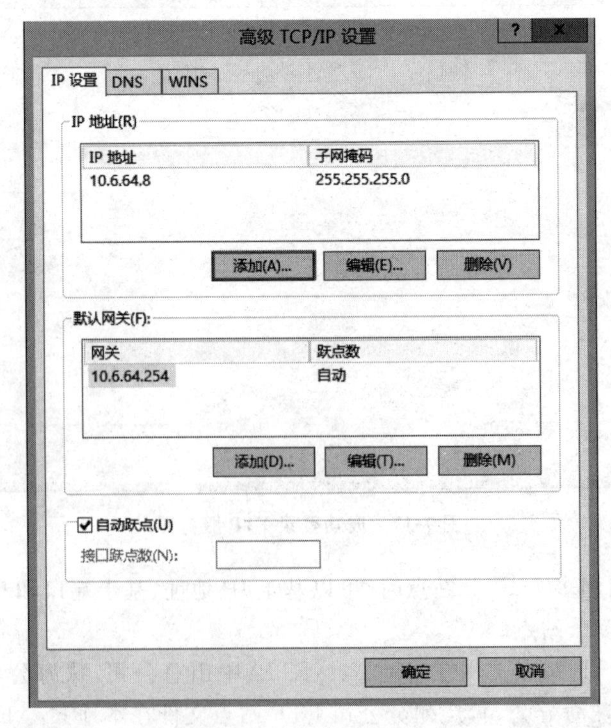

图 7-19 添加 IP 地址

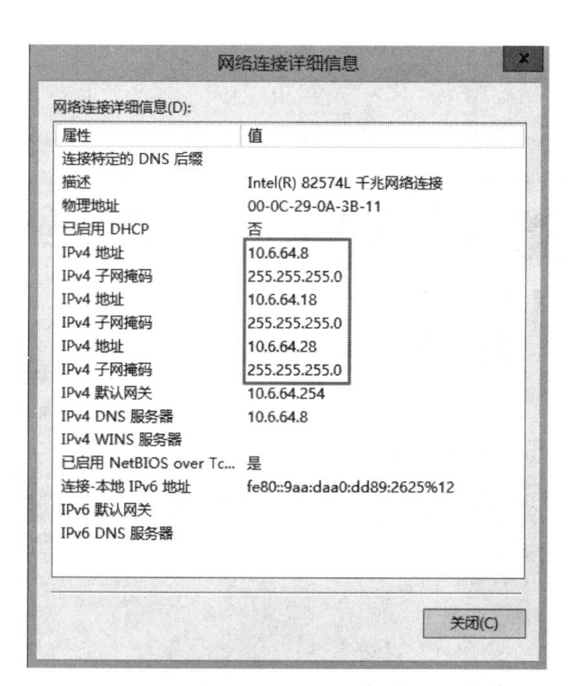

图 7-20　网络连接详细信息

(2) 在C盘下创建FTP站点目录，在该目录下创建三个目录：中山总公司、珠海分公司和广州分公司，并在每个目录中分别创建中山总公司.txt、珠海分公司.txt、广州分公司.txt文件，如图7-21所示。

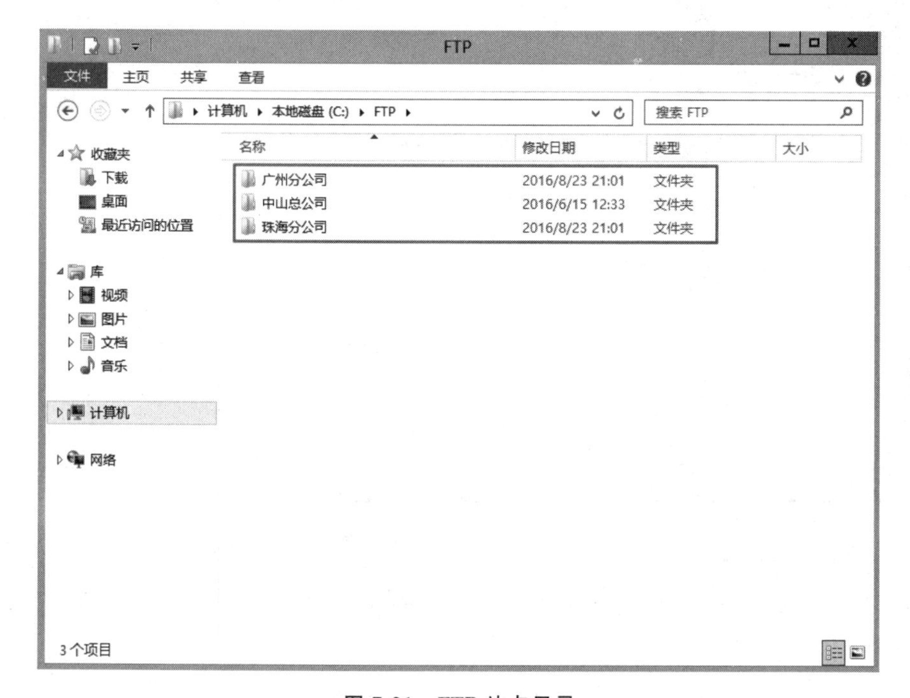

图 7-21　FTP站点目录

(3) 创建第一个 FTP 站点：中山总公司，打开“服务器管理器”，单击“工具”，选择“Internet 信息服务(IIS)管理器”，如图 7-22 所示。

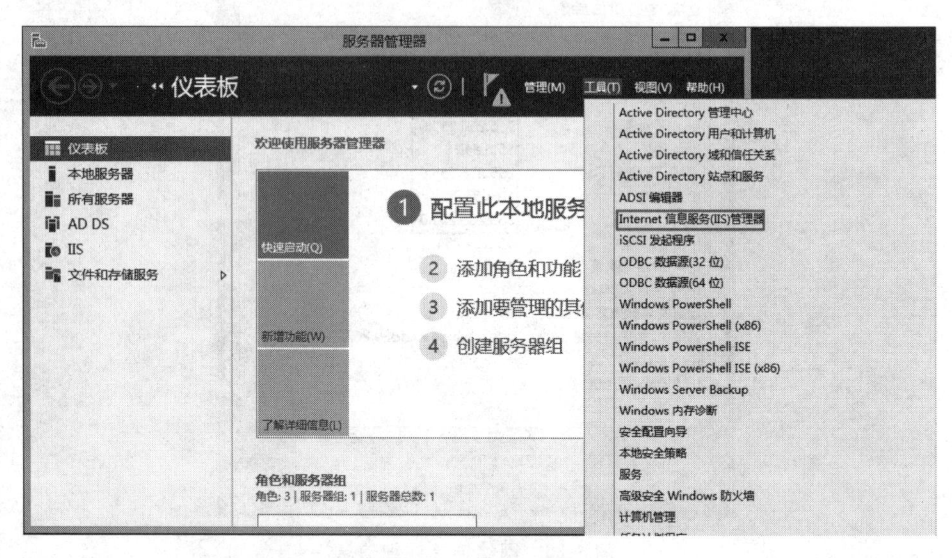

图 7-22 打开 IIS 管理器

(4) 右键单击“网站”，选择“添加 FTP 站点”，如图 7-23 所示。

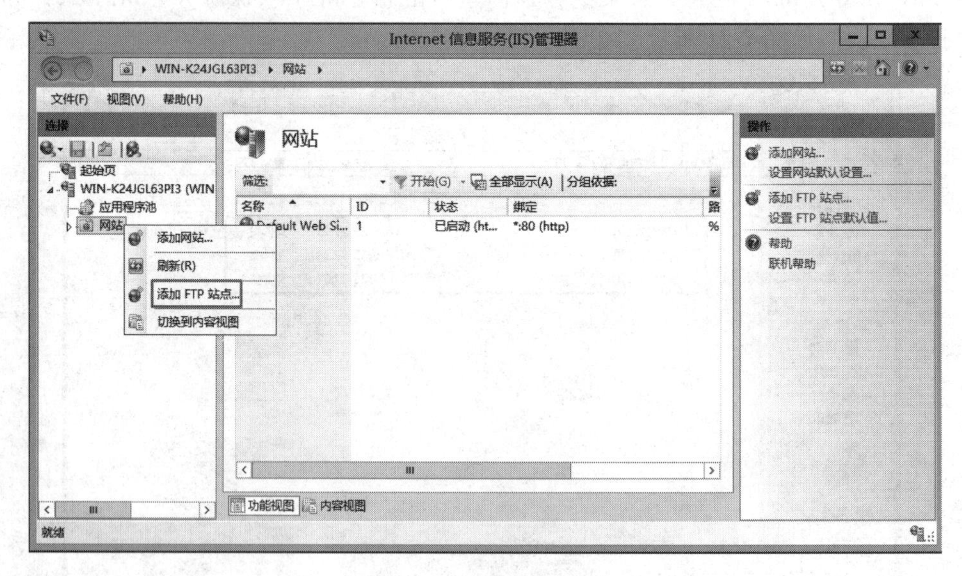

图 7-23 添加 FTP 站点

(5) 在“添加 FTP 站点”对话框中，输入 FTP 站点的名称，设置该站点所提供文件的本地所在位置，单击“下一步”按钮，如图 7-24 所示。

(6) 设置 FTP 站点的绑定 IP 地址(IP：10.6.64.8/24)和端口号(21)。在 SLL 选项中，选择“无 SLL”，单击“下一步”按钮，如图 7-25 所示。

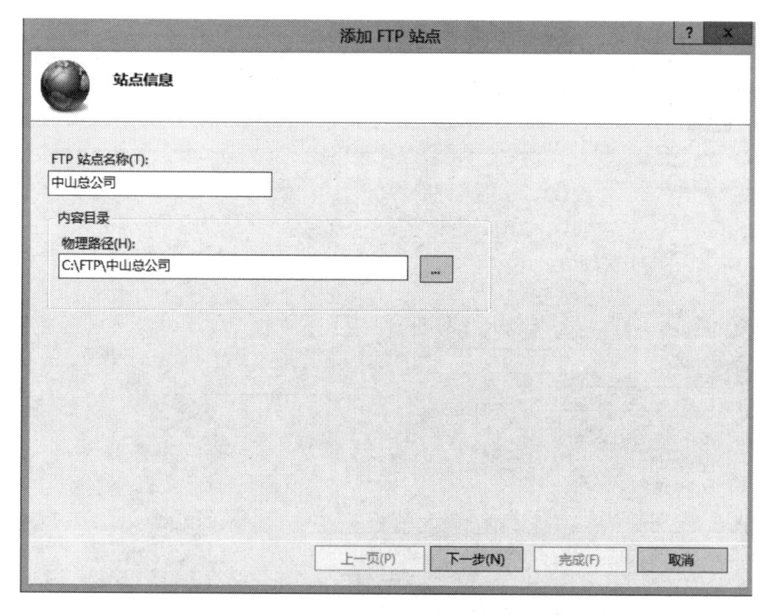

图 7-24　设置 FTP 站点信息

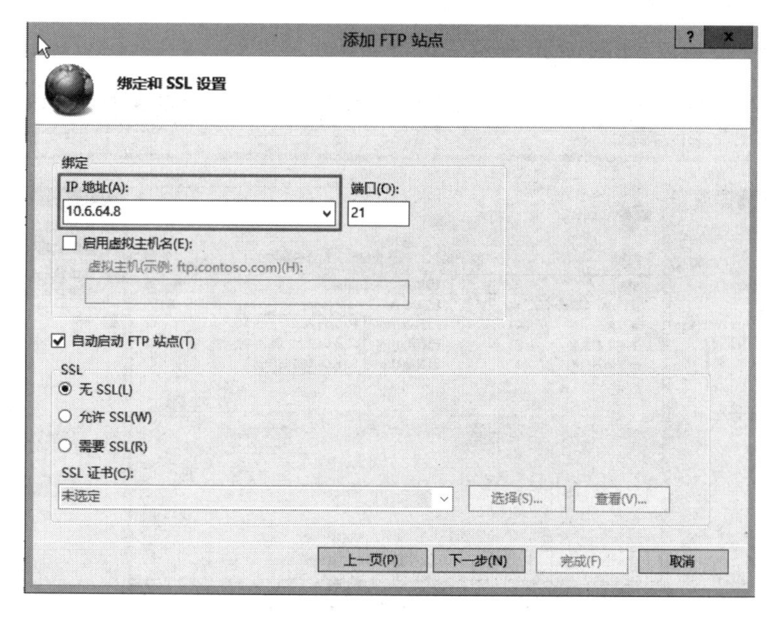

图 7-25　IP 地址绑定和 SLL 设置

(7) 设置 FTP 站点的身份验证、授权和权限。在身份验证中,勾选“基本”。在授权中,选择“所有用户”均可访问。在权限中,勾选“读取”和“写入”两个权限,单击“完成”按钮,完成中山总公司 FTP 站点的创建,如图 7-26 所示。

(8) 按照上述操作步骤创建珠海和广州两分公司的 FTP 站点。珠海分公司 FTP 站点 IP 地址为 10.6.64.18,广州分公司 FTP 站点 IP 地址为 10.6.64.28。基于 IP 的三个

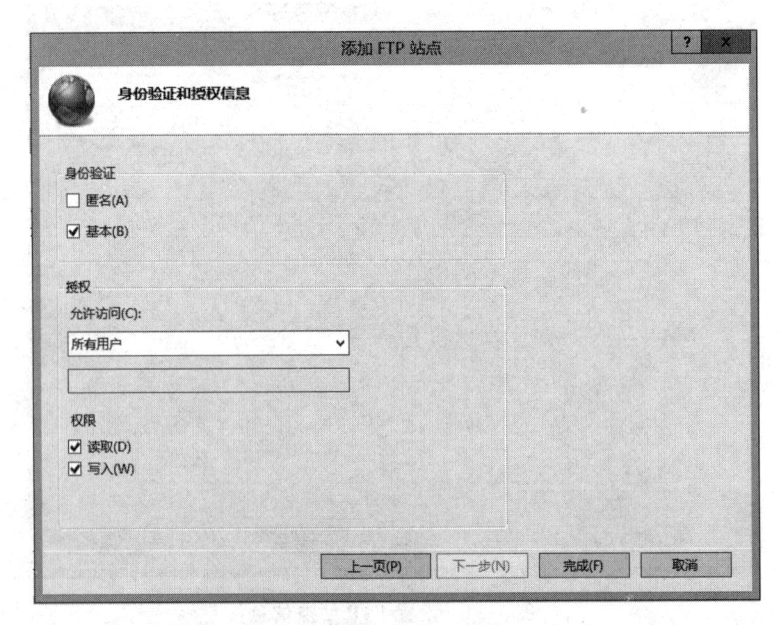

图 7-26　设置身份验证和授权信息

FTP 站点创建成功后，如图 7-27 所示。

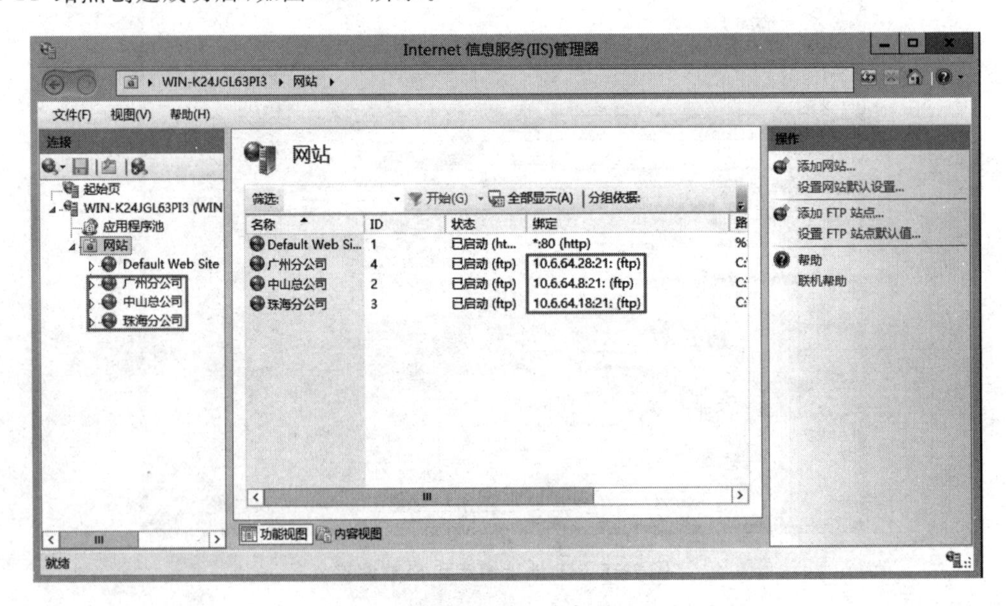

图 7-27　FTP 站点图

(9) 在客户端打开“我的电脑”，在地址栏中分别输入“ftp：//10.6.64.8”、“ftp：//10.6.64.18”、“ftp：//10.6.64.28”，访问相应的 FTP 站点，如图 7-28 所示。

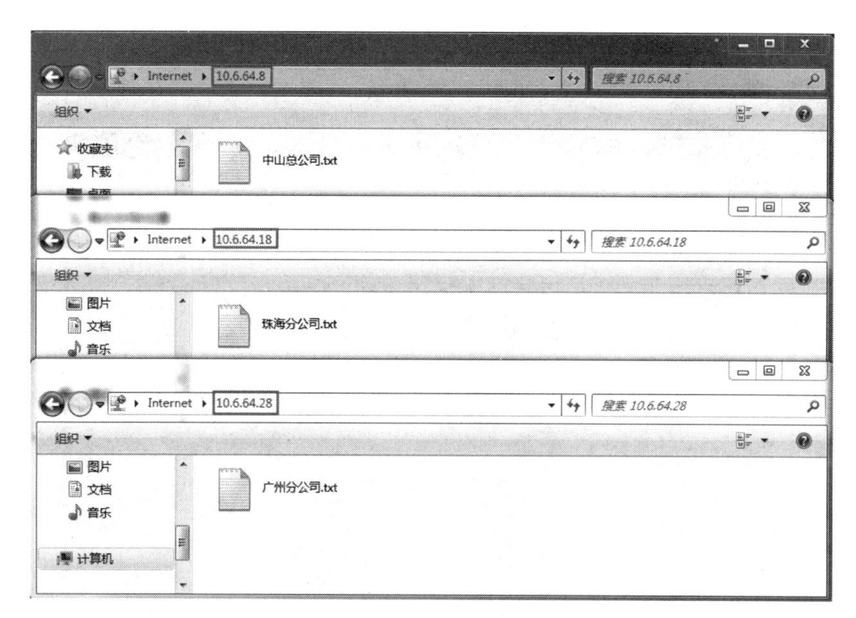

图 7-28　通过不同的 IP 地址访问相应的 FTP 站点

7.3.5　任务 5　基于端口号的多个 FTP 站点的创建

1. 任务分析

根据任务 4 的任务分析，下面将创建基于端口号的多个站点。

2. 任务实施过程

(1) 创建第一个 FTP 站点：中山总公司，右键单击“网站”，选择“添加 FTP 站点”，如图 7-29 所示。

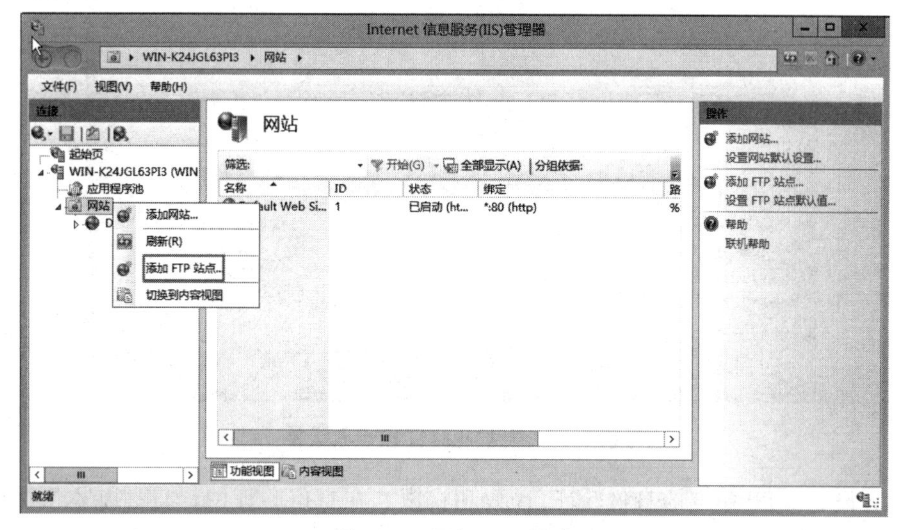

图 7-29　添加 FTP 站点

(2) 在"添加 FTP 站点"对话框中，输入 FTP 站点的名称，设置该站点所提供文件的本地所在位置，单击"下一步"按钮，如图 7-30 所示。

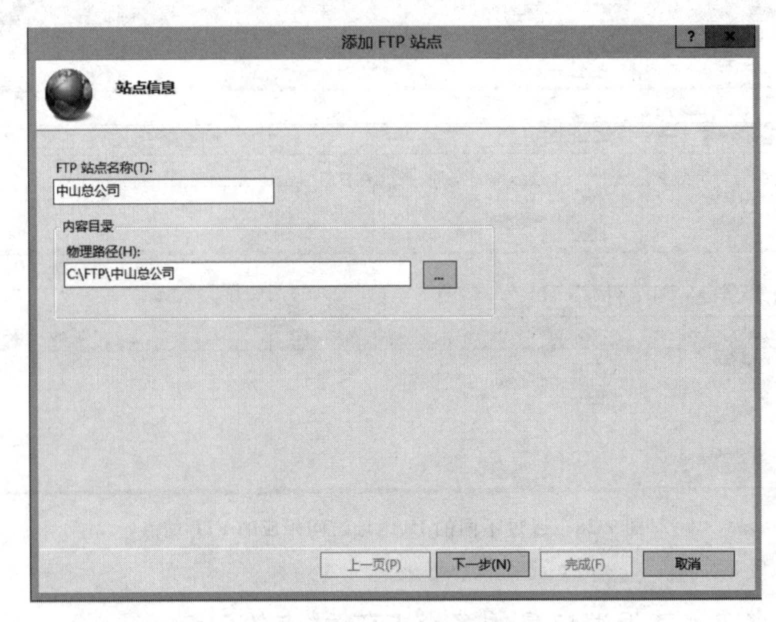

图 7-30　设置 FTP 站点信息

(3) 设置 FTP 站点的绑定 IP 地址(IP：10.6.64.8/24)和端口号(21)。在 SLL 选项中，选择"无 SLL"，单击"下一步"按钮，如图 7-31 所示。

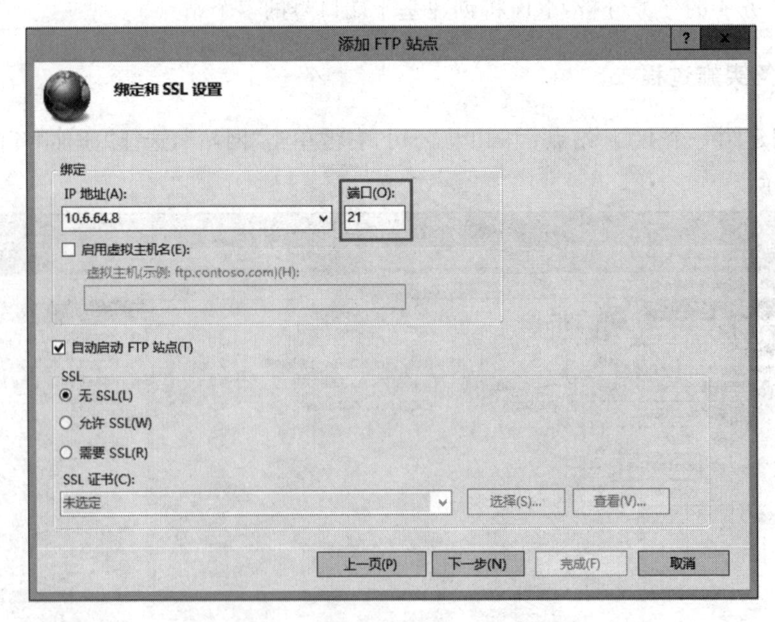

图 7-31　IP 地址绑定和 SLL 设置

(4) 设置 FTP 站点的身份验证、授权和权限。在身份验证中，勾选"基本"。在授权中，选择"所有用户"均可访问。在权限中，勾选"读取"和"写入"两个权限，单击"完成"按钮,完成中山总公司FTP站点的创建,如图7-32所示。

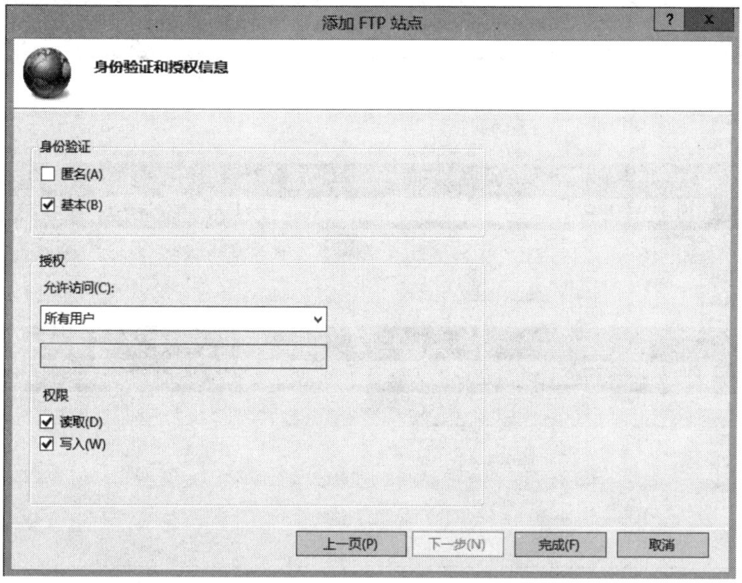

图7-32　设置身份验证和授权信息

(5)按照上述操作步骤创建珠海和广州两分公司的FTP站点。珠海分公司FTP站点使用121号端口,广州分公司FTP站点使用221号端口。基于端口号的三个FTP站点创建成功后,如图7-33所示。

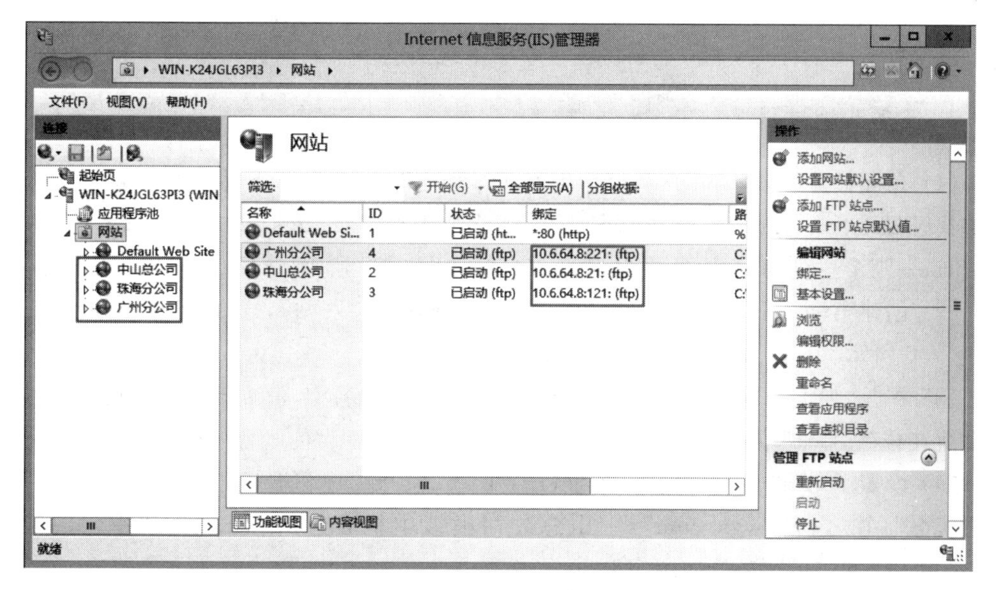

图7-33　FTP站点图

(6)在客户端打开"我的电脑",在地址栏中分别输入"ftp://10.6.64.8:21"、"ftp://10.6.64.8:121"、"ftp://10.6.64.8:221"访问相应的FTP站点,如图7-34所示。

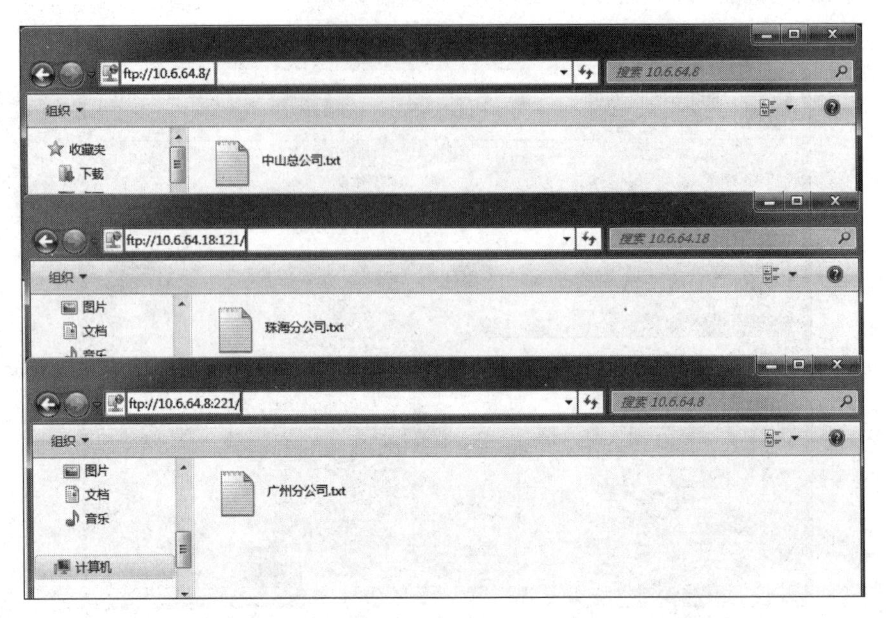

图 7-34 通过不同的端口号访问相应的 FTP 站点

7.3.6 任务 6 基于主机头的多个 FTP 站点的创建

1. 任务分析

根据任务 4 的任务分析，下面将创建基于主机头的多个站点。

2. 任务实施过程

(1) 在此任务中，需要在服务器中安装 DNS 服务器。在 DNS 服务器中新建一个正向查找区域“wgs. com”，并在该区域下新建三个主机：zs. wgs. com、zh. wgs. com、gz. wgs. com，三个主机的 IP 地址均为 10. 6. 64. 8，如图 7-35 所示。

(2) 创建第一个 FTP 站点：中山总公司。右键单击“网站”，选择“添加 FTP 站点”，如图 7-36 所示。

(3) 在“添加 FTP 站点”对话框中，输入 FTP 站点的名称，设置该站点所提供文件的本地所在位置，单击“下一步”按钮，如图 7-37 所示。

(4) 设置 FTP 站点的绑定 IP 地址(IP：10. 6. 64. 8/24)和端口号(21)，勾选“启用虚拟主机名”，输入“zs. wgs. com”(中山总公司虚拟主机名)。在 SLL 选项中，选择“无 SLL”，单击“下一步”按钮，如图 7-38 所示。

(5) 设置 FTP 站点的身份验证、授权和权限。在身份验证中，勾选“基本”。在授权中，选择“所有用户”均可访问。在权限中，勾选“读取”和“写入”两个权限，单击“完成”按钮，完成中山总公司 FTP 站点的创建，如图 7-39 所示。

(6) 按照上述操作步骤创建珠海和广州两分公司的 FTP 站点。珠海分公司 FTP 站

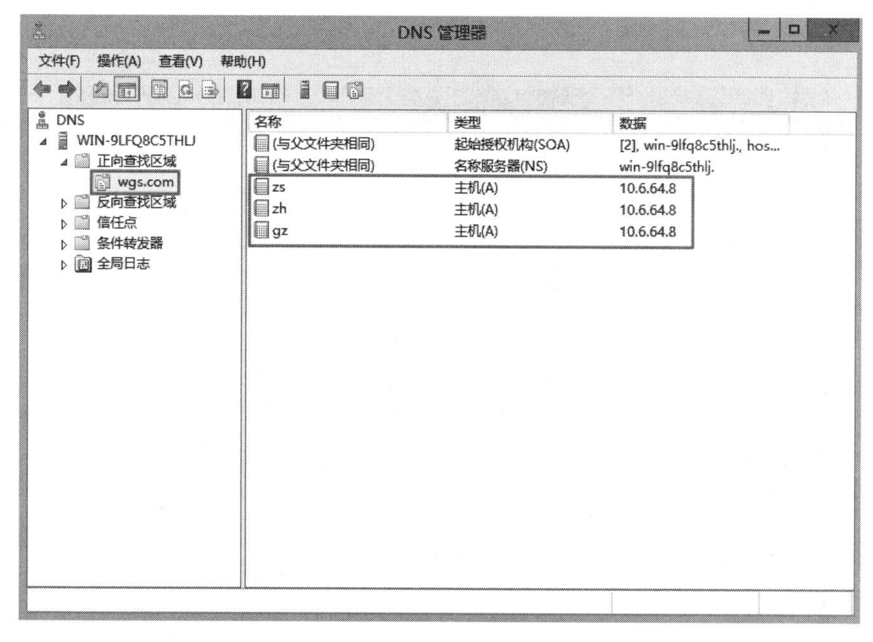

图 7-35 DNS 配置图

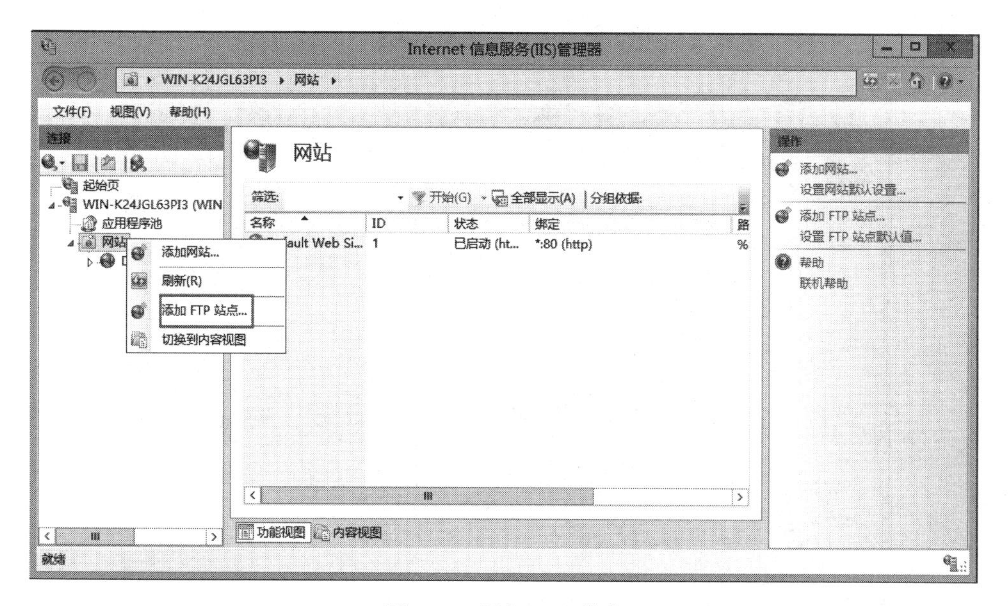

图 7-36 添加 FTP 站点

点使用的主机头为 zh. wgs. com，广州分公司 FTP 站点使用的主机头为 gz. wgs. com。基于主机头的三个 FTP 站点创建成功后，如图 7-40 所示。

(7) 在客户端打开“我的电脑”，在地址栏中分别输入“ftp: //zs. wgs. com”、“ftp: //zh. wgs. com”、“ftp: //gz. wgs. com”访问相应的 FTP 站点，如图 7-41 所示。

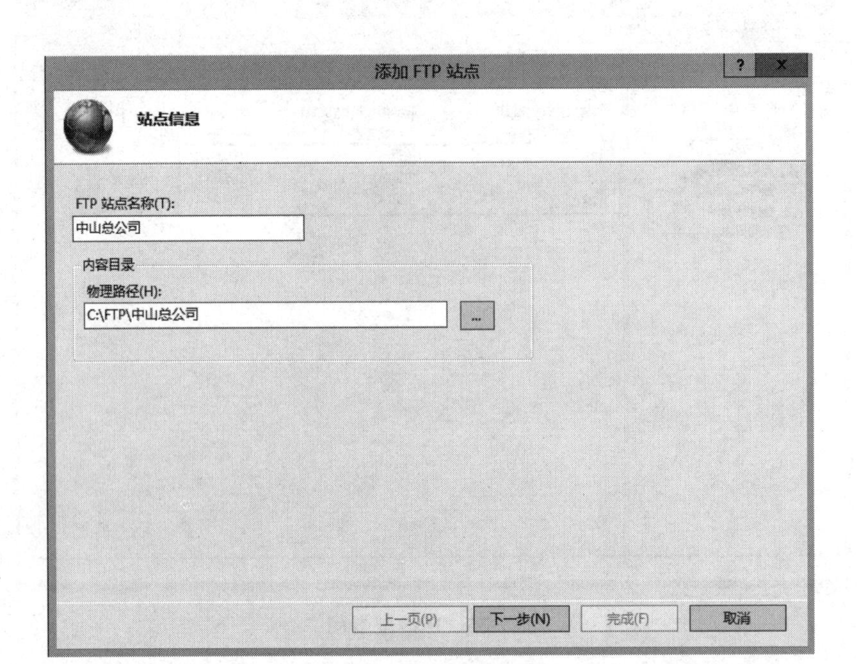

图 7-37 设置 FTP 站点信息

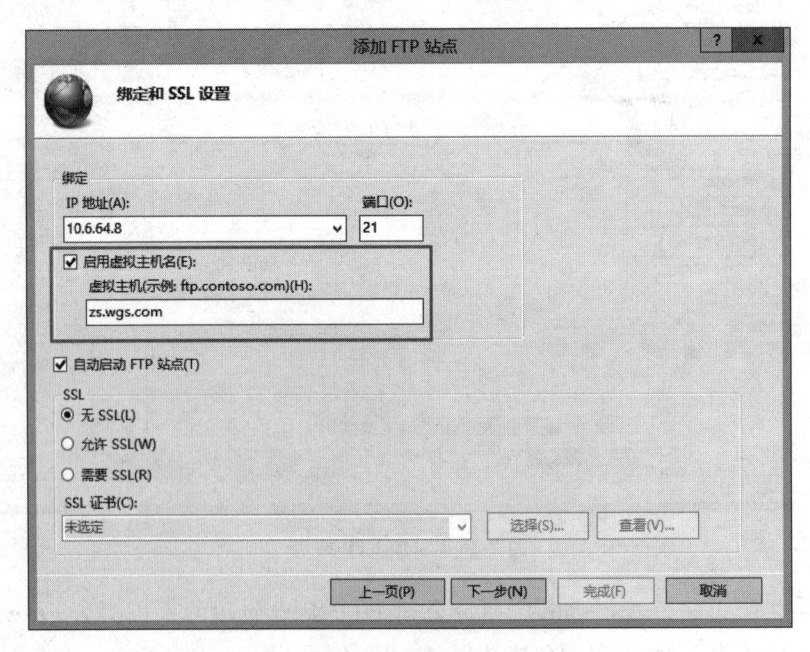

图 7-38 IP 地址绑定、启用虚拟主机名和 SLL 设置

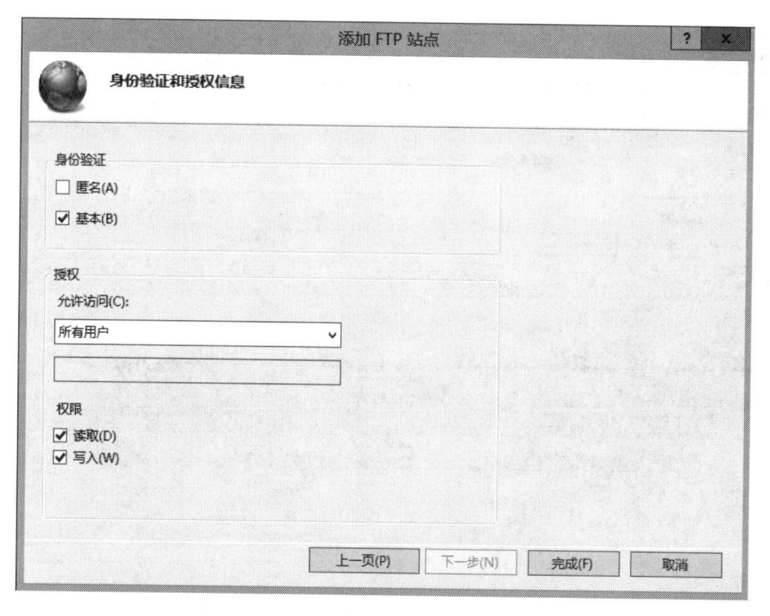

图 7-39　设置身份验证和授权信息

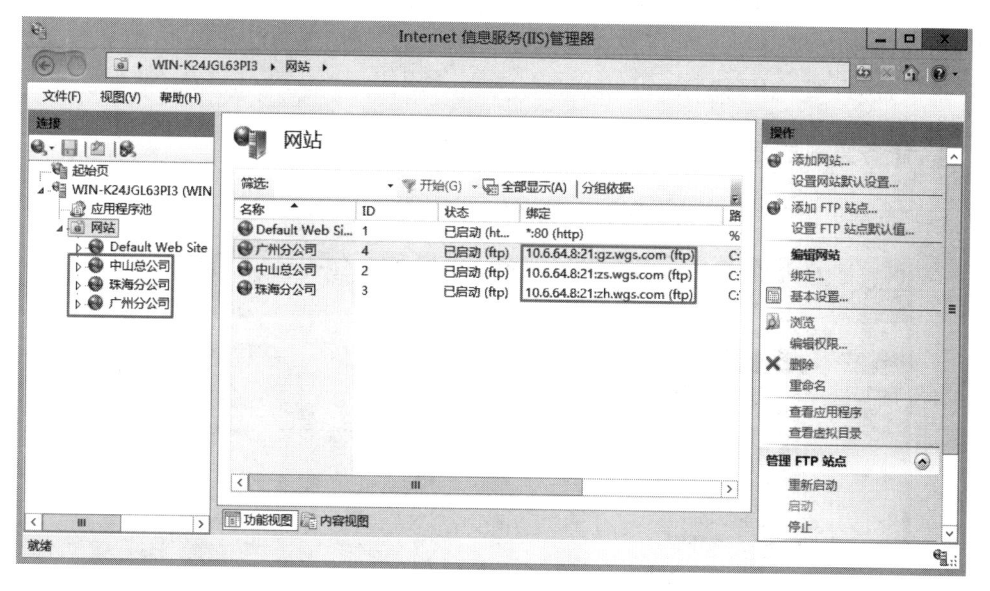

图 7-40　FTP 站点图

7.3.7　任务 7　基于虚拟目录的多个 FTP 站点的创建

1. 任务分析

根据五桂山公司的需求，为中山总公司的人事部和财务部两个部门创建 FTP 站点。由于这两个部门都属于中山总公司内部，所以可以使用虚拟目录的技术来实现此需求。

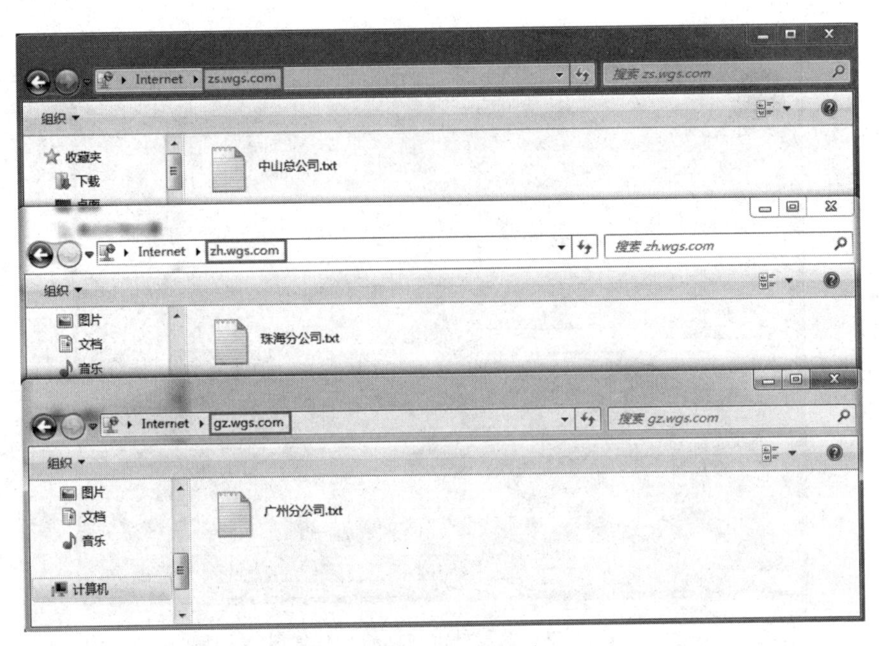

图 7-41 通过不同的主机头访问相应的 FTP 站点

在此任务中,人事部文件所在本地位置为:C:\FTP\LocalUser\rsb,财务部文件所在本地位置为:C:\FTP\LocalUser\cwb。

2. 任务实施过程

(1) 右键单击"中山总公司"站点,选择"添加虚拟目录",如图 7-42 所示。

图 7-42 添加虚拟目录

(2) 在"添加虚拟目录"对话框中,填写虚拟目录别名"rsb"(人事部)和文件所在的本地物理路径,单击"确定"按钮,完成虚拟目录的创建,如图 7-43 所示。

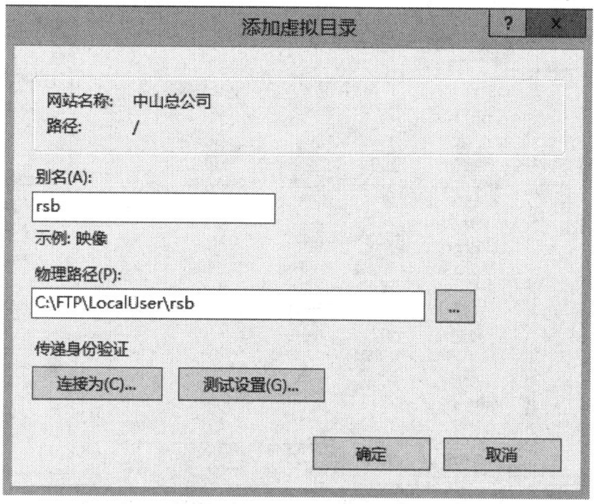

添加虚拟目录
?
X
网站名称: 中山总公司
路径: /
别名(A):
rsb
示例: 映像
物理路径(P):
C:\FTP\LocalUser\rsb
...
传递身份验证
连接为(C)...
测试设置(G)...
确定
取消

图 7-43 人事部虚拟目录

(3) 根据上述步骤,建立财务部的虚拟目录,如图 7-44 所示。

添加虚拟目录
?
X
网站名称: 中山总公司
路径: /
别名(A):
cwb
示例: 映像
物理路径(P):
C:\FTP\LocalUser\cwb
...
传递身份验证
连接为(C)...
测试设置(G)...
确定
取消

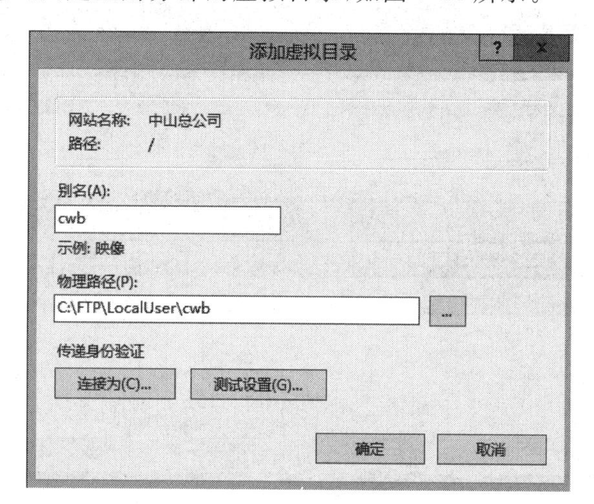

图 7-44 财务部虚拟目录

(4) 虚拟目录建立完成后,如图 7-45 所示。

(5) 在客户端打开"我的电脑",在地址栏中分别输入"ftp: //zs. wgs. com/cwb"、"ftp: // zs. wgs. com/rsb"访问相应的虚拟目录,如图 7-46 所示。

7.3.8 任务 8 没安装域的隔离用户配置

1. 任务分析

根据五桂山公司的反映,"中山总公司"FTP 站点运作之后,财务部和人事部的文件

图 7-45 虚拟目录

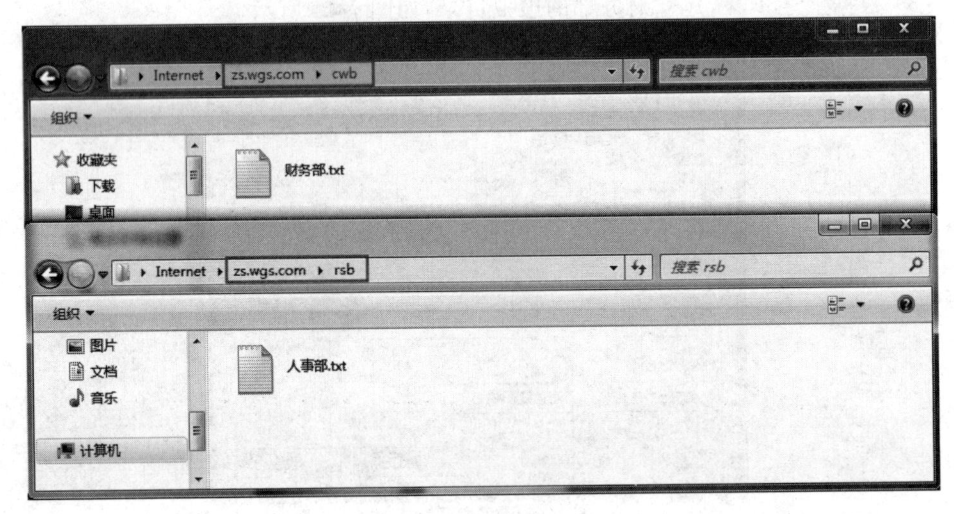

图 7-46 访问虚拟目录

经常被其他部门用户误删、修改，所以我们将对站点“中山总公司”进行 FTP 用户隔离。在 FTP 服务器上配置用户隔离后，当用户使用不同的用户登录时，会看到不同的文件，而且这些文件目录之间是互相隔离的，某一个用户的操作只对其所在目录有影响，不会影响其他的用户目录文件。

2. 任务实施过程

(1) 完成此任务时，需要在服务器的“计算机管理”上新建两个用户：rsb(人事部)和 cwb(财务部)，如图 7-47 所示。

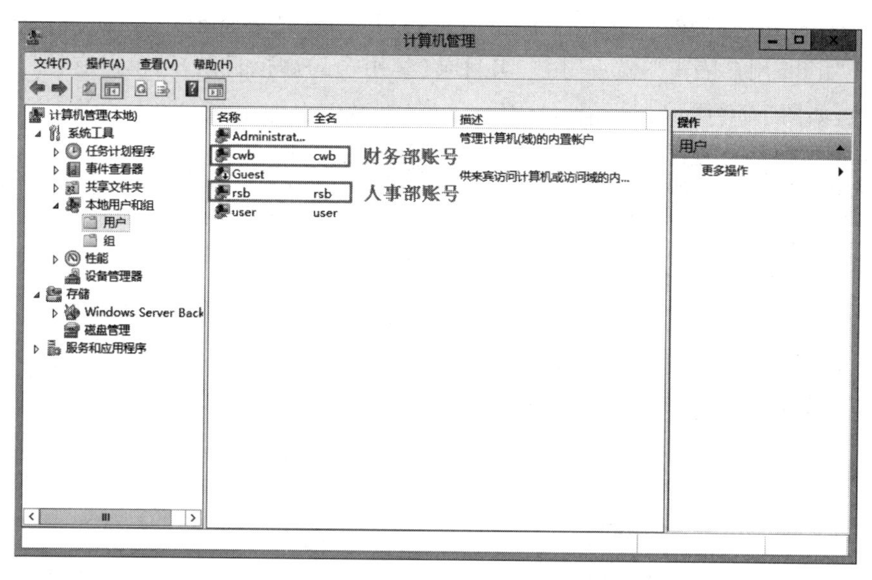

图 7-47　创建用户

(2) 进行用户隔离时，对FTP站点文件有一定的规划结构：在FTP站点的主目录下(此任务中为C:\FTP)，创建一个名为“LocalUser”的子文件夹，在“LocalUser”的子文件夹下创建若干个与用户账户一一对应的文件夹(此任务中为“rsb”和“cwb”两个文件夹)。如果允许匿名方式登录，则需要在“LocalUser”的子文件夹下创建一个“Public”文件夹，匿名用户登录直接进入该文件夹，如图7-48所示。

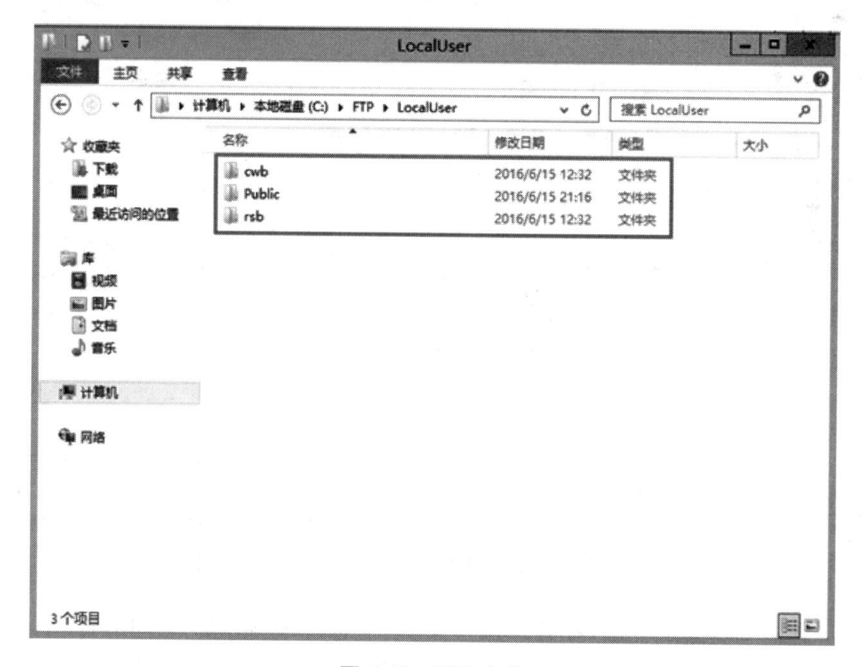

图 7-48　FTP 文件

(3) 打开“IIS管理器”，单击打开“中山总公司”FTP站点管理界面，如图7-49所示。双击打开“FTP用户隔离”，选择“用户名目录(禁用全局虚拟目录)”，单击右侧“应用”使配置生效，如图7-50所示。

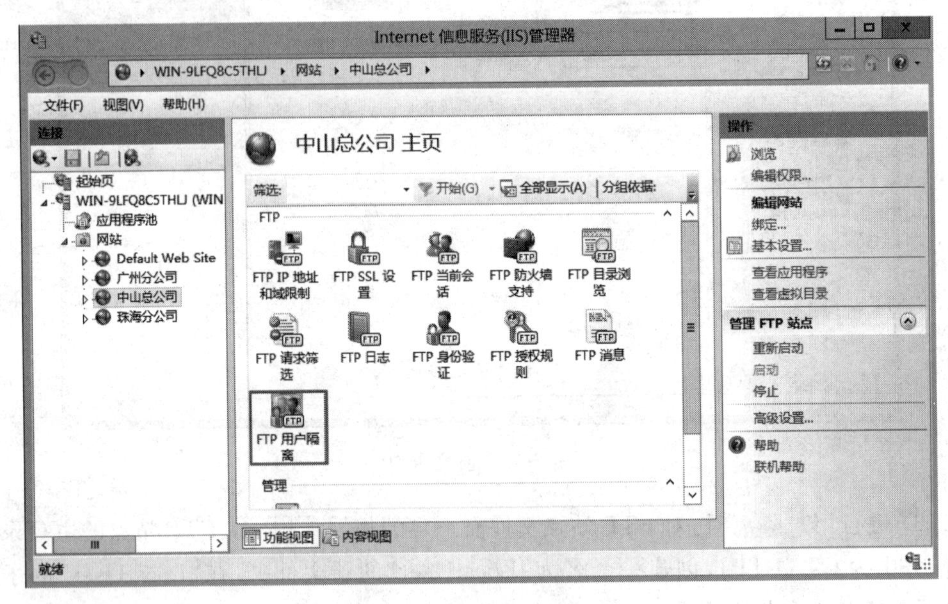

图 7-49　设置 FTP 用户隔离

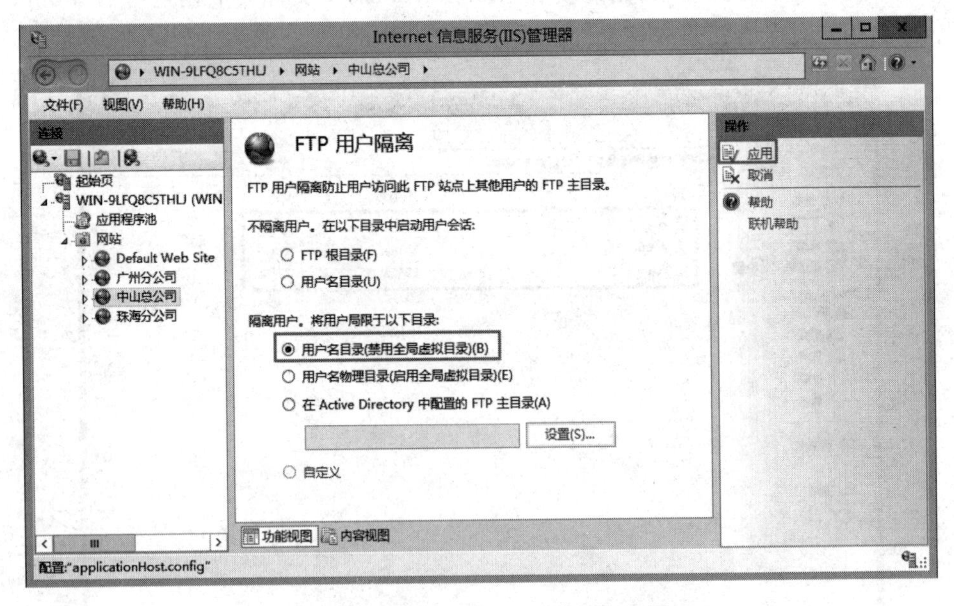

图 7-50　启用新的 FTP 用户隔离设置

(4) 开启用户隔离配置后，在客户端登录“中山总公司”站点时，使用“rsb”和“cwb”两个不同的账号登录后会看到不一样的目录，分别如图7-51和图7-52所示。

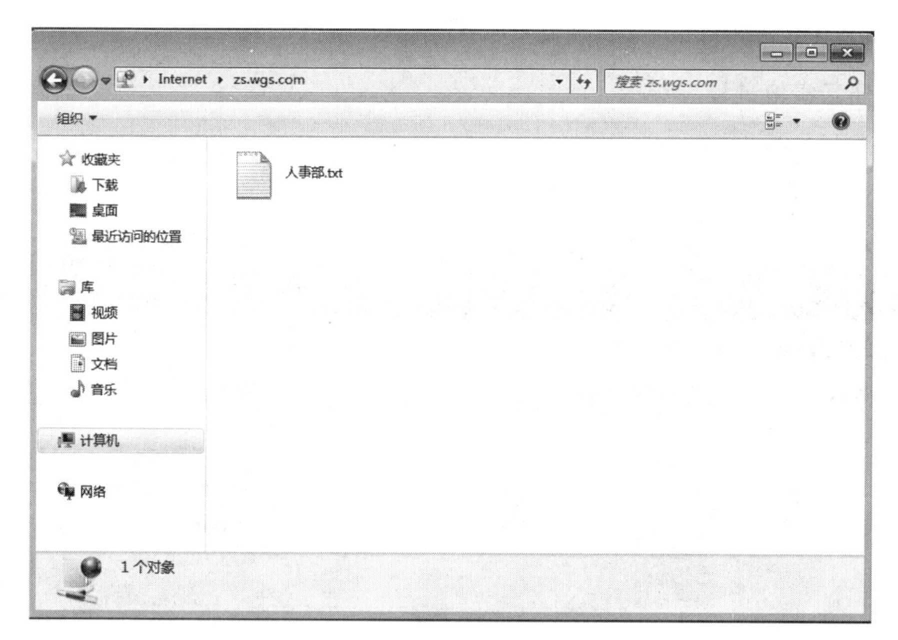

图 7-51 用户"rsb"登录后看到的目录结构

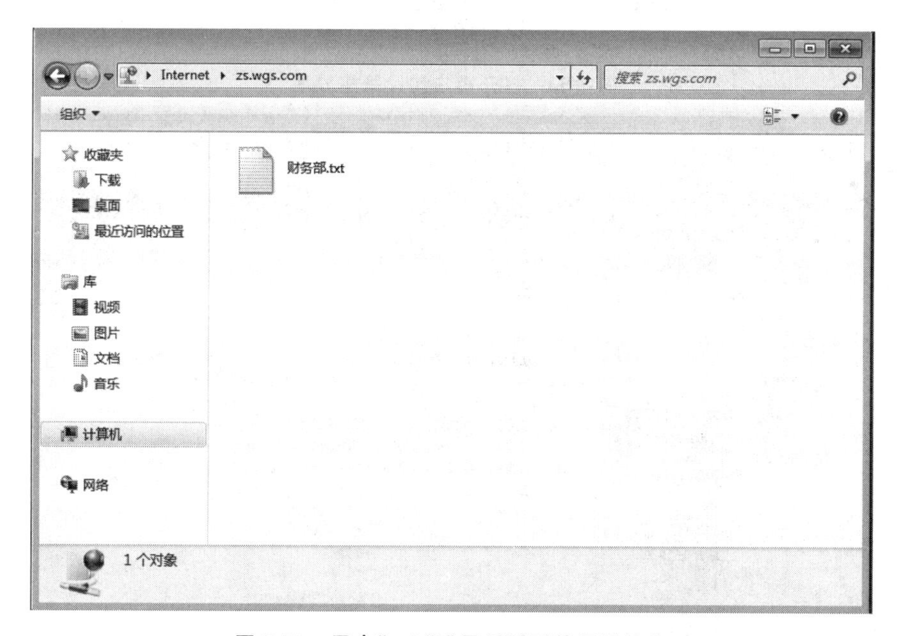

图 7-52 用户"cwb"登录后看到的目录结构

7.3.9 任务 9 域环境下的隔离用户配置

1. 任务分析

在任务 8 的基础上,在域环境下实现 FTP 站点"中山总公司"的用户隔离。

注意：在域环境下无法使用匿名登录 FTP 站点。

2. 任务实施过程

(1) 参照域控制服务器一章安装域环境。安装完成后，单击"工具"，选择"Active Directory 用户和计算机"，如图 7-53 所示。

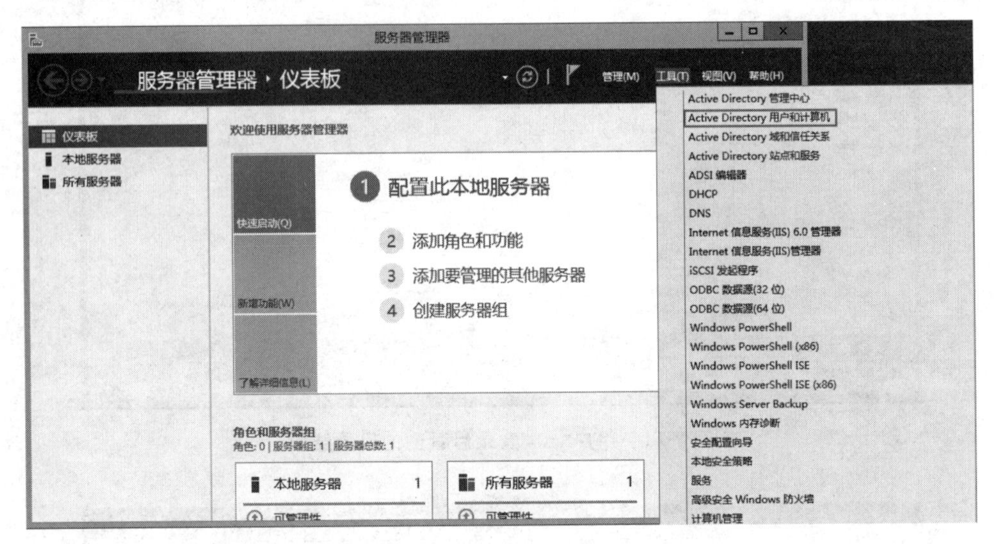

图 7-53　打开用户和计算机界面

(2) 单击域"wgs. com"，右键单击"Users"，选择"新建"→"用户"，如图 7-54 所示。

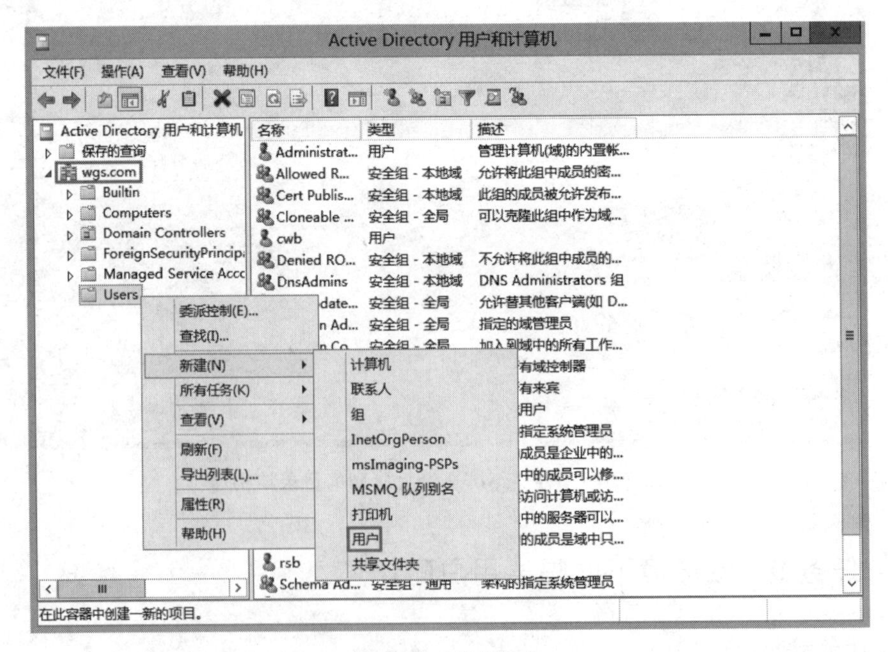

图 7-54　新建用户

(3) 在“新建对象-用户”对话框中,填写所需信息,单击“下一步”按钮,如图7-55所示。

图 7-55 填写新建用户信息

(4) 输入“密码”并“确认密码”,勾选“密码永不过期”,单击“下一步”按钮,如图7-56所示。

图 7-56 设置用户密码

(5) 单击“完成”,完成财务部账号“cwb”的创建,如图7-57所示。

(6) 按照上述操作步骤创建人事部账号“rsb”。两个用户创建完成后如图7-58所示。

图 7-57 完成用户创建

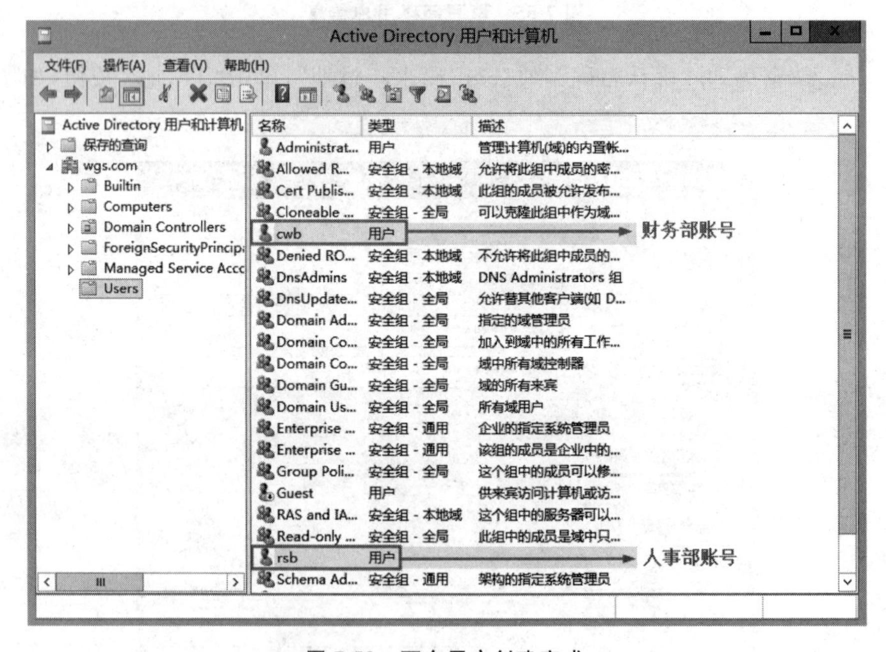

图 7-58 两个用户创建完成

(7) 打开"IIS 管理器"，单击打开"中山总公司"FTP 站点管理界面，双击打开"FTP 身份验证"，如图 7-59 所示。

(8) 如图 7-60 所示，单击"基本身份验证"，然后单击右侧"编辑"，在"编辑基本身份验证设置"对话框中输入默认域"wgs. com"，单击"确定"按钮，完成设置。

(9) 单击打开"中山总公司"FTP 站点管理界面，如图 7-61 所示。双击打开"FTP 用

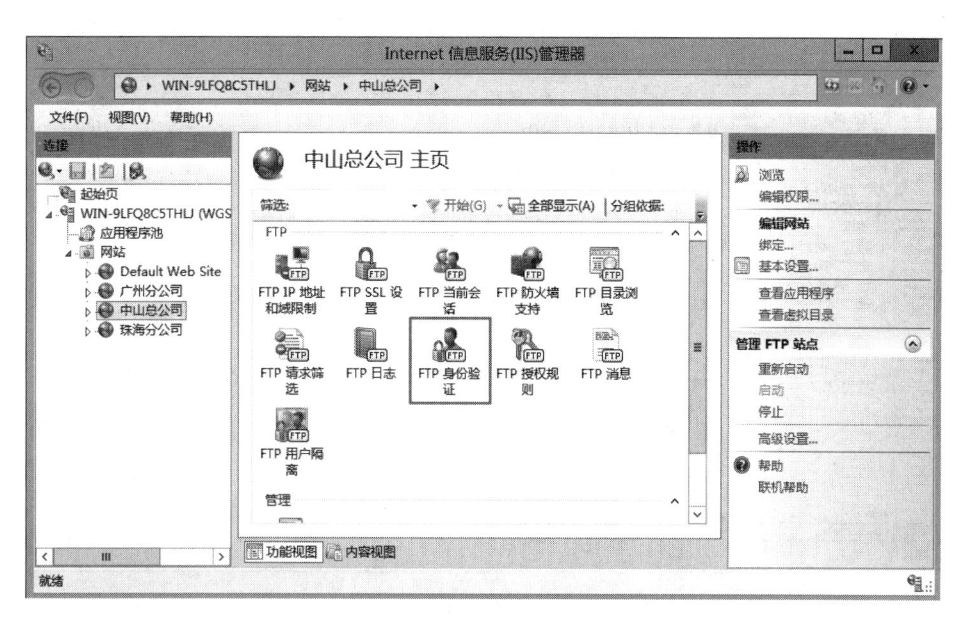

图 7-59　设置 FTP 身份验证

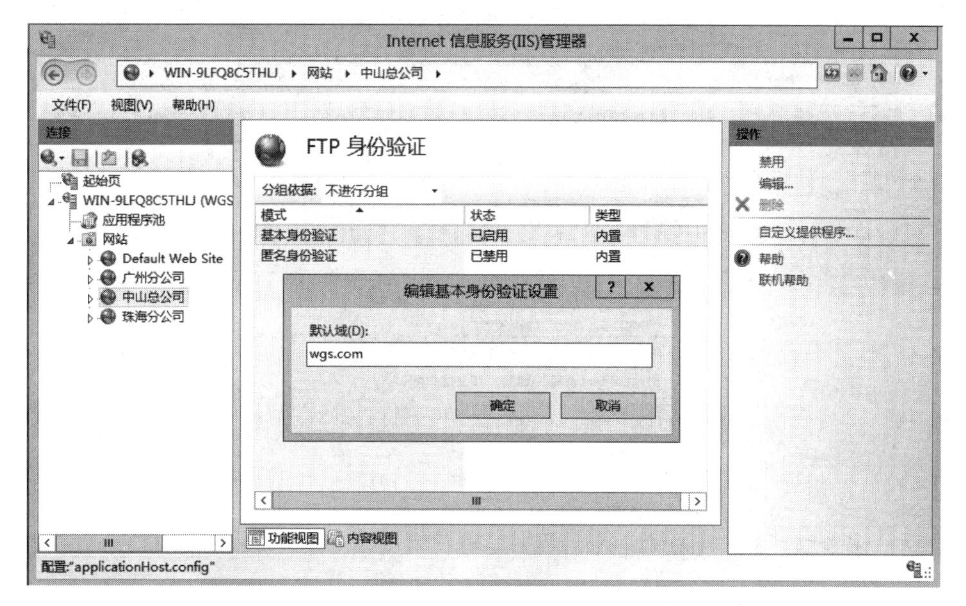

图 7-60　设置默认域

户隔离”,选择“用户名目录(禁用全局虚拟目录)”,单击右侧“应用”使配置生效,如图 7-62 所示。

(10) 开启用户隔离配置后,在客户端登录“中山总公司”站点时,使用“rsb”和“cwb”两个不同的账号登录后会看到不一样的目录,分别如图 7-63 和图 7-64 所示。

图 7-61 设置 FTP 用户隔离

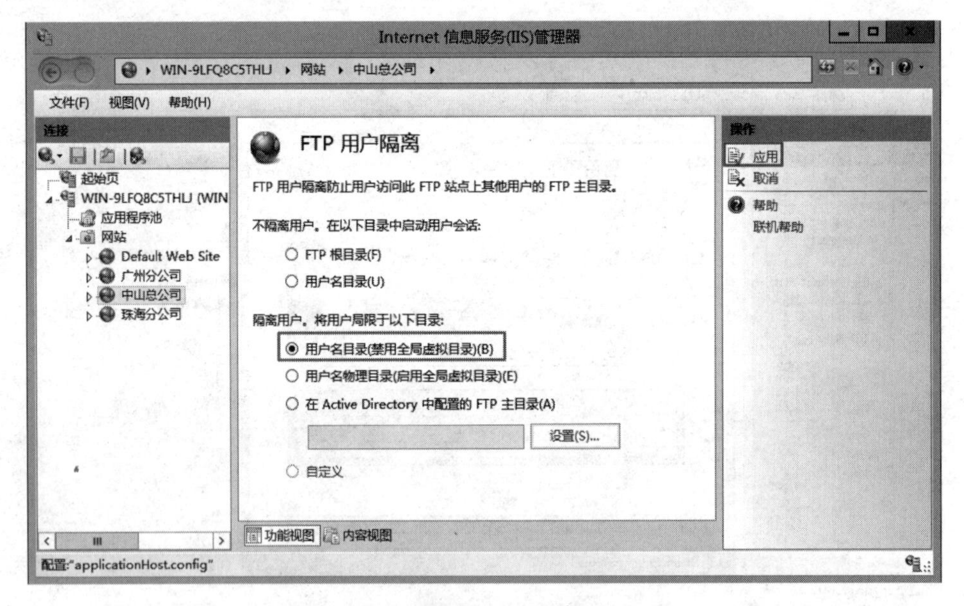

图 7-62 启用新的 FTP 用户隔离设置

7.3.10 任务 10 Serv-U 的安装与介绍

1. 任务分析

在 FTP 的使用中，除了 IIS 自带的 FTP 功能，常用的 FTP 软件有 Serv-U、FileZilla 和 VsFTP 等。本次任务将使用 Serv-U。

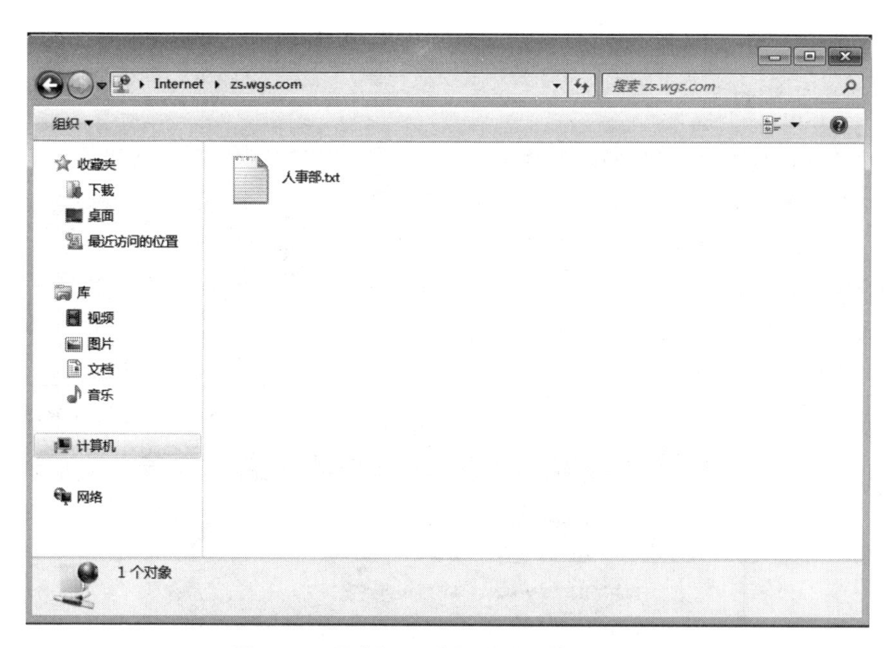

图 7-63 用户“rsb”登录后看到的目录结构

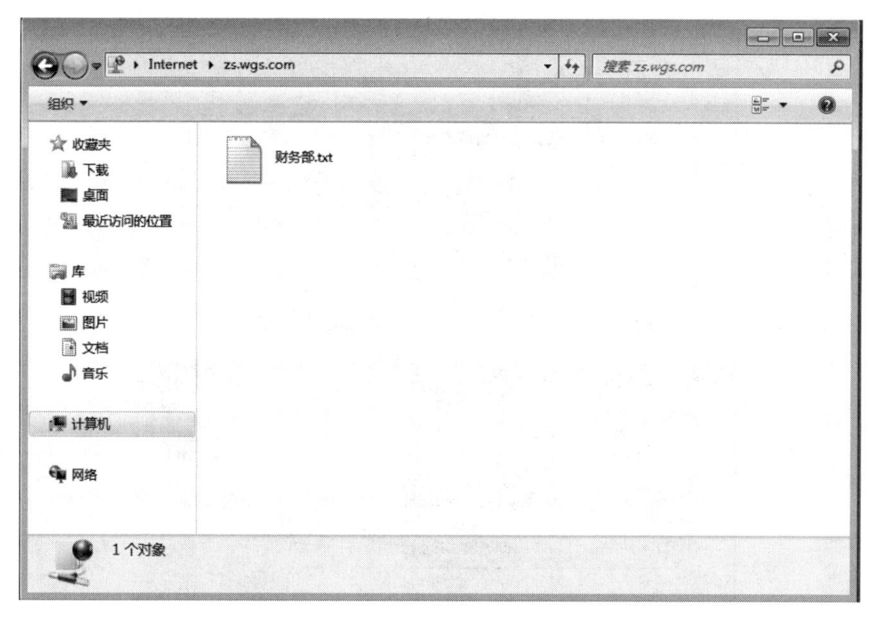

图 7-64 用户“cwb”登录后看到的目录结构

Serv-U FTP Server 是广泛应用的 FTP 服务器端软件，支持不同的系统。它可以设定多个 FTP 服务器，限定登录用户的权限、登录主目录及空间大小等，功能非常完备。它具有非常完备的安全特性，支持 SSL FTP 传输，支持在多个 Serv-U 和 FTP 客户端通过 SSL 加密连接保护数据安全等。通过使用 Serv-U，用户能够将任何一台 PC 设置成一个 FTP 服务器，这样，用户或其他使用者就能够使用 FTP 协议，通过在同一网络上的任何一台 PC 与 FTP 服务器连接,进行文件或目录的复制、移动、创建和删除等。

2. 任务实施过程

(1) 双击安装程序开始安装,选择安装语言,单击“确定”,如 7-65 所示。

(2) 在“安装向导”对话框中,单击“下一步”按钮。

(3) 在“许可协议”对话框中,选择“我接受协议”,单击“下一步”按钮。

(4) 选择安装的本地位置,单击“下一步”按钮,如图 7-66 所示。

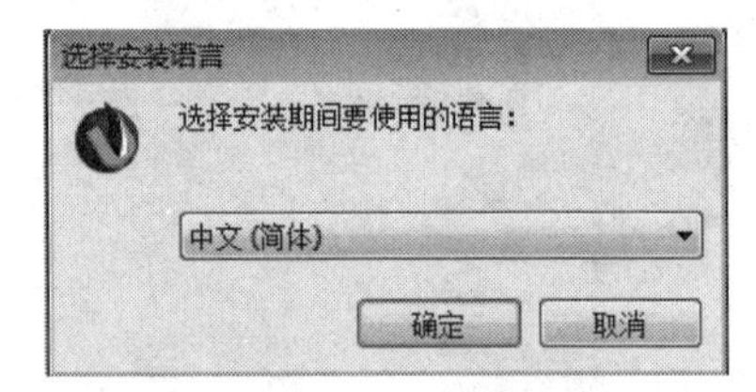

图 7-65 选择安装语言

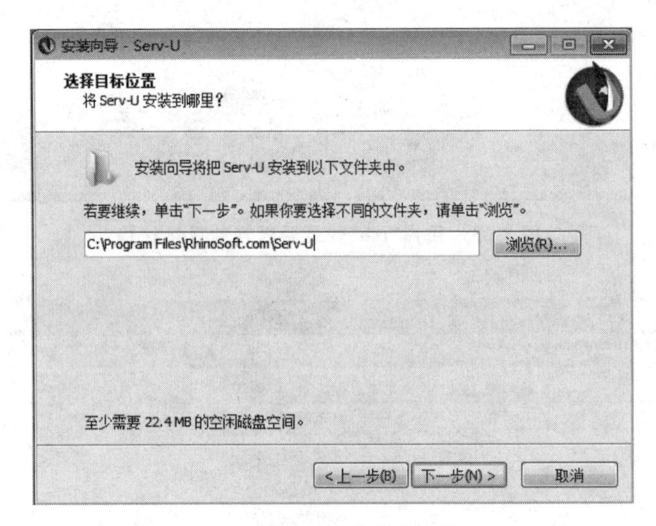

图 7-66 安装的本地位置

(5) 选择快捷方式的位置,单击“下一步”按钮,如图 7-67 所示。

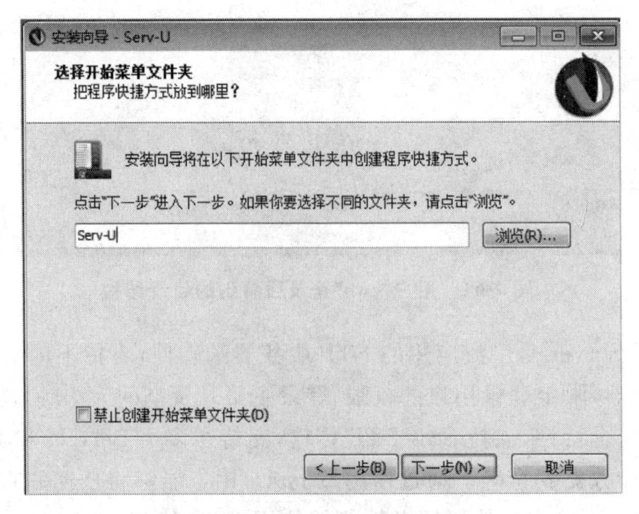

图 7-67 选择创建快捷方式的位置

(6) 选择附加任务,单击"下一步"按钮,如图7-68所示。

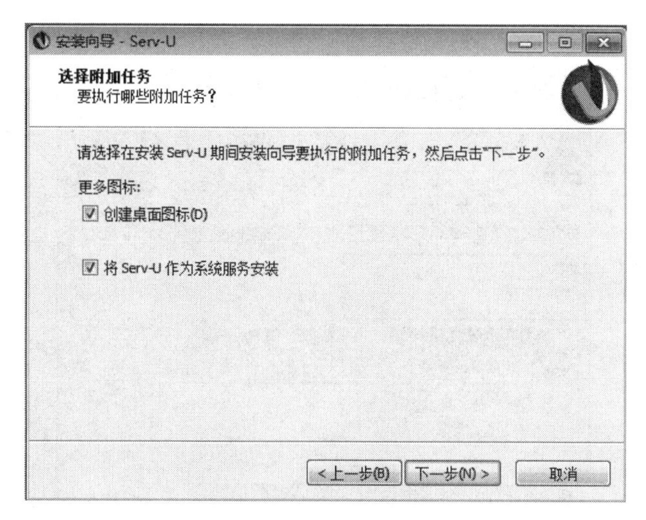

图 7-68　选择附加任务

(7) 在"准备安装"对话框中,单击"安装"。
(8) 单击"完成",完成安装。

7.3.11　任务 11　Serv-U 的配置与管理

1. 新建管理域

(1) 打开"Serv-U 管理控制台",单击"新建域",如图7-69所示。

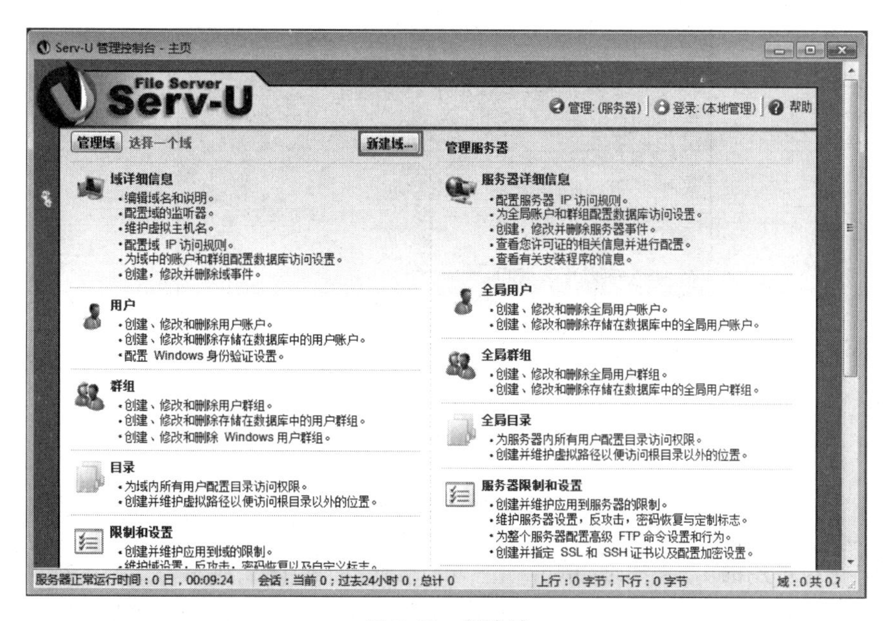

图 7-69　新建域

(2) 输入新建域的名称,如有需要,可以在下面对新建域进行说明,单击"下一步"按钮,如图 7-70 所示。

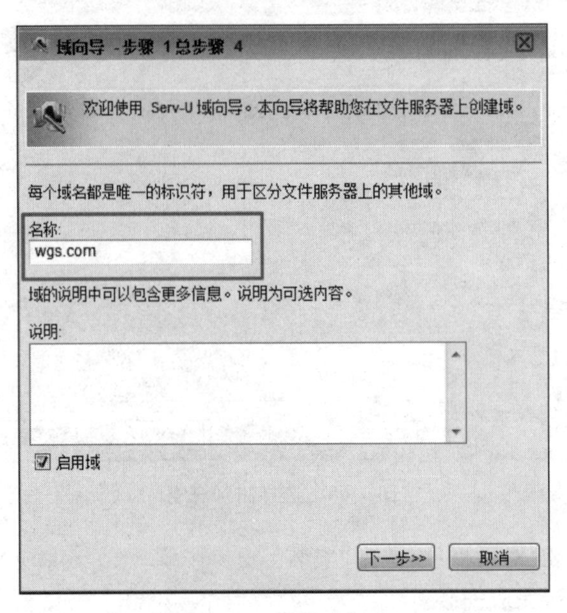

图 7-70 新建域名称

(3) 选择新建域所使用的协议及其相应的端口,单击"下一步"按钮,如图 7-71 所示。

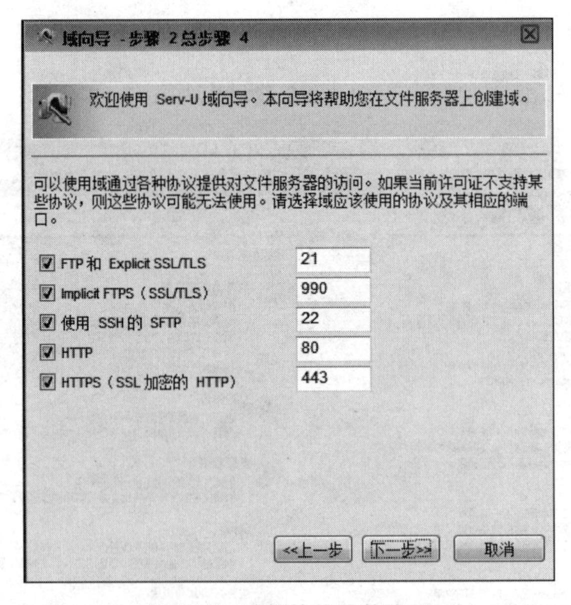

图 7-71 选择协议及其端口

(4) 选择可用的 IPv4 地址,单击"下一步"按钮,如图 7-72 所示。

(5) 选择密码加密模式,在此选择"使用服务器设置(加密: 单向加密)",单击"完成",完成域的新建,如图 7-73 所示。

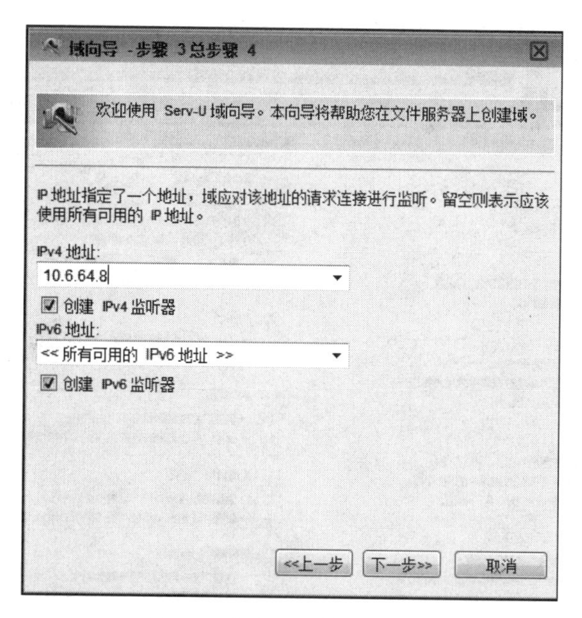

图 7-72 选择可用的 IPv4 地址

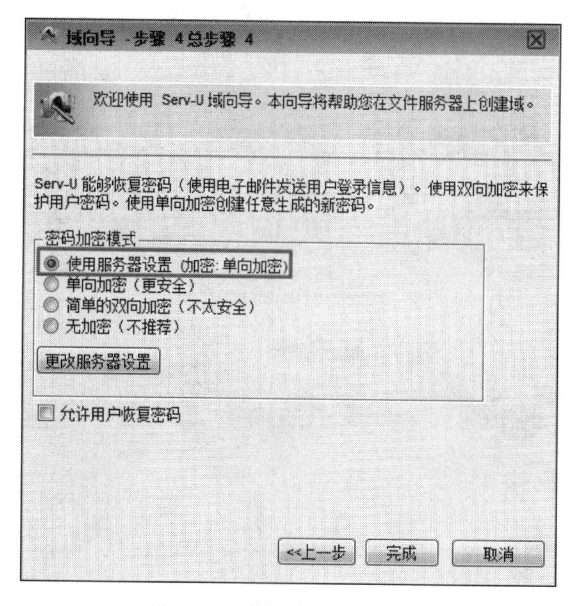

图 7-73 选择密码加密模式

2. 新建用户以及用户访问设置

(1) 打开“Serv-U 管理控制台”，在管理域 wgs. com 下面单击“用户”，如图 7-74 所示。

(2) 单击左下角的“添加”，添加用户，如图 7-75 所示。

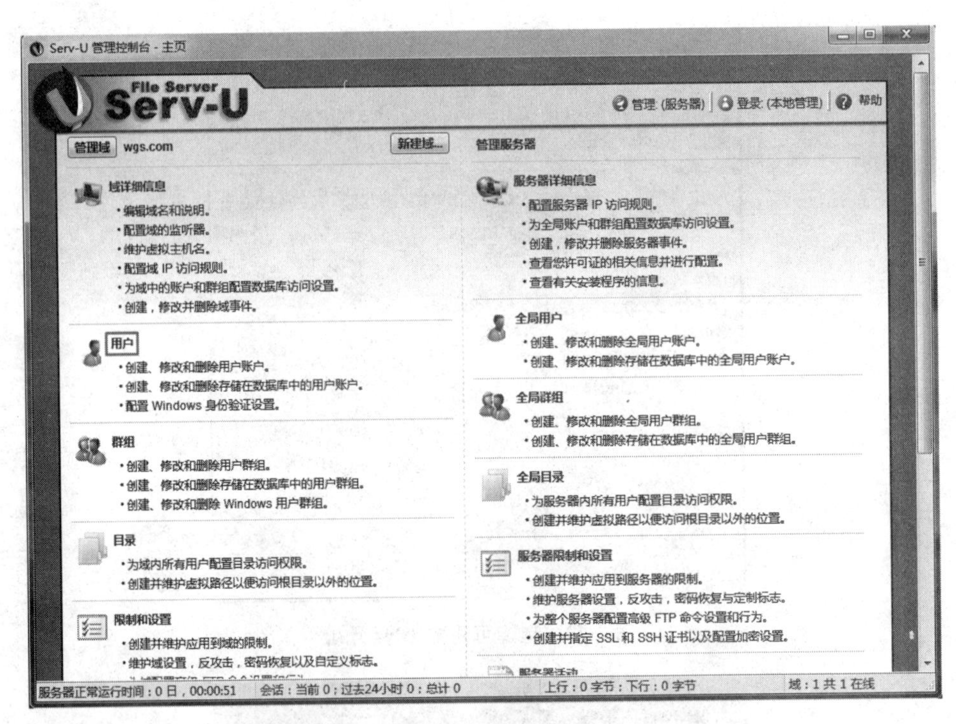

图 7-74　新建用户

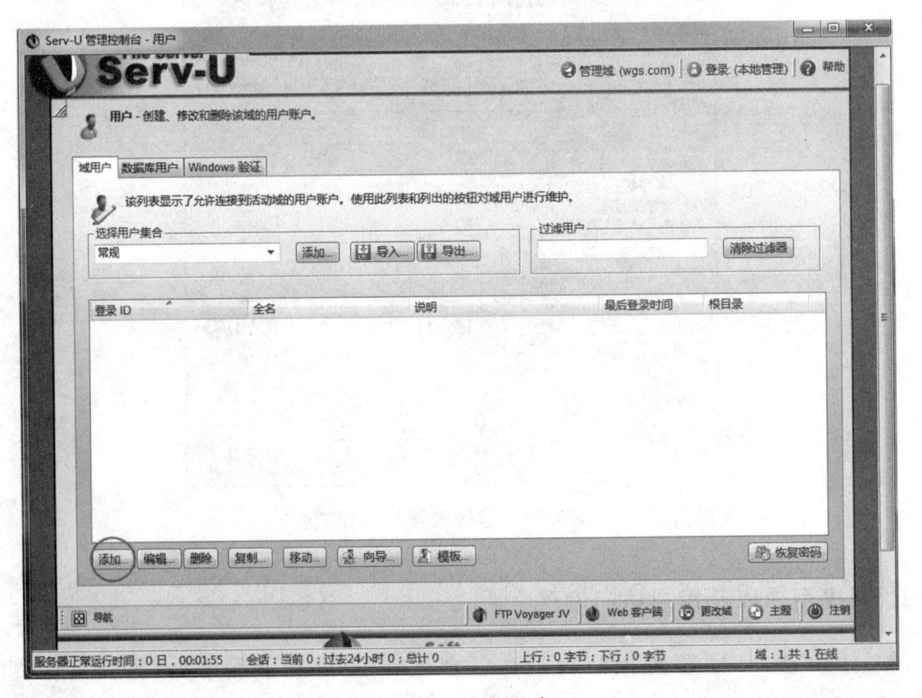

图 7-75　添加用户

(3) 设置登录ID、密码和访问根目录,管理权限选择"无权限",单击"保存",完成用户的创建,如图7-76所示。

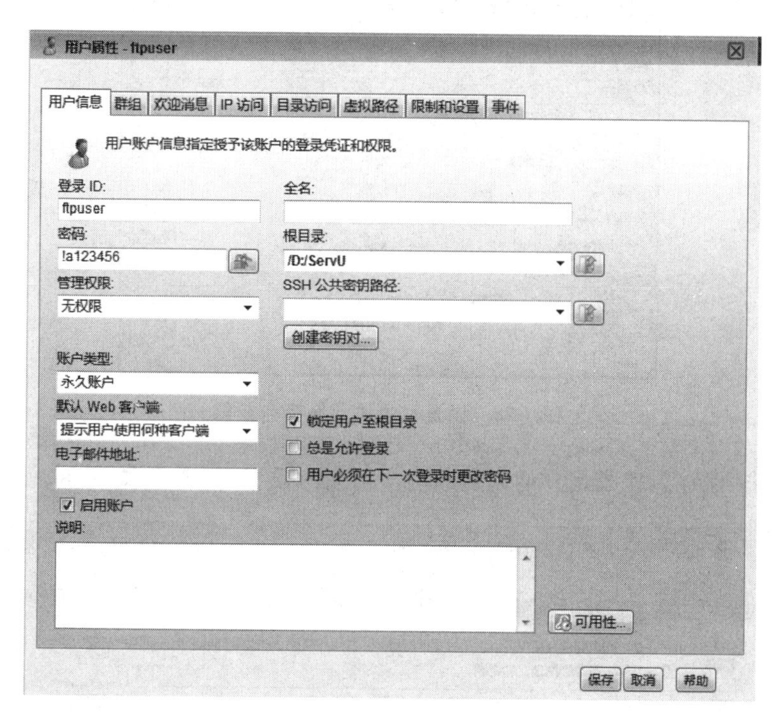

图7-76 设置用户信息

(4) 单击"目录访问",单击左下角的"添加",添加用户目录访问,如图7-77所示。

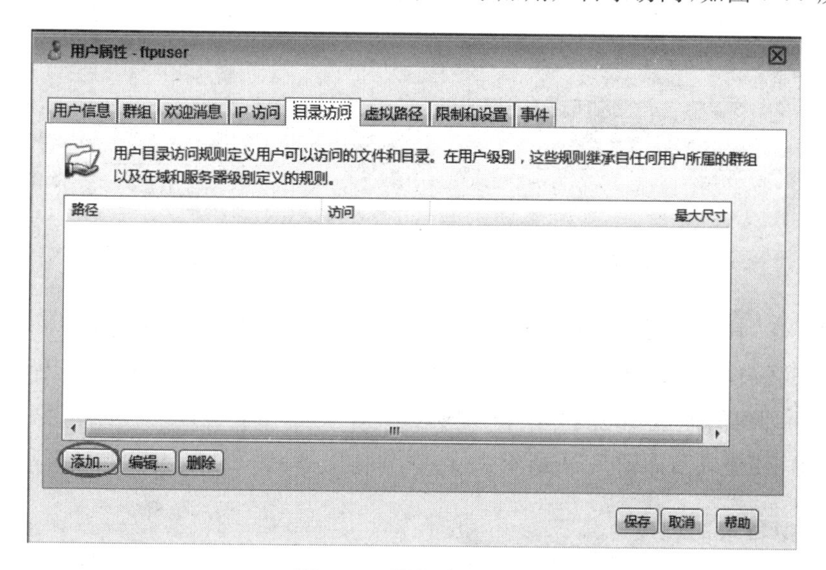

图7-77 添加访问目录

(5) 设置目录访问路径(该路径要与用户信息中的根目录一致)和权限,单击“保存”,如图 7-78 所示。

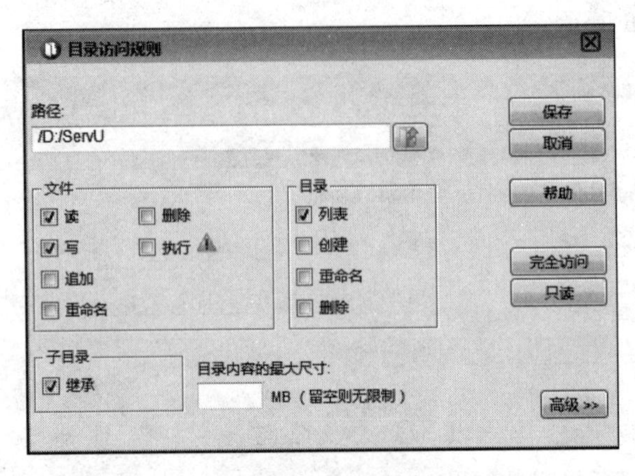

图 7-78 设置目录访问路径和权限

(6) 单击“保存”,完成用户的创建和用户访问的设置,如图 7-79 所示。

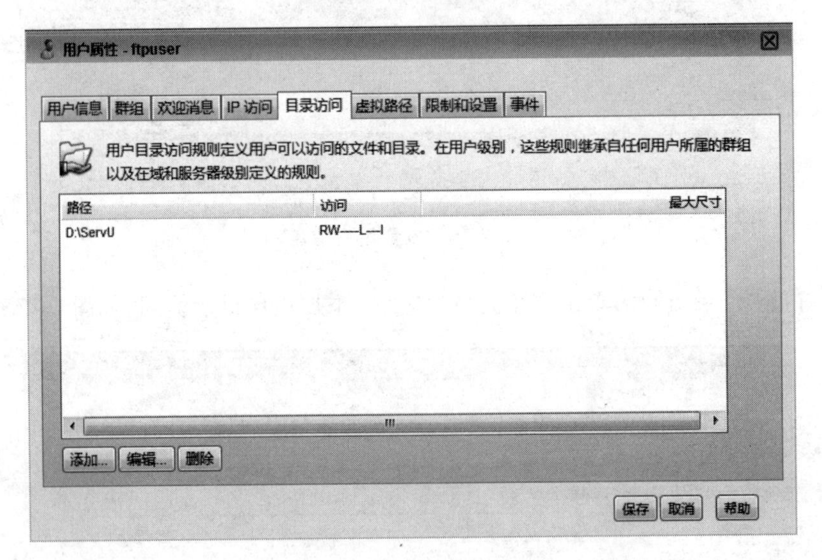

图 7-79 完成用户的创建和用户访问的设置

注意:在“目录访问”中,可以使用“%HOME%”代替主目录,注意 HOME 要大写。

(7) 在客户端打开“我的电脑”,在地址栏中输入“ftp://10.6.64.8”,用户“ftpuser”即可访问所创建的 FTP 站点,如图 7-80 所示。

(8) 单击“登录”,如图 7-81 所示。

3. 虚拟目录的创建

(1) 打开“Serv-U 管理控制台”中的“域用户”,双击用户“ftpuser”,如图 7-82 所示。

(2) 选择“虚拟路径”,单击左下角的“添加”,如图 7-83 所示。

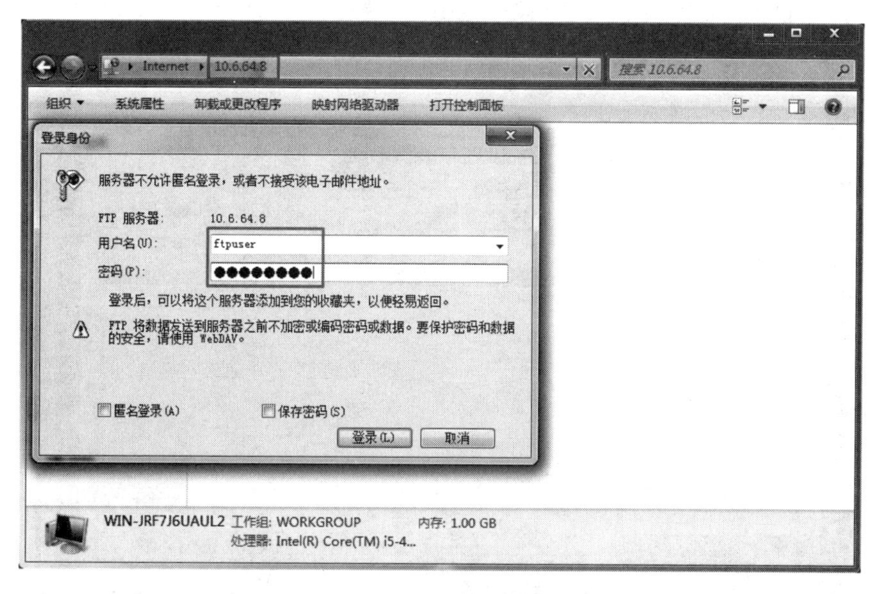

图 7-80　用户 ftpuser 登录 FTP 站点

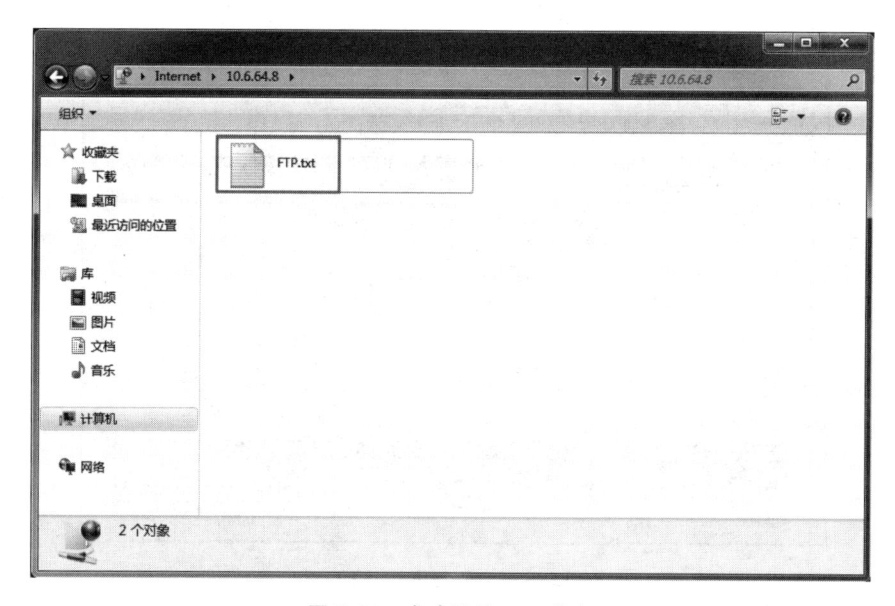

图 7-81　成功登录 FTP 站点

(3) 选择虚拟目录所在的本地物理路径，输入虚拟路径的名称，如图 7-84 所示。

(4) 再次单击“目录访问”，把虚拟目录的物理路径添加到目录访问中，单击“保存”，完成虚拟目录的创建，如图 7-85 所示。

(5) 在客户端打开“我的电脑”，在地址栏中输入“ftp：//10.6.64.8”访问 FTP 站点（虚拟目录在主目录中），如图 7-86 所示。

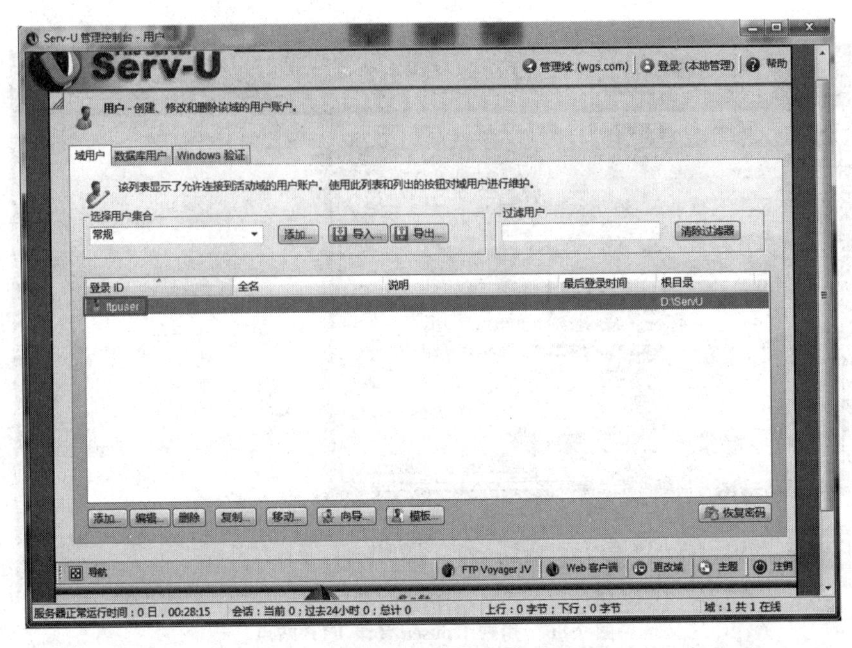

图 7-82　选择用户

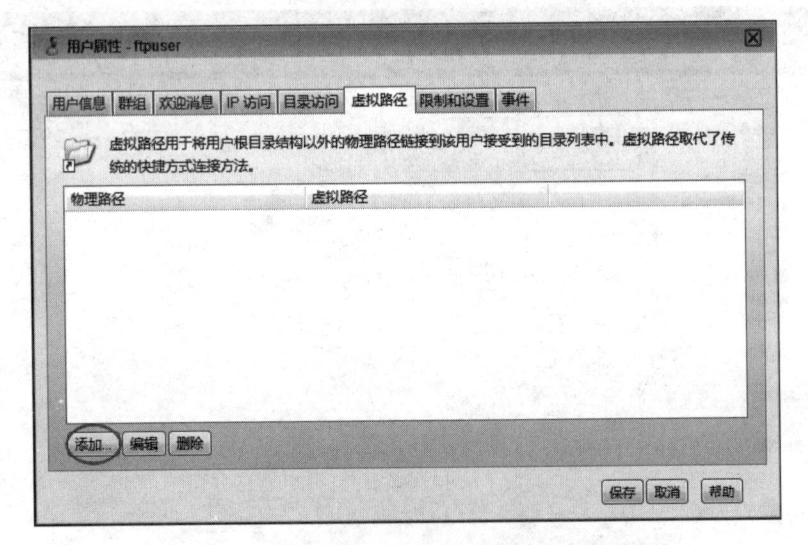

图 7-83　添加虚拟路径

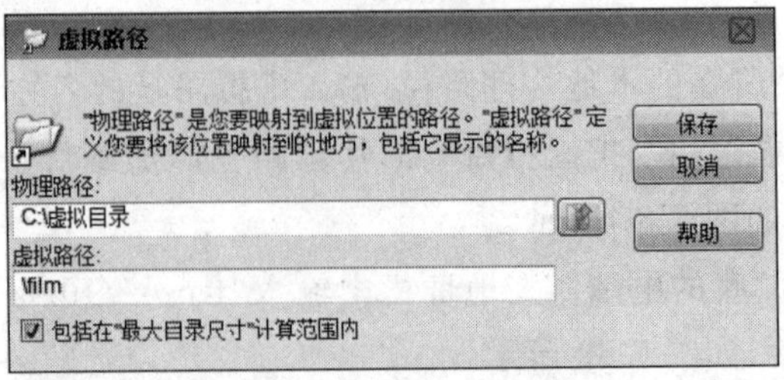

图 7-84　设置虚拟目录信息

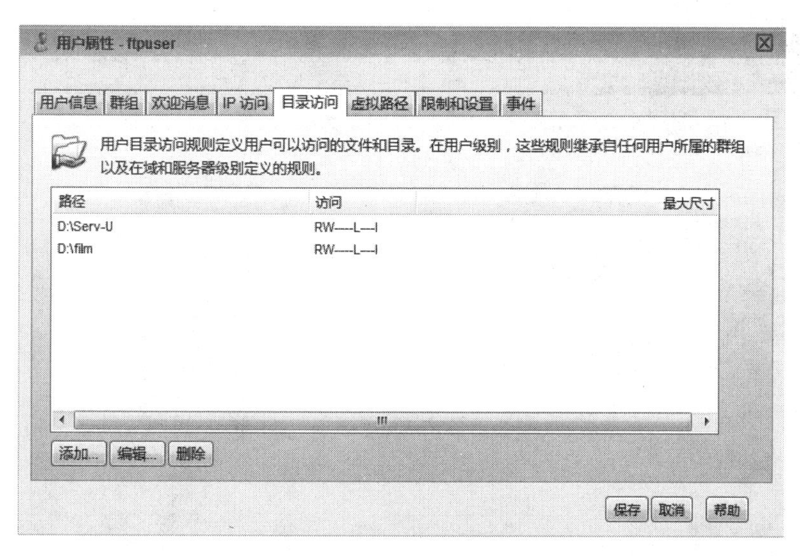

图 7-85 完成虚拟目录的创建

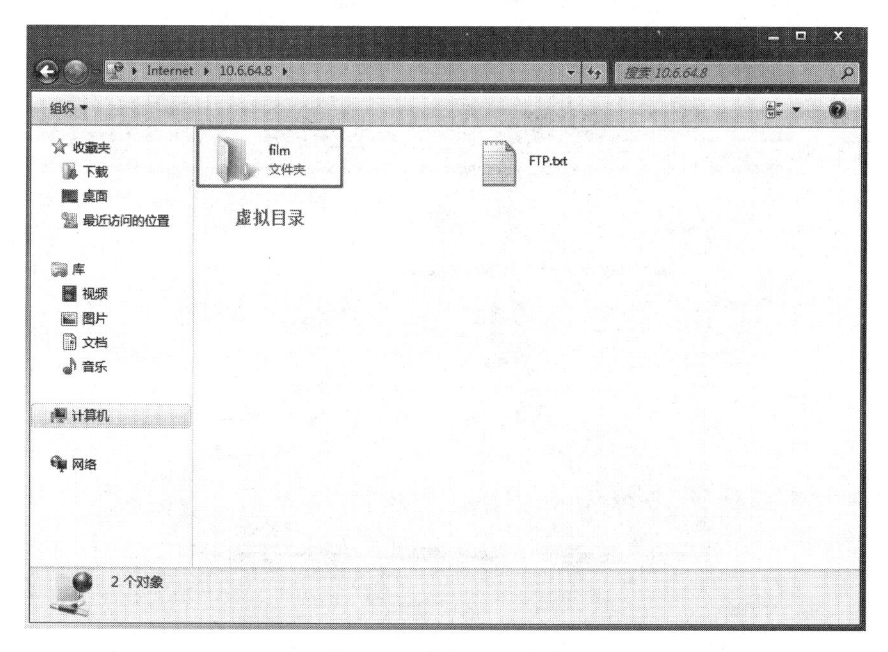

图 7-86 访问 FTP 站点

7.4 项目总结

常见问题一：在创建基于主机头的多个 FTP 站点后，无法访问 FTP 站点，出现如图 7-87 所示的错误。

解决方案：创建基于主机头的多个站点后，用户访问 FTP 站点时，用户名应为“虚拟

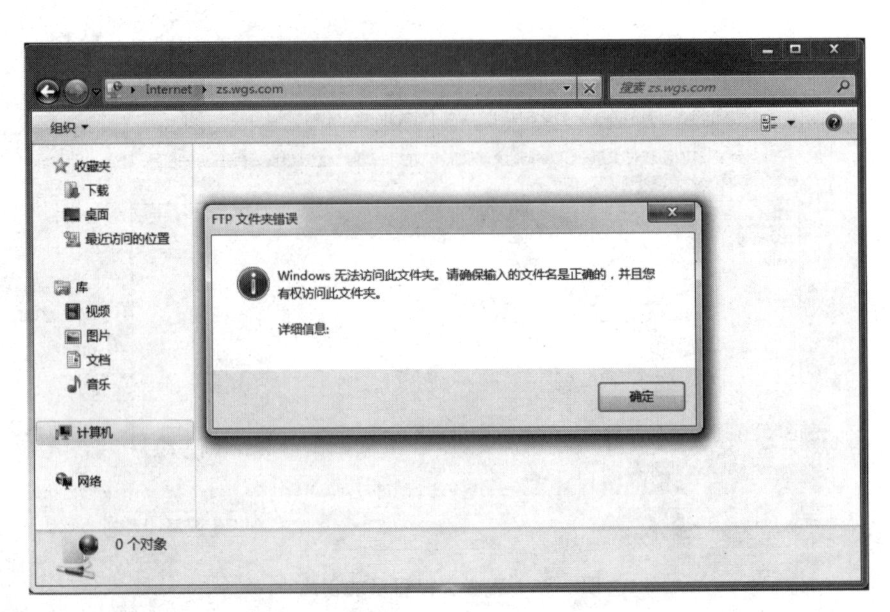

图 7-87　FTP 登录错误

主机头|用户名”,而不是直接使用“用户名”登录访问,如图 7-88 所示。

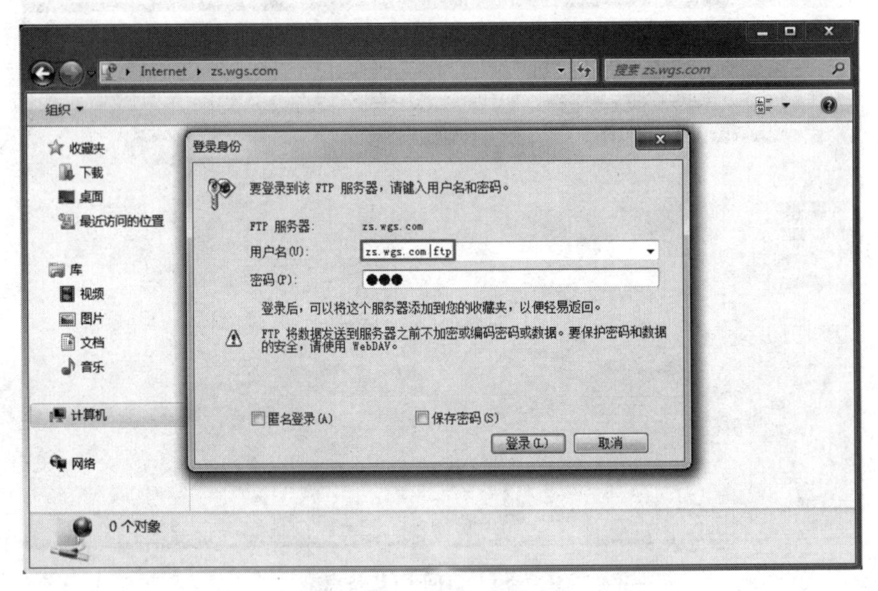

图 7-88　正确的访问形式

常见问题二：在 Serv-U 的使用中,创建虚拟目录后,使用“ftp：//IP 地址/虚拟目录名称”无法访问虚拟目录,出现如图 7-89 所示的错误。

解决方案：随着技术的更新,现在的软件越来越先进。现在 Serv-U 创建的虚拟目录就在主目录中。创建虚拟目录后,只需要使用“ftp：//IP 地址”访问 FTP,在主目录下面就会出现一个虚拟目录的文件,里面就是所创建的虚拟目录文件,如图 7-90 所示。

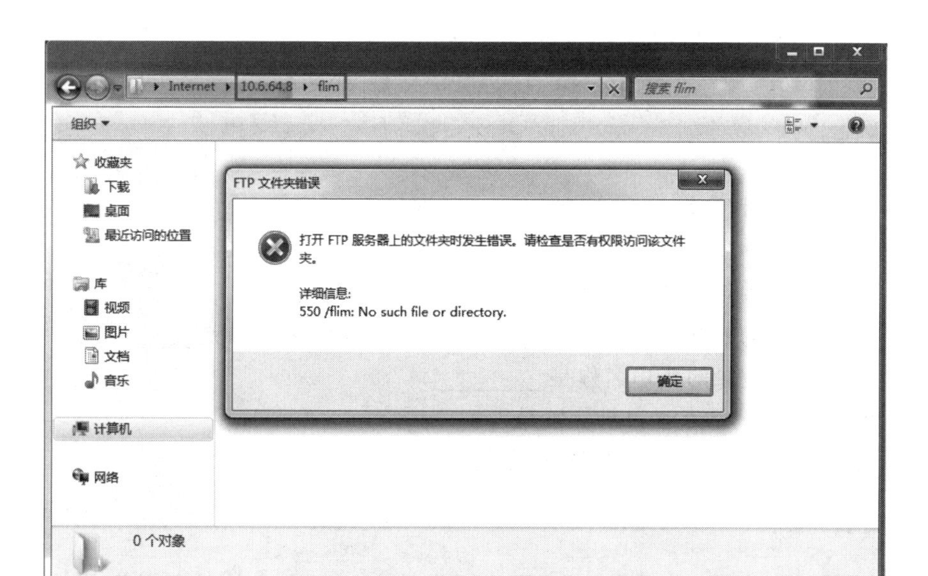

图 7-89　Serv-U 访问虚拟目录错误

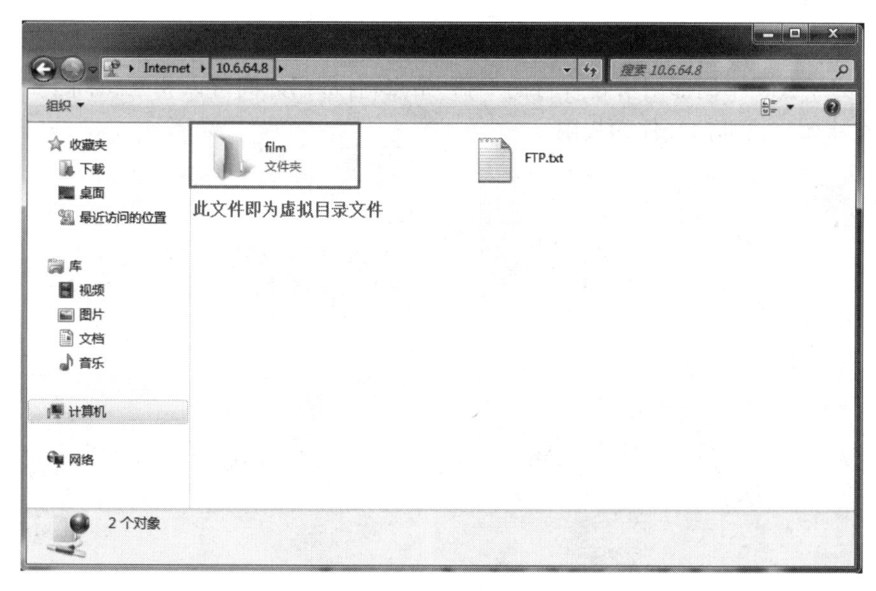

图 7-90　访问虚拟目录的正确方法

7.5　课后习题

1. 选择题

(1) FTP 站点的连接限制的最大值为(　　)。

A. 100000 个　　B. 1000 个　　C. 200000 个　　D. 不受限制

(2) 下列命令中，可以结束 FTP 会话的是(　　)。

A. close　　B. exit　　C. bye　　D. quit

2. 填空题

(1) FTP 会话时包含________和________两个通道。

(2) FTP 的两种连接模式分别是________和________。

(3) FTP 的两种传输模式分别是________和________。

(4) FTP 默认的数据传输端口是________。默认的控制端口是________。

(5) FTP 匿名登录的账户名称是________。

(6) 默认的 FTP 站点主目录位置是________。

(7) 打开本地的“计算机管理”的命令是________。

3. 实训题

某公司最近收购了一家子公司，需要为子公司建立 FTP 文件共享服务，为公司人员提供所需文件。

要求：

(1) 建立一个公用站点，允许任何人员访问。

(2) 为子公司不同部门搭建各自的 FTP 站点，各部门之间可以相互访问 FTP 站点，但只具有修改自己部门文件的权限。

第8章 chapter 8

项目8　电子邮件服务器的配置与管理

【学习目标】

本章系统介绍电子邮件服务器的理论知识，包括电子邮件服务器的安装和部署、邮件服务器配置、邮件客户端配置和使用。

通过本章的学习应该完成以下目标：

- 理解邮件服务器的理论知识；
- 掌握邮件服务器的基本配置；
- 掌握邮件客户端的配置与测试。

8.1　项目背景

五桂山公司计划设计邮件服务器供全体员工使用，要求使用公司的域名作为邮件服务器的后缀，相互之间发送电子邮件，并且能够与外网用户收发电子邮件。按照公司前期部署，邮件服务器的地址为10.6.64.8/24，并且安装DNS服务，如图8-1所示。

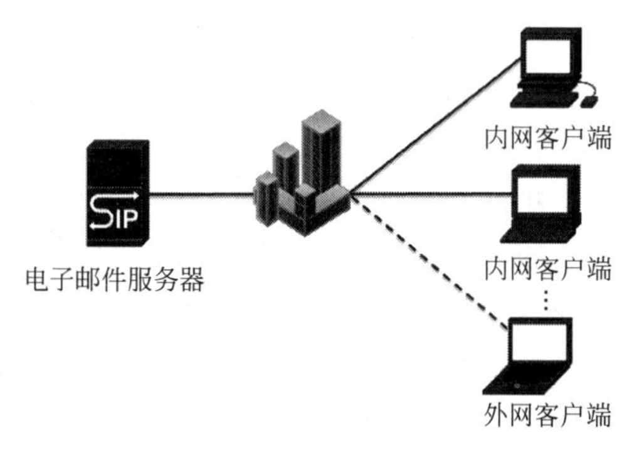

图8-1　网络拓扑

8.2 知识引入

8.2.1 什么是电子邮件

电子邮件(E-mail)是最常用、最重要的网络服务,是对传统邮件收发方式的模拟。电子邮件用于网上信息的传递和交流。对企业来说,电子邮件系统是内外信息交流的必备工具。

电子邮件服务通过电子邮件系统来实现,与传统的邮政信件服务类似,电子邮件系统由电子邮件发送与接收系统组成。电子邮件发送与接收系统就像遍及千家万户的传统邮箱,发送者和接收者通过它发送和接收邮件。它实际上是运行在计算机上的邮件客户端程序。电子邮局与传统邮局类似,在发送者和接收者之间起一个桥梁的作用。电子邮件的一般处理流程与传统邮件有相似之处。如图 8-2 所示。

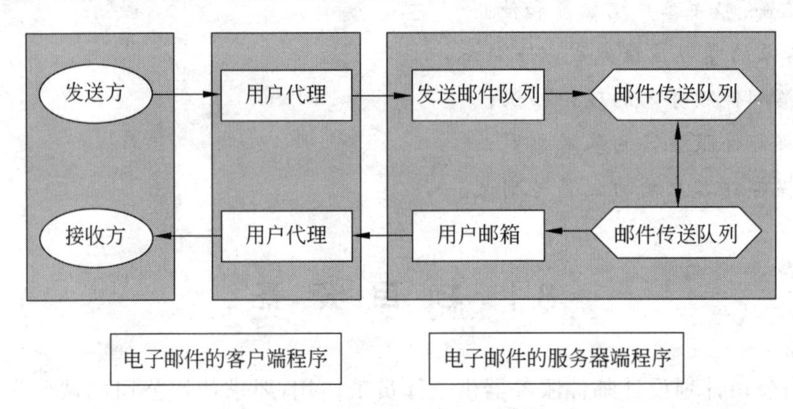

图 8-2 电子邮件的原理

首先要在 Internet/Intranet 上建立若干个电子邮局,即电子邮件服务器,负责完成邮件的转发任务。其次需要为在 Internet/Intranet 上使用电子邮件的用户编制唯一的地址信息,即电子邮箱。电子邮箱的地址组成如图 8-3 所示。

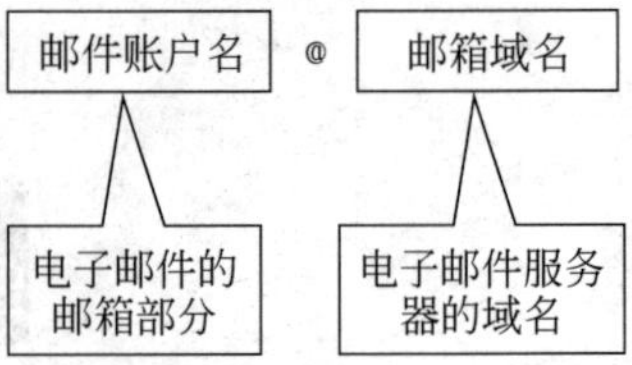

图 8-3 电子邮箱的地址组成

一个完整的邮件地址由账户名和域名两部分组成,如 abc@testdomain.com。其中中间的符号“@”读作“at”,将地址分为两部分。左边部分是用户的邮件账户名,右边是域名。域是邮件服务器的基本管理单位,每个邮件服务器都是以域为基础的。

8.2.2 电子邮件使用的协议

电子邮件服务主要涉及以下三种网络协议。

1. SMTP 协议

SMTP(Simple Mail Transfer Protocol,简单邮件传输协议)是发送方向接收方传送邮件时使用的单向传输协议,默认使用 TCP 端口 25。配置了 SMTP 协议的电子邮件服务器称为 SMTP 服务器。SMTP 服务器只能接受客户机发送的电子邮件,或者向别的服务器发送电子邮件。

2. POP 协议

电子邮局协议(Post Office Protocol),是接收方向电子邮局发出接收邮件请求时使用的单向传输协议,目前版本为 POP3,默认使用 TCP 端口 110。配置 POP3 协议的电子邮件服务器成为 POP3 服务器,POP3 服务器只能将电子邮件发送给客户机,或者从别的服务器接收电子邮件。

3. IMAP

IMAP(Internet Message Access Protocol,Internet 信息访问协议)是让邮件客户端从邮件服务器收取邮件的协议。目前 IMAP 版本为 IMAP4,IMAP 的标准 TCP 端口号为 143。

IMAP 与 POP 之间最主要的区别是其检索邮件的方式不同。使用 POP 时,邮件驻留在服务器中,一旦接收邮件,邮件就从服务器上下载到用户计算机中。相反,IMAP 则能够让用户了解到服务器上存储邮件的情况,已下载的邮件依然留在服务器中,便于实现邮件的归档和共享。

通常一台提供收发邮件服务的邮件服务器至少需要两个邮件协议,一个是 SMTP,用于发送邮件;另外一个是 POP 或者 IMAP,用于接收邮件。

8.2.3 收发电子邮件的过程

(1) 用户使用邮件客户端程序撰写新邮件,设置收件人、主题和附件等。

(2) 发送方邮件客户端询问域名服务器中的 MX 记录,返回负责收件人对应域名的 SMTP 服务器的 IP 地址,发送端根据 SMTP 协议的要求将邮件打包并加注邮件头,然后通过 SMTP 协议将邮件提交给用户设置的发送方 SMTP 服务器。

(3) 电子邮件最终被送到收件人地址所在的邮件服务器上,保存于服务器上的用户电子邮件邮箱中。

(4) 收件人通过邮件客户端连接到收件服务器,从自己的邮箱中接收已送到信箱的邮件。即使收件人不上网,只要其设置的收件服务器运行服务,邮件就会发到他的邮箱里面。

邮件服务器的收发过程如图 8-4 所示。

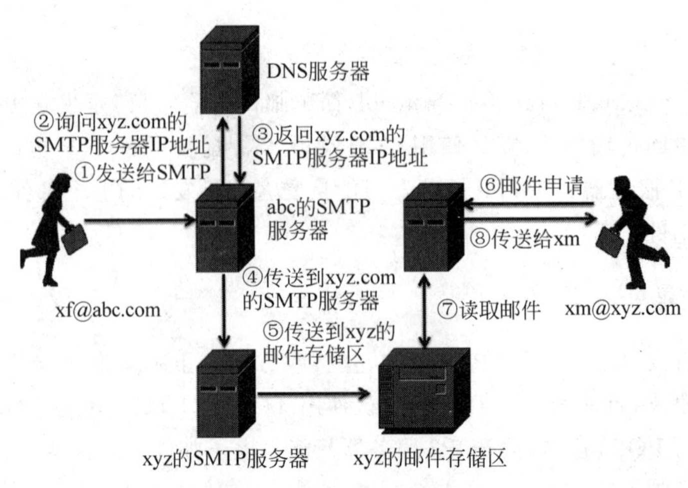

图 8-4　邮件服务器的收发过程

8.3　项目过程

8.3.1　任务 1　电子邮件服务的安装

1. 任务分析

根据项目背景得知如下需求：五桂山公司将在企业内网的基础上配置一台新的电子邮件服务器(IP：10.6.64.8/24)，并在此服务器上安装电子邮件服务功能。

2. 任务实施过程

1）SMTP 服务的安装

(1) 打开“服务器管理器”，单击“添加角色和功能”按钮，进入“添加角色和功能向导”。

(2) 单击“下一步”按钮，选择“基于角色或基于功能的安装”。

(3) 单击“下一步”按钮，选择“从服务器池中选择服务器”，安装程序会自动检测与显示这台计算机采用静态 IP 地址设置的网络连接。

(4) 单击“下一步”按钮，在“服务器角色”中无需选择。

(5) 单击“下一步”按钮，选择需要添加的 SMTP 功能。如无特殊需求，一般默认即可，单击“添加功能”，如图 8-5 所示。

(6) 单击“下一步”按钮，确认安装 SMTP 服务器的信息，如图 8-6 所示。

(7) 单击“安装”，如图 8-7 所示。

(8) 单击“关闭”按钮，完成 SMTP 服务器安装，如图 8-8 所示。

2）POP3 服务的安装

Windows Server 2012 没有自带 POP3 服务，需要用到第三方的插件，可以在

图 8-5 添加所需功能

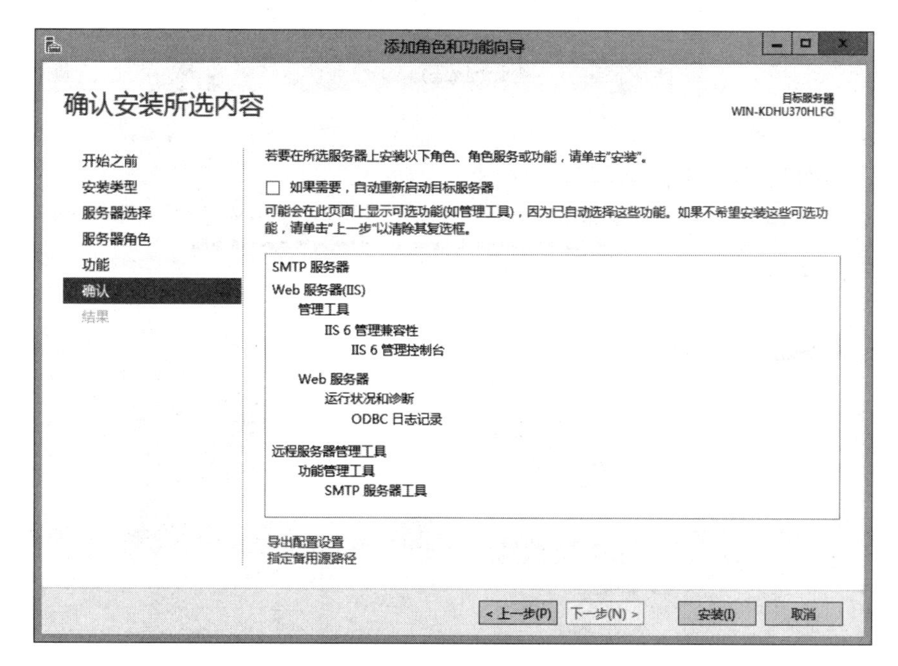

图 8-6 确认信息

http://www.visendo.com 下载。

（1）双击打开安装 POP3 的程序，在安装向导对话框中，单击"Next"，如图 8-9 所示。

（2）在协议对话框中，选择接受协议，单击"Next"，如图 8-10 所示。

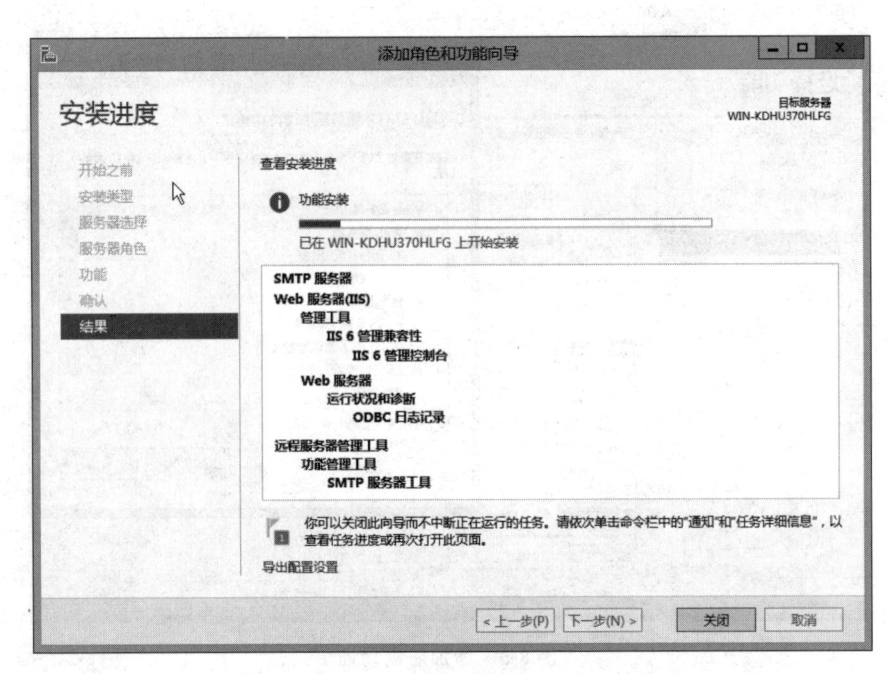

图 8-7 安装进度

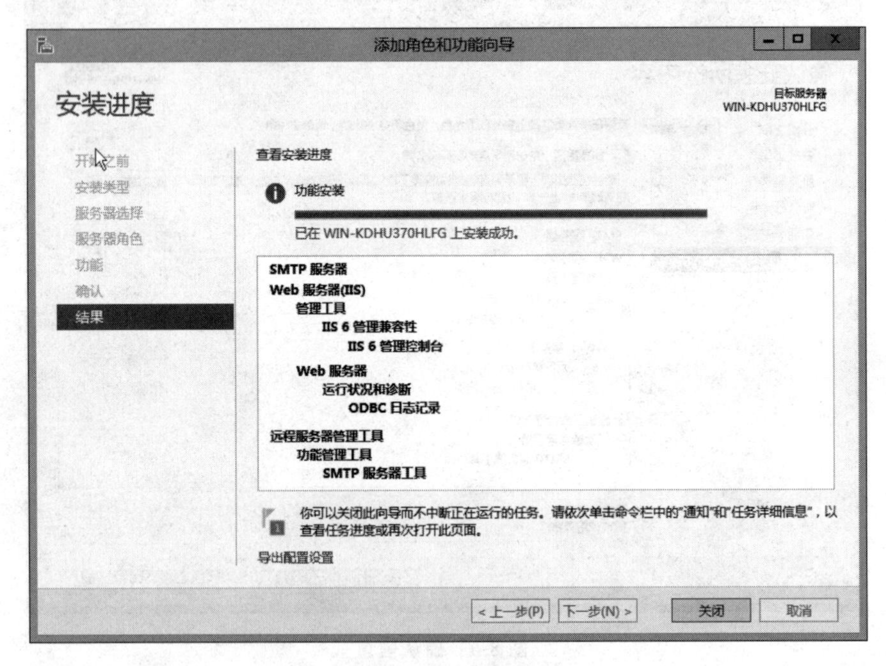

图 8-8 完成安装

(3) 在用户信息对话框中，添加用户名和组织(可以不添加)，单击“Next”，如图 8-11 所示。

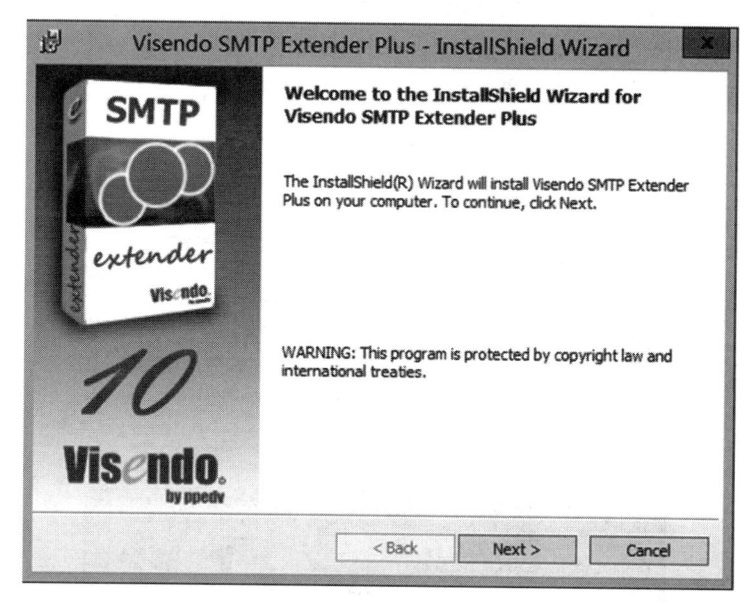

图 8-9 安装 POP3 服务界面

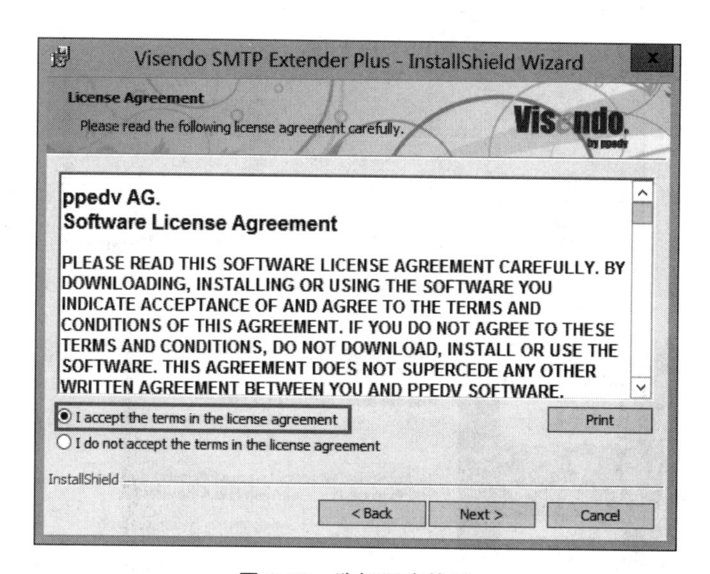

图 8-10 选择同意协议

（4）在确认安装信息对话框中，单击“Install”安装 POP3 服务，直到完成，如图 8-12 所示。

（5）安装完成后，单击“Finish”，结束安装，如图 8-13 所示。

至此，邮件服务器所必需的 SMTP 和 POP 协议、包括前期已经学习过的 DNS 服务器均已完成安装，接下来进行服务的配置。

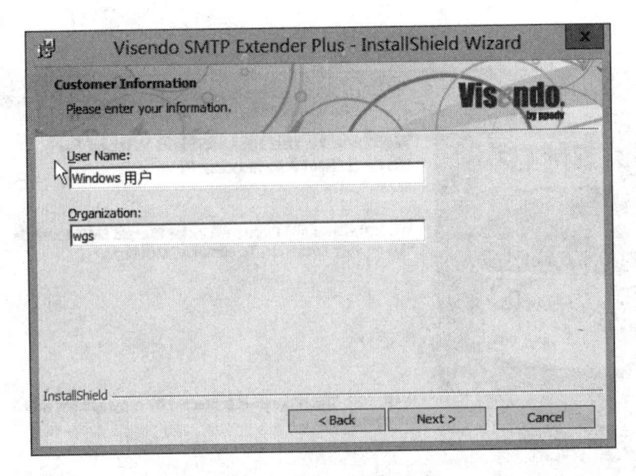

图 8-11 输入用户信息

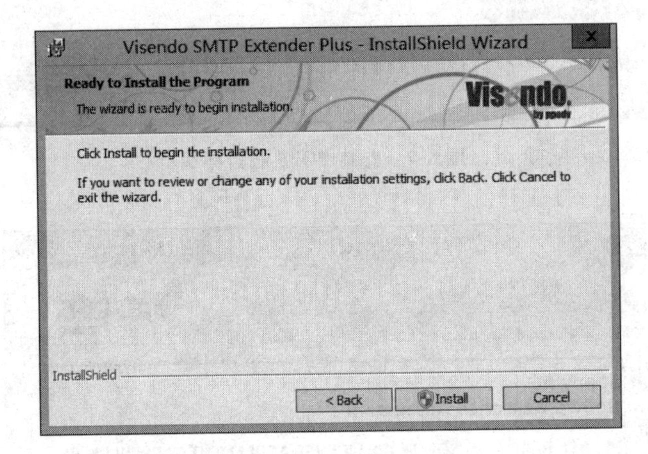

图 8-12 开始安装

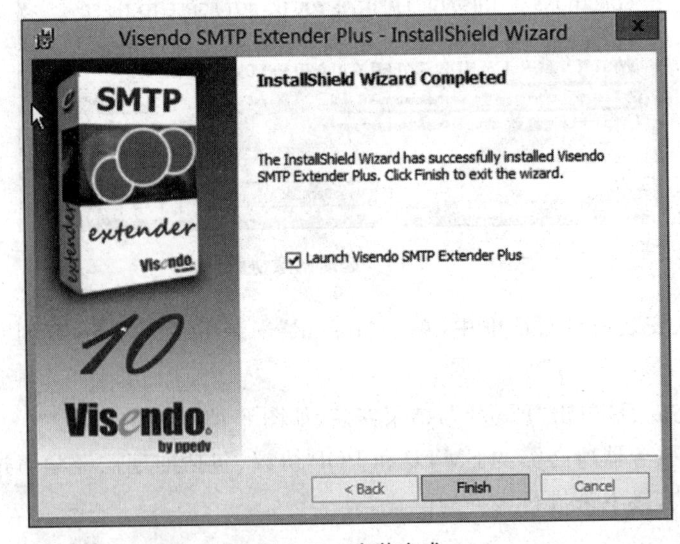

图 8-13 安装完成

8.3.2　任务2　配置 SMTP、POP3 和 DNS

1. 任务分析

根据五桂山公司的需求，需要在 SMTP 和 POP 以及 DNS 服务器上进行配置，才能正常提供电子邮件服务。

2. 任务实施过程

1) SMTP 的配置

(1) 打开服务器管理器，单击“工具”，选择“IIS6.0 管理器”，如图 8-14 所示。

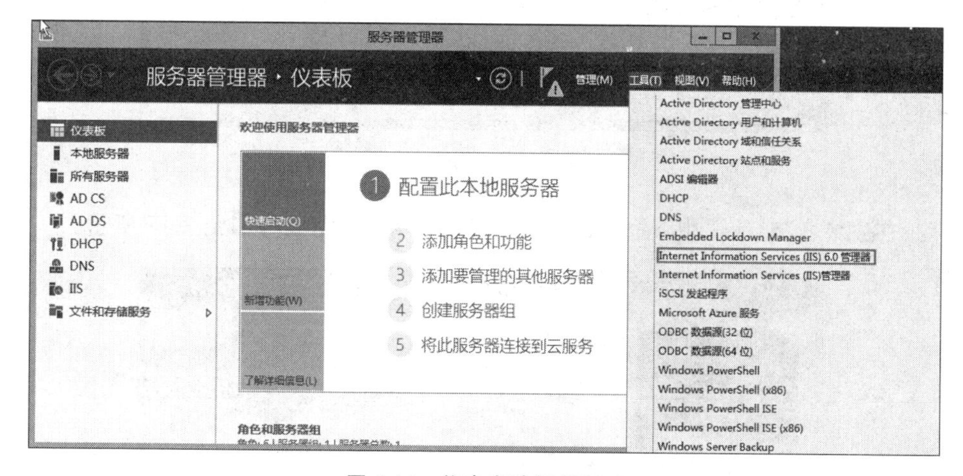

图 8-14　仪表盘选择 IIS6.0

(2) 在“IIS 管理器”中，右键单击“域”，选择“新建”→“域”，如图 8-15 所示。

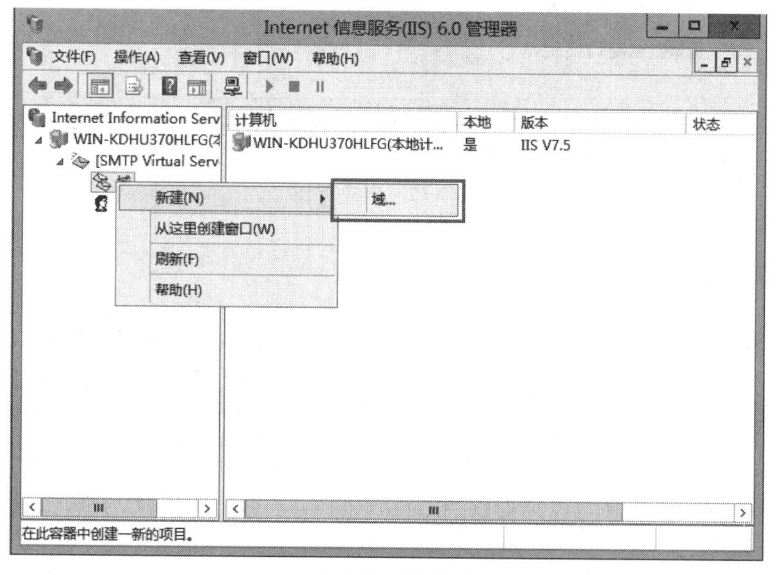

图 8-15　新建域

（3）在“新建 SMTP 域向导”对话框中，选择“别名”，单击“下一步”，如图 8-16 所示。

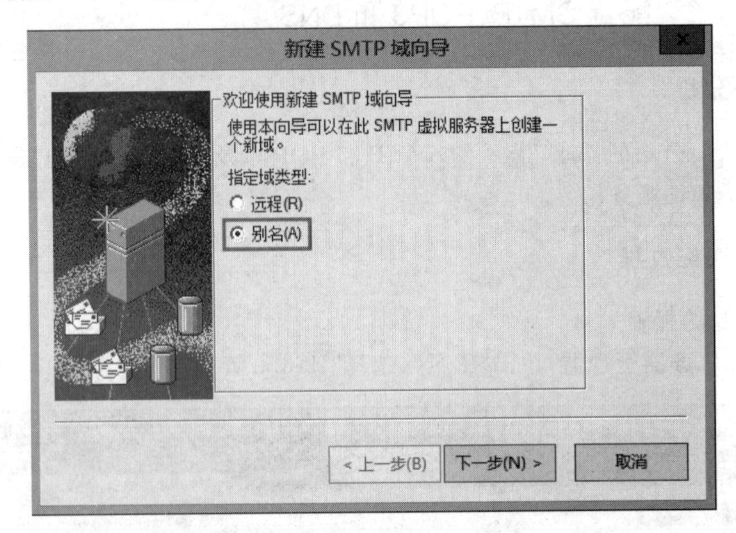

图 8-16　新建 SMTP 域向导

（4）在“域名”对话框中，输入域名“wgs. com”，单击“完成”，如图 8-17 所示。

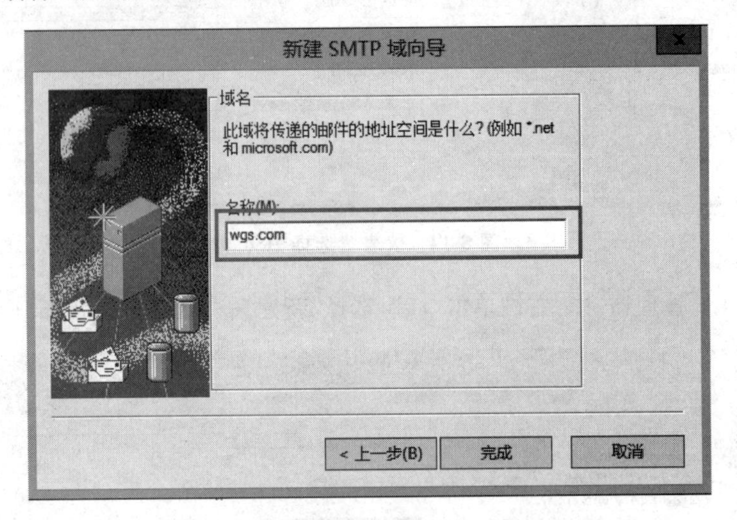

图 8-17　创建新域

（5）完成域的创建后，如图 8-18 所示。

2）POP3 的配置

（1）打开 POP3 管理控制台，右键单击“Accounts”，选择“New”，如图 8-19 所示。

（2）在“新建用户”对话框中，输入 E-mail 地址和密码，单击“完成”，如图 8-20 所示。

（3）新建用户完成后，如图 8-21 所示。

（4）单击“Start”，开启 POP3 服务，如图 8-22 所示。

（5）使用相同的步骤完成邮件账户 user02@wgs. com 的创建，为后续域内用户的收发邮件做准备。

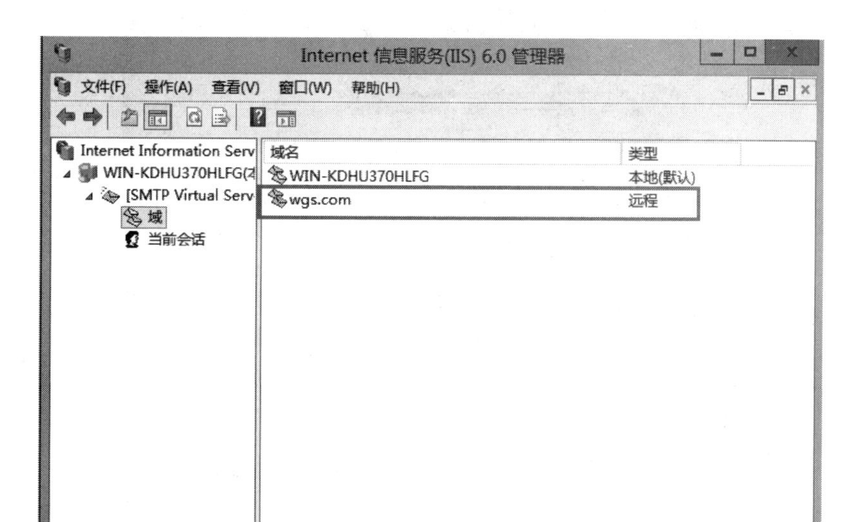

图 8-18 完成域的创建

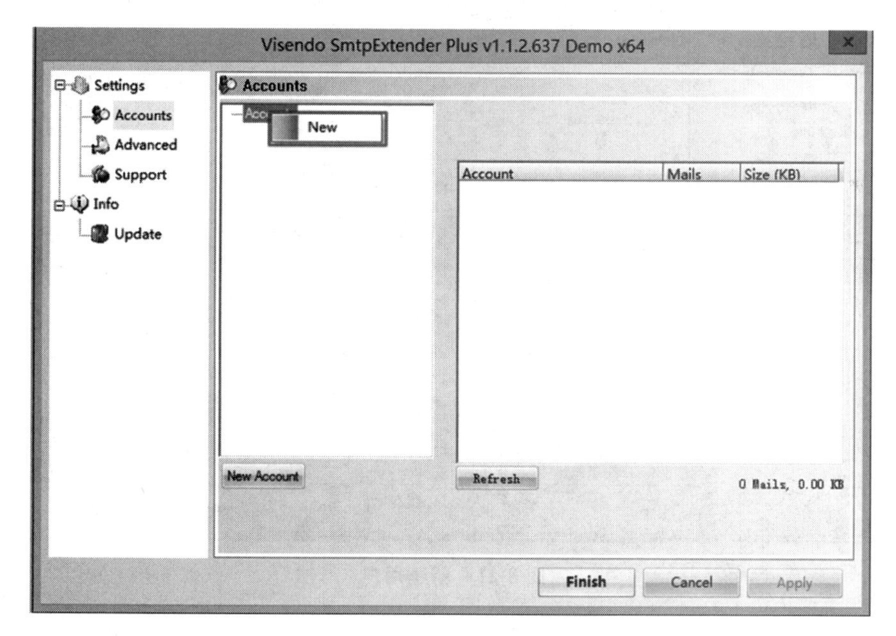

图 8-19 新建邮件账号

3）DNS 的配置

DNS 的配置请查看 DNS 的相关内容。

(1) 新建域“wgs. com”,并在里面新建主机记录“email. wgs. com”,如图 8-23 所示。

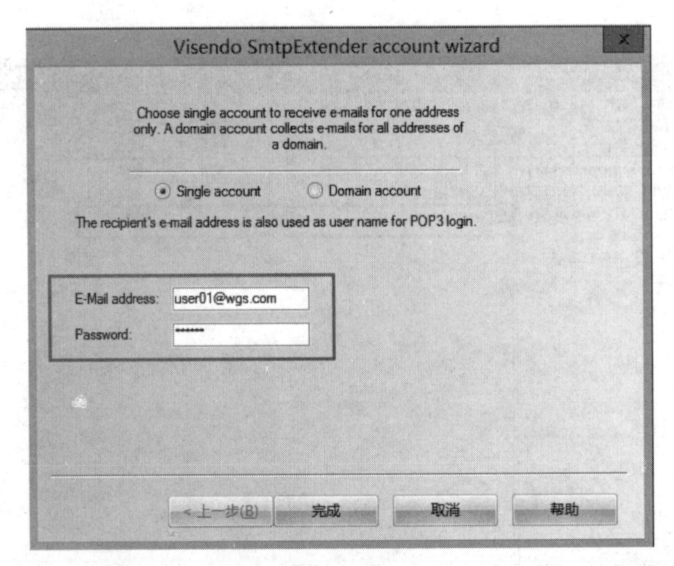

图 8-20　输入邮件账号和密码

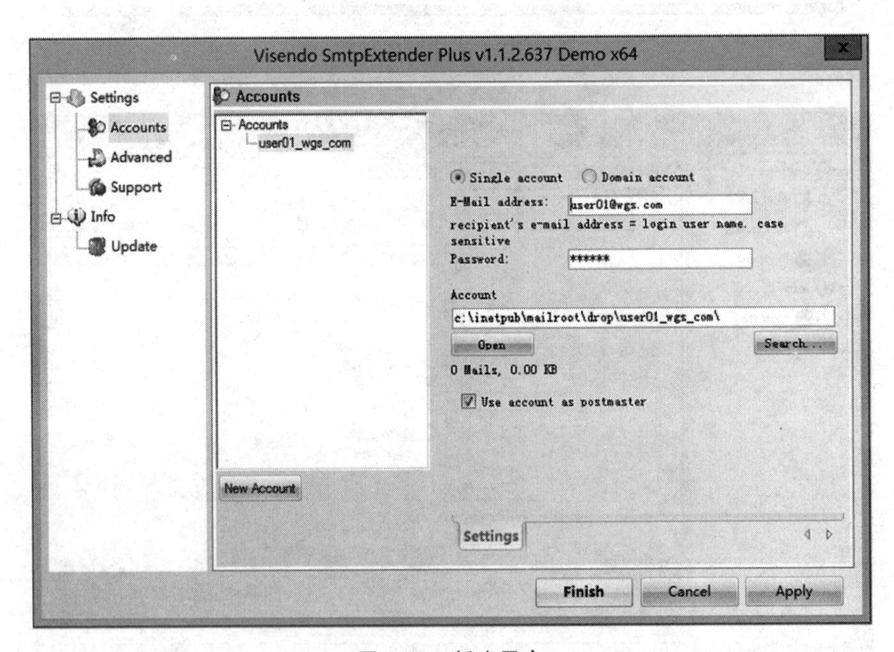

图 8-21　新建用户

8.3.3　任务 3　内部员工之间客户端测试

1. 任务分析

根据五桂山公司的需求，邮件服务器要实现公司内部员工和外网用户之间收发邮件的功能，为此在配置 SMTP/POP3 服务之后，要实现域内和域外账户的正常通信。

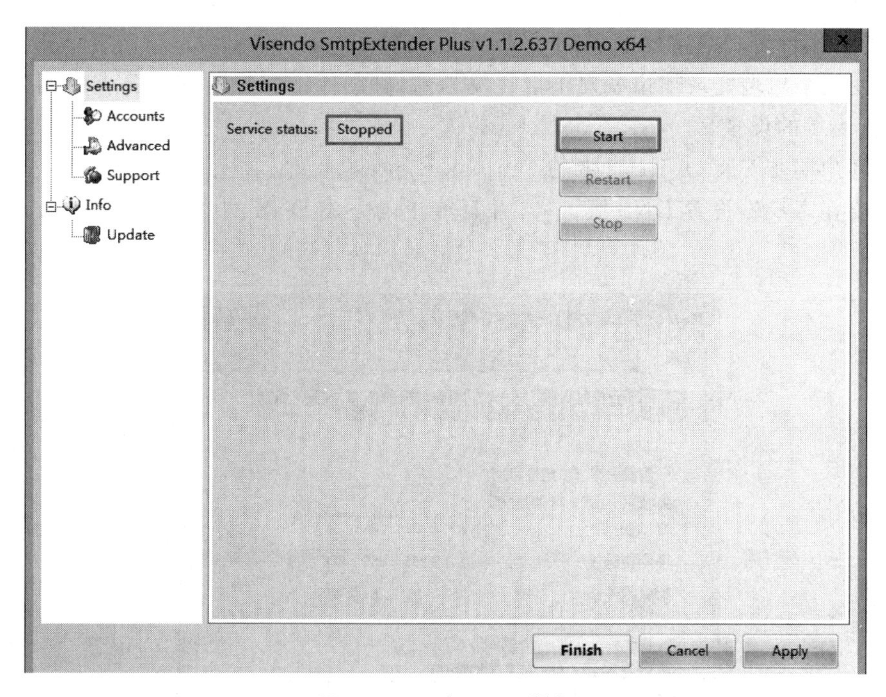

图 8-22　开启 POP3 服务

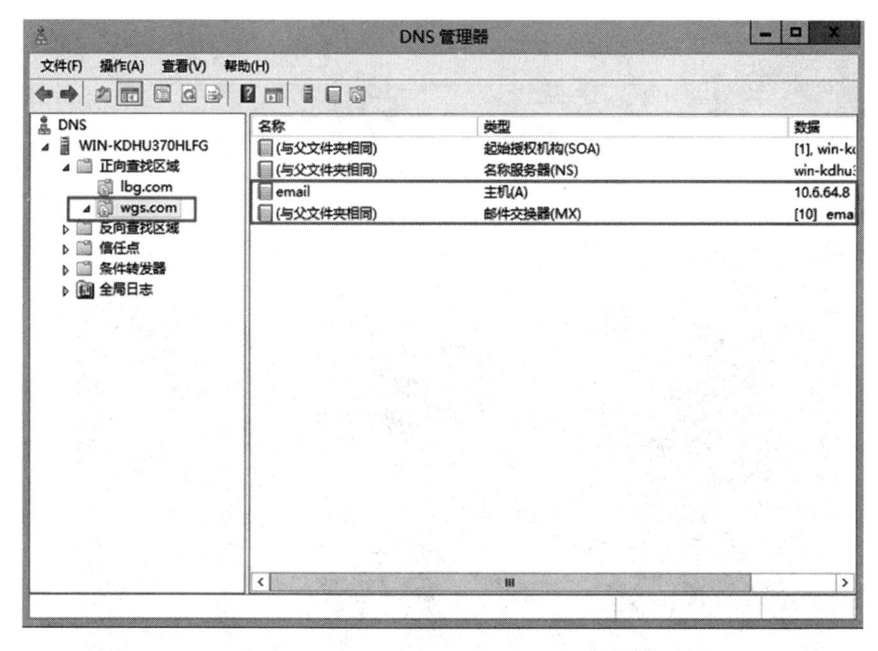

图 8-23　DNS 中新建主机和 MX 记录

2. 任务实施过程

1）客户端的准备工作

(1) 要使得客户端能够正常使用客户端软件登录邮箱账户，在客户端需要完成以下前期工作。邮件客户端软件很多,下面以常用的 Outlook Express 为例。

① 使用客户端登录邮箱账户正常收发邮件,必须保证客户端和服务器之间的互通,包括防火墙等的设置。

② 客户端要安装 Office 自带的 Outlook Express 软件。

③ 要在客户端设置 DNS 服务器,并且能正确完成 DNS 的查询,如图 8-24、图 8-25 所示。

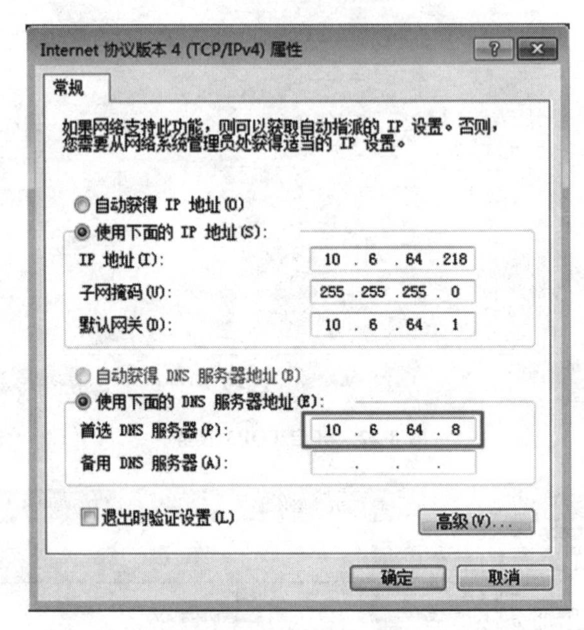

图 8-24 设置客户端的 DNS 服务器

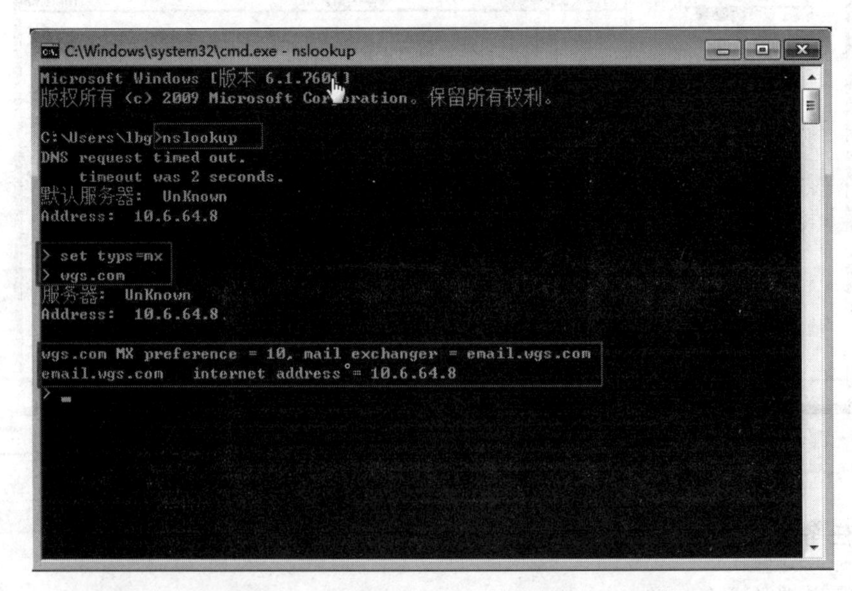

图 8-25 使用 nslookup 检查 DNS 服务器配置

2）Outlook 的设置

（1）打开 Outlook，单击“下一步”，如图 8-26 所示。

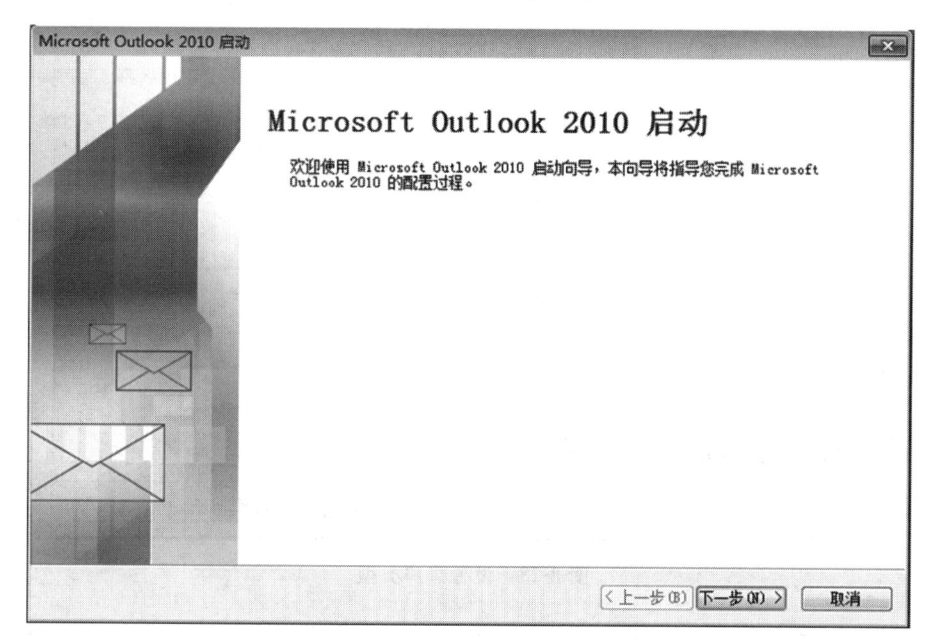

图 8-26 启动 Outlook 2010

（2）在“电子邮件账户”对话框中，选择“是”，单击“下一步”，如图 8-27 所示。

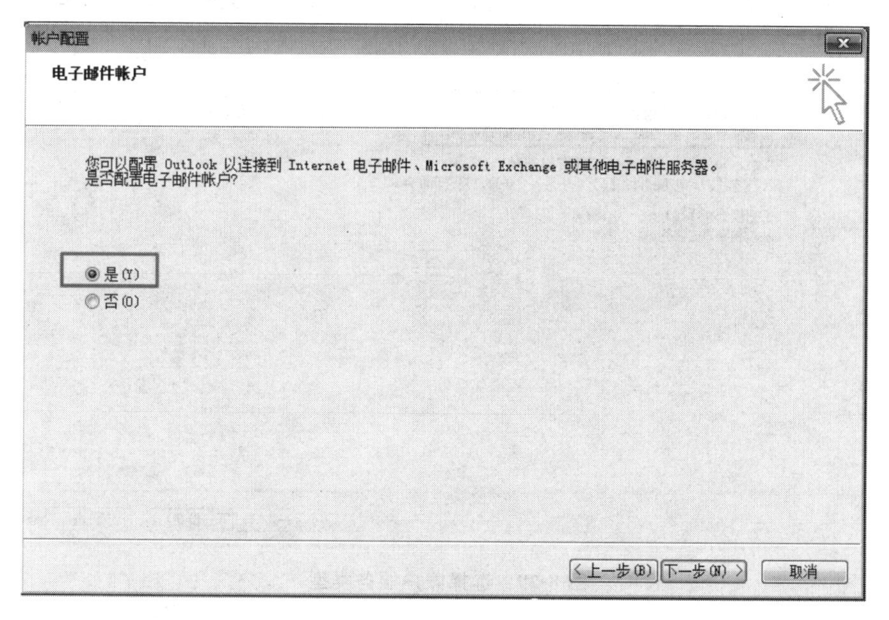

图 8-27 新建电子邮件账户

（3）在“自动账户设置”对话框中，选择“手动配置服务器设置或其他服务器类型”，单击“下一步”，如图 8-28 所示。

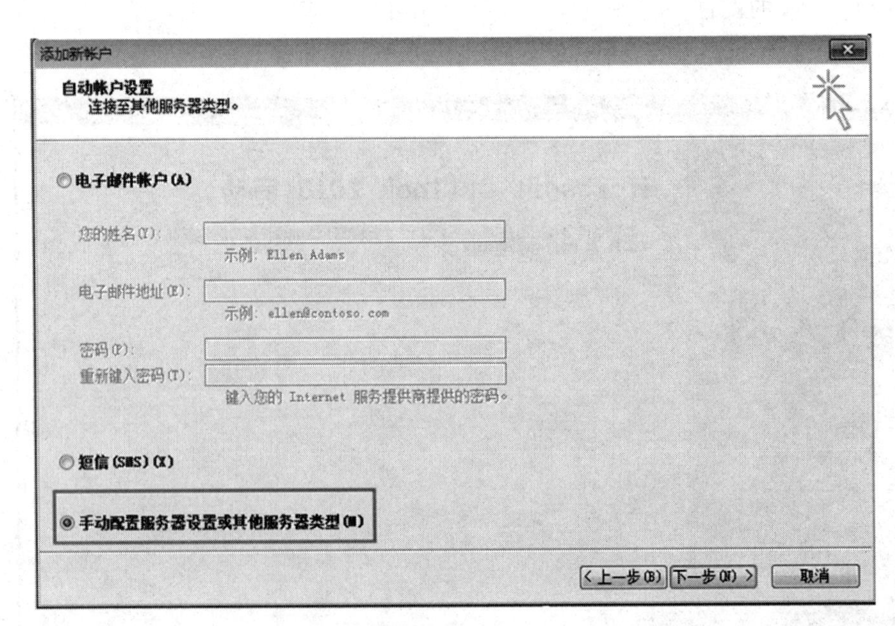

图 8-28　设置账户类型

(4) 在“选择服务”对话框中,选择“Internet 电子邮件”,单击“下一步”,如图 8-29 所示。

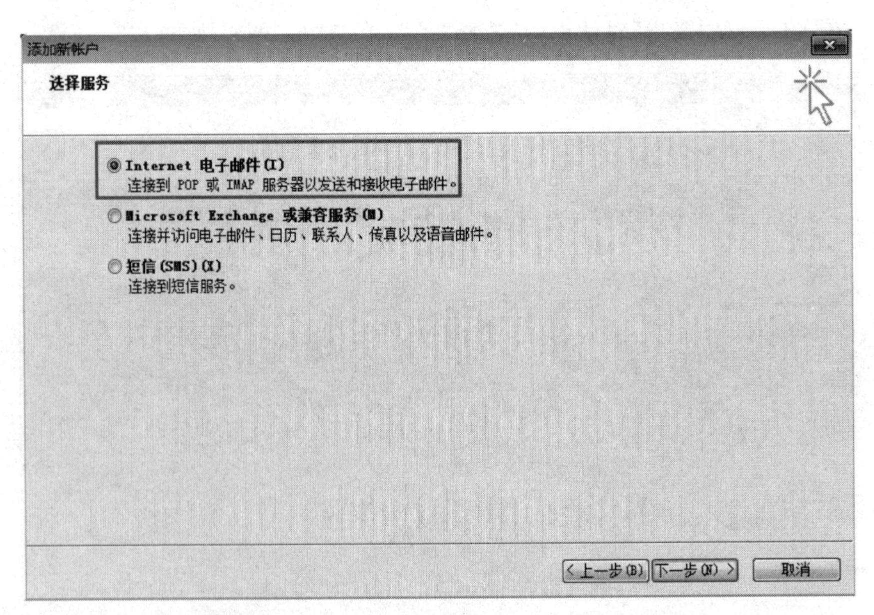

图 8-29　选择账户服务类型

(5) 在“Internet 电子邮件设置”对话框中,设置用户信息、服务器信息和登录信息,单击“下一步”,如图 8-30 所示。

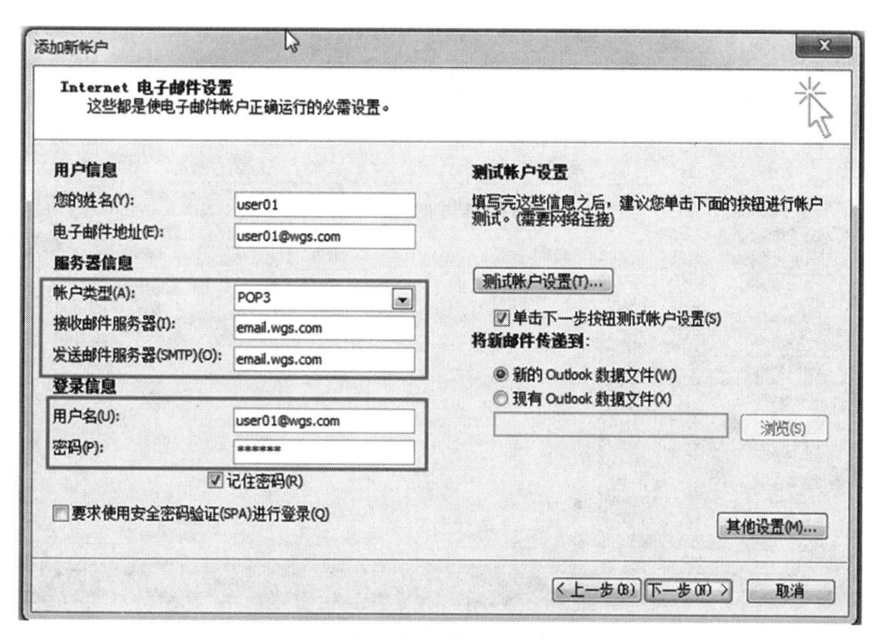

图 8-30 设置账户登录信息

(6) 测试成功后，在“测试账户设置”对话框中，单击“关闭”，如图 8-31 所示。

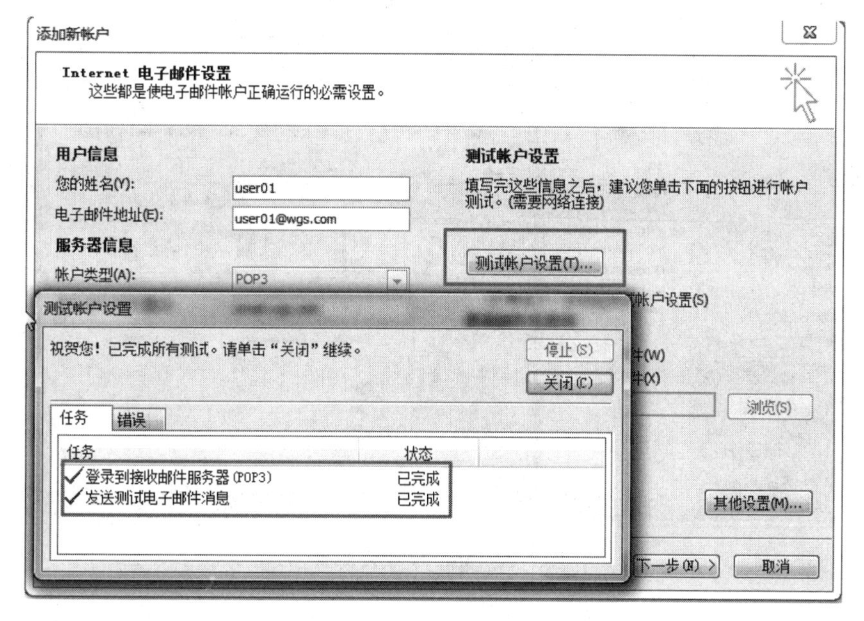

图 8-31 账户测试

(7) 添加账户成功后，单击“下一步”，完成用户登录，如图 8-32 所示。

(8) 使用相同的步骤，用先前创建的账号 user02 登录 Outlook，就可以实现域内用户之间的邮件收发，如图 8-33、图 8-34 所示。

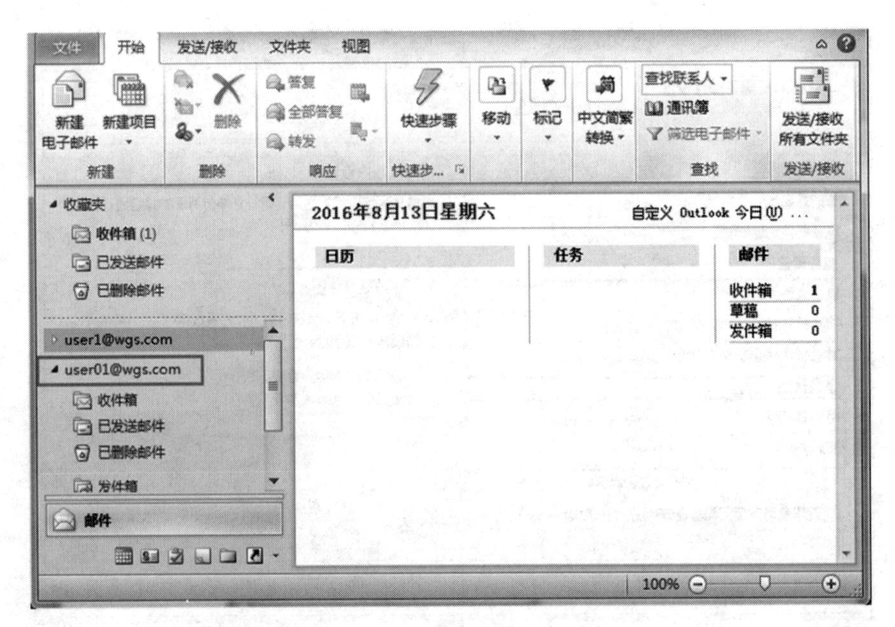

图 8-32　账户登录成功

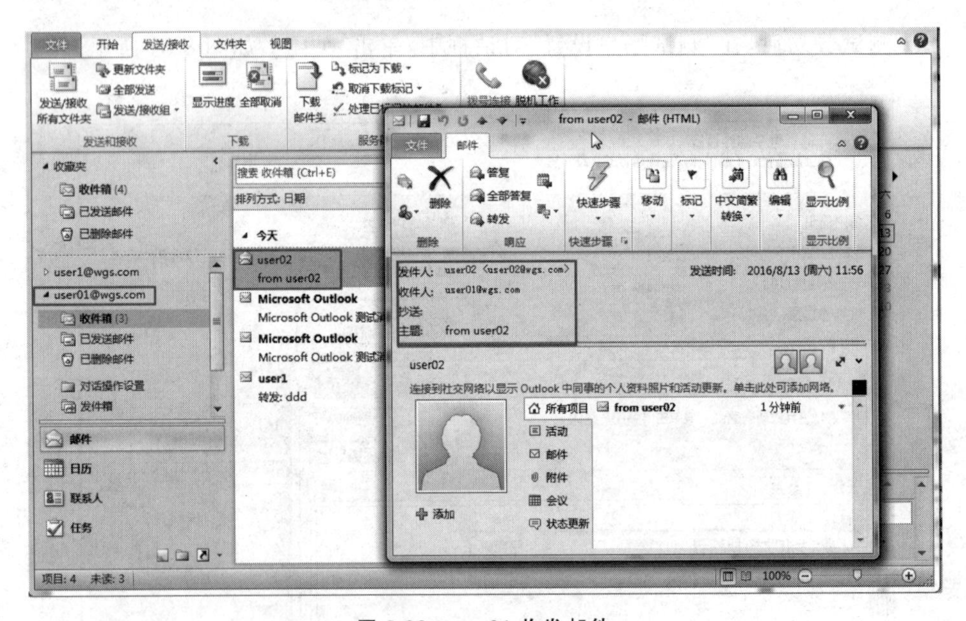

图 8-33　user01 收发邮件

8.3.4　任务 4　不同域之间测试

1. 任务分析

根据五桂山公司的需求，邮件服务器与域外用户之间能够正常收发邮件，为此要在任务 3 的基础上实现邮件的中继配置。

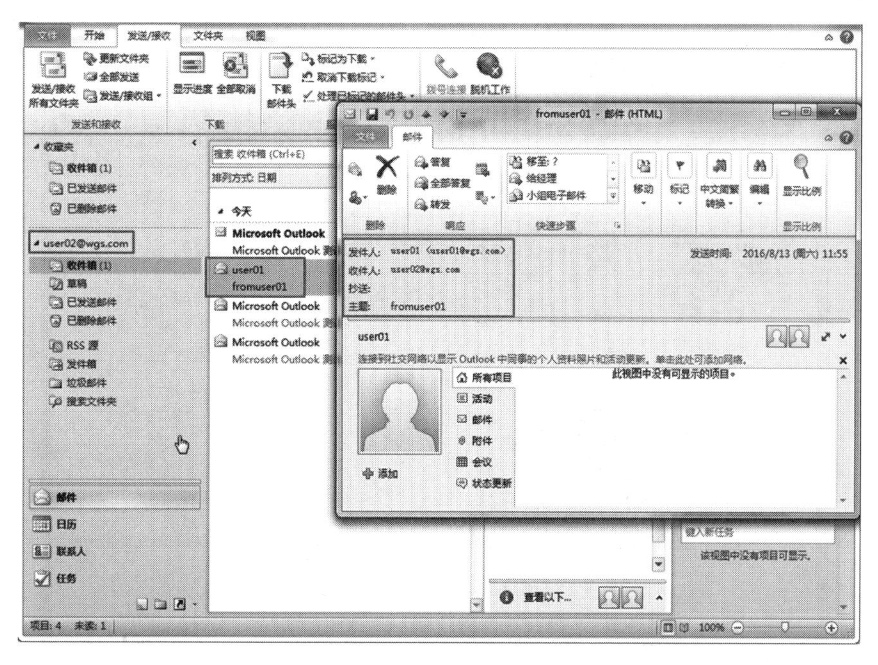

图 8-34 user02 收发邮件

2. 任务实施过程

(1) 打开“Internet 信息服务(IIS)6.0 管理器”，增加新的域名“cms.com”，如图 8-35 所示。

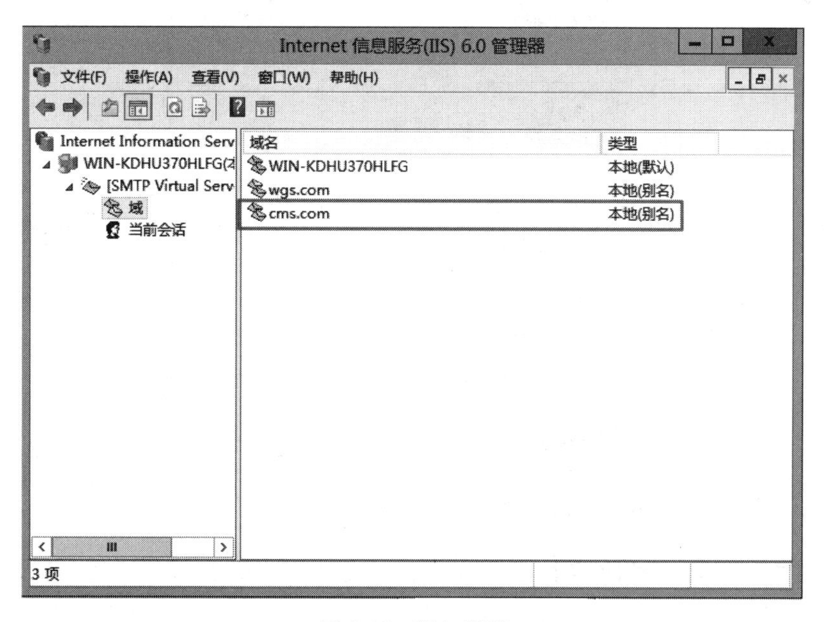

图 8-35 添加新域

(2) 在“Internet 信息服务(IIS)6.0 管理器”中右键单击“SMTP”,选择“属性”。在“访问”选项卡中,单击“中继”按钮,设置 SMTP 的中继功能,如图 8-36、图 8-37 所示。

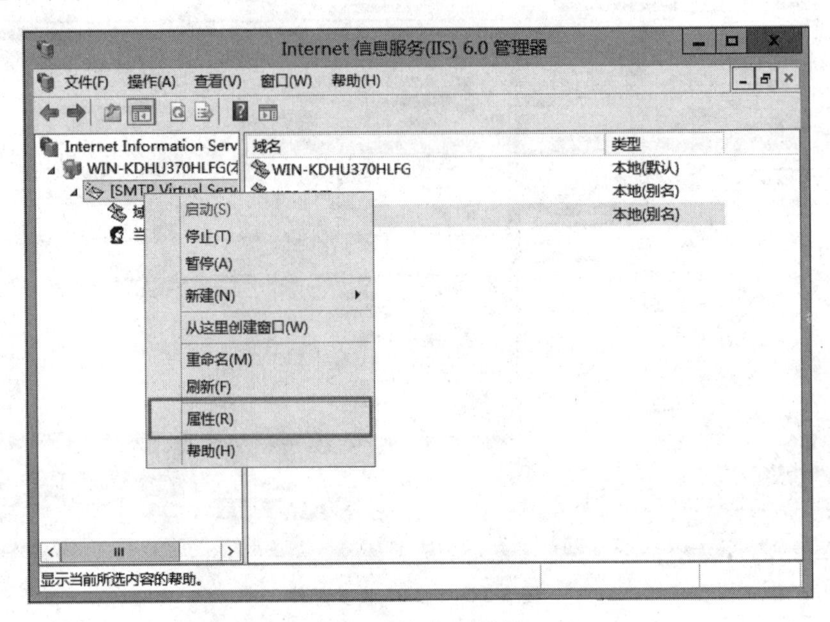

图 8-36 SMTP 属性

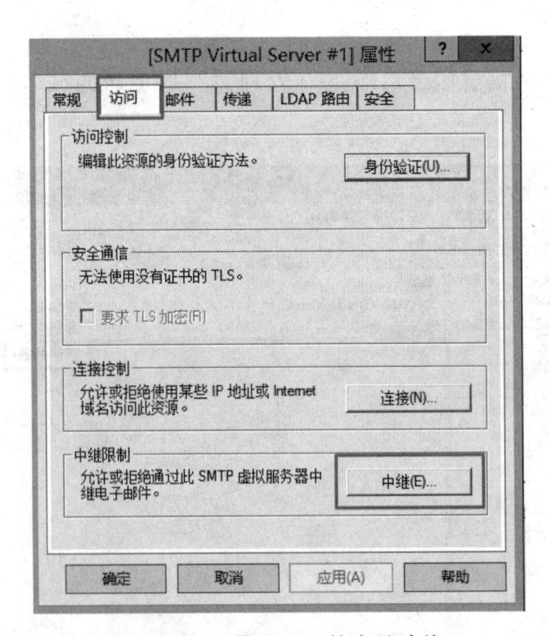

图 8-37 设置 SMTP 的中继功能

(3) 在“中继限制”对话框中,选择“以下列表除外”,单击“确定”,完成 SMTP 的配置,如图 8-38 所示。

(4) 在 POP3 服务中添加新域用户 user03@cms.com,并且完成客户端在 Outlook 中的登录,如图 8-39、图 8-40 所示。

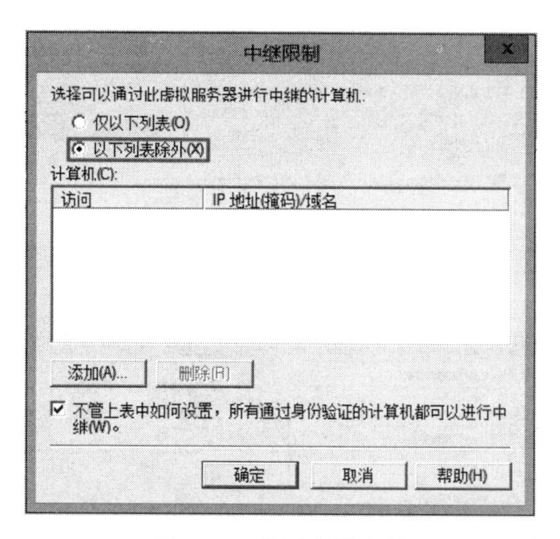

图 8-38 设置中继限制

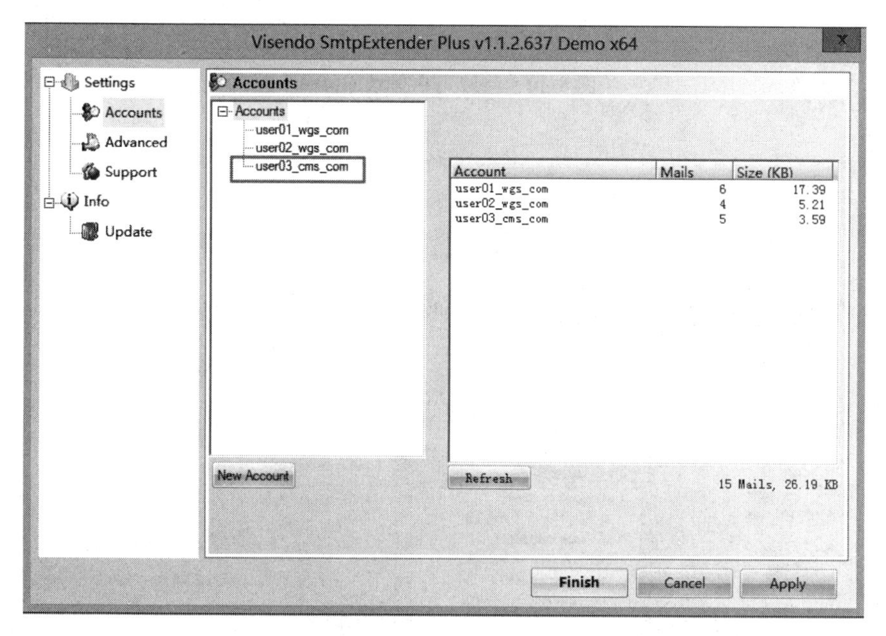

图 8-39 添加新域用户

(3) 在各自客户端进行收发邮件测试，如图 8-41、图 8-42 所示。

8.3.5 任务 5 使用 WinmailServer 组件邮件服务器

1. 任务分析

根据五桂山公司的需求，要实现域内员工之间的邮件服务，也要实现域内与域外员工之间的邮件服务，除了用 Windows 自带的 IIS 组件外，也可以使用第三方的一些邮件系统，下面以 WinmailServer 为例。

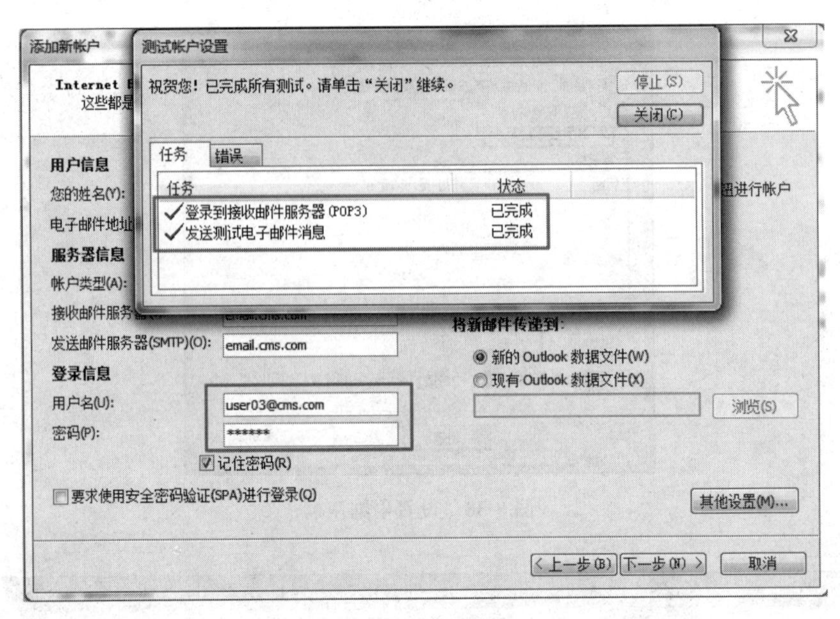

图 8-40 新域用户登录 Outlook

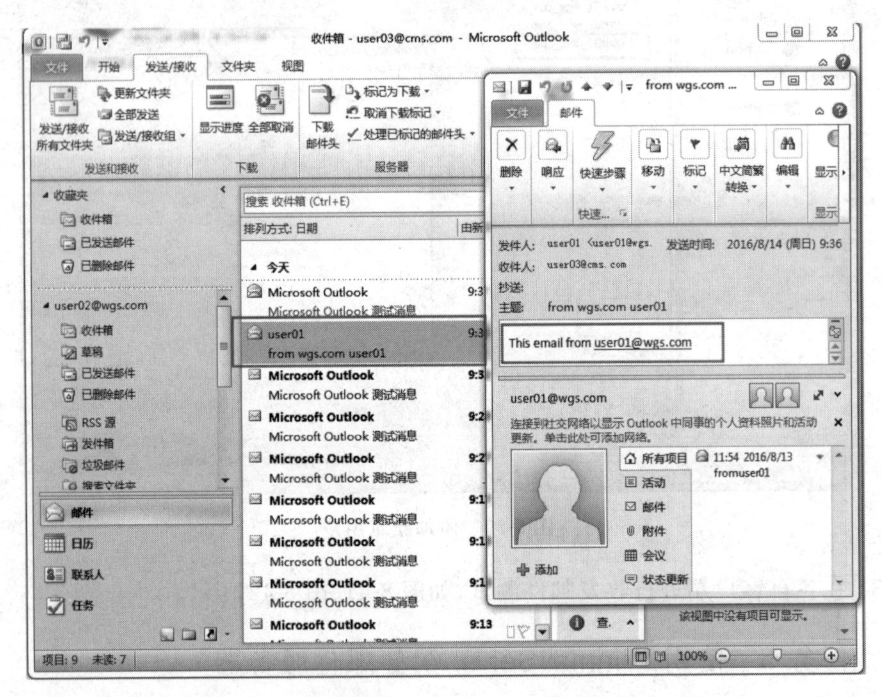

图 8-41 新域用户接受 user01@wgs.com 的邮件

WinmailServer 是安全易用的国产全功能邮件服务器软件，其功能强大，不仅支持 SMTP、ESMTP、POP3、IMAP、Webmail、LDAP、多域，发信认证、发垃圾邮件、邮件过滤等标准邮件功能，还能提供邮件查杀、邮件监控、网络硬盘及共享、邮件备份、SSL 安全等多种增强功能。WinmailServer 邮件系统可以在 www.magicwinmail.com 官方网站下载。

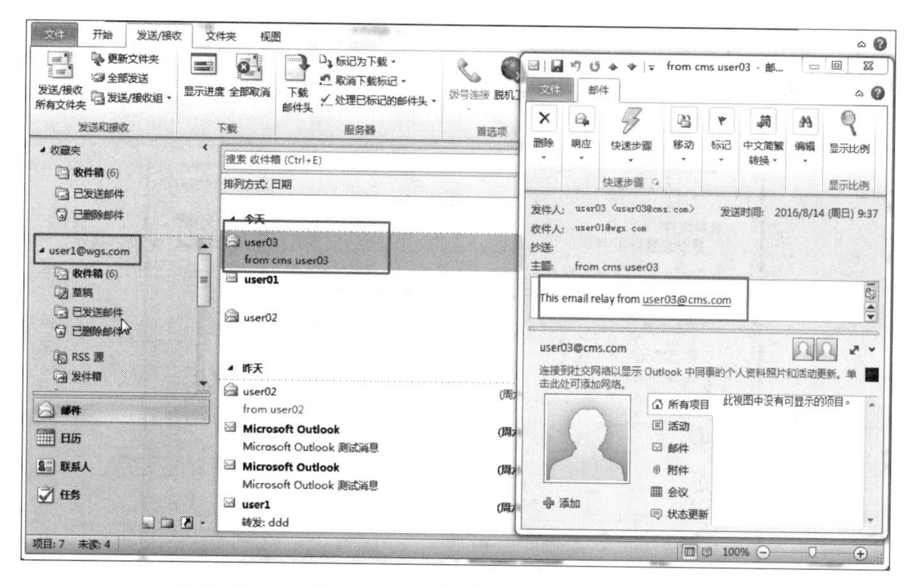

图 8-42　user01@wgs.com 接收 user03@cms.com 的邮件

以下实验中，在安装 Windows 7 的两台 PC 上安装邮件系统模拟两台邮件服务器，地址分别是 10.6.64.208/24 和 10.6.64.218/24。DNS 服务器是安装了 Windows Server 2012 的 PC，地址为 10.6.64.8/24。

2. 任务实施过程

1）WinmailServer 邮件系统的安装

（1）从官网下载 WinmailServer 邮件系统，此软件免费下载，可以自由使用 30 天，支持 20 个邮箱、5 个域名。运行安装包，完成安装向导。

（2）当出现"选择安装位置"对话框时，选择安装的本地位置，单击"下一步"按钮。注意安装文件夹要使用英文字母命名，如图 8-43 所示。

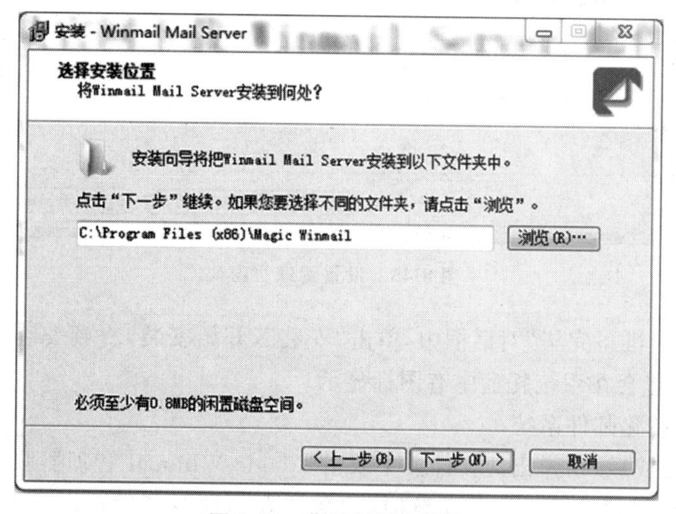

图 8-43　选择目标文件夹

(3) 在“选择组件”对话框中，有两个组件，其中，服务器程序主要提供包括邮件服务在内的服务功能；管理工具主要负责设置邮件系统。选择“完全安装”，一般采用默认设置，单击“下一步”，如图 8-44 所示。

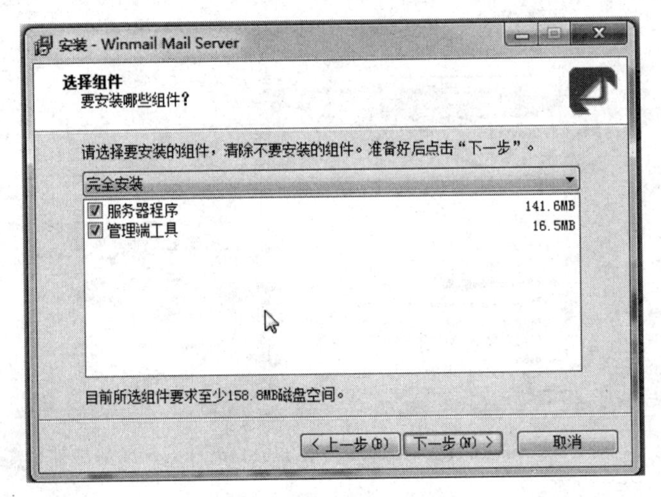

图 8-44 选择安装组件

(4) 根据提示进行操作，当出现“密码设置”对话框时，设置管理工具的登录密码，单击“下一步”，如图 8-45 所示。

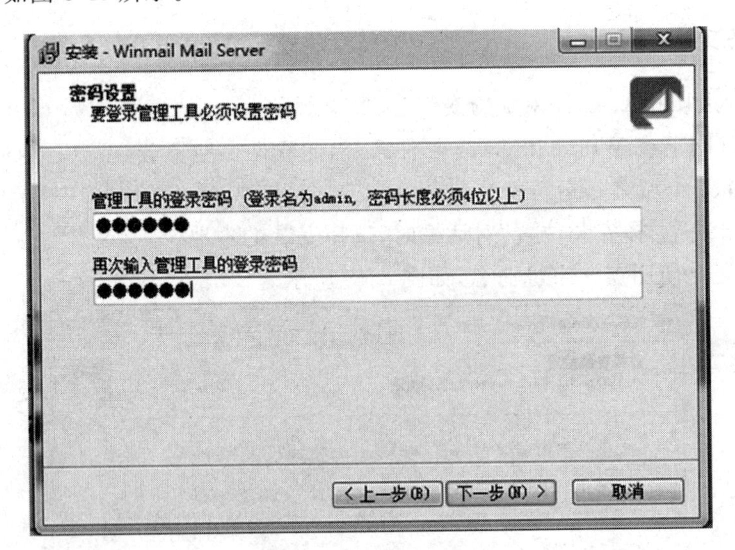

图 8-45 设置管理员密码

(5) 在“安装准备完毕”对话框中，单击“安装”，开始安装，直到安装“完成”。如果服务器运行成功，将会在系统托盘中有图标显示。

2) 快速初始化邮件系统

(1) 安装完成后，在弹出的文件夹中双击“Magic Winmail 管理器服务”配置，对系统进行一些初始化设置。首次运行系统时，服务器在启动时若发现还没有设置邮件域名，则自动运行快速设置向导，如图 8-46 所示。

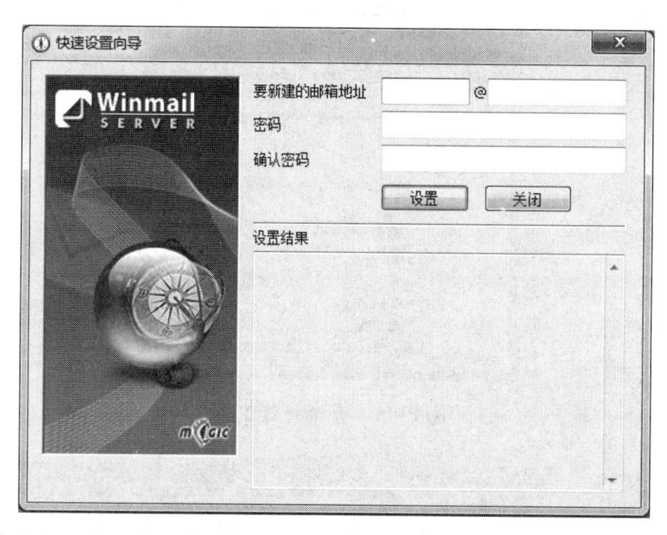

图 8-46 快速设置向导

(2) 输入要新建的邮箱地址和密码。单击“设置”，系统根据该邮箱地址自动创建邮件域，并创建账户，同时测试 SMTP、POP3、HTTP 服务器是否启动成功。“设置结果”栏目中将报告设置信息及服务器测试信息，如图 8-47 所示。

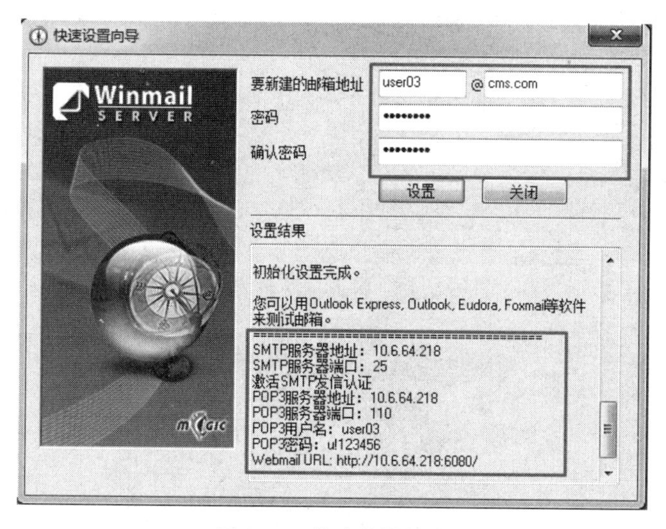

图 8-47 快速设置信息

3) 设置 WinmailServer 邮件服务器

(1) 从“程序”菜单中运行 Magic Winmail 管理端工具，或者双击系统托盘图标，打开 Winmail 管理控制台。在“连接服务器”对话框中，输入登录密码，单击“确定”，如图 8-48 所示。

(2) 查看“系统服务”中的服务是否开启，如图 8-49 所示均已开启。

(3) 要设置某些服务参数，可在相应的位置双击鼠标，设置该服务的相关参数，包括绑定的 IP 地址、服务端口等，如图 8-50 所示。

图 8-48　登录管理工具

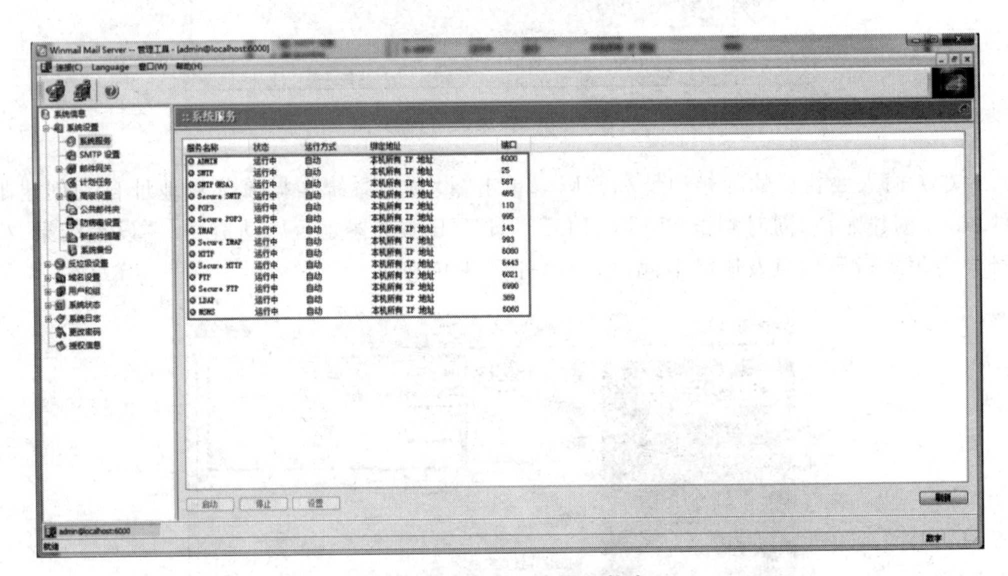

图 8-49　检查系统服务状态

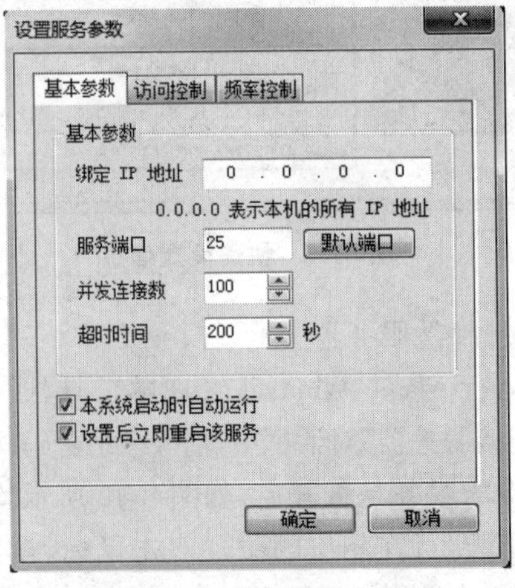

图 8-50　设置服务参数

(4) 设置邮件的域，这是配置邮件系统最基本的工作。在管理工具中展开“域名设置”，在“域名管理”节点中，列出当前已经有的域，如图8-51所示。

图 8-51　域名管理

(5) 从域名列表中双击要设置的域，弹出相应的对话框，设置域的各项属性，包括基本参数、邮件设置、邮箱默认权限及容量等，如图8-52所示。

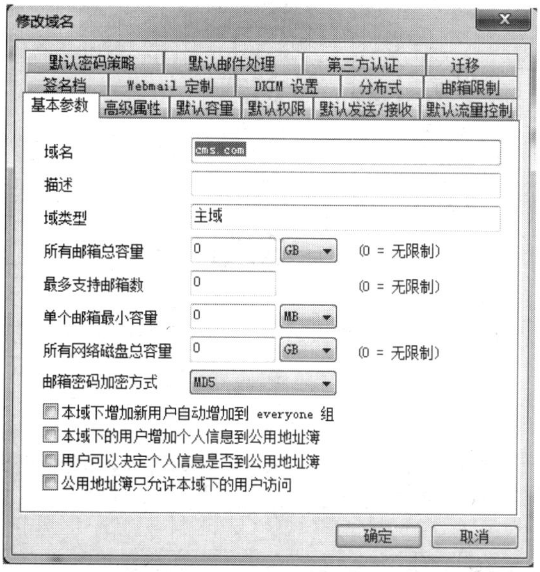

图 8-52　域的基本信息

(6) 用户账户的管理是邮件服务最主要的工作，在管理工具中展开“用户和组”，在

“用户管理”节点中列出了当前已有的邮箱，如图 8-53 所示。

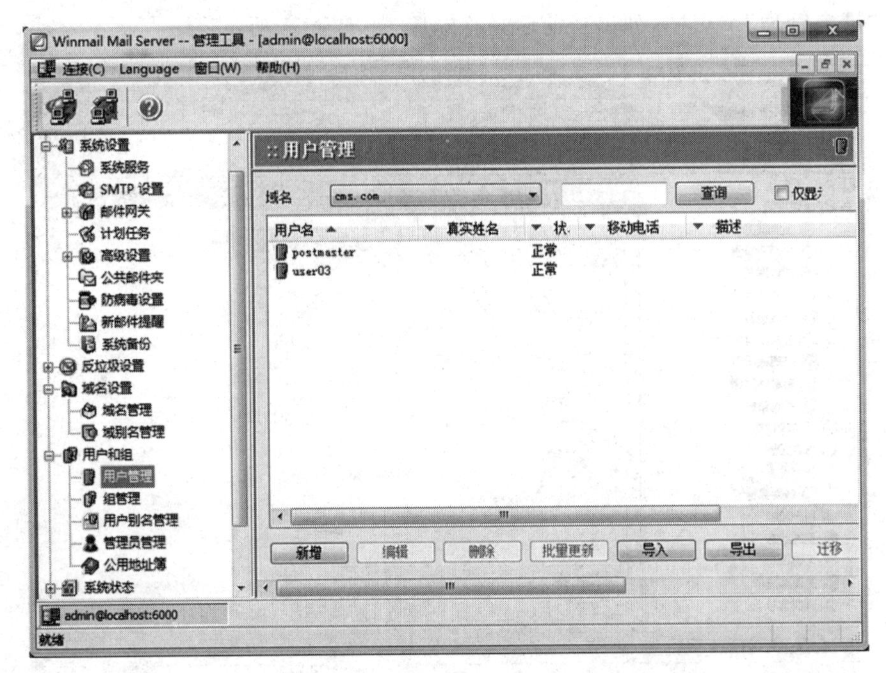

图 8-53 用户的管理

(7) 根据需要单击“新增”按钮，启动用户创建向导，创建域内第二个用户 user04，根据提示设置各项参数，直到完成。也可以对已有用户进行修改，如图 8-54 所示。

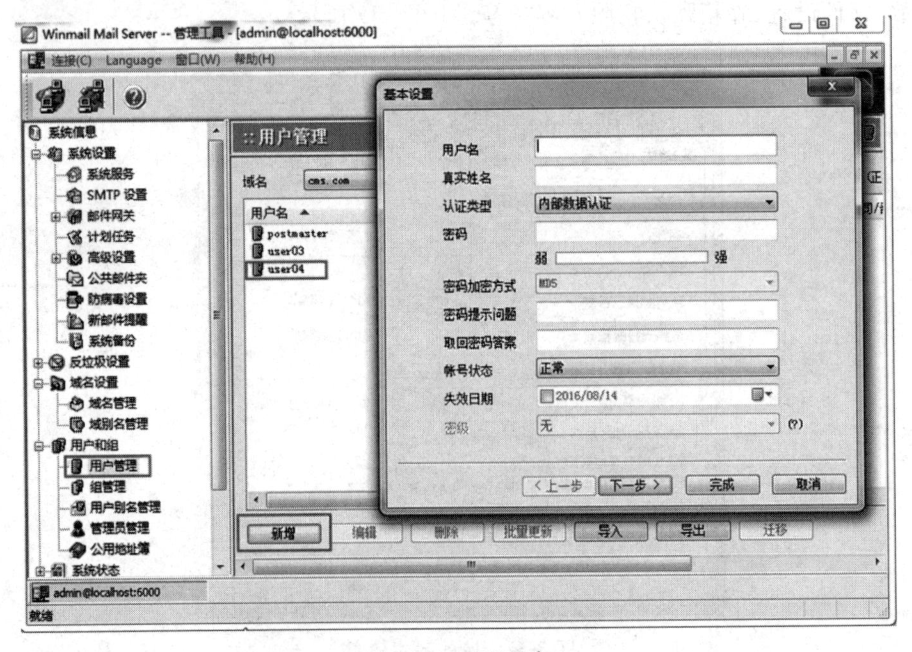

图 8-54 新增用户

4）客户端访问邮件系统

WinmailServer 邮件系统支持使用邮件客户端软件 Outlook Express、Foxmail、Netscape 等收发邮件，也可以使用 WebMail 收发邮件。因为前面已经介绍过使用 Outlook Express，这里用 Web 浏览器来收发邮件。

（1）域内用户的收发邮件测试

① 在测试之前需要在 DNS 服务器上新建 cms. com 主机记录和邮件交换记录。如图 8-55 所示。

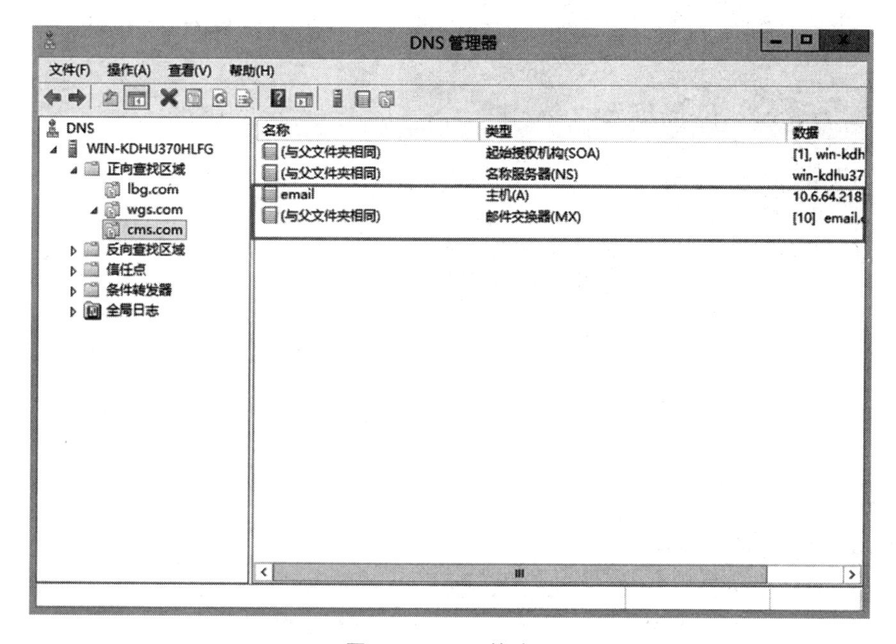

图 8-55 DNS 的注册

② 在客户端浏览器中输入服务器监听的服务地址和端口。访问地址是：http://邮件服务器名称或者 IP：6080/，如图 8-56 所示。分别使用 user03@cms. com 和 user04@cms. com 登录系统收发邮件，如图 8-57、图 8-58 所示。

（2）域间用户的测试

① 在系统中创建另外一个域 wgs. com，完成在 DNS 中的注册，新建邮件交换记录，如图 8-59 所示。

② 在 wgs 域中创建用户 user01@wgs. com，如图 8-60 所示。

③ 使用 user01@wgs. com 登录邮箱，与 user03@cms. com 进行收发邮件的测试，如图 8-61、图 8-62 所示。

注意：除了使用 IE 浏览器登录邮箱，也可以使用其他客户端如 Outlook 等登录邮箱收发邮件。

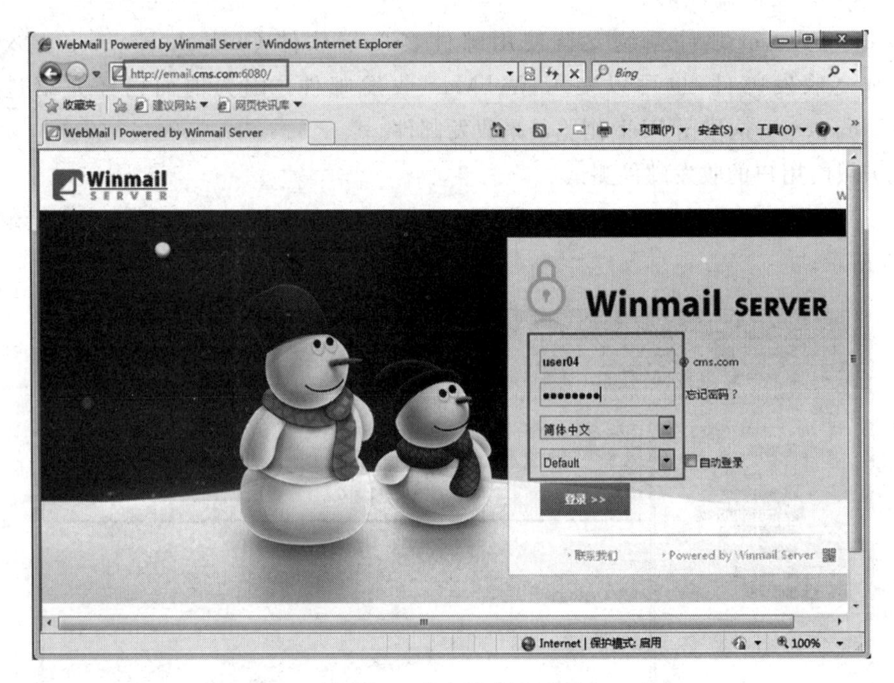

图 8-56　客户端登录界面

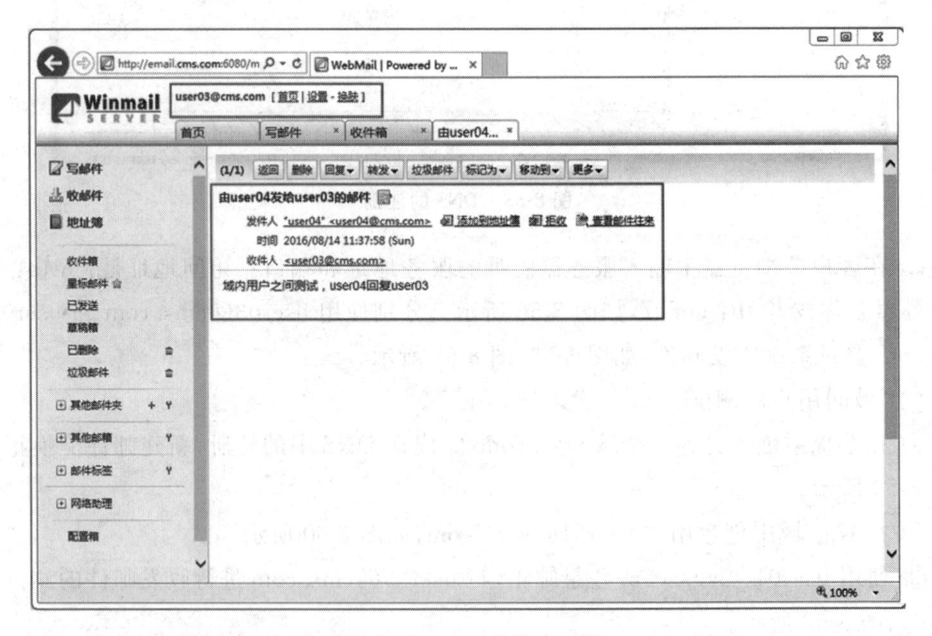

图 8-57　user03 的收发界面

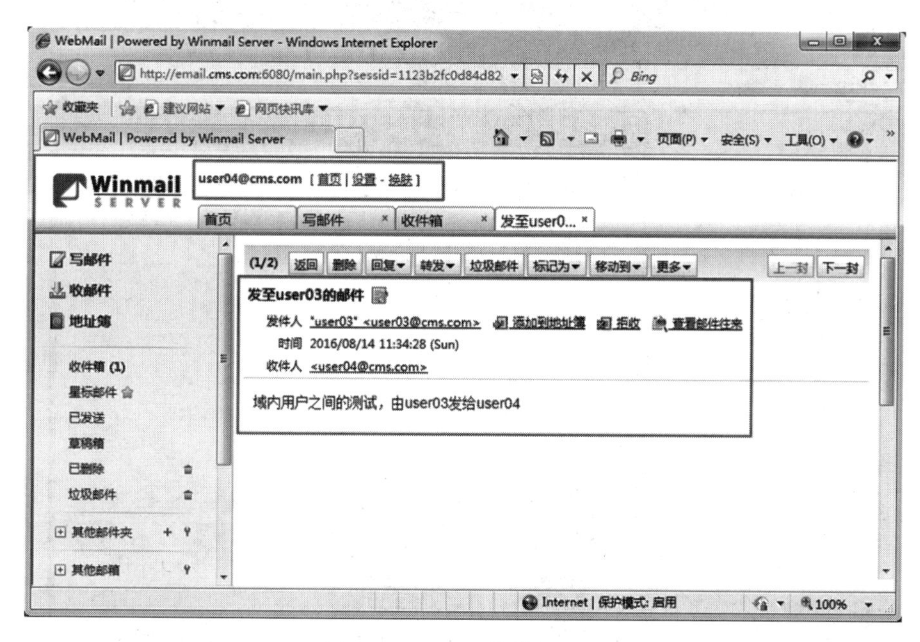

图 8-58　user04 的收发界面

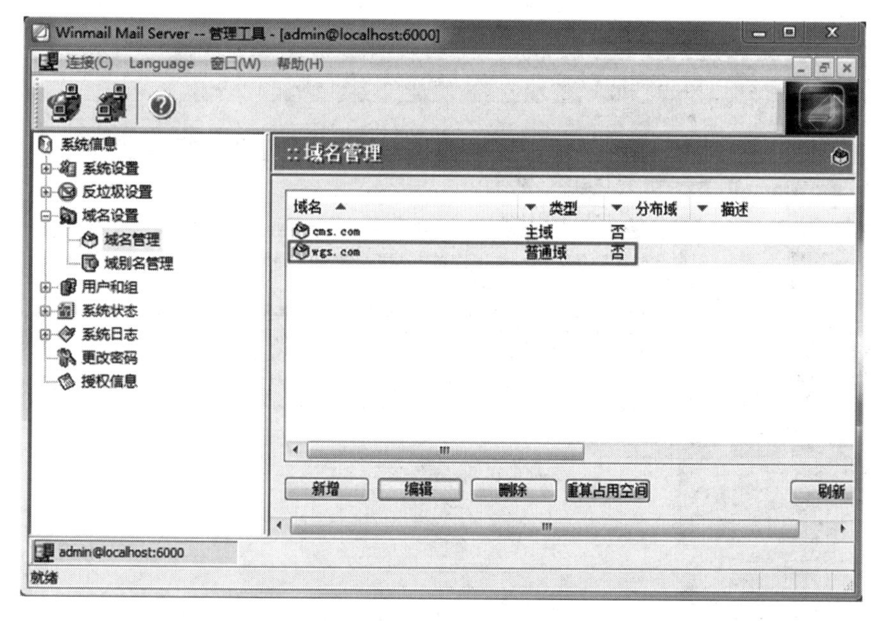

图 8-59　user04 的收发界面

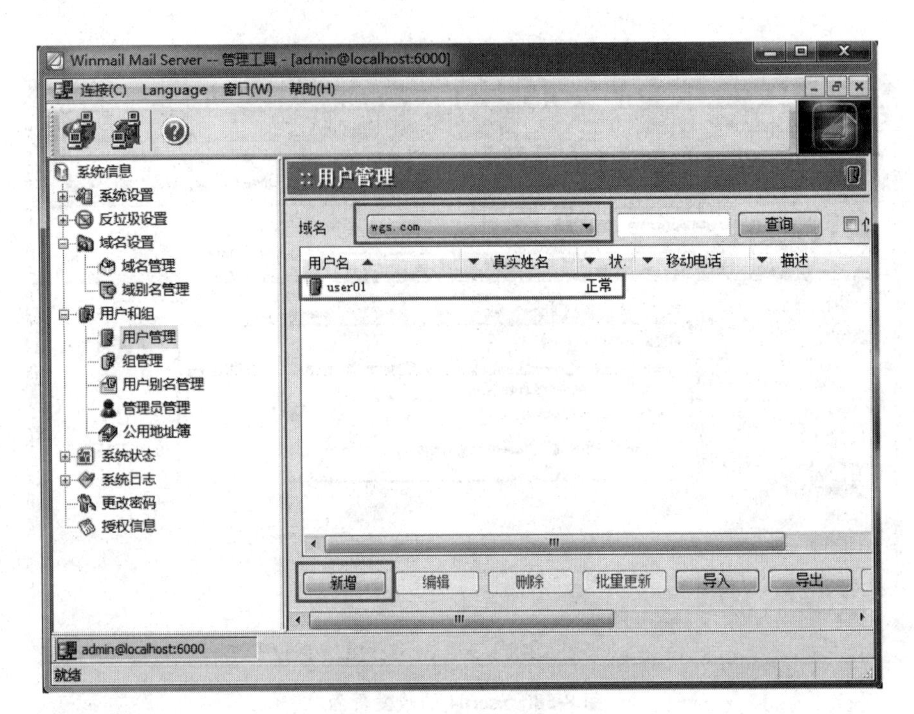

图 8-60 在 wgs. com 中新建用户 user01

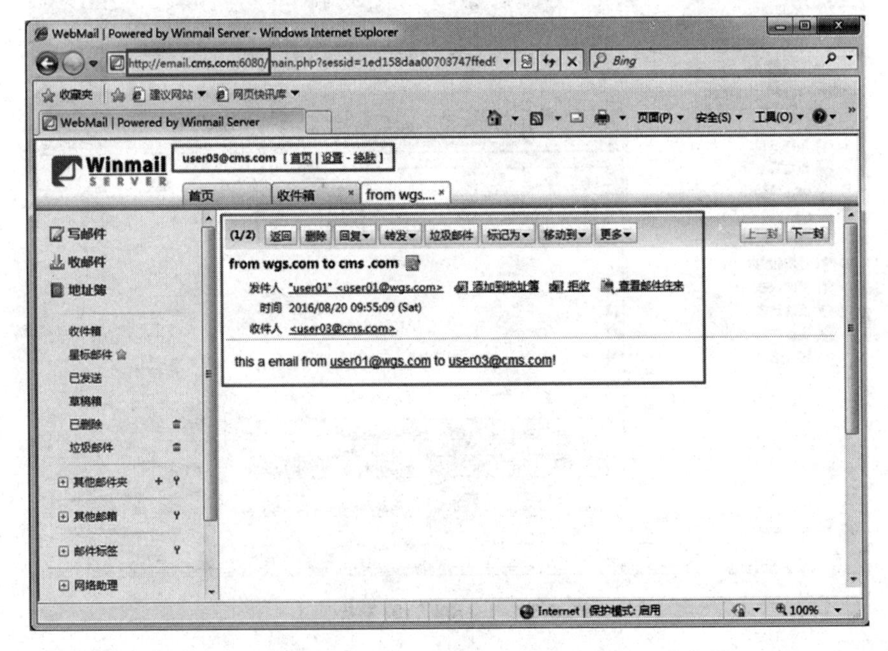

图 8-61 user03@cms. com 接收 user01@wgs. com 的邮件

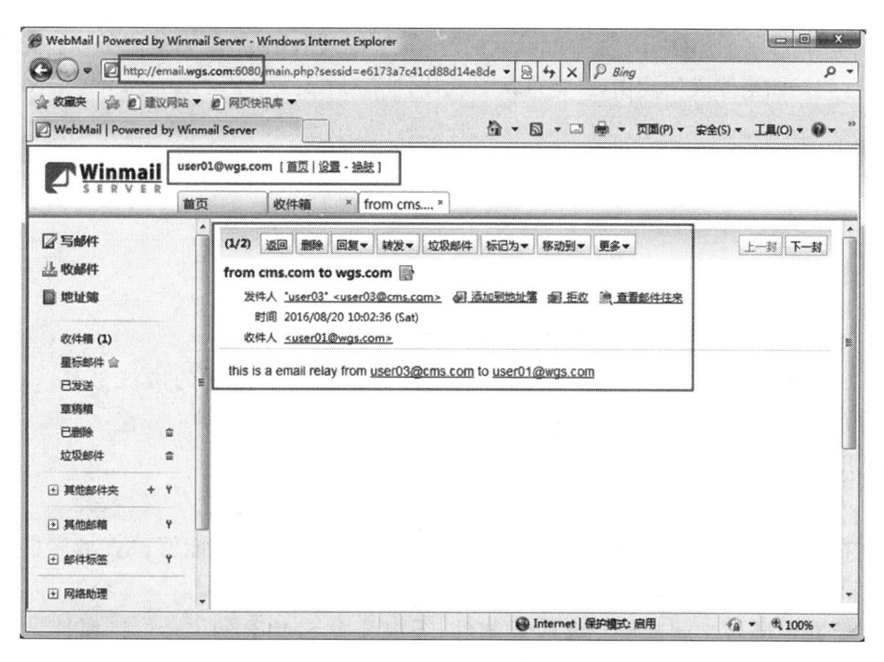

图 8-62　user01@wgs.com 接收 user03@cms.com 的邮件

8.4　项目总结

正确安装和配置邮件服务器，一共要检查五个步骤：安装 SMTP 服务，安装 POP3 服务，配置 DNS 中的 MX 记录，检查简单邮件传输协议和 Visendo SMTP Extender Service 服务的运行状态，查看防火墙是否允许服务器向外提供服务，如图 8-63 所示。

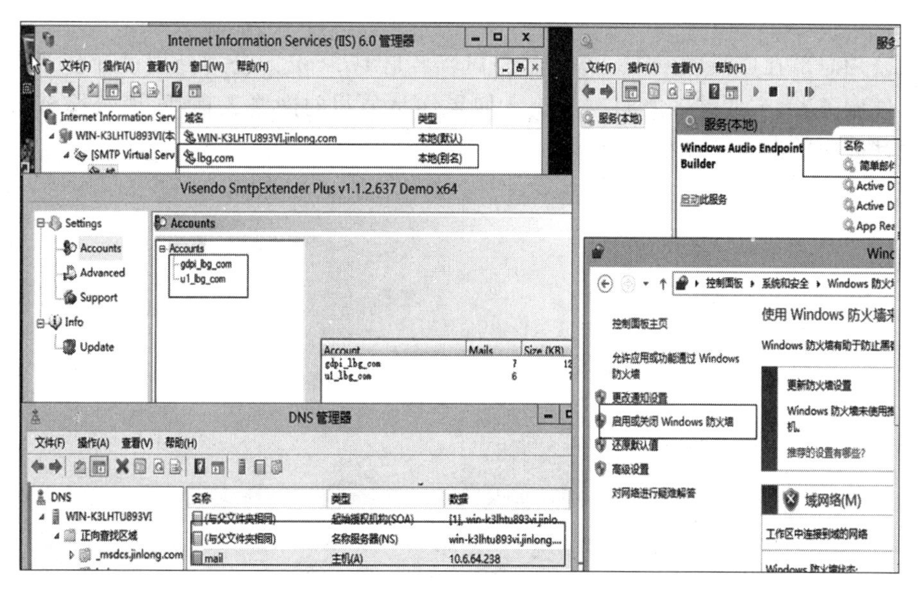

图 8-63　服务状态检查

winmail 邮件除了 ADMIN 服务能够开启外，其他都开启不了，原因是服务软件是试用版本，30 天有效。如果要成功使用，需要重新下载，网址是 http://www.magicwinmail.com。

8.5 课后习题

1. 填空题

（1）电子邮件服务主要的两个网络协议是________和________。

（2）SMTP 协议使用的端口号是________，POP3 协议使用的协议号是________，IMAP 协议使用的端口号是________。

（3）DNS 服务中的________记录主要针对电子邮件服务器。

（4）一个完整的邮件地址由________和________两部分组成。

（5）在配置邮件服务器的时候，DNS 服务中的________命令能够检查域名能否正常解析。

（6）要在不同域之间能够正常收发邮件，需要配置 SMTP 的________属性。

（7）WinmailServer 邮件系统支持使用邮件客户端软件________、________、________等收发邮件，也可以使用 WebMail 收发邮件。

2. 简答题

（1）请叙述 SMTP 和 POP3 服务的作用。

（2）请简要叙述电子邮件系统的工作原理。

（3）简单区别 POP3 协议和 IMAP4 协议。

3. 实训题

某公司总部在广州，有员工 100 人，公司域名是 zw.com。公司计划设计公司内部的电子邮件服务器，方便员工之间的交流。如果你是公司的网络工程师，请选择合适的方案来设计公司的电子邮件服务器。

第9章 chapter 9

项目9 证书服务器的配置与管理

【学习目标】

本章系统介绍证书服务器的理论知识，证书服务器的安装，网站证书的申请，搭建安全的 Web 站点，在客户端使用证书访问安全的网站，加密和签名邮件的配置与管理。

通过本章的学习应该完成以下目标：

- 理解证书服务器的理论知识；
- 掌握证书服务器的安装和证书申请方法；
- 掌握搭建安全的 Web 站点的方法；
- 掌握在客户端使用证书访问安全的网站的方法；
- 掌握加密和签名邮件的配置与管理。

9.1 项目背景

五桂山公司计划为公司重新搭建对外宣传以及对内服务的网站，需要设计公司官方网站、营销部和人事部三个网站。官网(www.wgs.com)用来对外宣传，可以公开，不需要提供任何证书；营销部(yxb.wgs.com)由于需要记录员工的销售业绩，安全级别较高，该部门需要向 CA 下载安全证书才可访问；人事部(rsb.wgs.com)为了准确识别员工的身份，防止非法用户攻击，需要用户提供身份识别。该网络拓扑如图 9-1 所示。

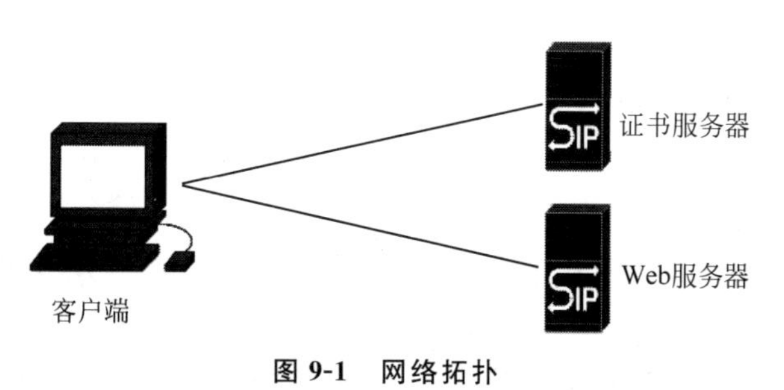

图 9-1 网络拓扑

9.2 知识引入

随着网络的发展,越来越多的业务都在逐渐向网络迁移,但是随之而来的安全问题也越来越多。除了在通信中采用更强的加密算法等措施以外,还需建立一种信任及信任验证机制,即通信双方必须有一个可以被验证的标识,这就是数字证书。使用数字证书可以实现用户的身份认证、数据加密等功能。

数字证书是由一个权威的证书颁发机构(Certificate Authority,CA)所颁发的,而CA是公钥基础设施(Public Key Infrastructure,PKI)的核心和信任基础。数字证书能提供在Internet上进行身份验证的一种权威性电子文档,通过它可以在网络通信中证明自己的身份。数字证书包括的内容有证书所有人的姓名、证书所有人的公钥、证书颁发机构名称、证书颁发机构的数字签名、证书序列号、证书有效期等信息。

因此,在学习如何部署证书服务之前,需要理解PKI和CA这两个重要的知识。

9.2.1 PKI

PKI是遵循既定标准的密钥管理平台。它为网络上的信息传输提供了加密和验证的功能,同时还可以确定信息的完整性,即传输内容未被人非法篡改。

在计算机网络中,安全体系可分为PKI安全体系和非PKI安全体系两大类。几年前,非PKI安全体系的应用最为广泛。例如在网络中用户经常使用的“用户+密码”的形式就属于非PKI安全体系。近几年,由于非PKI安全体系的安全性较弱,PKI安全体系得到了越来越广泛的关注和应用。

PKI是利用公钥技术建立的提供安全服务的基础设施,是信息安全技术的核心。PKI包括加密、数字签名、数据完整性机制、数字信封和双重数字签名等基础技术。

PKI中最基本的元素是数字证书,所有的安全操作主要都是通过数字证书来实现的。完整的PKI系统必须具有证书颁发机构(CA)、数字证书库、密钥备份及恢复系统、证书作废系统和应用接口(API)等基本构成部分。

PKI提供信息加密和身份验证的功能,所以在此工程中需要公开密钥和私有密钥的支持。

(1) 公开密钥(Public Key)。公开密钥简称为公钥,也称公共密钥。在安全体系中,公开密钥不进行保密,对外公开。

(2) 私有密钥(Private Key)。私有密钥简称密钥,属于用户个人拥有。它存在于计算机或其他介质中,只能用户本人使用。私有密钥不能对外公开,需要妥善、安全地保存和管理。

(3) 公开密钥加密法。公开密钥加密法使用一对对应的公开密钥和私有密钥来进行加密和解密。其中,公开密钥用来进行数据信息的加密,私有密钥用来进行对加密数据信息的解密,这种方法也称为“非对称加密法”,过程如图9-2所示。还有另一种加密法称为“对称加密法”,该方法使同一个密钥来进行加密和解密。

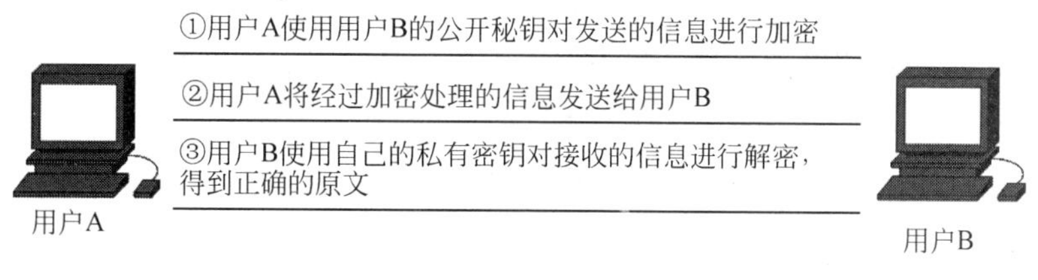

图 9-2 使用公开密钥加密法传输信息的过程

(4) 公开密钥验证法。用户可以利用密钥对要发送的数据信息进行数字签名，当另一个用户接收到此信息后，可以通过数字签名来确认此信息是否为真正的发送方发来的，同时还可以确认信息的完整性。从本质上看，数字签名就是加密的过程，查阅数字签名就是解密的过程。该过程如图 9-3 所示。

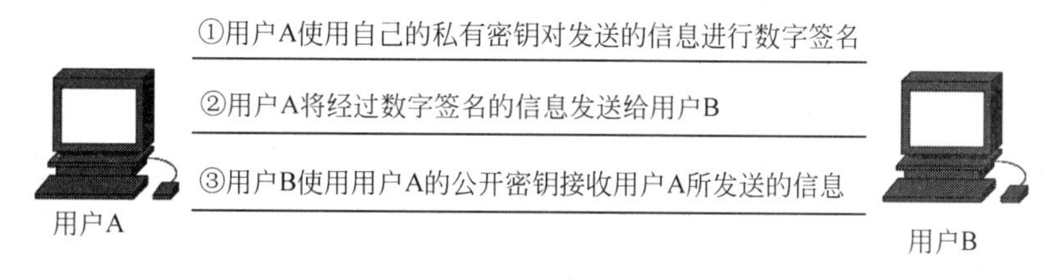

图 9-3 使用公开密钥验证法传输信息的过程

9.2.2 CA

在加密的过程中，仅仅拥有密钥是不够的，还需要拥有数字证书或者是某些数据标识，所以密钥和数字证书是构成加密解密过程的两个不可获取的元素。为了方便数字证书的管理，需要由专门的数字证书颁发管理机构负责颁发和管理数字证书。

在安全系统的基础下，CA 可以分为根 CA(Root CA)和从属 CA(Subordinate CA)。根 CA 是安全系统的最上层，既可以提供发放电子邮件的安全证书、提供网站 SLL(加密套接字协议)的安全传输等证书服务，也可以发放证书给其他 CA(从属 CA)。从属 CA 同样可以提供发放电子邮件安全证书、提供网站 SSL 安全传输等证书服务，也可以向下一层的从属 CA 提供证书，但是在此基础上，从属 CA 必须向其父 CA(根 CA 或者从属 CA)取得证书后，才可以发放证书。CA 层次结构如图 9-4 所示。

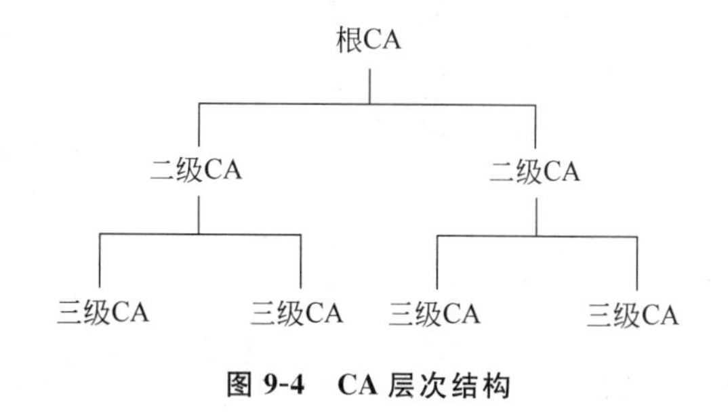

图 9-4 CA 层次结构

在 PKI 系统架构下，当用户 A 使用某 CA 所颁发的数字证书发送一份数字签名的电子邮件给用户 B 时，用户 B 的计算机必须信任该 CA 所颁发的证书，否则计算机会认为该电子邮件是有问题的电子邮件。这就是 CA 的信任关系。

9.3 项目过程

9.3.1 任务 1 证书服务器的安装

1. 任务分析

根据项目背景得知如下需求：五桂山公司将在原企业内网的基础上配置一台新的 Windows Server 2012 服务器(IP：10.6.64.8/24)作为证书服务器，在此服务器上安装证书服务器功能。

2. 任务实施过程

(1) 打开“服务器管理器”，单击“添加角色和功能”按钮，进入“添加角色和功能向导”。

(2) 单击“下一步”按钮，选择“基于角色或基于功能的安装”。

(3) 单击“下一步”按钮，选择“从服务器池中选择服务器”，安装程序会自动检测与显示这台计算机采用静态 IP 地址设置的网络连接。

(4) 单击“下一步”按钮，在“服务器角色”中，选择“Active Directory 证书服务”，自动弹出“添加所需的功能”对话框，单击“添加功能”按钮，如图 9-5 所示。

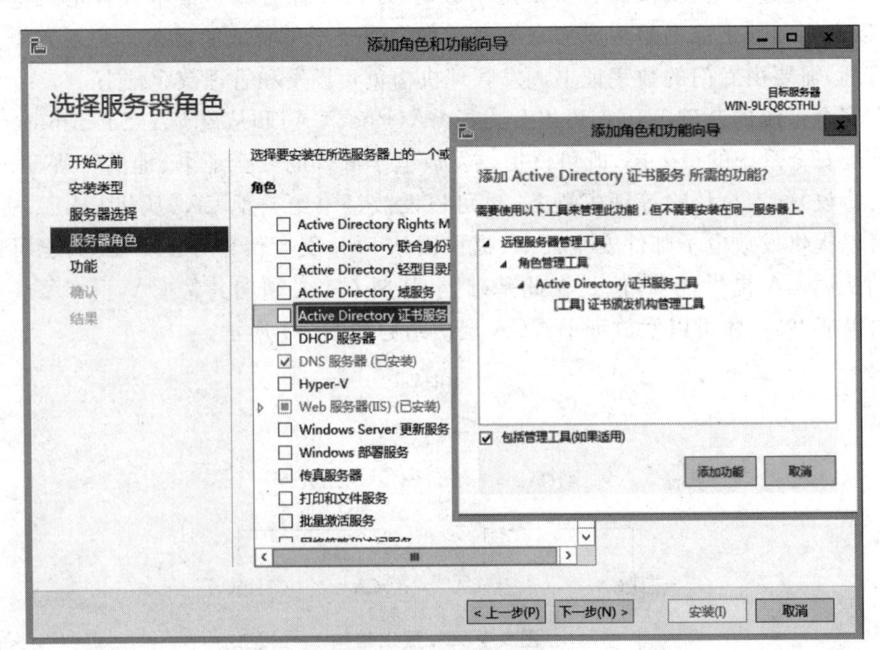

图 9-5 添加所需功能

(5) 单击“下一步”按钮，选择需要添加的功能，如无特殊需求，一般默认即可。

(6) 单击“下一步”按钮，查阅相关的注意事项。

(7) 单击“下一步”按钮，在“添加角色服务”对话框中，勾选所需要的角色服务“证书颁发机构 Web 注册”、“证书注册 Web 服务”和“证书注册策略 Web 服务”三个角色服务，如图 9-6 所示。

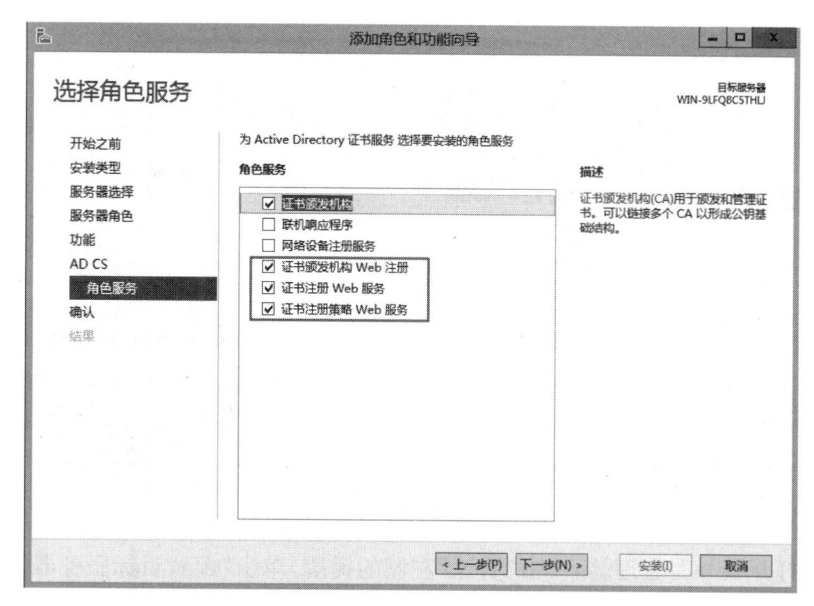

图 9-6　添加所需的角色服务

(8) 单击“下一步”按钮，在“确认”对话框中，确认所需安装的角色、角色服务或功能，单击“安装”按钮，如图 9-7 所示。

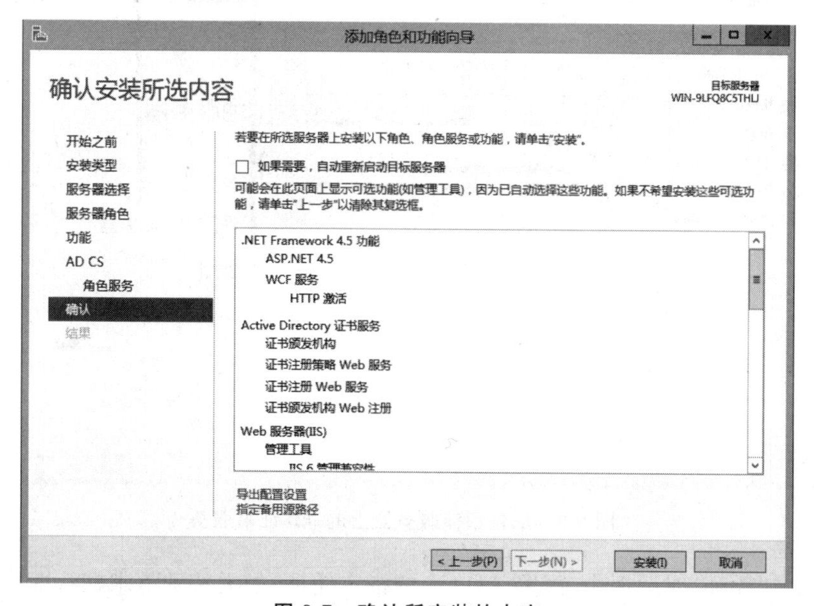

图 9-7　确认所安装的内容

(9) 单击“关闭”按钮完成安装,如图 9-8 所示。

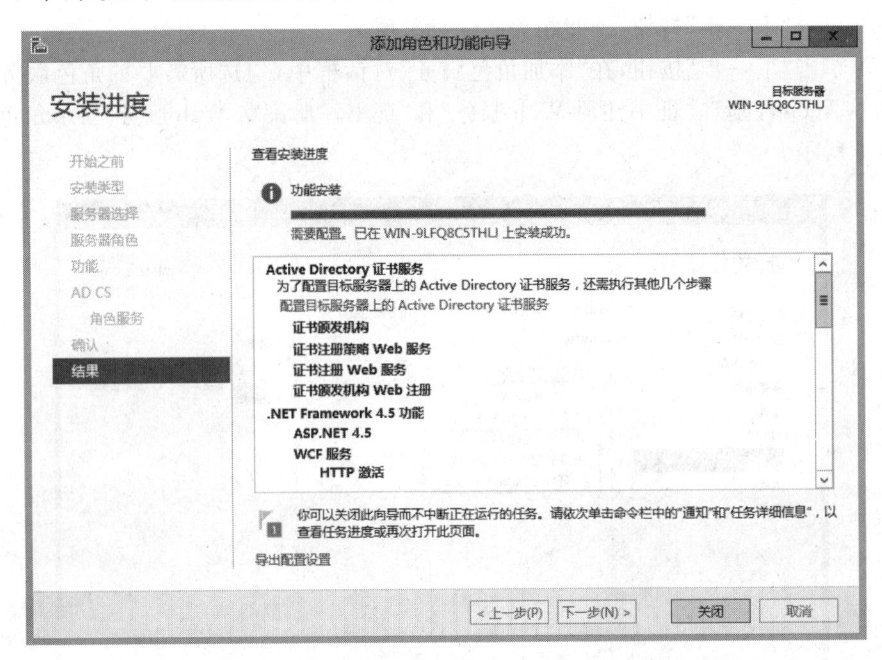

图 9-8 完成安装

(10) 打开服务器管理器,单击“管理”左侧的提醒,单击“配置目标服务器上的 Active Directory 证书服务”,如图 9-9 所示。

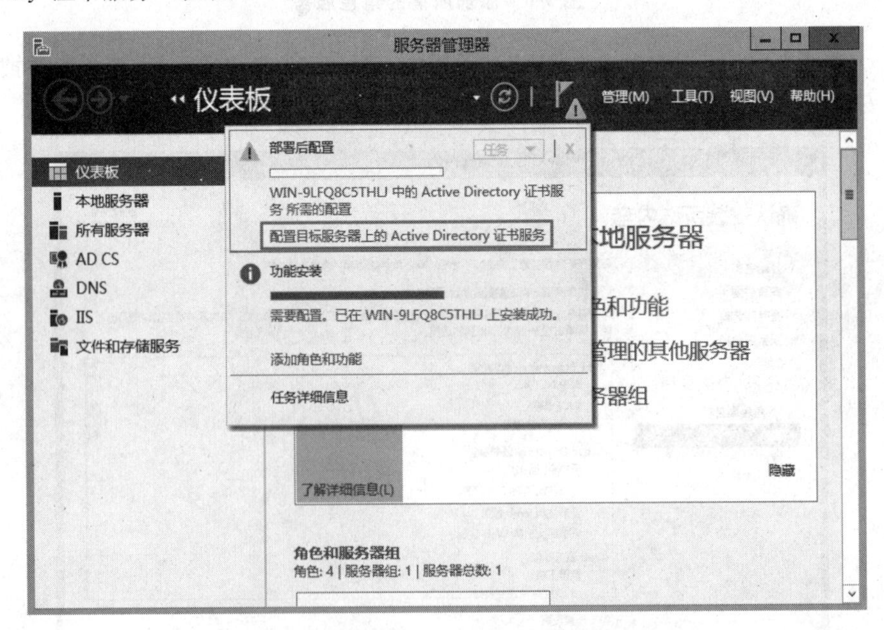

图 9-9 配置目标服务器上的 AD 证书服务

(11) 在“凭证”对话框中,配置 AD CS 的指定凭证,如无特殊需求默认即可。

(12) 单击“下一步”按钮,在“角色服务”对话框中,勾选“证书颁发机构”和“证书颁发机构 Web 注册”两个服务,如图 9-10 所示。

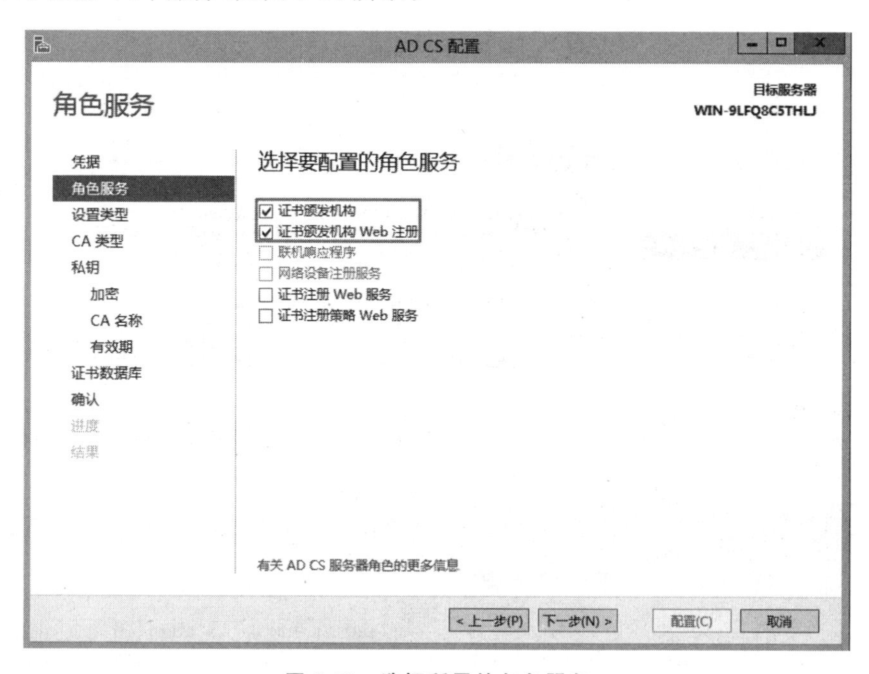

图 9-10　选择所需的角色服务

(13) 单击“下一步”按钮,在“设置类型”对话框中,指定 CA 的设置类型为“独立 CA”,如图 9-11 所示。(选择“企业 CA”的前提是服务器在域环境下,并且客户端在该 AD 域中。)

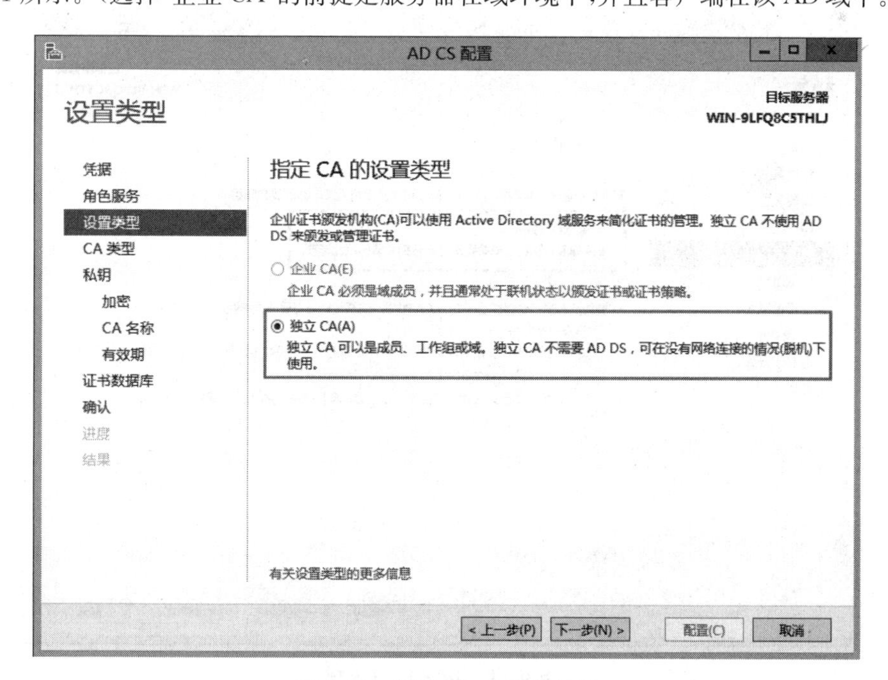

图 9-11　指定 CA 的设置类型

(14) 单击"下一步"按钮,在"CA 类型"对话框中,指定 CA 类型为"根 CA",如图 9-12 所示。

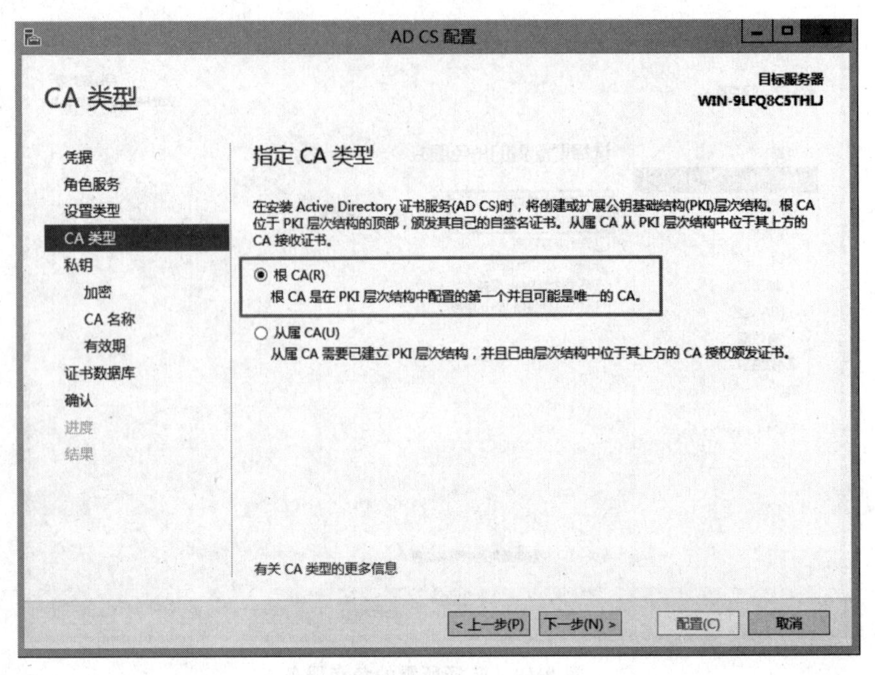

图 9-12 指定 CA 类型

(15) 单击"下一步"按钮,在"私钥"对话框中,选择"创建新的私钥",如图 9-13 所示。

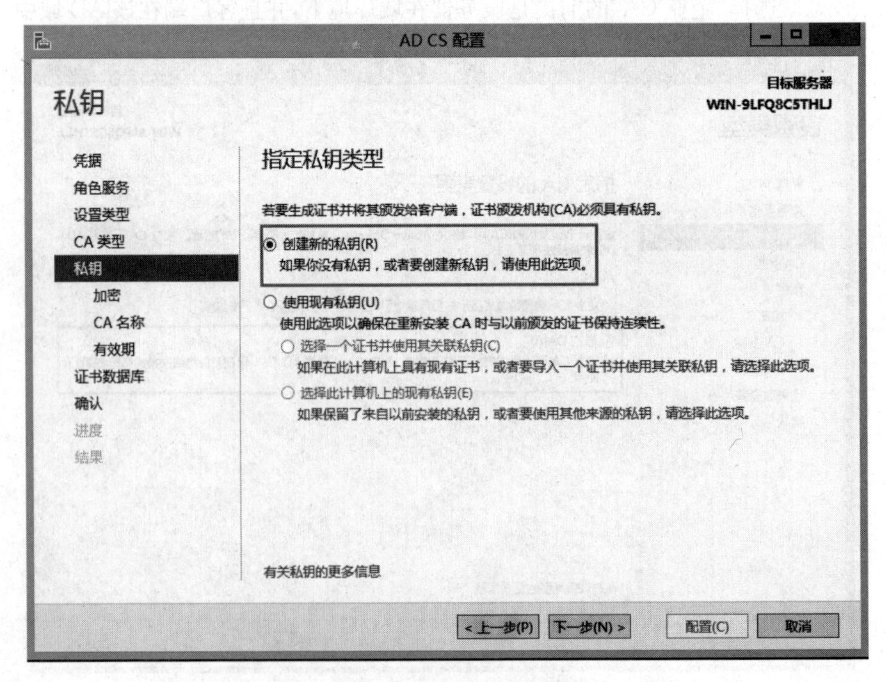

图 9-13 指定私钥类型

(16) 单击“下一步”按钮，在“CA 的加密”对话框中，选择加密算法“MD5”，如图 9-14 所示。

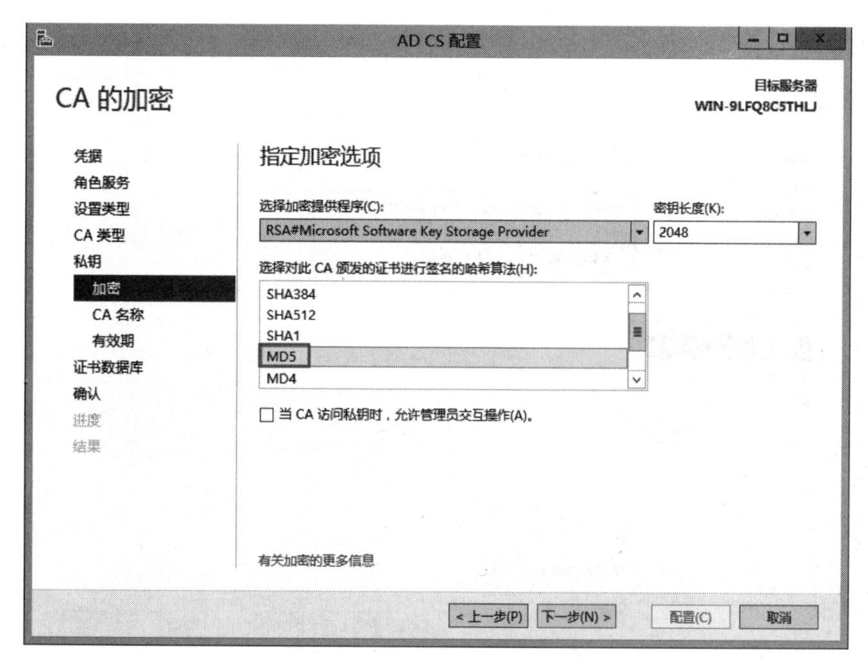

图 9-14　选择加密算法

(17) 单击“下一步”按钮，在“CA 名称”对话框中，配置 CA 名称，在此选择默认名称，如图 9-15 所示。

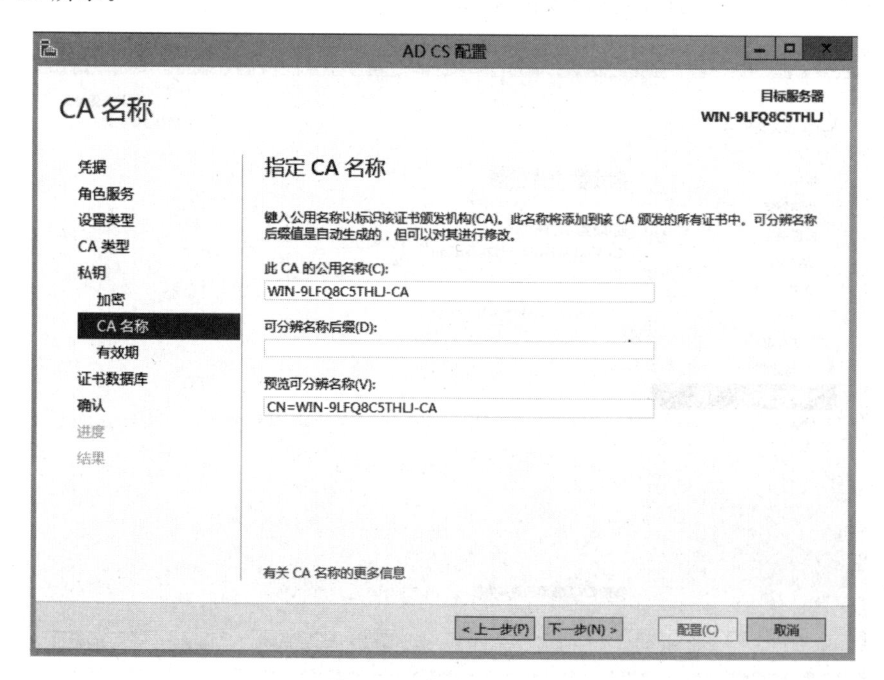

图 9-15　指定 CA 名称

(18) 单击"下一步"按钮,在"有效期"对话框中指定有效期,在此选择默认有效期5年,如图9-16所示。

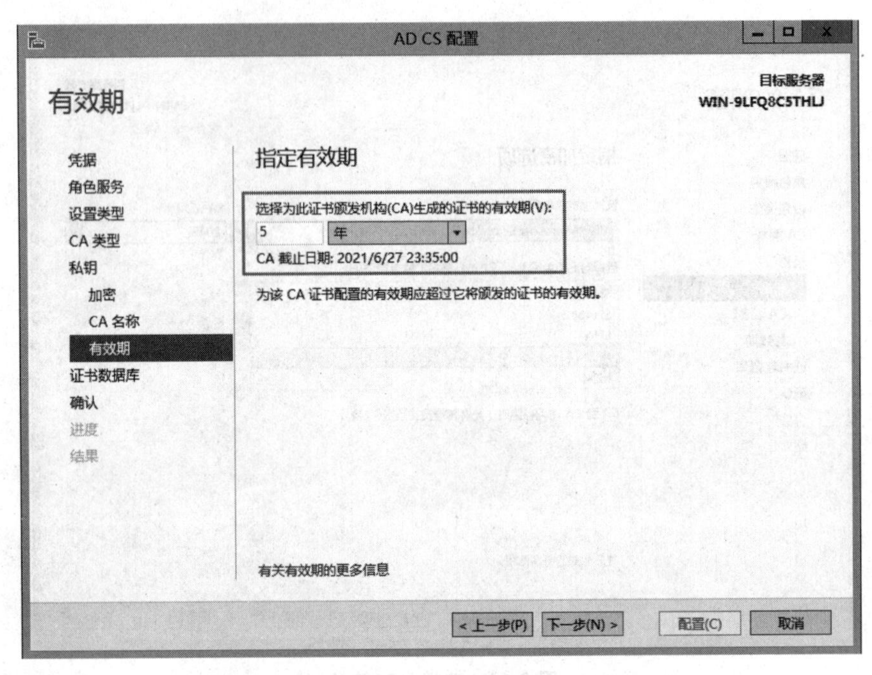

图 9-16 指定有效期

(19) 单击"下一步"按钮,在"CA 数据库"对话框中,选择证书数据库和证书数据库日志的存放位置,在此选择默认存放位置,如图9-17所示。

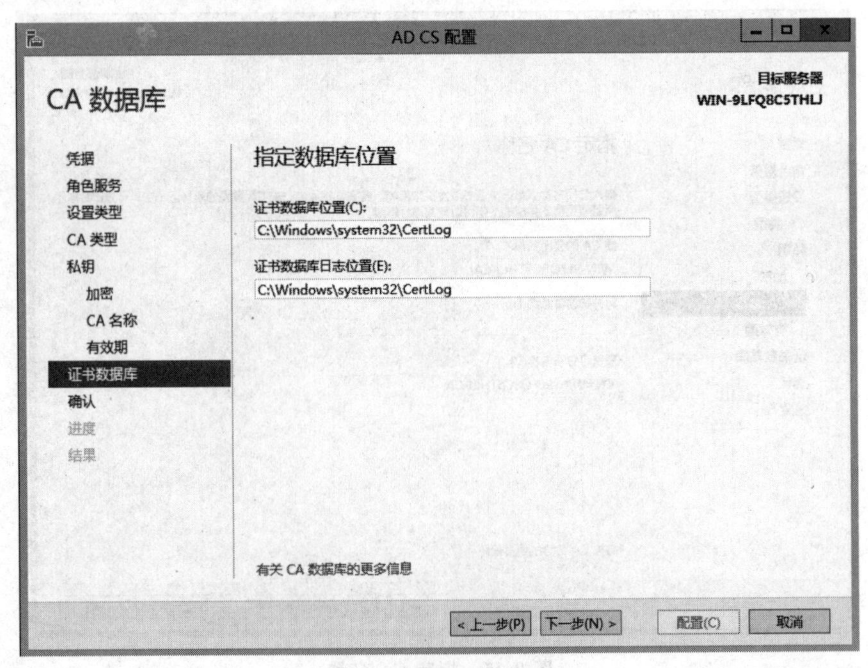

图 9-17 指定数据库位置

(20) 单击“下一步”按钮,在“确认”对话框中,确认所需要的内容,单击“配置”按钮,如图9-18所示。

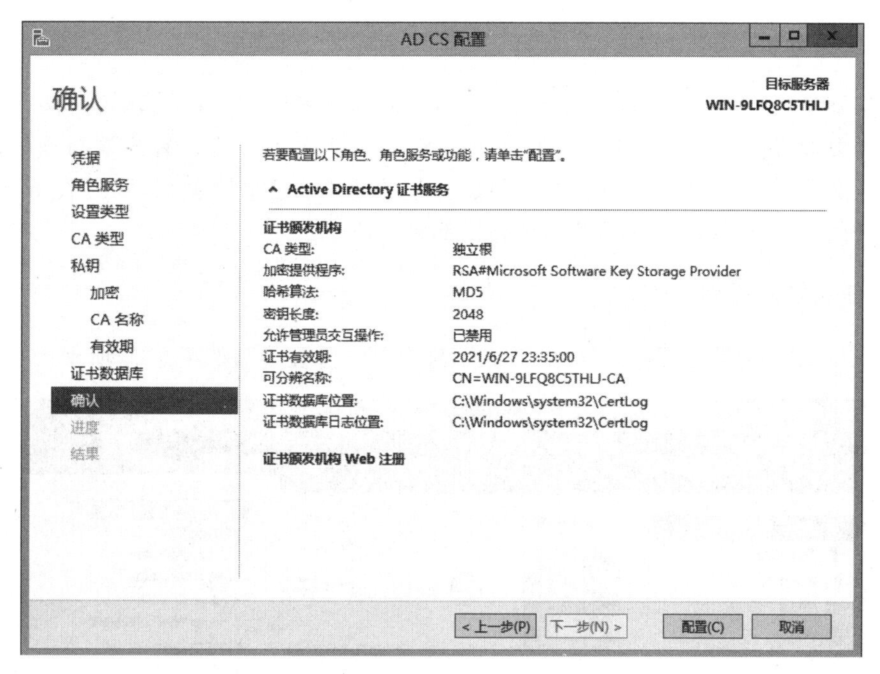

图9-18　配置AD CS

(21) 配置完成后,单击“关闭”按钮,如图9-19所示。

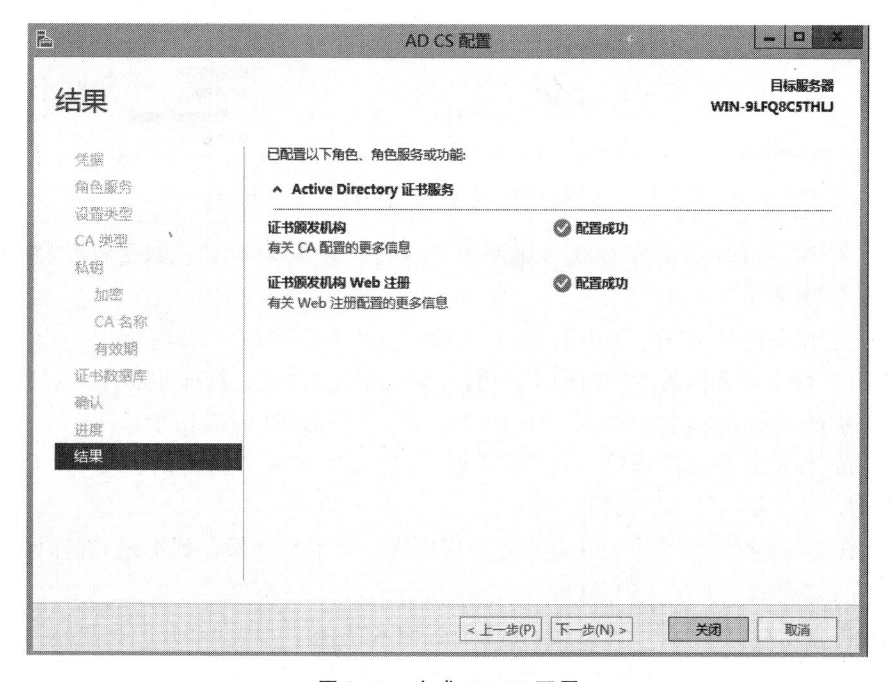

图9-19　完成AD CS配置

9.3.2 任务 2 证书的申请

1. 任务分析

在实际生活中，当客户端访问网站时，客户端都能够鉴定该网站是否合法，即 Web 服务器需要向可信 CA 申请服务器证书并安装绑定到 Web 站点。客户端与该可信 CA 建立信任关系后，客户端与服务器之间便建立起了信任的证书链关系，认为该 Web 站点是可信任的。在此任务中，将为公司的营销部申请证书。

2. 任务实施过程

（1）打开“服务器管理器”，单击“工具”，选择“IIS 管理器”，如图 9-20 所示。

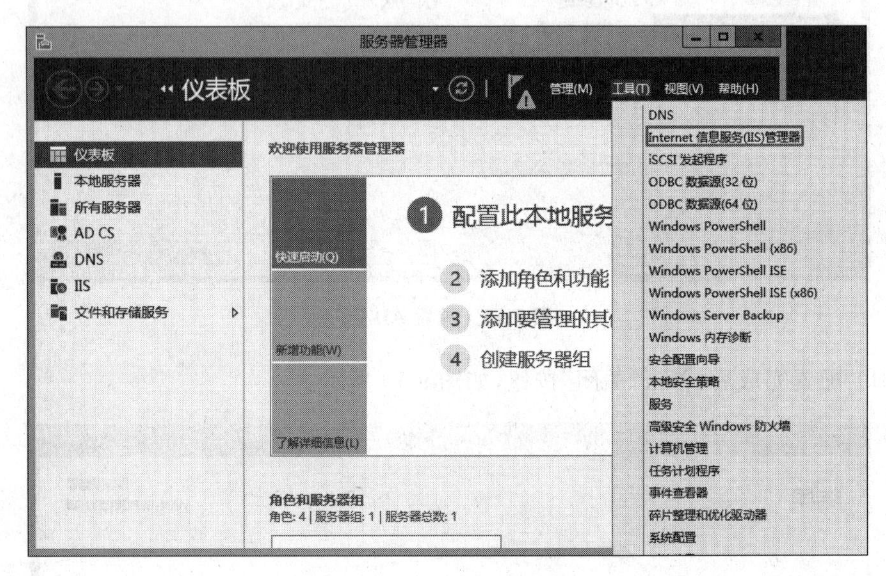

图 9-20 打开 IIS 管理器

（2）在“IIS 管理器”界面，单击本地服务器，找到“服务器证书”。双击打开“服务器证书”，如图 9-21 所示。

（3）在“服务器证书”中，单击右侧的“创建证书申请”，如图 9-22 所示。

（4）在“可分辨名称属性”对话框中，输入证书信息（注意：在此步骤中，通用名称要与需要保护的 Web 站点名称相同），单击“下一步”按钮，如图 9-23 所示。

（5）在“加密服务提供程序属性”对话框中，选择加密算法和密钥长度，如无特殊需求，默认即可，单击“下一步”按钮。

（6）在“文件名”对话框中，申请的证书信息将以文本文件保存到本地，选择保存的本地位置，单击“完成”，如图 9-24 所示。

（7）在服务器中打开 IE 浏览器，在地址栏输入“http://10.6.64.8/certsrv”，打开企业内网 CA 服务器在线申请网站，单击“申请证书”，如图 9-25 所示。

（8）单击“高级证书申请”，如图 9-26 所示。

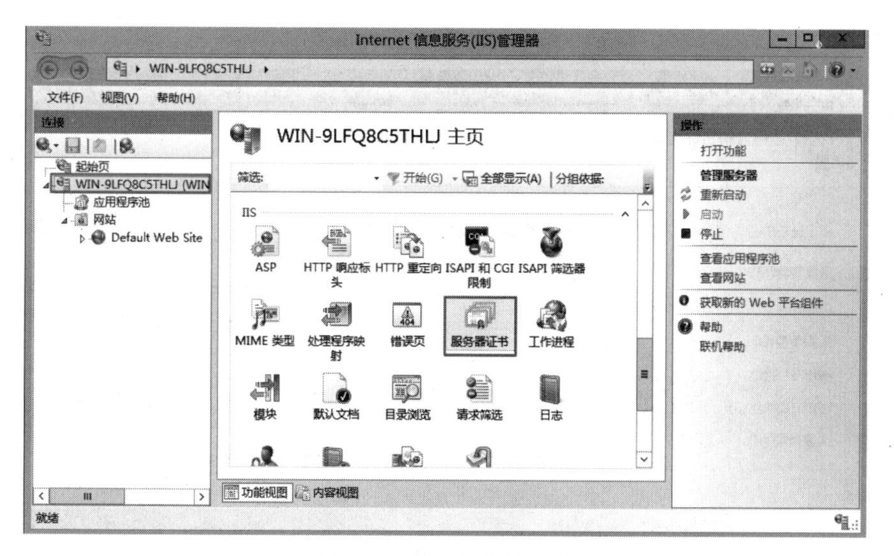

图 9-21　打开服务器证书

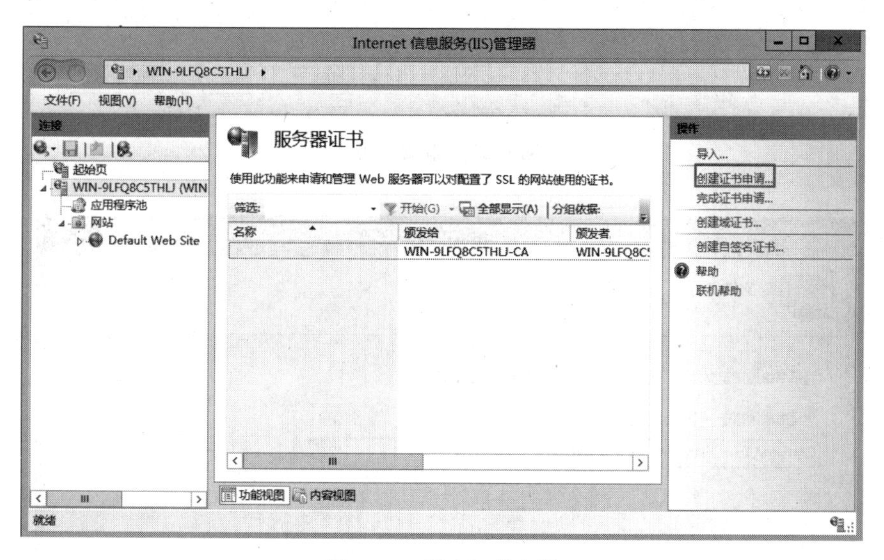

图 9-22　创建证书申请

(9) 单击“使用 base64 编码的 CMC 或 PKCS＃10 文件提交一个证书申请，或使用 base64 编码的 PKCS＃7 文件续订证书申请”，如图 9-27 所示。

(10) 将步骤(6)中保存的证书申请信息复制到如图 9-28 所示的文本框中，单击“提交”。

(11) 提交完成后，提示证书申请正处于挂起状态和申请 ID，如图 9-29 所示。

(12) 打开“证书颁发机构”，在证书颁发机构管理界面中，单击“挂起的申请”，右键单击 ID 为 3 的证书申请“所有任务”→“颁发”，如图 9-30 所示。

(13) 证书颁发成功后，在“颁发的证书”中，即可看到刚刚颁发的证书，如图 9-31 所示。

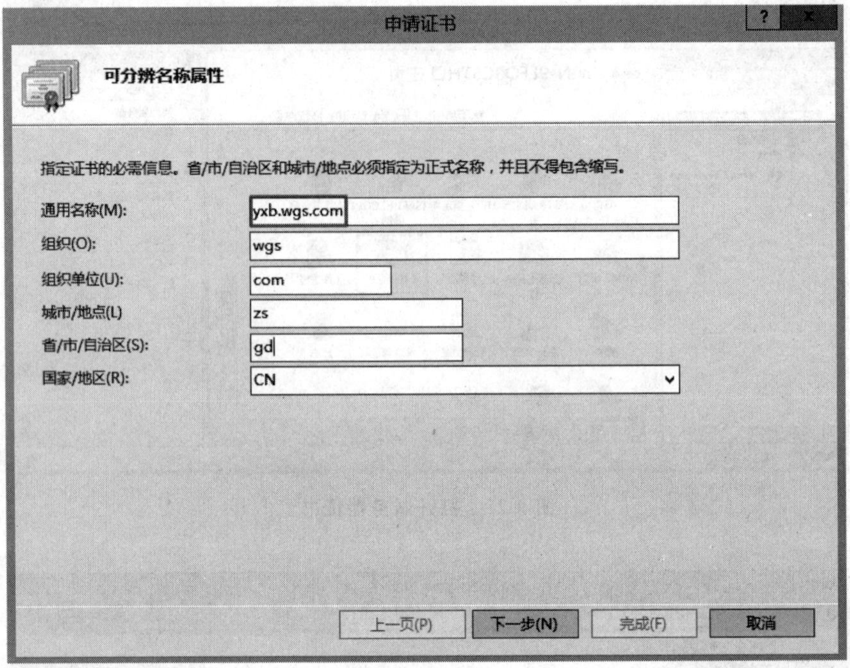

申请证书
可分辨名称属性
指定证书的必需信息。省/市/自治区和城市/地点必须指定为正式名称，并且不得包含缩写。
通用名称(M):
yxb.wgs.com
组织(O):
wgs
组织单位(U):
com
城市/地点(L)
zs
省/市/自治区(S):
gd
国家/地区(R):
CN
上一页(P)
下一步(N)
完成(F)
取消

图 9-23 申请证书

申请证书
文件名
为证书申请指定文件名。此信息可以发送给证书颁发机构签名。
为证书申请指定一个文件名(R):
C:\Users\Administrator\Desktop\yxb.txt
上一页(P)
下一步(N)
完成(F)
取消

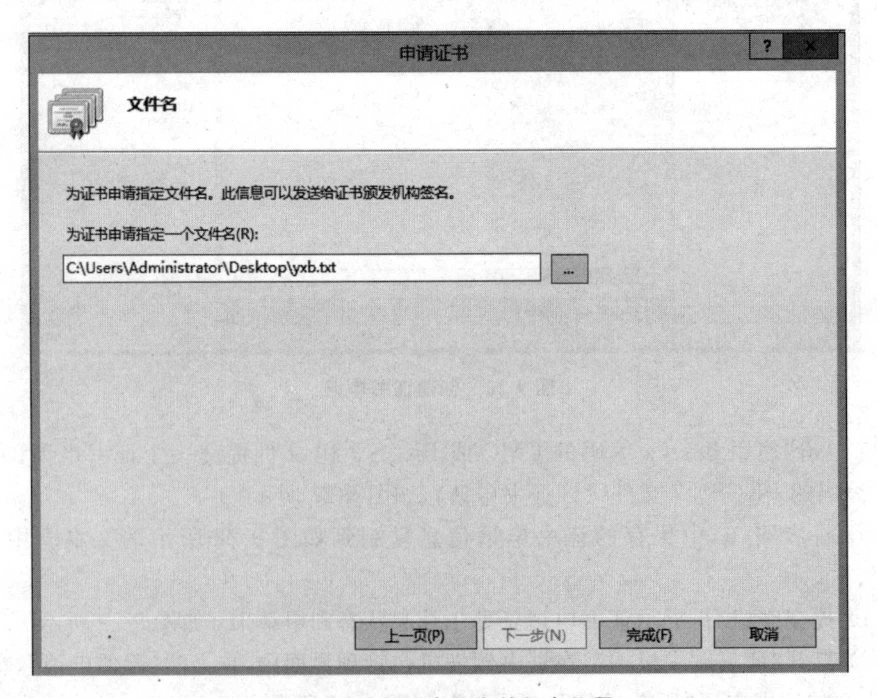

图 9-24 选择证书信息的保存位置

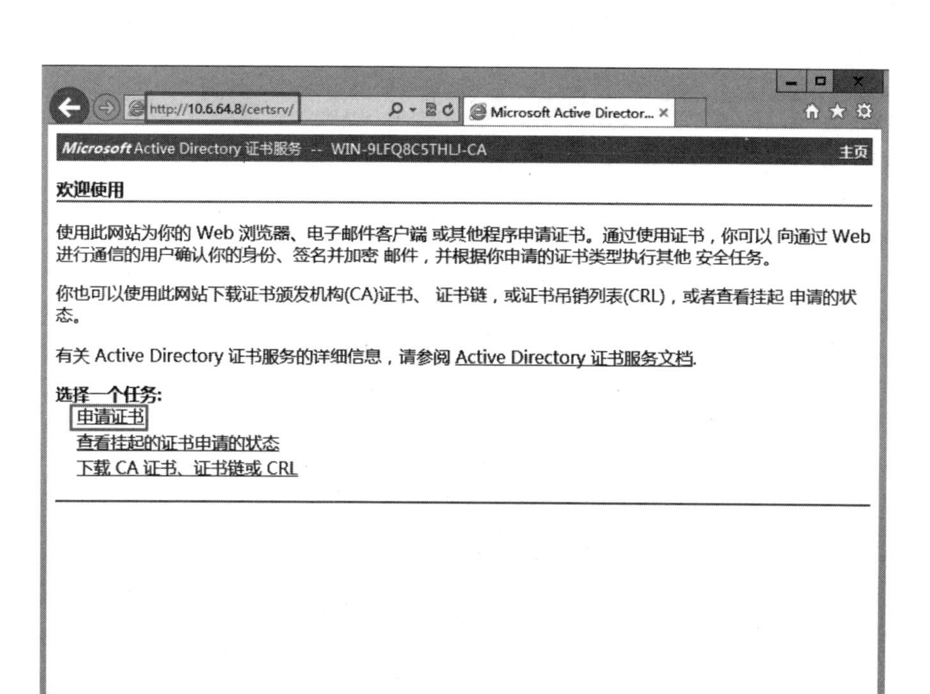

图 9-25 申请证书

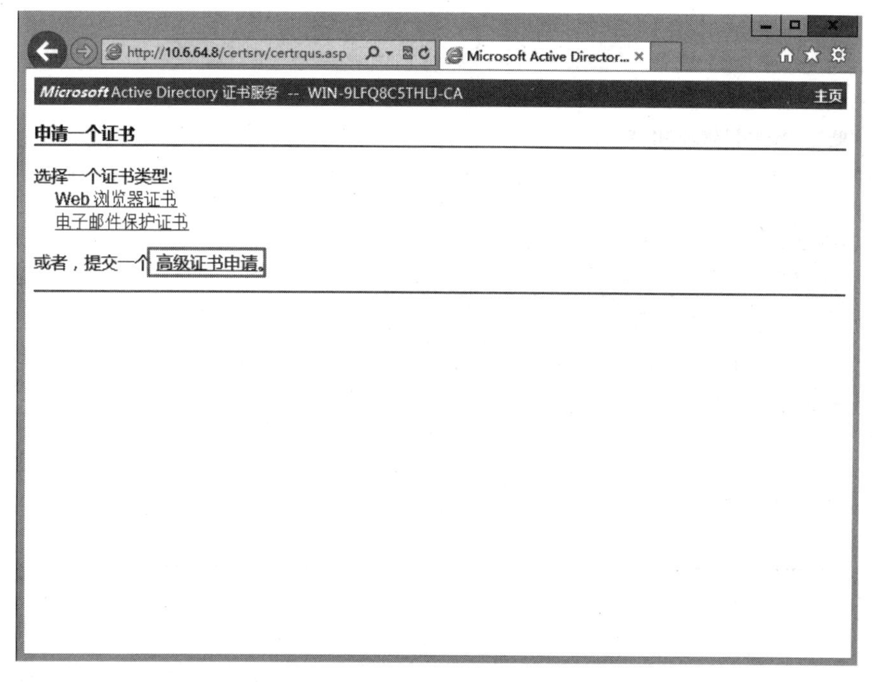

图 9-26 高级证书申请

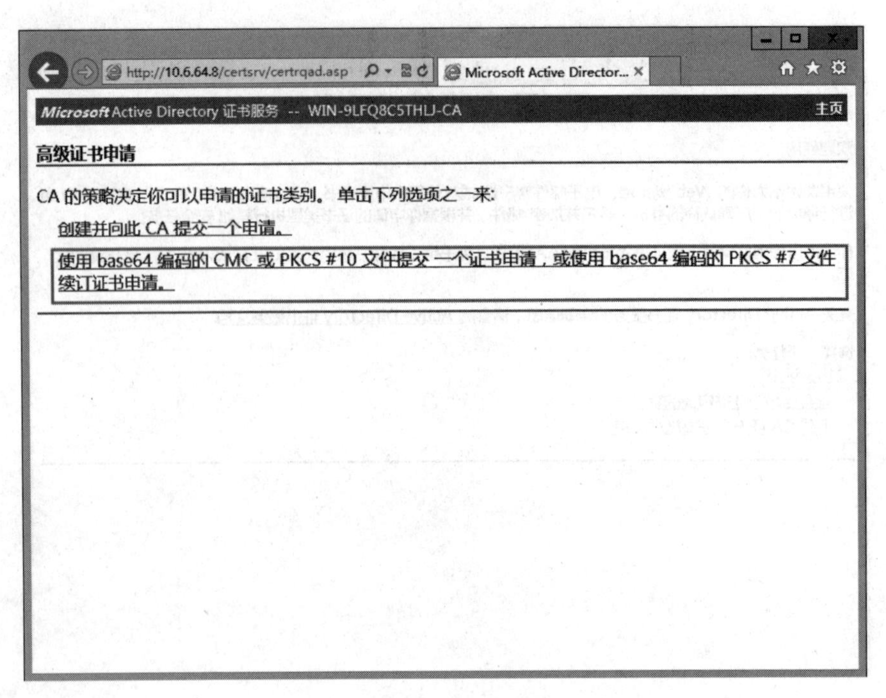

图 9-27　使用 base64 编码提高证书申请

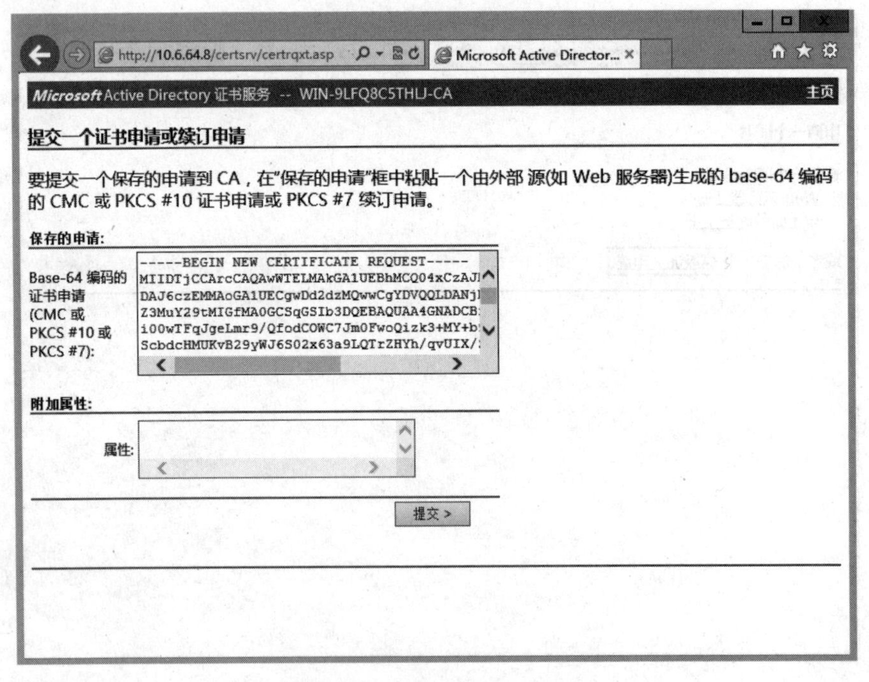

图 9-28　提交证书申请

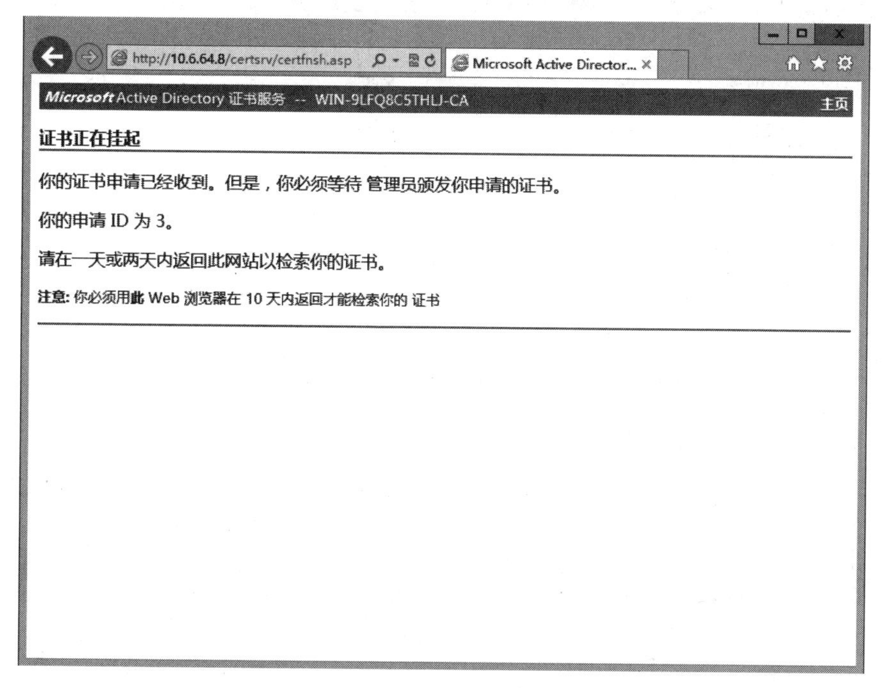

图 9-29 证书申请挂起

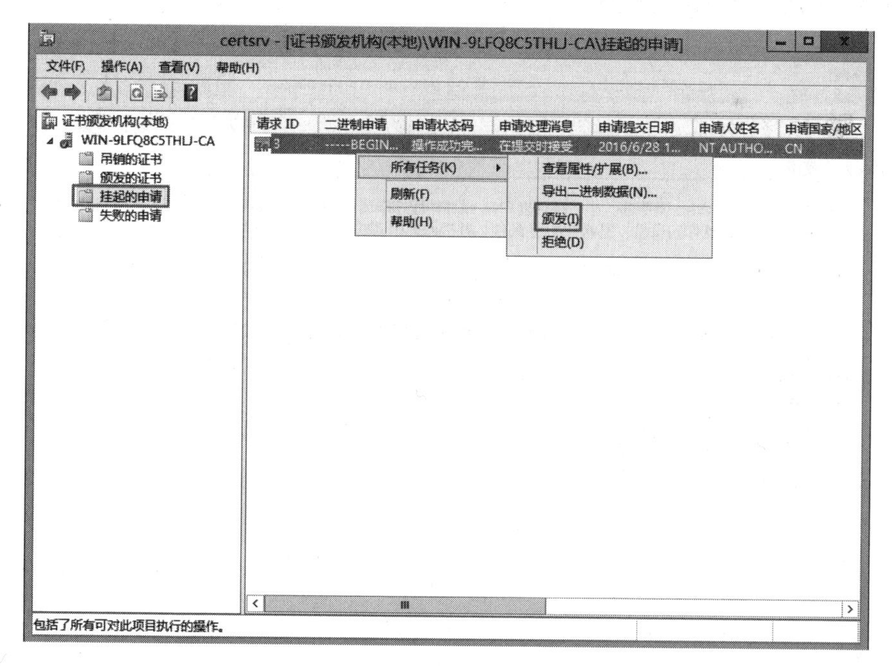

图 9-30 颁发证书

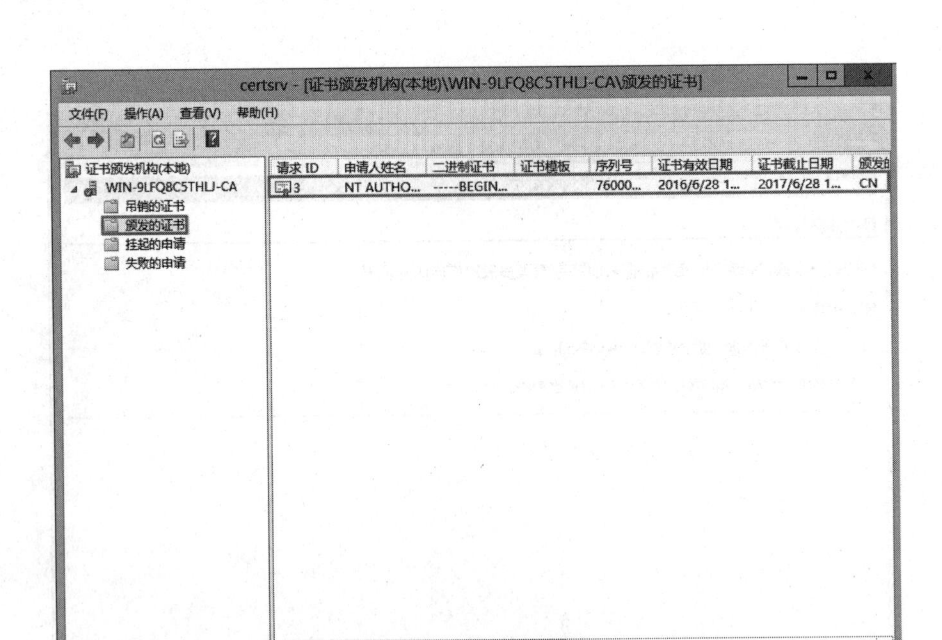

图 9-31　成功颁发证书

(14) 在服务器打开 IE 浏览器,输入"http://10.6.64.8/certsrv",单击"查看挂起的证书申请的状态",如图 9-32 所示。

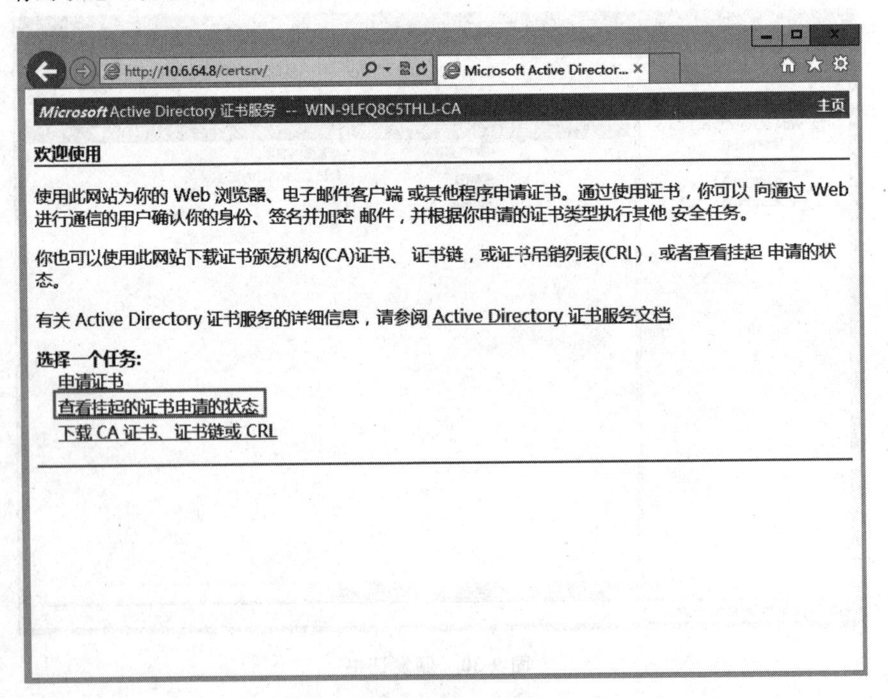

图 9-32　查看挂起的证书申请的状态

(15) 单击“保存的申请证书”,如图9-33所示。

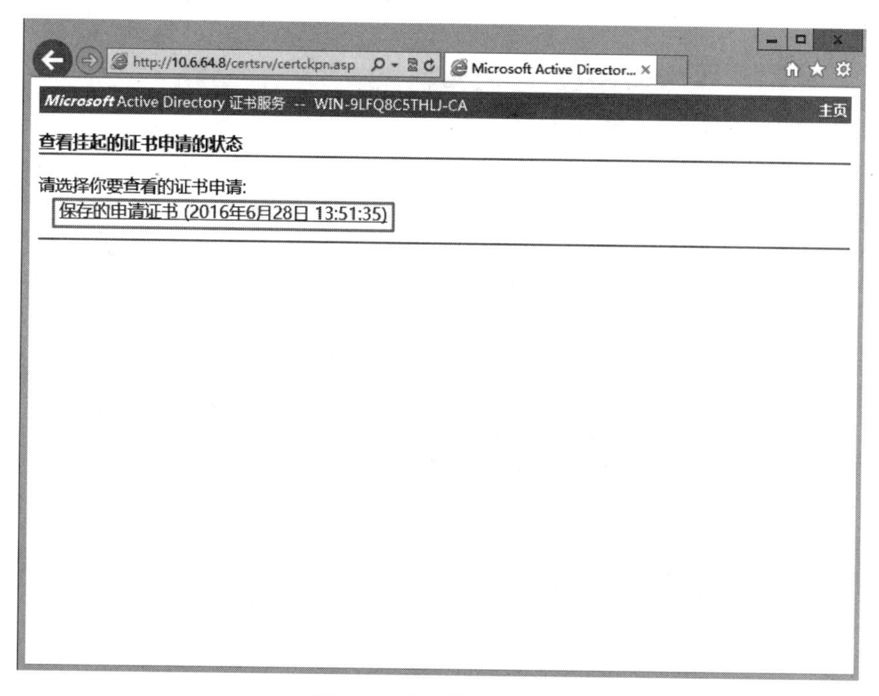

图9-33 保存的申请证书

(16) 单击“下载证书”,将证书保存在本地,如图9-34所示。

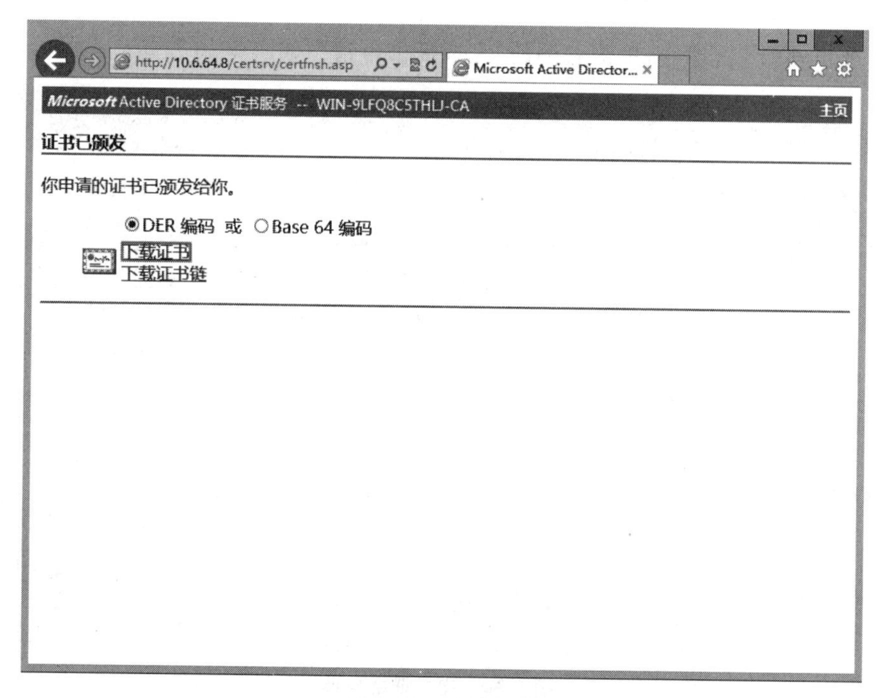

图9-34 下载证书

(17) 在存放的本地位置找到下载的证书，双击打开证书，查看证书信息，如图 9-35 所示。

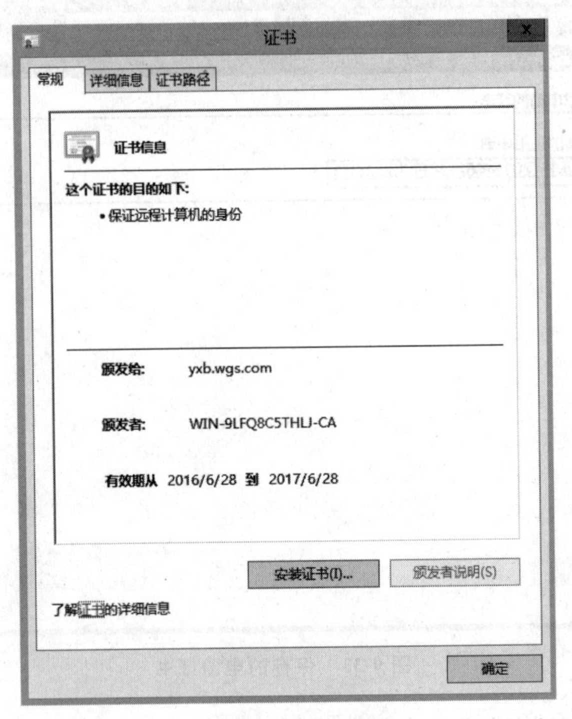

图 9-35 证书信息

(18) 打开 IIS 管理器，单击右侧的"完成证书申请"，如图 9-36 所示。

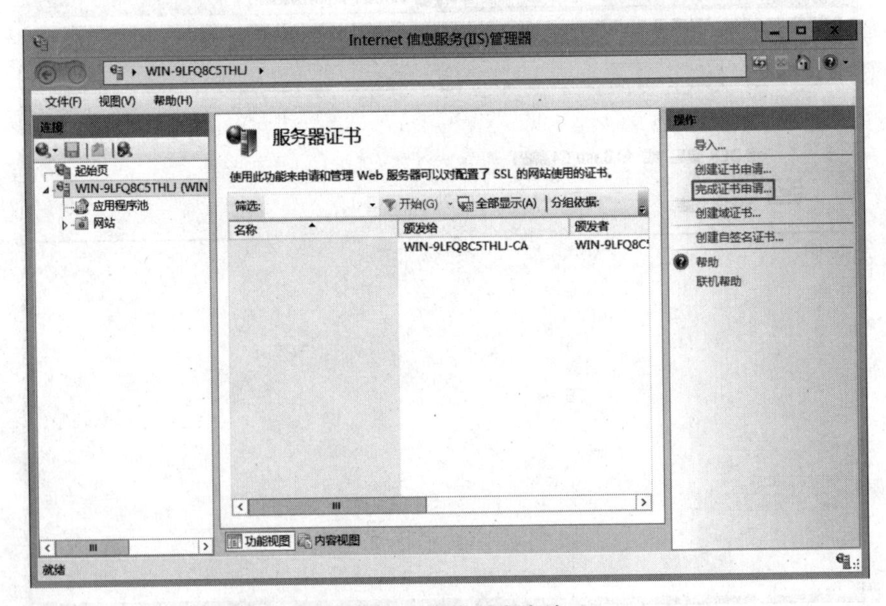

图 9-36 完成证书申请

(19) 在“指定证书颁发机构响应”对话框中，选择证书文件，填写好记名称(好记名称(Y)要与需要保护的 Web 站点名称相同)并选择新证书的存储方式，单击“确定”按钮，如图 9-37 所示。

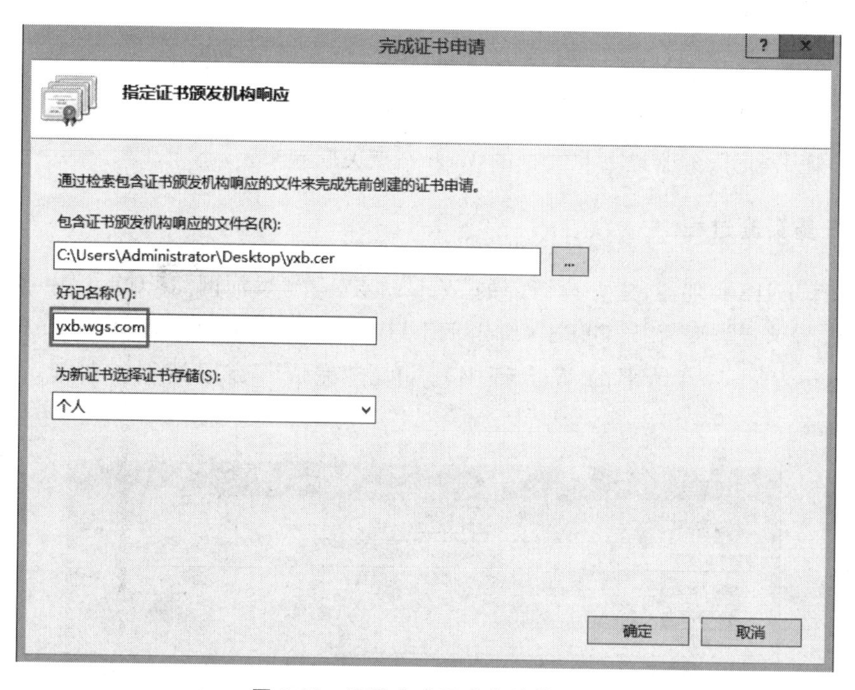

图 9-37 设置完成证书申请的信息

(20) 完成证书的申请后，在“服务器证书”中会出现新的证书，如图 9-38 所示。

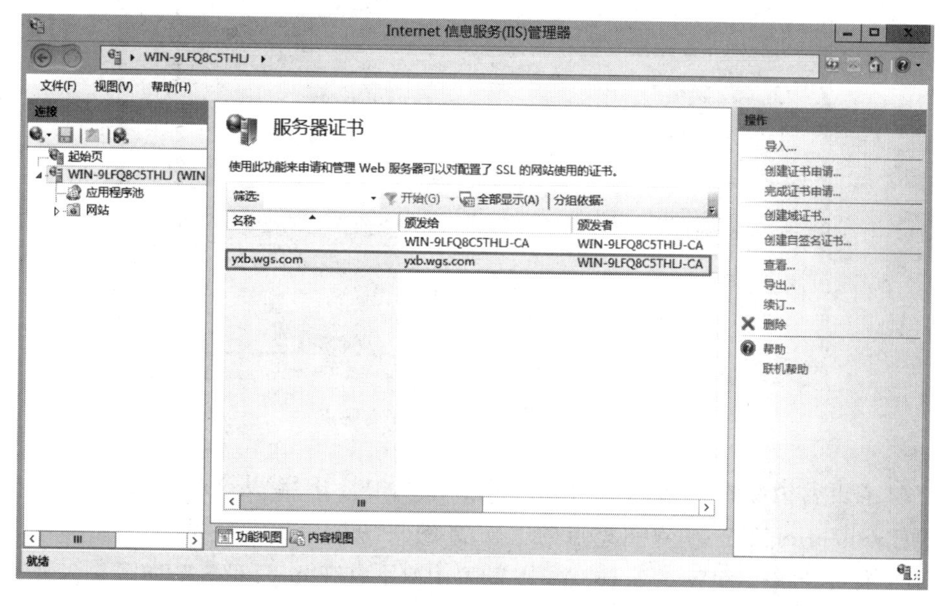

图 9-38 证书申请完成后

9.3.3 任务3 架设安全的Web站点

1. 任务分析

根据五桂山公司的需求，要为公司的营销部(yxb. wgs. com)搭建一个安全的 Web 站点。为此，要将客户端访问 Web 站点的方式由 HTTP 升级为 HTTPS，这个方法就是启动 SSL 证书，把服务器证书和安全的 Web 站点关联起来。

2. 任务实施过程

(1) 打开 IIS 管理器，建立营销部的 Web 站点。在“添加网站”对话框中，设置相关的信息，设置绑定类型为“HTTPS”(绑定 HTTPS 后无法使用 HTTP 访问)，SSL 证书选择“yxb. wgs. com”(营销部的 Web 证书)。单击“完成”，完成站点的创建，如图 9-39 所示。

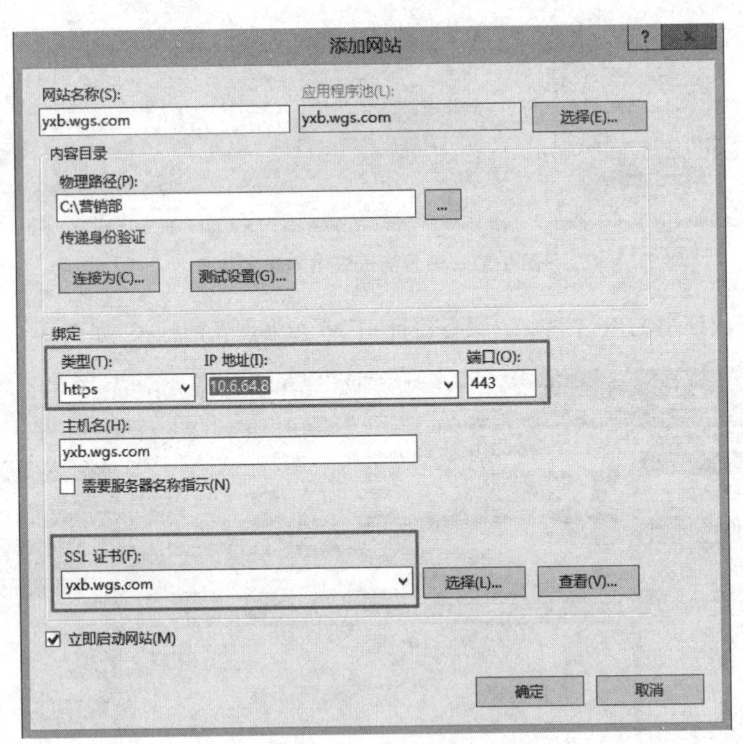

图 9-39 建立营销部 Web 站点

(2) 打开营销部的 Web 站点，在 IIS 配置中双击打开“默认文档”。在默认文档中，将网页“yxb. html”设置为 Web 站点的主页，如图 9-40 所示。

(3) 打开营销部的 Web 站点，在 IIS 配置中双击打开“SSL 设置”，如图 9-41 所示。

(4) 在“SSL 设置”中，勾选“要求 SSL”，在“客户证书”选项中，选择“忽略”，单击右侧的“应用”，如图 9-42 所示。

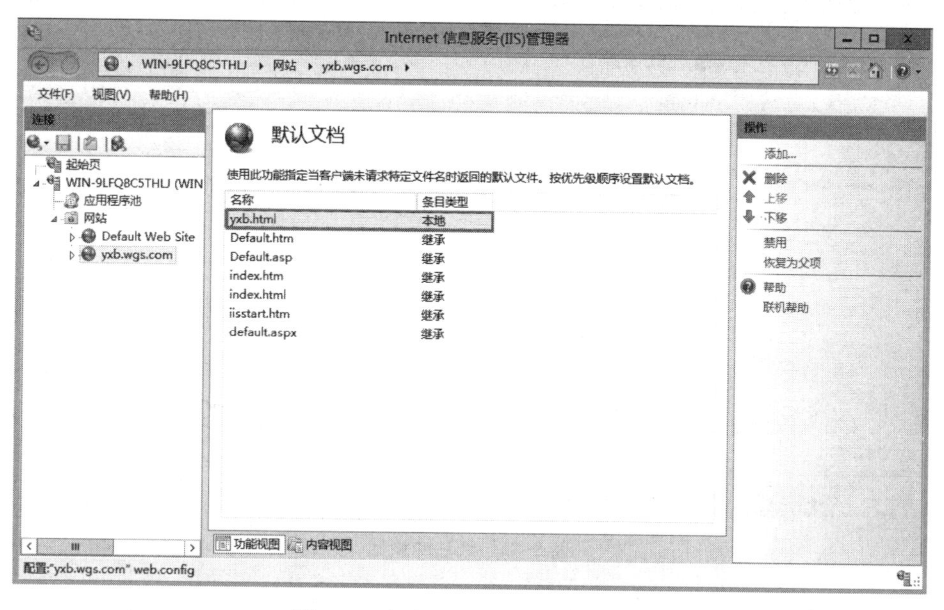

图 9-40 添加 Web 站点的默认文档

图 9-41 打开“SLL 设置”

(5) 由于在该任务中,使用了虚拟主机头的技术,因此还需要在 DNS 中进行相应的配置,如图 9-43 所示。

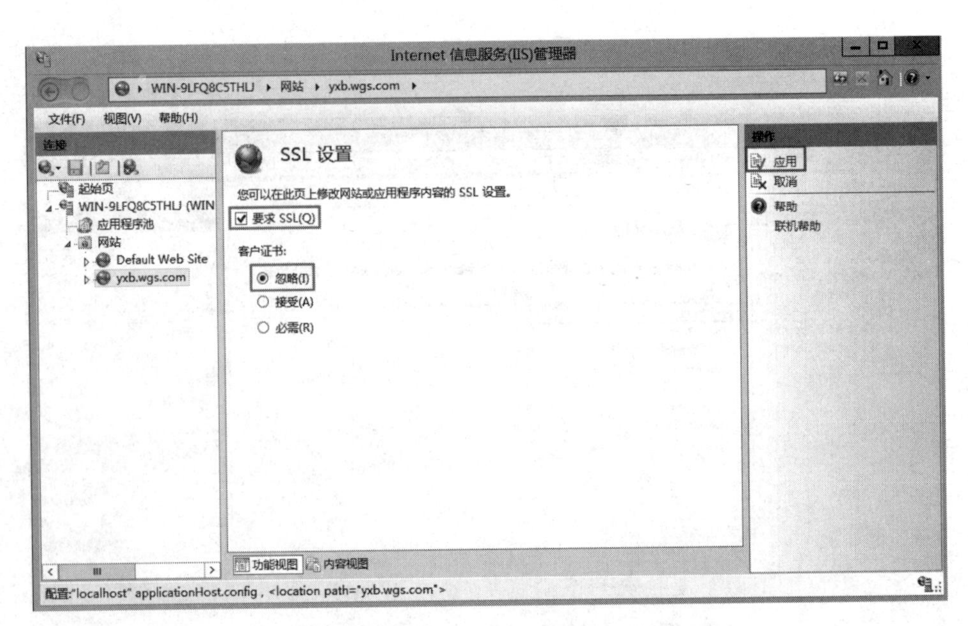

图 9-42 SSL 的设置

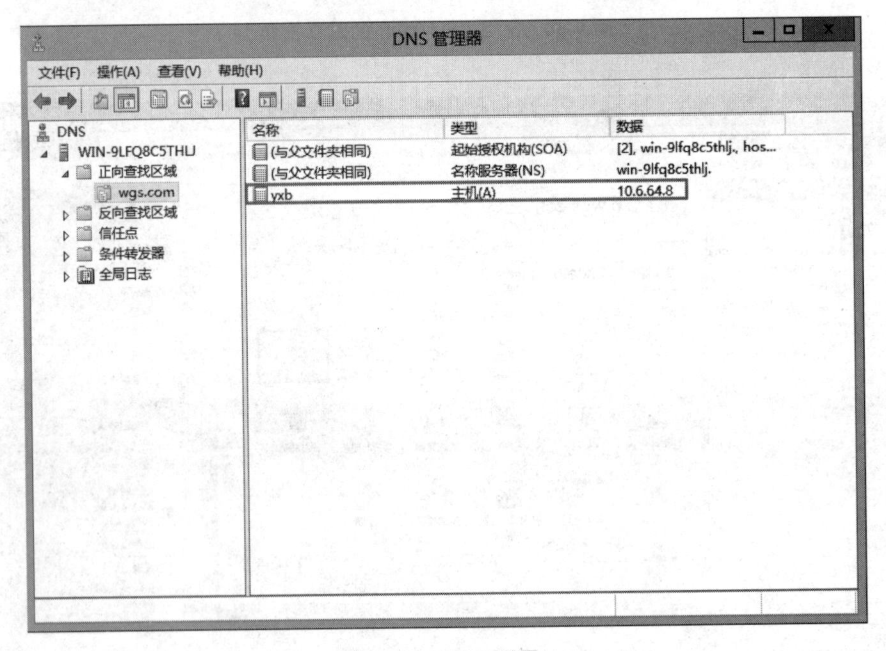

图 9-43 DNS 配置

9.3.4 任务 4 客户端利用证书访问安全的 Web 站点

1. 任务分析

在上一个任务中,我们搭建了营销部的 Web 安全站点。当客户端访问 Web 站点时,同样也需要对客户端进行相应的配置，使得客户端信任该 Web 站点，建立彼此之间的信任关系。

2. 任务实施过程

(1) 在客户端打开 IE 浏览器，在地址栏输入"http://yxb.wgs.com"，发现打开的不是 Web 安全站点，Web 安全站点无法打开，原因是在 SSL 配置中，设置了"要求 SSL"，所以客户端只能通过 HTTPS 的形式来访问 Web 安全站点，如图 9-44 所示。

图 9-44 以 HTTP 形式访问

(2) 再次在客户端打开 IE 浏览器，在地址栏输入"https://yxb.wgs.com"，浏览器提示"此网站的安全证书有问题"，单击"继续浏览此网站"浏览网站，如图 9-45 所示。

(3) 打开 Web 站点后，发现虽然打开了 Web 站点，但是在地址栏上依然会提示"证书错误"，如图 9-46 所示。

(4) 单击地址栏的"证书错误"，在显示的对话框中选择"查看证书"，可以看出该服务器证书未被客户端信任，如图 9-47 和图 9-48 所示。

(5) 为了解决"证书错误"的问题，需要在客户端中下载和导入服务器的根 CA 证书。在 IE 浏览器中访问 CA 服务器申请证书的 Web 站点 http://10.6.64.8/certsr，单击"下载 CA 证书、证书链或 CRL"，如图 9-49 所示。

(6) 单击"下载 CA 证书"，把 CA 证书保存到本地，如图 9-50 所示。

(7) 打开浏览器的"Internet 选项"，在"内容"选项卡中单击"证书"，如图 9-51 所示。

(8) 在"证书"对话框中，选择"受信任的根证书颁发机构"选项卡，单击左下方的"导入"，如图 9-52 所示。

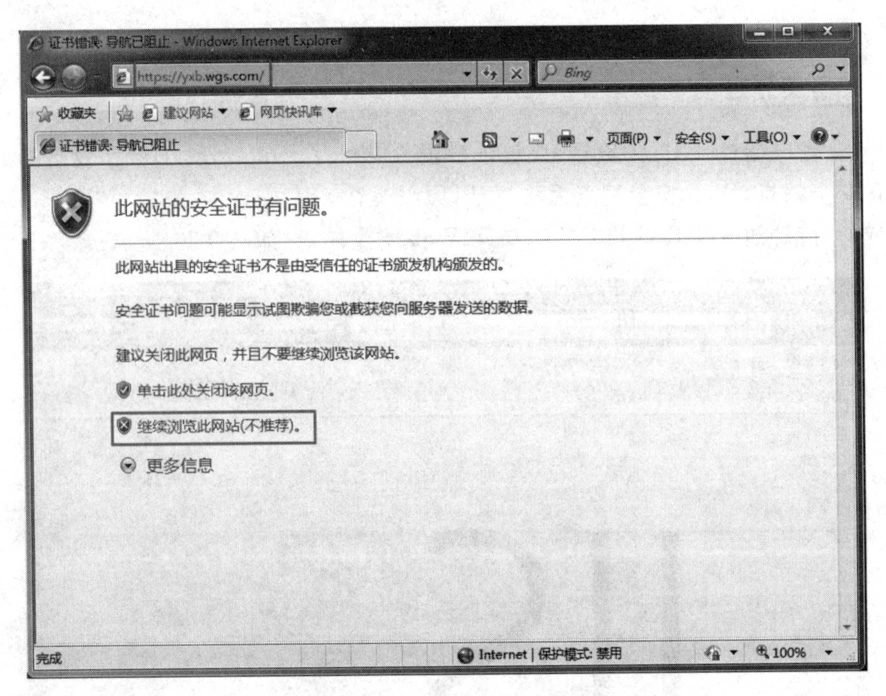

图 9-45　以 HTTPS 形式访问

图 9-46　证书错误

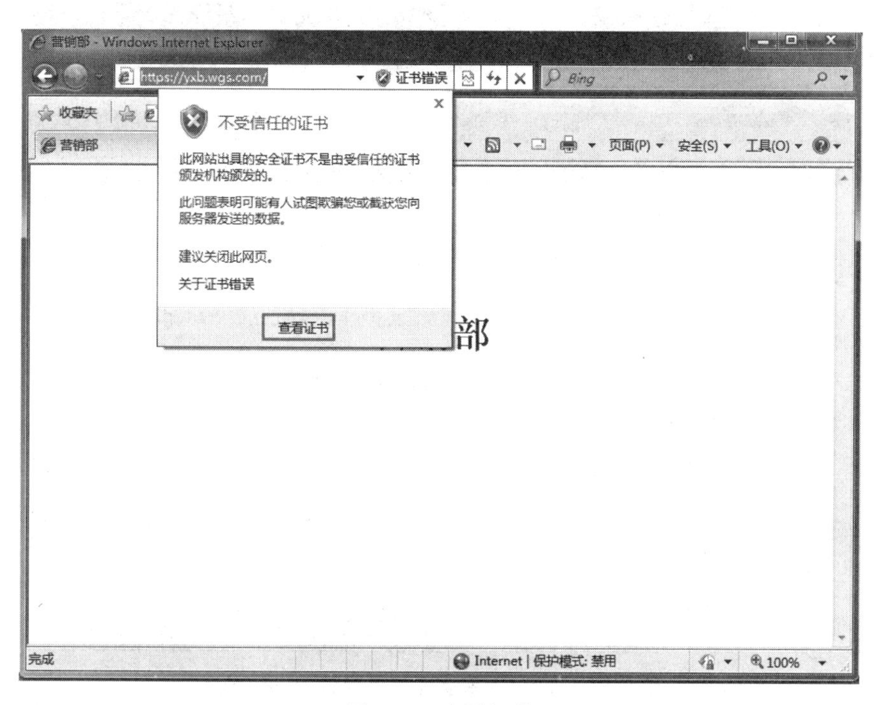

图 9-47 查看证书

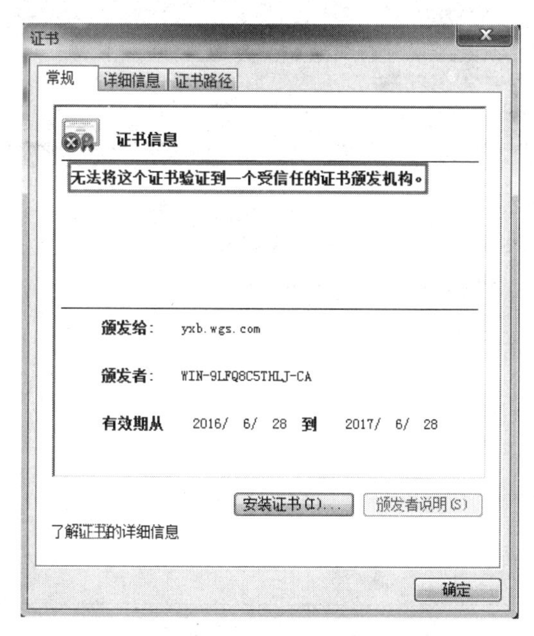

图 9-48 证书不受信任

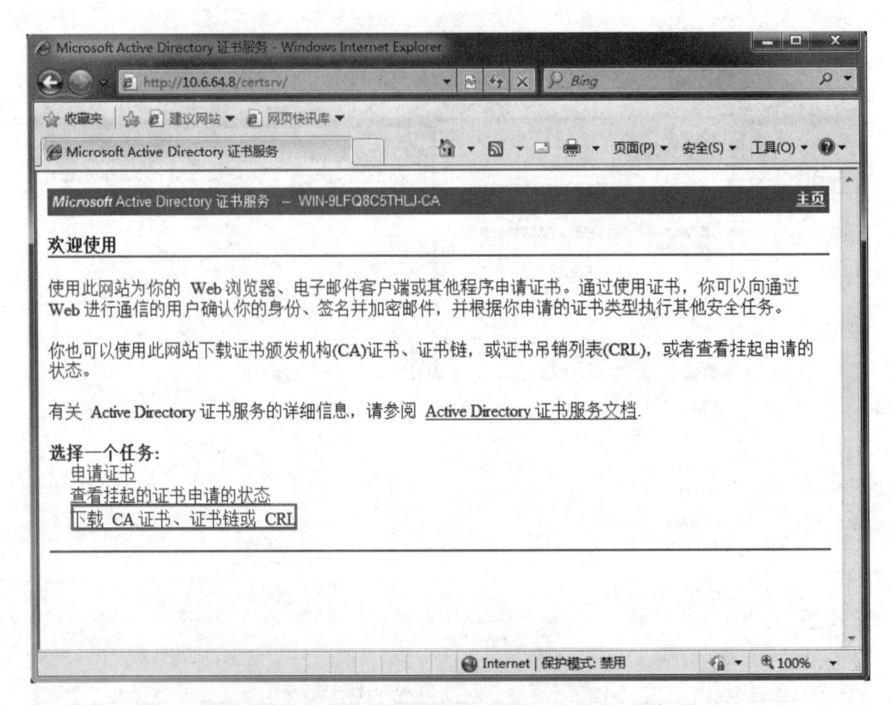

图 9-49 访问 CA 服务器证书申请 Web 站点

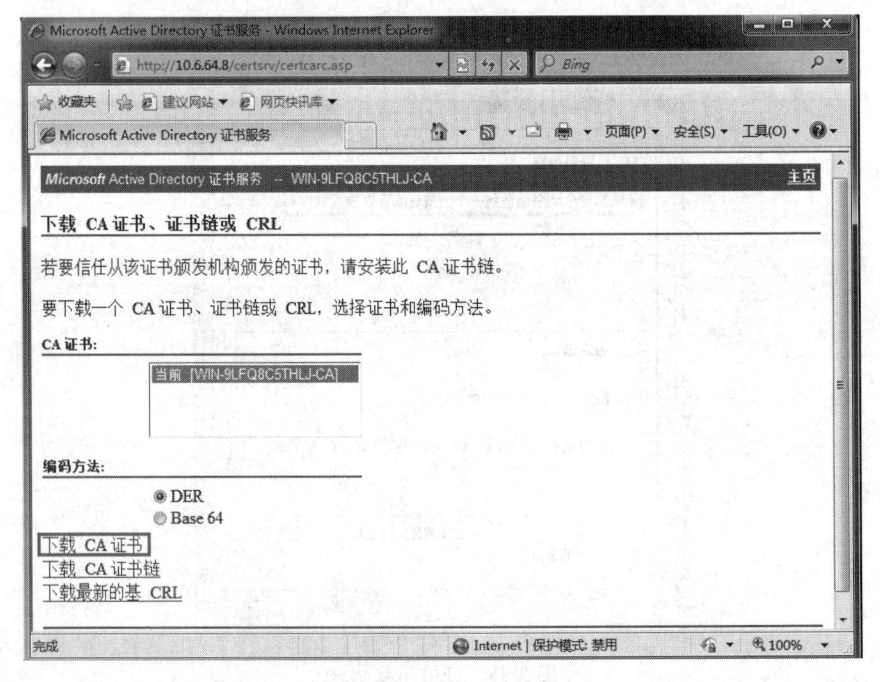

图 9-50 下载 CA 证书

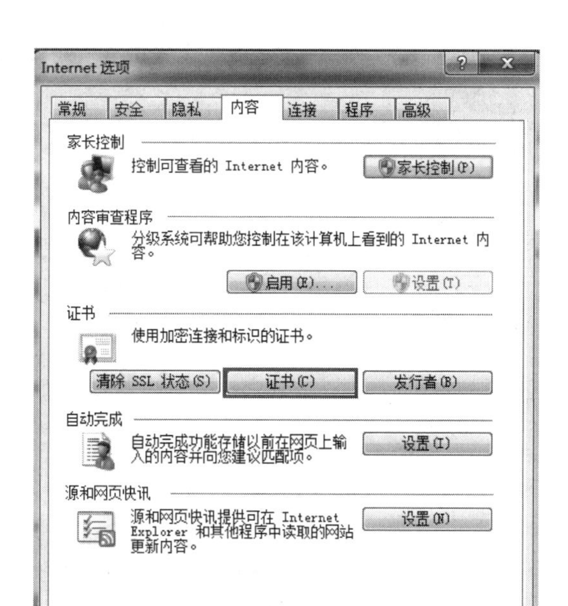

图 9-51　打开所有证书

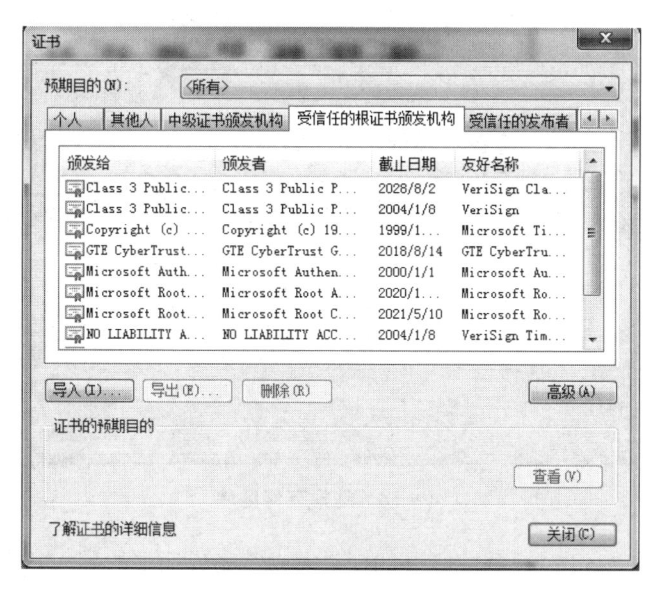

图 9-52　导入证书

(9) 在弹出的“证书导入向导”对话框中，单击“下一步”按钮。

(10) 在“证书导入向导”对话框中，选择存放在本地的服务器证书，如图 9-53 所示。

(11) 在“证书导入向导”对话框中，选择证书存储的系统区域。在此选择将证书存储在“受信任的根证书颁发机构”，如图 9-54 所示。

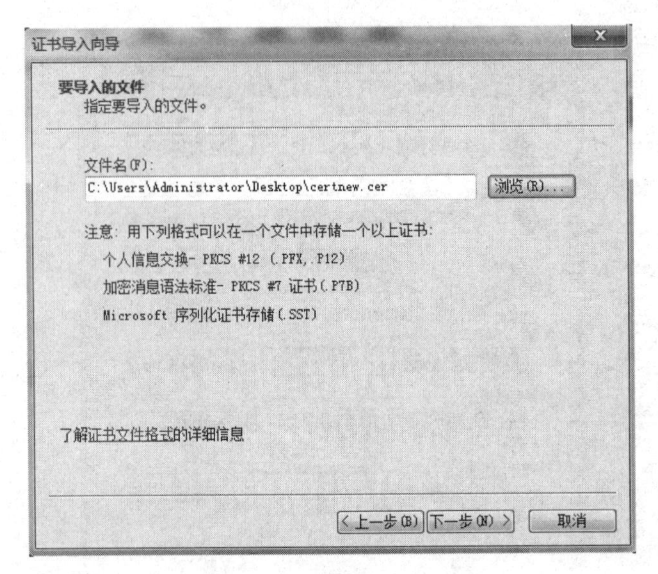

图 9-53 选择导入的证书

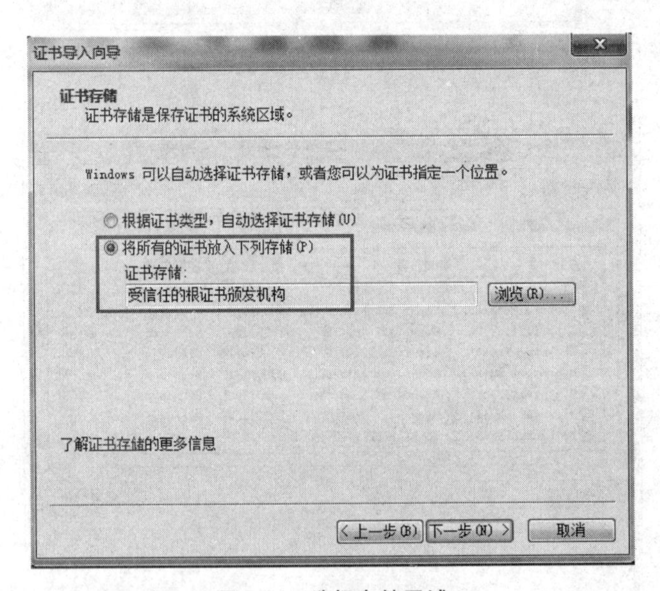

图 9-54 选择存储区域

(12) 在“证书导入向导”对话框中,单击“完成”,完成证书的导入。

(13) 在弹出的“安全性警告”对话框中,单击“是”,如图 9-55 所示。

(14) 证书导入成功后,在受信任的根证书颁发机构中,会出现刚导入的根 CA 证书,如图 9-56 所示。

(15) 再次在客户端打开浏览器,在地址栏输入“https://yxb.wgs.com”打开 Web 站点,发现浏览器不会再出现“证书错误”的安全提示,如图 9-57 所示。

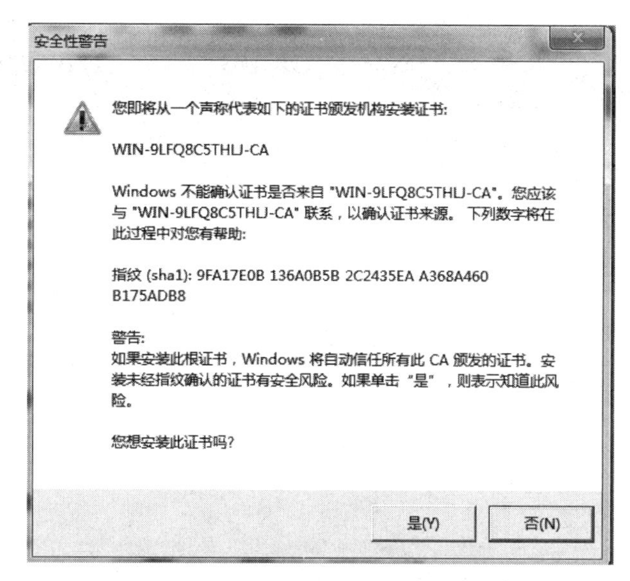

图 9-55　安全性警告

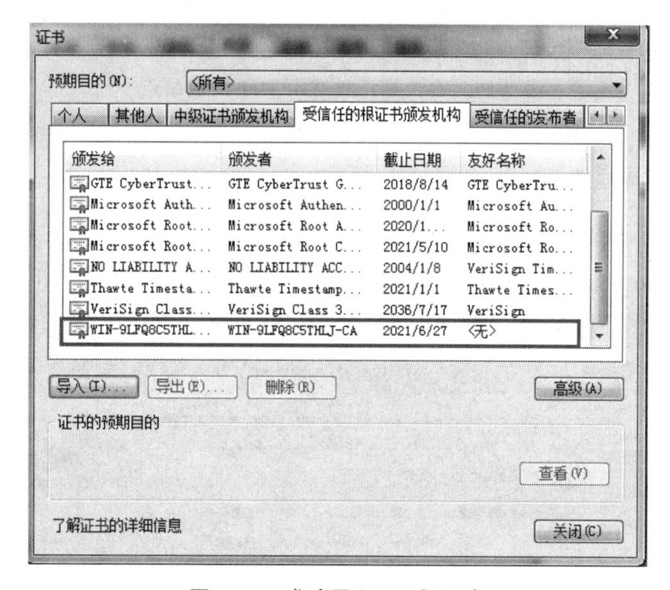

图 9-56　成功导入 CA 根证书

9.3.5　任务 5　为客户端申请证书并验证 HTTPS 访问 Web 安全站点

1. 任务分析

根据五桂山公司的需求，人事部需要对用户的身份进行验证。人事部的 Web 安全站点不仅需要客户端信任该服务器的 CA 证书，同时也需要用户提供身份验证的证书才可以访问 Web 安全站点。如果不能提供可信的数字证书，用户就无法访问 Web 安全站点。

图 9-57 客户端正常访问 Web 安全站点

2. 任务实施过程

(1) 根据任务 4 和任务 5 的步骤,为人事部 Web 站点申请安全证书。在 IIS 管理器上创建人事部(rsb. wgs. com)的 Web 安全站点(端口号不能与营销部所使用的端口一样,否则会出现错误),并在客户端导入根 CA 证书,如图 9-58、图 9-59 和图 9-60 所示。

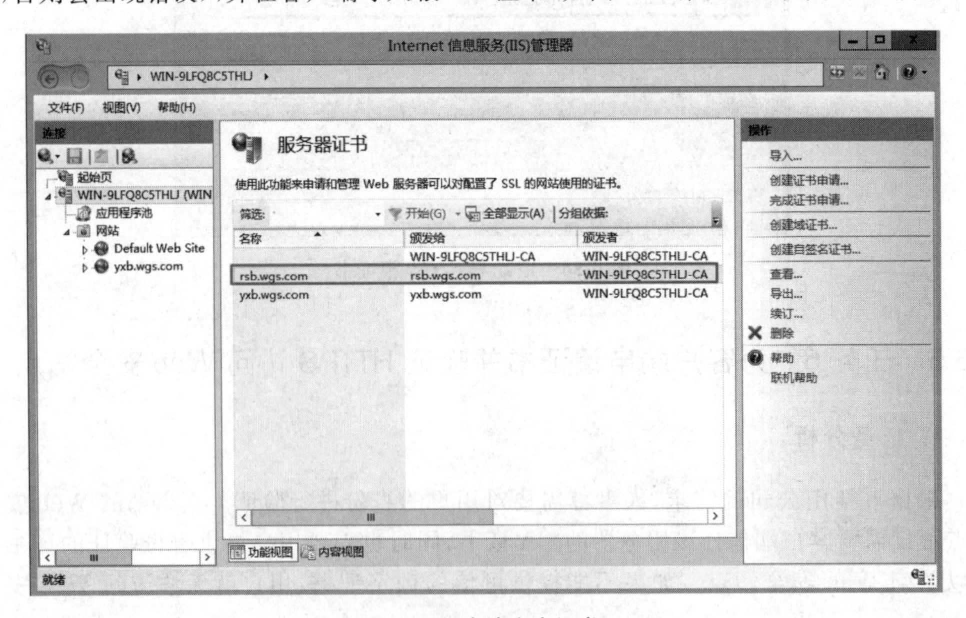

图 9-58 申请安全证书

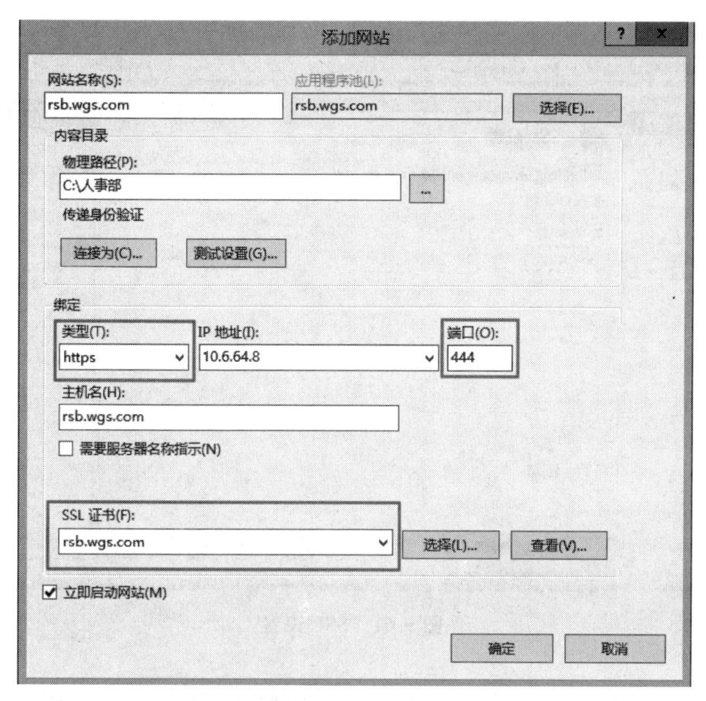

图 9-59 创建 Web 安全站点

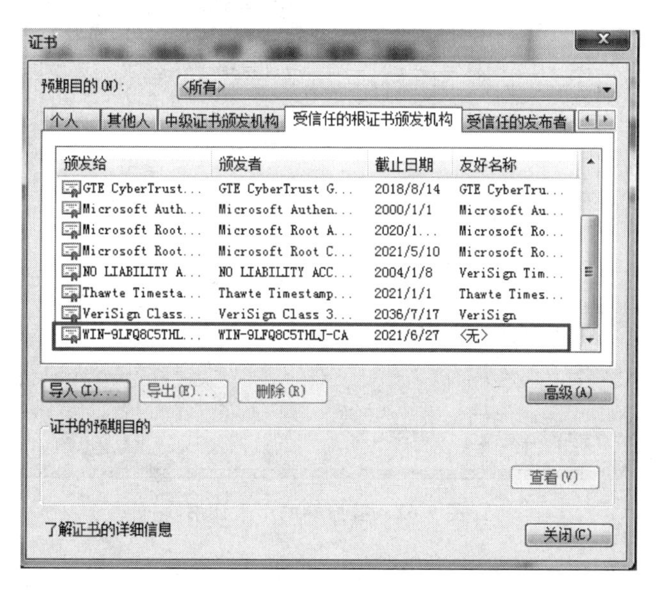

图 9-60 导入根 CA 证书

(2) 此时,在人事部 Web 安全站点的 SSL 设置中,客户端证书选择的是“忽略”,并且在浏览器中,客户端个人证书为空,如图 9-61 和图 9-62 所示。

(3) 在客户端打开浏览器,在地址栏输入“https://rsb.wgs.com:444”可以正常访问人事部的 Web 安全站点,如图 9-63 所示。

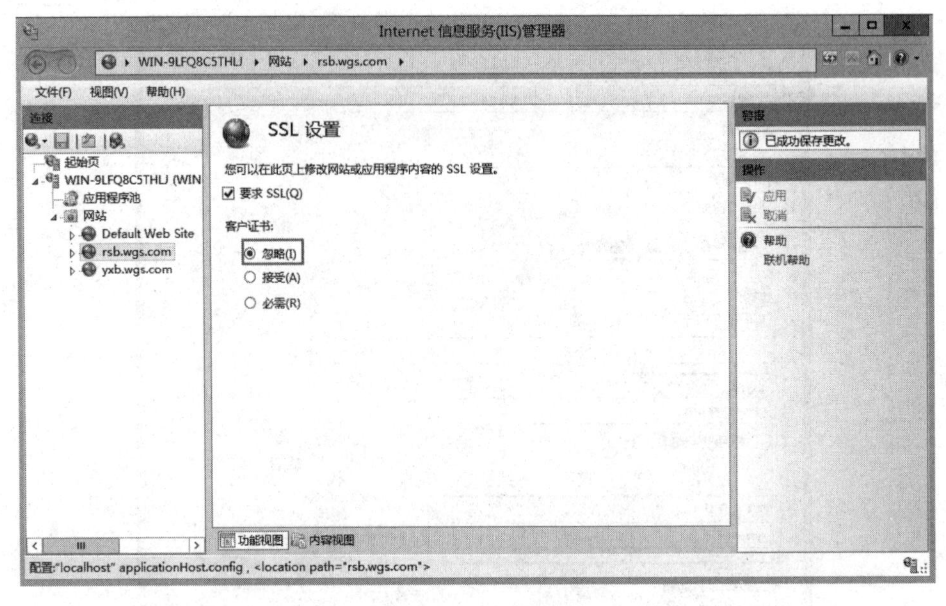

图 9-61 SSL 设置

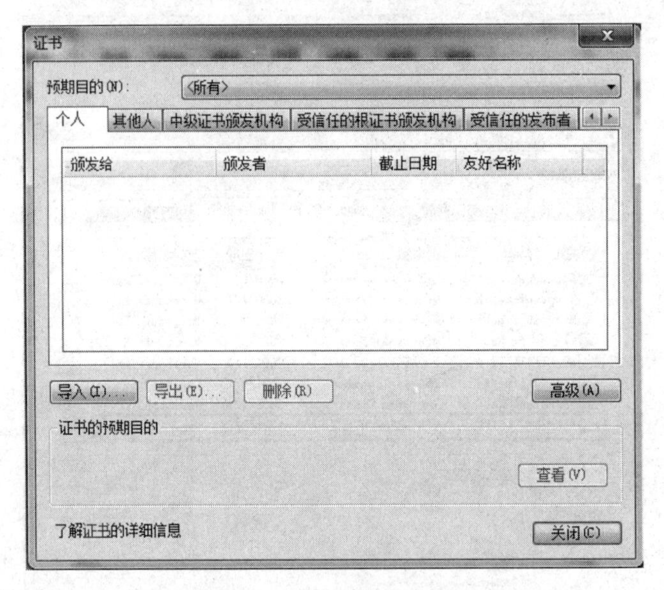

图 9-62 客户端的个人证书

(4) 打开人事部 Web 安全站点，在 SSL 设置中，将客户端证书选项修改为“必需”，单击右侧的“应用”，应用修改的 SSL 设置，如图 9-64 所示。

(5) 在客户端打开浏览器，在地址栏输入“https://rsb.wgs.com：444”，无法正常访问人事部 Web 安全站点，如图 9-65 所示。原因是在 SSL 设置中设置了客户端需要提供证书验证，而客户端并没有可信的个人证书。

(6) 为了解决无法正常访问人事部 Web 安全站点的问题，需要为客户端向 CA 服务器申请可信任的个人证书。打开浏览器，在地址栏中输入“http://10.6.64.8/certsrv”，

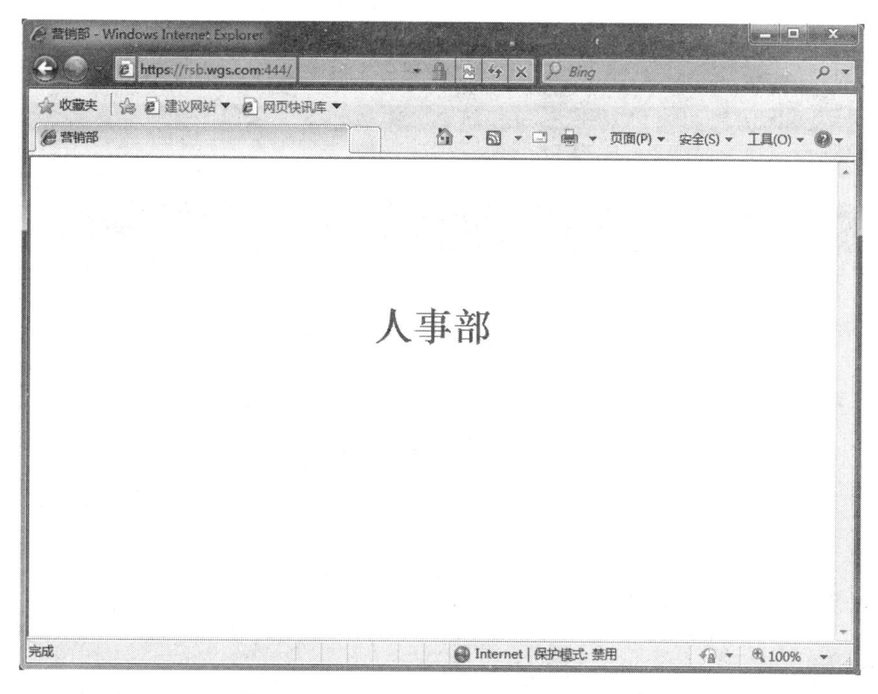

图 9-63 正常访问人事部 Web 安全站点

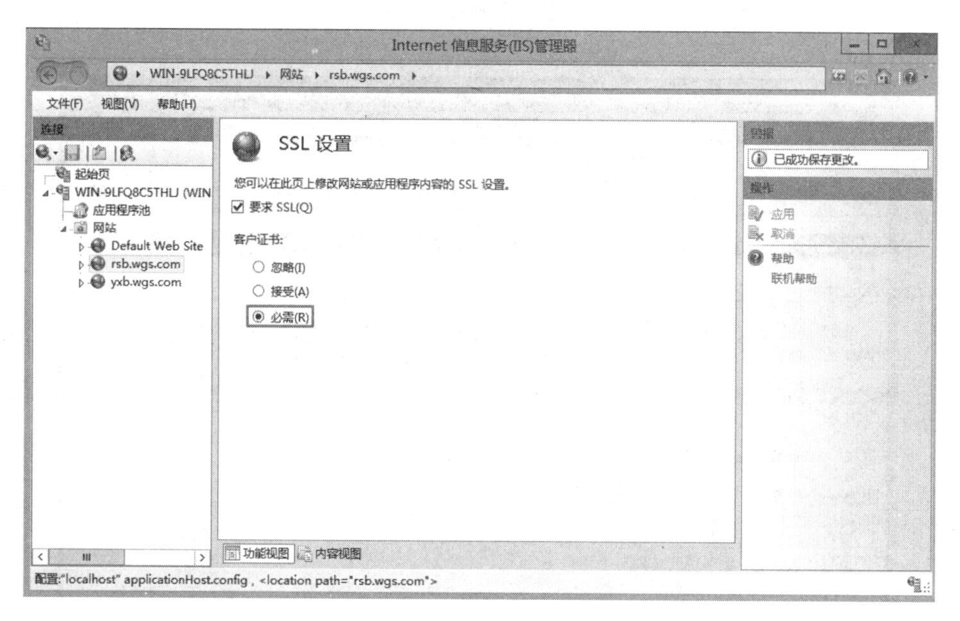

图 9-64 修改 SSL 设置

单击“申请证书”,如图 9-66 所示。

(7) 单击“Web 浏览器证书”,如图 9-67 所示。

(8) 填写 Web 浏览器证书的识别信息,单击“提交”提交证书申请。提交成功后浏览器提示证书申请处于挂起状态,如图 9-68 和图 9-69 所示。

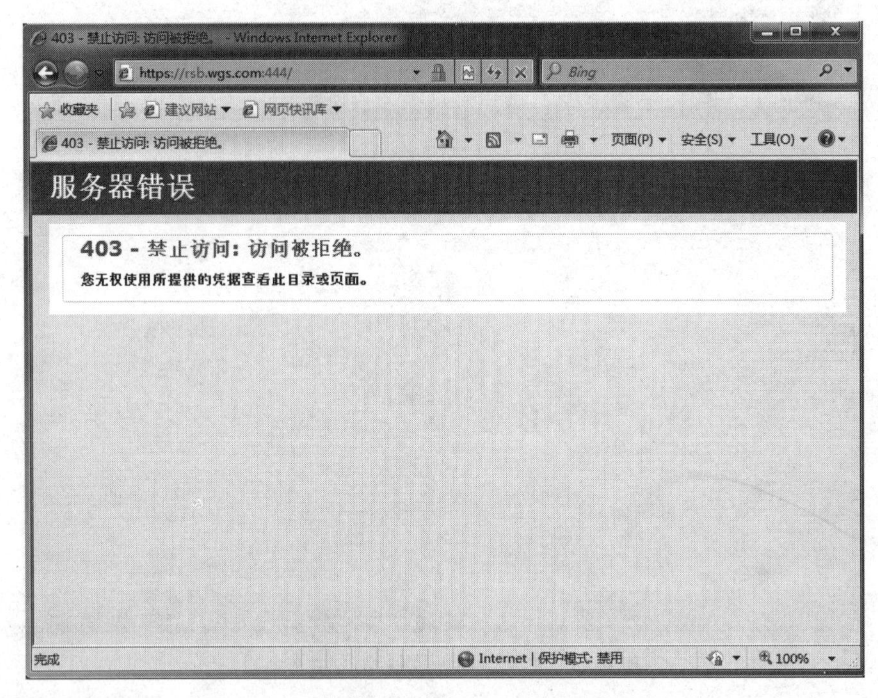

图 9-65　无法正常访问人事部 Web 安全站点

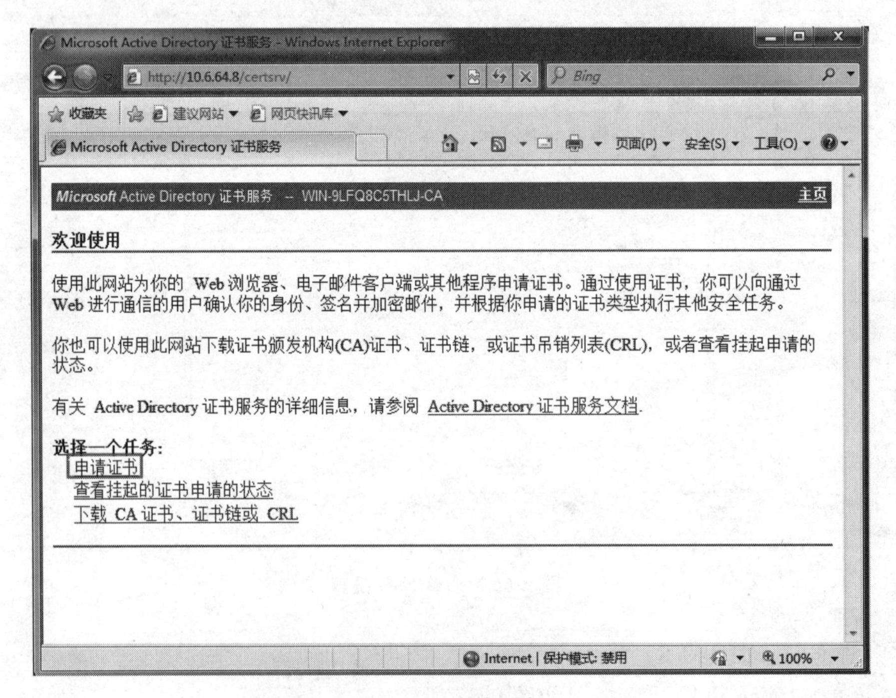

图 9-66　申请证书

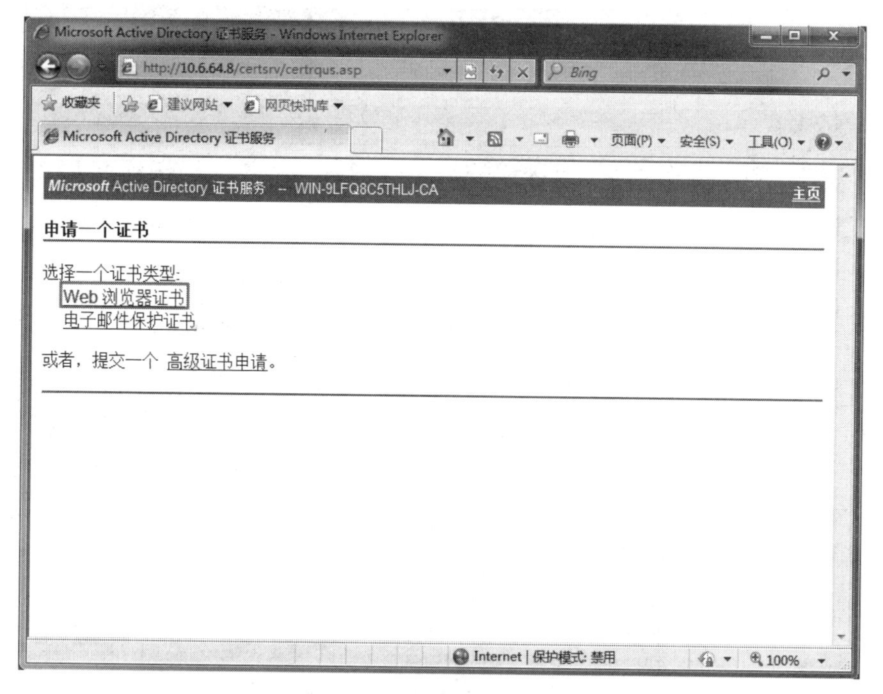

图 9-67　申请 Web 浏览器证书

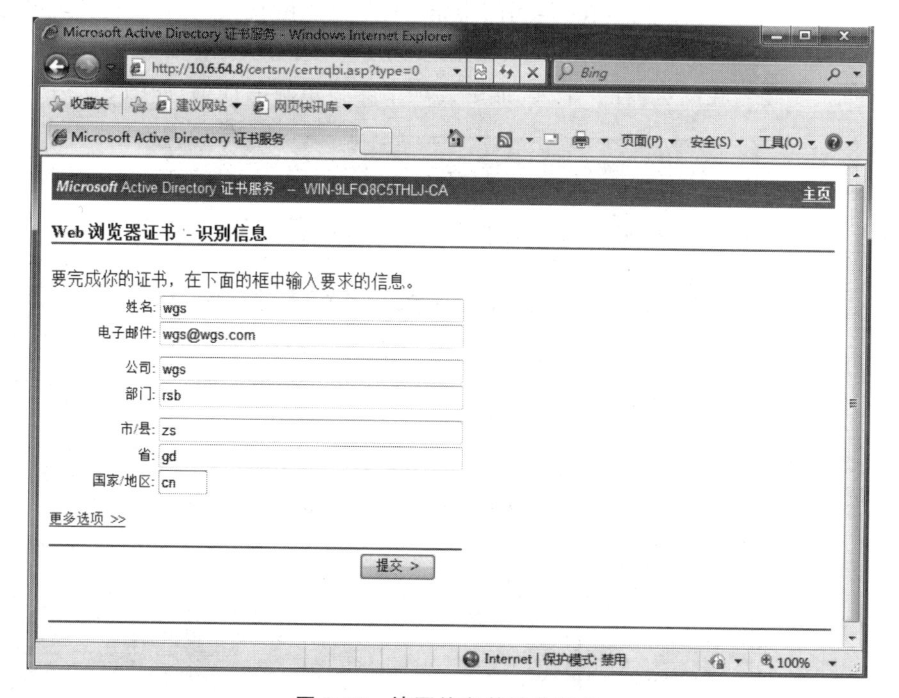

图 9-68　填写信息并提交证书

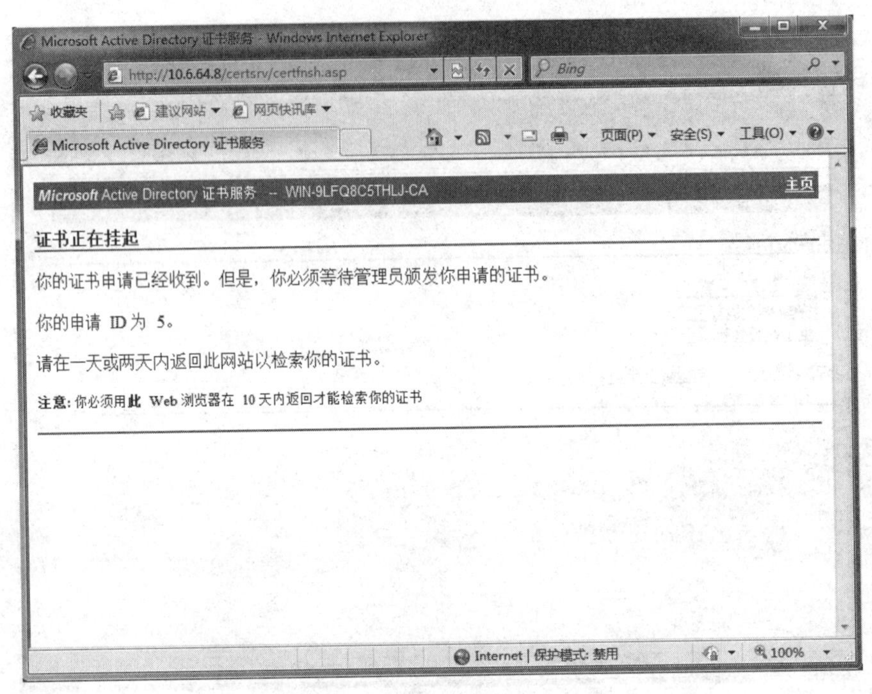

图 9-69 成功提交证书申请

(9) 打开“证书颁发机构”，在“挂起的申请”中颁发刚刚提交的证书申请所申请的证书。在客户端浏览器中打开“http://10.6.64.8/certsrv”，查看刚刚颁发的证书。下载并安装该证书，安装后在浏览器的“个人”证书选项中会显示新的证书，如图 9-70 所示。

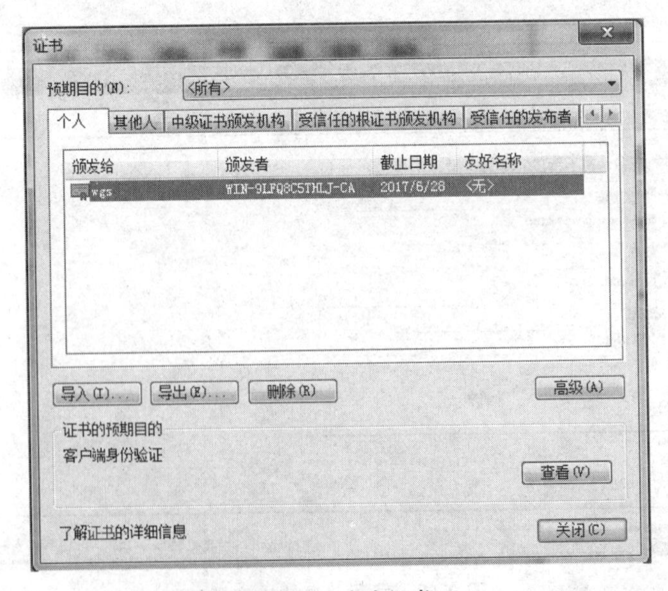

图 9-70 个人证书

(10) 再次在客户端浏览器地址栏中输入"https://rsb.wgs.com:444"访问人事部Web安全站点,此时可以正常访问人事部Web安全站点,如图9-71所示。

图9-71 正常访问人事部Web站点

9.3.6 任务6 证书的吊销与CRL

1. 任务分析

在实际的证书服务器运作中,有时可能会出现证书泄露或者其他情况,所以必要时需要吊销已颁发的证书。在此任务中,将吊销营销部的证书,ID为3。

2. 任务实施过程

(1) 打开证书颁发机构,右键单击营销部的证书,选择"所有任务"→"吊销证书",如图9-72所示。

(2) 选择证书吊销的理由为"证书待定",单击"是",吊销证书,如图9-73所示。

注意:在吊销证书的理由中,只有选择"证书待定"才可以恢复证书,其余理由都无法恢复证书。

(3) 在"吊销的证书"中,可以看到刚刚吊销的营销部证书,如图9-74所示。

(4) 由于证书被吊销之后,客户端不会马上察觉到,所以如果需要立即生效,可以右键单击"吊销的证书",选择"属性"。在吊销的证书属性中勾选"发布增量",单击"确定",如图9-75和图9-76所示。

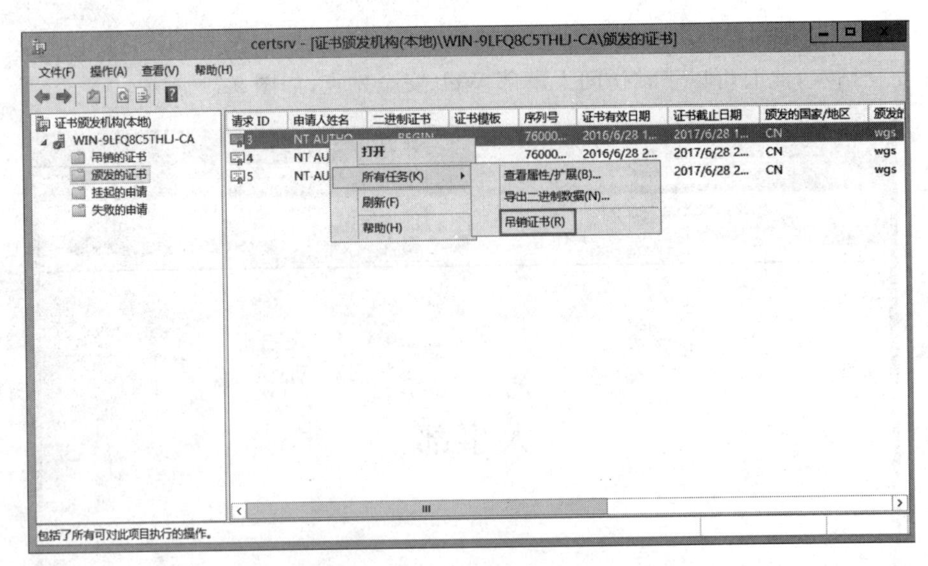

图 9-72 吊销营销部证书

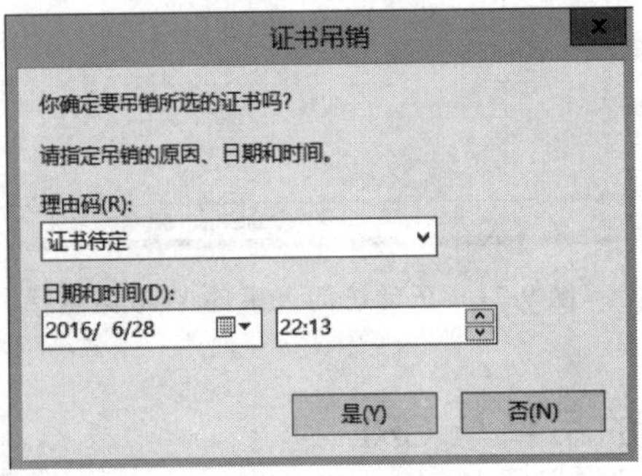

证书吊销

你确定要吊销所选的证书吗?

请指定吊销的原因、日期和时间。

理由码(R):

证书待定

日期和时间(D):

2016/ 6/28 22:13

是(Y) 否(N)

图 9-73 选择吊销证书的理由

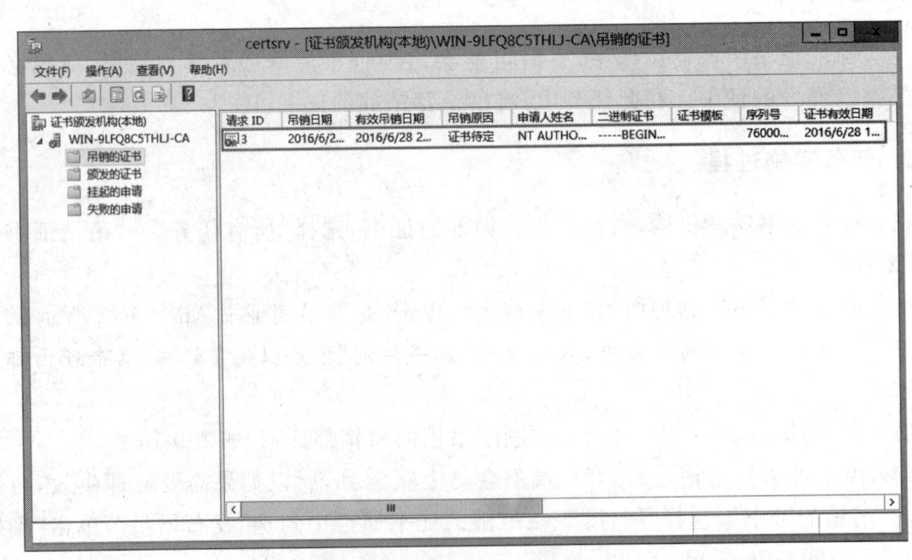

图 9-74 吊销的营销部证书

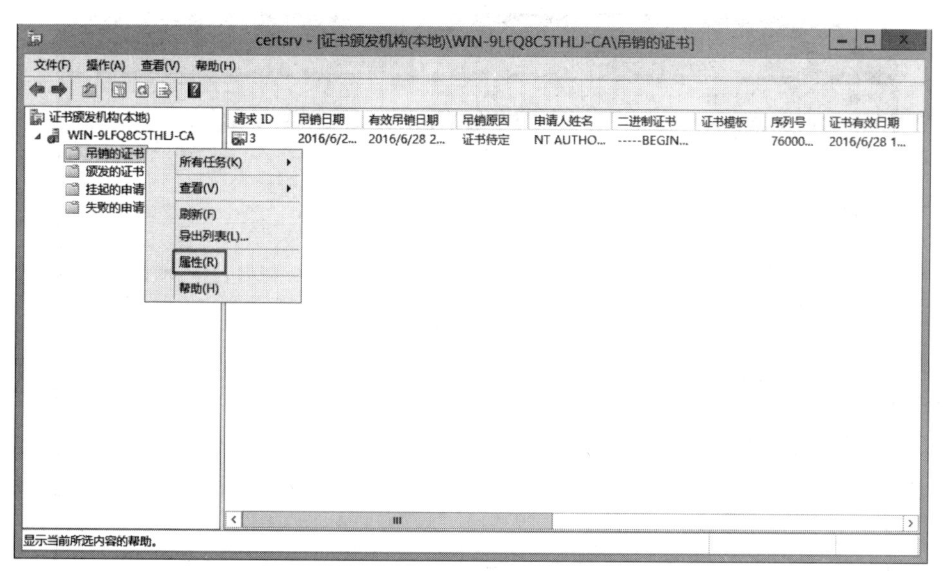

图 9-75 吊销证书的属性

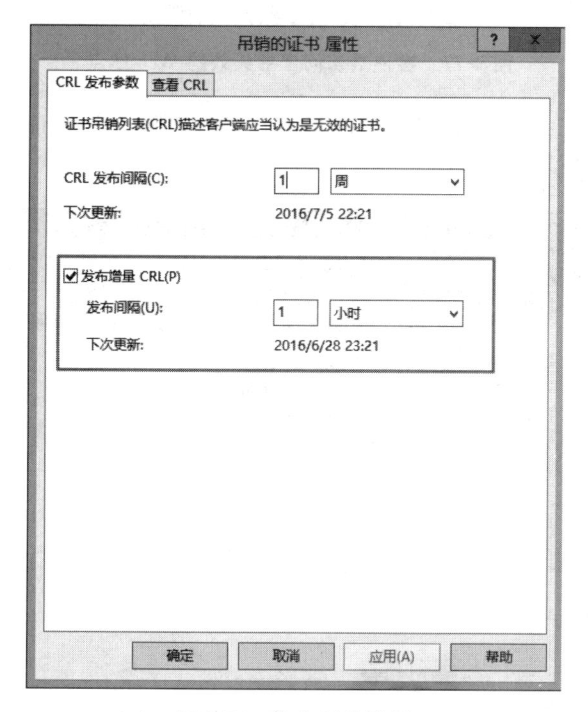

图 9-76 发布新的增量

(5) 在客户端浏览器地址栏中输入"https://yxb.wgs.com"访问营销部 Web 安全站点,此时浏览器提示"此网站的安全证书有问题",证明证书的吊销生效,如图 9-77 所示。

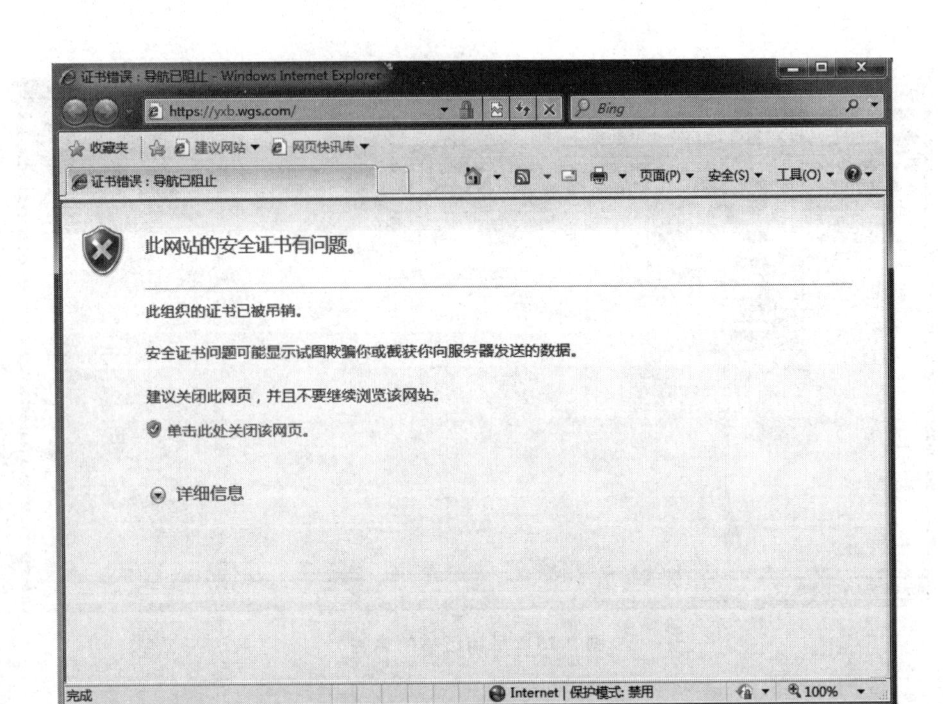

图 9-77　客户端访问证书失效的 Web 站点

(6) 再次打开"证书颁发机构",选择"所有任务"→"解除吊销证书"恢复刚才吊销的 ID 为 3 的证书,如图 9-78 所示。

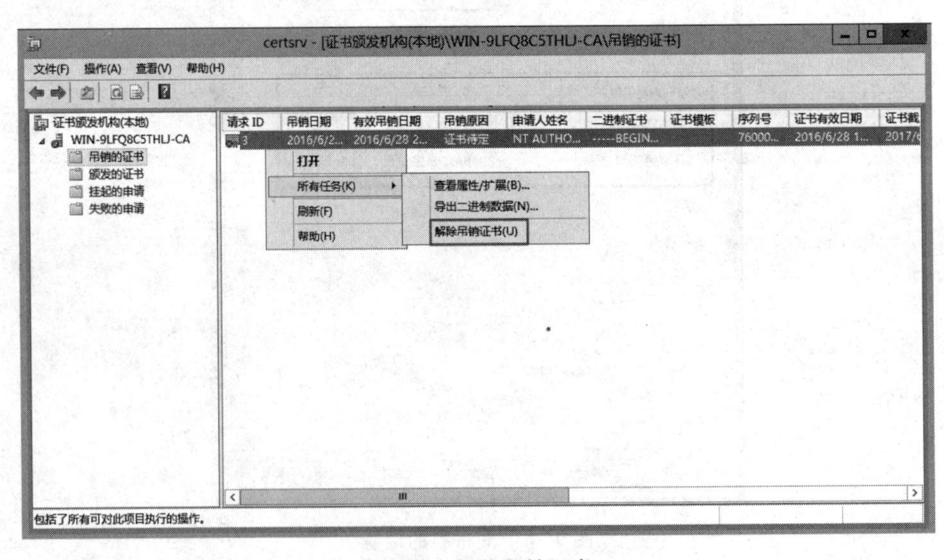

图 9-78　解除吊销证书

(7) 再次在客户端浏览器地址栏中输入"https://yxb.wgs.com"访问营销部 Web 安全站点,此时又可以正常访问营销部 Web 站点了,如图 9-79 所示。

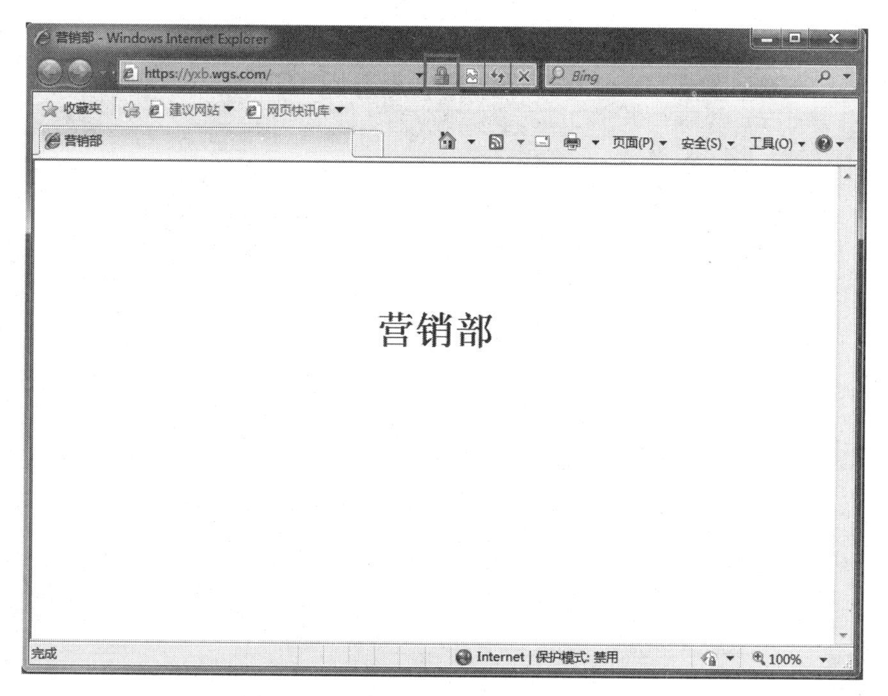

图 9-79 再次正常访问营销部 Web 站点

9.3.7 任务 7 签名和加密邮件的配置与管理

1. 任务分析

在邮件服务的应用中,由于安全性和完整性的原因,往往会采用一些邮件服务的功能,比如签名和加密等。

电子邮件的数字签名,就是只有信息的发送者才能产生别人无法伪造的一段数字串,这段数字串同时也是对信息的发送者发送信息真实性的一个有效证明。数字签名的文件的完整性很容易验证,而且数字签名具有不可抵赖性。

电子邮件的加密,就是通过安全证书对电子邮件进行加密,使用简便、易于部署。

2. 任务实施过程

(1) 根据上一章学习的电子邮件服务器知识,对 SMTP 和 POP3 进行配置,如图 9-80、图 9-81、图 9-82 所示。

(2) 打开 Office Outlook,创建两个用户 user1 和 user2。创建完成后,如图 9-83 所示。

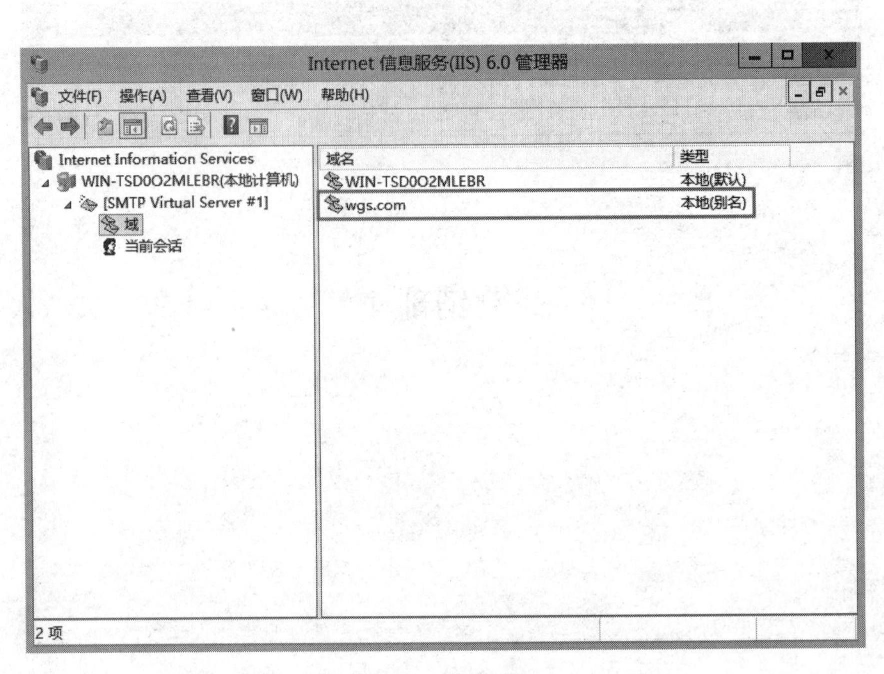

图 9-80 SMTP 的配置

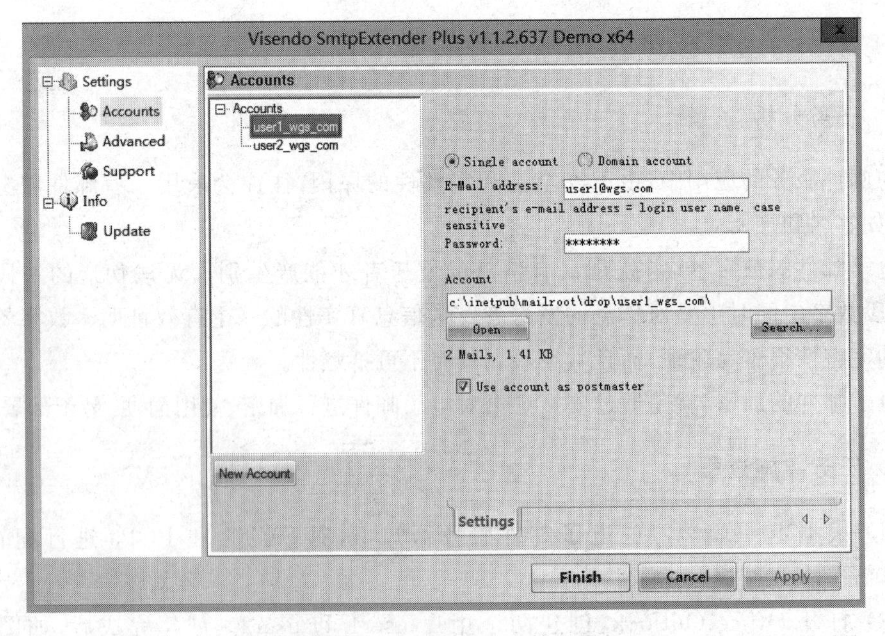

图 9-81 POP3 中 user1 的配置

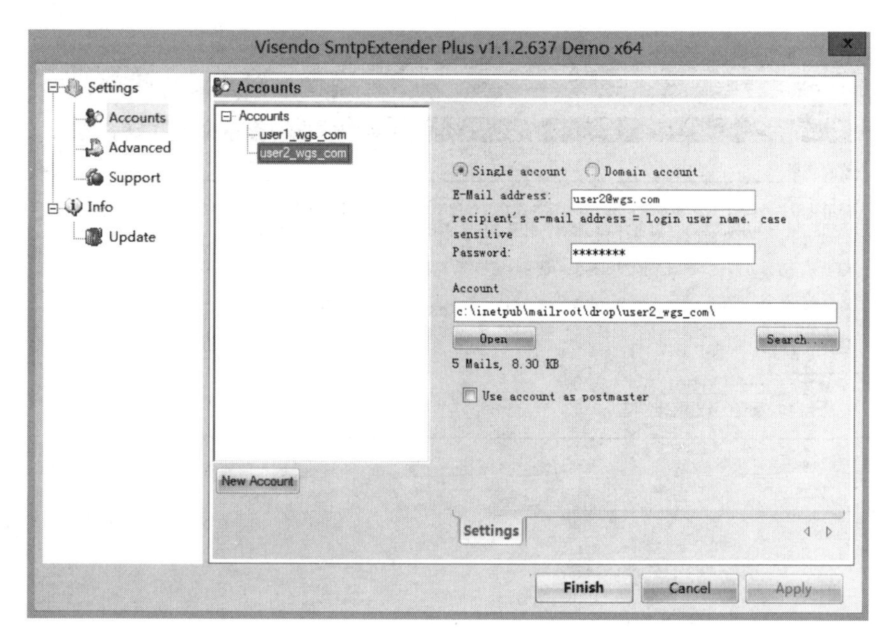

图 9-82　POP3 中 user2 的配置

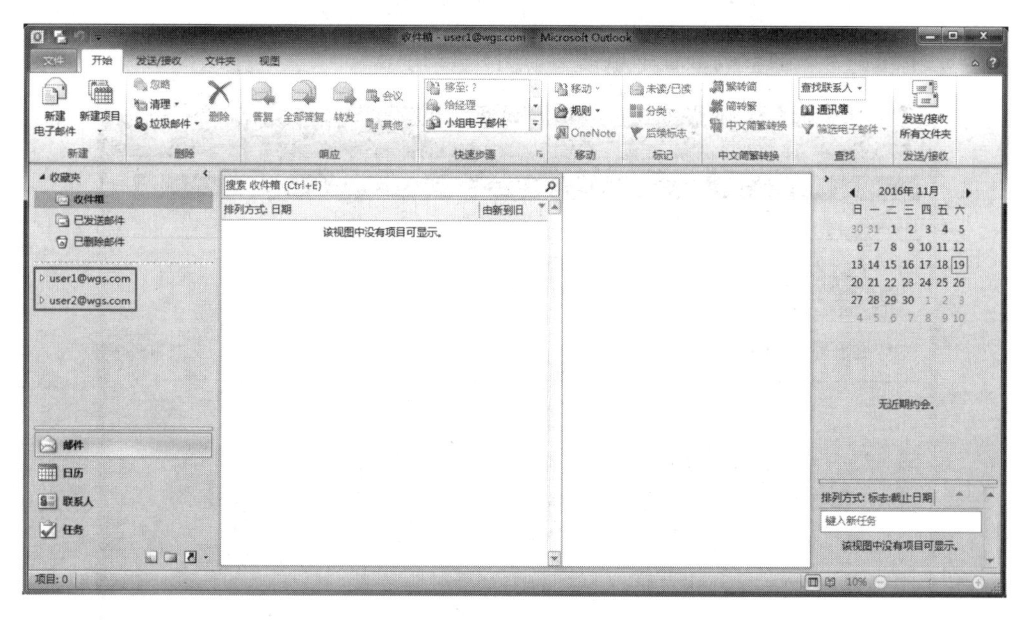

图 9-83　用户配置

（3）申请数字证书。在客户端打开浏览器，在地址栏中输入“http://10.6.64.8/certsrv”，选择“申请证书”，如图 9-84 所示。

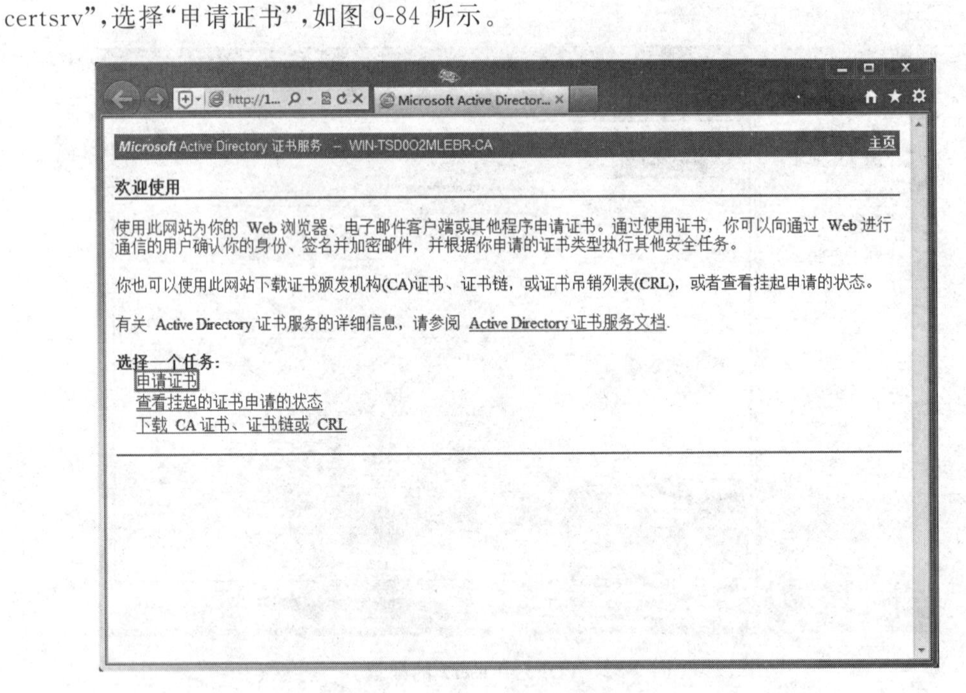

图 9-84　选择所需任务

（4）申请证书，选择“高级证书申请”，如图 9-85 所示。

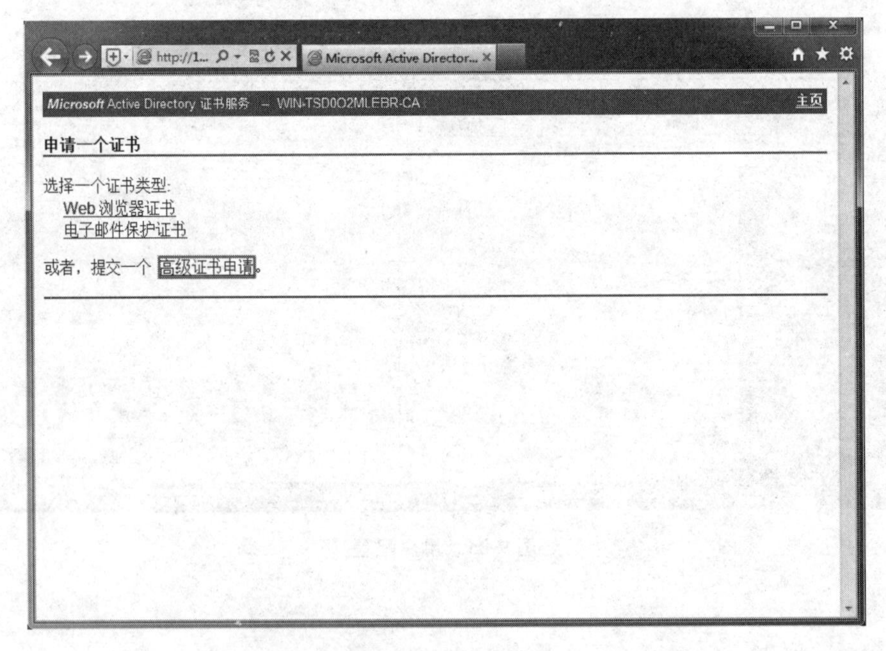

图 9-85　申请证书

(5) 高级证书申请,选择"创建并向此 CA 提交一个申请"。在弹出的对话框中,选择"是",如图 9-86 和图 9-87 所示。

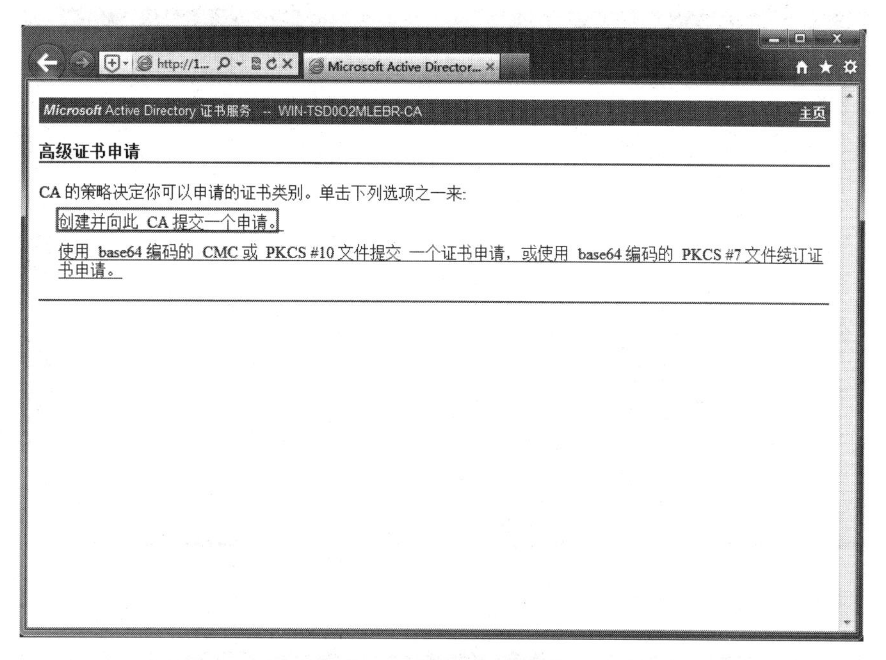

图 9-86　申请高级证书

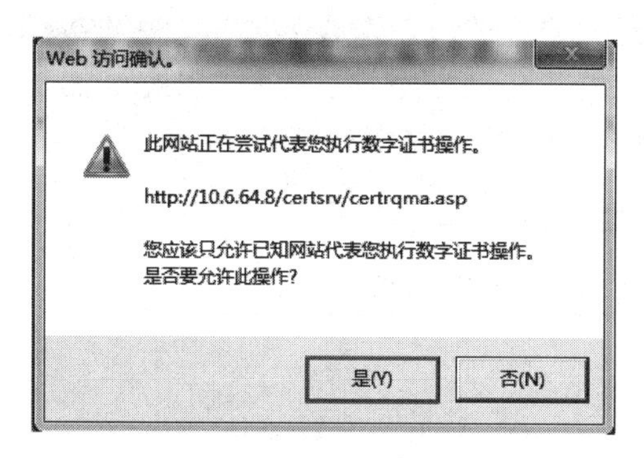

图 9-87　Web 访问确认

(6) 填写所申请的高级证书的识别信息,证书类型选择"电子邮件保护证书",密钥用法选择"两者",其余根据需求选择,单击"提交",如图 9-88 所示。

(7) 提交成功后,出现"你的申请 ID 为 7",如图 9-89 所示。

(8) 在服务器中,打开证书颁发机构,颁发 ID 为 7 的证书,颁发成功后,如图 9-90 所示。

(9) 在客户端中,打开浏览器。在地址栏中输入"http://10.6.64.8/certsrv",下载并安装所申请的数字证书。安装成功后,在 Internet 选项中会显示所申请的证书,如图 9-91 所示。

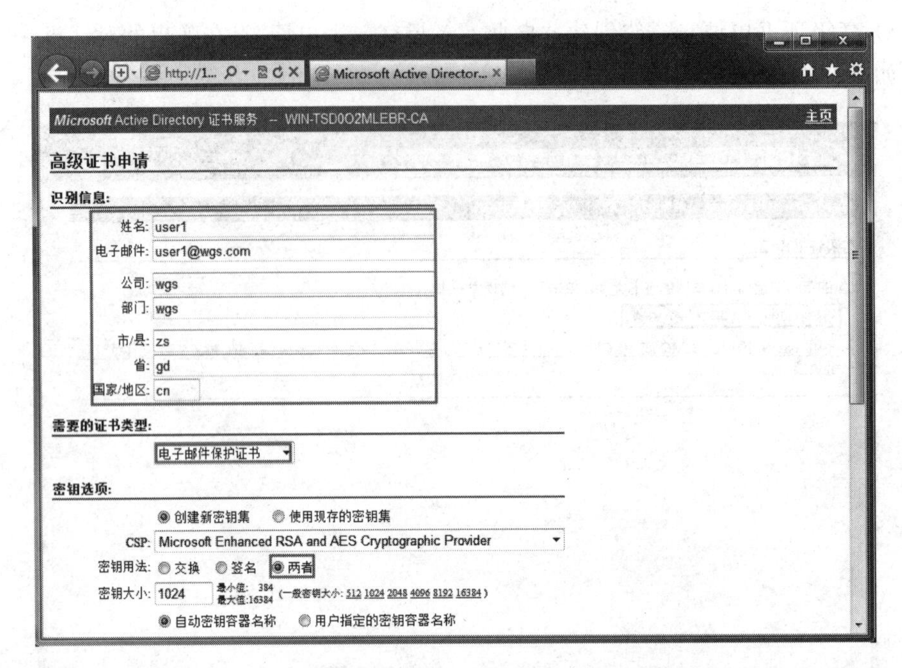

图 9-88 填写高级证书内容

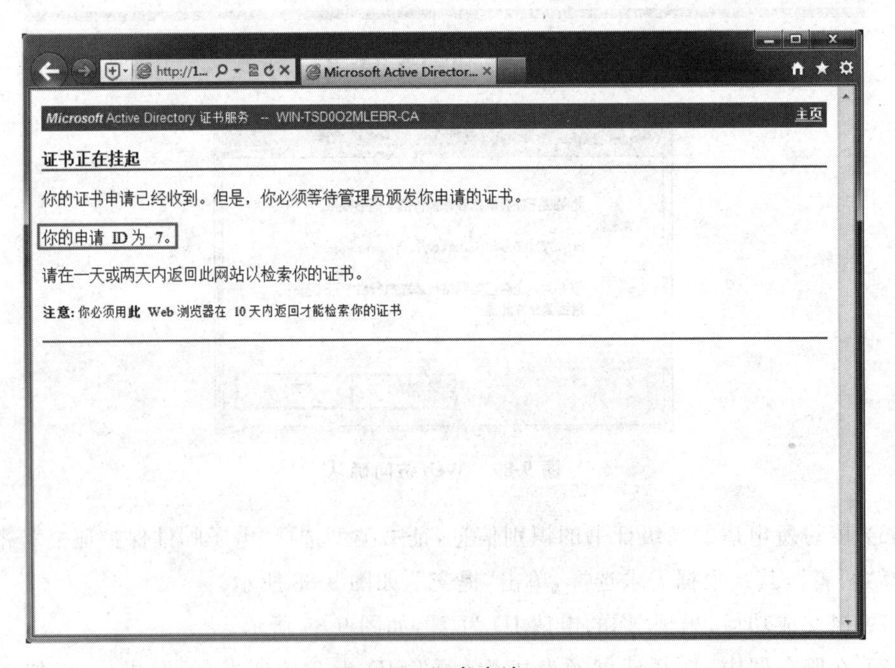

图 9-89 证书申请 ID

(10) 在客户端打开 Outlook 2010，单击左上角的“文件”，选择“选项”，如图 9-92 所示。

(11) 在 Outlook 选项中，选择“信任中心”，单击“信任中心设置”，如图 9-93 所示。

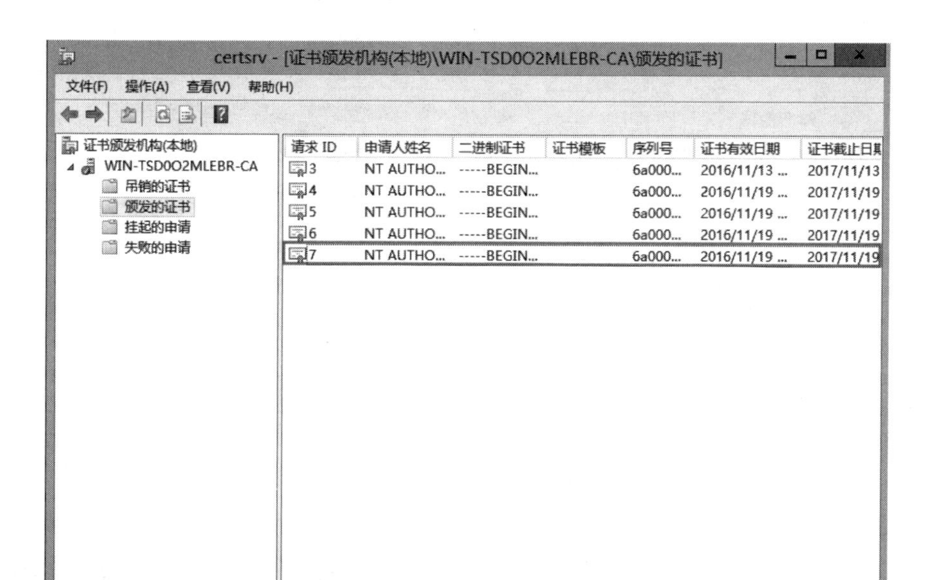

图 9-90 颁发证书

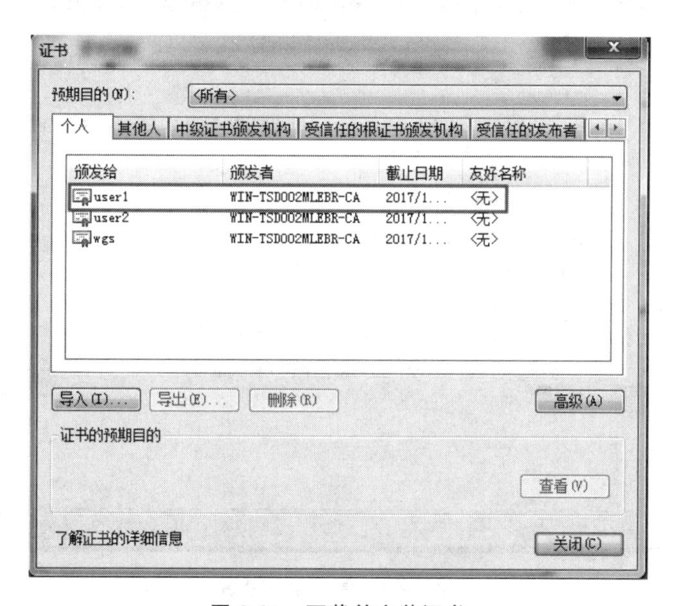

图 9-91 下载并安装证书

(12) 在“信任中心”中,选择“电子邮件安全性”。在“加密电子邮件”中勾选“加密待发邮件的内容和附件”和“给待发邮件添加数字签名”。勾选完成后,单击“设置”,如图 9-94 所示。

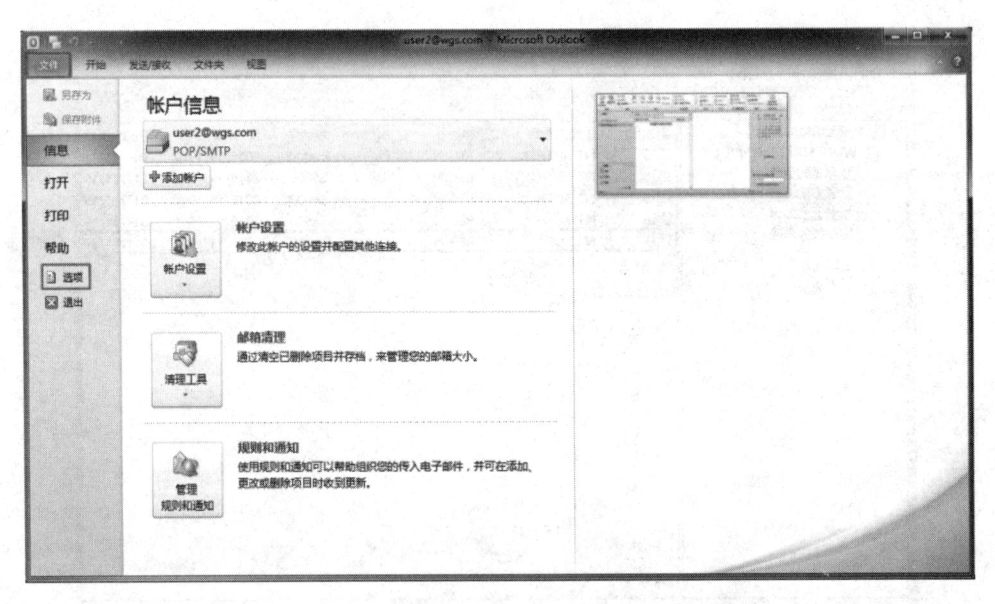

图 9-92　选项设置

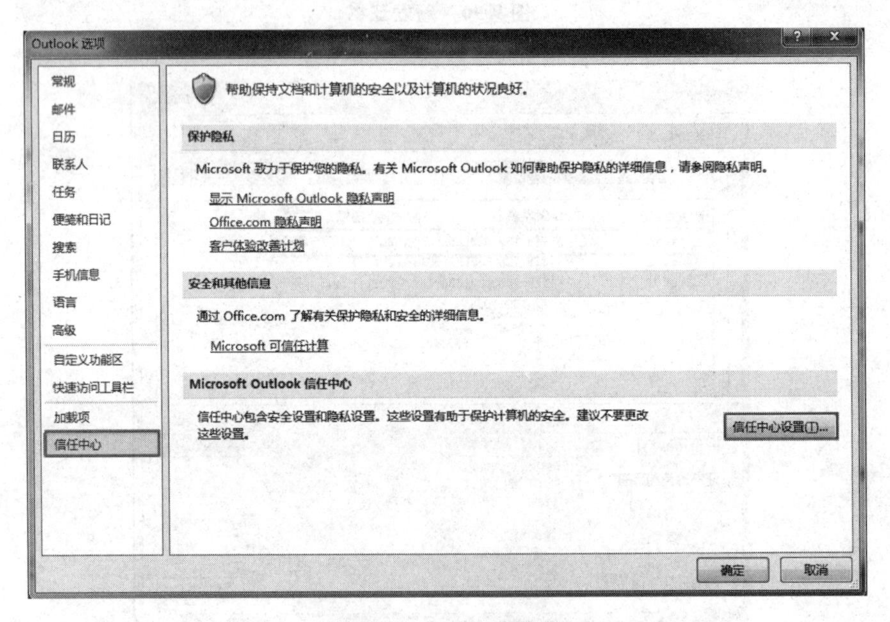

图 9-93　信任中心设置

(13) 在“更改安全设置”对话框中，勾选“该安全邮件格式的默认加密设置”和“所有安全邮件的默认加密设置”，如图 9-95 所示。

(14) 在“签名证书”中，单击“选择”，如图 9-96 所示。选择刚才所申请的数字证书“user1”，如图 9-97 所示。

(15) 根据上面的步骤，选择加密证书“user1”，选择后如图 9-98 所示。

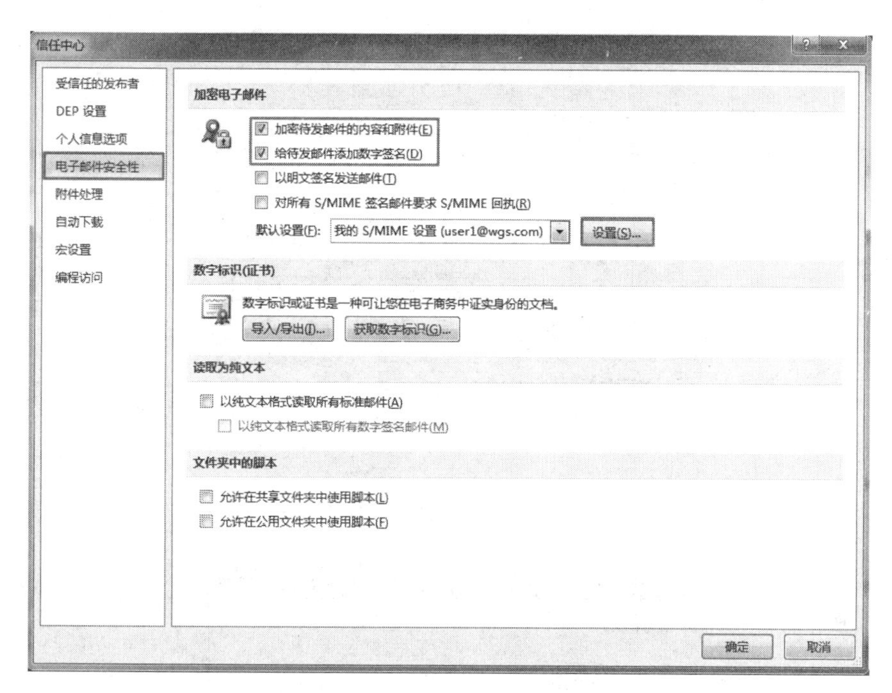

图 9-94　加密电子邮件设置

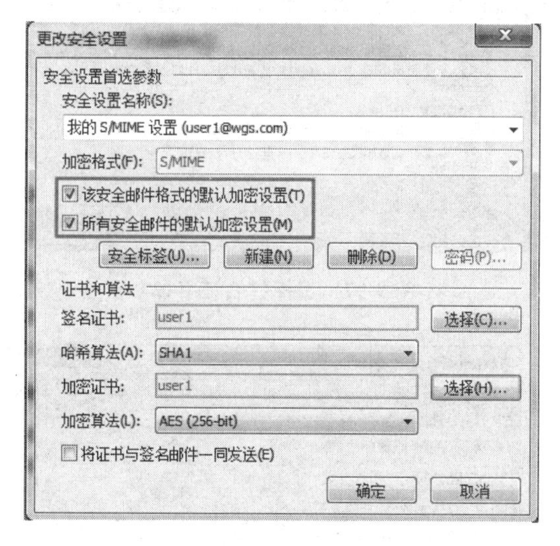

图 9-95　更改安全设置

(16) 打开 Outlook，单击用户"user1@wgs. com"，选择"新建电子邮件"，如图 9-99 所示。

(17) 输入收件人"user2@wgs. com"、主题和邮件内容，单击工具栏中的"选项"。选择"签署"，签署完成后，单击"发送"，如图 9-100 所示。

(18) 成功发送和接收后，用户"user2@wgs. com"接收到"user1@wgs. com"的签名邮件。双击打开邮件，如图 9-101 和图 9-102 所示。

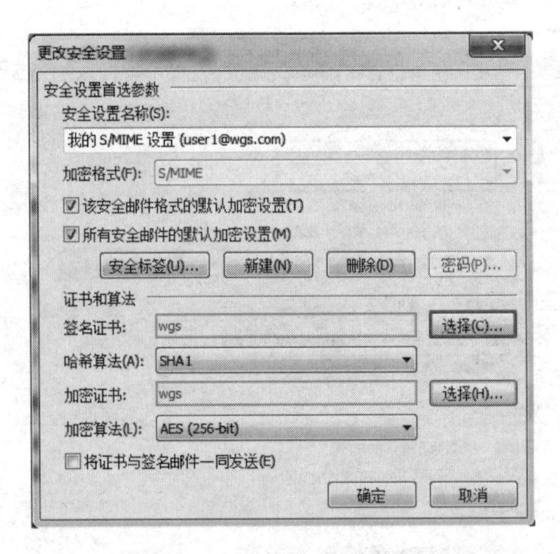

图 9-96　选择签名证书(1)

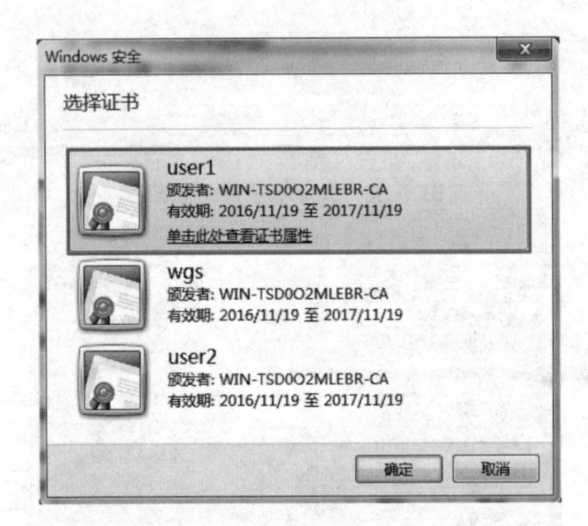

图 9-97　选择签名证书(2)

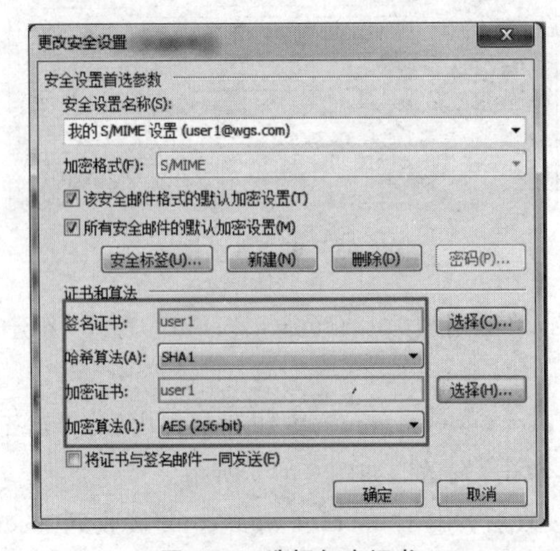

图 9-98　选择加密证书

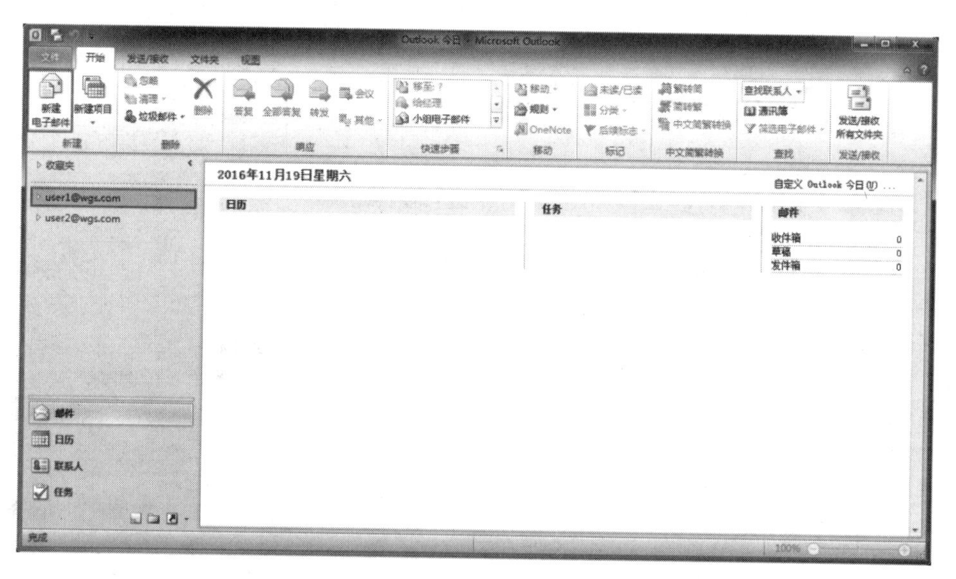

图 9-99　新建电子邮件

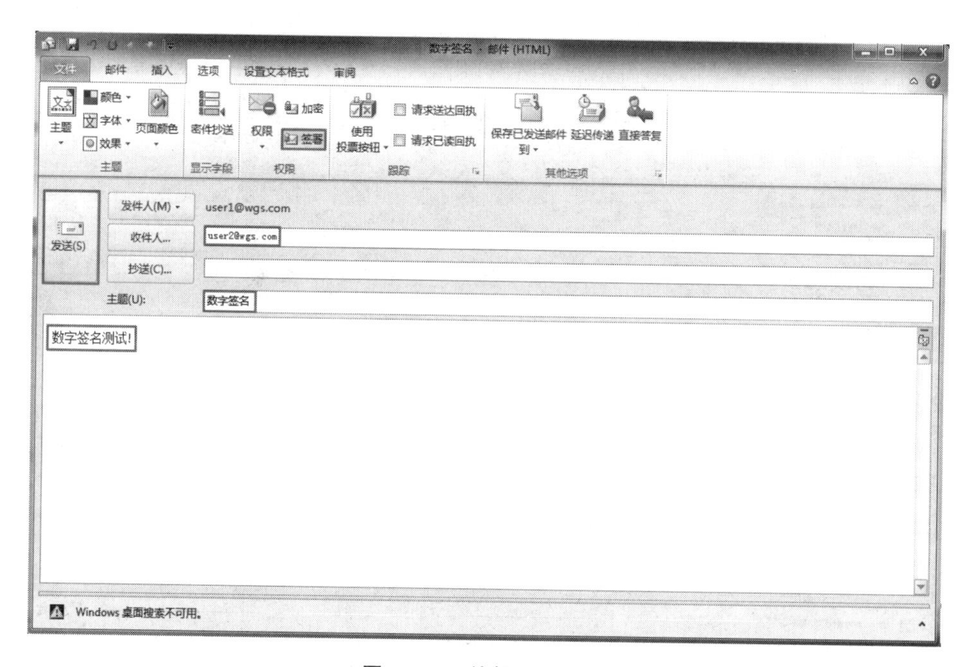

图 9-100　编辑签名邮件

(19) 单击邮件的签名标识，可以看到数字签名状态为有效，如图 9-103 所示。

(20) 单击用户“user1@wgs.com”，选择“新建电子邮件”。输入收件人“user2@wgs.com”、主题和邮件内容，单击工具栏中的“选项”，选择“加密”。加密完成后，单击“发送”，如图 9-104 所示。

(21) 此时弹出“加密问题”对话框，提示该邮件无法加密，如图 9-105 所示。(POP3

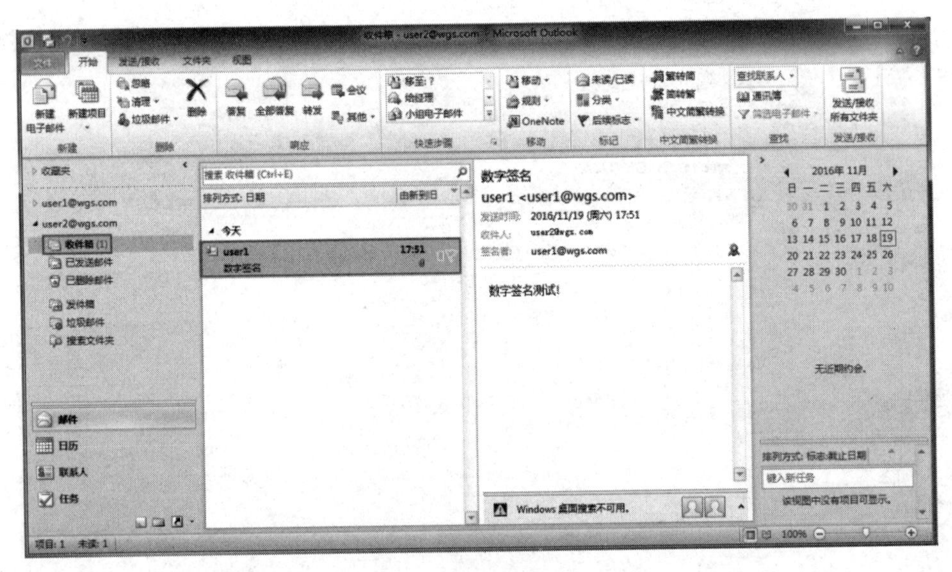

图 9-101 user2 接收到签名邮件

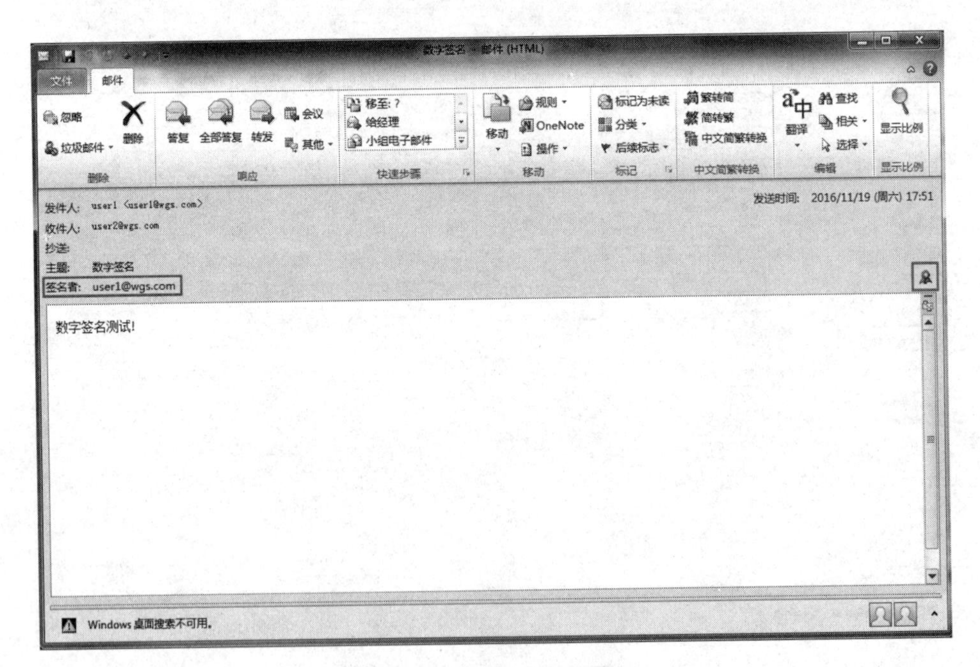

图 9-102 签名邮件内容

加密测试后，不能发加密邮件给对方，原因是加密邮件需要用到对方的公钥。可以先由对方发送一封签名邮件过来，将对方加为联系人。因为对方同时也将对方的公钥发过来了，所以保存后对方的公钥也在本地的联系人中，即可发送加密邮件了。）

（22）单击用户“user2@wgscom”，选择“新建电子邮件”，输入收件人“user1@wgs.com”、主题和邮件内容，单击“发送”，如图 9-106 所示。

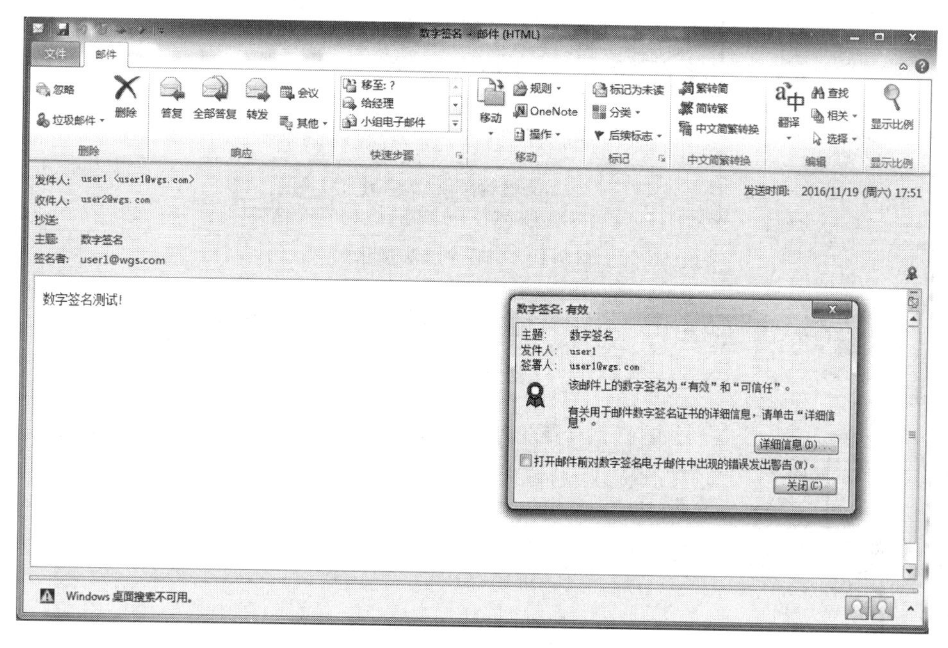

图 9-103 签名邮件标识

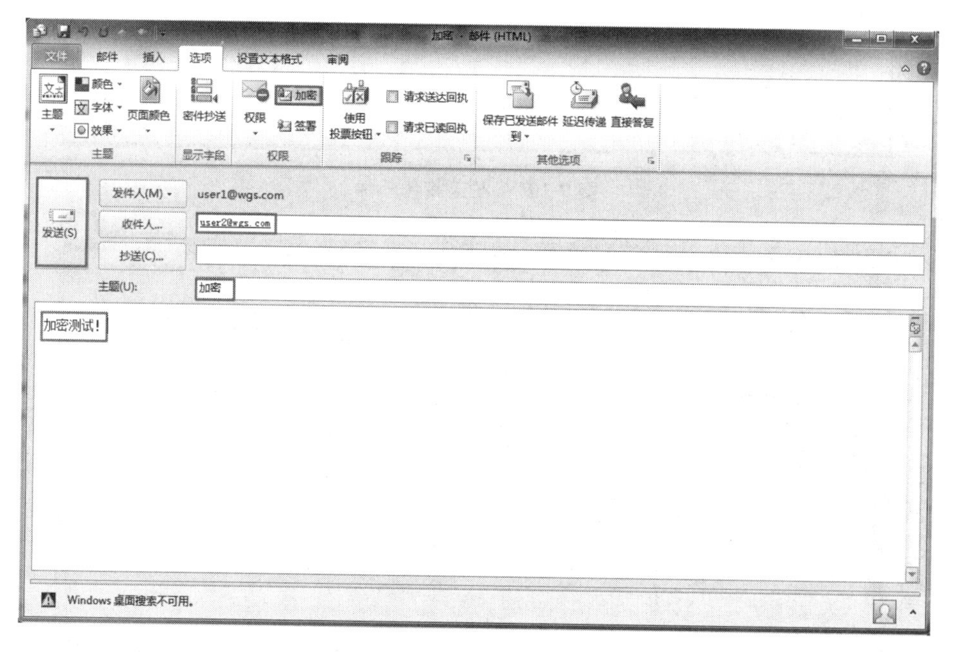

图 9-104 编辑加密邮件

(23) 用户"user1@wgs.com"接收到来自用户"user2@wgs.com"的电子邮件后,双击打开,右键单击邮件中的发件人,选择"添加到 Outlook 联系人",如图 9-107 所示。

(24) 在"联系人"对话框中,输入联系人的名字"user2",单击"保存并关闭",完成联

图 9-105　邮件无法加密

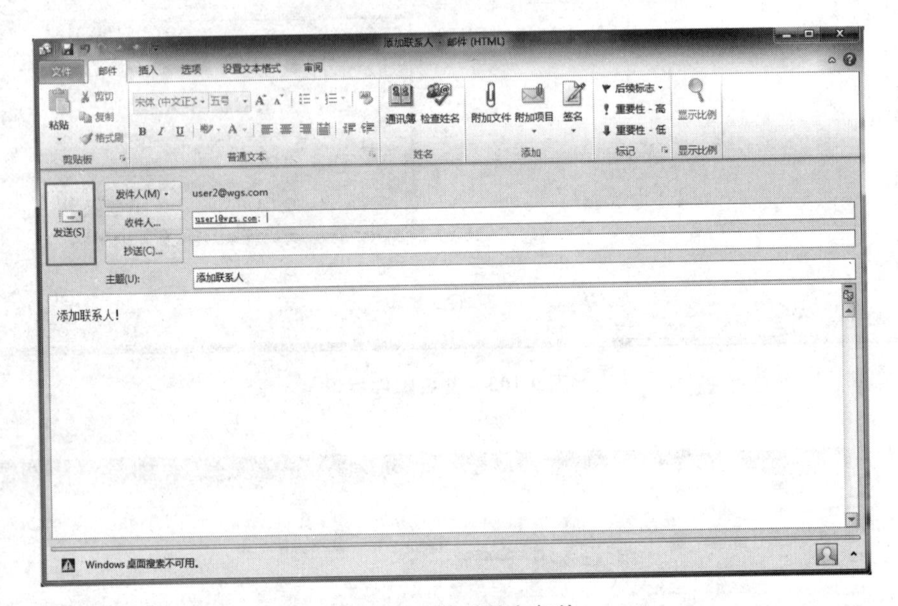

图 9-106　发送签名邮件

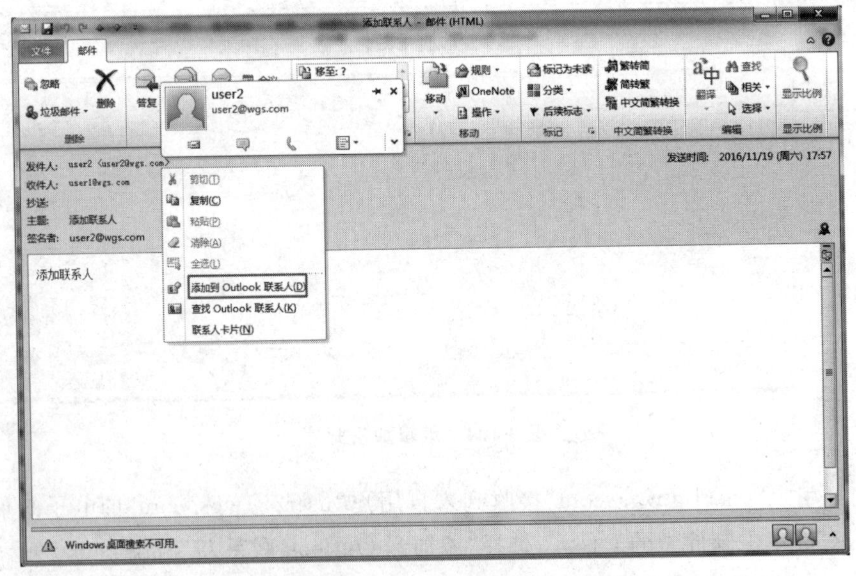

图 9-107　添加联系人

系人的添加，如图 9-108 所示。

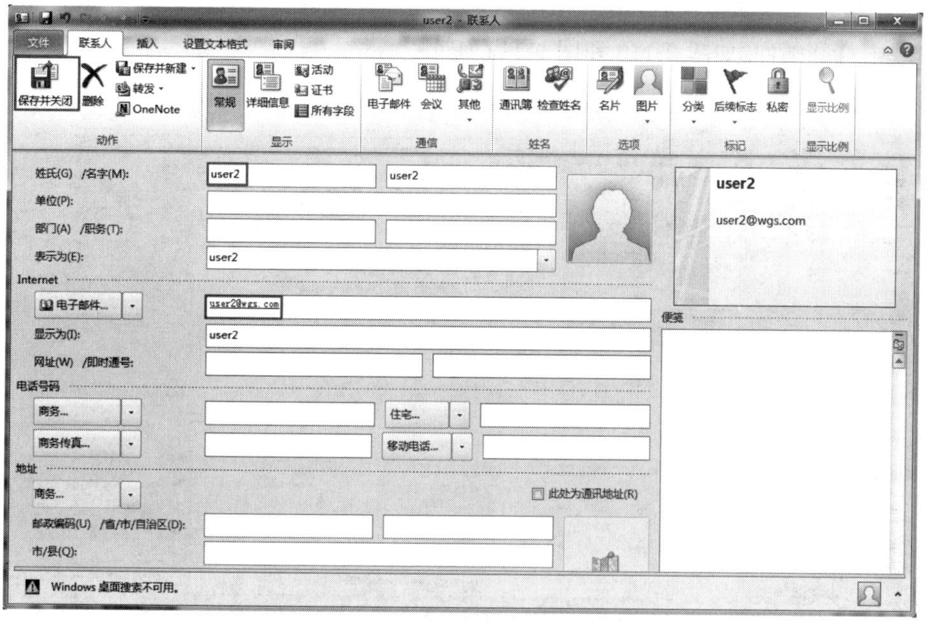

user2 - 联系人
文件 联系人 插入 设置文本格式 审阅
保存并关闭 删除 保存并新建 转发 OneNote 动作
常规 详细信息 活动 证书 所有字段 显示
电子邮件 会议 其他 通信
通讯簿 检查姓名 姓名
名片 图片 选项
分类 后续标志 私密 标记
显示比例 显示比例
姓氏(G) /名字(M): user2 user2
单位(P):
部门(A) /职务(T):
表示为(E): user2
Internet
电子邮件... user2@wgs.com
显示为(I): user2
网址(W) /即时通号:
电话号码
商务... 住宅...
商务传真... 移动电话...
地址
商务... 此处为通讯地址(R)
邮政编码(U) /省/市/自治区(D):
市/县(Q):
user2
user2@wgs.com
便笺
Windows 桌面搜索不可用。

图 9-108 编辑联系人信息

(25) 再次单击用户“user1@wgs.com”，选择“新建电子邮件”。输入收件人“user2”（已经添加为联系人，添加名字即可）、主题和邮件内容，单击工具栏中的“选项”，选择“加密”。加密完成后，单击“发送”，如图 9-109 所示。

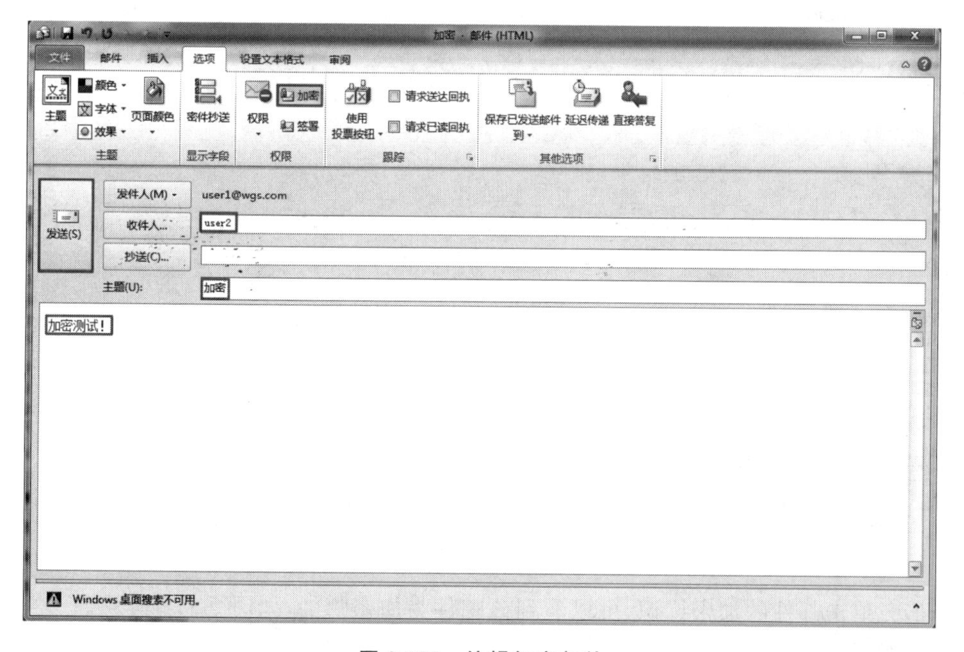

图 9-109 编辑加密邮件

(26) 成功发送和接收后,用户"user2@wgs. com"接收到"user1@wgs. com"的加密邮件,双击打开邮件,如图 9-110 和图 9-111 所示。

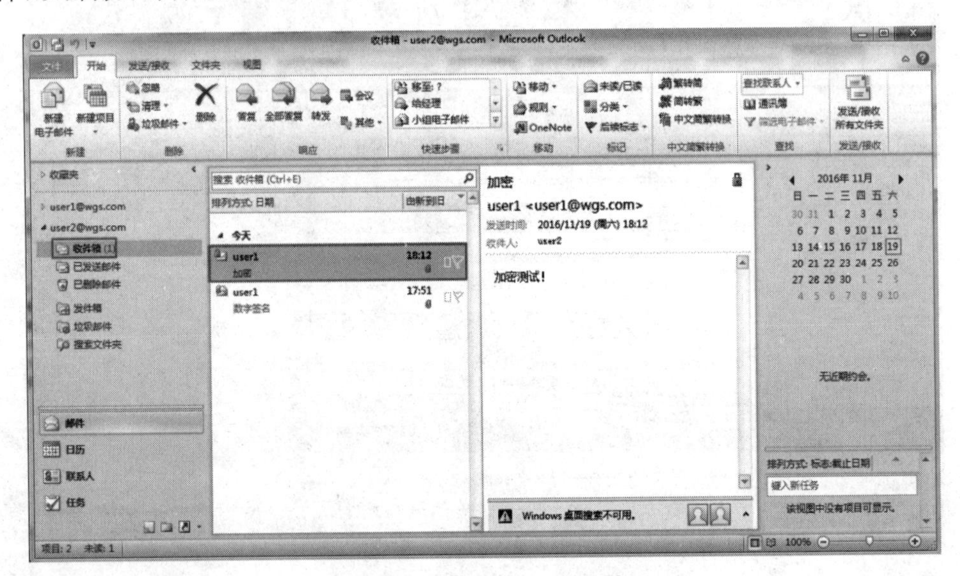

图 9-110 user2 接收到加密邮件

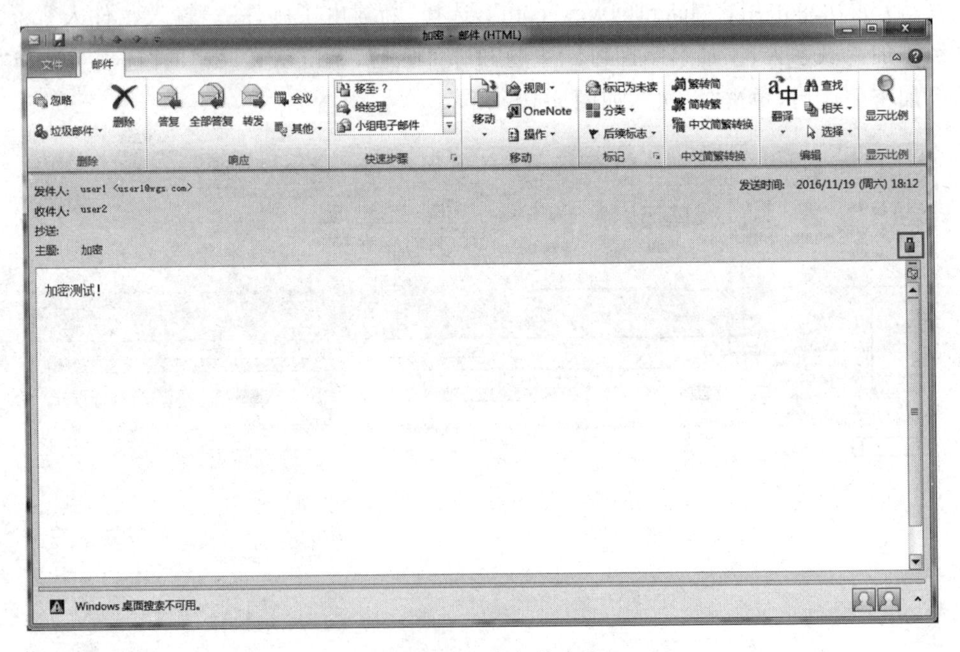

图 9-111 加密邮件内容

(27) 单击邮件的加密标识,可以看到该邮件为加密邮件,如图 9-112 所示。

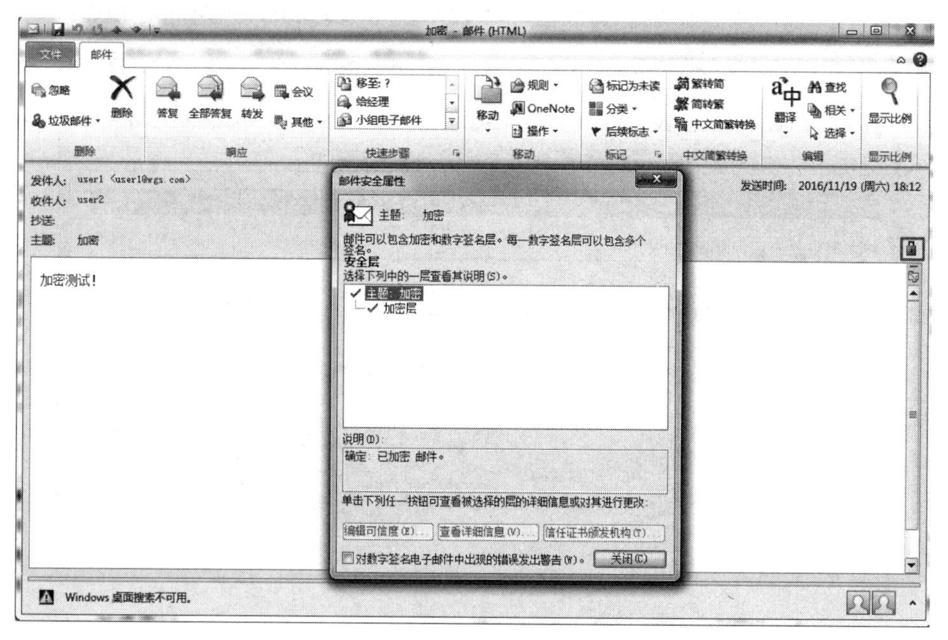

图 9-112　加密邮件标识

9.4　项目总结

常见问题一：申请的证书颁发失败。

解决方案：重新启动证书颁发机构即可，如图 9-113 所示。

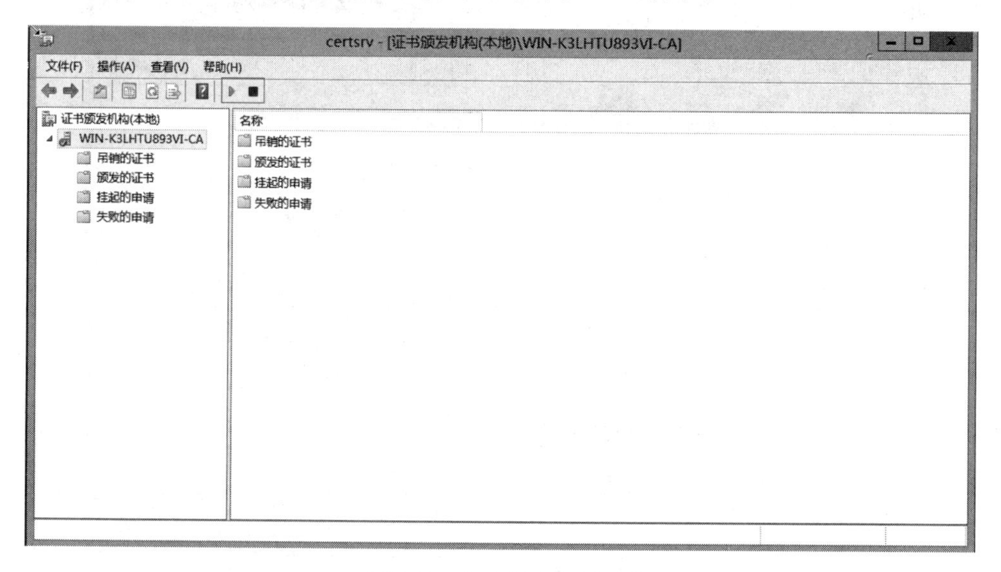

图 9-113　重启证书颁发机构

常见问题二：客户端在申请浏览器证书时，出现如图 9-114 所示的安全警示。

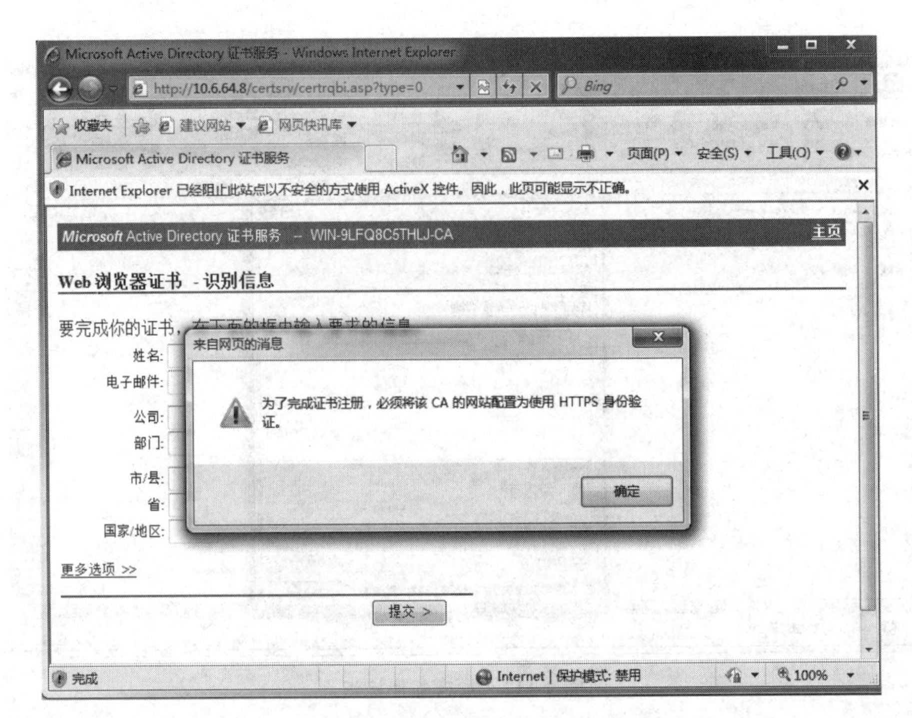

图 9-114　安全警示

解决方案：在浏览器的 Internet 选项中，打开“安全”选项卡。单击“自定义级别”，在安全设置里面，将“对未标记为可安全执行脚本的 ActiveX 控件初始化并执行脚本（不安全）”设置为“启用（不安全）”，如图 9-115 所示。

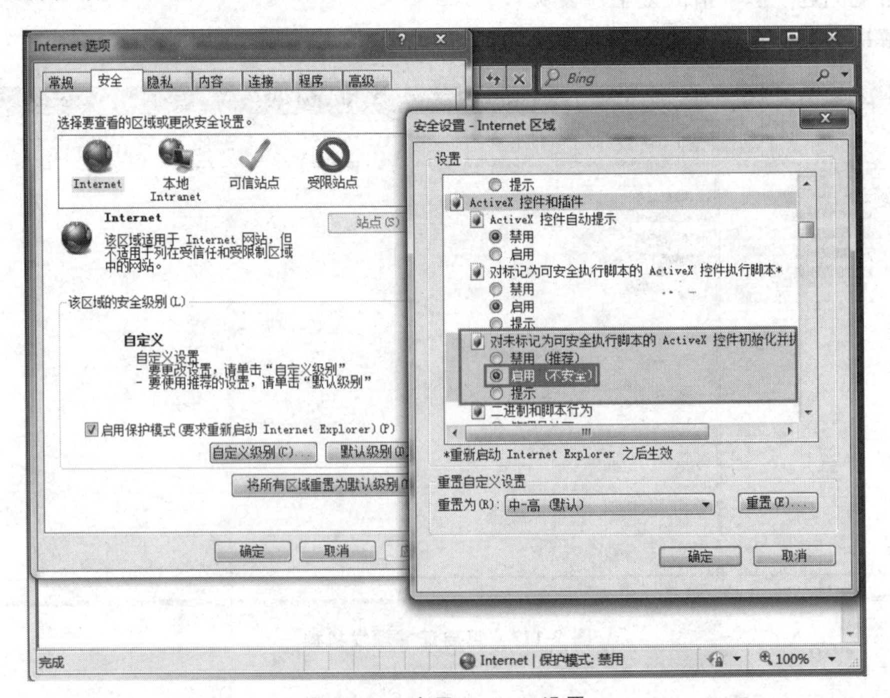

图 9-115　启用 ActiveX 设置

常见问题三：吊销证书后，还可以继续访问 Web 站点。

解决方案：在吊销的证书属性中勾选“发布增量”。在浏览器中输入“http://10.6.64.8/certsrv”即可下载最新的增量 CRL。在最新的增量 CRL 中就有吊销的证书信息，如图 9-116 和图 9-117 所示。

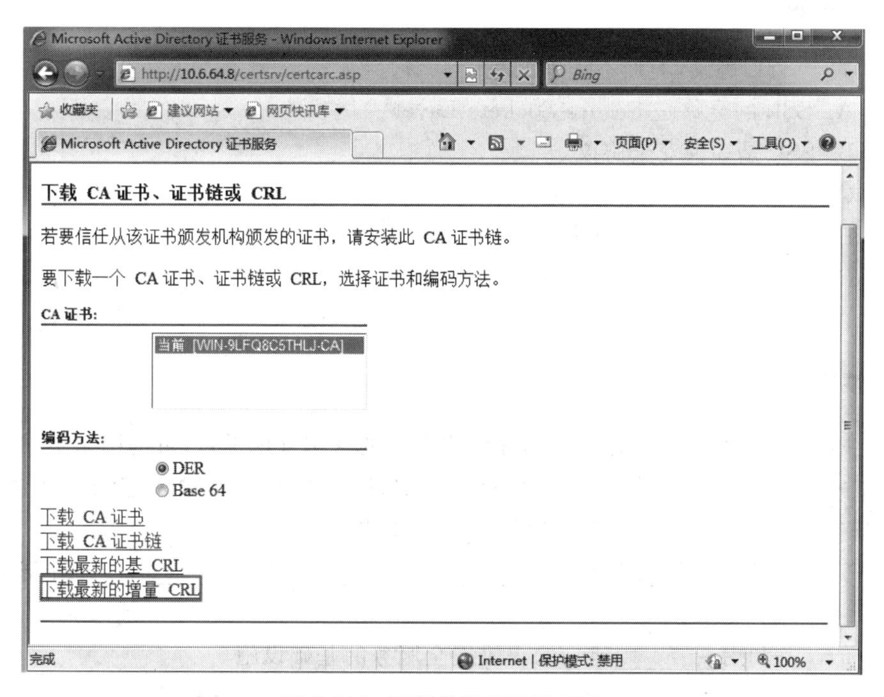

图 9-116　下载最新的增量 CRL

证书吊销列表
常规　吊销列表
吊销的证书(R):
序列号	吊销日期
76 00 00 00 03 b0 36 d7 5d f6...	2016年6月28日 22:1...

吊销项(E)
字段	值

值(V):

了解证书吊销列表的详细信息

确定

图 9-117　吊销的证书信息

9.5 课后习题

1. 选择题

(1) 关于 SSL 协议,下列不正确的是(　　)。

A. SSL 的全称是 Secure Sockets Layer

B. SSL 是一种安全协议

C. SSL 协议工作于网络层

D. TLS 是 SSL 的继任者

(2) DER 编码的证书扩展名一般为(　　)。

A. cerb　　B. crd　　C. txt　　D. srv

2. 填空题

(1) PKI 是指________,是一种遵循既定标准的密钥管理平台,可为网络上的信息传输提供加密和验证的功能,同时还可以确定信息的完整性,即传输内容未被非法篡改。PKI 的基本元素是________。CA 是指________机构。

(2) 完整的 PKI 系统必须具有________、________、________、________等基本构成部分。

(3) PKI 是利用________建立的提供安全服务的基础设施。

(4) 常用的加密算法主要有________、________、________三种。

(5) 密码体制分为________和________两种类型。

(6) 在安全系统的基础下,CA 可以分为________和________。

(7) 在 Web 站点中,默认的 SSL 端口号是________。

(8) 如果服务器或者客户端需要向证书颁发机构申请证书,则需要在浏览器的地址栏中输入________。

3. 实训题

出于安全性的考虑,某公司近期需要对公司财务部的 Web 访问服务进行完善,为此财务部单独申请了一台 CA 服务器作为财务部子 CA。

要求:

(1) 为财务部搭建一个安全的 Web 站点。

(2) 为财务部子 CA 与企业根 CA 建立信任关系。

(3) 财务部员工需要向财务部子 CA 申请客户端浏览证书,以 HTTPS 的形式访问 Web 安全站点。

第10章 chapter 10

项目10　VPN服务器的配置与管理

【学习目标】

本章系统介绍VPN服务器的理论知识、VPN服务器的基本配置。

通过本章的学习应该完成以下目标：

- 理解VPN服务器的理论知识；
- 掌握VPN服务器的基本配置。

10.1　项目背景

五桂山公司是一家电子商务公司，为了公司业务需求，出差在外的员工经常要访问公司内部服务器的数据，为了保证员工出差期间能够和公司之间实现安全的数据传输，公司决定使用远程访问VPN架构。公司的网络管理部门将在原企业内网的基础上配置一台双网卡的Windows 2012服务器(IP：10.6.64.8/24)作为VPN服务器，VPN网络拓扑如图10-1所示。

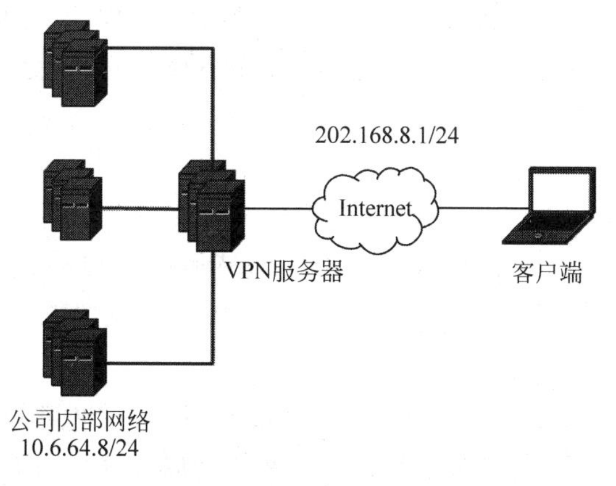

图10-1　VPN网络拓扑

10.2 知识引入

10.2.1 什么是VPN服务器

VPN的英文全称是Virtual Private Network,也就是“虚拟专用网络”。虚拟专用网络是虚拟出来的企业内部专用线路,可以对数据进行几倍加密达到安全使用互联网的目的,此项技术已被广泛使用。虚拟专用网可以帮助远程用户、公司分支机构、商业伙伴及供应商同公司的内部网建立可信的安全连接,经济有效地连接商业伙伴和用户的安全外联网。

10.2.2 VPN的优缺点

1. 优点

(1) 成本低:与传统的广域网相比,虚拟专用网能够减少运营成本以及降低远程用户的连接成本。此外,虚拟专用网固定的通信成本有助于企业更好地了解自己的运营开支,虚拟专用网还能够提供低成本的全球网络机会。

(2) 安全高:虚拟专用网提供高水平的安全措施,使用高级的加密和身份识别协议,防止数据窃贼和其他非授权的用户窥探数据。

(3) 可扩充性和灵活性:设计良好的宽带虚拟专用网具有模块化和伸缩性。虚拟专用网技术能够让应用者使用容易设置的互联网基础设施,允许迅速、方便地向这个网络增加新用户。这个能力意味着企业不必增加额外的基础设施就能够提供大量的网络容量和应用。

(4) 利用率高:虚拟专用网能够让移动员工、远程办公人员、业务合作伙伴和其他人利用本地可用的、高速宽带接入技术访问公司的网络,如DSL、线缆和WiFi等技术。此外,高速宽带连接也为连接远程办公室提供一个节省成本的方法。

2. 缺点

(1) 基于互联网的虚拟专用网的可靠性和性能不在企业的直接控制之下。机构必须依靠提供虚拟专用网的互联网服务提供商保持服务的启动和运行。这个因素对于与互联网服务提供商进行协商,从而创建一个保证各种性能指标的协议,是非常重要的。

(2) 企业创建和部署一个虚拟专用网并不容易,需要对网络和安全问题有高水平的理解以及认真地规划和配置。因此,选择一个互联网服务提供商处理更多的具体运营问题是一个好主意。

(3) 不同厂商的虚拟专用网产品和解决方案有时不能相互兼容,因为许多厂商不愿意或者没有能力遵守虚拟专用网技术标准。因此,设备的混合搭配可能引起技术难题。

另一方面，使用一家供应商的设备也许会增加成本。

（4）虚拟专用网在与无线设备一起使用时会产生安全风险。接入点之间的漫游特别容易出现问题。当用户在接入点之间漫游的时候，任何依靠高水平加密的解决方案都会被攻破，某些第三方解决方案能够解决这个缺陷。

10.2.3 VPN服务器的工作原理

VPN服务器有独立的CPU、内存、宽带等，使用VPN服务器上网不会出现网络时强时弱的情况。

借助VPN，企业外出人员可随时连到企业的VPN服务器，进而连接到企业内部网络。借助Windows 2012的"路由和远程访问"服务，可以实现基于软件的VPN。

VPN通过公用网络（如Internet）建立一个临时的、安全的、模拟的点对点连接。这是一条穿越公用网络的信息隧道，数据可以通过这条隧道在公用网络中安全地传输，因此也可形象地称之为"网络中的网络"。保证数据安全传输的关键就在于VPN使用了隧道协议，目前常用的隧道协议有PPTP、L2TP和IPSec。

VPN基于Windows Server 2012，通过ADSL接入Internet的服务器和客户端，连接方式为客户端通过Internet与服务器建立VPN连接。VPN服务器需要两块网卡，一个连入内网一个连入外网。

Authentication（验证）：设置哪些用户可以通过VPN访问服务器资源。在DC上验证身份。

Authorization（授权）：检查客户端是否可以拨入服务器，是否符合拨入条件（时间、协议）。

VPN工作原理：VPN客户端请求拨入VPN服务器→VPN服务器请求DC进行身份验证→得到授权信息→VPN服务器回应VPN客户端拨号请求→VPN服务器与客户端建立连接，开始传送数据。

10.2.4 隧道协议

VPN使用的协议即隧道协议：

（1）PPTP：点对点传输协议。使用Microsoft Point-to-Point Encryption加密算法（默认采用协议），针对Internet。

（2）L2TP：默认无加密算法。若想使用加密算法，可结合IPsec。针对Internet、X.25，设置ATM用户账号拨入权限：条件、权限、配置文件决定了客户端是否可以拨入VPN网络。配置文件包括：拨入时间，IP地址范围，是否支持多链路，身份验证及是否加密。配置过程：路由和远程访问，远程访问策略，进行相应时间，设置配置文件。

10.3 项目过程

10.3.1 任务1 VPN服务器的安装

1. 任务分析

根据项目背景得知如下需求：五桂山公司的网络管理部门将在原企业内网的基础上配置一台新的Windows Server 2012服务器作为VPN服务器，在此服务器上安装相关服务功能（远程访问）来满足该需求。

2. 任务实施过程

1）VPN服务安装

（1）打开"服务器管理器"，单击"添加角色和功能"按钮，进入"添加角色和功能向导"。

（2）进入"添加角色和功能向导"，单击"下一步"按钮，选择"基于角色或基于功能的安装"。

（3）单击"下一步"按钮，从服务器池选择服务器（安装程序会自动检测与显示这台计算机采用静态IP地址设置的网络连接），单击"下一步"，勾选"远程访问"，如图10-2所示。

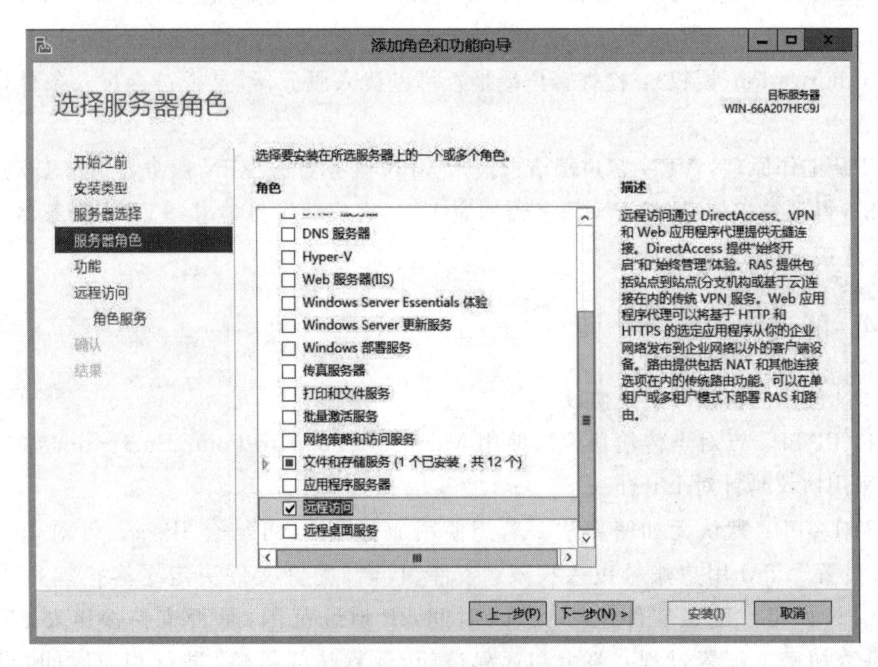

图10-2 添加远程访问

（4）单击"下一步"，若无特殊要求，此处默认即可，如图10-3所示。

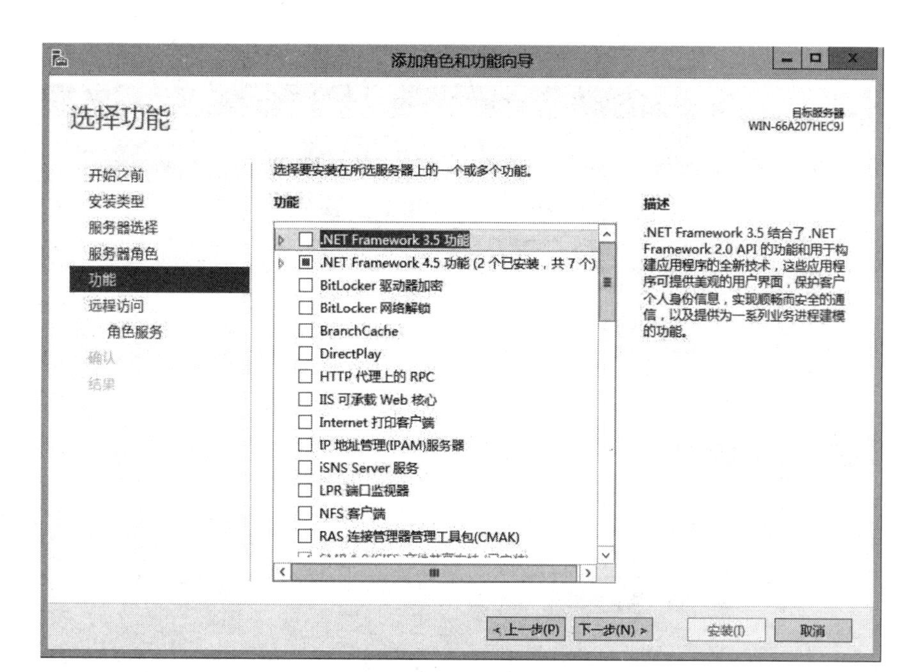

图 10-3　选择功能

(5) 单击“下一步”按钮继续“选择角色服务”，勾选“DirectAccess 和 VPN”。在弹出的“添加角色和服务向导”处选择“添加功能”按钮，服务器将自动添加 Web 服务器(IIS)，如图 10-4 所示。

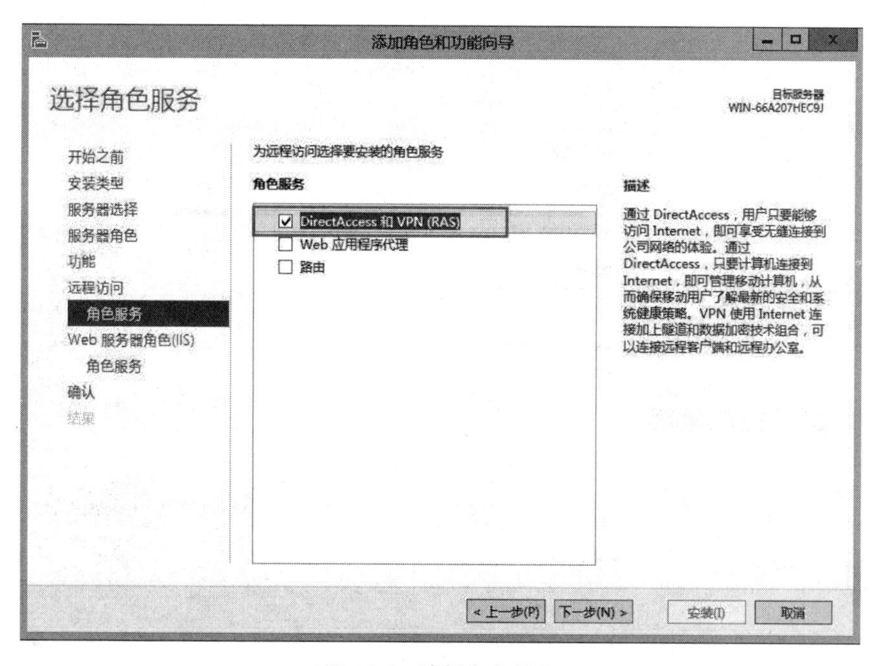

图 10-4　选择角色服务

(6) 单击“下一步”继续,确认安装所选内容,如图 10-5 所示。

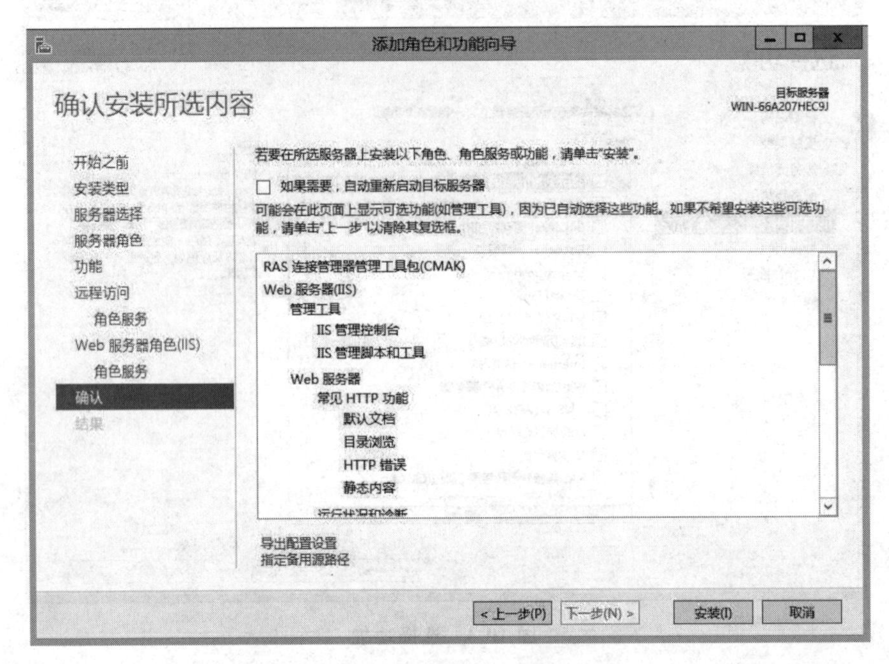

图 10-5　确认安装内容

(7) 单击“安装”,完成 VPN 服务器的安装,完成安装后,单击“关闭”,如图 10-6 所示。

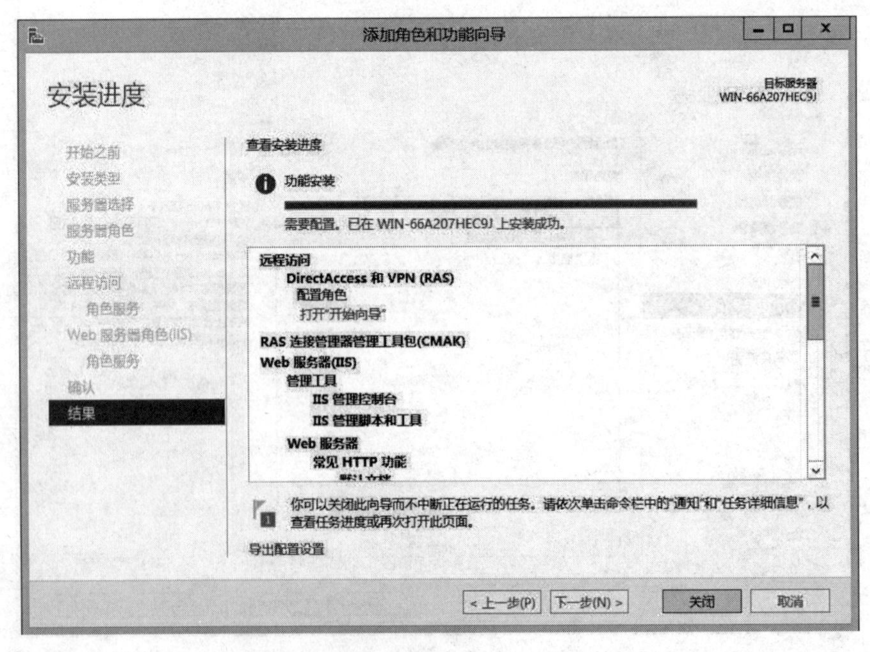

图 10-6　完成 VPN 的安装

2）配置服务与远程访问

（1）在服务器管理器面板中，选择“配置远程访问”；回到仪表板，按照提示单击“打开“开始向导””，如图10-7所示。

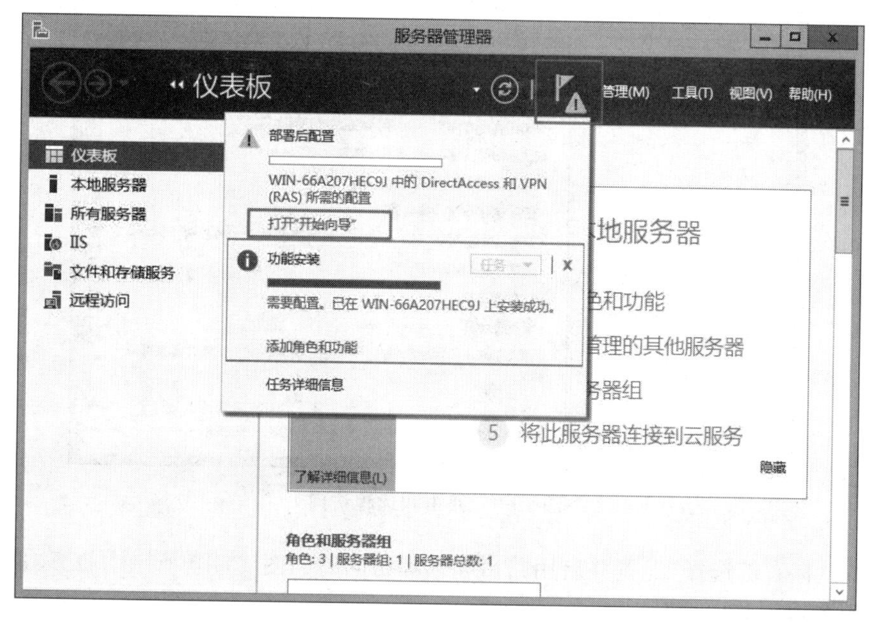

图10-7 配置远程访问

（2）选择配置远程访问的类型，选择“仅部署VPN”，如图10-8所示。

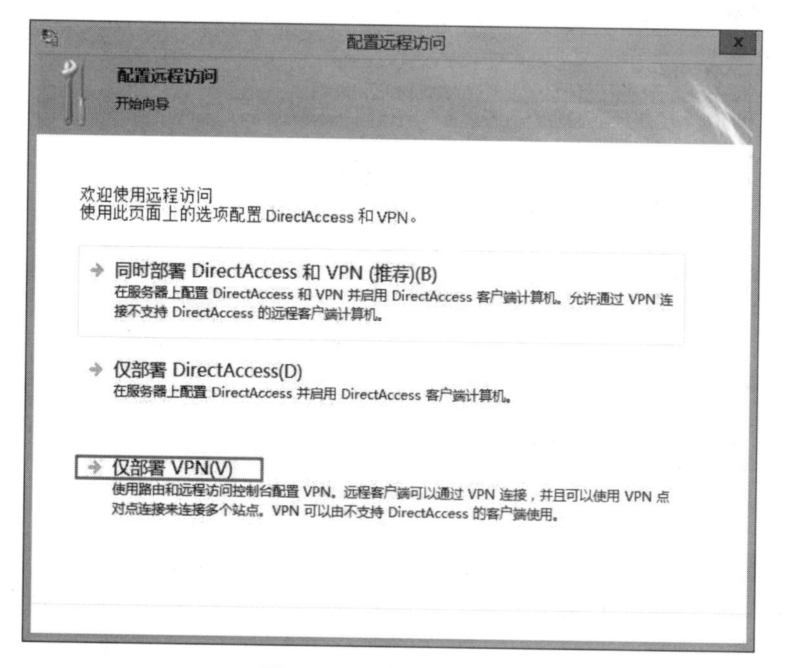

图10-8 远程访问的类型

(3) 打开路由和远程访问面板,如图 10-9 所示,由于未配置,所以是红色状态。

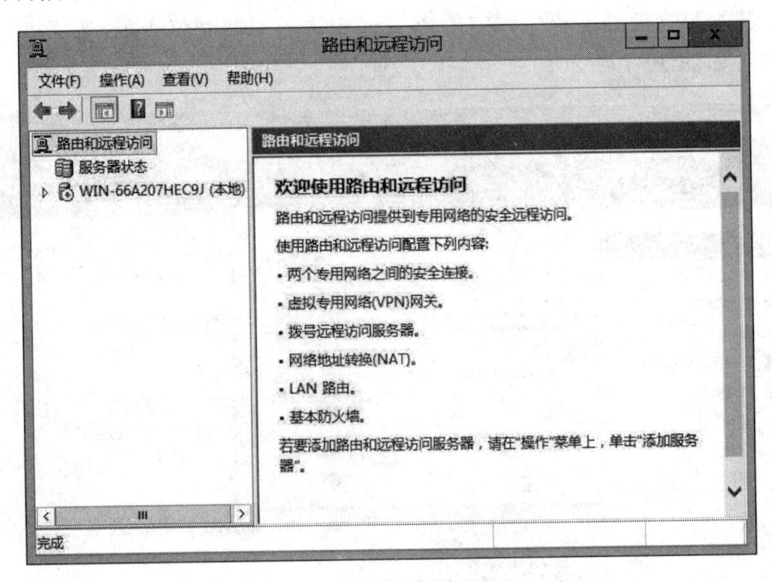

图 10-9 路由和远程访问

(4) 鼠标右键选择"配置并启用路由和远程访问",如图 10-10 所示。打开"路由和远程访问服务器安装向导"。

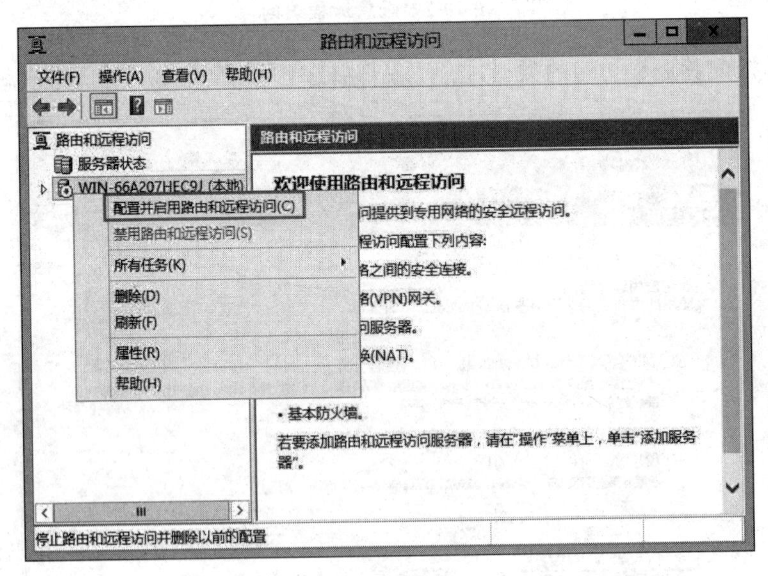

图 10-10 配置并启用路由和远程访问

(5) 单击"下一步",选择"自定义配置",如图 10-11 所示。

(6) 单击"下一步",在"选择你想在此服务器上启用的服务"下方,选择全部选项,如图 10-12 所示。

(7) 单击"下一步",完成路由和远程访问服务器安装后单击"完成",弹出配置完成"路由和远程访问"的对话框,单击"确定",如图 10-13 所示。

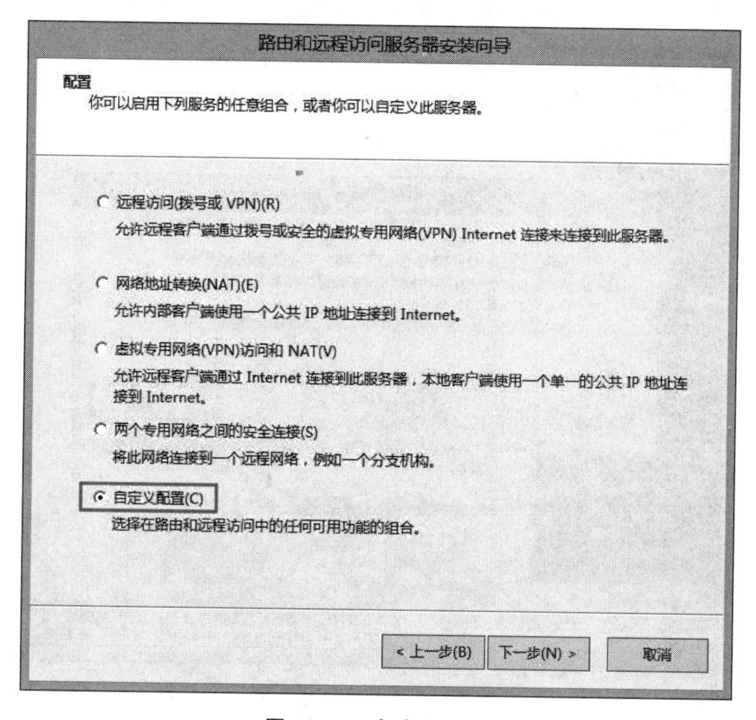

图 10-11　自定义配置

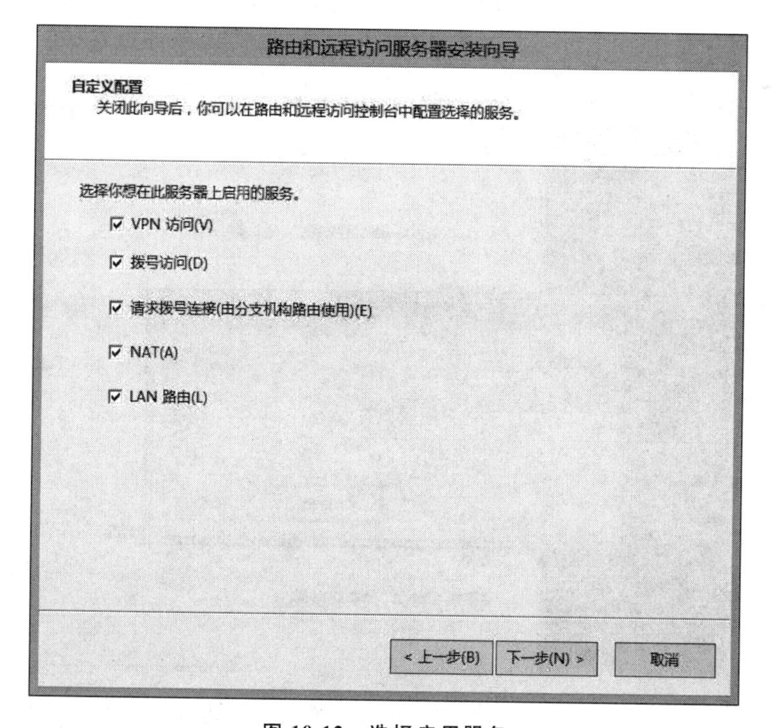

图 10-12　选择启用服务

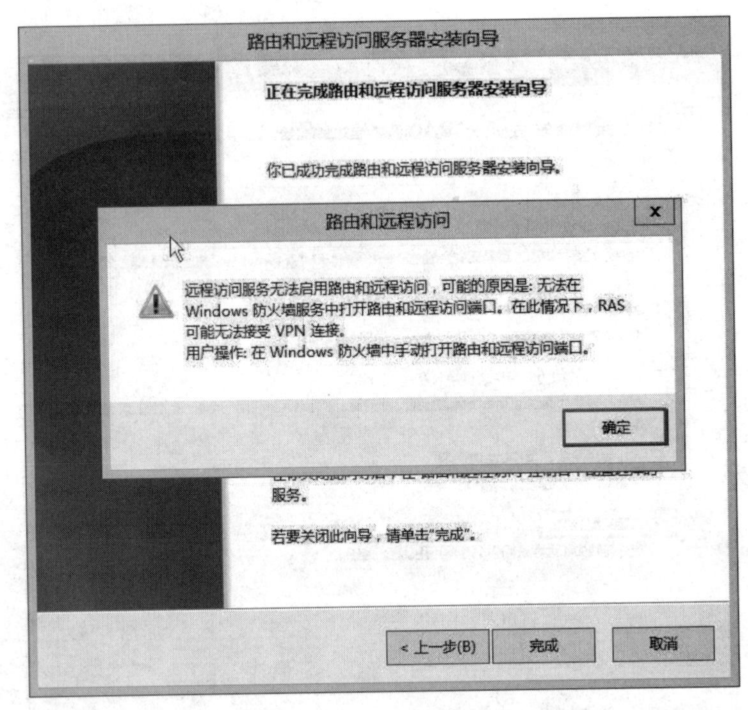

图 10-13　完成安装向导

(8) 单击“确定”后弹出“启动服务”对话框，单击“启动服务”，如图 10-14 所示，启动完成，单击“关闭”按钮。

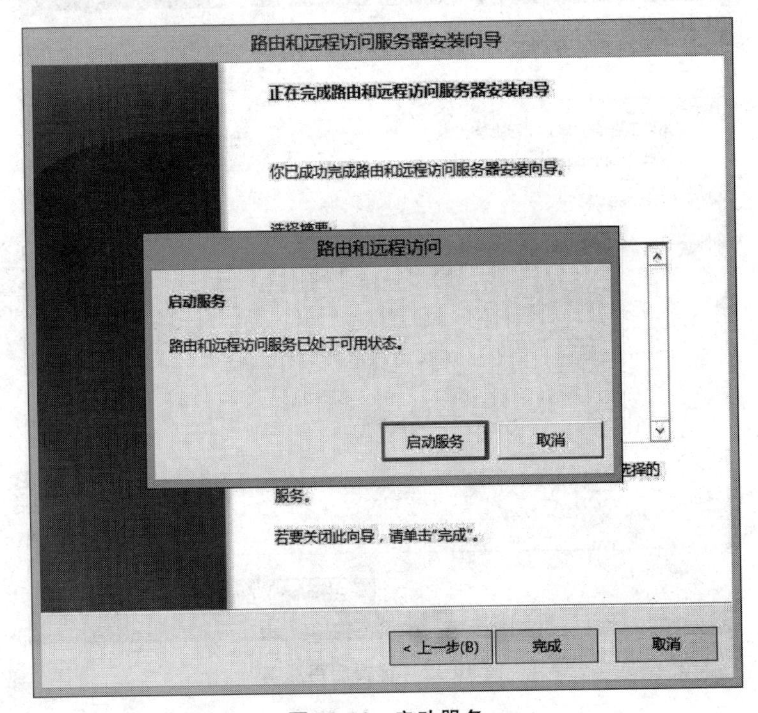

图 10-14　启动服务

(9) 服务启动完毕,打开"路由与远程访问"界面,如图 10-15 所示。

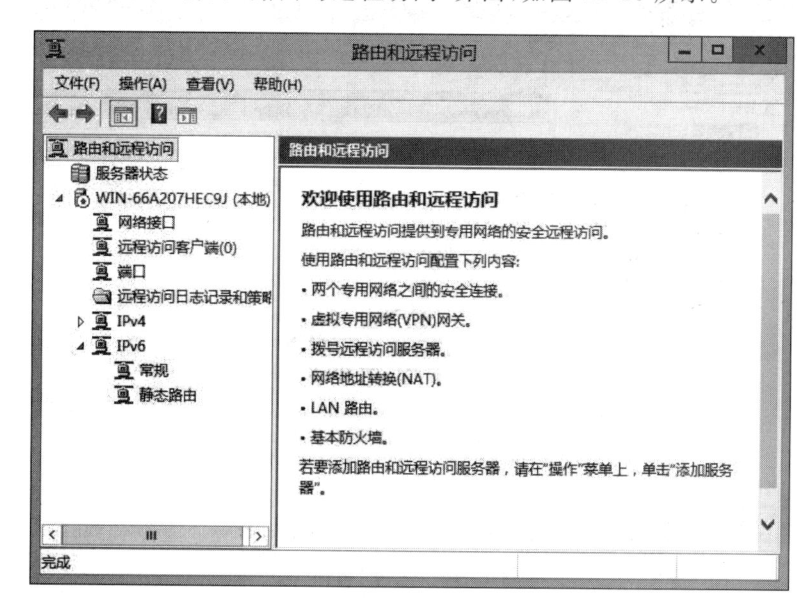

图 10-15 路由与远程访问

10.3.2 任务 2 创建具有远程访问权限的用户

1. 任务分析

VPN 客户端连接到远程访问 VPN 服务器时,必须验证用户的身份(用户名和密码)。身份验证成功后,用户就可通过 VPN 服务器来访问有权限的资源。本节主要介绍如何配置 VPN 相关服务以及配置 VPN 访问账户的方法。

2. 任务实施过程

1) 配置 VPN 服务

(1) 打开"路由和远程访问"界面,在本地单击右键,选择"属性"。如图 10-16 所示。

(2) 在"属性"对话框中,在"常规"选项卡下勾选"IPv4 路由器",允许"IPv4 远程访问服务器",如图 10-17 所示。

(3) 切换到"IPv4"选项卡下,选择"静态地址池"方式,选择"添加"添加 IP 起始范围,输入 IP 地址范围(10.6.65.10～10.6.65.20),如图 10-18 所示,也可以选择 DHCP 方式,勾选"启用广播名称解析",如图 10-19 所示。

(4) 单击"确定"完成编辑。

2) 添加 VPN 访问账户操作

(1) 打开"服务器管理器",单击"工具"选择"计算机管理",打开"计算机管理界面",如图 10-20 所示。

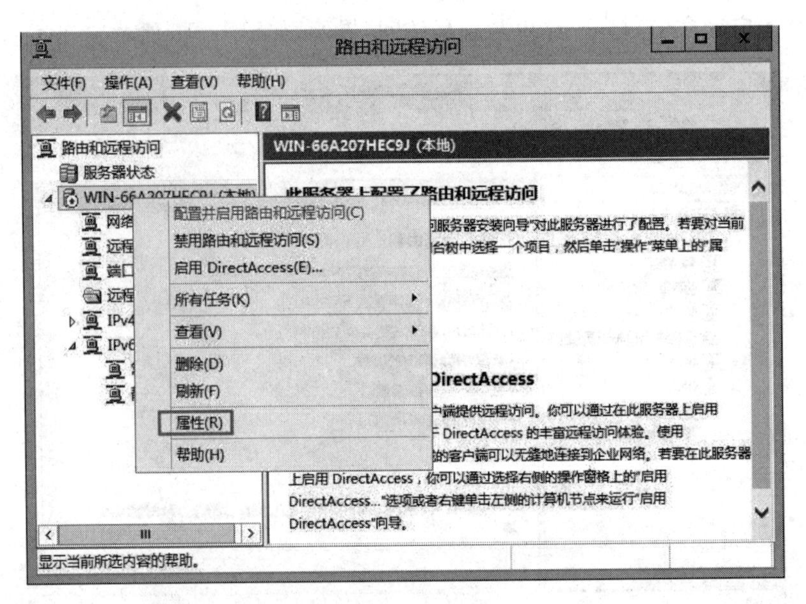

图 10-16　选择“属性”

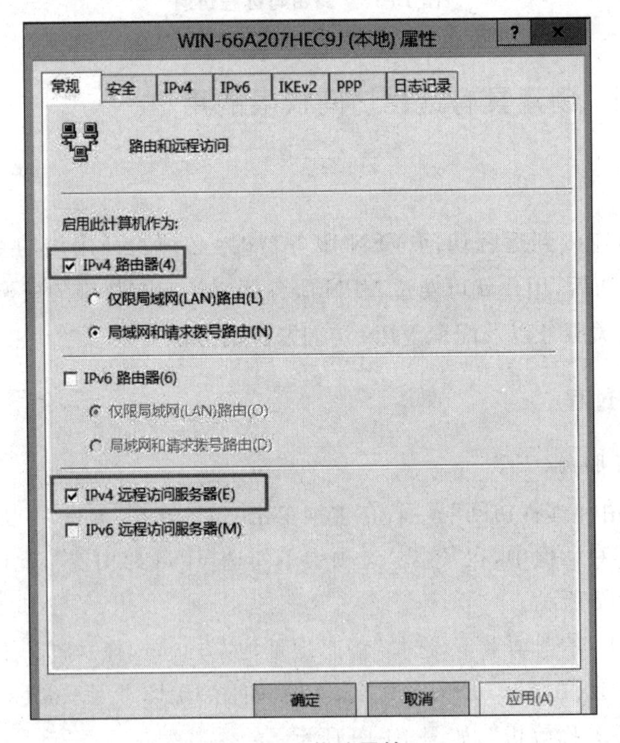

图 10-17　修改属性 1

(2) 选择“本地用户和组”下的“用户”，右键单击选择“新用户”，如图 10-21 所示。

(3) 在弹出的“新用户”对话框下，输入用户名和密码，勾选“用户下次登录时须更改密码”，如图 10-22 所示。

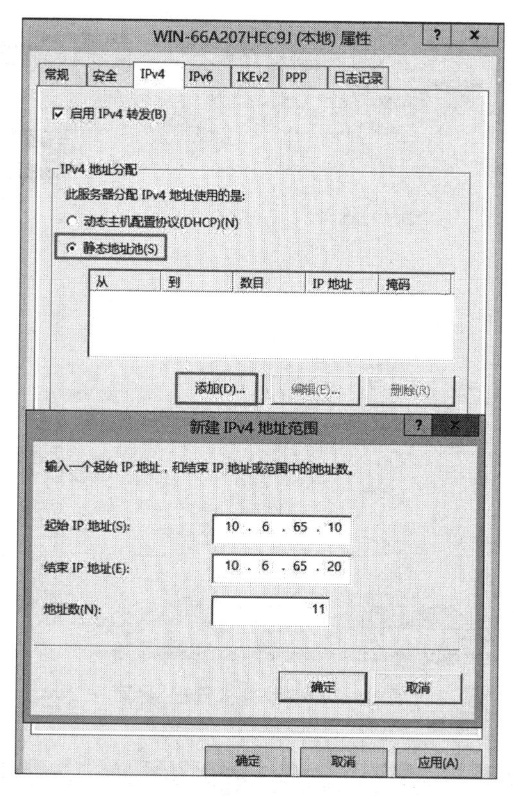

图 10-18　添加静态地址池

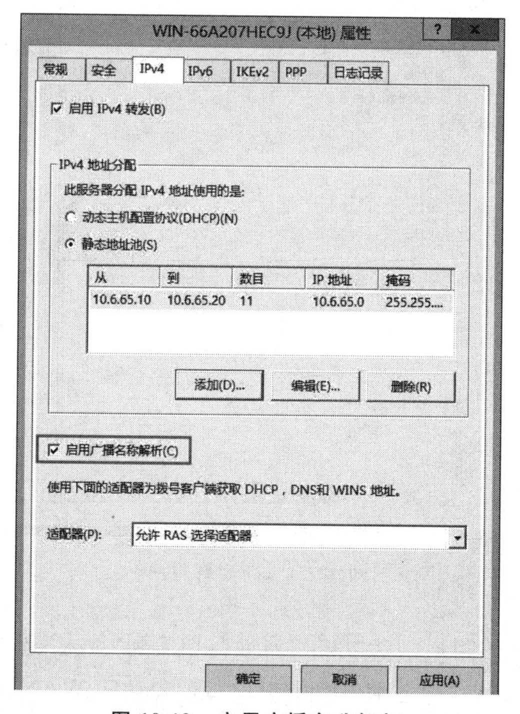

图 10-19　启用广播名称解析

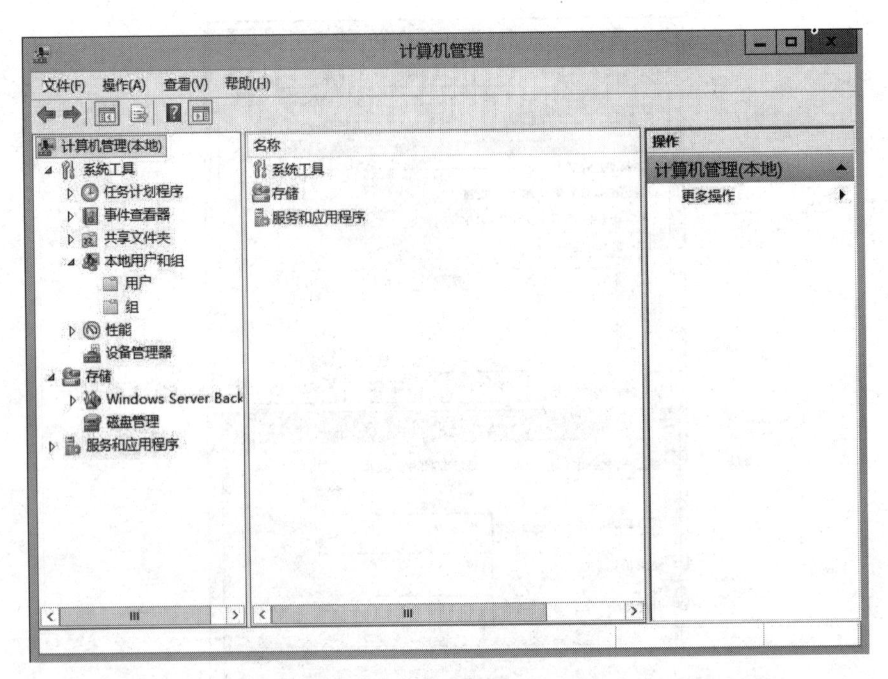

图 10-20 "计算机管理"界面

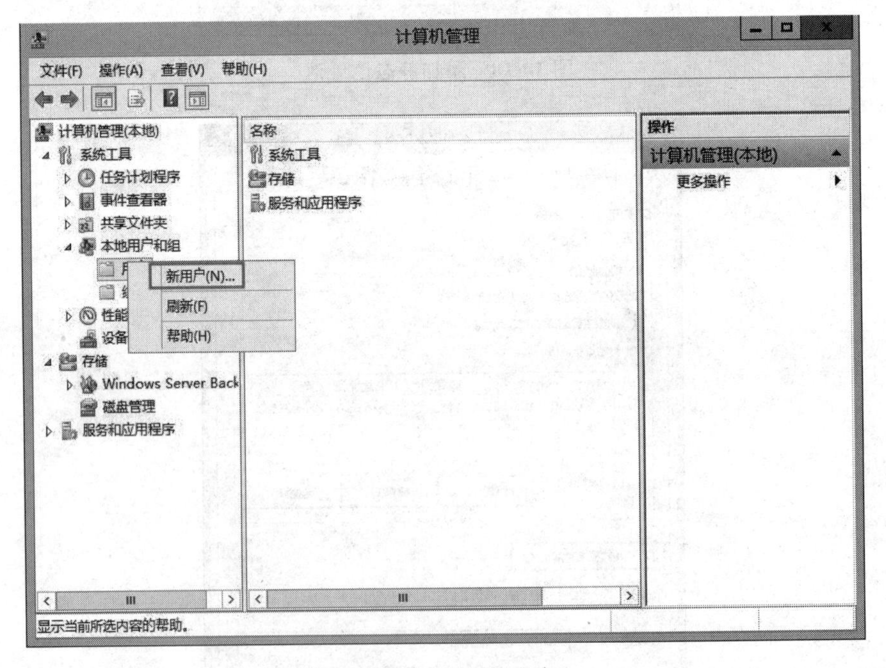

图 10-21 新建新用户

(4) 选择刚刚新建的用户，右键单击"属性"，切换到"拨入"选项卡。勾选"允许访问"和"分配静态 IP 地址"。在"静态 IP 地址"里填写远程访问 WAN 地址，如图 10-23 所示。

(5) 单击"确定"按钮，完成访问账户的配置

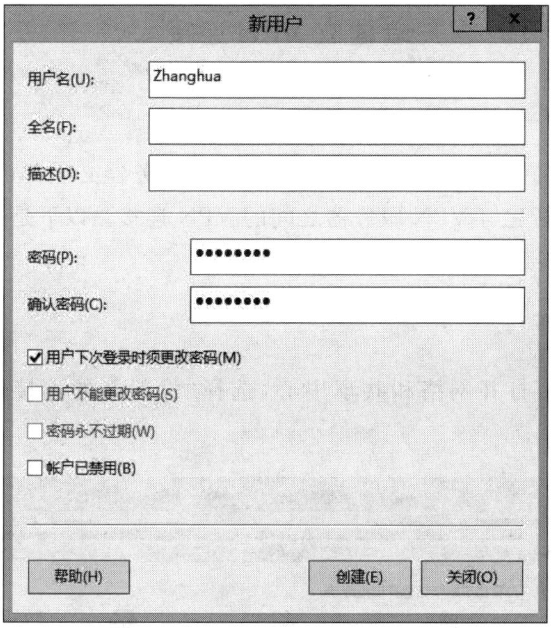

新用户

用户名(U): Zhanghua

全名(F):

描述(D):

密码(P): ●●●●●●●●●

确认密码(C): ●●●●●●●●●

☑ 用户下次登录时须更改密码(M)

☐ 用户不能更改密码(S)

☐ 密码永不过期(W)

☐ 帐户已禁用(B)

帮助(H) 创建(E) 关闭(O)

图 10-22 输入用户名和密码

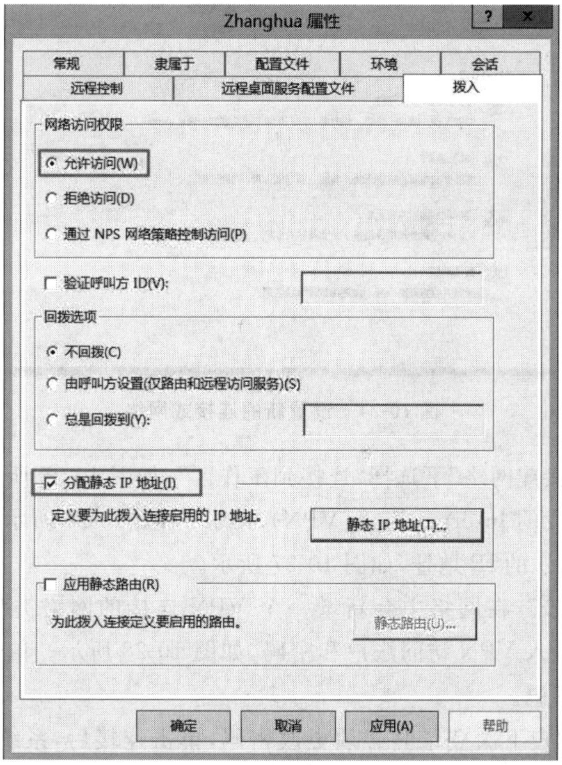

Zhanghua 属性

常规 隶属于 配置文件 环境 会话

远程控制 远程桌面服务配置文件 拨入

网络访问权限

◉ 允许访问(W)

○ 拒绝访问(D)

○ 通过 NPS 网络策略控制访问(P)

☐ 验证呼叫方 ID(V):

回拨选项

◉ 不回拨(C)

○ 由呼叫方设置(仅路由和远程访问服务)(S)

○ 总是回拨到(Y):

☑ 分配静态 IP 地址(I)

定义要为此拨入连接启用的 IP 地址。 静态 IP 地址(T)...

☐ 应用静态路由(R)

为此拨入连接定义要启用的路由。 静态路由(U)...

确定 取消 应用(A) 帮助

图 10-23 修改用户属性

10.3.3 任务 3 VPN 客户端建立 VPN 连接

1. 任务分析

建立 VPN 连接的要求是，VPN 客户端与 VPN 服务器必须都已经连接 Internet，然后在 VPN 客户端上新建与 VPN 服务器之间的 VPN 连接。以下是以研发部员工为实例进行客户端部署和连接。

2. 任务实施过程

(1) 在客户端下，打开网络和共享中心，选择“设置新的连接或网络”，如图 10-24 所示。

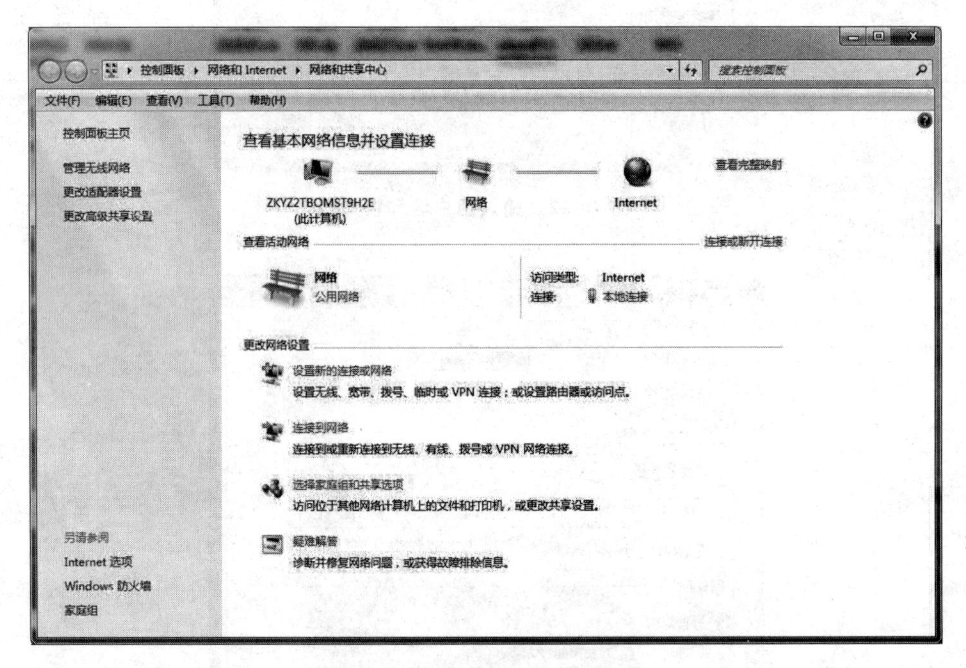

图 10-24 设置新的连接或网络

(2) 在“设置连接或网络”下选择“连接到工作区”，如图 10-25 所示。

(3) 选择“使用我的 Internet 连接(VPN)方式”，如图 10-26 所示。

(4) 输入 Internet 的 IP 地址，如图 10-27 所示。

(5) 单击“下一步”，在网络中会新增一个 VPN 连接的网络类型，单击连接到该网络。单击“下一步”输入 VPN 访问账户和密码，如图 10-28 所示。单击“确定”按钮，提示正在验证用户名和密码。

(6) 由于设置用户下次登录时必须更改密码，单击连接后，系统会提示重新创建密码，如图 10-29 所示，重新输入密码后单击“确定”按钮。

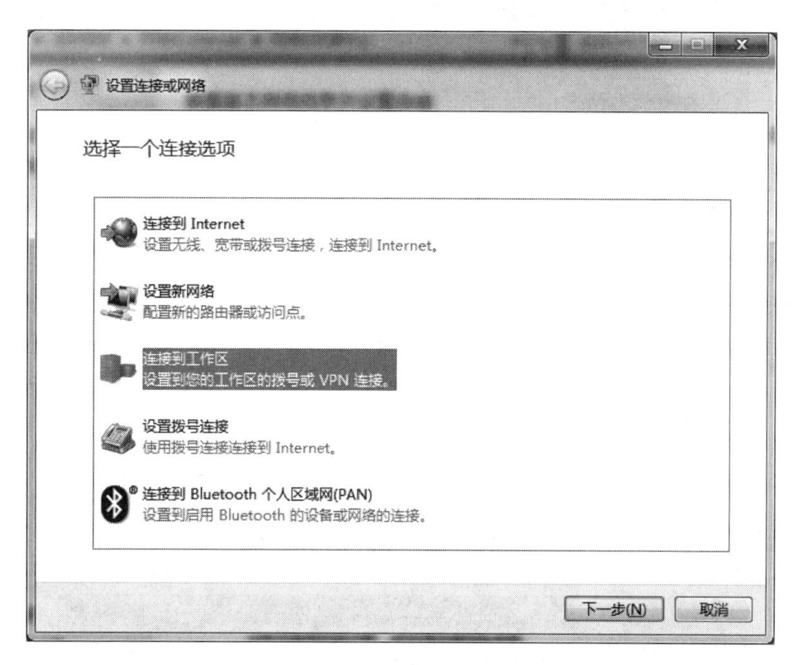

图 10-25 连接到工作区

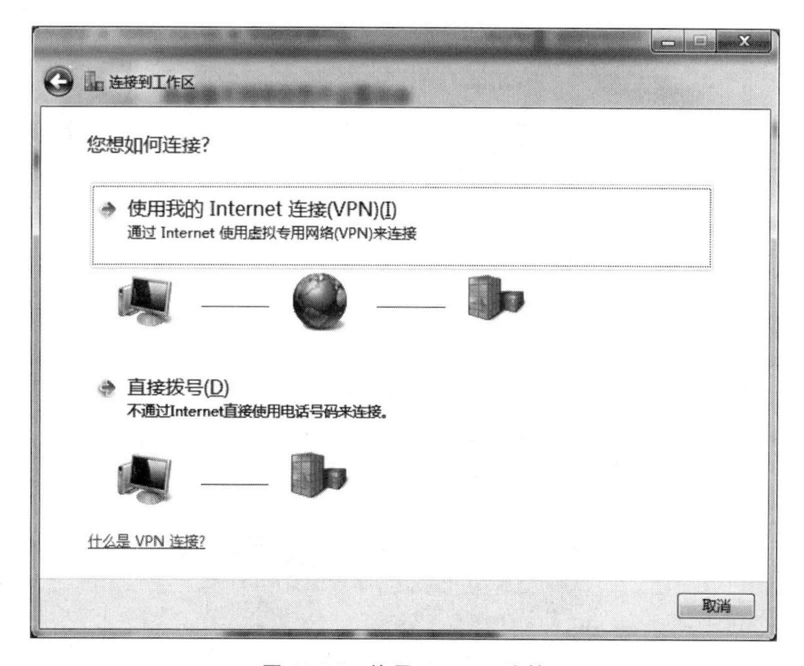

图 10-26 使用 Internet 连接

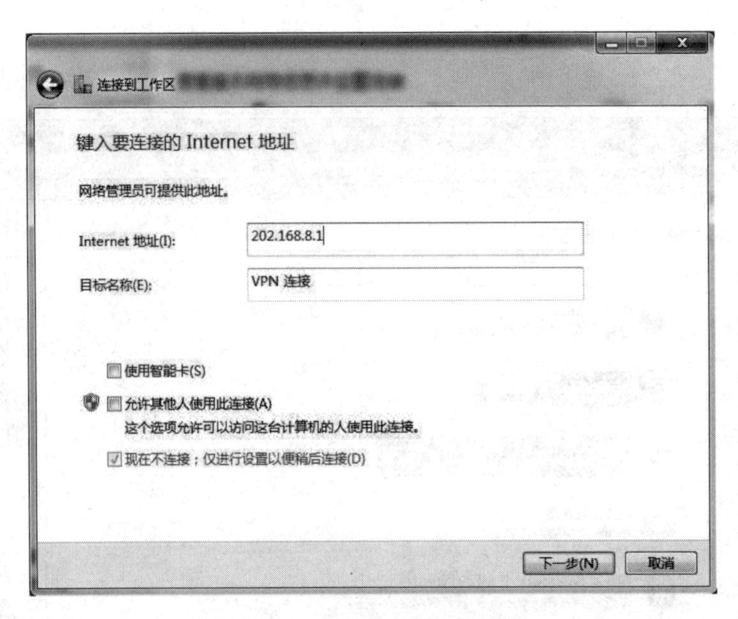

图 10-27　输入 Internet IP 地址

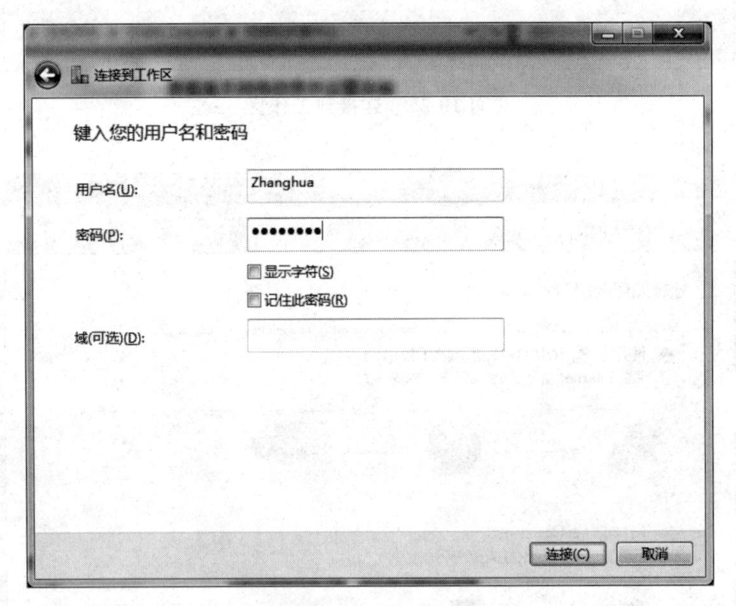

图 10-28　输入用户名和密码

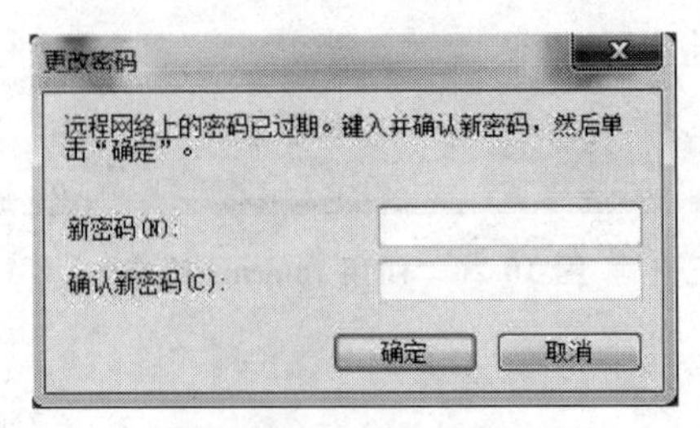

图 10-29　重设密码

(7) 连接成功，显示 VPN 已经连接，如图 10-30 所示。

图 10-30　VPN 连接成功

(8) 查看客户端 IP 地址池和 VPN 网络连接状态，如图 10-31、图 10-32 所示。

图 10-31　查看客户端 IP 地址池

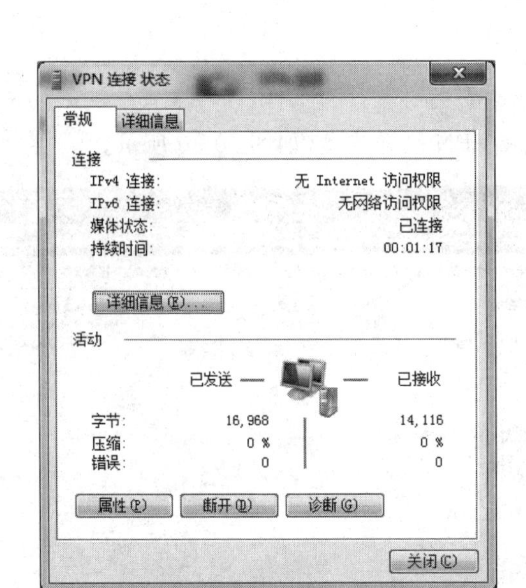

图 10-32 VPN 网络连接状态

10.4 项目总结

VPN 是虚拟专用网络的英文缩写，属于远程访问技术。简单地说，它就是利用公网链路架设私有网络。例如公司员工出差到外地，若想访问企业内网的服务器资源，就属于远程访问。怎么才能让外地员工访问到内网资源呢？VPN 的解决方法是在内网中架设一台 VPN 服务器，VPN 服务器有两块网卡，一块连接内网，一块连接公网。外地员工在当地连接互联网后，通过互联网找到 VPN 服务器，然后利用 VPN 服务器作为跳板进入企业内网。为了保证数据的安全，VPN 服务器和客户机之间的通信数据都进行了加密处理。有了数据加密，我们可以认为数据是在一条专用的数据链路上安全地传输，就好像专门架设了一个专用网络。VPN 实质上就是利用加密技术在公网上封装一个数据通信隧道。

10.5 课后习题

1. 选择题

(1) 下列不属于 VPN 优点的是(　　)。

A. 成本低，安全高　　B. 可扩充性和灵活性

C. 利用率高　　D. 稳定，效率高

(2) 下列关于 L2TP 的说法正确的是(　　)。

A. L2TP 可以保证用户的合法性　　B. L2TP 可以保证数据的安全性

C. L2TP 可以保证 QoS　　D. L2TP 可以保证网络的可靠性

(3) 搭建 VPN 服务器需要两块网卡的目的是(　　)。

A. 提高安全性和使用性能

B. 为了方便客户机访问内网资源

C. 通过连接的外网网卡找到企业内网

D. 为了保证数据的完整

2. 填空题

(1) VPN 是________的缩写。

(2) VPN 的优点包括________、________、________、________。

(3) VPN 使用的隧道协议有________和________。

3. 实训题

Windows Server 2012 VPN 服务器的安装与配置。

内容与要求:

(1) 给服务器安装 VPN。

(2) 某公司在北京发展,现有员工出差到广州,要求在外地的员工能访问公司内部资源且保证客户机访问的通信数据是安全的。

第11章 chapter 11

项目11 NAT服务器的配置与管理

【学习目标】

本章系统介绍了NAT服务器的理论知识、NAT服务器的基本配置、动态NAPT的基本配置以及静态NAPT的基本配置。

通过本章的学习应该完成以下目标：

- 理解NAT服务器的理论知识；
- 掌握NAT服务器的基本配置；
- 掌握动态NAPT的基本配置；
- 掌握静态NAPT的基本配置。

11.1 项目背景

五桂山公司为扩大规模，引入了多台计算机，考虑到公网IP地址已经不能满足内网的IP地址需求，为了让每个员工都可以访问到公网，公司决定用Windows Server 2012服务器搭建一台NAT服务器，通过NAT的地址转换技术来解决公网IP地址紧缺的问题。该网络拓扑如图11-1所示。

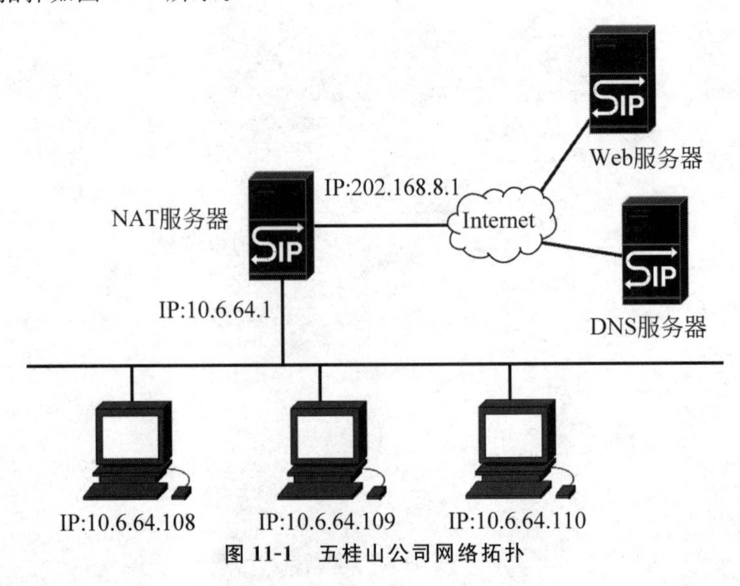

图11-1 五桂山公司网络拓扑

11.2 知识引入

11.2.1 NAT的概念

网络地址转换(Network Address Translation,NAT)是一种把私有IP地址转换成公网IP地址的技术,这样就使内网主机在没有公网地址的情况下也可以访问Internet。

NAT的实现方法有3种类型:硬件路由器NAT、软件NAT、硬件防火墙NAT。

11.2.2 NAT的工作原理

NAT的地址转换有3种类型:静态NAT、动态NAT、网络地址端口转换NAT。

静态NAT:内部网络的每个主机的IP地址和公网IP地址进行一一转换,访问Internet,这种方式占用较多公网IP地址。

动态NAT:通过建立一个NAT地址池(pool),为每个内网IP地址分配一个临时的公网IP地址。访问结束后,用户断开,临时公网IP地址将被重新放置到地址池里,留待以后使用。

网络地址端口转换NAT:内部IP地址映射到公网的一个IP地址的不同端口上,所以内部IP地址通过转换到这个公网IP地址的不同端口,访问Internet。

如图11-2所示,IP地址为10.6.64.108的客户端通过NAT访问Internet上的Web服务器202.168.8.88。

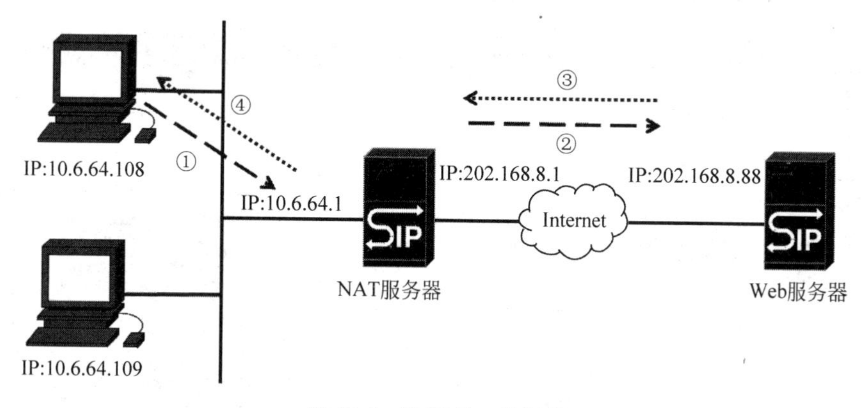

图11-2 NAT的工作过程

(1) 客户端把数据包发送给运行NAT的服务器10.6.64.1,数据包中源IP地址为10.6.64.108,源端口号为2048,目的IP地址为202.168.8.88,目的端口号为80。

(2) 运行NAT的服务器把数据包中的源IP地址和源端口号分别改为202.168.8.1,端口号为2050,并把映射关系保存在NAT服务器的地址转换表中,然后NAT服务器把数据包通过Internet发送给外部的Web服务器。

(3) Web服务器收到数据包后,发回一个回应数据包。数据包的源IP地址为202.

168.8.88,源端口号为80,目的IP地址为202.168.8.1,目的端口号为2050。

(4) 运行NAT的服务器收到回应包后,查看自己的映射信息,将数据包中的目的IP地址改为10.6.64.108,目的端口号改为2048,并将数据包发送给客户端。

11.3 项目过程

11.3.1 任务1 NAT服务器的安装

1. 任务分析

根据项目情况得知如下需求:五桂山公司希望内网的用户都能访问Internet。管理员需要在企业内网的一台Windows Server 2012服务器上配置一台NAT服务器,将在此服务器上安装配置NAT服务器。

2. 任务实施过程

(1) 打开“服务器管理器”,单击“添加角色和功能”选项。

(2) 在“添加角色和功能向导”中,单击“下一步”按钮。然后,在“安装类型”中,选择“基于角色或基于功能的安装”,单击“下一步”按钮。

(3) 在“服务器选择”中,选择“从服务器池中选择服务器”,安装程序会自动检测与显示这台计算机采用静态IP地址设置的网络连接,单击“下一步”按钮。

(4)在“服务器角色”中,选择“远程访问”,单击“下一步”按钮,如图11-3所示。

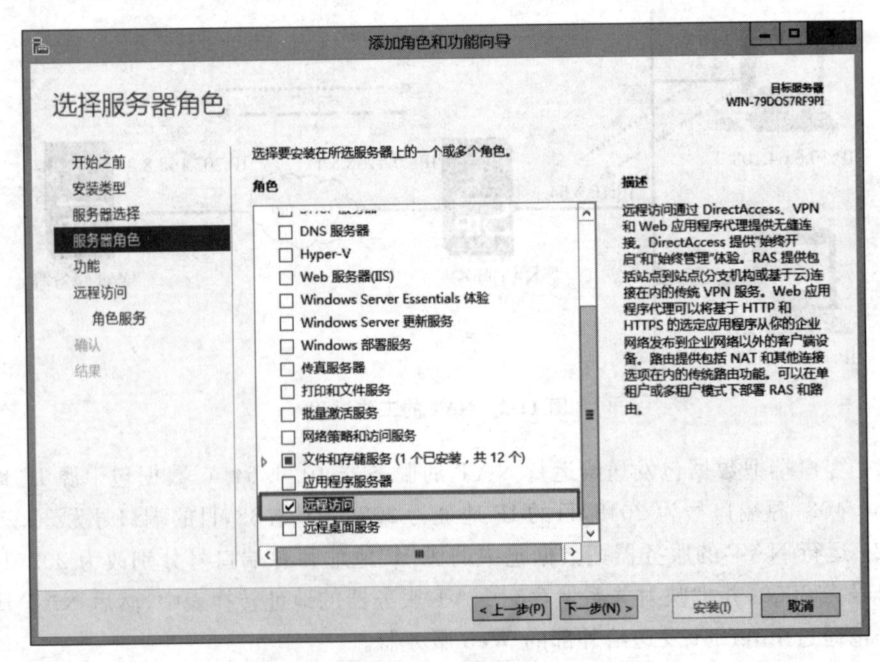

图11-3 远程访问

(5) 选择需要添加的功能，如无特殊需求，一般默认即可，单击“下一步”按钮，如图 11-4 所示。

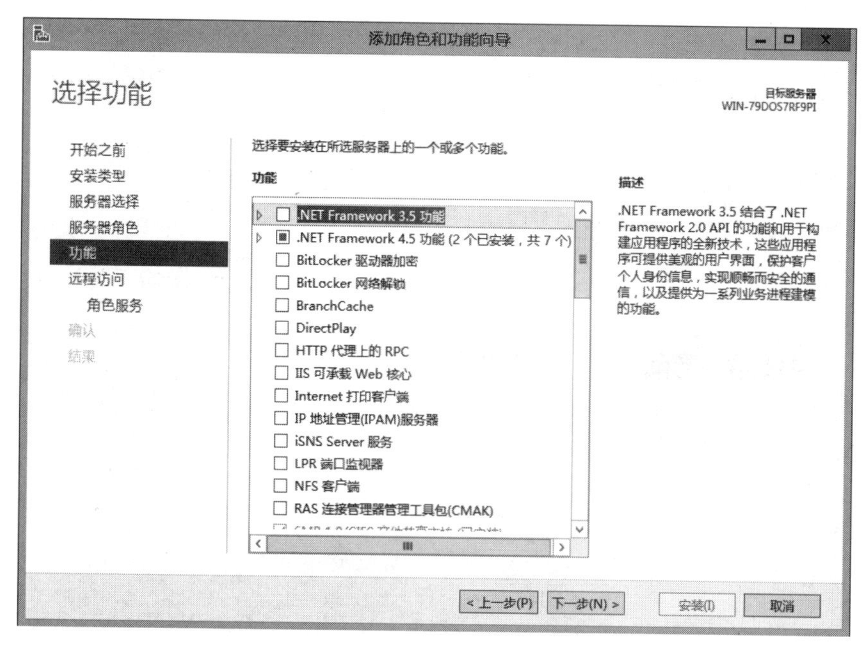

图 11-4 添加默认功能

(6) 在“角色服务”中，勾选“DirectAccess 和 VPN(RAS)”和“路由”。勾选“DirectAccess 和 VPN(RAS)”后会自动弹出“添加功能”，单击“添加功能”，单击“下一步”按钮，如图 11-5 所示。

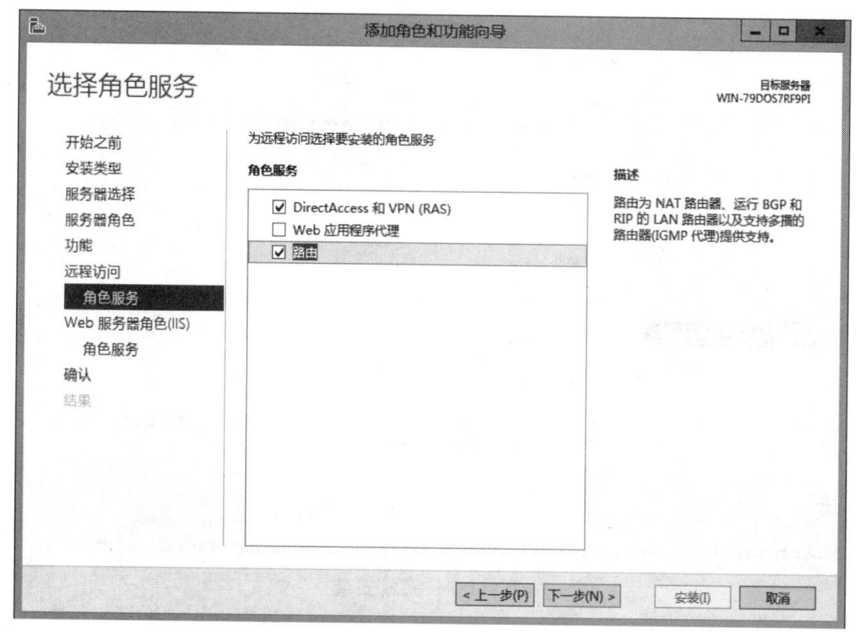

图 11-5 添加远程访问角色服务

(7) 单击“下一步”按钮，在“角色服务”，勾选所需的 Web 服务器里所需的角色(默认即可，安装完成后可更改)，单击“下一步”按钮后继续单击“安装”按钮，如图 11-6 所示。

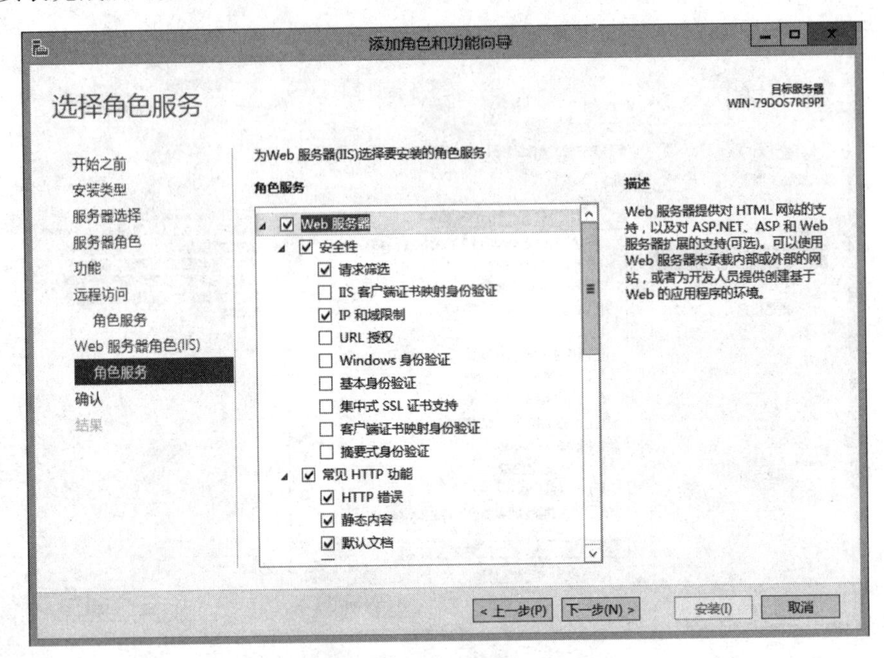

图 11-6　添加 Web 服务器角色服务

(8) 单击“关闭”按钮，完成安装，如图 11-7 所示。

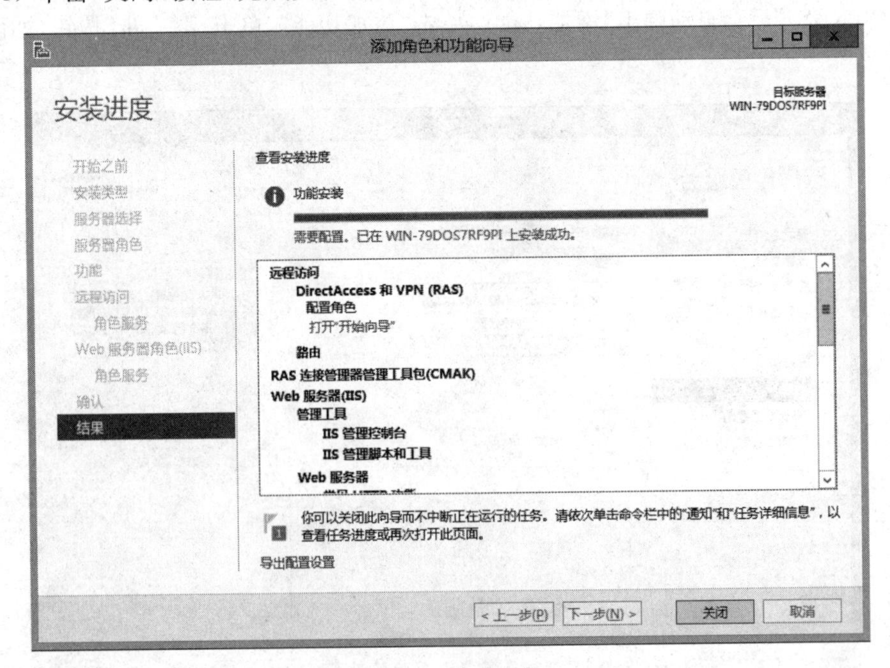

图 11-7　完成安装

11.3.2　任务2　动态NAPT的配置

1. 任务分析

五桂山公司向ISP购买了一个公网IP地址，公司决定搭建NAT服务器来实现公司内网与Internet的互通，通过动态NAPT的地址转换来访问Internet，如图11-8所示。

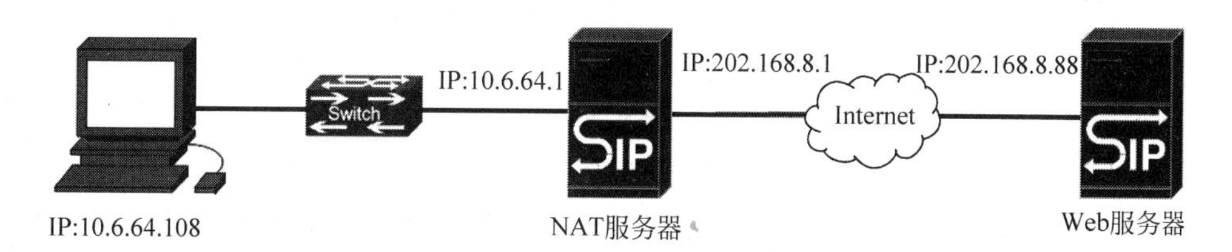

图11-8　动态NAPT的部署

2. 任务实施过程

(1) 打开"服务器管理器"，选择"工具"→"路由和远程访问"，打开"路由和远程访问"窗口，如图11-9和图11-10所示。

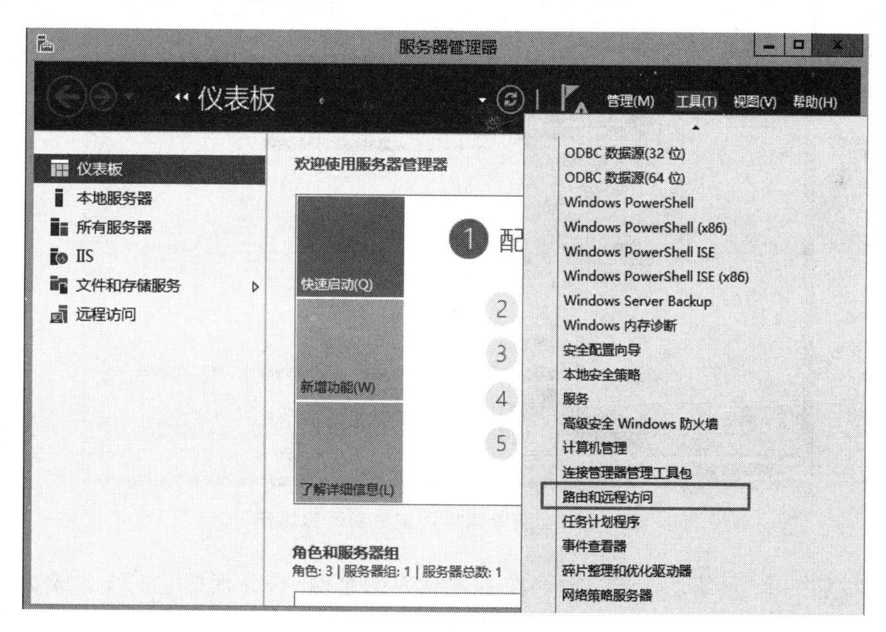

图11-9　工具选择

(2) 在"WIN-79DOS7RF9PI(本地)"上，单击鼠标右键，选择"配置并启用路由和远程访问"，如图11-11所示。

(3) 在"路由和远程访问服务器安装向导"窗口中，单击"下一步"按钮，选择"网络地址转换(NAT)"，单击"下一步"按钮，如图11-12所示。

(4) 选择"使用此公共接口连接到Internet"，选择"外网"(在这里需要在"虚拟机设

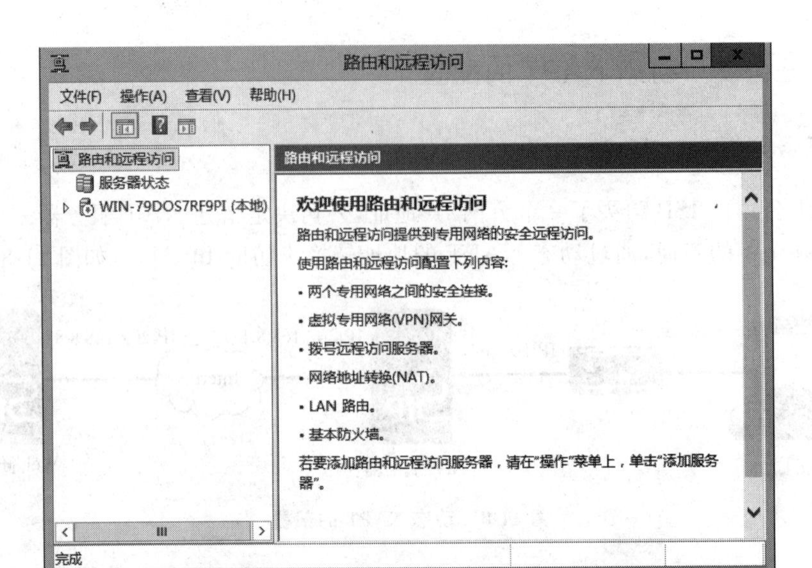

图 11-10 路由和远程访问

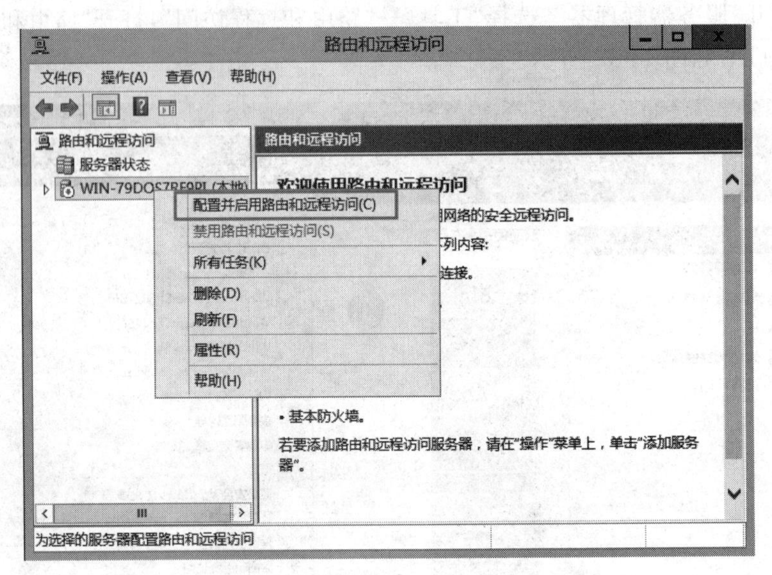

图 11-11 配置并启用路由和远程访问

置”中多添加一个“网络适配器”,这样服务器就有两个网卡,分别把它们设置成“内网”和“外网”),单击“下一步”按钮,如图 11-13 所示。

(5) 如果本地服务器没有安装 DNS 和 DHCP,则会出现如图 11-14 所示的界面,选择“启动基本的名称和地址服务”,单击“下一步”按钮。

(6) 在“地址分配范围”中,单击“下一步”按钮,如图 11-15 所示。

(7) 单击“完成”按钮,完成 NAT 服务器的配置,如图 11-16 所示。

(8) 在公司客户端设置 IP 地址及网关,网关的地址为 NAT 服务器的 IP 地址,如图 11-17 所示。

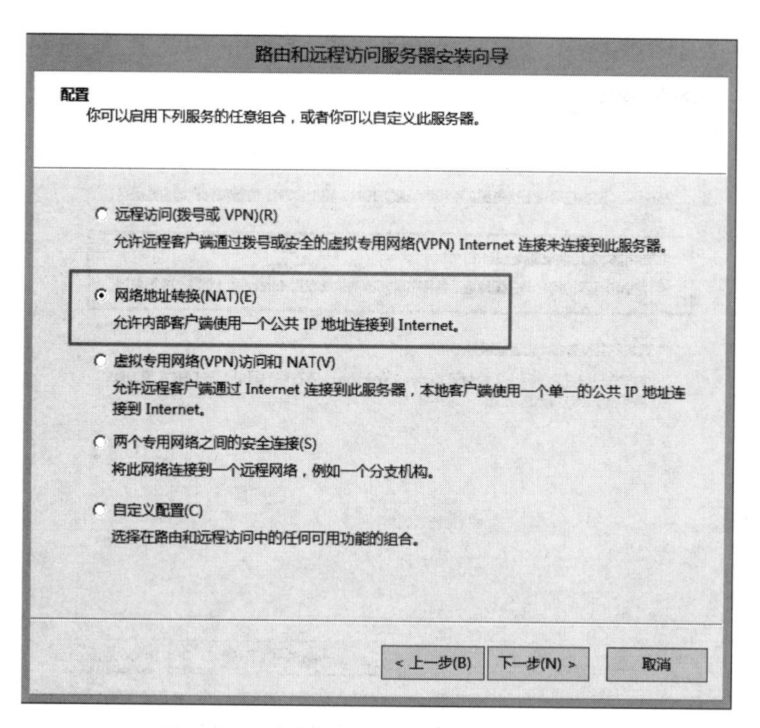

图 11-12 路由和远程访问服务器安装向导

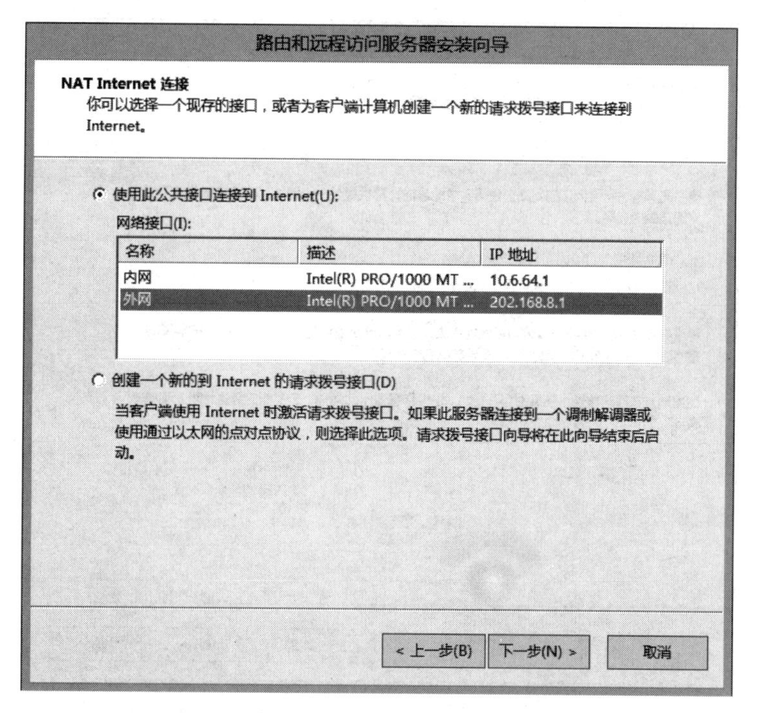

图 11-13 使用此公共接口连接到 Internet

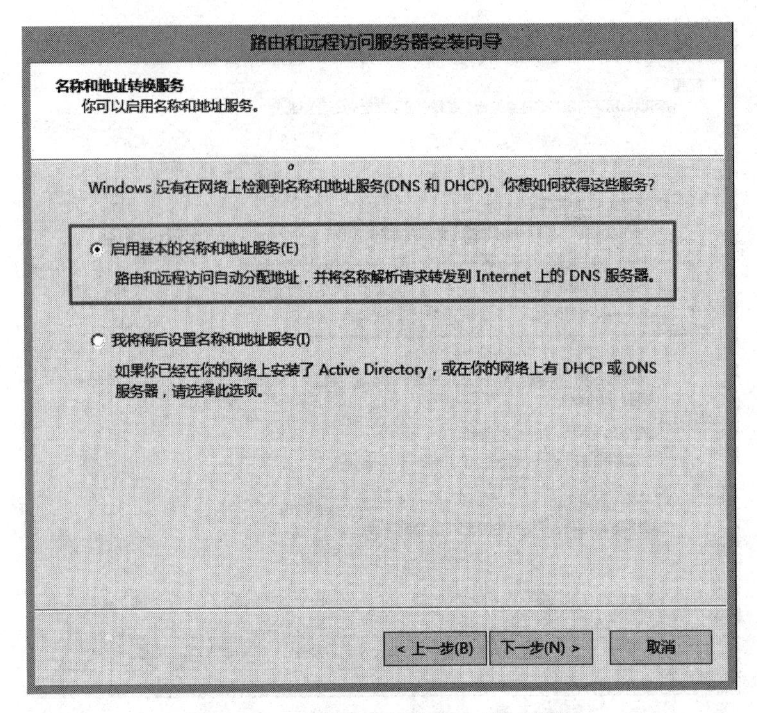

图 11-14 启用基本的名称和地址服务

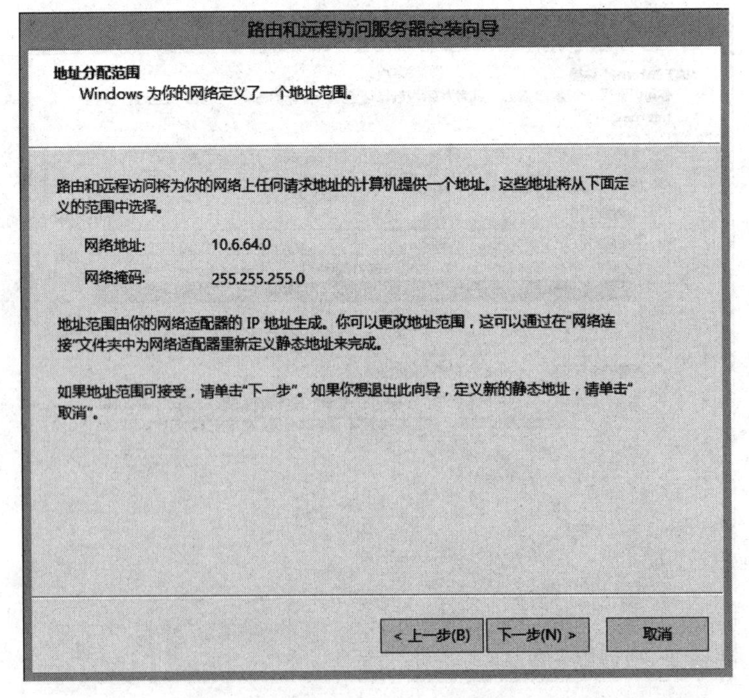

图 11-15 地址分配范围

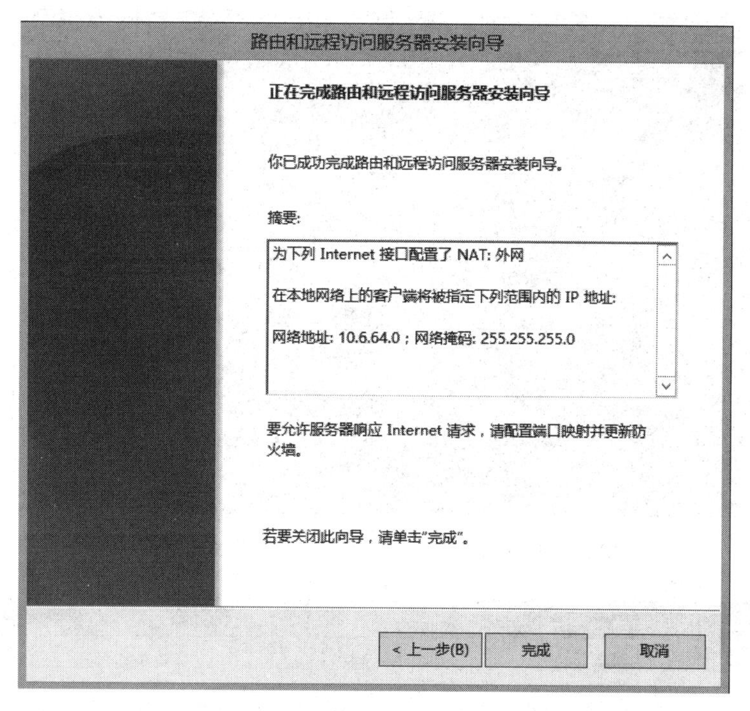

图 11-16　完成 NAT 服务器的配置

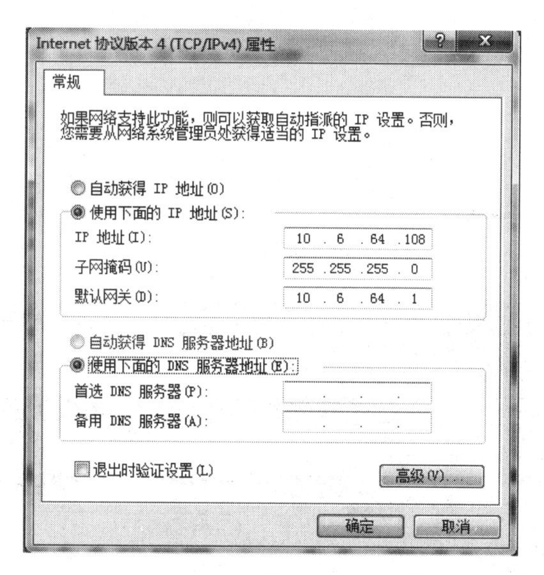

图 11-17　配置客户端 IP 地址及网关

(9) 在客户端命令行使用 ping 命令，测试 Internet 的 Web 服务器的连通性，如图 11-18 所示。

(10) 打开 IE 浏览器，在地址栏输入"http://202.168.8.88"，如图 11-19 所示。

(11) 回到 NAT 服务器，打开"路由和远程访问"，选择"IPv4"→"NAT"，在右侧"外网"处，单击鼠标右键，选择"显示映射"，如图 11-20 所示。

图 11-18　测试 Internet 的 Web 服务器的连通性

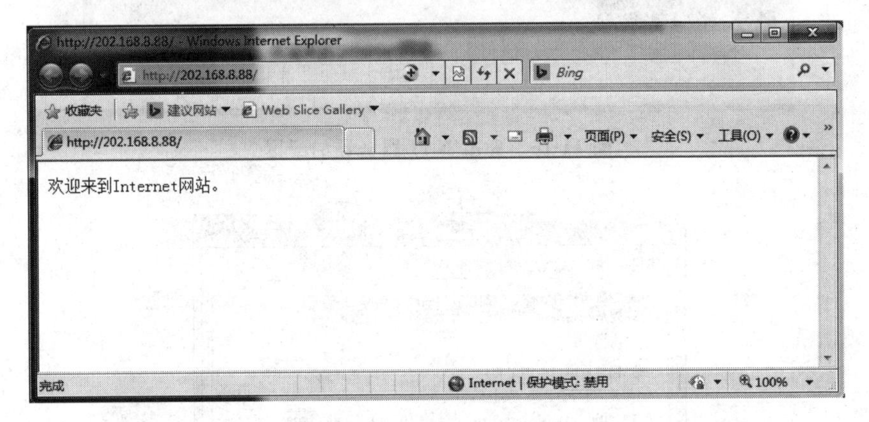

图 11-19　访问 Web 服务器

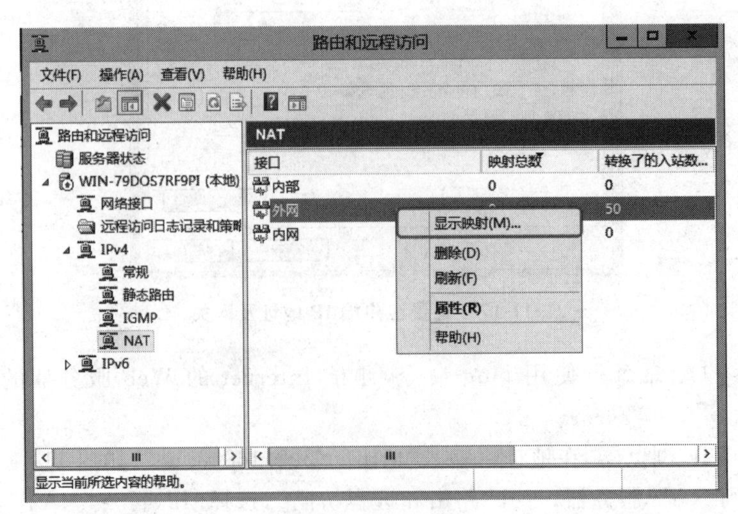

图 11-20　显示映射

(12) 这时可以看到通过不同端口的网络地址转换的映射,如图 11-21 所示。

WIN-79DOS7RF9PI - 网络地址转换会话映射表格

协议	方向	专用地址	专用端口	公用地址	公用端口	远程地址	远程端口	空闲时间
TCP	出站	10.6.64.108	51,044	202.168.8.1	62,926	202.168.8.88	80	33
TCP	出站	10.6.64.108	51,051	202.168.8.1	62,927	202.168.8.88	80	12

图 11-21　显示地址转换的映射

11.3.3　任务 3　静态 NAPT 的配置

1. 任务分析

五桂山公司有一个 Web 服务器,要求 Internet 上的用户能够访问到公司内部的 Web 服务器。公司决定搭建 NAT 服务器来实现 Internet 用户的来访,通过静态 NAPT 的地址转换来满足 Internet 用户的需求,如图 11-22 所示。

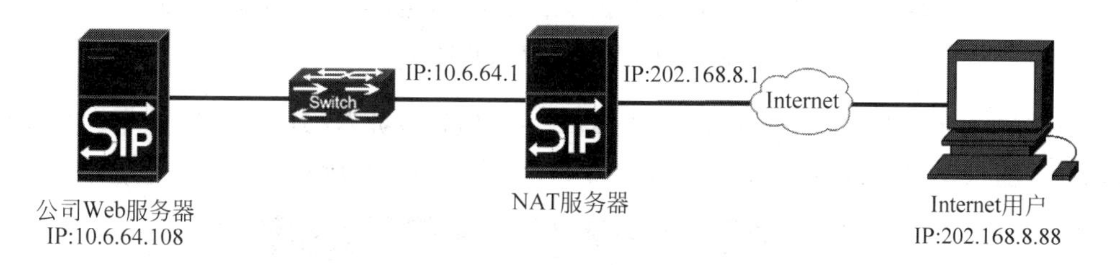

图 11-22　静态 NAPT 的部署

2. 任务实施过程

(1) 打开"服务器管理器",选择"工具"→"路由和远程访问",打开"路由和远程访问"窗口,如图 11-23 所示。

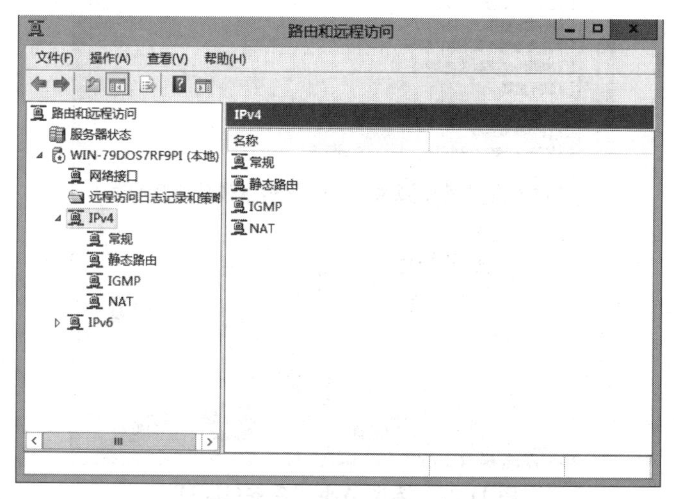

图 11-23　路由和远程访问

(2) 打开"WIN-79DOS7RF9PI(本地)",选择"IPv4"→"NAT",在右侧"外网"处,单击鼠标右键,选择"属性",如图 11-24 所示。

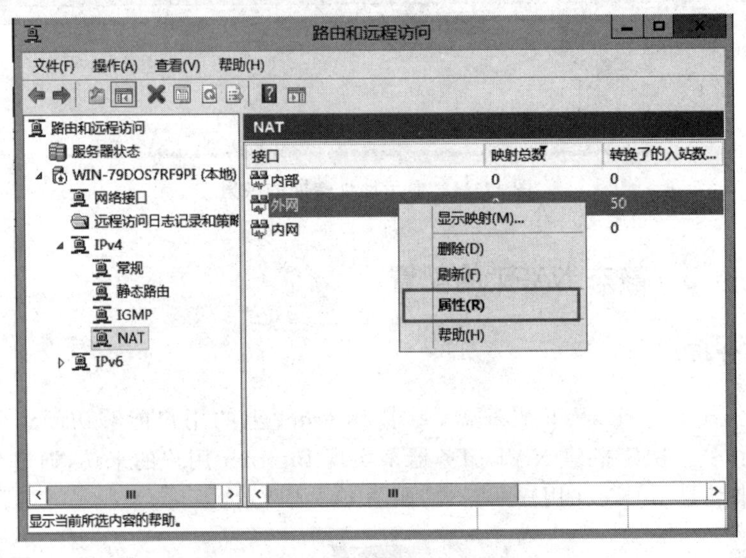

图 11-24 选择外网接口属性

(3) 在"外网 属性"中,选择"服务器端口"→"Web 服务器(HTTP)",在自动弹出的对话框中输入 Web 服务器的 IP 地址,如图 11-25 和图 11-26 所示。

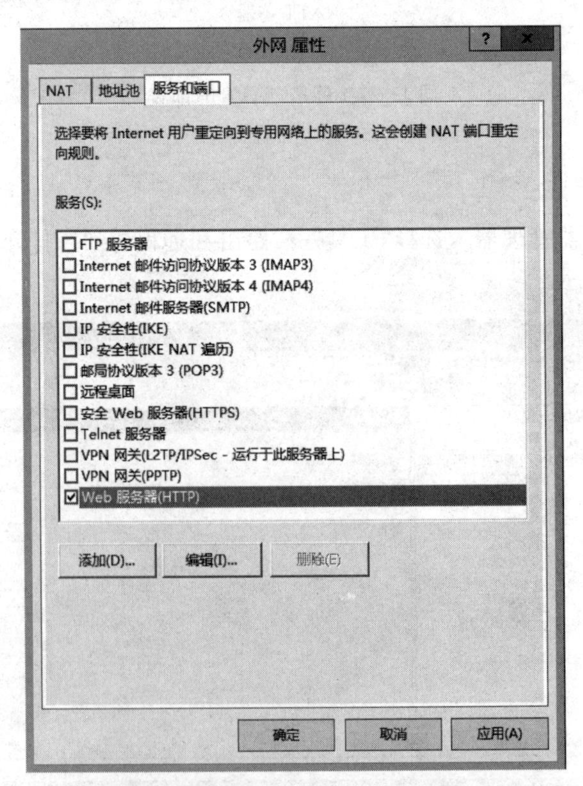

图 11-25 选择 Web 服务器(HTTP)

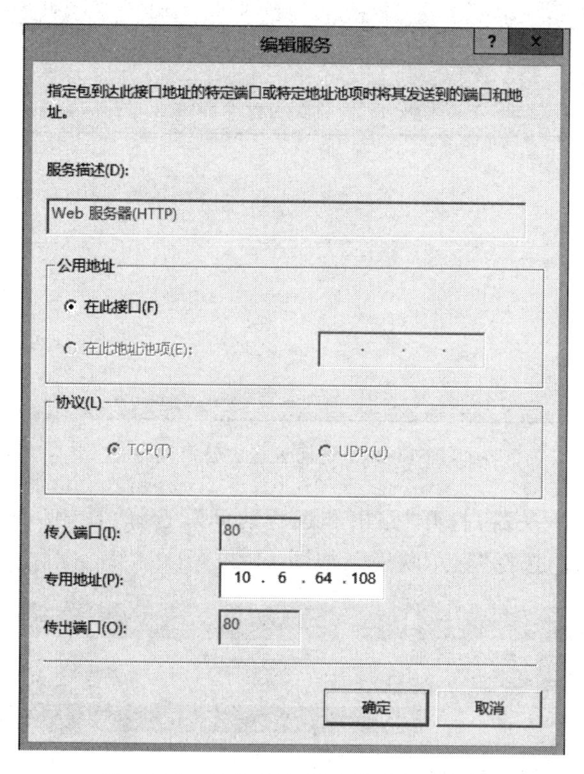

图 11-26 输入 Web 服务器的 IP 地址

(4) 在 Internet 客户端设置 IP 地址，如图 11-27 所示。

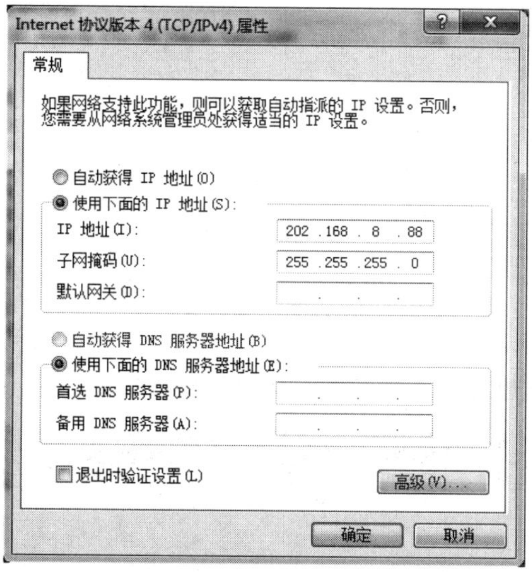

图 11-27 设置 Internet 客户端 IP 地址

(5) 打开 IE 浏览器，在地址栏输入“http://202.168.8.1”，如图 11-28 所示。

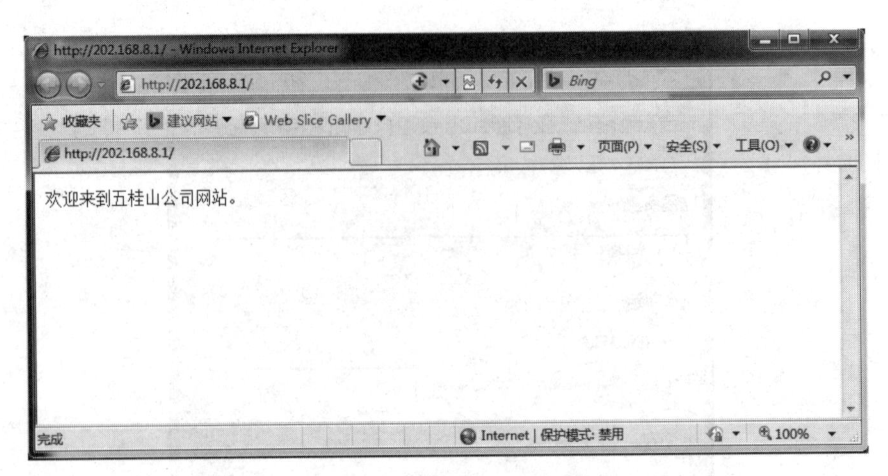

图 11-28　访问五桂山公司网站

(6) 回到 NAT 服务器，打开“路由和远程访问”，选择“IPv4”→“NAT”，在右侧“外网”处，单击鼠标右键，选择“显示映射”，如图 11-29 所示。

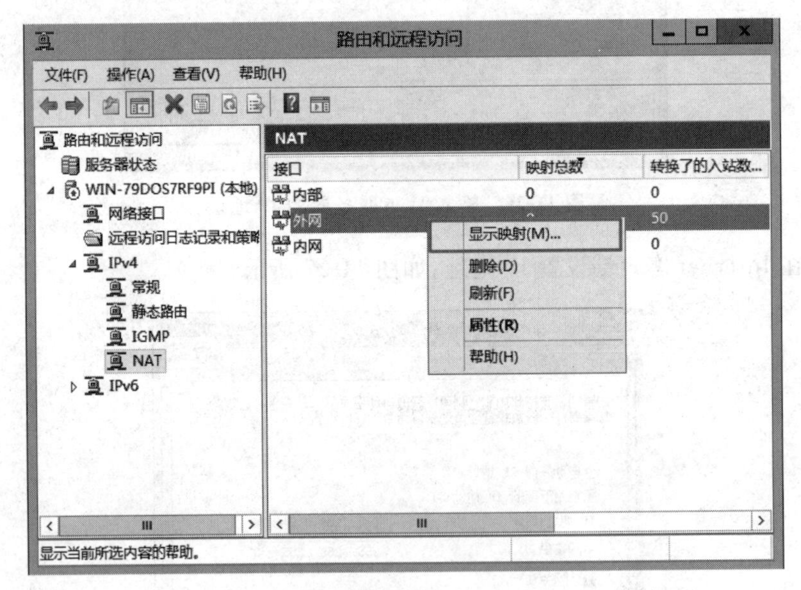

图 11-29　显示映射

(7) 这时可以看到通过静态端口的网络地址转换的映射，如图 11-30 所示。

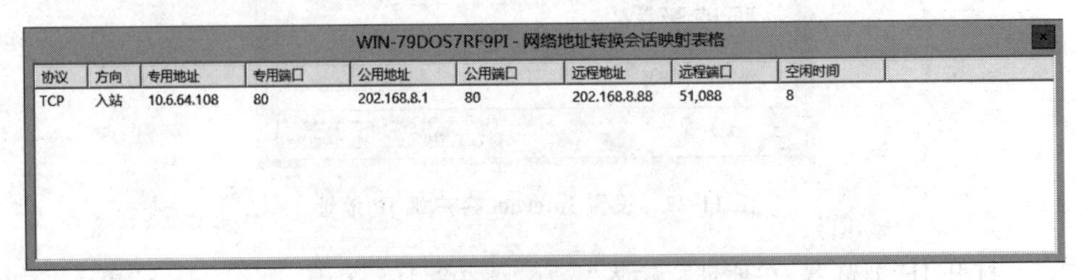
WIN-79DOS7RF9PI - 网络地址转换会话映射表格

协议	方向	专用地址	专用端口	公用地址	公用端口	远程地址	远程端口	空闲时间
TCP	入站	10.6.64.108	80	202.168.8.1	80	202.168.8.88	51,088	8

图 11-30　显示地址转换的映射

11.4 项目总结

常见问题一：客户端用户访问 Internet 失败。

解决方案：NAT 服务器两个网卡 IP 地址及网关设置错误，网卡设置只需 IP 地址，不需要网关，如图 11-31 和图 11-32 所示。

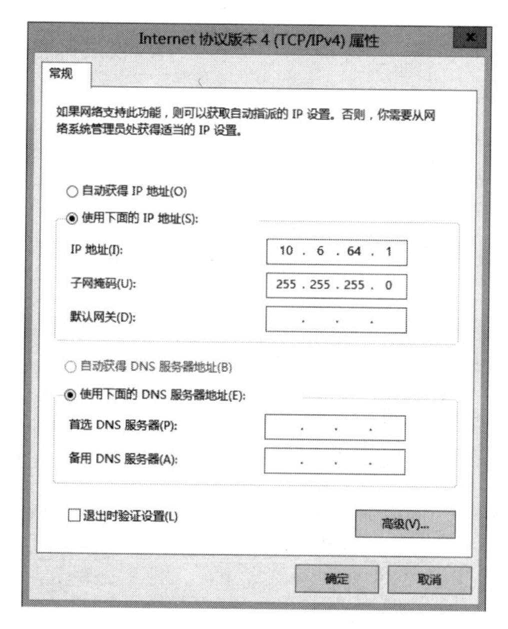

图 11-31　内网网卡 IP 地址

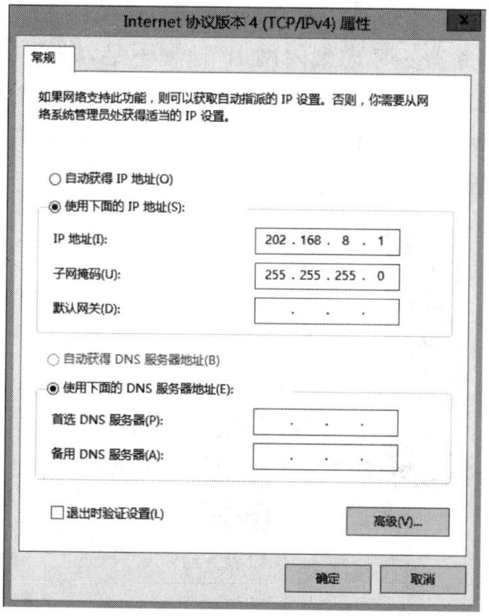

图 11-32　外网网卡 IP 地址

11.5 课后习题

1. 选择题

(1) NAT 服务器的主要功能是(　　)。

A. 动态分配 IP 地址　　B. 远程登录

C. 进行网络地址转换　　D. 收发邮件

(2) NAT 的含义是(　　)。

A. 超文本传输协议　　B. 网络地址转换

C. 动态活动目录　　D. 域名

(3) NAT 技术主要解决了(　　)问题。

A. 公网 IP 地址的短缺　　B. 传输速率

C. 域名解析　　D. 远程登录

2. 填空题

(1) NAT 的实现方法有 3 种类型,分别是________、________、________。

(2) NAT 的地址转换有 3 种类型,分别是________、________、________。

3. 简答题

NAT 的工作原理是什么?

4. 实训题

某公司在企业内网部署了 3 台 Windows Server 2012 服务器分别作为 NAT 服务器、Web 服务器、DNS 服务器。考虑到内网 IP 地址不足,如图 11-33 所示,公司希望使用 NAT 技术解决。同时,公司 Web 服务器提供 Internet 用户浏览,需要使用 NAT 技术解决。公司域名为 www.wgs.com,Internet 用户可通过该域名来访问 Web 服务器。请按上述需求进行合适的配置。

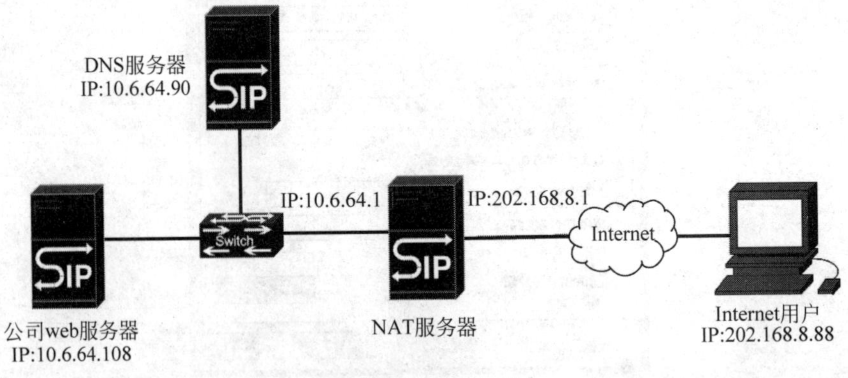

图 11-33　网络拓扑

第12章 chapter 12

项目12 虚拟化配置

【学习目标】

本章系统介绍虚拟化的理论知识、虚拟化服务的安装，以及如何在虚拟化服务器中安装虚拟机和虚拟化服务器的配置。

通过本章的学习应该完成以下目标：

- 理解虚拟化的理论知识；
- 掌握如何安装虚拟化服务；
- 掌握如何在虚拟化服务器中安装虚拟机；
- 掌握如何虚拟化服务器的配置。

12.1 项目背景

五桂山公司旗下有一个子公司，该子公司网络中心搭建了DNS服务器、FTP服务器、DHCP服务器等众多服务器。由于服务器运行多年无法满足当前公司发展的需求，所以公司准备购买一台高性能的服务器，使用虚拟化的方式把各服务器的服务迁移到该服务器中。网络拓扑如图12-1所示。

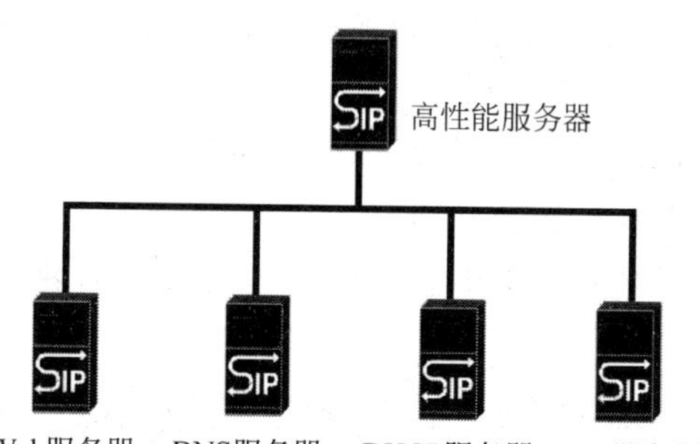

图12-1 网络拓扑

12.2 知识引入

12.2.1 什么是虚拟化

虚拟化(virtualization)是一种资源管理技术,是将计算机的各种实体资源,如服务器、网络、内存及存储等,予以抽象、转换后呈现出来,从而打破实体结构间不可切割的障碍,使用户可以比原本的组态更好的方式来应用这些资源。这些资源的新虚拟部分不受现有资源的架设方式、地域或物理组态所限制。一般所指的虚拟化资源包括计算能力和资料存储。在实际的生产环境中,虚拟化技术主要用来解决高性能的物理硬件产能过剩和老旧硬件产能过低的问题,透明化底层物理硬件,从而最大化利用物理硬件。

虚拟化技术与多任务以及超线程技术是完全不同的。多任务是指在一个操作系统中多个程序同时运行。而在虚拟化技术中,则可以同时运行多个操作系统,每一个操作系统中都有多个程序运行,而且每一个操作系统都运行在一个虚拟的 CPU 或者是虚拟主机上。超线程技术只是单 CPU 模拟双 CPU 来平衡程序运行性能,这两个模拟出来的 CPU 是不能分离的,只能协同工作。虚拟化技术与 VMware Workstation 等同样能达到虚拟效果的软件不同,它是巨大的技术进步,具体表现在减少软件虚拟机相关开销和支持更广泛的操作系统方面。

12.2.2 虚拟化技术的优势

(1) 更高的资源利用率。虚拟可支持实现物理资源和资源池的动态共享,提高资源利用率,特别是针对那些平均需求远低于需要为其提供专用资源的不同负载。

(2) 降低管理成本。虚拟可通过以下途径提高工作人员的效率:减少必须进行管理的物理资源的数量;隐藏物理资源的部分复杂性;通过实现自动化,获得更好的信息和实现中央管理来简化公共管理任务;实现负载管理自动化。另外,虚拟还可以支持在多个平台上使用公共的工具。

(3) 提高使用灵活性。通过虚拟可实现动态的资源部署和重新配置,满足不断变化的业务需求。

(4) 提高安全性。虚拟可实现较简单的共享机制无法实现的隔离和划分,这些特性可实现对数据和服务可控和安全的访问。

(5) 更高的可用性。虚拟可在不影响用户的情况下对物理资源进行删除、升级或改变。

(6) 更高的可扩展性。根据不同的产品,资源分区和汇聚可支持实现比个体物理资源小得多或大得多的虚拟资源,这意味着可以在不改变物理资源配置的情况下进行规模调整。

(7) 互操作性和投资保护。虚拟资源可提供底层物理资源无法提供的与各种接口和协议的兼容性。

(8) 改进资源供应。与个体物理资源单位相比,虚拟能够以更小的单位进行资源分配。

12.2.3 Hyper-V

Hyper-V是微软提出的一种系统管理程序虚拟化技术，能够实现桌面虚拟化；同时也是Windows Server 2012中的一个功能组件。它提供了一个基本的虚拟化平台，并提供了各种虚拟化服务。

Hyper-V的系统要求：

（1）Intel或者AMD64位处理器。

（2）Windows Server 2008 R2及以上（服务器操作系统），Windows 7及以上（桌面操作系统）。

（3）硬件辅助虚拟化。Intel/AMD等硬件厂商通过对部分全虚拟化和半虚拟化使用的软件技术进行硬件化来提高性能。硬件辅助虚拟化技术常用于优化全虚拟化和半虚拟化产品，最出名的例子莫过于VMware Workstation，它属于全虚拟化。现在市面上的主流全虚拟化和半虚拟化产品都支持硬件辅助虚拟化，包括VirtualBox、KVM、VMware ESX和Xen。

（4）CPU必须具备硬件的数据执行保护（DEP）功能，而且该功能必须启动。

（5）内存最低限度为2GB。

Hyper-V的优势：

（1）安全多租户。Hyper-V新增的安全与多租户隔离功能可以确保虚拟机的相互隔离，同一台物理服务器上的虚拟机也可以相互隔离。

（2）灵活的基本架构。在Hyper-V中，用户可以利用网络虚拟化功能在虚拟本地区域网络（VLAN）范围内扩展，并能将虚拟机放在任何节点上，无论其IP是什么。

（3）扩展性、性能和密度。Hyper-V提供了全新的虚拟磁盘格式，可支持更大容量。每个虚拟磁盘容量最高可达64TB，并且通过额外的弹性，使用户对更大规模的负载进行虚拟化。其他新功能还包括：通过资源计量统计并记录物理资源的消耗情况，对卸载数据传输提供支持，并通过强制实施最小宽带需求（包括网络存储需求）来改善服务质量。

（4）高可用性。仅扩展和正常运行远远不够，还需确保虚拟机随时需要随时可用。Hyper-V提供各种高可用性选项，其中包括简单的增量备份支持，通过对群集环境进行改进使其支持最多4000台虚拟机，并实时迁移，以及使用BitLocker驱动器加密技术进行加密。用户还可以使用Hyper-V复制，该技术可将虚拟机复制到指定的离场位置，并在主站点遇到故障后实现故障转移。

12.3 项目过程

12.3.1 任务1 虚拟化服务的安装

1. 任务分析

根据项目背景得知如下需求：五桂山公司将在原企业内网的基础上配置一台新的

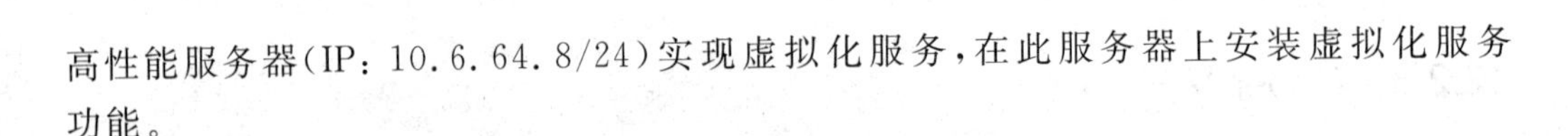

高性能服务器(IP: 10.6.64.8/24)实现虚拟化服务,在此服务器上安装虚拟化服务功能。

2. 任务实施过程

(1) 打开"服务器管理器",单击"添加角色和功能"按钮,进入"添加角色和功能向导",单击"下一步"按钮。

(2) 选择"基于角色或基于功能的安装",单击"下一步"按钮。

(3) 在"服务器角色"中,选择"Hyper-V",自动弹出"添加 Hyper-V 所需的功能"对话框,单击"添加功能"按钮,如图 12-2 所示。

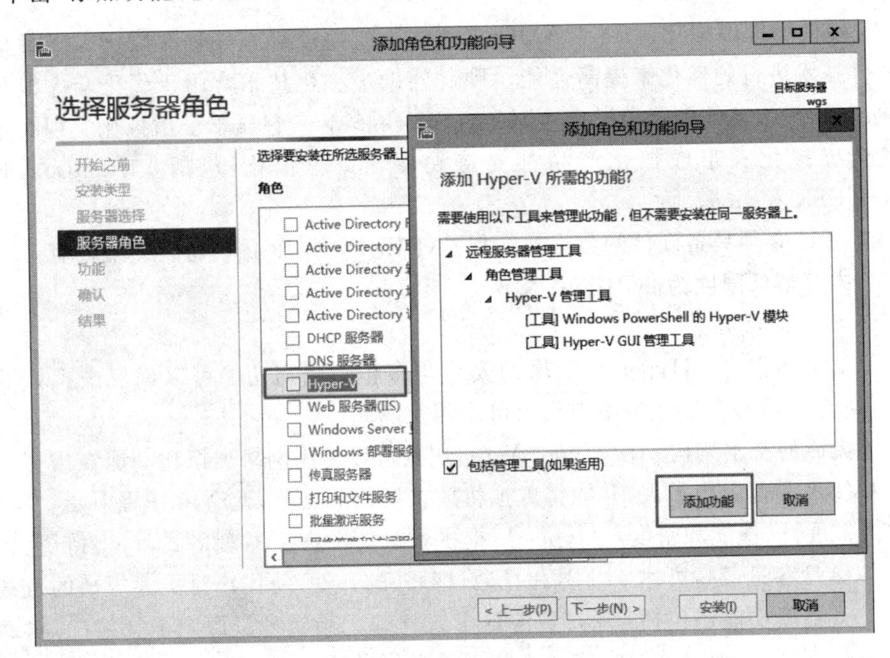

图 12-2 添加 Hyper-V 功能

(4) 在"功能"界面中,连续单击"下一步"按钮两次。

(5) 在"虚拟交换机"界面中,选中"Ethernet"复选框,以便支持网络通信,单击"下一步"按钮,如图 12-3 所示。

(6) 为了后面的迁移任务能够正常完成,需要选中"允许此服务器发送和接收虚拟机的实时迁移"复选框,并且选择合适的身份验证协议,如图 12-4 所示。

(7) 选择合适的存储位置等步骤,并进行安装前功能的确认,单击"安装"按钮。完成安装后需要重新启动系统,Hyper-V 服务才能正常启动。

12.3.2 任务 2 在虚拟化服务器中安装虚拟机

1. 任务分析

为了实现公司虚拟化服务的要求,需要在这台高性能服务器上安装虚拟主机并部署

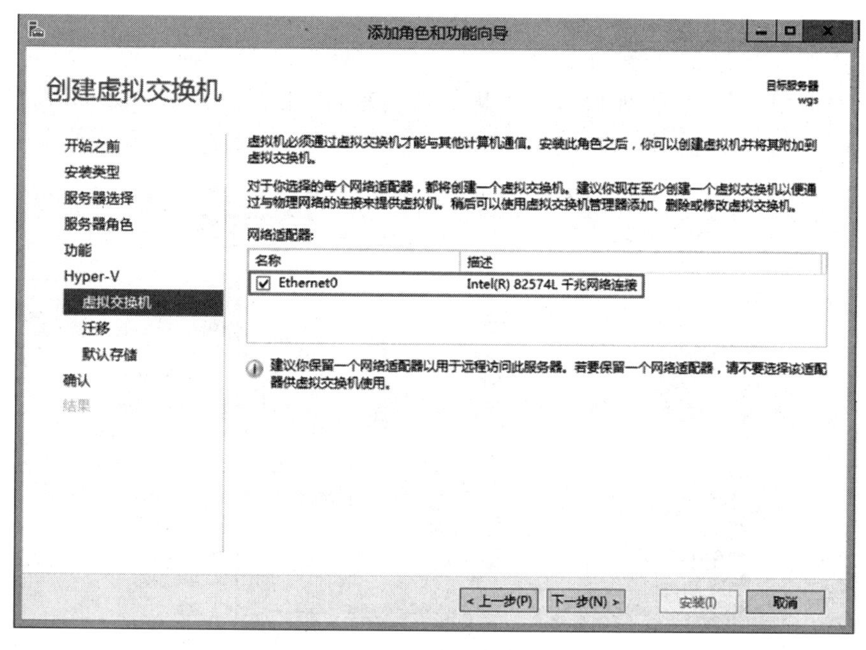

图 12-3 虚拟交换机

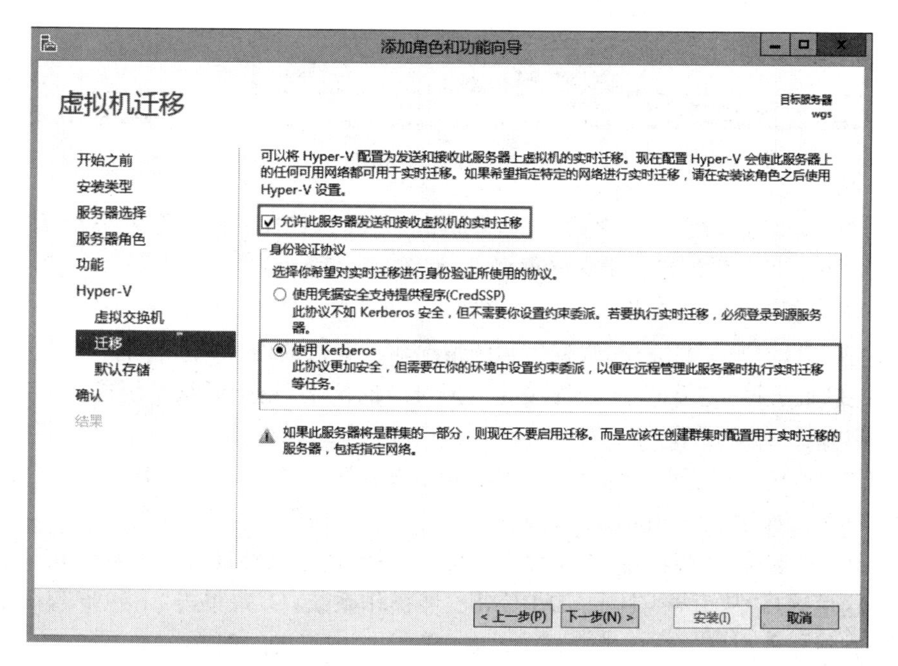

图 12-4 虚拟机迁移

相关服务，以尽快让员工熟悉 Windows Server 2012 虚拟化的部署与应用，同时也可以考察虚拟化部署的可行性和可靠性。

这里是模拟环境，我们选择对硬件要求较低的 Windows XP 和 Windows Server 2003 作为虚拟机里的虚拟主机系统。

2. 任务实施过程

(1) 打开“Hyper-V 管理器”，选中服务器名称，单击右键弹出的菜单，选择“新建(N)”下面的子菜单“虚拟机(M)”选项，开始新建虚拟机，如图 12-5 所示。

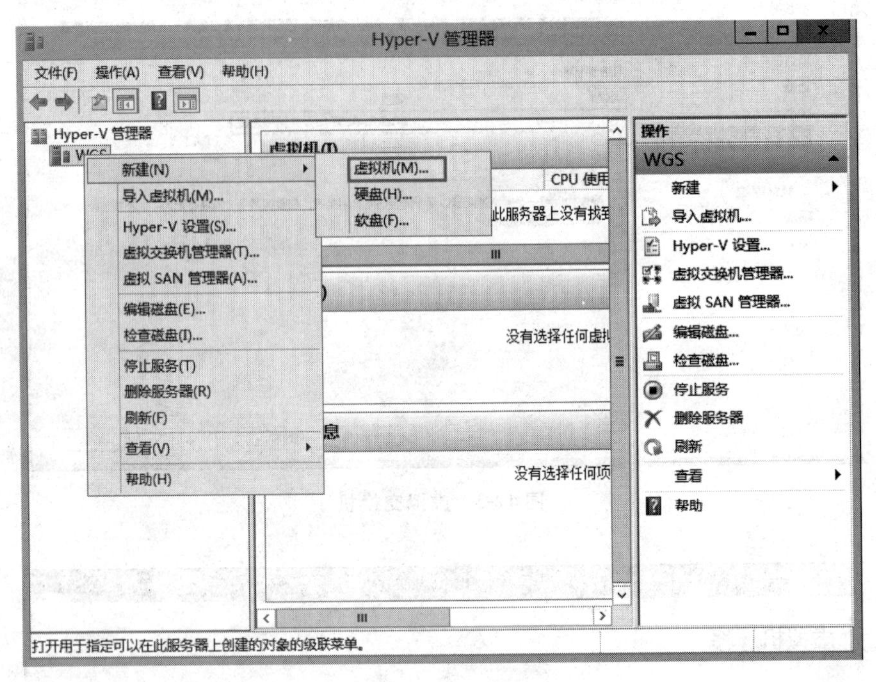

图 12-5 新建虚拟机

(2) 在“新建虚拟机向导”对话框，如果单击“完成”，将按照默认配置来新建虚拟机；如果单击“下一步”，将创建自定义的虚拟机，如图 12-6 所示。

(3) 输入指定的名称和安装位置，单击“下一步”，如图 12-7 所示。

(4) 在“分配内存”界面中，根据实际的情况输入合适的内存，单击“下一步”。

(5) 在“配置网络”界面中，在连接处选择对应的网卡，用于后续系统通信使用，单击“下一步”，如图 12-8 所示。

(6) 在“连接虚拟硬盘”界面中，根据实际情况配置好虚拟硬盘的名称、位置和大小，单击“下一步”，如图 12-9 所示。

(7) 在“安装选项”界面中，有 4 种方式可供选择，由于已经准备好了系统 ISO 映像文件，我们这里选择“从引导 CD/DVD-ROM 安装操作系统(C)”，单击“下一步”，在弹出的界面中，有新建虚拟机的信息描述，单击“完成”，完成虚拟机的创建。

(8) 在“Hyper-V 管理器”中右键单击新建的虚拟机，在弹出的菜单中选择“启动(S)”来启动虚拟机，如图 12-11 所示。

(9) 启动虚拟机后，进入的是 Windows Server 2003 的安装过程，如图 12-12 所示。安装过程较为简单，这里不再叙述。

(10) 用相同的方法安装 FTP 等服务器，如图 12-13 所示。

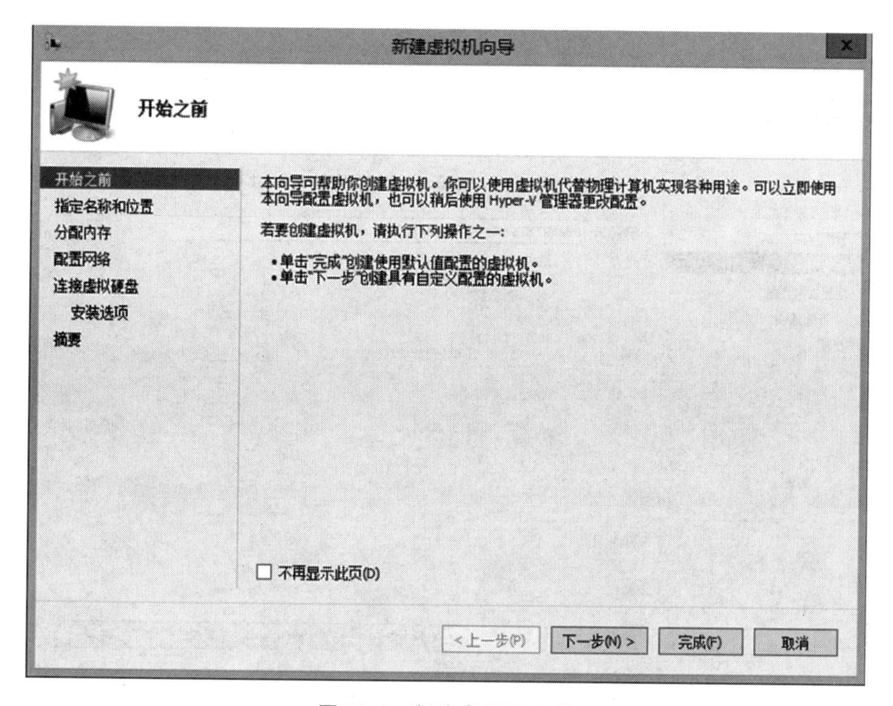

图 12-6 新建虚拟机向导

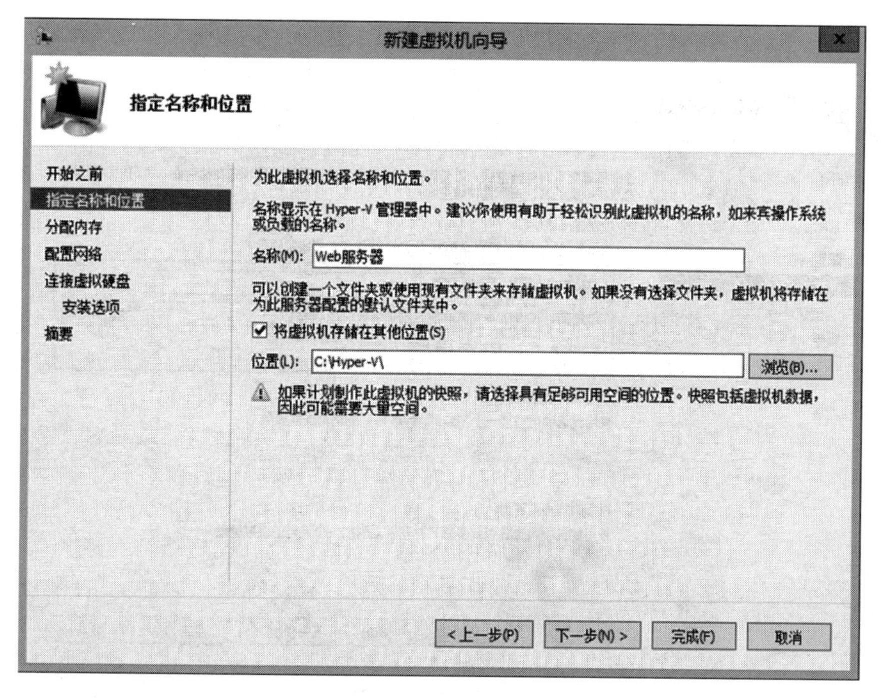

图 12-7 指定名称和位置

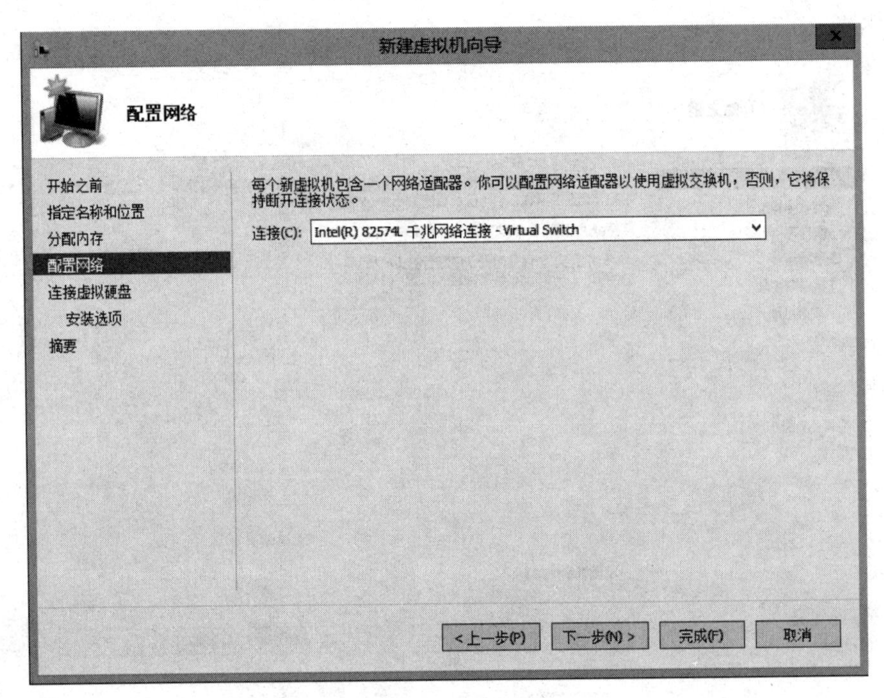

图 12-8 配置网络

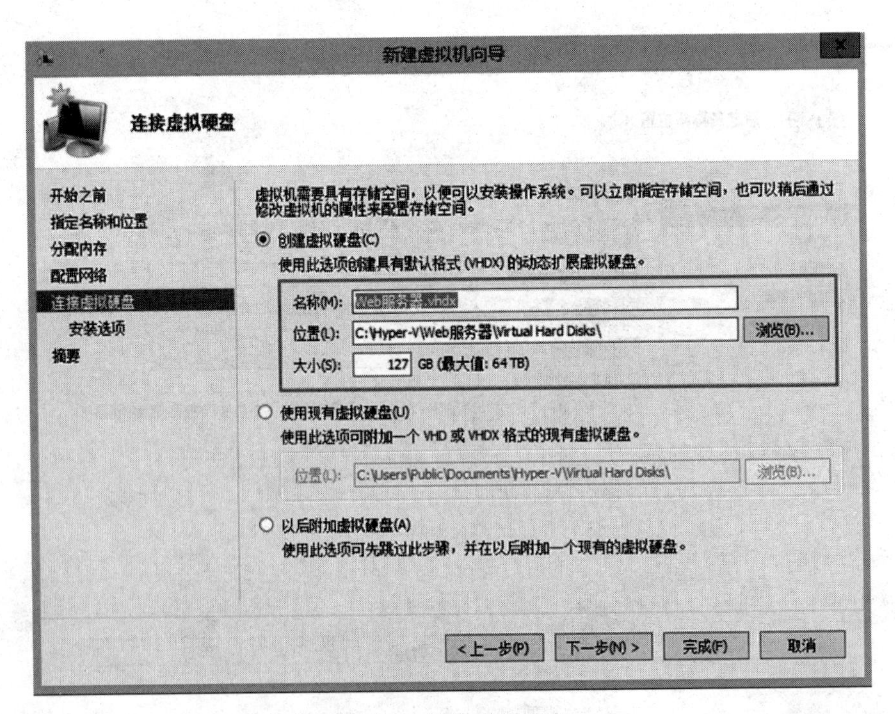

图 12-9 连接虚拟硬盘

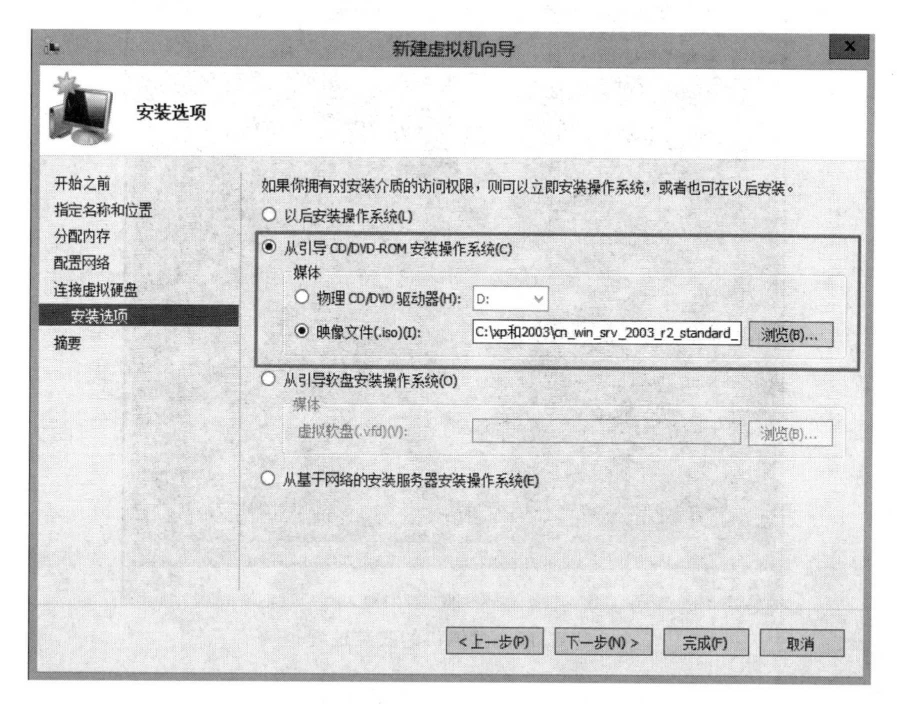

图 12-10 安装选项

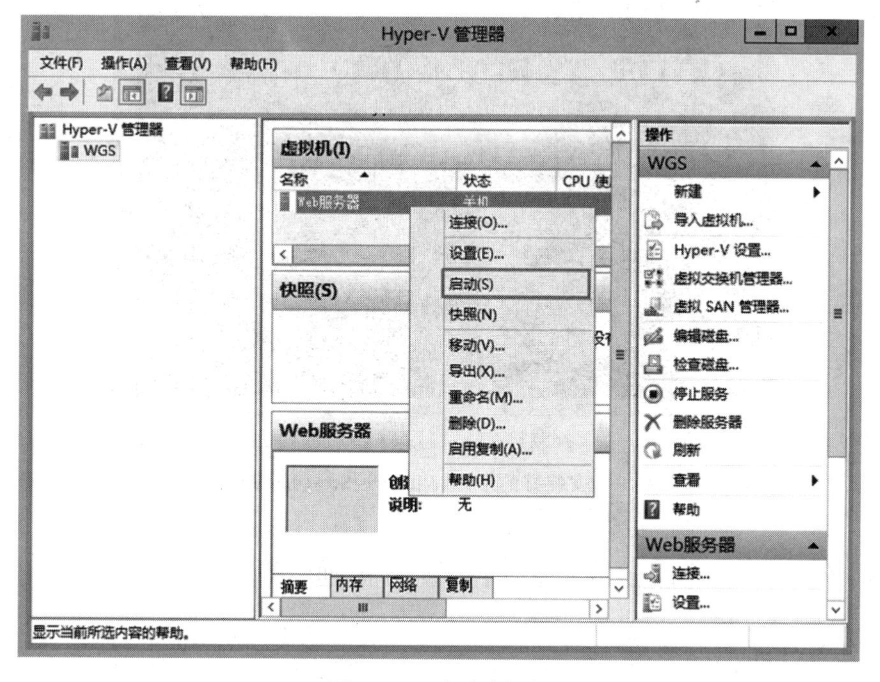

图 12-11 启动虚拟机

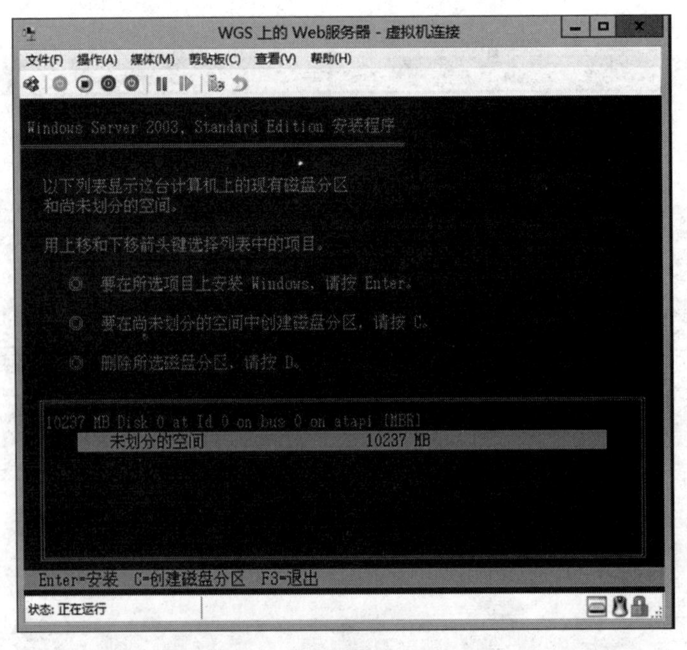

图 12-12　虚拟机的安装过程

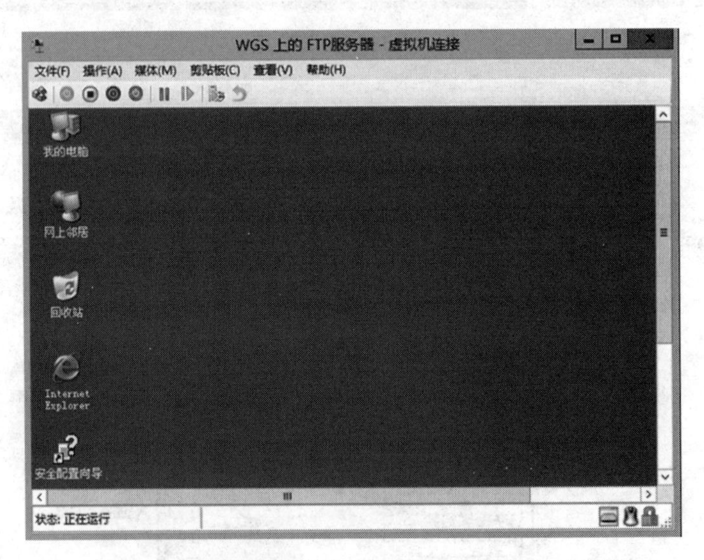

图 12-13　安装好的虚拟 Windows Server 2003 主机

12.3.3　任务 3　虚拟化服务器的配置与管理

1. 任务分析

项目实施小组经常对系统新功能进行测试，测试过程中容易导致系统出现问题，为此需要熟练掌握运用 Hyper-V 的各种功能来管理虚拟化服务器。

2. 任务实施过程

1）快照管理

Windows Server 2012 运用微软 Volume Copy Service 技术，可对 Hyper-V 上运行的虚拟机制作实时快照，快照内容为虚拟机的状态、数据、硬件配置。每一部虚拟机最多可以制作 50 份快照。

快照的一个主要途径是让虚拟机回溯到先前状态，在展示以及测试时尤其方便。用户在展示中可能会针对一个应用程序，增加数据、删除数据、改变设置，展示后不用再删除设置或者重建环境，通过快照可以轻松地将虚拟机恢复至展示前的状态。

虚拟机快照的另一个主要途径是容错和容灾。在实时网络环境下，一个及时的位于错误前的快照，可以帮助企业快速将服务器恢复至生产状态，大幅度节省了磁盘恢复的宝贵时间。

(1) 为虚拟机首次制作快照之前，需要设置虚拟机快照所在的文件夹。如果没有对虚拟机快照进行设置，则虚拟机快照文件保存在与虚拟机主机文件相同的文件夹中，如图 12-14 所示。

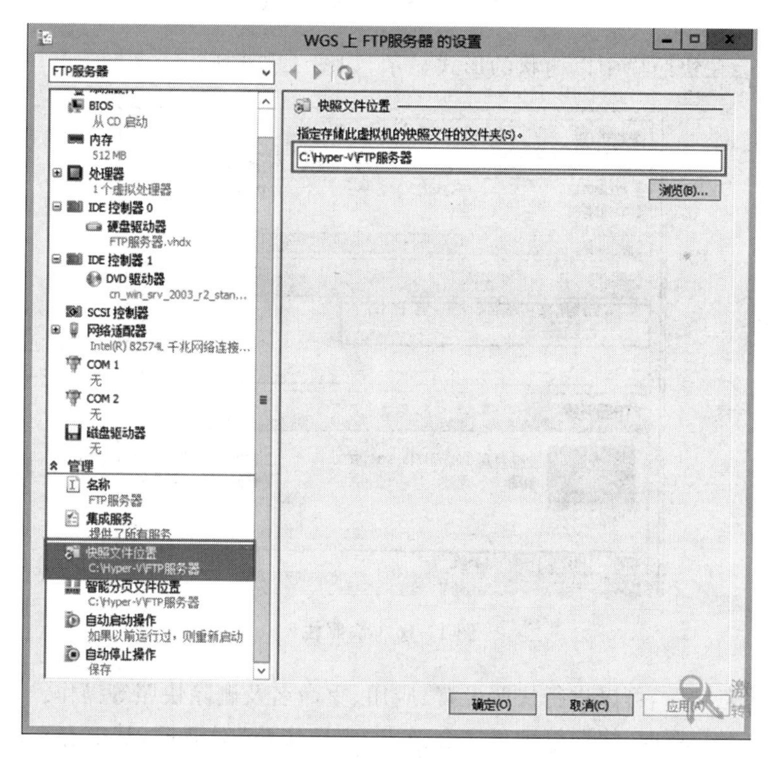

图 12-14 虚拟机快照文件夹

(2) 要制作虚拟机快照，先要选择快照的虚拟机，在其上面右击，在弹出的快捷菜单中选择“快照”命令，如图 12-15 所示。

(3) 单击“快照”之后系统就对虚拟机制作快照，可以在任务状态中查看快照进程。

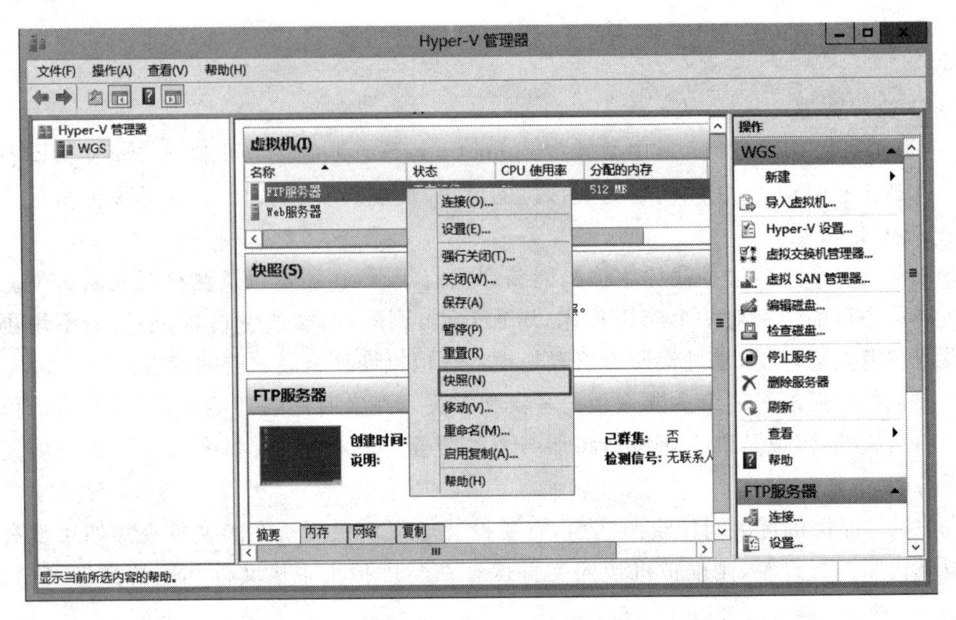

图 12-15　虚拟机快照设置

快照完成后，会在快照栏中以树状的形式显示，如图 12-16 所示。

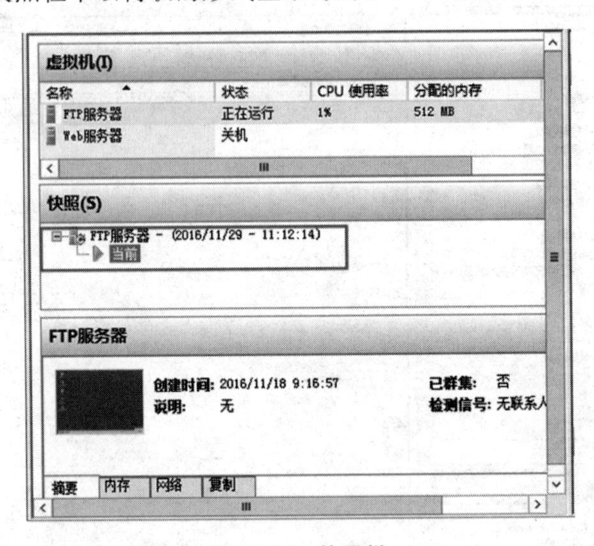

图 12-16　快照栏

(4) 快照完成后，可以进行快照设置、应用、重命名及删除快照等操作。

(5) 在恢复快照时，快照管理程序会弹出“应用快照”对话框，其中有三个按钮。“获取快照并应用”会制作虚拟机当前状态的快照，然后再恢复到选定的快照状态。“应用”将在不保存当前状态的情况下直接恢复先前快照的状态，如图 12-17 所示。

2. 网络管理

Hyper-V 通过模拟一个标准的(ISO/OSI 二层)交换机来支持以下三种虚拟网络。

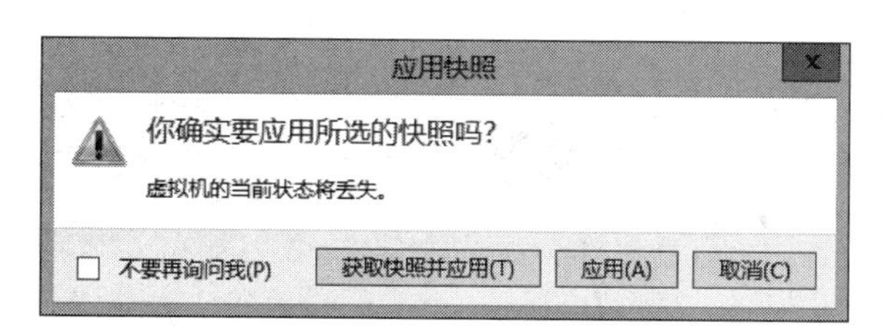

图 12-17　应用快照

1）外部虚拟网络

外部虚拟网卡直接与物理网络相连接，使得虚拟机就像一台物理机器，每个虚拟网卡都有自己的 MAC 地址和网络协议，支持 IPv4 和 IPv6 协议。连接到外部虚拟网络的虚拟机通过主机系统中的一个虚拟交换机连接物理网卡访问外部网络。虚拟机与物理机的沟通、虚拟机和其他虚拟机的沟通，都可以通过此虚拟交换机或与其连接的外部网络进行。对于这种类型的网络，建议安装两个物理网卡，一个物理网卡用于自身物理网络的通信，一个用于绑定虚拟交换机以便虚拟机通信，如图 12-18 所示。

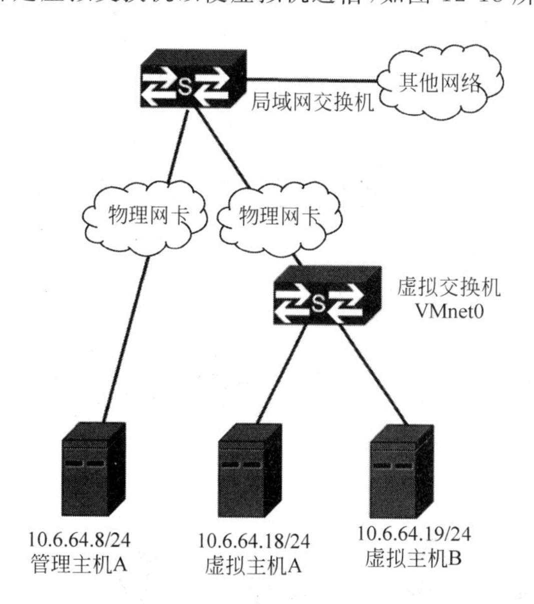

图 12-18　外部虚拟网络

2）内部虚拟网络

内部虚拟交换机的主要作用是隔离虚拟网络和物理网络，但是可以和管理操作系统进行通信。虚拟机之间可以互相通信，虚拟机也能和本机通信。内部虚拟网络是一种未绑定到物理网络适配器的虚拟网络。它通常用来构建从管理操作系统连接到虚拟机所需的测试环境，如图 12-19 所示。

3）专用虚拟网络

专用虚拟网络仅允许运行在这台物理机上的虚拟机之间互相通信，虚拟机和管理操作系统是不能直接通信的，因此，任何连接到专用虚拟网络的虚拟机也都是隔离的。在只允许同一物理服务器上的虚拟机之间进行通信时，可以使用此类型的虚拟网络，如

图 12-20 所示。

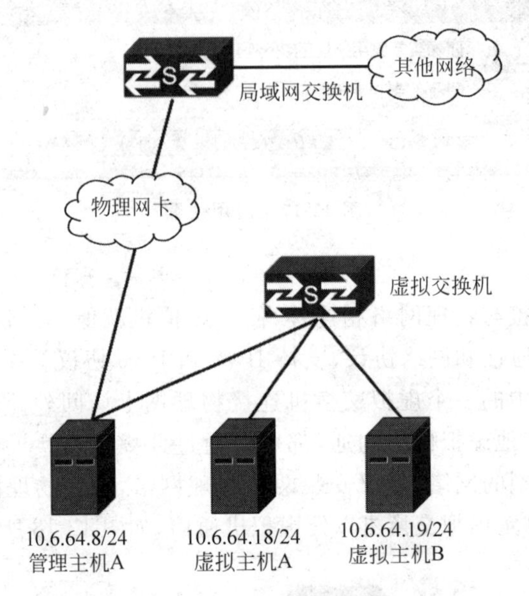

图 12-19 内部虚拟网络

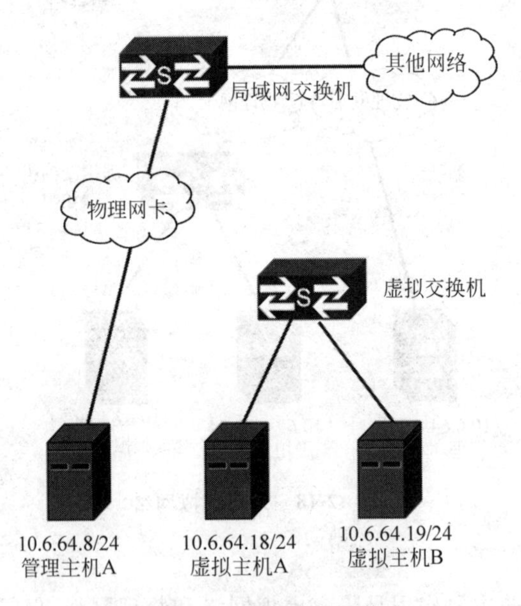

图 12-20 专用虚拟网络

下面以构建外部虚拟网络为例，讲解如何配置虚拟机网络。

(1) 确保外部管理主机有两个以上的物理网卡，一个用于本机与其他物理网络通信，一个用于虚拟交换机绑定后通信，如图 12-21 所示。

(2) 在“WGS 的虚拟交换机管理器”中新建虚拟网络交换机，选择类型为“外部”，如图 12-22 所示。

(3) 输入虚拟交换机的名称，并绑定外部物理网卡。如图 12-23 所示，单击“应用”。

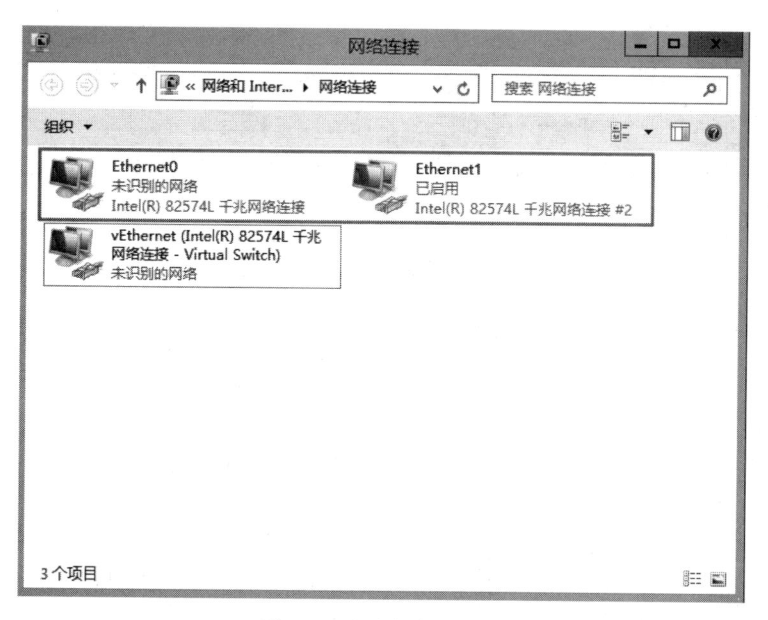

图 12-21 外部虚拟网络

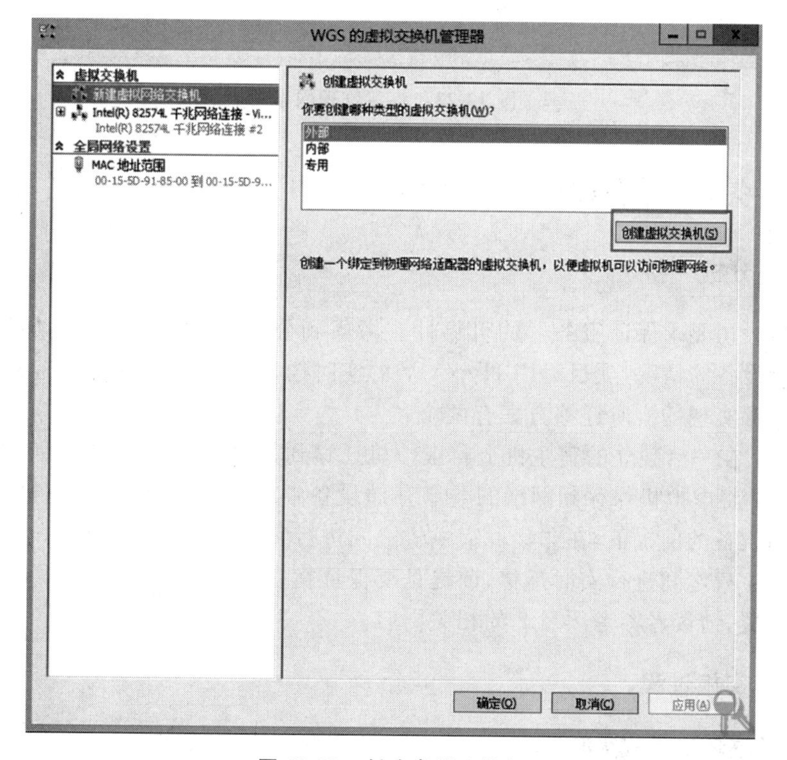

图 12-22 创建虚拟交换机

(4) 在虚拟机中设置与外部管理主机相同网段的 IP 地址、DNS 等参数，检测网络的连通性。

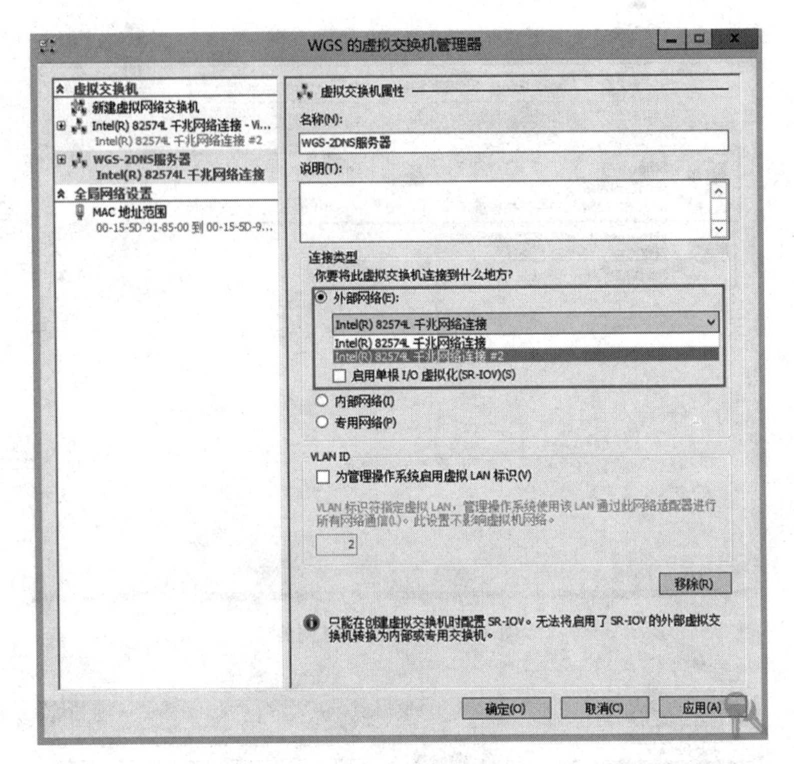

图 12-23 绑定物理网卡

12.3.4 任务 4 服务器的实时迁移

1. 任务分析

五桂山公司要求保证服务器的可靠性。考虑到公司目前没有共享存储设备而未来有共享存储设备的情况，项目运用 Hyper-V 的实时迁移功能，确保服务器连续运行。

目前能够实现的实时迁移方案有两个：

方案一：在一台独立的宿主机上将虚拟机迁移到其他主机，不使用任何共享设备。

方案二：将虚拟机保存到网络的共享存储设备中，这样就可以在虚拟机的文件保存在共享存储设备的前提下，在非集群宿主机之间进行实时迁移。

要在宿主机之间进行实时迁移，前提是要保证宿主机已经加入到域。关于域控制器的安装与配置，请读者参考项目 2 的相关内容。

2. 任务实施过程

1) 无共享环境下的实时迁移

(1) 首先要设置约束委派。因为 Hyper-V 实时迁移提供了两种验证通信协议，预设为 CredSSP，另一种是 Kerberos 委派。CredSSP 是指使用凭据安全来提供身份认证，所以不需要进行复杂的设置。如果采用 CredSSP 验证协议，需要登录到服务器才能进行实时迁移。如果使用 Kerberos 委派来验证实时迁移，就需要设置约束委派，而且还必须使用Domain Administrators群组成员的账户在Active Directory的Computers中设置约束委派。

(2) 在"AD用户和计算机"管理单元,在"Computers"文件夹中找到Hyper-V主机,在右键菜单中选择弹出的"WGS-1属性"对话框,如图12-24所示。

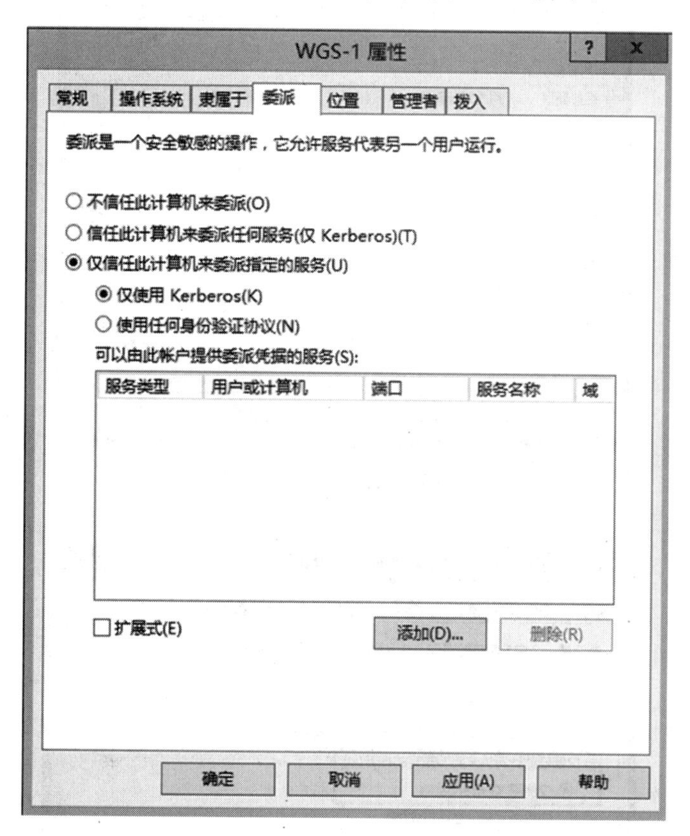

图12-24 设置属性

(3) 单击"委派"选项卡,选择"仅信任此计算机来委派指定的服务"选项。在该选项下面,选择"仅使用Kerberos",单击"添加"。在弹出的"添加服务"对话框中,单击"用户或计算机"按钮,添加另外一台Hyper-V主机,如图12-25所示。

(4) 在"服务类型"中,选择"cifs"和"Microsoft Virtual System Migration Service"两个服务类型。单击"确定",保存这些配置,如图12-26所示。

(5) 使用同样的方法,完成WGS-2的委派操作。

(6) 打开Hyper-V管理器,选择Hyper-V虚拟主机,在右侧单击"Hyper-V设置",打开"设置"对话框后,选择"实时迁移",然后选择"启用传入和传出的实时迁移",身份验证协议选择"使用Kerberos",传入的实时迁移选择"使用任何可用的网络进行实时迁移"。使用同样的方法完成WGS-2的设置。

(7) 打开WGS-2主机上的虚拟主机,右键选择"移动"命令。

(8) 出现"移动'WGS-2上的DNS服务器'向导",单击"下一步"按钮。在"选择移动类型"界面中,选择"移动虚拟机",单击"下一步"按钮。

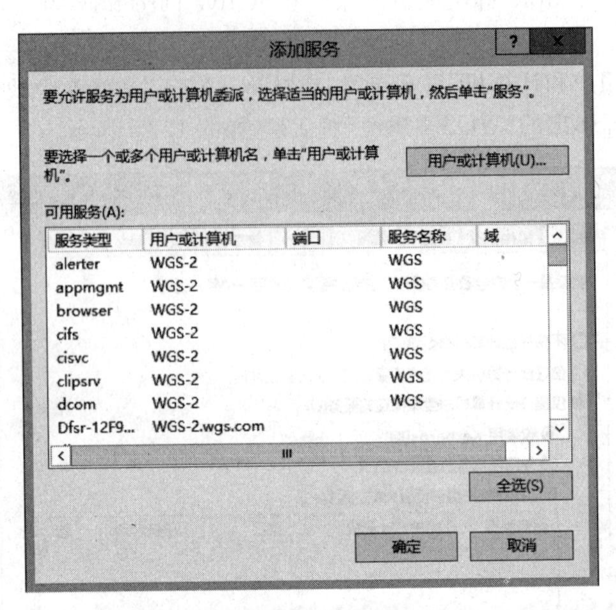

图 12-25 添加主机

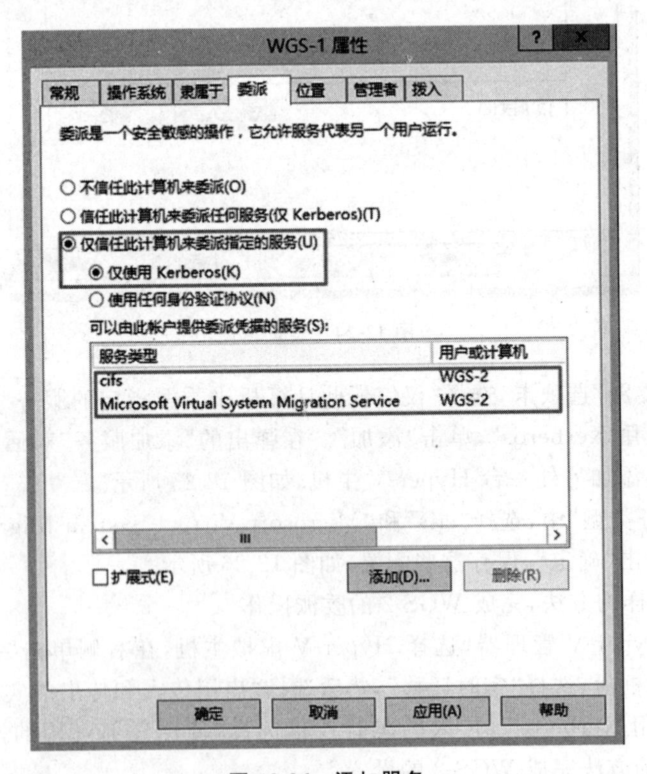

图 12-26 添加服务

(9) 在"指定目标计算机"界面中的"名称"框中输入 WGS-1，必要时可以输入管理员的账号和密码完成对名称的检查，如图 12-27 所示。

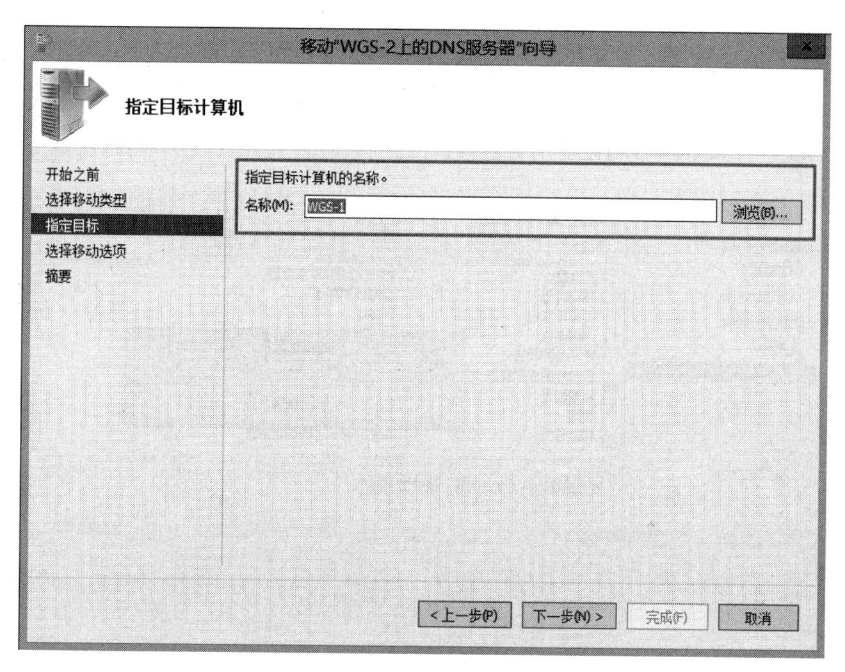

图 12-27　指定迁移的目标计算机

(10) 在"选择移动选项"对话框中，选择"通过选择项目移动位置来移动虚拟机的数据"，这样可以选择存储而不是移动整个虚拟机，如图 12-28 所示。

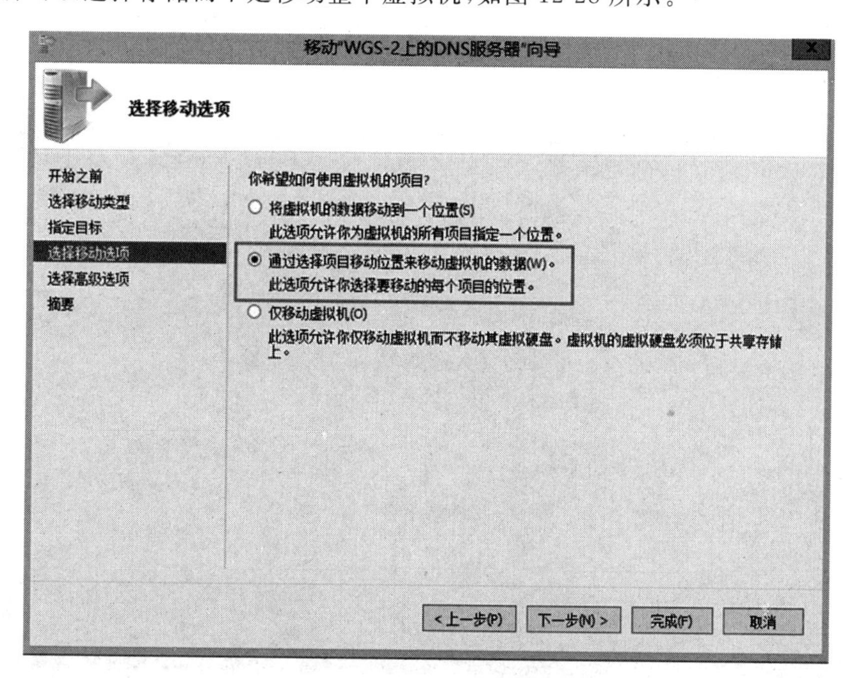

图 12-28　选择移动选项

(11) 在"选择高级选项"中，选择"自动移动虚拟机的数据"，单击"下一步"，最后单击

"完成",就可以实现虚拟机的迁移,如图 12-29 所示。

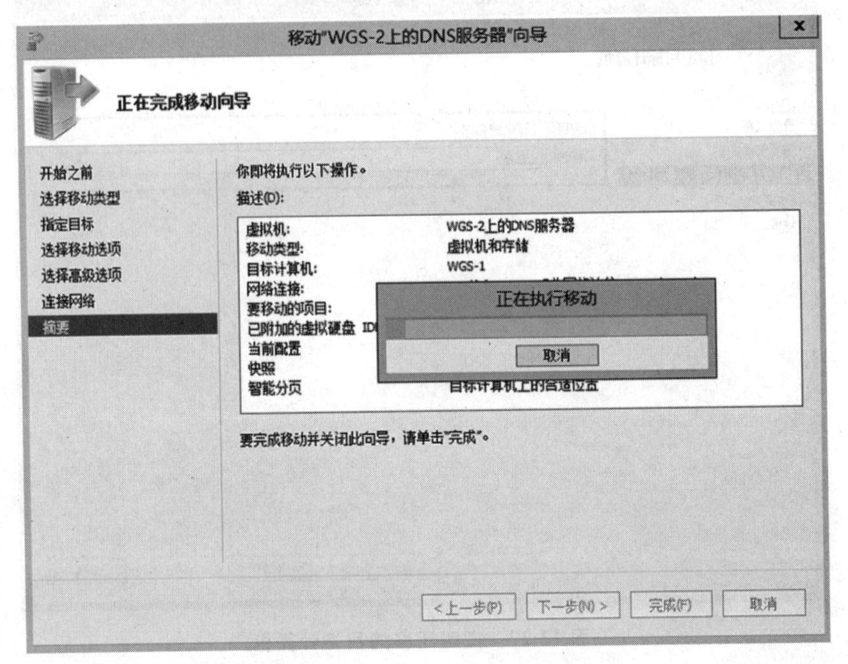

图 12-29　无共享存储实时迁移

(12) 迁移完成,可以发现 WGS-2 上的 DNS 服务器已迁移到 WGS-1 上运行。在整个迁移过程中,可以使用 ping 命令测试迁移中服务器的网络连通情况,如图 12-30、图 12-31 所示。

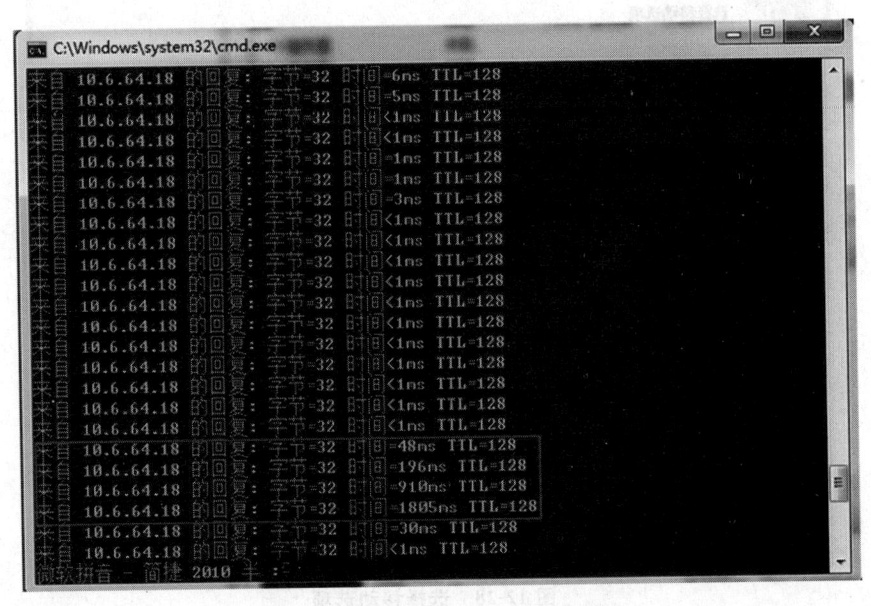

图 12-30　迁移过程服务器的连通性

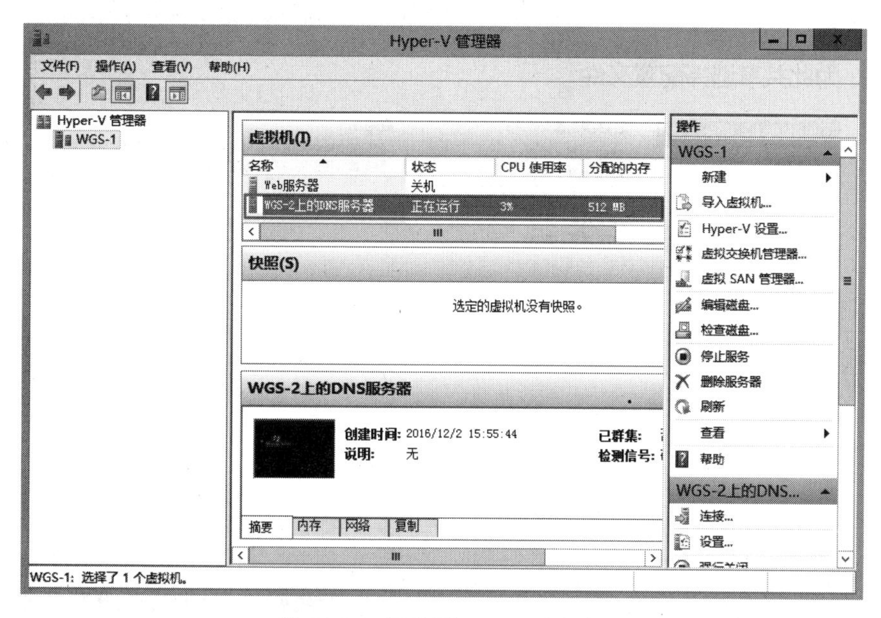

图 12-31 迁移到 WGS-1 上运行

2）基于 SMB 共享的实时迁移

Hyper-V 支持无共享的实时迁移，也支持基于共享的实时迁移，Windows Server 2012 有 iSCSI 和 SMB 技术的共享存储，可将 Hyper-V 环境虚拟机中的所有文件，包括虚拟机的配置文件、快照文件和磁盘文件以共享的方式进行存储和使用。下面主要介绍使用 SMB 技术来实现共享存储的虚拟机迁移技术。

关于利用 SMB 技术来实现共享存储，在文件服务器一章进行了详细介绍，读者可以参考相关内容(5.3.2)，了解文件服务器的安装与配置过程。

(1) 打开文件服务器“新建共享向导”，可以选择配置文件的共享方式，这里选择“SMB 共享-应用程序”，单击“下一步”，如图 12-32 所示。

(2) 在“共享文件”对话框中，选择自己定义的文件夹路径，单击“下一步”。在“共享位置”和“其他设置”中采用默认选项，如图 12-33 所示。

(3) 在“权限”选项卡中，选择“自定义权限”，添加 Hyper-V 服务器对这个共享文件夹的权限，单击“添加”按钮，如图 12-34 所示。

(4) 在打开的界面中，单击“选择主体”；在弹出的“选择用户、计算机、服务账户或组”对话框中，单击“选择此对象类型”之后的“对象类型”；在弹出的“区域类型”对话框中，选择“计算机”复选框，再单击“确定”按钮，如图 12-35 所示。

(5) 添加 Hyper-V 服务器，并设置完全控制权限。单击“确定”按钮，如图 12-36 所示。

(6) 在“确认”界面中，单击“创建”按钮，完成共享文件夹的创建，以后就可以在 Hyper-V 服务器上利用此共享文件夹新建虚拟主机。在“新建虚拟机向导”的安装位置的选择框中，设定为 SMB 共享文件夹，如图 12-37 所示。

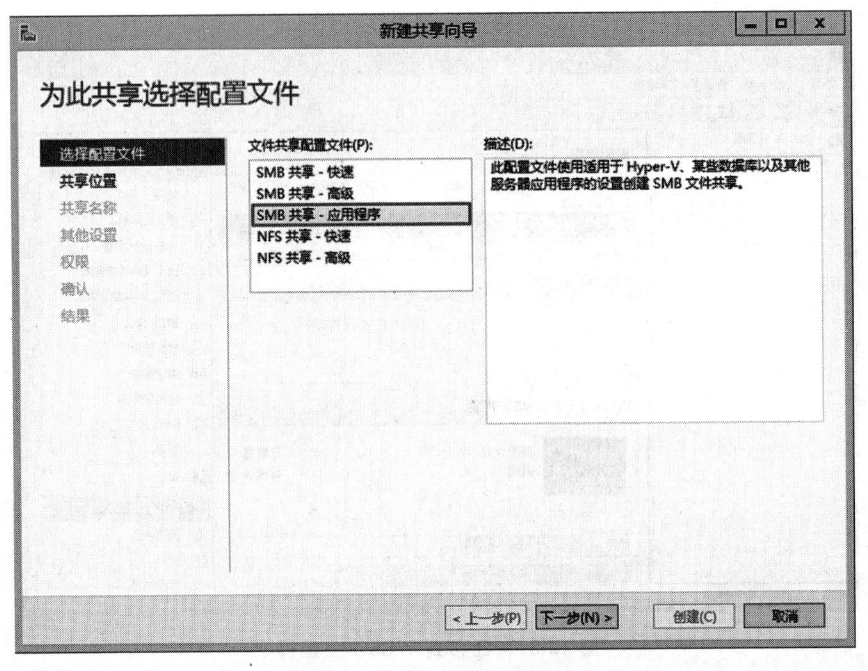

图 12-32　选择共享方式

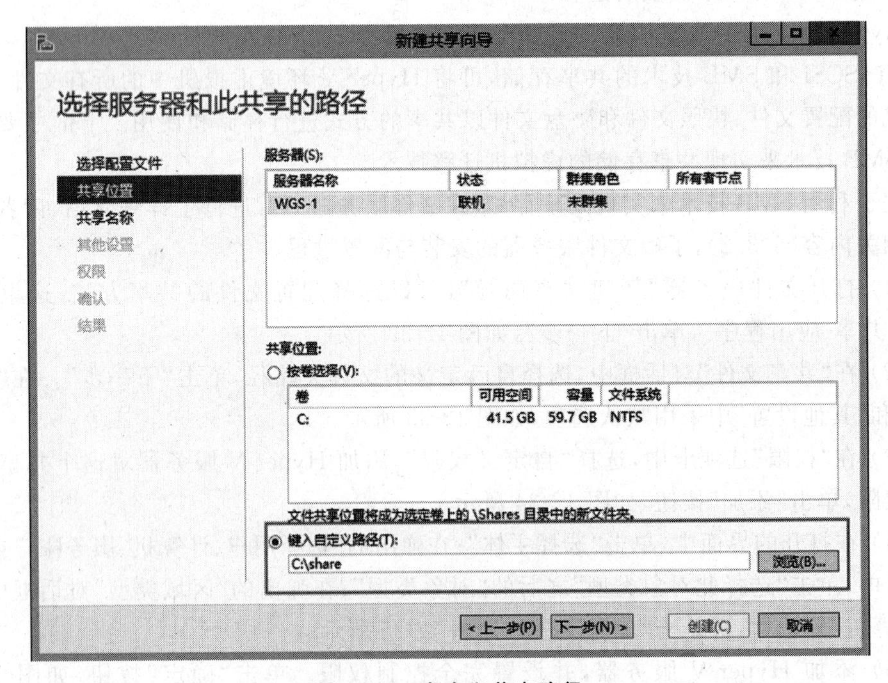

图 12-33　自定义共享路径

(7) 安装虚拟机的内存、网络等配置和前面介绍的方法相同。完成新建虚拟机的向导如图 12-38 所示。

(8) 虚拟机设置完成后，通过 Hyper-V 管理器启动及连接，进行系统的安装。

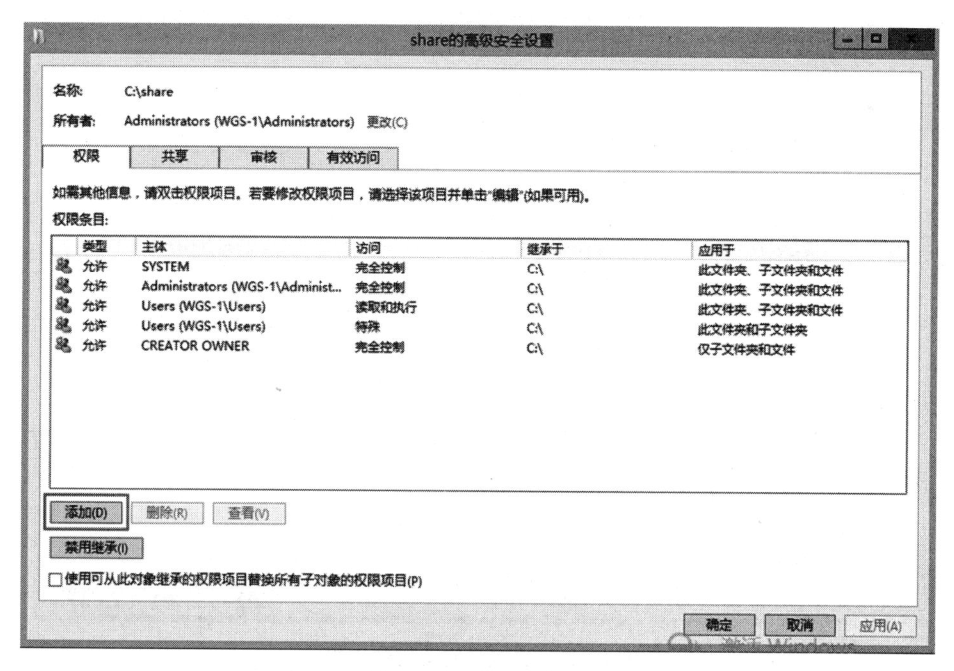

图 12-34 自定义权限

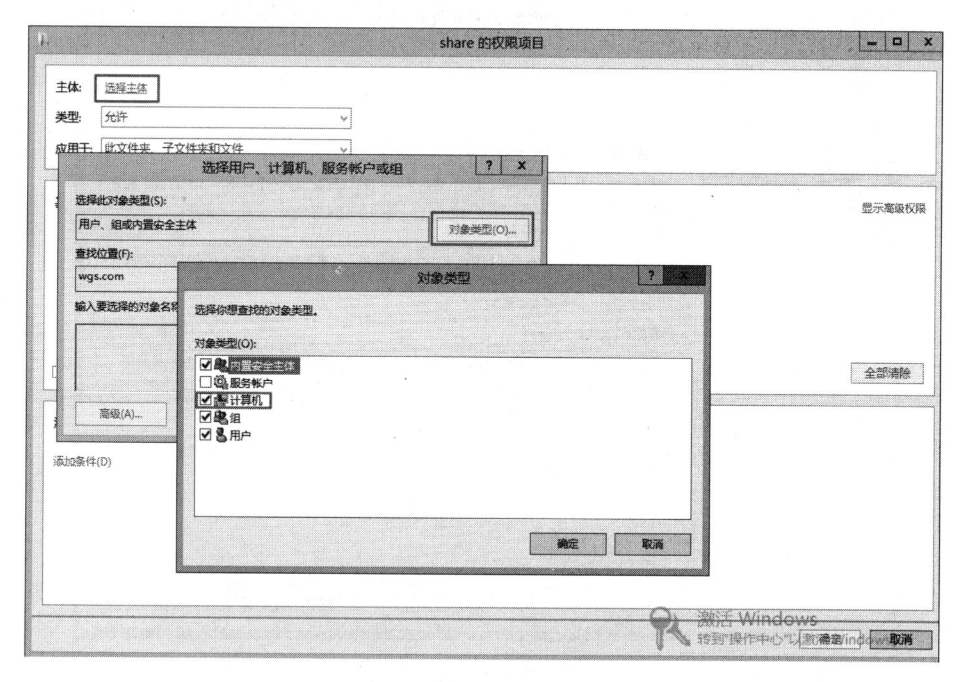

图 12-35 对象类型

(9) 安装好服务器系统，需要与无共享实时迁移一样在 AD 中设置权限的委派，在 Hyper-V 管理器中“启用传入和传出的实时迁移”。进行服务的部署后，通过 Hyper-V 管理器选定这台要迁移的虚拟主机，在单击右键弹出的菜单中，单击“移动”选项，打开移

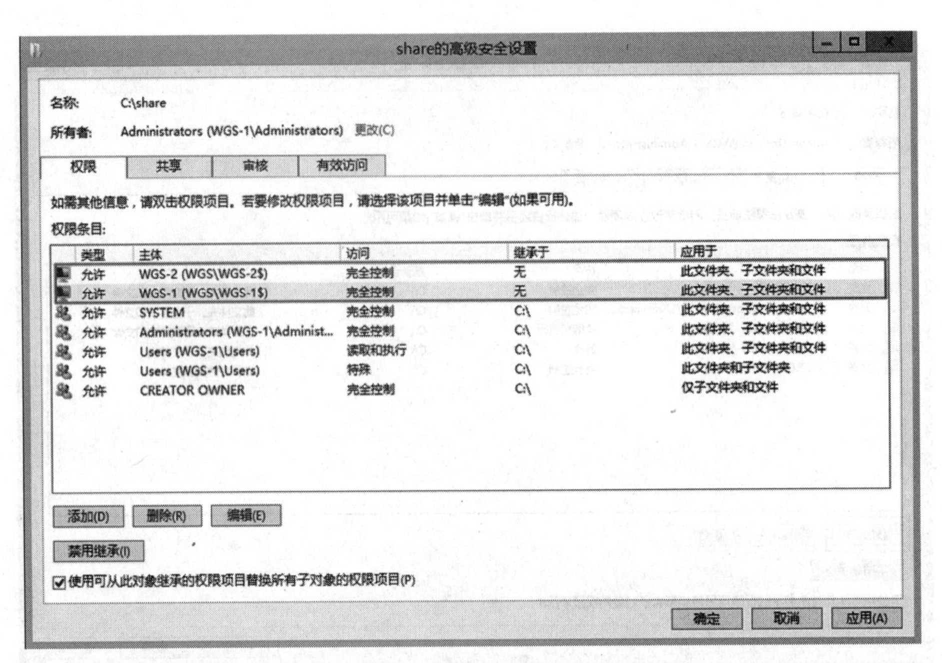

图 12-36 自定义完全控制权限

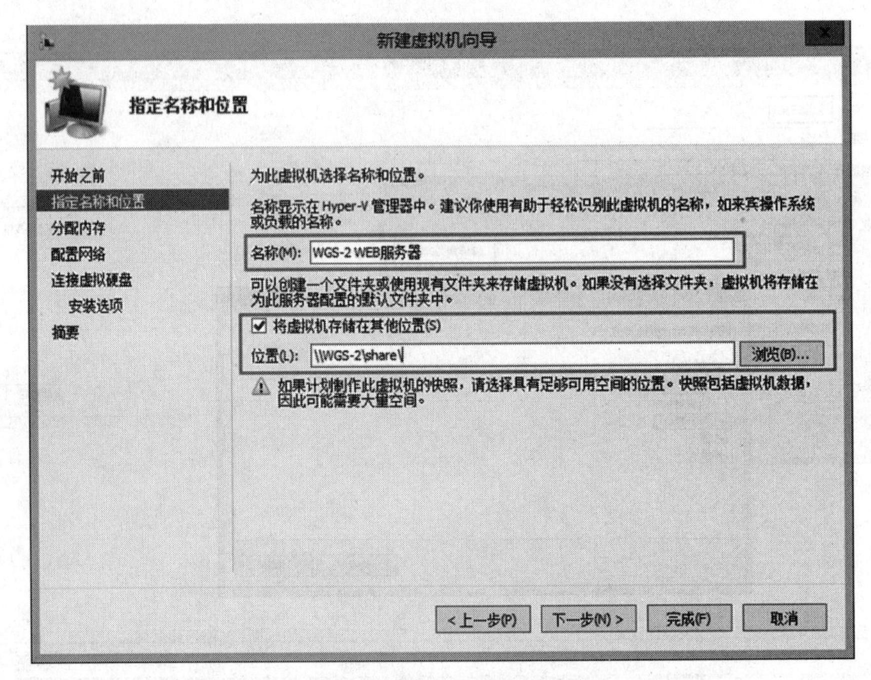

图 12-37 虚拟机安装位置选择

动向导。

（10）在"选择移动类型"对话框中，选择"移动虚拟机"，单击"下一步"按钮。在"指定目标"对话框中，通过"浏览"选定要移动到的目标虚拟服务器 WGS-1，单击"下一步"按钮。

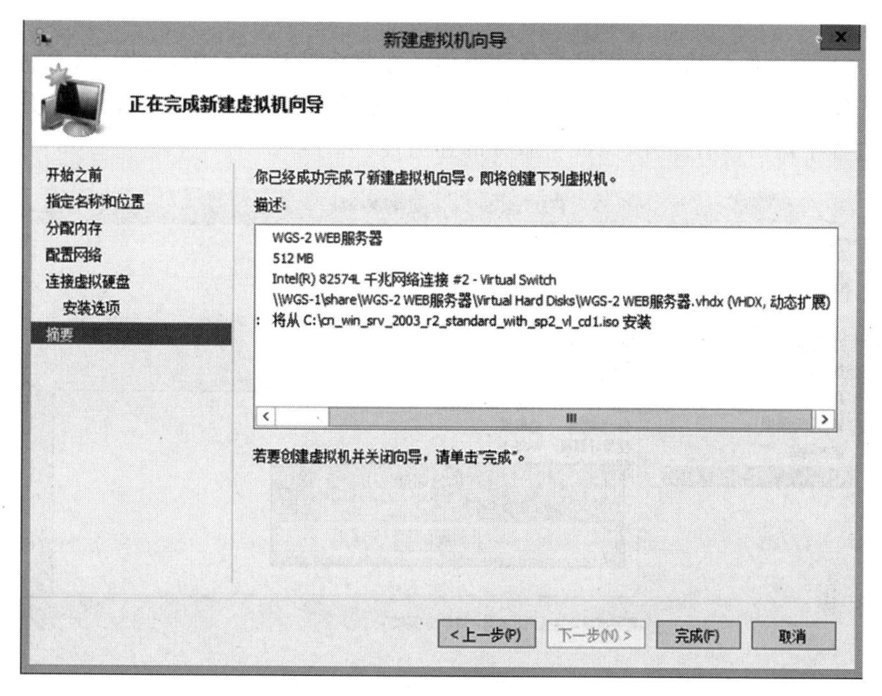

图 12-38 完成新建虚拟机向导

(11) 在"选择移动选项"对话框中，由于虚拟服务器的虚拟硬盘位于SMB共享存储中，所以选择"仅移动虚拟机"，如图12-39所示，单击"下一步"按钮。

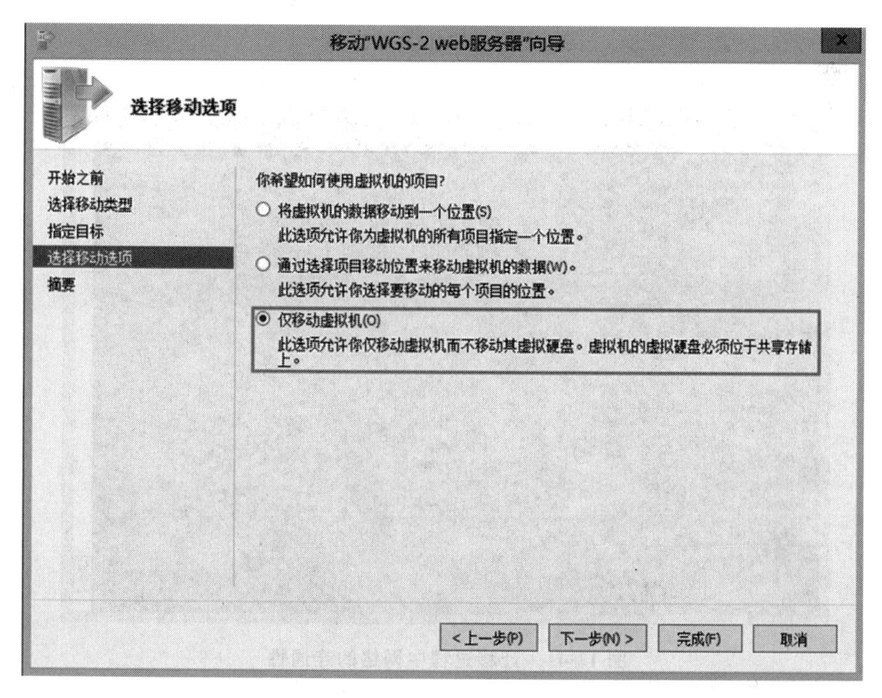

图 12-39 选择移动选项

(12) 其他操作与基于无共享的存储类似。在整个迁移过程中,如图 12-40 所示,我们可以在使用虚拟服务的客户机上测试网络的连通性。如图 12-41 所示,可以看出在整个迁移过程中网络没有断开,保证了服务的连通性。

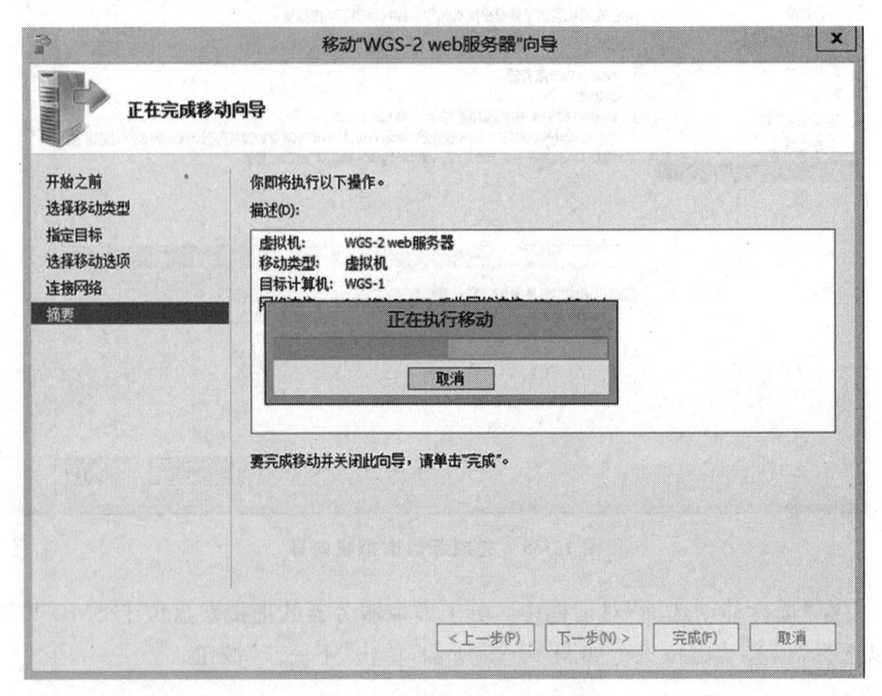

图 12-40 SMB 共享迁移

```
管理员: C:\Windows\system32\cmd.exe - ping -t 10.6.64.20
来自 10.6.64.20 的回复: 字节=32 时间=4ms TTL=128
来自 10.6.64.20 的回复: 字节=32 时间=2ms TTL=128
来自 10.6.64.20 的回复: 字节=32 时间=3ms TTL=128
来自 10.6.64.20 的回复: 字节=32 时间=17ms TTL=128
来自 10.6.64.20 的回复: 字节=32 时间=48ms TTL=128
来自 10.6.64.20 的回复: 字节=32 时间=8ms TTL=128
来自 10.6.64.20 的回复: 字节=32 时间=33ms TTL=128
请求超时。
来自 10.6.64.20 的回复: 字节=32 时间=1ms TTL=128
来自 10.6.64.20 的回复: 字节=32 时间<1ms TTL=128
来自 10.6.64.20 的回复: 字节=32 时间<1ms TTL=128
来自 10.6.64.20 的回复: 字节=32 时间<1ms TTL=128
来自 10.6.64.20 的回复: 字节=32 时间<1ms TTL=128
来自 10.6.64.20 的回复: 字节=32 时间<1ms TTL=128
来自 10.6.64.20 的回复: 字节=32 时间<1ms TTL=128
来自 10.6.64.20 的回复: 字节=32 时间<1ms TTL=128
来自 10.6.64.20 的回复: 字节=32 时间<1ms TTL=128
来自 10.6.64.20 的回复: 字节=32 时间<1ms TTL=128
来自 10.6.64.20 的回复: 字节=32 时间<1ms TTL=128
来自 10.6.64.20 的回复: 字节=32 时间<1ms TTL=128
来自 10.6.64.20 的回复: 字节=32 时间=1ms TTL=128
来自 10.6.64.20 的回复: 字节=32 时间=1ms TTL=128
来自 10.6.64.20 的回复: 字节=32 时间=1ms TTL=128
来自 10.6.64.20 的回复: 字节=32 时间<1ms TTL=128
```

图 12-41 迁移过程中网络的连通性

12.4 项目总结

常见问题一：正常情况下 VMware Workstation 中的 Windows Server 2012 是无法启用 Hyper-V 功能的，会出现以下错误，需要修改配置文件才能正常安装，如图 12-42 所示。

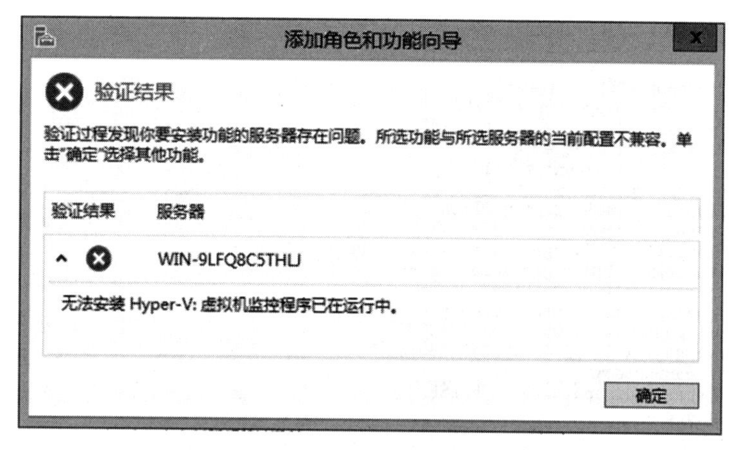

图 12-42 安装错误

解决方法：

(1) 在 VMware 中安装 Windows Server 2012 系统，未启动电源之前，需要从"虚拟机设置"对话框中选择支持虚拟化的选项，如图 12-43 所示。

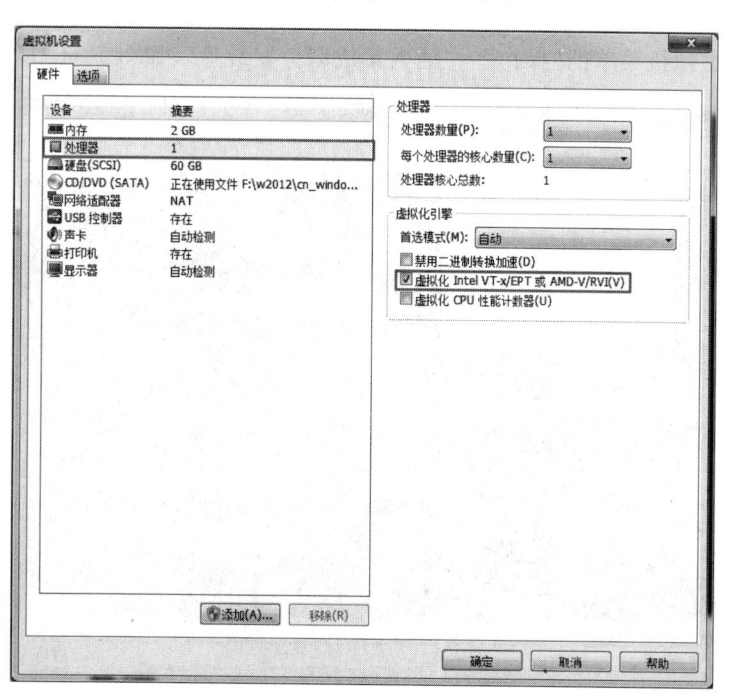

图 12-43 "虚拟机设置"对话框

(2) 根据新建虚拟机的保存目录找到 Windows Server 2012. vmx 文件,用记事本打开并在后面添加下面两句:hypervisor. cpuid. v0="FALSE";mce. enable="TRUE";然后保存退出,正常启动虚拟机就可以了,如图 12-44 所示。

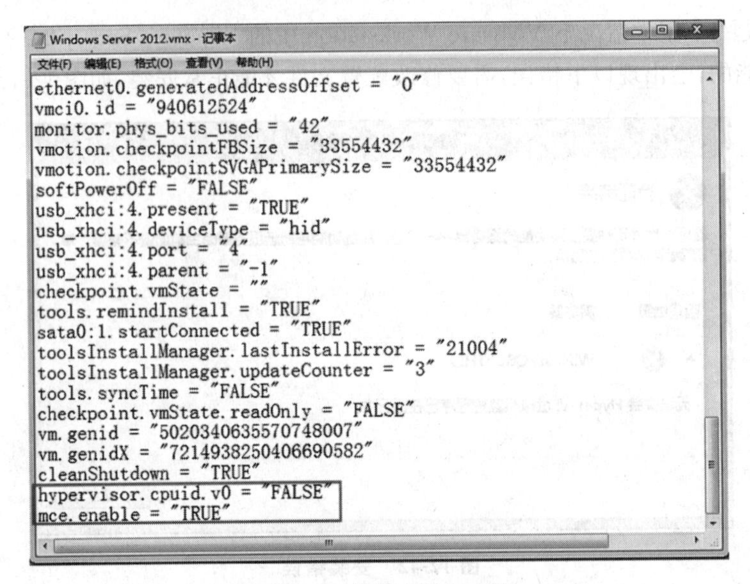

图 12-44 编辑虚拟机文件

常见问题二:Hyper-V 虚拟机里面找不到网卡,Hyper-v 虚拟机驱动无法安装或无法启动。

解决方法:

(1) 单击虚拟机菜单的"操作"→"插入集成服务安装盘",如图 12-45 所示。

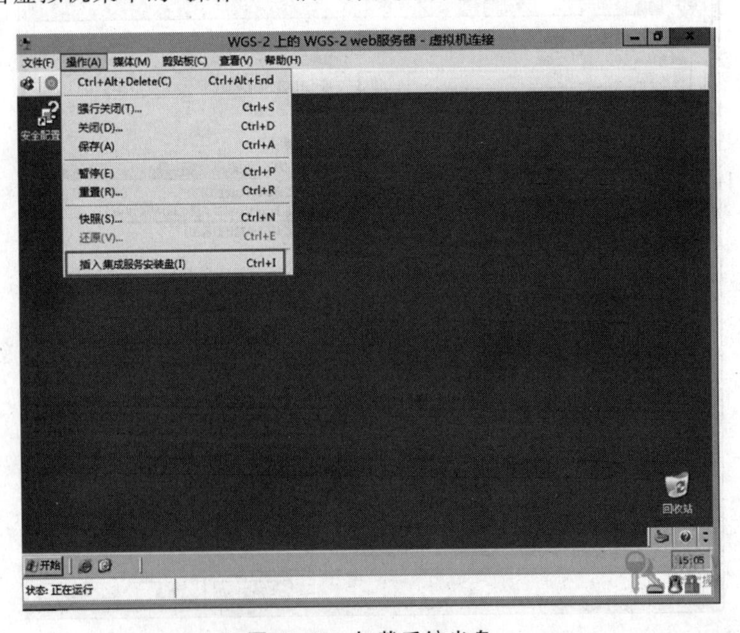

图 12-45 加载系统光盘

(2) 这时虚拟机会弹出升级或安装对话框，单击“是”安装后，重启虚拟机即可，如图 12-46 所示。

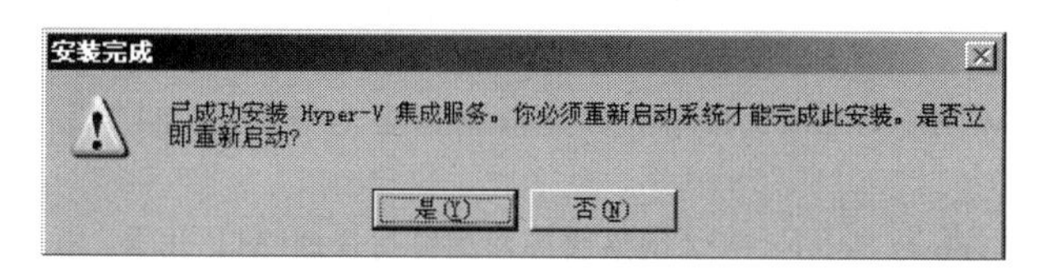

图 12-46 安装完成

12.5 课后习题

1. 填空题

(1) 虚拟化是一种________技术。

(2) 现在市面上的主流全虚拟化和半虚拟化产品都支持硬件辅助虚拟化，包括________、________、________和________。

(3) Hyper-V 通过模拟一个标准的(ISO/OSI 二层)交换机来支持三种虚拟网络________、________和________。

(4) Hyper-V 是微软提出的一种________技术。

(5) 虚拟机快照的一个主要途径是让虚拟机回溯到先前状态，它的另一个主要途径是________和________。

(6) 对群集环境进行改进，可使其支持最多________台虚拟机，并实时迁移，以及使用________技术进行加密。

2. 简答题

(1) 虚拟化技术有哪些优势?

(2) Hyper-V 与 VMware Workstation 等其他虚拟软件相比，有哪些优势?

(3) Hyper-V 对系统有哪些要求?

(4) 虚拟化技术、多任务以及超线程技术有什么不同?

(5) 目前有哪些能够实现两个实时迁移的方案?

3. 实训题

某服务器外租公司运行着大量的业务服务器供全球范围内的客户使用。目前由于业务的快速发展，需要升级现有业务模型和服务器性能。在确保现有业务不中断的情况下，如果你是该公司的网络工程师，应该选用什么技术和方案来进行规划和设计?

参考文献

[1] 马博峰. Windows Server 2012 Hyper-V 虚拟化部署与管理指南[M]. 北京：机械工业出版社，2014.
[2] 黄君羡，郭雅. Windows Server 2012 网络服务器配置与管理[M]. 北京：电子工业出版社，2014.
[3] 刘晓川. 网络服务器配置与管理[M]. 2 版. 北京：中国铁道出版社，2014.
[4] 王春海. VMware 虚拟化与云计算应用案例详解[M]. 北京：中国铁道出版社，2014.
[5] 姚华婷，等. 网络服务器配置与管理—Windows Server 2003 篇[M]. 北京：人民邮电出版社，2009.
[6] 马博峰. VMware、Citrix 和 Microsoft 虚拟化技术详解与应用实践[M]. 北京：机械工业出版社，2013.
[7] 王淑江. Windows Server 2012 活动目录管理实践[M]. 北京：人民邮电出版社，2014.
[8] 周奇. Linux 网络服务器配置、管理与实践教程[M]. 北京：清华大学出版社，2014.